Die

Fortschritte der Physik

im Jahre 1845.

Dargestellt

von

der physikalischen Gesellschaft zu Berlin.

I. Jahrgang.

Redigirt von *Dr*. G. Karsten.

Berlin.

Druck und Verlag von G. Reimer.

1847.

Vorbericht.

Wenn es einer Vertheidigung gegen den Vorwurf bedarf, welchen man dem vorliegenden Unternehmen machen könnte: dafs die Zahl der Schriften über physikalische Gegenstände ohne wirkliches Bedürfnifs vermehrt werde, so mögen die folgenden Zeilen eine Rechtfertigung versuchen.

Es ist in dem Interesse, welches die Naturwissenschaften jetzt so allgemein erwecken, begründet, dafs der Charakter der physikalischen Litteratur in neuerer Zeit sich wesentlich geändert hat. Während bis zum Ende des vorigen Jahrhunderts die Untersuchungen der Physiker entweder in Monographien oder in den Schriften gelehrter Gesellschaften niedergelegt wurden, weil diese Art der Bekanntmachung bei dem kleinen Publikum, das sich für dergleichen Untersuchungen interessirte, hinreichend war, so genügte dies bei weiter verbreiteter Theilnahme, die besonders schneller die Resultate der Forschungen und Beobachtungen zu erfahren wünschte, nicht noch fernerhin, und es entstanden die periodischen Zeitschriften.

Wie grofs nun auch die Vorzüge dieser Methode der Veröffentlichung sind, indem es nur durch sie möglich wurde, auch einzelne Beobachtungen, kleinere Aufsätze, und solche Arbeiten, die nicht von Mitgliedern der gelehrten Gesellschaften herrühren, schnell und ausführlich bekannt zu machen, so führte sie doch einen bedeutenden Uebelstand mit sich: die unvermeidliche Häufung des Materials, durch welche schon nach einigen Jahren die Uebersicht fast unmöglich wurde, und bei der auch sorgfältige Registerbände nur eine unzureichende Aushülfe gewähren konnten. Dies Uebel zeigte sich in stetem Zunehmen begriffen und die Litteratur der Physik drohte den Physikern über den Kopf zu wachsen.

Auf verschiedene Weise suchte man nun in das von den Annalen und Journalen gelieferte Material einige Ordnung zu bringen. Haben die hierzu bestimmten Wörterbücher, Repertorien und Jahresberichte diesen Zweck erfüllt?

Die Wörterbücher sollten, wie es scheint, am geeignetsten sein, die gesammten physikalischen Erfahrungen zu rubriciren und übersichtlich zu machen, und wenn dies bisher nicht gelang, so sind wohl mehrere Ursachen hierzu die Veranlassung gewesen.

Erstlich mufste es bei dem ungeheuren Schatze physikalischer Beobachtungen und Kenntnisse eine bedeutende Zeit erfordern, ehe ein solches Wörterbuch zu Stande kam, wodurch bei dem schnellen Fortschreiten der Wissenschaft fortwährend Supplemente nothwendig werden mufsten. Zweitens konnte es bei der Schwierigkeit der Aufgabe nicht fehlen, dafs bei den ersten Unternehmungen dieser Art die Classificirung oft verfehlt und dadurch die Uebersichtlichkeit beeinträchtigt wurde. Drittens endlich trägt der Mangel an einer Litteraturgeschichte in der Physik die Schuld, dafs ein physikalisches Wörterbuch, entweder wenn es diese mit enthalten sollte ein zu umfangreiches Werk wurde, oder beim Auslassen derselben unvollständig blieb. Es wird nicht nöthig sein, auf die vorhandenen physikalischen Wörterbücher zur Bestätigung des Gesagten hinzudeuten. Dieselben sind vielleicht geeignet, einen Ueberblick über die Resultate vollständiger und genügender wie dies in Lehrbüchern der Fall sein kann, zu geben, das Quellenstudium aber erleichtern sie nicht wesentlich, noch weniger aber können sie den Fortschritten der Wissenschaft folgen.

Bei weitem geeigneter hierzu zeigten sich die Repertorien, und besonders liefs wohl das Fechner'sche, so wie die von Dove und Moser herausgegebene Fortsetzung desselben nichts zu wünschen übrig, wenn es nicht eben das ist, wodurch sich Repertorien überhaupt von den Jahresberichten unterscheiden. Es ist nicht möglich, dafs ein Repertorium, welches nicht nur die Resultate, sondern auch den Gang der Untersuchungen berichten will, in kurzer Zeit das gesammte Gebiet der Physik umfafst, „eine vollständige Zusammenstellung der neueren Fortschritte der Physik" konnte auf diese Weise erst im Verlaufe mehrer Jahre gegeben werden. Dadurch verfehlt man aber einen Zweck, dessen Erreichung sehr wünschenswerth erscheint, und der durch Jahresberichte erlangt werden kann, nämlich die Fortschritte der Wissenschaft schnell und vollständig zur Kenntnifs des hierfür interessirten Publikums zu bringen. Denn der Jahresbericht bezweckt aufser seinem dauernden Werthe als litterarischer Nachweiser auch noch, gleichsam wie das Schlufsresumé einer Arbeit die Resultate dieser zusammenfafst, so die Resultate der physikalischen Gesammtarbeit eines Jahres hinzustellen, um den Physiker auf Untersuchungen aufmerksam zu machen, die ihm bei der Fülle derselben leicht entgehen konnten.

Auf vielen andern Gebieten der Naturwissenschaften haben sich schon lange die Jahresberichte als höchst zweckmäfsig herausgestellt. Die Physik allein entbehrt noch immer einen solchen, denn der Berzelius'sche, der für die Physik jetzt ganz aufgehört hat, konnte auch früher für diese Wissenschaft nicht genügend genannt werden, da er dieselbe gemäfs der wissenschaftlichen Stellung seines berühmten Herausgebers mehr wie eine der Chemie verwandte Disciplin nur nebensächlich berührte, als sie wie eine gleichberechtigte Wissenschaft behandelte. Die Jahresübersicht der physikalischen Arbeiten in den Annalen der Chemie und Pharmacie, herausgegeben von F. Wöhler und J. Liebig, betrifft eben so nur den allgemeinen Theil der Physik, insofern dieser mit den chemischen Untersuchungen in Verbindung steht. Warum ist diese Lücke gerade in der physikalischen Litteratur noch nicht ausgefüllt? Wie es scheint liegt die Sache nur darin, dafs es an einer Vereinigung einer gröfseren Anzahl von Physikern, die sich einer solchen Arbeit unterzogen, fehlte, da für die Kräfte eines Einzelnen oder Weniger die Aufgabe offenbar eine viel zu grofse ist.

Die ordentlichen Mitglieder der im vorigen Jahre hier gestifteten physikalischen Gesellschaft haben nun die Lösung dieser Aufgabe unternommen, ob ihnen dies annähernd gelungen ist, denn auf Vollständigkeit konnte bei dem ersten Jahresberichte nicht gerechnet werden, mag sich aus dem vorliegenden Werke ergeben.

Es wird nicht am unrechten Orte sein, hier einige Worte über die Entstehung der physikalischen Gesellschaft und des Jahresberichtes, so wie über das, was der letztere zu leisten beabsichtigt, seine Einrichtung, und die gefühlten Mängel, hinzuzufügen.

Dem Herrn Professor G. Magnus verdankt die Gesellschaft ihre Entstehung, insofern er es war, der im Jahre 1843 einen Kreis jüngerer Physiker zur Besprechung der neueren physikalischen Untersuchungen um sich versammelte, wodurch die bis dahin vereinzelt Dastehenden mit einander bekannt, und darauf aufmerksam gemacht wurden, wie viel durch die Vereinigung zahlreicher Kräfte geleistet werden könne. Die Mehrzahl derer, welche an den Versammlungen beim Herrn Professor G. Magnus Theil nahmen, vereinigte sich aufserdem von Zeit zu Zeit, um die sie besonders interessirenden Untersuchungen weiter zu verhandeln, und bei diesen Vereinigungen entwickelte sich nach und nach die Idee, einer öffentlichen Gesellschaft das Leben zu geben, in welcher allen denen, welche sich für die physikalischen Disciplinen interessiren, die Gelegenheit geboten würde, Kenntnifs von den Resultaten aller neueren Arbeiten auf diesem Gebiete zu erhalten, die sie wegen Mangels an Zeit sowohl, wie an litterarischen Hülfsmitteln sonst hätten entbehren müssen.

Ohne dafs die Arbeit derer besonders dadurch vermehrt worden wäre, welche es unternahmen, einer derartigen Gesellschaft in Vorträgen eine Uebersicht über die physikalischen Untersuchungen zu geben, konnte zugleich die Herausgabe eines Jahresberichts erzielt werden. Aufserdem gewährten die Zeitschriften und Monographien, welche theilweise das Material zu den Vorträgen lieferten, den Mitgliedern der Gesellschaft die Annehmlichkeit eines recht vollständigen Lesezirkels.

Wenn durch die Errichtung der physikalischen Gesellschaft

einem Wunsche Vieler begegnet wurde, wie aus dem schnellen Wachsthum derselben, obwohl sie sich eine so specielle Aufgabe gesetzt hat, unwidersprechlich hervorgeht, so genügen die Begründer der Gesellschaft nur ihrer Pflicht, wenn sie dem Herrn Professor G. Magnus, als dem eigentlichen Urheber der Idee, ihren Dank hiermit öffentlich abstatten.

Das nachfolgende alphabetische Verzeichnifs der Mitglieder giebt eine Uebersicht der der Gesellschaft zu Gebote stehenden Kräfte und macht ersichtlich, von welchen Physikern Berichterstattungen im Jahresberichte zu erwarten sind.

Herr d'Arrest.
— Lieutenant Bayer.
— Becker.
— *Dr.* W. Beetz.
— Böhm.
— Lieutenant v. Böhn.
— Mechanicus Bötticher.
— *Dr.* E. du Bois-Reymond.
— *Dr.* du Bois II.
— Brauns.
— *Dr.* E. Brücke.
— *Dr.* F. Brünnow.
— *Dr.* Brunner in Bern.
— Mechanicus Duve.
— Eichhorn.
— *Dr.* Eisenstein.
— *Dr.* Ewald.
— *Dr.* v. Feilitzsch in Bonn.
— *Dr.* Girard.
— Grofsmann.
— Mechanicus Halske.
— *Dr.* W. Heintz.
— *Dr.* Helmholtz in Potsdam.
— d'Heureuse.
— Lieutenant v. Horn.
— Jungk.
— *Dr.* G. Karsten.

Herr Kerndt.
— Kieriewsky in Petersburg.
— H. Knoblauch.
— *Dr.* A. Krönig.
— *Dr.* Langberg in Christiania.
— Mechanicus Leonhard.
— *Dr.* Mahlmann.
— Mechanicus Martins.
— Lieutenant v. Morczowicz.
— Mechanicus Pistor.
— v. Pochhammer.
— Poselger.
— *Dr.* Radicke in Bonn.
— Röbber in Braunschweig.
Rohrbeck.
— Lieutenant Siemens.
— Simon.
— *Dr.* Soltmann.
— *Dr.* Spörer in Bromberg.
— Stengel in Zwickau.
— *Dr.* Traube.
— Traube II.
— *Dr.* Wächter.
— Wiedemann.
— Lieutenant Wiesing.
— *Dr.* Wilhelmy in Heidelberg.

An einen Jahresbericht der physikalischen Wissenschaften kann man verschiedene Anforderungen stellen, theils was seinen Umfang, theils was die Art der Einrichtung betrifft. Der Hauptzweck bleibt natürlich immer der, eine wissenschaftlich geordnete und wo möglich vollständige Uebersicht aller Arbeiten zu geben, die während des Jahres, welches er enthält, erschienen sind. Wie weit wir den Begriff der Physik ausgedehnt haben wird am besten aus dem Berichte selbst hervorgehen; bei der innigen Verknüpfung der verschiedenen Zweige der Naturwissenschaften ist es erklärlich, dafs sehr von einander entfernt scheinende Disciplinen in demselben vereinigt sind.

Die Art und Weise, in welcher über die Arbeiten berichtet wird, ob blofs die Resultate angebend, oder den Gang der Untersuchung vollständiger begründend, wurde dem Ermessen jedes Mitarbeiters überlassen. Das Ziel, eine vollständige Uebersicht zu geben, konnte in diesem ersten Jahresberichte unmöglich erreicht werden, weil die Gesellschaft nicht im Stande war, weder von dem gröfsten Theile der Untersuchungen, die nur in dem engen Kreise gelehrter Gesellschaften mitgetheilt wurden, noch von den meisten Broschüren und Dissertationen Kenntnifs zu erhalten.

Dieser erste Jahresbericht umfafst daher hauptsächlich die Journallitteratur, dann aber auch die Monographien, die der Gesellschaft mitgetheilt wurden.

Aus dem Gesagten geht schon hervor, dafs eine zweite Aufgabe, die von einem Jahresberichte gelöst werden sollte, auch nicht völlig erledigt sein kann, nämlich die, eine durchaus vollständige physikalische Litteratur des Jahres 1845 zu geben. Es ist indessen zu erwarten, dafs, wenn das Unternehmen Beifall findet, in Zukunft eine gröfsere Vollständigkeit erreicht, und somit der Grund zu einer systematischen Litteratur der Physik gelegt werden wird.

Um diesen unleugbar für die Wissenschaft wichtigen Theil, die Litteratur, allmälig vollständig zu erhalten, wird bei den einzelnen Abschnitten die frühere Litteratur nachgeholt werden, wie dies schon in diesem Jahresberichte, wo es thunlich war, geschehen ist.

Ueber die äufsere Einrichtung des Buches ist wenig zu sagen. Diese erste Abtheilung enthält die allgemeine Physik und die Akustik, die nächste wird die Optik, Wärmelehre, Elektricitätslehre und die angewandte Physik behandeln.

Jedem Abschnitte sind, der bequemeren Uebersicht wegen, sämmtliche Titel der die Litteratur dieses Abschnittes im Jahre 1845 ausmachenden Aufsätze vorangeschickt, mag nun der Berichterstatter es für nöthig gehalten haben, sie zu besprechen oder nicht. Bei Beendigung des ganzen Buches wird ein vollständiges Inhaltsverzeichnifs, so wie ein Namenregister der Autoren geliefert werden.

Die Berichterstatter haben mit ihrem Namen unterzeichnet, und vertreten ihre Berichte selbstständig, so dafs weder die Gesellschaft noch die Redaction irgend eine Verantwortung über den Inhalt der Berichte zu übernehmen verpflichtet ist.

Berlin im Juli 1846.

Dr. G. Karsten.

Inhalt.

Erster Abschnitt.

Allgemeine Physik.

Zweiter Abschnitt.

Akustik.

Dritter Abschnitt.

Optik.

Vierter Abschnitt.

Wärmelehre.

Fünfter Abschnitt.

Elektricitätslehre.

Anhang der Elektrochemie. Galvanoplastik.

Seite

B. Der sogenannte Frosch- und Muskelstrom nebst der *contraction induite* MATTEUCCI's.

C. Anhang.

7. Elektromagnetismus und Magneto-Elektricität. Induktion.

Sechster Abschnitt.

Angewandte Physik.

1. Instrumente und Apparate von neuer Construction.

2. Angewandte Hydrodynamik.

3. Angewandte Aërodynamik.

Erster Abschnitt.

Allgemeine Physik.

1. Atomtheorie.

SCHRÖDER. Ueber die Siedhitze chemischer Verbindungen. POGG. Ann. LXIV. 96.

SCHRÖDER. Ueber den Einflufs der Elemente auf die Siedhitze. POGG. Ann. LXIV. 367.

LÖWIG. Ueber den Zusammenhang zwischen den Atomvolumen und Atomgewichten der flüssigen organischen Verbindungen. POGG. Ann. LXIV. 209.

LÖWIG. Ueber den Zusammenhang zwischen Atomvolumen und Atomgewichten der flüssigen organischen Verbindungen. Zweite Abhandlung. POGG. Ann. LXIV. 515.

KOPP. Ueber Siedpunktsregelmäfsigkeiten. POGG. Ann. LXV. 89.

KOPP. Ueber die Siedepunkte einiger isomerer Verbindungen, und über Siedpunktsregelmäfsigkeiten überhaupt. Ann. d. Ch. u. Pharm. LV. 166.

KOPP. Uebersicht der Resultate einiger Arbeiten, welche Regelmäfsigkeiten in den spec. Gewichten und den Siedepunkten chemischer Verbindungen behandeln. ERDM. u. MARCH. Journ. XXXIV. 1.

BOUGHEY. On the rule for obtaining the atomic volume of elementary substances. Phil. mag. XXVI. 600.

AVOGADRO. Mémoire sur les volumes atomiques et sur leur relation avec le rang que les corps occupent dans la série électro-chimique. Ann. ch. ph. XIV. 330.

L. PLAYFAIR and J. P. JOULE. On atomic volume and specific gravity. Phil. mag. XXVII. 453.

C. GERHARDT. Sur le point d'ébullition des hydrogènes carbonés. Ann. ch. ph. XIV. 107; ERDM. u. MARCH. Journ. XXXV. 300.

Ueber Atomverhältnisse sind in Deutschland von den Herren H. KOPP, H. SCHRÖDER und C. LÖWIG Untersuchungen angestellt worden. Mit besonderem Erfolge ist der Erstere schon seit längerer Zeit auf diesem Gebiete thätig gewesen und es soll daher — vor der Besprechung der von ihm i. J. 1845 veröffentlichten Abhandlungen — eine Uebersicht seiner früheren Arbeiten gegeben werden:

1839. Ueber die Vorausbestimmung des spezifischen Gewichts einiger Klassen chemischer Verbindungen. Poggendorff's Annal. der Phys. und Chem. XLVII; 133. Auszug in: Wöhler's und Liebig's Annal. der Chem. und Pharmac. XXXII; 207.

1840. Ueber Atomvolum, Isomorphismus und spezifisches Gewicht. Wöhl. und Lieb. Annal. XXXVI; 1.

1841. Ueber die Volumtheorie. Poggend. Annal. LII; 243.

Ueber die Abhängigkeit der Krystallform vom Atomvolum, und über die Aenderung derselben durch Erwärmung. Poggend. Annal. LII; 262.

Ueber das verschiedene Verhalten der verschiedenen Mischungen aus Alkohol und Wasser in Bezug auf die Dichtigkeit. Poggend. Annal. LIII; 356.

Ueber Isomorphismus analoger Verbindungen ohne Isomorphismus der entsprechenden Bestandtheile. Poggend. Annal. LIII; 446.

Bemerkungen über die Volumtheorie und L. Gmelin's Atomzahlentheorie. Poggend. Annal. LIV; 202.

Physikalisch-chemische Beiträge I. Theil, unter dem Titel: Ueber die Modification der mittleren Eigenschaft, oder über die Eigenschaften von Mischungen in Rücksicht auf die ihrer Bestandtheile, von Hermann Kopp. Mit 4 Tafeln. Frankfurt a. M. (Bericht darüber in: Wöhl. und Lieb. Annal. XXXIX; 362.)

Ueber das spezifische Gewicht der chemischen Verbindungen von Herm. Kopp. Frankf. a. M.

1842. Ueber die Berücksichtigung der Temperatur bei Vergleichung der spezifischen Volume. Poggend. Annal. LVI; 371.

Ueber die Vorausbestimmung einiger physikalischen Eigenschaften bei mehreren Reihen organischer Verbindungen. Wöhl. u. Lieb. Annal. XLI; 79.

Desgl. zweite Abhandlung. Ebendaselbst; 169.

Notiz über einige chromsaure Salze. WÖHL. u. LIEB. Annal. XLII; 97. (In Bezug auf spezifische Volumina von p. 100 an.)

1843. Ueber die Verbindung nach Volumen von Aether mit Wasser zu Alkohol. WÖHL. u. LIEB. Annal. XLVI; 215.

1844. Ueber Siedpunktsregelmäfsigkeiten und daraus abgeleitete Folgerungen, so wie über die Theorie der spezifischen Volume der Flüssigkeiten. POGGEND. Annal. LXIII; 283.

Ueber den Zusammenhang zwischen der chemischen Constitution und einigen physikalischen Eigenschaften bei flüssigen Verbindungen. WÖHL. u. LIEB. Annal. L; 71.

Bemerkungen zur Volumtheorie. (Mit spez. Bez. auf Hrn. Prof. SCHRÖDER's Schrift: die Molecularvolume etc.) von HERM. KOPP. Braunschweig.

Die Hauptresultate dieser Untersuchungen hat der Verfasser selbst (mit Berücksichtigung anderer eben dahin gehöriger) in einem Aufsatze zusammengestellt, welcher 1845 im XXXIVsten Bande des Journals für praktische Chemie von ERDMANN und MARCHAND p. 1—36, unter dem Titel: *Uebersicht der Resultate einiger Arbeiten, welche Regelmäfsigkeiten in den spez. Gewichten und den Siedpunkten chemischer Verbindungen behandeln,* erschienen ist.

Diese Ergebnisse sind wesentlich in folgenden Sätzen enthalten:

1. Chemisch ähnliche Körper haben häufig gleiche spezifische Volumina.[1] (z. B. Chlor, Brom, Jod und Cyan.)
vergl. 1839. POGGEND. Annal. XLVII; 133 ff.

2. Die Differenzen der spezifischen Volumina analoger flüssiger Verbindungen sind einander gleich. (So ist das spezifische Volumen des essigsauren Aethyloxyds, weniger dem spezifischen Volumen des essigsauren Methyloxyds, gleich dem spez. Vol. des benzoësauren Aethyloxyds, weniger dem des benzoësauren Methyloxyds.)

[1] Spezifisches Volum, Atomvolum, Aequivalentvolum, Molecularvolum, volume particulaire eines Körpers nennt man bekanntlich den Quotienten aus dem spezifischen Gewicht desselben in sein Atomgewicht.

vergl. 1841. Poggend. Annal. LIV; 207.
1842. Wöhl. u. Lieb. Annal. XLI; 79 ff. — 169 ff.

Indeſs sind die Körper (wie schon Herr Schröder 1841, Poggend. Annal. LII; 282 ff. bemerkt hat) in dieser Beziehung nur bei „correspondirenden Temperaturen" vergleichbar, d. h. bei solchen, welche gleich weit von den Siedpunkten der Flüssigkeiten abstehen und bei denen man annehmen darf, daſs die entwickelten Dämpfe eine gleiche Spannung ausüben.

vergl. 1842. Poggend. Annal. LVI; 371 ff.
1843. Wöhl. u. Lieb. Annal. XLVI; 215 ff.

Bei festen Körpern scheinen ähnliche Verhältnisse bei Temperaturen zu bestehen, welche um gleich viel Grade von ihren Schmelzpunkten entfernt sind.

vergl. 1842. Poggend. Annal. LVI; 379 ff.

3. Das aus der Mischung oder chemischen Verbindung zweier nicht gasförmiger Körper entstehende Product hat in der Regel ein anderes Volumen, als die einzelnen Bestandtheile im getrennten Zustande zusammengenommen.

vergl. 1841. Physikalisch-chemische Beiträge I. Th. (Ueber die Modification der mittleren Eigenschaft etc.)

Dabei ist es (nach Hrn. Kopp) wahrscheinlich, daſs die Bestandtheile nicht erst nach ihrer Vereinigung eine gemeinsame Verdichtung oder Ausdehnung erfahren, sondern einzeln schon im Augenblick ihrer Verbindung entweder beide oder doch einer von ihnen eine Raumveränderung erleiden.

Das spezifische Volumen der Verbindung würde sonach die Summe dieser (wenigstens zum Theil) modificirten spezifischen Volumina der Bestandtheile sein, eine Ansicht, welche gegen Hrn. Kopp's frühere Meinung (1839. Poggend. Annal. XLVII; 133 ff.) zuerst von Hrn. Schröder (1840. Poggend. Annal. L; 553 ff.) ausgesprochen, dann von ihm wieder zurückgenommen ist. (1843. Die Molecularvolume der chemischen Verbindungen etc.)

Das Volumen der Körper in ihren Verbindungen läſst sich nicht mit Sicherheit, sondern nur wahrscheinlich bestimmen.

vergl. 1841. Ueber das spez. Gewicht der chem. Verbindungen.

Es ist z. B. anzunehmen, daſs die schweren Metalle (mit

Ausnahme des Arseniks) in allen ihren Verbindungen mit demselben, die leichten Metalle (d. h. die Metalle der Alkalien und Erden) aber mit einem andern Volumen als dem enthalten sind, welches sie im isolirten Zustande einnehmen. — Die spezifischen Volumina von Kohlenstoff, Wasserstoff und Sauerstoff in ihren Verbindungen sind von Hrn. Kopp anders, als von Hrn. Schröder gefunden worden.

4. Alle isomorphen Körper von analoger Zusammensetzung haben gleiches spezifisches Volumen (z. B. wasserfreies schwefelsaures Natron und schwefelsaures Silberoxyd). Oder: bei isomorphen Körpern verhalten sich die spezifischen Gewichte wie die Atomgewichte.

vergl. 1839. Poggend. Annal. XLVII; 133 ff. (Auszug in: Wöhl. u. Lieb. Annal. XXXII; 207 ff.
1840. Wöhl. u. Lieb. XXXVI; 1 ff.
1841. Poggend. Annal. LII; 262 ff.

Die spezifischen Volumina zweier Verbindungen können aber einander gleich sein, ohne dafs Isomorphismus stattfindet.

5. Bei einer und derselben Substanz ändert sich mit der Krystallgestalt auch das spezifische Volumen (z. B. beim kohlensauren Kalk).

6. Die Krystallform und das spezifische Volumen analoger Verbindungen können einander gleich sein, ohne dafs ihre Bestandtheile im isolirten Zustande isomorph sind und gleiche spezifische Volumina haben.

vergl. 1841. Poggend. Annal. LIII; 446 ff.

7. Flüssige Verbindungen, welche in ihrer Zusammensetzung um eine und dieselbe Gröfse unterschieden sind, zeigen auch eine constante Differenz ihrer Siedpunkte. — (So liegt z. B., nach Hrn. Kopp, der Siedpunkt jeder Verbindung, welche $x . C_2 H_4$ mehr Elemente als eine andre enthält, um x. 19° höher, als der Siedpunkt der letzteren).

vergl. 1841. Poggend. Annal. LIV; 207.
1842. Wöhl. u. Lieb. Annal. XLI; 86 ff. — 185 ff.
1844. Poggend. Annal. LXIII; 283 ff.
Wöhl. u. Lieb. Annal. L; 128 ff.
Bemerkungen zur Volumtheorie; p. 131. ff.

Der letzte Satz ist auch von Hrn. GERHARDT mit besonderer Rücksicht auf Kohlenwasserstoffe (Précis de chimie organique T. I; p. 155 sqq. — QUESNEVILLE's Revue scientifique et industrielle T. VIII; 300 sqq. 1845. *Sur le point d'ébullition des hydrogènes carbonés.* Annal. de Chim. et de Phys. 3. sér. T. XIV. p. 107 — 114. ERDM. u. MARCH. Journ. XXXV; 300 — 305) weiter untersucht worden und hat namentlich sehr ausgedehnte (später anzuführende) Arbeiten von Hrn. SCHRÖDER zur Folge gehabt, welche neuerdings Anlafs zu mannigfachen Erörterungen zwischen ihm und Hrn. KOPP gegeben haben und hier wenigstens so weit berührt werden müssen, als es zum Verständnifs des Folgenden erforderlich ist.

Die Beobachtung, dafs in sehr vielen — besonders von Hrn. SCHRÖDER aufgefundenen — Fällen dem Ein- oder Austritt gewisser Componenten, z. B. von $C_2 H_4$, eine constante Erhöhung oder Erniedrigung des Siedpunkts entspricht, führte ihn auf den Gedanken, alle organischen Flüssigkeiten in gewisse Radicale: $H_4 O_2$; $C_2 O_2$; $C_2 O_4$; $C_4 H_4$; $C_2 H_4$; H_4 zu zerlegen, für deren jedes er den Einflufs auf die Siedhitze bestimmte. Die Summe dieser Einflüsse lieferte ihm also — indem er stets von einem constanten Punkte (etwa — 70° C.) ausging — den Siedpunkt der Verbindung, deren Zusammensetzung gleich der Summe der zugehörigen Radicale war. — Es konnte nicht fehlen, dafs die Rechnung unter solchen Umständen nicht immer mit der Beobachtung völlig in Einklang zu bringen war. Um diese Uebereinstimmung wenigstens so genau als möglich zu erhalten, sah sich Herr SCHRÖDER veranlafst, gewissen Componenten verschiedene Einflüsse zuzuschreiben, z. B. $C_2 H_4$ bald als Methylen eine Siedpunktserhöhung von 21°, bald als Elayl eine Erhöhung von 16°—17°. — Dabei hielt er diese Einflüsse der Radicale auf die Siedhitze für so charakteristische Merkmale, dafs er aus ihnen die Gegenwart des einen oder andern zu erkennen meinte und den Siedpunkt als „das wesentlichste Kennzeichen zur Ermittlung der Componenten" organischer Verbindungen ansah. Es hing damit die Meinung zusammen, dafs isomere Verbindungen, bei ungleicher Gruppirung ihrer Elemente, stets verschiedene Siedpunkte hätten.

Diesem Verfahren hat Herr Kopp in seiner 2ten Abhandlung v. J. 1845: *Ueber Siedpunktsregelmäſsigkeiten* in Poggend. Annal. Bd. LXV; p. 89—100 den Vorwurf gemacht, daſs es eine zu groſse Genauigkeit der beobachteten Siedpunkte voraussetze und daher die Annahme des doppelten Einflusses einer Componente nicht gerechtfertigt sei, z. B. von bald 16°, bald 21° bei $C_2 H_4$, wofür seines Erachtens nur der gemeinsame Werth von 19° angenommen werden könne.

Denselben Vorwurf wiederholt und rechtfertigt Herr Kopp in einem 3ten Aufsatze: *Ueber die Siedpunkte einiger isomerer Verbindungen und über Siedpunktsregelmäſsigkeiten überhaupt,* welcher sich in Wöhler's und Liebig's Annalen der Chem. u. Pharmac. Bd. LV; p. 166—200 findet.

Er weist darin nach, wie wenig die störenden Einflüsse bei Siedpunkts-Bestimmungen bisher berücksichtigt worden seien, indem er sich zugleich gegen Hrn. Schröder's Einwand vertheidigt, daſs die Unsicherheitsgrenze dieser Beobachtungen von ihm zu weit ausgedehnt werde. Auſserdem fügt er eine Reihe von Beispielen hinzu, in denen der Compositions-Differenz gewisser Körper von $C_2 H_4$ eine Siedpunkts-Differenz von 19° entspricht.

An der Art und Weise, wie Herr Schröder die Componenten organischer Verbindungen — vom Gesichtspunkte ihres Einflusses auf die Siedhitze — bestimmt, hat er namentlich auszusetzen, daſs diese Zerlegungen, welche die Betrachtung weder vereinfachen, noch erleichtern, ohne Rücksicht auf chemische Analogien und auf bisher gültige Annahmen über die Zusammensetzung der Körper, nur in der Absicht ausgeführt werden, das einseitige Endresultat mit einer zufällig gegebenen Beobachtung in absolute Uebereinstimmung zu setzen.

Die dem Verfahren zum Theil zu Grunde liegende Ansicht, daſs der Siedpunkt im Stande sei, die ungleiche Gruppirung der Elemente isomerer Verbindungen anzuzeigen, sucht Herr Kopp auf experimentellem Wege zu widerlegen. Durch eigene, möglichst sorgfältige Beobachtungen findet er nämlich, daſs die Siedpunkte des ameisensauren Aethyloxyds und des essigsauren Methyloxyds, des ameisensauren Amyloxyds und valeriansauren Methyloxyds, des essigsauren Amyloxyds und valeriansauren Aethyloxyds, deren je 2 Verbindungen isomer sind, einander gleich seien. Er schliefst also, dafs der Siedpunkt — ebenso wenig wie er in den genannten Fällen die aus der Erfahrung abgeleitete verschiedene rationelle Zusammensetzung jener isomeren Verbindungen angab — überhaupt nicht fähig sei, dergleichen Unterschiede anzudeuten.

Am Schlufs seiner Abhandlung (Wöhl. u. Lieb. Annal. p. 197) macht der Verfasser noch darauf aufmerksam, dafs isomere Verbindungen bei gleichem Abstande von ihren Siedpunkten gleiches spezifisches Gewicht haben. Zugleich bemerkt er — gegen Hrn. Löwig — dafs man das spezifische Volumen eines Elements bei dergleichen correspondirenden Temperaturen in verschiedenen Flüssigkeiten als gleich betrachten könne, wie namentlich aus seinen Formeln hervorgehe, welche jene Voraussetzung enthielten und durch die Beobachtung hinreichend bestätigt würden.

Herr Schröder hat in früheren Jahren folgende Arbeiten veröffentlicht:

1840. Allgemeine Begründung der Volumentheorie oder der Lehre von den Aequivalent-Volumen. Poggend. Annal. L; 553.

1841. Ueber die spezifische Wärme zusammengesetzter Körper. Ein Beitrag zur Volumentheorie. Poggend. Annal. LII; 269.

Ueber die Ausdehnung der Körper durch die Wärme. Ein weiterer Beitrag zur Volumentheorie. Poggend. Annal. LII; 282.

Rechtfertigung der Volumentheorie gegen Löwig's Bemerkungen (in Erdm. und March. Journ. XXII; 244—246). Erdm. u. March. Journ. XXIII; 436.

1843. Die Molecularvolume der chemischen Verbindungen im festen und flüssigen Zustande, von H. Schröder. Mannheim.

1844. Die Siedhitze der chemischen Verbindungen das wesentlichste Kennzeichen zur Ermittlung ihrer Componenten. Poggend. Annal. LXII; 184.

Desgl. (Schlufs). Ebendaselbst. 337.

Die Siedhitze der chemischen Verbindungen als das wesentlichste Kennzeichen zur Ermittlung ihrer Componenten. (Nebst vollständigen Beweisen für die Theorie der Molecularvolume der Flüssigkeiten) von H. Schröder. Mannheim.

In seiner ersten, 1845 in Poggend. Annal. Bd. LXIV; p. 96—112 (unter dem Datum vom 16ten Nov. 1844) erschienenen Abhandlung: *Ueber die Siedhitze der chemischen Verbindungen* überzeugt sich der Verfasser von der Richtigkeit einer schon früher von Hrn. Kopp aufgestellten Behauptung, dafs einer gewissen Compositionsdifferenz zweier Verbindungen ein constanter Unterschied der Siedpunkte auch in Fällen entsprechen könne, in denen die mit einander verglichenen, analogen flüssigen Verbindungen in Dampfform nicht gleiches Volumen einnehmen (ohne jedoch seinen Grundsatz zu verlassen, nur solche Flüssigkeiten zusammenzustellen, welche bei correspondirenden Temperaturen und gleichem Druck gleiche Volumina haben). Aufserdem theilt er eine lange Reihe von Gruppen mit, welche bei gewissen Compositionsdifferenzen andre Siedpunktsunterschiede darstellen, als sie von Hrn. Kopp für dieselben Compositionsdifferenzen aufgefunden sind. Diese Abweichung kann nicht befremden, da die Verfasser bei ihren Bestimmungen von verschiedenen Verbindungen ausgehen und den Siedpunkts-Beobachtungen ungleiche Grade der Genauigkeit beilegen. Sie erscheint aber um so erklärlicher, wenn man sieht, wie Herr Schröder selbst einer und derselben Compositionsdifferenz, z. B. $C_2 H_4$ bald eine Erhöhung des Siedpunkts von 16° (p. 101 der genannten Abhandlung) oder 21° (p. 97), bald von 26° (p. 106), 55° (p. 108) oder 62° (p. 111) zuschreibt und in einem andern Falle den Einflufs von H_4, welcher früher (1844. Poggend. Annal. LXII; 184 ff., 337 ff.; und die Siedhitze der chem. Verbindungen etc. Mannheim) als eine Temperaturerniedrigung von 3° angegeben wurde, später als eine Temperaturerniedrigung von 10° bezeichnet, wie in seinem 2ten Aufsatze vom J. 1845: *Ueber den Einflufs der Elemente auf die Siedhitze* in Poggend. Annalen Bd. LXIV; p. 367—404 geschehen ist.

Ebendaselbst bemüht er sich die Einflüsse nachzuweisen,

welche der Ein- oder Austritt einzelner Elemente auf die Siedpunkte ihrer Verbindungen ausübt und daraus diejenigen abzuleiten, welche früher den zusammengesetzten Componenten zugeschrieben wurden.

Im Uebrigen berührt die genannte Abhandlung nur die bereits besprochenen Differenzen mit Hrn. Kopp, ohne zu neuen Resultaten zu führen.

Das eigentliche Verdienst dieser Untersuchungen ist also, den von Hrn. Kopp entdeckten Zusammenhang zwischen der chemischen Constitution gewisser organischer Verbindungen und ihren Siedpunkten an einer grofsen Anzahl von Beispielen und so weit er sich verfolgen liefs, nachgewiesen zu haben. Es ist möglich, dafs er einmal dazu beitragen wird, die Zusammensetzung der Körper selbst zu ermitteln. Bis jetzt hat er zu diesem Ziele noch nicht geführt und die von Hrn. Schröder aufgestellten Formeln, welche von diesem Gesichtspunkte aus die Körper zerlegen, haben keinen andern wissenschaftlichen Werth und vom Standpunkt der Erfahrung keinen andern Sinn, als den, die Beziehung der Compositionsunterschiede zu den Siedhitzedifferenzen in einer übersichtlicheren Form darzustellen.

Der Raum gestattet es nicht, zur deutlicheren Auseinandersetzung, auf diesen Gegenstand näher eingehen, welcher überdies fast mehr der Chemie, als der Physik angehört.

Herr Löwig hat 1845 zwei Abhandlungen über den Zusammenhang von Atomvolumen und Atomgewicht, und eine Critik der Schröder'schen Arbeiten erscheinen lassen. — Seine Resultate können jedoch in dieser Beziehung bei der Willkühr seiner Hypothesen und der Unzuverlässigkeit seiner Berechnungen unmöglich als sicher betrachtet werden, weshalb ihre Mittheilung hier unterbleiben und auf die folgenden Originalarbeiten selbst verwiesen werden mufs:

1845. *Ueber den Zusammenhang zwischen den Atomvolumen und Atomgewichten der flüssigen organischen Verbindungen* (im Dec. 1844). Poggend. Annal. Bd. LXIV; p. 209—236.

Desgl. Zweite Abhandlung. Ebendaselbst p. 515—531.

Einige Bemerkungen zu Hrn. Schröder's Abhandlung:

„Ueber den Einflufs der Elemente auf die Siedhitze." Dritte Abhandlung. Poggend. Annalen Bd. LXVI; p. 250—268.

Vergl. Hrn. Löwig's frühere Arbeiten:

1841. Bemerkungen über Hrn. Prof. Schröder's Abhandlung: „Allgemeine Begründung der Volumtheorie u. s. w. (in Poggend. Annal. L; 553). Erdm. u. March. Journ. XXII; 241.

1844. Ueber die physikalisch-chemischen Eigenschaften der organischen Verbindungen von C. Löwig. Zürich. Chemie der organischen Verbindungen von C. Löwig. Iter Bd. Zweite Auflage. Zürich und Winterthur.

In einem kurzen Aufsatze: *On the rule for obtaining the Atomic Volume of Elementary Substances* im Lond., Edinb., and Dubl. Philos. Magazine by Brewster, Taylor etc. Vol. XXVI. Third Ser. p. 600—602 (June, 1845. supplem.) macht Herr B. Boughey darauf aufmerksam, dafs es am angemessensten sei, die Atomvolume der Körper bei ihrem Uebergange aus einem Aggregatszustand in den andern zu untersuchen und fordert daher die Physiker auf, die spezifischen Gewichte derselben in diesen Stadien zu beobachten.

Herr Avogadro stellt in seinem *Mémoire sur les volumes atomiques, et sur leur relation avec le rang que les corps occupent dans la série électro-chimique* — welches aus den Memoir. der Königl. Acad. der Wissensch. zu Turin, 2te Reihe, Bd. VIII (im Auszuge) in die Annales de Chim. et de Phys. par Gay-Lussac, Arago etc. 3. sér. T. XIV; p. 330—368 übergegangen ist — den Satz auf, dafs das Atomvolumen eines festen oder flüssigen einfachen Körpers (oder die Entfernung seiner Atome von einander) desto gröfser sei, je electro-positiver der betrachtete Körper ist. Wie wenig dies Gesetz aber erwiesen ist, geht aus den eigenen Beispielen hervor, von denen sich allein 10 demselben ohne Zwang unterordnen, 24 ihm durch Multiplicationen nur auf künstliche Weise, andre aber gar nicht anschliefsen lassen oder noch nicht untersucht worden sind.

Eine Abhandlung: *On Atomic Volume and Specific Gravity* von den Herren Lyon Playfair und J. P. Joule, welche im Decemberheft und Supplem. des Philos. Magaz. von 1845. Vol. XXVII. Third Ser. p. 453—533 veröffentlicht ist, soll erst im Jahresbericht für 1846 zur Sprache kommen, um nicht von ihrer, im Juni dieses Jahres in demselben Journal erschienenen, Critik von Hrn. Marignac getrennt zu werden.

H. Knoblauch.

---

2. Cohäsion und Adhäsion.

G. Hagen. Ueber die Oberfläche der Flüssigkeiten. Abhandl. d. Königl. Akademie zu Berlin f. 1845; Pogg. Annal. LXVII. 1.

W. G. Armstrong. On the spheroidal condition of liquids. Phil. mag. XXVII. 257; Dingl. pol. J. XCVIII. 472.

Peltier. Sur les modifications éprouvées par les fils de métal qui ont servi long temps de conducteurs électriques. C. R. XX. 62; Philos. mag. XXVI. 278.

Donny. Note sur la cohésion des liquides. Inst. No. 576 p. 17.

G. Hagen, Ueber die Oberfläche der Flüssigkeiten.

Manche Erscheinungen deuten an, dafs in der *Oberfläche* der Flüssigkeiten eigenthümliche, von denen im Innern verschiedene Verhältnisse stattfinden. Leichte unbenetzte Körper veranlassen nur ein Einbiegen der Oberfläche, ohne sie zu durchbrechen; neben benetzten Körpern erhebt sich die Oberfläche. Die so entstehenden aufwärts oder abwärts gekehrten Ränder ziehen sich an, wenn sie gleichartig sind; ein benetzter und ein unbenetzter Rand stofsen sich ab. Kleine Quantitäten Flüssigkeit auf unbenetzten Flächen nehmen durch die Spannung der Oberfläche Kugelgestalt an. Bei der Blasenbildung erscheint die Oberfläche ganz frei und getrennt von der innern Masse. Bei strömendem Wasser bewegt sich die Oberfläche langsamer, als die darunter befindliche Masse, wie es der durch momentanes Eintauchen eines mit Tusche gefüllten Pinsels entstehende schwarze Streifen zeigt. Auch bei der Bildung und dem Zusammenfliefsen einzelner Tropfen finden auffallende Bewegungen statt. Diese Erscheinungen lassen vermuthen, dafs die Oberfläche eine festere Decke sei, deren dicht zusammengedrängte Theilchen, wenn sie auch noch immer leicht trennbar und verschiebbar sind, dennoch einen viel stärkeren Zusammenhang haben, als die Theilchen im Innern der Flüssigkeit. Die besondere Modification der Erscheinung, welche die Oberfläche der Flüssigkeiten bei geringem Abstande der einschliefsenden Wände zeigt, nennt man die *Capillarerscheinung*. Die bisherigen Messungen variiren unter sich ziemlich bedeutend [1], und auch in theoretischer Beziehung ist eine Vereinfachung der Methode wünschenswerth, da die Aufgabe bisher mehr vom mathematischen als vom physikalischen Standpunkte aufgefafst ist. Es beschäftigten sich mit dem Problem bis jetzt hauptsächlich Hawksbee, Jurin, Clairaut [2], Segner [3], Th. Young [4], Laplace [5], Gauss [6], Poisson [7]. Der letztere wies nach, dafs bei Voraussetzung einer gleichen Molecularattraction in den einzelnen körperlichen Elementen der Oberfläche und im Innern der Flüssigkeit die Capillarerscheinung sich in keiner wahrnehmbaren Gröfse darstellen könne. Man müsse also eine starke Abnahme der Verdichtung in der Oberfläche annehmen, um die Erscheinung zu erklären.

1 Brewster, Edinburgh Encyclopaedia, Vol. V, 1830. Capillary attraction.

2 Théorie de la figure de la terre. Paris 1743. Chap. X.

3 De figuris superficierum fluidarum, in den Commentariis societatis scientiarum Gottingensis, Tom. I für 1751.

4 An Essay on the Cohaesion of Fluids. Philosophical Transactions. 1805 und Course of Lectures of natural Philosophy, Vol. II, 1807, Sect. X.

5 Sur l'action capillaire: Supplément au X. livre de la mécanique céleste und Supplément à la théorie de l'action capillaire, in der Mécanique Céleste, Vol. IV, Paris 1805.

6 Principia generalia theoriae figurae fluidorum in statu aequilibrii, Sept. 1829, in den Comm. soc. scient. Gott. Vol. VII.

7 Nouvelle théorie de l'action capillaire. Paris 1831.

Die Ursache der Capillarerscheinungen liegt in der Wirkung der Oberfläche allein, oder diese reicht doch zur Erklärung derselben aus; weil nämlich die Wirkungen der *innern* Flüssigkeitstheile sich gegenseitig aufheben, und auch wegen der durch die gröfsere Annäherung der Theilchen in der Oberfläche verstärkten Attraction. Man kann ferner annehmen, dafs die Attraction nur in unendlich kleinen Entfernungen, und namentlich nur innerhalb der Gränzen wirksam ist, für welche der Berührungskreis mit der Curve zusammenfällt; denn der Versuch zeigte, dafs zwei einander genäherte Wassertropfen erst zusammenflossen, wenn der letzte hindurchfallende Lichtstrahl verschwunden war, und ihr Abstand gewifs nur $\frac{1}{100}$ Linie betrug. Es wird nun auf folgende Weise die Beziehung zwischen dem verticalen Abstande irgend eines Punktes in der Oberfläche von dem allgemeinen Horizonte, und dem gröfsten und kleinsten Krümmungshalbmesser der untersuchten Stelle hergeleitet. Bildet sich der umgebogene Rand der Oberfläche zwischen zwei parallelen oder doch in einer horizontalen Linie sich schneidenden Ebenen, so stellt jeder auf den Ebenen rechtwinklige verticale Querschnitt die erzeugende Curve der gekrümmten Fläche dar. Ein beliebiger Punkt A in dieser Curve wird von je zwei andern von A gleich weit entfernten Punkten B und C derselben Curve gleich stark angezogen, und die Resultante der beiden Kräfte, die nach der concaven Seite der Curve hin normal gerichtet ist, steht zu jeder Componente in demselben Verhältnifs, wie der Abstand der Punkte B oder C von A zum Krümmungshalbmesser. Unter der Annahme also, dafs die Summe der einen beliebigen Punkt anziehenden Theilchen mit verändertem Krümmungshalbmesser sich zugleich nicht ändert, ist die Gesammtwirkung aller Theilchen auf den Punkt A dem Krümmungshalbmesser ϱ dieses Punktes der Curve umgekehrt proportional. Eben dasselbe wird für die Einwirkung aller Punkte bewiesen, die in einem beliebig geneigten durch A gelegten ebenen Schnitte liegen, und es gilt mithin für die ganze Kraft, womit ein Punkt A nach der concaven Seite hin angezogen wird, dasselbe Verhältnifs. Dieser Kraft wird das Gleichgewicht gehalten durch den Druck der an A hängenden oder darauf lastenden Flüssigkeit, welcher ebenfalls normal gegen die Oberfläche wirkt. Bezeichnet man also den verticalen Abstand irgend eines Punktes der Oberfläche von dem allgemeinen Horizonte durch y, so ergiebt sich $y = \frac{m}{\varrho}$. Auf den Fall einer doppelt gekrümmten Oberfläche ausgedehnt findet sich, wenn ϱ und ϱ' den gröfsten und kleinsten Krümmungshalbmesser der Curve an dem betrachteten Punkte bezeichnen $y = m\left(\frac{1}{\varrho} + \frac{1}{\varrho'}\right)$.

Diese Bedingungsgleichung läfst sich noch einfacher durch Annahme einer gewissen *Spannung* in der Oberfläche darstellen. Denn wenn man auch der Oberfläche, deren Ausdehnung ja ohne Veränderung der Spannung sich verändern läfst, nicht wie einem gespannten Seile Elasticität beilegen darf, wenn man auch dieselbe nicht als einen festen Körper von sehr geringer Dicke ansehen kann, weil ihre Theilchen, nachdem sie auseinander gerissen sind, bei eintretender Berührung wieder eben so fest, wie früher, an einander haften —, so kann man doch bei der Untersuchung des *Gleichgewichts* die Kraft, womit die Theilchen an einander haften, wie bei festen Körpern messen; und es soll die Einführung des Begriffs der Spannung nicht die Kraft *erklären*, sondern nur das Maafs ihrer Wirkung bezeichnen. In Folge der Beweglichkeit der Theilchen, die sich immer möglichst geschlossen an einander reihen, steigert sich diese Spannung jedesmal bis zum Maximum, oder die Ausdehnung der Oberfläche reducirt sich immer auf das Minimum, so weit dies mit Rücksicht auf den hydrostatischen Druck der Flüssigkeit geschehn kann.

Diefs zeigt sich sehr auffallend, wenn man durch eine dünne Glasröhre, deren unteres Ende frei herabhängt, Wasser hindurchfliefsen läfst, während die Röhre von aufsen benetzt ist. Dasselbe bildet zuerst ein vom scharfen Rande der Röhre begränztes Kugelsegment; das weiter hinzutretende Wasser zieht sich aber neben dem scharfen Rande der Röhre vorbei *aufwärts*, so dafs dieser aus dem kugelförmigen Tropfen hervortritt. Sobald der Rand bei zunehmender Gröfse des Tropfens überdeckt wird, so sinkt der Tropfen herab, und hängt wieder an der Basis der

Röhre, bis er bei fernerer Zunahme seines Gewichts endlich abreifst.

Unter diesem Gesichtspunkte stellt sich die erzeugende Curve als eine Art von Kettenlinie dar. — Zwei Ebenen seien symmetrisch gegen den Horizont geneigt, und schneiden sich in einer horizontalen Linie. Zwei senkrechte Querschnitte, welche die Scheiben normal treffen, in einem Abstande gezogen, welcher der Maafseinheit gleich ist, begränzen einen Streifen der Oberfläche von einfacher Krümmung. Der Abstand eines Punktes A in der Oberfläche von der Axe der erzeugenden Curve sei x, seine Niveau-Differenz gegen den allgemeinen Horizont y. Die Neigung des Bogens an dieser Stelle gegen den Horizont sei α. Wenn k das Gewicht der Raumeinheit der Flüssigkeit bezeichnet, so ist der hydrostatische Druck gegen ds gleich $kyds$; dieser ist nach dem hydrostatischen Grundsatz normal gegen die Oberfläche gerichtet. S sei die Spannung des Streifens in A, T dieselbe im Scheitel der Curve. Indem nun alle horizontalen und eben so alle verticalen Kräfte, welche vom Drucke der Flüssigkeit auf die ganze Länge des Streifens s zwischen dem Scheitel der Curve und dem Punkte A und aus den Spannungen an dessen Enden herrühren, im Gleichgewicht sein müssen, so ergiebt sich $T = S.\cos\alpha + k\int \sin\alpha\, yds$ und $o = S.\sin\alpha - k\int \cos\alpha\, yds$ oder wenn man $\frac{dy}{ds}$ für $\sin\alpha$ und $\frac{dx}{ds}$ für $\cos\alpha$ einsetzt, $S.\cos\alpha = T - k\int ydy$ und $S.\sin\alpha = k\int ydx$. Diese beiden Gleichungen differenziirt und respective mit $\cos\alpha$ und mit $\sin\alpha$ multiplicirt geben $\cos^2\alpha\, ds - S.\sin\alpha\cos\alpha\, d\alpha = -k\frac{ydx\,dy}{ds}$, und

$$\sin^2\alpha\, ds + S.\sin\alpha\cos\alpha\, d\alpha = k\frac{ydx\,dy}{ds}.$$

Durch Summirung beider erhält man $ds = o$. In einer und derselben Curve ist also die Spannung S in der Ausdehnung des ganzen Streifens constant oder gleich T. Die Gleichung $S.\sin\alpha = k\int ydx$ wird also $T\frac{dy}{\sqrt{dx^2+dy^2}} = k\int ydx$; differenziirt man dieselbe, so folgt $ky = T\frac{dx\,d^2y}{(dx^2+dy^2)^{\frac{3}{2}}}$ oder $y = \frac{T}{k}.\frac{1}{\varrho}$, wenn ϱ

wieder den Krümmungshalbmesser bedeutet. Die oben mit m bezeichnete Constante ist also nichts anders, als die Spannung oder Festigkeit des Streifens von der Breite *Eins*, dividirt durch das Gewicht der Raumeinheit der Flüssigkeit. In ähnlicher Weise wird für die Oberfläche, die sich in einer lothrecht aufgestellten cylindrischen Röhre bildet, nachgewiesen, daſs $y=\frac{T}{k}\left(\frac{1}{\varrho}+\frac{1}{\varrho'}\right)$ ist, wenn ϱ und ϱ' wieder den gröſsten und kleinsten Krümmungshalbmesser bezeichnen.

Diese aufgefundenen Gesetze werden nun mit den Beobachtungen verglichen. Bei engen Glasröhren läſst sich die Erhebung der Oberfläche nicht scharf messen, die Röhrenweite ist schwierig zu ermitteln, und man ist der vollständigen Benetzung nicht gewiſs. Die Höhe einer Oberfläche dagegen, die man vollständig übersehn kann, läſst sich sehr sicher messen vermittelst einer Stahlspitze, die bei der geringsten Einsenkung ein verzerrtes Spiegelbild giebt, oder, wenn sie benetzt wird, die Erhebung des Randes zeigt. Holz-, Glas- und Thonschieferscheiben wurden leicht vollständig benetzt; an Messingscheiben, die eine Stunde lang unter Wasser gelegen hatten, haftete dasselbe ebenfalls. Längs der benetzten Scheibe bildete sich eine regelmäſsige spiegelnde hohle Fläche, welche in die Ebene der Scheibe überging. Einer scharfen Kante würde in der That ein unendlich kleiner Krümmungshalbmesser, und folglich ein unendlich groſser Druck entsprechen, der die Kante herausziehen müſste.

Es ist zuerst das Ansteigen der Oberfläche des Wassers an einer einzelnen, vertical stehenden Planscheibe untersucht, und die Gleichung der erzeugenden Curve auf folgende Weise gefunden. Bezeichnet y den verticalen Abstand eines Punktes vom allgemeinen Niveau, x seinen horizontalen Abstand von der Wand, ϱ den Krümmungshalbmesser, und α die Neigung der Tangente gegen den Horizont für diesen Punkt, so findet sich aus der Gleichung $y=\frac{m}{\varrho}$, wenn man für dy den Werth $\varrho\sin\alpha d\alpha$ einführt, $\varrho\sin\alpha d\alpha=-\frac{m d\varrho}{\varrho^2}$ oder $\sin\alpha d\alpha=-m\frac{d\varrho}{\varrho^3}$, folglich

$\frac{m}{2\varrho^2} = -\cos\alpha + C$. Wo die Oberfläche horizontal wird, ist $\alpha = o$, $\varrho = \infty$, also $C = +1$ und $\frac{m}{2\varrho^2} = 1 - \cos\alpha = \frac{y^2}{2m}$. Für den höchsten Punkt der Curve, der in der Wand liegt, ist $\alpha = \frac{1}{2}\pi$. Das zu diesem Punkte gehörige y sei $= H$, so findet man $H = \sqrt{2m}$, $m = \frac{1}{2}H^2$, und $\cos\alpha = 1 - \frac{y^2}{H^2}$. Führt man diesen Werth ein in der Gleichung $dx = \cot g\,\alpha\,dy$, so ergiebt die Integration

$$x = \frac{H}{\sqrt{2}} \log \frac{H\sqrt{2} + \sqrt{2H^2 - y^2}}{(1+\sqrt{2})y} - \sqrt{2H^2 - y^2} + H.$$

Die nach dieser Formel berechneten Werthe stimmen gut mit den Beobachtungen überein, die mit Brunnenwasser und an einer Messingscheibe angestellt wurden. Die Erhebung der Oberfläche an Scheiben von Buchsbaum, Thonschiefer und Glas war genau dieselbe als an der Messingscheibe. Es ergab sich der Werth der Constante oder $m = 0{,}94$. —

Mit gröfserer Schärfe läfst sich die Erhebung der Oberfläche zwischen zwei senkrecht und parallel aufgestellten Planscheiben beobachten. Zur Berechnung ist folgende Methode angewandt. Die Gleichung $y = \frac{m}{\varrho} = \frac{my''}{(1+y'^2)^{\frac{3}{2}}}$ auf beiden Seiten mit dy multiplicirt und integrirt giebt $C - \frac{1}{2}y^2 = \frac{m}{\sqrt{1+y'^2}}$. Die Erhebung der Oberfläche neben der Wand sei h', die im Scheitel sei h, so ist für $y = h'$ der Werth von $y' = \infty$ und für $y = h$ ist $y' = o$. Daraus folgt $C - \frac{1}{2}h'^2 = o$ und $C - \frac{1}{2}h^2 = m$, also $\frac{1}{2}h'^2 - \frac{1}{2}h^2 = m$. Die Substitution dieser Werthe ergiebt $h'^2 - y^2 = \frac{h'^2 - h^2}{\sqrt{1+y'^2}}$, also

$$y'^2 = \frac{(h'^2 - h^2)^2}{(h'^2 - y^2)^2} - 1, \text{ mithin } dx = \frac{h'^2 - y^2}{\sqrt{(h'^2 - h^2)^2 - (h'^2 - y^2)^2}}\, dy.$$

Setzt man nun $\frac{h'^2 - h^2}{h'^2} = \mu$ und $\frac{h'^2 - y^2}{h'^2 - h^2} = \sin\varphi$, also

$y = h'\sqrt{1 - \mu \sin\varphi}$ und $dy = \frac{1}{2}h' \cdot \frac{-\mu \cos\varphi\, d\varphi}{\sqrt{1 - \mu \sin\varphi}}$, während aus der obigen Gleichung $dy = \frac{dx}{tang\,\varphi}$ sich findet, so folgt aus der Gleichsetzung dieser beiden Werthe $\frac{2\,dx}{h'} = -\frac{\mu\,sin\,\varphi}{\sqrt{1-\mu\,sin\,\varphi}}d\varphi$ oder $\frac{dx}{h} = -\frac{1}{2\sqrt{1-\mu}}\cdot\frac{\mu\,sin\,\varphi}{\sqrt{1-\mu\,sin\,\varphi}}d\varphi$. Dieser Ausdruck ist in eine unendliche Reihe aufgelöst, die nach Potenzen von $\mu\,sin\,\varphi$ ansteigt; die einzelnen Glieder zwischen den Gränzen $\varphi=0$ und $\varphi=\frac{1}{2}\pi$ integrirt (weil in dem Ausdrucke $sin\,\varphi=\frac{h'^2-y^2}{h'^2-h^2}$ der Werth von y zwischen h' und h sich ändert), so daſs in dem Resultate φ verschwindet, ergeben dann, wenn man den Abstand der Scheiben $2a$ nennt, $\frac{a}{h} = \frac{1}{2\sqrt{1-\mu}}(f.\mu+f'.\mu^2+f''.\mu^3+\ldots)$.

Die Zahlencoëfficienten f, f', f'' u. s. w. sind berechnet, und zur Zusammenstellung einer Tabelle benutzt, vermittelst deren man, wenn von den vier Gröſsen h', h, m, a zwei gegeben sind, die beiden andern finden kann.

Bei den angestellten Messungen (bei denen auſser h' und h auch noch die Erhebung an der äuſsern Seite der Scheibe oder H bestimmt wurde) betrug der Abstand der Scheiben 1,245 Par. Lin. Es wurde bemerkt, daſs die Erhebung immer um so gröſser ist, je frischer die Oberfläche ist. Das Maximum von h erreicht man durch wiederholtes Abheben der Oberfläche zwischen den beiden Scheiben mit dickem Löschpapier. Während einer halben Minute wird die Erscheinung schon merklich schwächer, nimmt in geringem Maaſse noch Tage lang ab, und wird am geringsten, wenn das Wasser kocht. Eine solche Veränderung der Oberfläche läſst sich auch vermittelst eines Oeltropfens erkennen, der auf dem frischen Wasserspiegel sich sogleich ausbreitet und irisirt, auf einer Oberfläche aber, die längere Zeit selbst unter einer Glasglocke gestanden hat, ruhig liegen bleibt. So variirten die gefundenen Werthe von m zwischen 0,9 und 1,5. Zwischen Brunnenwasser und destillirtem Wasser fand kein merklicher Unterschied statt. —

Die Beobachtung der Capillarerscheinung in engen cylindrischen Röhren ist zwar sehr bequem; aber die Messung ist weniger scharf auszuführen, als zwischen zwei Planscheiben, und die Erscheinung selbst tritt wegen des Mangels an Beweglichkeit in der Oberfläche höchst unregelmäfsig ein. Poisson giebt die drei ersten Glieder des aus der Bedingungsgleichung $y=m\left(\frac{1}{\varrho}+\frac{1}{\varrho'}\right)$ hervorgehenden Ausdrucks an. Wenn a den Halbmesser der Röhre, und h die Erhebung der Oberfläche in deren Axe über den allgemeinen Horizont bedeutet, so ist

$h=\frac{2m}{a}-\frac{a}{3}+\frac{a^3}{6m}(\log 4-1)$ also $m^2-\frac{1}{2}ma(h+\frac{1}{3}a)=-0{,}0322a^4$.

Ein anderer Näherungswerth läfst sich darstellen, wenn man annimmt, dafs die erzeugende Curve der Oberfläche der Quadrant einer Ellipse sei, deren kleine Axe in der Axe der Röhre liegt, und deren grofse Axe die Oberfläche neben der Röhrenwand trifft. Bedeuten h und h' wieder die kleinste und gröfste Erhebung der Oberfläche, so wird für h gefunden $\varrho=\varrho'=\frac{a^2}{h'-h}$; für h' aber ist $\varrho=\frac{(h'-h)^2}{a}$ und $\varrho'=a$. Man hat also $h=\frac{2m(h'-h)}{a^2}$ und $h'=\frac{ma}{(h'-h)^2}+\frac{m}{a}$. Wenn man h' eliminirt und $\frac{2m}{ah}=c$ setzt, so findet man $c^4+c^2\ \ 2c=\frac{2a}{h}$. Wäre die Oberfläche eine halbe Kugelfläche, oder $h'-h=a$, so würde aus $h=\frac{2m(h'-h)}{a^2}$ folgen $\frac{2m}{ah}=1$. Man kann daher 1 als ersten Näherungswerth von c ansehn, und $c=1+\Delta$ setzen. Mit Vernachlässigung der höheren Potenzen von Δ findet man nun $\frac{2a}{h}=4\Delta+7\Delta^2$ folglich

$\Delta=\frac{2}{7}\left(\sqrt{1+\frac{7}{2}\frac{a}{h}}-1\right)$, und hieraus $m=\frac{1}{2}ah+\frac{1}{4}a^2-\frac{7}{32}\frac{a^3}{h}$. Die nach beiden Methoden berechneten Werthe der Constante differiren wenig, und der mittlere Werth von m aus den Versuchen, bei denen für möglichste Erneuerung der Oberfläche gesorgt wurde, ergab sich gleich 1,458. —

Da nach dem Früheren $m=\frac{T}{k}$ ist, worin T die Gröfse der

Kraft, womit ein Streifen Wasseroberfläche von 1 Par. Lin. Breite dem Zerreifsen widersteht, und k das Gewicht einer Kubiklinie Wasser bedeutet, so findet sich also $T=mk$ gleich 0,27 bis 0,16 Gran. —

Ein solches Zerreifsen der Oberfläche findet bei der Tropfenbildung wirklich statt, und es wurde untersucht, ob dabei wenigstens annähernd die Festigkeit der Oberfläche sich eben so grofs herausstellte. Um das oben erwähnte Zurücksteigen des Tropfens zu verhindern, wurden kreisförmige Scheiben von Messing statt der Röhren angewendet, und der Zuflufs vermittelst eines Hahnes regulirt. Die Tropfen waren um so gröfser, je schneller sie auf einander folgten, vielleicht wegen der frischern Oberfläche. Ist G das Gewicht des Tropfens, r der Radius der Scheibe, so ergiebt sich $T=\frac{G}{2\pi r}$. Der mittlere Werth für T fand sich gleich 0,20, was der Constanten $m=1,095$ entspricht.

W. G. Armstrong, Ueber den sphäroidalen Zustand der Flüssigkeiten.

Boutigny erklärt den Umstand, dafs die Körper im sphäroidalen Zustand immer eine Temperatur zeigen, die etwas unter ihrem Kochpunkt liegt, durch die Annahme, dafs das Sphäroid die Kraft habe, die Wärme beinahe gänzlich von seiner untern Fläche zu reflectiren. Hr. Armstrong bemerkt dagegen, dafs diese Hypothese die Beziehung, die zwischen dem Siedpunkt der Flüssigkeit und ihrer höchsten Temperatur im sphäroidalen Zustand unstreitig besteht, und die bei Erhöhung der Temperatur der Schale schneller werdende Verdampfung nicht erklärt. Dafs die Flüssigkeiten im sphäroidalen Zustand der Schale nicht berühren, und in Folge dessen die eigenthümliche Gestalt annehmen, rührt nach Hrn. Armstrong vielmehr von der strahlenden Wärme der Schale her, die die untere Fläche der Flüssigkeit in Dampf verwandelt, noch ehe sie mit der Schale in Berührung gekommen ist. Das Nichtstattfinden des Kochens erklärt sich daraus, dafs der gebildete Dampf unter der Flüssigkeit entweichen kann, ohne aufwärts durch die Masse steigen zu müssen, und die um einige Grade unter dem Kochpunkte bleibende Temperatur daraus, dafs die zur Verdampfung nothwendige Wärme nicht, wie sonst beim Kochen, der Schale entzogen wird, sondern der übrigen Flüssigkeit. In Uebereinstimmung mit dieser Ansicht bringt ein Stück rothglühenden Platins in kaltes Wasser getaucht, worin das Metall noch einige Secunden glühend bleibt, nur defshalb kein Aufwallen hervor, weil der gebildete Dampf durch die Kälte des Wassers verdichtet wird, sobald er dem Einflufs des erhitzten Platins entrückt ist. Wendet man bis zum Siedpunkt erhitztes Wasser an, und taucht das glühende Metall nur theilweise ein, so bringt der gebildete Dampf kein Aufwallen hervor, weil er neben dem Platin her entweichen kann; taucht man aber das Platin ganz unter das Wasser, so tritt auch das Aufwallen ein. — Der Versuch, Wasser vermittelst schweflichter Säure in der rothglühenden Platinschale zum Gefrieren zu bringen, gelingt nach Hrn. ARMSTRONG gut, wenn man zuerst die Säure in die Schale giefst, und dann Wasser hinzufügt. — In Bezug auf BOUTIGNY's Erklärung der Explosion der Dampfkessel durch den sphäroidalen Zustand, bemerkt Hr. ARMSTRONG, dafs bei der rauhen Oberfläche, die das Innere des Kessels dem Wasser darbietet, die Annahme des sphäroidalen Zustandes kaum möglich sei, und dafs, hiervon abgesehn, die Erklärung nur dann Werth haben könnte, wenn erwiesen wäre, dafs der sphäroidale Zustand des Wassers die *Ursache* und nicht erst die *Wirkung* des Rothglühendwerdens des Kessels sei.

Dr. Krönig.

Hr. PELTIER hat bemerkt, dafs Kupferdrähte, welche als Electricitätsleiter gedient hatten, nach Verlauf weniger Monate durch den Einflufs der Electricität selbst in hohem Grade brüchig wurden.

Dieser Zustand wurde besonders schnell an den Stellen herbeigeführt, an denen die Drähte, aufser dem electrischen Strome, äufseren Einwirkungen (wie denen einer Flüssigkeit oder des Witterungswechsels) ausgesetzt waren.

Gewöhnliche oder versilberte Kupferdrähte, welche man im Freien zu Electricitätsleitern benutzt hatte, mufsten nach 2 Jahren, Messingdrähte nach ½ Jahr erneuert werden. Verzinnte Drähte werden wahrscheinlich längere Zeit aushalten.

H. Knoblauch.

Hr. DONNY hat eine Untersuchung über die Cohäsion der Flüssigkeiten angestellt, von denen die Notiz im Institut nur eine kurze Ankündigung giebt. Ein merkwürdiges Experiment des Hrn. DONNY, dessen Resultat in dieser Note erwähnt wird, besteht darin, dafs der Kochpunkt des Wassers bis auf 135° C. erhöht werden könne, wenn das Wasser vollkommen luftfrei ist. Sobald die Arbeit selbst bekannt gemacht ist, wird in diesen Blättern über sie berichtet werden.

Dr. G. Karsten.

---

3. Diffusion.

PARROT. Zur Geschichte der Endosmose. POGG. Ann. LXVI. 595.

CH. MATTEUCCI et A. CIMA. Mémoire sur l'endosmose. Ann. ch. ph. XIII. 63. Janv. 1845.

GRAHAM. Sur une nouvelle propriété des gaz. Instit. No. 616. p. 369. October 1845.

THOMSON. On the diffusion of gases. Philos. mag. XXVII. 346. November 1845.

Diffusion tropfbar flüssiger Körper. — Die wissenschaftliche Bearbeitung der Diffusionserscheinungen tropfbar flüssiger Körper datirt sich bekanntlich von der Zeit an, da man wahrnahm, dafs von zwei sich gegen einander diffundirenden Flüssigkeiten die eine ihr Volumen auf Kosten der andern vermehrt, und es war deſshalb von Interesse zu wissen, wer die erste hierher gehörige Beobachtung, nämlich den bekannten Versuch mit Schweinsblase, Alkohol und Wasser gemacht hat. Allgemein schrieb man in Deutschland diesen Versuch PARROT dem Vater zu, in dessen Lehrbuch der Physik er beschrieben ist, und Referent selbst war in diesem Irrthum befangen als er die historische Einleitung zu seiner Dissertation: „De diffusione humorum per septa mortua et viva". (Berlin 1842) schrieb. Seitdem hat A. BELLANI aus der Histoire de l'Académie roy. des Sciences. Année 1748 (Paris 1752) nachgewiesen, daſs der fragliche Versuch von NOLLET herrührt. Seine Notiz ist aus MAJOCCHI's Annali di Fiscia etc. Vol. X. p. 276 in POGG. Ann. Bd. 63 p. 350 übergegangen.

Hierzu erinnert nun Hr. PARROT (POGG. Ann. 66 p. 595), daſs es ihm niemals eingefallen sei, sich den Versuch zuzueignen, vielmehr habe er selbst nach dem Erscheinen von DUTROCHET's Arbeiten die Pariser Akademie auf NOLLET's Experiment aufmerksam gemacht, und demselben auch vor der Petersburger Akademie die Priorität zugeschrieben (siehe Bulletin scientifique 1840. No. 167 p. 346, ferner Mémoires de l'Académie imp. de Sciences. VI. série. Sciences mathématiques et physiques T. III).

Von neuen Arbeiten auf diesem Gebiete ist im Jahre 1845 nur eine einzige erschienen, nämlich: *Mémoire sur l'endosmose par M. M. CH. MATTEUCCI et A. CIMA.*

Die Versuche der Verfasser erstrecken sich auf 4 Flüssigkeiten, auf

Zuckerwasser	von	19°	Baumé
Eiweiſslösung	-	4°	-
Gummilösung	-	5°	-
Alkohol	-	34°	-

Die Versuche wurden zunächst mit zwei mit einer gemeinschaftlichen Scale versehenen und in ein gemeinsames Wassergefäſs tauchenden DUTROCHET'schen „Endosmometern" gemacht, welche man beide mit derselben Flüssigkeit füllte, und als Scheidewände in den verschiedenen Versuchen Zitterrochenhaut, Froschhaut, Aalhaut, Schleimhaut vom Lämmer-, Hunde- und Katzenmagen und vom Hühnerkropf, alle im völlig frischen Zustande anwendete, und zwar zuerst in der Weise, dafs bei einem Endosmometer die natürliche Aufsenseite, bei dem anderen die natürliche Innenseite der Membran gegen das reine Wasser gewendet war. Nach Ablauf bestimmter Zeiträume wurde der Stand der Flüssigkeiten in beiden Endosmometern beobachtet, und hiernach beurtheilt, welche Stellung der Membran für die Endosmose am günstigsten sei. Es gaben aber diese Versuche insofern kein constantes Resultat, als sich, je nachdem man verschiedene Membranen und verschiedene Flüssigkeiten anwendete, bald die eine, bald die andere Lage sich als die günstigere erwies. Es wurden ferner drei Endosmometer, das eine mit Zitterrochenhaut, das zweite mit Aalhaut, das dritte mit Froschhaut geschlossen, alle drei so, dafs die natürliche Aufsenfläche der Haut nach innen gewendet war, um nach einer der obigen analogen Methode zu untersuchen, welche der drei Häute für die Endosmose am günstigsten sei. Die nach einer nicht näher angegebenen Zeit beobachtete Niveauerhöhung war für

Zuckerwasser	Zitterrochen . .	100 mm
	Frosch.	25
	Aal.	15
Eiweifslösung	Zitterrochen . .	30
	Frosch.	15
	Aal.	8
Gummilösung	Zitterrochen . .	120
	Frosch.	22
	Aal.	6
Alkohol	Zitterrochen . .	35
	Frosch.	80
	Aal.	55

Als ein auffallendes von den Verfassern beobachtetes Factum mufs ich noch anführen, dafs nach ihnen bei Anwendung der Schleimhaut des Hühnerkropfes bei Alkohol und Wasser der Strom vom Alkohol zum Wasser gerichtet ist; übrigens aber mufs ich mich entschuldigen, dafs ich auf das Detail einer grofsen Menge von Versuchen nicht eingehen kann, da dieselben nicht in der Weise angestellt sind, dafs ihre Resultate dem Material der exacten Wissenschaften einverleibt werden können.

Wir wissen, dafs die Ursache der Diffusion und der mit ihr verbundenen mechanischen Wirkungen die chemische Verschiedenheit der zu beiden Seiten der Scheidewand befindlichen Flüssigkeiten ist, und dafs diese sich durch den Procefs der Diffusion selbst nach und nach ausgleicht. Beobachtet man also ein Aufhören der mechanischen Wirkungen der Diffusion, so mufs man sich, ehe man die Ursache davon in einer Alteration der Scheidewand sucht, vor allem vergewissern, dafs die erste Bedingung der Diffusion, die Heterogeneïtät der beiden Flüssigkeiten noch fortbesteht; dies ist aber von Seiten der Verfasser nur bei einzelnen später zu erwähnenden Versuchen geschehen. Es ist ferner bekannt, dafs das einzige wahre Maafs der Endosmose, das heifst der mechanischen Wirkung der Diffusion, der hydrostatische Druck ist, welchem sie das Gleichgewicht hält: man kann also nur sagen, dafs keine Endosmose stattfinde, wenn das hydrostatische Gleichgewicht gar nicht gestört wird; man kann nur sagen, sie habe aufgehört, nachdem dasselbe völlig wieder hergestellt ist. Dies ist aber den Verfassern so wenig klar gewesen, dafs sie nicht einmal beim Anfange der einzelnen Versuche die Flüssigkeiten ins Gleichgewicht gesetzt haben, wie aus verschiedenen Stellen ihrer Arbeit klar hervorgeht. So heifst es z. B. p. 80: Avec la solution albumineuse et l'eau pure, l'endosmose *ne se fait pas* à travers la membrane muqueuse de la vessie urinaire de boeuf; le liquide *baisse* dans les deux tubes *soit que la solution d'albumine soit placée dans l'intérieur de l'instrument, soit que celui-ci contienne l'eau pure.* (Nebenbei bemerke ich, dafs Wasser durch Rinderblase von Eiweifs getrennt einen ziemlich starken Strom zum Eiweifs giebt, also mufs die ursprüngliche Niveaudifferenz entweder sehr bedeutend gewesen sein oder die Blase ist an dem Endosmometer nicht mit hinreichender Sorgfalt befestigt worden.) Dieser Umstand ist überall wohl zu beherzigen da, wo die Verfasser vom Aufhören oder Nichtstattfinden der Endosmose wegen Alteration der Scheidewände sprechen.

Endlich schlossen die Verfasser zwei Endosmometer mit Froschhaut, so dafs die Aufsenfläche derselben bei dem einen nach innen, bei dem anderen nach aufsen sah, füllten sie mit gleichen Mengen Salzlösung von gleicher und bekannter Dichtigkeit, und setzten sie in gleiche Mengen destillirten Wassers; nach Verlauf von einigen Stunden war die Niveauerhöhung in dem einen Endosmometer bedeutender als in dem anderen, aber gerade aus dem, in welchem die Salzlösung am meisten gestiegen war, war am wenigsten Salz in das Wasser gegangen. Analoge Versuche mit Aalhaut und Salzwasser und Zuckerwasser gaben dasselbe Resultat. Die Verfasser benutzen diese Versuche, um gegen Dutrochet's Ansichten von der Endosmose und Exosmose zu polemisiren.

Diffusion der Gase. — On the diffusion of gases by Thomas Starkee Thomson. — Brewster spricht in seiner Natural Magic davon, dafs es eine bekannte Thatsache sei, wie in der Nacht alle Töne und Geräusche viel weiter hörbar seien als bei Tage. Dies schrieb man gewöhnlich dem Umstande zu, dafs bei Nacht weniger störende Geräusche vorhanden sind, als bei Tage; oder wo diese Erklärung nicht statt haben konnte, leitete man die Erscheinung von einer mehr oder weniger günstigen Windesrichtung ab. v. Humboldt beobachtete aber, dafs er in der Ebene, welche die Mission von Aturès umgiebt, die Oronokokatarakten viel lauter bei Nacht hörte als bei Tage, während doch das Summen der Insecten, das einzige störende Geräusch dieser Gegenden, Nachts am lautesten ist, und die Brise sich immer erst nach Sonnenuntergang erhebt. v. Humboldt schrieb defshalb die Erscheinung der gleichförmigen Dichtigkeit der Luft in der Nacht zu, während bei Tage von der erwärmten Erde fortwährend ein warmer Luftstrom aufsteigt und sich mit der höheren kälteren Luft mischt. Diesem stimmt Brewster bei und vergleicht damit die sehr grofse Schwächung des Tones einer Glocke in einer Mischung von Wasserstoff und atmosphärischer Luft. Gegen diesen Vergleich lehnt sich Hr. Thomson auf, indem er darauf aufmerksam macht, dafs eine vollkommene Mischung von Wasserstoff und atmosphärischer Luft durchaus überall gleiche Dichtigkeit habe. Er ist vielmehr der Meinung, dafs die starke *chemische* Anziehung zwischen dem Wasserstoff und dem Sauerstoff der atmosphärischen Luft die Vibrationsfähigkeit der

Gasmolecüle, und somit auch die Fortpflanzung des Schalls beeinträchtige.

Er führt auch noch an, dafs man in Lancashire (wie überall so viel Referent weifs) aus der deutlichen Sichtbarkeit ferner Gegenstände Regen prophezeihe. Dies kommt von der gleichförmigen Sättigung der Atmosphäre mit Wassergas her.

Sur une nouvelle propriété des gaz, par M. Graham. — Hr. Graham hat die Ausströmungsgeschwindigkeit verschiedener Gase in dem leeren Raum gemessen (effusion). Er fand die Geschwindigkeit, wenn man die der atmosphärischen Luft = 1 setzt,

für Sauerstoff	0,9500
- Kohlensäure	0,812
- Kohlenwasserstoff (hydr. carburé)	0,1332
- Wasserstoff	3,613

Er hat ferner die Geschwindigkeit gemessen, mit der Gase durch poröse Körper *hindurchgeprefst* werden (transpiration). Sauerstoff prefst sich am schwersten durch, atmosphärische Luft und Kohlensäure leichter. Der Wasserstoff wird um ein Drittel leichter durchgeprefst als der Sauerstoff.

Dr. E. Brücke.

4. Capillarität.

J. W. Draper. Is capillarity an electrical phaenomenon? Phil. mag. XXVI. 185; Pogg. Ann. LXVII. 284.

Hr. Draper glaubt aus einigen Versuchen, in denen bei Phänomenen, die durch Capillarkräfte bedingt sind, zugleich electrische Erscheinungen auftreten, sowie aus andern, wo galvanische Ströme Capillarerscheinungen ändern, folgern zu können, dafs die electrischen und capillaren Kräfte gleicher Natur seien. Diese Versuche sind hauptsächlich folgende: 1) Glasplatten, die aneinander haften, erweisen sich nach der Trennung electrisch, die eine +, die andre —. 2) Giefst man in ein Uhrglas etwas Quecksilber, bringt auf dieses einen Tropfen Wasser, berührt das Quecksilber mit dem negativen Poldraht einer VOLTA'schen Batterie und den Tropfen mit dem positiven, so erfolgt, im Moment der letzteren Berührung, eine Ausbreitung des Tropfens zu einer kreisrunden Fläche, die das Quecksilber benetzt. 3) Schüttet man Quecksilber in eine U-förmige Röhre, von deren Armen der eine 0,5, der andre 0,1 Zoll im Durchmesser hält, so steht es bekanntlich, vermöge der Capillarität, in dem engen Arme viel tiefer als im weiten. Nun giefse man in den engen Arm bis zu einer kleinen Höhe Wasser, berühre dieses mit dem positiven Poldrahte einer VOLTA'schen Batterie, und das Quecksilber des weiten Arms mit dem negativen. Augenblicklich wird das Quecksilber im engen Arme steigen. Abgesehen aber von der wenig strengen Beweisführung, durch welche Hr. DRAPER daraus auf die Identität zweier Kräfte schliefst, weil die eine durch die andre Modificationen erleidet, ist es bewiesen, dafs beide Kräfte nach ganz verschiedenen Gesetzen wirken. Während nämlich die electrischen Kräfte, wie die meisten übrigen Naturkräfte, umgekehrt wie das Quadrat der Entfernung wirken, äufsern die capillaren Kräfte nur in unendlich kleine (insensible) Entfernungen eine merkliche Wirkung, sind dagegen in allen endlichen Entfernungen als völlig verschwindend anzusehen. LAPLACE hat in dem Suppl. zum Méc. Cél. sowohl dies Gesetz ganz streng aus den bekannten Haarröhrengesetzen abgeleitet, als auch die übrigen Erscheinungen auf dasselbe zurückgeführt.

Dr. F. Brünnow.

5. Dichtigkeit und Ausdehnung.

Brunner. Versuche über die Dichtigkeit des Eises bei verschiedenen Temperaturen. Pogg. Ann. LXIV. 113.

Marchand. Ueber die Dichtigkeit des Eises bei verschiedenen Temperaturen. Erm. u. March. XXXV. 254.

Struve. Sur la dilatation de la glace. Inst. No. 619 p. 397; Pogg. Ann. LXVI. 298; bullet. de l'ac. d. sc. de St. Pet. IV. 169; Erdm. u. March. XXXV. 315.

O. Fort. Dr. Petzholdt's Versuche über die Dichtigkeit des Eises bei verschiedenen Temperaturen. Pogg. Ann. LXVI. 300; Erdm. u. March. Journ. XXXV. 509.

V. Regnault. Note sur un voluménomètre. Ann. ch. ph. XIV. 207.

La Pierre. Recherches sur la dilatation des liquides. Ann. ch. ph. XV. 325.

G. Karsten. Untersuchungen über das Verhalten der Auflösungen des reinen Kochsalzes in Wasser. Berlin bei Reimer 1846; C. J. B. Karsten's Archiv XIX. 1.

Nachdem die alte Ansicht von Muschenbroek[1], dafs das Eis sich durch die Kälte ausdehne, durch Dortous de Mairan's [2] Versuche, denen jedoch die Beweiskraft mangelt, scheinbar befestigt, später aber von Placidus Heinrich[3] durch einen einfachen Versuch, nämlich durch directe Messung der Länge eines Eiscylinders bei verschiedenen Temperaturen widerlegt worden war, hat im Jahre 1843 Petzholdt[4] die Ausdehnung des Eises durch die Wärme zu bestimmen gesucht, ist aber dadurch nicht zu einem allgemeinen Gesetze, wohl aber mittelst der Rechnung des Herrn Fort zu dem merkwürdigen Schlufs gelangt, dafs trotz der Versuche von Placidus Heinrich dennoch das Eis sich durch die Wärme zusammenziehe und durch die Kälte ausdehne. Da Petzholdt's Methode der Untersuchung eine höchst man-

[1] Essay de physique. Leyde 1739, I, 444.

[2] Dissertation sur la glace. Paris 1749, p. 269.

[3] Gilbert's Annal. 26, 228.

[4] Beiträge zur Geognosie von Tyrol, 1843.

gelhafte ist, so mufs Hrn. C. Brunner's Arbeit über die Dichtigkeit des Eises bei verschiedenen Temperaturen um so willkommener sein, als sie erst entscheiden kann, ob Petzholdt's, auf seine Versuche basirte, allgemeine Gletschertheorie annehmbar sei oder verworfen werden müsse.

Hr. Brunner mufste zuerst dafür Sorge tragen, blasenfreies Eis zu erhalten. Da es ihm nicht glückte auf künstlichem Wege dazu zu gelangen, so mufste er dazu seine Zuflucht nehmen, aus gröfseren Massen von Flufseis zu den Versuchen taugliche Stücke auszuwählen. Die Methode, welche er zu den Versuchen anwendete, war die bekannte, zur Bestimmung des spec. Gew. fester Körper angewendete, wo nach der zu untersuchende Körper in der Luft und in einer Flüssigkeit von bekanntem specifischem Gewichte gewogen wird.

Die Wägungen geschahen in Terpentin- und Steinöl. Letzteres fand Hr. Brunner vortheilhafter, weil sein specifisches Gewicht von dem des Eises mehr abweicht, und weil es weniger Wasser aufzulösen vermag, als ersteres, wodurch es im Terpentinöl unmöglich gemacht wird, das Eis bei Temperaturen zwischen 0° und —1°,5 C. zu wägen, da es bei dieser Temperatur in dem Oele schmilzt.

Das specifische Gewicht des Oels, in welchem das Eis bei den verschiedenen Temperaturen gewogen werden sollte, bestimmte Hr. Brunner dadurch, dafs er ein und dasselbe Stück Glas in der Luft, im Wasser und in diesem Oele wog. Bei der Berechnung desselben aus den gefundenen Zahlen wurde natürlich Rücksicht genommen auf die durch die verschiedenen Temperaturen der Flüssigkeiten hervorgebrachten Volumensverschiedenheiten des Glases. Ob aber der durch Wägung des Glases in der Luft statt im luftleeren Raum erzeugte, freilich nur sehr geringe Fehler eliminirt worden ist, wird in dem Aufsatze nicht angegeben.

Sobald das specifische Gewicht des Oeles bekannt war, war es nur nöthig, die Wägung des Eises in ihm sowohl als in der Luft zu vollführen, um alle Data zur Bestimmung des specifischen Gewichts desselben in Händen zu haben. Es blieb nur noch übrig den Fehler zu eliminiren, welcher durch Wägung des Eises in der Luft statt im luftleeren Raume hervorgebracht werden konnte. Bei der Wägung in dem Oele wurde zugleich die Temperatur desselben bestimmt, und daraus auf die des Eises geschlossen.

Es fand sich auf diese Weise, dafs das Eis in der That durch die Kälte sich zusammenzieht, und zwar selbst stärker, als irgend ein anderer fester Körper, dessen Ausdehnungscoëfficient bekannt ist. Hr. Brunner fand das spezifische Gewicht des Eises bei 0° gleich 0,918, bei —20° gleich 0,92025, und berechnete den Coëfficienten der linearen Zusammenziehung desselben für einen Grad Celsius im Mittel zu 0,0000375 oder $\frac{1}{26700}$.

Aufser Hrn. Brunner hat sich auch Hr. Marchand mit Versuchen über die Ausdehnung des Eises bei verschiedenen Temperaturen beschäftigt. Er wog das Eis in einem Glasgefäfse, das mit Quecksilber angefüllt und mit einer Glasplatte, welche auf den Rand des Gefäfses aufgeschliffen und mit einer kleinen Oeffnung in der Mitte versehen war, bedeckt wurde. Er gewann durch Anwendung des Quecksilbers den Vortheil, geringe Volumveränderungen des Eiscylinders durch bedeutende Gewichte ausgedrückt zu erhalten. Mit Berücksichtigung der Ausdehnung des Quecksilbers und des Glases, wobei er jedoch vorläufig den Magnus'schen Ausdehnungscoëfficienten ohne Prüfung seines Glases benutzte, fand er die Zahl 0,000035 für den Ausdehnungscoëfficienten des Eises. Dies stimmt mit dem von Hrn. Brunner angegebenen sehr gut überein.

Unter Hrn. Struve's Leitung haben sich zwei jüngere Physiker, die Herren v. Schumacher und Pohrt, gleichfalls mit der Bestimmung der Ausdehnung des Eises beschäftigt. Ihre Versuche sind mit über 5 Fufs langen aus luftfreien Wässern erhaltenen Eiscylindern angestellt. Wie sie aber ausgeführt wurden wird nicht genau beschrieben. Man beobachtete bei Temperaturen zwischen —1° und —22° R. Bis jetzt sind nur die Versuche von Hrn. v. Schumacher berechnet, und dadurch die Ausdehnung des Eises für 80° R. im Mittel aus drei Versuchen zu 0,00530 bestimmt, was mit dem Resultate von Hrn. Brunner wenig übereinstimmt, welcher fand, dafs das Eis bei einer Erwärmung um 80° sich um 0,00375 seines Volumens ausdehnt.

Hr. Fort, der, wie oben erwähnt, aus Petzholdt's Versuchen jenes merkwürdige Resultat berechnet hatte, bestätigt im Allgemeinen die Resultate von den Herren Brunner, Marchand und Schumacher durch neue Versuche von Petzholdt. Dieser hat nämlich sowohl Hrn. Brunner's Versuche wiederholt, als auch eine eigene Methode angewendet, und die Resultate beider Versuchsreihen führen zu dem Schlufs, der seinem früheren, seine Gletschertheorie begründenden ganz entgegengesetzt ist, dafs nämlich das Eis, wie alle anderen festen Körper, durch Kälte sich zusammenzieht, durch Wärme sich ausdehnt. Die von ihm angewendete neue Methode ist folgende: In eine mit Quecksilber und Eisstücken gefüllte Flasche wird ein eingeschliffener Stöpsel eingepafst, durch welchen ein Thermometer und ein an beiden Enden offenes Thermometerrohr in das Quecksilber taucht. Aus dem Stande des Quecksilbers in der Röhre konnte, wenn die Ausdehnung des Gefäfses bekannt war, auf die des Eises geschlossen werden. Ob und wie die Ausdehnung des Quecksilbers in Rechnung gezogen wurde wird nicht angegeben.

Die Versuche der Herren Brunner und Marchand sind ohne Zweifel die genauesten, und die Uebereinstimmung der Resultate derselben ist der beste Beweis für ihre Güte. Der Ausdehnungscoëfficient des Eises mufs also zu 0,000035 bis 0,0000375 angenommen werden.

Der Apparat, welcher unter dem Namen Stereometer bekannt ist, und der von Say, einem französischen Physiker, erfunden worden war, hatte im Wesentlichen den Zweck die verschiedene Ausdehnung derjenigen Volumina Luft, wovon das eine durch das andere und das Volumen des zu untersuchenden Körpers bestimmt wurde, bei gleichen Differenzen des Druckes zu messen, oder umgekehrt. Dadurch konnte dann leicht das Volumen des zu untersuchenden Körpers berechnet werden.

Hr. Regnault hat einen ähnlichen Apparat construirt, welcher wohl genauere Resultate geben möchte als der von Say.

Er besteht aus einer mit einem Hahn versehenen Kugel, welche dieser einen Oeffnung gegenüber mit einer anderen versehen ist, wo sie mittelst Schrauben luftdicht an einem zweimal rechtwinklig gebogenen Rohre befestigt werden kann; an dieses Rohr kann ein Manometer gebracht werden, welches an der Stelle, wo die beiden Schenkel desselben in der Biegung communiciren, einen eisernen mit einem Hahne versehenen Theil enthält. Dieser Hahn ist so eingerichtet, dafs beide Theile der Röhre sowohl einzeln als mit einander mit der äufseren Luft in Communication gebracht und von ihr abgeschlossen werden können. Der Schenkel, an welchem die Kugel befestigt werden soll, ist in eine Kugel ausgeblasen, über und unter der sich Marken befinden. Man hat nun erst das Volumen der zur Aufnahme des Körpers, dessen Volumen bestimmt werden soll, dienenden Kugel und des Rohrs bis an die oberste Marke (V) und das Volumen des Raums zwischen den beiden Marken (v) zu bestimmen. Dies geschieht nach Wägung des bis zu dem Hahn mit Quecksilber gefüllten Apparates dadurch, dafs der Manometerschenkel, welcher die Marken trägt, einmal bis an die zweite, das andere Mal bis an die erste Marke mit Quecksilber gefüllt, und darauf der Apparat gewogen wird. Mit Hülfe des specifischen Gewichts des Quecksilbers läfst sich dann das Volumen jener Räume leicht berechnen.

Die Versuche geschehen auf folgende Weise: Die Kugel wird etwa zur Hälfte mit der Substanz, deren Volumen (x) gesucht wird, gefüllt und vor- und nachher gewogen, um das Gewicht der Substanz zu bestimmen. Das Manometer wird dann bei offenem Hahn der Kugel, also bei freiem Luftzutritt bis an die Marke mit Quecksilber gefüllt, so dafs es in beiden Schenkeln desselben gleich hoch steht. Nach Ausgleichung der Temperatur schliefst man den Hahn der Kugel und öffnet den doppelt durchbohrten Hahn so, dafs beide Schenkel des Manometers mit der Luft communiciren. Man läfst so viel Quecksilber auslaufen, bis es in dem mit Marken versehenen Schenkel die untere berührt, schliefst den Hahn, und mifst nun die Differenz der beiden Quecksilbersäulen (h). Zuerst war also eine Quantität Luft mit dem Volumen $V—x$ unter dem Drucke H, wenn H

den Barometerstand bezeichnet, jetzt dieselbe Menge Luft mit dem Volumen $V-x+v$ unter dem Drucke $H-h$.

Es ist also $\frac{V-x+v}{V-x}=\frac{H}{H-h}$ oder $x=V-\frac{v(H-h)}{h}$.

Man erhält leicht eine zweite Bestimmung von x dadurch, dafs man das Manometer bis zur unteren Marke nach Oeffnung des Hahnes an der Kugel mit Quecksilber füllt, und nun so viel Quecksilber in den offenen Schenkel des Manometers nachgiefst, bis es die obere Marke erreicht, hieraus wird wie oben die Gleichung $\frac{V-x+v}{V-x}=\frac{H+h'}{H}$ gefunden. x ist also $=\frac{Vh'-vH}{h'}$.

H kann nun ganz eliminirt werden aus den beiden Gleichungen, wodurch man erhält $x=V-v\,.\,\frac{h}{h'-h}$.

Dieser Apparat kann auch technische Anwendung finden, z. B. zur Bestimmung des Volumens verschiedener Sorten Schiefspulver. Wendet man dann stets ein bestimmtes Gewicht von diesem an, so kann das Manometer so graduirt werden, dafs es unmittelbar das Volumen des Körpers abzulesen gestattet, während durch eine besondere Tafel die Correction gegeben wird, welche durch den verschiedenen Luftdruck bedingt ist.

Dr. W. Heintz.

Recherches sur la dilatation des liquides par M. ISIDORE PIERRE. — Der Mangel eines für die niedrigen Temperaturen brauchbaren Thermometers, dessen Angaben mit denen des Quecksilberthermometers vergleichbar wären, und dessen Gebrauch nicht solche Unbequemlichkeiten mit sich führte wie der des Luftthermometers, veranlafste Hrn. PIERRE eine Anzahl von denjenigen Flüssigkeiten in Bezug auf ihre Ausdehnung zu untersuchen, die man ohne zu grofse Schwierigkeit stets in gleicher Reinheit herstellen kann.

Nachdem der Verfasser die Versuche von DELUC, GAY-LUSSAC und MUNCKE über die Ausdehnung verschiedener Flüssigkeiten angeführt, und erwähnt hat, aus welchen Ursachen diese Versuche ihm nicht genügend scheinen, geht er zu seinen Untersuchungen über. Hr. Pierre bediente sich von den 3 Methoden, die man zur Bestimmung der Ausdehnung von Flüssigkeiten hat, (1) vermittelst der hydrostatischen Waage, oder des Aräometers, 2) vermittelst der kalibrirten Fläschchen, 3) vermittelst Thermometer, die mit den zu untersuchenden Flüssigkeiten gefüllt sind), der thermometrischen Beobachtungsweise. In seiner Arbeit wird demnach zuerst die Zubereitung der Thermometer, sodann der Apparat, in welchem die Angaben derselben bei verschiedenen Temperaturen beobachtet wurden, beschrieben, woran sich die Darlegung und Diskussion der Resultate knüpft.

Dieser letzte Theil der Arbeit ist es besonders, der hier von Interesse sein kann, während in Beziehung auf die Details der Beobachtungs- und Berechnungsmethode, die übrigens nichts Neues darbietet, sondern nur eine Garantie der Sorgfalt giebt, mit der Hr. Pierre verfuhr, auf die Abhandlung selbst verwiesen werden mufs.

Hr. Pierre hat die Ausdehnung von 12 verschiedenen Flüssigkeiten untersucht, nämlich: 1) Wasser, 2) Alkohol, 3) Holzgeist, 4) Schwefelkohlenstoff, 5) Aethyloxyd, 6) Aethylchlorür, 7) Aethylbromür, 8) Aethyljodür, 9) Methylbromür, 10) Methyljodür, 11) Ameisenäther (éther formique), 12) Holzgeistessigäther (éther acétique de l'esprit-de-bois).

1) Für das *Wasser*, welches sorgfältig von allen fremden Substanzen gereinigt war, giebt Hr. Pierre 9 Beobachtungsreihen. Wenn er die Volumenveränderung von —13°,14 ÷ +100° durch eine Formel darstellte, welche bis zur 4ten Potenz der Temperatur reichte, so gab diese doch die Beobachtungen nicht genau wieder, ebensowenig konnte er eine andre einfache Formel, die dies geleistet hätte, auffinden. Hallström gab bekanntlich eine Formel, welche nur bis zur 3ten Potenz der Temperatur reicht, und welche seine Beobachtungen mit hinglänglicher Genauigkeit darstellt, die aber freilich keine so grofse Temperaturverschiedenheiten umfassen. Das Maximum der Dichtigkeit fällt nach Pierre's und Hallström's Beobachtungen nahe auf dieselbe Temperatur, etwa auf +3°,9.

2) Der *Alkohol* hatte nach viermaliger Rektifikation bei 0° ein spec. Gew. =0,8151 und kochte bei 78°,3 unter 0m,758 Druck.

Die von Hrn. PIERRE aufgestellte Formel ist:

$$1+\Delta v = 1+0{,}0010486301060063\,t + 0{,}0000017509906201\,t^2 + 0{,}0000000013451831\,t^3$$

Diese Formel giebt an, dafs kein Maximum der Dichtigkeit existirt, indem die Wurzeln der Gleichung

$$0{,}001048630\ldots + 0{,}00000175099\ldots t + \ldots = 0$$

imaginär werden.

3) Die beobachtete Ausdehnung des *Holzgeistes,* vom spec. Gew. $=0{,}82074$ bei 0°, dessen Kochpunkt bei $+66^\circ{,}3$ unter $0^m{,}759$ Druck liegt, wird durch die Formel

$$1+\Delta v = 1+0{,}0011855697074407\,t + 0{,}0000015649326150\,t^2 + 0{,}0000000009111344\,t^3$$

ziemlich gut dargestellt. Auch diese Flüssigkeit besitzt nach der Formel kein Maximum der Dichtigkeit.

4) *Schwefelkohlenstoff,* spec. Gew. bei $0^\circ = 1{,}2931$, Kochpunkt $=+47^\circ{,}9$ unter $755^{mm}{,}8$ Druck. Die Ausdehnungsformel ist:

$$1+\Delta v = 1+0{,}0011398038339520\,t + 0{,}0000013706513280\,t^2 + 0{,}0000000191225460\,t^3$$

wonach ebenfalls kein Dichtigkeitsmaximum existirt.

5) *Aethyloxyd,* spec. Gew. bei $0^\circ = 0{,}73581$, Kochpunkt bei $755^{mm}{,}8$ Druck $=+35^\circ{,}5$. Die Ausdehnungsformel ist:

$$1+\Delta v = 1+0{,}0015132447950619\,t + 0{,}0000023591828810\,t^2 + 0{,}0000000010051240\,t^3$$

und giebt kein Dichtigkeitsmaximum an.

6) *Aethylchlorür,* spec. Gew. bei $0^\circ = 0{,}9214$, Kochpunkt bei $+11^\circ$ unter $0^m{,}758$ Druck, die Ausdehnung wird dargestellt durch die Formel:

$$1+\Delta v = 1+0{,}0015745784234\,t + 0{,}0000028136581\,t^2 + 0{,}0000000156987\,t^3$$

welche kein reelles Dichtigkeitsmaximum anzeigt.

7) *Aethylbromür*, spec. Gew. bei 0° = 1,47329, Kochpunkt bei +40°,7 unter 0m,757 Druck. Die Formel:

$$1 + \Delta v = 1 + 0{,}001337627678064\,t + 0{,}000001501348513\,t^2 + 0{,}000000016900026\,t^3$$

giebt die Volumenveränderung hinreichend genau wieder, und zeigt, daſs kein Dichtigkeitsmaximum existirt.

8) *Aethyljodür*, spec. Gew. bei 0° = 1,97546, Kochpunkt bei +70° unter 751m.m,7 Druck. Die Ausdehnungsformel:

$$1 + \Delta v = 1 + 0{,}001142251234512\,t + 0{,}000001963811134\,t^2 + 0{,}000000006206415\,t^3$$

giebt kein Maximum der Dichtigkeit an.

9) *Methylbromür*, spec. Gew. bei 0° = 1,66443, Kochpunkt +13° bei 0m,759 Druck. Die Ausdehnungsformel ist:

$$1 + \Delta v = 1 + 0{,}001115206168177\,t + 0{,}000003315281301\,t^2 + 0{,}000000113809010\,t^3$$

Auch hier ist kein Maximum der Dichtigkeit.

10) *Methyljodür*, spec. Gew. bei 0° = 2,19922, Kochpunkt +43°,8 unter 750m.m,2 Druck. Die Ausdehnung wird dargestellt durch die Formel:

$$1 + \Delta v = 1 + 0{,}001199590835123\,t + 0{,}000002163318353\,t^2 + 0{,}000000010051210\,t^3$$

Ohne Dichtigkeitsmaximum.

11) *Ameisenäther*, spec. Gew. 0,93565, Kochpunkt +52°,9 unter 0m,752 Druck. Die Ausdehnungsformel ist:

$$1 + \Delta v = 1 + 0{,}001325204736811\,t + 0{,}000002862484865\,t^2 + 0{,}000000006618006\,t^3$$

Ohne Dichtigkeitsmaximum.

12) *Holzgeistessigäther*, spec. Gew. 0,86684, Kochpunkt +59°,5 unter 761m.m,2 Druck. Die Ausdehnungsformel:

$$1 + \Delta v = 1 + 0{,}001295954262691\,t + 0{,}000002909820130\,t^2 + 0{,}000000004256971\,t^3$$

zeigt kein reelles Maximum der Dichtigkeit.

Dies sind die Resultate der Beobachtungen von Hrn. PIERRE, die sich nur bei wenigen Flüssigkeiten mit den von andern Beobachtern erhaltenen vergleichen lassen (wie z. B. beim Alkohol, Schwefelkohlenstoff und Aethyloxyd mit MUNCKE's Bestimmungen).

Die Tafeln, in welchen die Beobachtungen niedergelegt sind, zeigen, daſs bei keiner der untersuchten 12 Flüssigkeiten der Ausdehnungscoëfficient eine constante Gröſse ist, sondern mit Ausnahme des Wassers, wo wegen des Dichtigkeitsmaximi eine Anomalie eintritt, mit der Temperatur wächst.

Alle untersuchten Flüssigkeiten dehnen sich bei weitem stärker aus wie das Wasser, nach der Gröſse des Ausdehnungscoëfficienten geordnet würde sich folgende Reihe ergeben:

1) Wasser, 2) Alkohol, 3) Aethyljodür, 4) Schwefelkohlenstoff, 5) Holzgeist, 6) Methyljodür, 7) Holzgeistessigaether, 8) Ameisenäther, 9) Aethylbromür, 10) Methylbromür, 11) Aethyloxyd, 12) Aethylchlorür.

Das Wasser ist die einzige der untersuchten Flüssigkeiten, welche ein Dichtigkeitsmaximum besitzt, und Hr. PIERRE schreibt es einem Antheile an zurückgebliebenem Wasser zu, wenn MUNCKE beim Alkohol und Aether ein solches gefunden habe.

Der Verfasser geht nun dazu über, aus den gewonnenen Resultaten Schlüsse auf die Anwendbarkeit dieser Flüssigkeiten als thermometrischer Substanzen zu ziehen. Er stellt zu dem Ende die Angaben des Quecksilberthermometers mit denen der Flüssigkeitsthermometer zusammen, und findet folgende Reihenfolge derselben, wenn man die Flüssigkeit an die Spitze stellt, welche die vollkommenste Vergleichung mit dem Quecksilberthermometer gestattet:

Für Temperaturen über 0°:	Für Temperaturen unter 0°:
1) Aethylchlorür.	1) Methylbromür.
2) Methylbromür.	2) Aethyloxyd.
3) Aethyloxyd.	3) Aethylchlorür.
4) Aethylbromür.	4) Aethyljodür.
5) Methyljodür.	5) Aethylbromür.
6) Aethyljodür.	6) Methyljodür.
7) Ameisenäther.	7) Holzgeist.

Für Temperaturen über 0°:	Für Temperaturen unter 0°:
8) Holzgeistessigäther.	8) Alkohol.
9) Holzgeist.	9) Ameisenäther.
10) Alkohol.	10) Holzgeistessigäther.
11) Schwefelkohlenstoff.	11) Schwefelkohlenstoff.
12) Wasser.	12) Wasser.

Das Wasser zeigt sich also von allen diesen Flüssigkeiten am unbrauchbarsten als thermometrische Substanz, und auch der für niedere Temperaturen so häufig angewendete Alkohol ist wegen seiner unregelmäfsigen Ausdehnung nicht sehr dazu geeignet. Ueberhaupt aber giebt die beträchtliche Veränderung des Ausdehnungscoëfficienten aller untersuchten Flüssigkeiten, selbst zwischen nahen Gränzen, wenig Hoffnung, irgend eine derselben mit Vortheil als thermometrische Substanz anzuwenden.

Deswegen verwirft Hr. Pierre auch den Gebrauch des Schwefelkohlenstoffes, den Pleischl vorgeschlagen hatte[1].

Am Schlusse der Arbeit zieht der Verfasser aus seinen Beobachtungen einige Folgerungen, welche sich auf die Theorie der Aequidistanten Punkte beziehen.

Gay-Lussac[2] hatte nämlich angegeben, dafs, wenn man von Alkohol und Schwefelkohlenstoff gleiche Volumina bei den respektiven Kochpunkten dieser Flüssigkeiten nähme, diese Volumina in gleichen Abständen von den Kochpunkten stets dieselben blieben; die kleinen Abweichungen von der Beobachtung schrieb er der Ausdehnung des Glases zu, die er nicht mit in Rechnung gebracht hatte.

Dies Faktum findet Hr. Pierre zwar vollkommen bestätigt, nicht aber die Behauptung, welche anderweitig aufgestellt worden ist, dafs die isomeren Körper dasselbe Gesetz der Zusammenziehung befolgten, wenn man das Volumen beim Siedpunkte als Einheit annimmt. —

[1] Pogg. Ann. LXIII. 115.

[2] Ann. ch. ph. IIme sér. II.

Untersuchungen über das Verhalten der Auflösungen des reinen Kochsalzes in Wasser von G. Karsten. — In der Sitzung vom 3. October theilte ich in der physikalischen Gesellschaft einen Abrifs der genannten Untersuchungen mit, die seitdem in Karsten's Archiv für Bergbau, Mineralogie etc. XIX. 1, und im besonderen Abdruck erschienen sind.

Das Kochsalz spielt als Hauptbestandtheil des Meerwassers eine so grofse Rolle in der Physik unseres Erdkörpers, dafs schon allein der physikalischen Geographie wegen die Lösung der Frage wichtig erschien, wie die Auflösung des Kochsalzes die Eigenschaften des Wassers modificire.

Trotz der vielen Beobachtungen, die man über das Verhalten der Kochsalzlösungen angestellt hat, giebt es doch noch eine so grofse Anzahl von Punkten, in denen sich entweder die verschiedenen Beobachter widersprachen, oder die sie ganz unerörtert liefsen, dafs es mir von Interesse erschien, diese Versuche wieder aufzunehmen.

Die Eigenschaften der Kochsalzsoolen, welche ich zu ermitteln bemüht gewesen bin, sind folgende:

1) Die Aenderung des spezifischen Gewichts der Soolen mit dem Salzgehalte und mit allen Temperaturen von den Gefrier- bis zu den Siedpunkten.

2) Die Aenderung der Temperatur der Gefrier- und Siedpunkte mit dem sich ändernden Salzgehalte.

3) Die Bestimmung des Salzgehaltes, welche eine gesättigte Soole bei verschiedenen Temperaturen besitzt.

4) Die Aenderung des Dichtigkeitsmaximi mit variirendem Salzgehalte.

Die Verdunstungsfähigkeit, Wärmekapacität und das Wärmeleitungsvermögen habe ich nicht untersucht, sondern nach J. A. Bischof's Angaben auf meine Formel des spec. Gewichts und Procentgehaltes reducirt.

Zur Bestimmung des spez. Gewichts bediente ich mich der hydrostatischen Waage, deren Anwendung mir in diesem Falle passender schien, wie die der aräometrischen oder thermometrischen Methode.

Eine Vorrichtung war für den Zweck angebracht, daſs die zu untersuchende Soole ihren Procentgehalt während der Beobachtung bei den verschiedenen Temperaturen möglichst wenig ändern und der aufsteigende Luftstrom die Waage nicht alteriren konnte. Die sämmtlichen Beobachtungen mit den nöthigen Correktionen versehen, wurden benutzt, um nach der Methode der kleinsten Quadrate eine Formel für das spec. Gewicht s der Soolen zu berechnen, welches als Funktion der Temperatur t und des Procentgehaltes p angegeben wird. Es ergiebt sich danach, wenn das spec. Gew. des Wassers bei $+4^\circ C=1$ gesetzt wird, t die Temperatur nach der hunderttheiligen Skale und p den Procentgehalt bedeutet:

$$(1)\quad \begin{aligned} s = {} & 0{,}9998884 + 0{,}00770417p - 0{,}0000027828p^2 + 0{,}00000041139p^3 \\ & + (0{,}0000575836 - 0{,}0000374467p + 0{,}000000721546p^2)t \\ & - (0{,}00000755696 - 0{,}000000431235p + 0{,}00000000823049p^2)t^2 \\ & + (0{,}0000000342962 - 0{,}0000000012702p)t^3 \end{aligned}$$

Diese Formel geht für $p=o$, also für das Wasser in Hallström's Formel über.

Für $t=18^\circ{,}75$ (oder $=15^\circ$ R) wird $s_{18^\circ,75}$ $=0{,}998537+0{,}00714467p+0{,}0000079228\,1p^2+0{,}00000041139p^3$

Für diese mittlere Temperatur hatte J. A. Bischof[1] eine Formel gegeben, welche auf dieselbe Form wie die eben angeführte gebracht folgende sein würde:

$$s_{18,75} = 0{,}998537 + 0{,}00702057p + 0{,}00020925p^2$$

Um die Temperaturen der Gefrierpunke f_t und der Siedpunkte k_t zu finden, wurden besondere Versuchsreihen angestellt und die Resultate so in Rechnung gebracht, daſs f_t und k_t als Funktionen von p in einer Reihe nach Potenzen von p entwickelt wurden. Es ergab sich:

$$(2)\qquad f_t = 0^\circ - 0{,}7663855p + 0{,}00222442p^2$$

$$(3)\qquad k_t = 100^\circ + 0{,}20274p + 0{,}003515p^2$$

welche Formeln meine Beobachtungen genügend darstellen, aber

[1] J. A. Bischof Untersuchungen zur näheren Bestimmung der eigenthümlichen Schweren, der Ausdehnung durch die Wärme, des Gehalts, der Verminderung der Räume bei Vermischungen, der Gefrier- und Siedpunkte der Salzsoolen. Gilb. Ann. XXXV. p. 311. 1810.

etwas abweichende Werthe von den Beobachtungen Despretz's[1] über die Gefrierpunkte, und Bischof's und Legrand's[2] über die Kochpunkte geben.

Die Behauptung, dafs Kochsalz bei allen Temperaturen vom Wasser in gleicher Menge aufgelöst werde, ist öfters aufgestellt und ebenso oft angefochten worden[3]. Aus meinen Versuchen geht hervor, dafs allerdings die Auflöslichkeit mit der Temperatur wächst, und zwar ist, wenn P den Sättigungsprocentgehalt bedeutet, dieser durch die Formel

(4) $$P = 26{,}519 + 0{,}0169559t + 0{,}0000904615t^2$$

auszudrücken. Die aus dieser Formel berechneten Werthe schliefsen sich am meisten den von Gay-Lussac angegebenen Zahlen an.

Die Frage, ob Salzlösungen ein Maximum der Dichtigkeit besitzen, ist öfters diskutirt worden, namentlich von Muncke[4], A. Erman[5] und Despretz. Aus der Formel (1) konnte durch Differentiation der Werth für t^m oder die Temperatur des Maximi der Dichtigkeit als Funktion des Procentgehaltes p gefunden werden; und diese Rechnung ergab:

(5) $$t^m = +3^{\circ}{,}92 - 2{,}4p - 0{,}06p^2 + 0{,}00007p^3$$

Direkte Versuche, welche mittelst der von A. Erman mit Vortheil benutzten Abkühlungsmethode angestellt wurden, ergaben:

(6) $$t^m = +3{,}^{\circ}92 - 2{,}33768p - 0{,}104332p^2 + 0{,}0020513p^3$$

[1] C. Despretz recherches sur le maximum de densité de l'eau pure et des dissolutions aqueuses. Ann. ch. ph. LXX. 5. 1839.

[2] Legrand recherches sur les variations que les sels dissou en diverses proportions produisent dans le point d'ébullition de l'eau. Ann. ch. ph. LIX. 423; Pogg. Ann. XXXVII. 379; Erdm. und Schweigg. VI. 56.

[3] Unger über die Auflösbarkeit des Kochsalzes im Wasser. Journ. f. pr. Ch. v. Erdm. u. Schweigg. VIII. 285.
Fuchs, das Verhalten des Kochsalzes zum Wasser neu unter. Kastn. Arch. VII. 407, woselbst auch die Bestimmungen von Gay-Lussac, Bergmann, Berzelius, C. J. B. Karsten u. A. zu finden sind.

[4] Muncke über die Ausdehnung des Seewassers. Mém. prés. à l'Ac. imp. à St. Pet. I. 310.

[5] A. Erman, Beobachtungen über die Aenderung des spec. Gew., welche das Meerwasser durch die Wärme erleidet. Pogg. Ann. XII. 463. XLI. 72.

allerdings ziemlich abweichend von der obigen Formel. Diese Verschiedenheit hat aber erst auf Soolen von grofsem p Einflufs, für welche t''' als unterhalb des Gefrierpunktes liegend überhaupt von geringerem Interesse ist. Eine Vergleichung mit den von Despretz angeführten wenigen Bestimmungen über das Maximum der Dichtigkeit bei Salzlösungen zeigt, dafs dieses Physikers Beobachtungen sämmtlich etwas höhere Temperaturen angeben als nach der Formel (5) oder (6) gefunden werden.

Der Schlufs der Arbeit enthält die Bestimmungen einiger Werthe, die bei den Salinen in Anwendung kommen, und Sooltafeln, in denen das spec. Gew. der Soolen von Grad zu Grad, von den Gefrier- bis zu den Kochpunkten, und mit dem um $0,1p$ zunehmenden Procentgehalte, und einige für die technische Benutzung wünschenswerthe Zahlen angegeben sind.

Dr. G. Karsten.

6. Maafs und Messen.

Pouillet. Sur un moyen de mesurer des intervalles de temps extrêmement courts à C. R. XIX. 1384; Pogg. Ann. LXIV. 452; Dingl. pol. Journ. XCVI. 196.

Edw. Massey. Repertory of patents inventions Febr. 1845. p. 74; Dingl. pol. Journ. XCV. 429.

Poncelet. Remarques à l'occasion d'une lettre de M. Baudrimont sur des moyens mécaniques destinées à donner la mesure d'intervalles de temps très courts. C. R. XX. 2 et 115.

Breguet. Note sur un appareil destiné à mesurer la vitesse d'un projectile dans différents points de sa trajectoire. C. R. XX. 157; Pogg. Ann. LXIV. 459; Dingl. pol. Journ. XCVI. 201.

Wheatstone. Note sur le chronoscope electromagnétique. C. R. XX. 1554; Pogg. Ann. LXV. 451; Dingl. pol. Journ. XCVI. 489 u. XCVII. 186; Instr. No. 596. p. 189.

W. Siemens. Ueber die Anwendung des elektrischen Funkens zu Geschwindigkeitsmessungen. Pogg. Ann. LXVI. 435.

Jacobi. Sur les moyens de mesurer la vitesse d'un projectile. C. R. XX. 1797. Mémoire sur la télégraphie électrique. Quesneville revue scientif. XXI. 261.

Bréguet et Konsthntinoff. Appareil propre à mesurer la vitesse d'un projectile dans différents points de sa trajectoire. Inst. No. 578 p. 30.

C. Hoffmann. Beschreibung der Tafelwaage. Pogg. Ann. LXIV. 317; Dingl. pol. Journ. XCVII. 19.

Colladon. Bemerkungen über einen Apparat um die effektive Kraft der Schiffsdampfmaschinen zu messen. Dingl. pol. Journ. XCV. 261; C. R. XIX. 1029.

Ueber Geschwindigkeitsmessung.

Die Messung der Geschwindigkeit von Körpern, welche sich sehr schnell bewegen, und dadurch der direkten Beobachtung der Zeiten, in welchen sie bestimmte Räume durchlaufen, entziehen, ist mit beträchtlichen Schwierigkeiten verknüpft, die um so gröfser werden, wenn die Bewegung nicht konstant, oder das der Messung zu unterwerfende Wegstück nur kurz ist. Die Bestimmung der Gröfse derartiger Bewegungsgeschwindigkeiten, ist aber oft von grofsem Werthe. Namentlich ist es für die Artillerie von grofser Wichtigkeit, die Geschwindigkeit der Geschosse an verschiedenen Punkten ihrer Bahn zu kennen, da diese Bestimmungen das Fundament aller Rechnungen der Ballistik bilden. Schon seit längerer Zeit sind daher verschiedene Methoden ersonnen und auch angewendet worden, um die Geschwindigkeit der Geschosse, namentlich ihre Anfangsgeschwindigkeit, zu messen. Ich brauche hier nur das ballistische Pendel, die rotirenden parallelen Scheiben und andere allgemein bekannte Vorrichtungen zu erwähnen. Doch die grofsen technischen Schwierigkeiten, welche ihre Anwendung mit sich führte, machten den von ihnen erwarteten Nutzeffekt fast ganz illusorisch.

Auf ähnliche Schwierigkeiten stiefs man auch bei der Messung sehr kleiner Zeitintervalle überhaupt, welche zwischen den Endpunkten irgend einer kurzen Erscheinung liegen. Es sind zwar schon seit längerer Zeit mehrere sinnreiche und zweckmäfsige Vorrichtungen im Gebrauch, durch welche die zu messende Zeit entweder selbst graphisch verzeichnet, oder wenigstens die Beobachtung in so weit wesentlich erleichtert wird, dafs man nur den Anfang und das Ende der Erscheinung oder Bewegung, deren Zeitdauer gesucht wird, durch einen Druck zu markiren braucht, und das Resultat später ablesen kann. So bediente sich Young des rotirenden Cylinders, Morin einer drehenden Scheibe, auf welche bei Beginn und am Ende der Bewegung etc. ein Griffel niedergesenkt und dadurch Marken auf der Oberfläche des Zeitmessers erzeugt wurden, deren Abstand von einander die während der Erscheinung verflossene Zeit angab. In der preufsischen Artillerie ist seit vielen Jahren zu ähnlichem Behufe eine Uhr im Gebrauche, welche durch einen Druck der Hand schnell in Gang gesetzt und wieder angehalten werden kann. Doch auch diese Instrumente eigneten sich in der Regel nicht zur Anstellung genauer Messungen, da es dem Beobachter unmöglich ist seine Wahrnehmung des Beginnes oder Endes der Erscheinung momentan auf das Instrument zu übertragen und eine mechanische Uebertragung, wenn sie überhaupt möglich, in der Regel mit grofsen Fehlerquellen behaftet ist, welche die gewonnenen Resultate unsicher machen. In neuerer Zeit sind nun die letztgenannten selbstthätigen Instrumente dadurch wesentlich verbessert worden, dafs man die Elektricität zur Verbindung des Mefsinstruments mit dem in Bewegung begriffenen Körper benutzte, und durch irgend einen mechanischen Effekt derselben den Beginn und das Ende der zu messenden Zeit an dem Instrumente zur Wahrnehmung brachte. Ohnstreitig ist diese Idee zuerst in der preufsischen Artillerie erfafst und ins Leben gerufen. Namentlich war es der General Peuker, welcher schon im Jahre 1837 der Artillerie-Prüfungs-Kommission zu Berlin einen derartigen Plan zur weiteren Bearbeitung vorlegte. Die Langsamkeit, welche mit den Verhandlungen gröfserer Kommissionen stets verknüpft ist, und die grofsen Schwierigkeiten, welche sich damals der Ausführung des Planes und namentlich der Anfertigung des Zeitmessers entgegenstellten, liefsen indefs mehrere Jahre bis zur Vollendung des Apparats verstreichen, und leider fand auch nach Vollendung desselben keine Veröffentlichung der angestellten Versuche in wissenschaftlichen Zeitschriften statt. Die Priorität dürfte indessen sowohl durch die ziemlich ausführliche Besprechung des Apparats in hiesigen Lokalblättern, und die Mittheilungen, die den Gesandten einiger auswärtigen Mächte, namentlich dem französischen und russischen, auf ihr Ansuchen darüber gemacht wurden, sowie durch Akten der Behörden und die Bekanntschaft mehrerer hiesiger Akademiker mit dem Gange der Sache, wohl begründet erscheinen.

Ich werde mich jedoch im Folgenden an die Reihe der Veröffentlichungen halten, und der Vollständigkeit halber mit einem Vorschlage des Hrn. Pouillet zur Messung sehr kleiner Zeitintervalle beginnen, obgleich die Erscheinung dieses Aufsatzes ins Jahr 1844 fällt, und streng genommen nicht mehr diesem Jahresberichte angehört.

Herr Pouillet mifst die Zeit, welche ein Körper zur Durchlaufung eines bestimmten Weges gebraucht, oder welche zwischen dem Beginn und Ende der Bewegung zweier Körper verstreicht, durch die Gröfse des mechanischen Effekts, welchen ein während des zu messenden Zeittheils aktiver electrischer Strom auf einen Magneten ausübt, nachdem er durch Versuche die Gröfse des Effektes oder der Arbeit dieses Stromes für eine bestimmte Zeitdauer gefunden, und als Einheit der Messung zu Grunde gelegt hat. Sein Instrument besteht aus einem Galvanometer, und er schliefst aus der Weite des Ausschlages der Nadel, welche ein während des zu messenden Zeitraums thätiger Strom von vorher bestimmter Intensität hervorbringt, auf die Dauer desselben. Die Masse der Nadel wirkt hier also ähnlich wie die des ballistischen Pendels. Da sich nun aus der Weite des Ausschlages der Nadel die Gröfse der Geschwindigkeit, welche ihr durch die beschleunigende Kraft des Stromes ertheilt ist, berechnen läfst, und diese Geschwindigkeit der Zeit, während welcher der Strom thätig war, proportional ist, wenn der Weg, den die Nadel während der Dauer des Stromes selbst zurücklegte, nur sehr klein war, so ist die Zeit selbst durch die Gröfse des Ausschlages der Nadel zu bestimmen, wenn man dieselbe für einen gleich intensiven Strom von irgend einer bestimmten Dauer kennt. Zur Bestimmung dieser Einheit der Messung wendete Pouillet eine Glasscheibe von 84 centim. Dm. an, auf welche radial ein Staniolstreifen von 1 mm. Breite geklebt war, welcher in der Nähe der Axe mit dem einen Pole einer galvanischen Kette in Verbindung stand. Der andere Pol derselben war durch den Galvanometerdraht mit einer Feder verbunden, welche nahe der Pheripherie der Glasscheibe sich stets gegen dieselbe prefste. Wird nun die Glasscheibe in eine constante Rotation gesetzt, so wird der Strom durch den Staniolstreifen so lange hergestellt als derselbe mit der Feder im Contact bleibt. Die Dauer des Stromes wird also gleich der Dauer des Durchganges des Stromes unter der Feder sein, oder hier, wenn sich die Scheibe einmal in der Sekunde umdreht, gleich $\frac{1}{2250}$ Sekunde. — Hr. Pouillet fand, dafs eine Daniel'sche Batterie von 6 Elementen mit 40 Meter eingeschaltetem Kupferdraht von 1 mm. Dicke während einer Dauer des Stromes von $\frac{1}{5000}$ Sek. ein gewöhnliches Galvanometer um 12° ablenkte, wozu die Nadel eine Zeit von 10 Sek. gebrauchte. Ein Melloni'sches Galvanometer erhielt dagegen schon durch ein einziges Element dieser Kette mit 20 Meter eingeschalteten Drahtes von derselben Stärke eine Ablenkung von 15°. Um das Instrument praktisch brauchbar zu machen, hat Hr. Pouillet eine Tabelle empirisch entworfen, welche die Relation zwischen der Stromstärke, der Dauer des Stromes und dem Ausschlage der Nadel angiebt, aus welcher man also die Dauer eines Stromes von bestimmter Stärke, welche dem beobachteten Ausschlage der Nadel entspricht, leicht auffinden kann. Er giebt an, dafs er auf diesem Wege die Zeit, welche zwischen dem Aufschlagen des Hahnes eines Gewehres und dem Heraustreten der Kugel aus der Mündung, gemessen und die Ausschläge der Nadel vollkommen gleich gefunden habe. Die Tabelle ergab eine Zeitdauer von $\frac{1}{140}$ bis $\frac{1}{180}$ Sekunden. Auch zur Messung der Geschwindigkeit eines Geschosses an einer beliebigen Stelle seiner Bahn soll das Instrument brauchbar sein, indem der Strom durch ein System ausgespannter Seidenfäden, wenn das Geschofs hindurch geht und es zerreifst, hergestellt und durch Zerreifsen des Leitungsdrahtes wieder unterbrochen wird, wenn dasselbe den Raum bis zu ihm zurückgelegt hat. Hr. Pouillet will sein Instrument auch zur Messung der Stromstärke instantaner Ströme anwenden. Er giebt indefs zu, dafs die genaue Graduirung des Galvanometers mit grofsen Schwierigkeiten verknüpft ist, indem die

Scheibe dazu in sehr gleichmäfsige Drehung versetzt werden mufs, und diese schwer zu erreichen ist. Hinzufügen liefse sich noch, dafs die schnelle Abnutzung des Staniolstreifens und die Abrundung der Feder an der Berührungsstelle, die ihr nothwendig gegeben werden mufs, wenn sie den Streifen nicht bald zerschneiden soll, die Dauer des Contactes, auch bei gleicher Drehungsgeschwindigkeit, bald verändern werden, und dafs eine geringe Verschiedenheit der Breite, des aufserordentlich schmalen Staniolstreifens einen sehr beträchtlichen Einflufs auf diese Zeitdauer äufsern müssen.

Hr. JACOBI vindicirt sich in einem an die französische Akademie gerichteten Schreiben das Mittel, dessen sich Hr. POUILLET bedient hat, um den mechanischen Effekt zu erkennen, den ein galvanischer Strom von sehr kurzer Dauer auf eine Magnetnadel ausübt. Er habe sich desselben Verfahrens schon bei seinem in den Jahren 1836 und 37 zu Dorpat angestellten Versuchen zur Bestimmung der Geschwindigkeit der Elektricität bedient, und es im bulletin de l'acad. de St. Pet. beschrieben. Er beschränkt diese Reklamation jedoch ausschliefslich auf die Vorrichtung, durch welche Hr. POUILLET einen Strom von sehr kurzer Dauer erhielt, also die rotirende, mit einem Staniolstreifen beklebte Glasscheibe. Er sagt ferner, dafs er sich damals in Ermanglung eines hinlänglich empfindlichen Galvanometers mit der Erscheinung des Funkens begnügt habe, um sich vom Durchgange des Stroms durch den eingeschalteten langen Schliefsungsdraht zu überzeugen. Das Resultat seiner Untersuchungen ergab, dafs die Geschwindigkeit der VOLTA'schen Elektricität 126000′ überstieg, und die Messung auf diesem Wege nicht zu erreichen war. — Aehnliche Resultate erhielt Hr. JACOBI durch einen, von ihm „akustischer Telegraph" benannten Apparat, den er jedoch nicht näher beschreibt.

Am 1. Juni 1844 liefs sich Hr. EDWARD MASSEY in England einen Apparat patentiren, welcher eine bequeme und sichere Messung und Registrirung der Geschwindigkeit, mit welcher Schiffe sich bewegen, sowie der Geschwindigkeit, mit der das Wasser in Flüssen, Kanälen etc. strömt, bezweckte.

Dieser Apparat besteht in folgendem: Ein cylinderförmiges

geschlossenes Gefäfs von Kupferblech ist mit spiralförmig gewundenen Ansätzen oder Flügeln versehen, welche den Cylinder, wenn er in der Richtung seiner Axe durch das Wasser bewegt wird, zur Drehung um dieselbe zwingen. Die Anzahl der Umdrehungen des Cylinders in einer gewissen Zeit ergiebt das Maafs der Geschwindigkeit, mit welcher er fortbewegt ward. Dieser, im Wesentlichen mit dem bekannten Woltmann'schen Mühlchen zur Messung der Geschwindigkeit des strömenden Wassers übereinstimmende Rotator war dem Hrn. Edw. Massey schon früher patentirt worden. Sein jetziges Patent bezieht sich auf einen elektro-magnetischen Apparat zur Zählung und Registrirung der Umdrehungen. Das Gewicht des mit Luft angefüllten Hohlcylinders, welcher den Kern des Rotators bildet und der Flügel ist so gewählt, dafs es dem des verdrängten Wassers entspricht. Der Rotator ist durch eine dünne, in einem Lager leicht drehbare Welle mit einem zweiten Schwimmer verbunden, welcher durch isolirte Leitungsdrähte mit dem Schiffskörper in Verbindung gebracht ist. Im Innern dieses Schwimmers ist ein Zahnrad angebracht, in welches die Schraubengänge der zum Rotator führenden über das Lagerhaus verlängerten Welle eingreifen. Durch die Drehung des Rotators bei der Fortbewegung des Schiffes wird daher auch das Zahnrad in Drehung versetzt, und durch die Umdrehung des Letzteren der Contact der beiden isolirten Leitungsdrähte einmal hergestellt und unterbrochen. Die beiden Drähte führen zu den Polen einer im Innern des Schiffes aufgestellten galvanischen Batterie, und der eine derselben umkreist an einem geeigneten Orte einen weichen Eisenstab. Bei jeder Umdrehung des Zahnrades wird daher dieser einmal zu einem Magneten, und zieht den bei der vorhergegangenen Unterbrechung des Stromes abgefallenen Anker wieder an. Durch einen Zählapparat wird die Zahl dieser oscillirenden Bewegungen des Ankers registrirt, und dadurch der Weg, den das Schiff in einer bestimmten Zeit oder vom Anfang der Bewegung an zurücklegte, verzeichnet. Dieser Apparat gewährt vor anderen zu ähnlichen Zwecken gebrauchten den Vorzug, dafs der Rotator sich in bedeutender Entfernung hinter dem Schiffe, also in ruhigem Wasser, befinden kann. Allerdings wird durch die in ihrem Lager der Drehung sich widersetzende Reibung der Welle, welche die Verbindung des Rotators mit dem Schwimmer herstellt, eine Verminderung der Anzahl Umdrehungen, welche der Geschwindigkeit des Schiffes entsprechen würde, hervorrufen, indefs wird dieser Fehler bei beträchtlichen Geschwindigkeiten des Schiffes wohl bedeutend durch die Vermehrung der Umdrehungen des Rotators überwogen, welche in der vermehrten Geschwindigkeit des die Flügel desselben treffenden Wassers ihren Grund hat. Da nämlich das Wasser vor dem Cylinder, welcher den Kern des Rotators bildet, entweichen mufs, so ergiebt sich daraus eine absolute Bewegung des Wassers nach hinten an den Seiten des Cylinders hinab, also eine Vermehrung der die Drehung bewirkenden, relativen Geschwindigkeit des Wassers. Der Apparat bedarf daher vor seiner Anwendung einer genauen Untersuchung seiner Angaben bei verschiedenen Geschwindigkeiten des Schiffes.

Kurz nach der Bekanntmachung des Pouillet'schen Verfahrens der Messung sehr kleiner Zeitintervalle, und in Folge derselben beschrieb Hr. L. Breguet einen zur Messung der Geschwindigkeit eines Geschosses in den verschiedenen Stadien seiner Bahn bestimmten, und von ihm gemeinschaftlich mit dem russischen Artillerie-Capitain Konstantinoff entworfenen Apparat. (Note sur un appareil destiné à mesurer la vitesse d'un projectile dans differents points de sa trajectoire.) Seiner Angabe nach hatte Hr. Konstantinoff bei ihm im Jahre 1843 im Auftrage der russischen Regierung ein derartiges Instrument bestellt, nachdem er sich vorher mit Hrn. Wheatstone über diesen Gegenstand besprochen und bei demselben ein Instrument zur Messung der Entzündungszeit des Schiefspulvers gesehen hatte. Er beruft sich hierbei auf mehrere Akademiker, welche den von ihnen erbauten Apparat gesehen hätten und seiner Ausführung theilweise in allen Stadien gefolgt wären.

Der Zeitmesser dieses Apparats besteht in einem Cylinder von 1 m. Umfang und 0,36 m. Länge, dessen Axe zur Verminderung der Reibung auf Frictionsrädern ruht und mit einem Windfange versehen ist, welcher die durch ein Gewicht bewirkte Rotation constant erhalten soll.

Der chronometrische Theil des Instruments ist also im Wesentlichen der von Th. Young schon angegebene rotirende Cylinder und keineswegs eine neue Erfindung der Herren Breguet und Konstantinoff, als welche Ersterer ihn zu betrachten scheint.

Der Umfang des Cylinders ist in 1000 Theile getheilt. Macht er daher in einer Sekunde eine Umdrehung, so gebraucht der Raum zwischen zwei nach einander folgenden Theilstrichen $\frac{1}{1000}$ Sekunde, um vorüberzugehen.

Auf beiden Seiten des Cylinders sind horizontale Metallbahnen angebracht, auf welchen ein 3rädriger Wagen, welcher 3 Electromagnete trägt, verschiebbar ist. Zwei dieser Magnete befinden sich über dem Cylinder. Sie tragen, wenn sie von Strömen umkreist werden, zwei Stifte, welche bei der Unterbrechung jener auf den Cylinder hinabfallen und dadurch Marken auf seiner Oberfläche erzeugen. Da die Stifte in der durch die Achse des Cylinders gehenden senkrechten Ebene liegen, so werden diese Marken auf demselben Theilstriche liegen, wenn die Unterbrechung beider Ströme gleichzeitig geschah, anderen Falls dagegen um so viele Theilstriche von einander abstehen als $\frac{1}{1000}$ der Umdrehungszeit des Cylinders zwischen den Unterbrechungen verflossen. Die Anzahl der zwischen zwei Marken fallenden Theilstriche ist also stets das Maafs der Zeit, welche zwischen der Oeffnung der beiden Ketten verflofs. Um auf diese Weise die Zeit messen zu können, welche eine Kugel gebraucht, um von einem Punkte in ihrer Bahn zu einem anderen zu gelangen, hat man nur nöthig die Leitungsdrähte der beiden Electromagnete nach den beiden Stationen zu führen und hier so anzuordnen, dafs die Kugel den entsprechenden Draht nothwendig an irgend einer Stelle zerreifsen mufs, wenn sie an der Station anlangt, wohin er geführt ward. Ist nun der Cylinder in Drehung, so fällt der erste Stift auf ihn hinab, wenn die Kugel, an der ersten Station anlangend, das Drahtnetz zerreifst. Dasselbe wiederholt sich mit dem zweiten Stifte, wenn das Geschofs an der zweiten Station anlangt. Drehte sich nun z. B. der Cylinder zweimal in der Secunde um seine Achse und wären 20 Theilstriche zwischen den beiden Marken, welche durch den Fall der Stifte auf dem Cylinder erzeugt wurden, so würde die

Kugel $\frac{20}{2000} = \frac{1}{100}$ Sec. zur Durchlaufung des Weges zwischen den beiden Stationen gebraucht haben.

Sollten mit diesem Apparate Messungen von gröſserer Zeitdauer und mehrere Messungen kurz hinter einander ausgeführt werden, so würde eine Verwirrung der Zeitangaben nicht zu vermeiden sein, wenn die Stifte, welche in diesem Falle, wie weiter unten beschrieben werden wird, gleich nachdem sie auf den Cylinder niederfielen von den Magneten wieder gehoben werden, nicht auch ihre Stellung über dem Cylinder in der Richtung der Achse veränderten. Dies geschieht nun durch ein Gewicht, welches den die Magnete tragenden Wagen auf seiner Bahn fortzuziehen strebt. Um diese Bewegung constant und der Drehung des Cylinders proportional zu machen, hat Hr. Breguet eine electro-magnetische Hemmung angebracht. Eine weiche Eisenmasse wird von zwei Electro-Magneten abwechselnd angezogen, je nachdem der Eine oder der Andere umströmt wird. Der Wechsel des Stroms wird durch den rotirenden Cylinder selbst durch einen mit ihm verbundenen Commutator bewerkstelligt. Die weiche Eisenmasse ist mit einer Hemmung verbunden, welche in ein Zahnrad eingreift und bei jeder Oscillation einen Zahn desselben passiren läſst. Mit dem Sperrrade steht eine Rolle in Verbindung. Um diese ist ein Faden gewunden, welcher an dem Wagen, dem Gewicht entgegen, befestigt ist. Das Letztere kann daher jenen nur in dem Maaſse fortziehen, als es die von der Umdrehung des Cylinders abhängige Hemmung gestattet. — Der dritte der vom Wagen getragenen Magnete dient dazu, ihn so lang festzuhalten, bis er seinen Weg beginnen soll, also bis kurz vor dem Abfeuern des Geschützes. Die Verschiebung des Wagens in der Richtung der Achse des Cylinders soll aber auch noch den wichtigen Zweck der Kontrolle der Gleichmäſsigkeit der Umdrehung des Cylinders erfüllen. Um dies zu erreichen werden die Drähte, welche die über dem Cylinder befindlichen Magnete umgeben, so geführt, daſs der Strom sie abwechselnd durchläuft und der Wechsel wie oben durch den Cylinder selbst ausgeführt wird. Die Stifte werden daher ebenfalls abwechselnd sich heben und fallen, während der Wagen sich auf den Schienen fortbewegt. War die Drehung des Cylinders gleichförmig, so müssen die sämmtlichen Punkte, welche von den niederfallenden Stiften verzeichnet sind, auf einer geraden Linie liegen, wo nicht, irgend eine Curve beschreiben. Hierbei ist vorausgesetzt, dafs die Stifte stets gleiche Zeit zum Niederfallen gebrauchen und dabei nicht von der Normalen abweichen. Um dies zu kontrolliren, beobachtete Hr. Breguet den Theilstrich, auf welchen sie niederfielen, wenn der Cylinder in Ruhe war, und verglich sie mit demjenigen, auf welchen sie während der Bewegung niederfielen. Der Abstand derselben ergab dann die Zeit, welche während des Falles verflofs. Bei einer $2\frac{1}{2}$maligen Umdrehung des Cylinders in der Secunde betrug dieser Abstand 30m.m., mithin gebrauchten die Stifte $\frac{30}{25000}$ $=0{,}012$ Secunden zum Falle.

Um mit den beiden Stiften und Magneten mehrere Zeitbestimmungen in unmittelbarer Folge machen und demgemäfs die Zeiten messen zu können, welche ein Geschofs zur Durchlaufung mehrerer Abtheilungen einer Bahn gebraucht, bedient sich Breguet besonderer kleiner Mechanismen, durch welche der an einer Station durch Zerreifsung des Leitungsdrahts unterbrochene Strom wieder hergestellt wird, indem anstatt des durchschossenen Drahtgitters ein anderes Drahtstück eingeschaltet wird, welches eine entferntere Station durchläuft und dort ein ähnliches Gitter bildet. Das eine Ende dieses einzuschaltenden Drahtstückes ist in stetem Contacte mit dem einen der zum durchschossenen Gitter führenden Leitungsdrähte. Das andere Ende dagegen endigt in einem isolirten Metallstücke, durch welches der Contact mit dem zweiten Ende des durchschossenen Leitungsdrahtes hergestellt wird, wenn ein mit diesem in Verbindung stehender metallener Zahn mit ihm in Berührung kommt. Ein kleiner, von dem Leitungsdrahte umkreister Electromagnet zieht eine mit dem eben genannten Metallzahn verbundene Eisenplatte an, so lange der Strom den Draht durchläuft, und überläfst sie der Wirkung einer Reactionsfeder, wenn der Magnetismus des Electromagneten mit der Unterbrechung des Stromes erlischt. Hierdurch wird der Zahn gegen das oben erwähnte Metallstück geschnellt und der Strom durch die entferntere Station hindurch wieder hergestellt. Der Stift des über dem Cylinder befindlichen entsprechenden Magneten wird daher gleich nach seinem, durch die Zerreifsung des Leitungsdrahtes effectuirten Falle wieder gehoben und fällt abermals auf den Cylinder nieder, wenn das Geschofs an der eingeschalteten Station angelangt ist.

Hr. Breguet will auf die oben beschriebene Weise eine ganze Reihe von Beobachtungen in der Bahn eines Geschosses anstellen, indem er eine entsprechende Anzahl Gitter in derselben placirt und dieselben abwechselnd durch die beschriebenen Mechanismen mit einander in Verbindung setzt. Wahrscheinlich wird indefs die spätere praktische Anwendung des Instruments, über welche noch kein Bericht vorliegt, ein anderes Resultat ergeben haben. Wenn nämlich Hr. Breguet auch gefunden hat, dafs die Zeit, welche die Anker zum Falle gebrauchten, constant blieb, so darf man doch nicht übersehen, dafs er unter ganz anderen Verhältnissen operirte, wie es beim Gebrauche des Instrumentes der Fall ist. Denn da bekanntlich der Magnetismus des Eisens nicht plötzlich mit der Unterbrechung des Stromes verschwindet, sondern in einer mehr oder weniger steilen Curve abnimmt, so mufste Hr. Breguet, wollte er ein gleichmäfsiges und schnelles Abfallen seiner Stifte erreichen, möglichst constante und schwache Ströme anwenden. Dies läfst sich aber bei der Anwendung des Apparates nicht erreichen, da der Strom durch die Einschaltung eines oder gar mehrerer Leitungsdrähte von so beträchtlicher Länge bedeutend geschwächt wird. Es wird daher bald der Punkt kommen, wo die abgefallenen Stifte nicht mehr gehoben werden, oder umgekehrt nicht mehr abfallen, wenn die Batterie so stark gemacht wurde, dafs sie noch gehoben werden, wenn das Geschofs zum letzten Gitterpaare gelangt. Und gelänge es auch durch eine zweckmäfsige Wahl der Stromstärke innerhalb dieser Grenzen zu bleiben, so würden doch jedenfalls die Zeiten des Falles der Stifte nach der Unterbrechung sehr verschieden ausfallen. Es ist ferner nicht ersichtlich, wie Hr. Breguet es möglich gemacht hat, die Umdrehung des Cylinders so constant zu machen, wie es, seiner Angabe nach, der Fall war. Bisher ist dies durch ein blofses Laufwerk mit Windfang nie erreicht worden und die kolossalen Dimensionen des Cylinders tragen noch viel zur Vermehrung dieser Schwierigkeiten bei.

Hr. WHEATSTONE reklamirte in einem an die französische Akademie gerichteten Schreiben (Note sur le chronoscope electro-magnetique) den eben beschriebenen Apparat als seine schon im Jahre 1840 gemachte Erfindung. Sein Chronoscop habe damals aus einem Uhrwerke bestanden mit einem Zeiger, welcher durch electromagnetische Kräfte in Gang gesetzt und wieder arretirt wurde. Der Weg, den der Zeiger zurücklegte, gab die Zeit an, während welcher der Strom den Electromagneten umkreiste. Um mittelst dieses Instruments die Zeit zu messen, welche ein Geschofs zur Durchlaufung einer bestimmten Wegstrecke gebraucht, verfuhr Hr. WHEATSTONE folgendermafsen. Der Schliefsungsdraht einer galvanischen Batterie umkreiste den Electro-Magneten des Chronoscops und theilte sich darauf in zwei Stränge. Der eine derselben führte unmittelbar vor der Mündung des Geschützes vorbei und von dort zur Batterie zurück, der andere dagegen nach dem Ziele und endigte daselbst in einer kleinen Feder, welche so gestellt war, dafs die geringste Erschütterung des Zieles einen dauernden Contact mit einem Metallstück bewirkte, welches seinerseits mit dem anderen Pole der Batterie communicirte. — Wurde nun das Geschütz abgefeuert, so zerrifs die Kugel den Draht vor der Mündung und unterbrach dadurch den Strom. Der den Anker des Magneten bildende Hebel fiel nun ab, und setzte den Zeiger der Uhr dadurch in Bewegung. Gelangte die Kugel ans Ziel, so stellte sie durch die Erschütterung desselben die zweite Leitung her; der Anker ward demgemäfs wieder angezogen und der Zeiger der Uhr arretirt. — Das Fortrücken des Zeigers gab nun das Maafs der Zeit, während welcher das Projectil den Weg von der Mündung bis zum Ziele zurücklegte. Hr. WHEATSTONE giebt an, dafs diefs Instrument im Jahre 1840 schon der Brüsseler Akademie mitgetheilt worden wäre, sowie im Mai 1841 auch mehreren Mitgliedern der französischen Akademie, welche auch Zeichnungen davon gesehen hätten. Auch habe er aus demselben

Jahre ein von 22 Offizieren des Instituts der Königl. Artillerie unterzeichnetes Protokoll in Händen, worin gesagt sei, „dafs er die Anwendung seines Instruments zum praktischen Gebrauch der Artillerie gezeigt habe, und dafs dasselbe $\frac{1}{7300}$ Sec. (?) angebe. Hr. KONSTANTINOFF habe dies Instrument i. J. 1842 gesehen und ein ähnliches bei ihm bestellt, dasselbe auch im Jahre 1843 nach Paris geschickt erhalten. Dieser Apparat habe aber eine etwas veränderte Construction erhalten, weil er die Bemerkung gemacht habe, dafs der Strom eines Electromagneten sehr schwach sein müfste, wenn der Anker nicht noch eine beträchtliche Zeit nach der Unterbrechung am Magnet haften bleiben sollte. Dann sei der Magnet aber nicht mehr im Stande den Anker wieder anzuziehen." — Es scheint aus der letzten Bemerkung des Hrn. WHEATSTONE hervorzugehen, dafs die obige Angabe, dafs sein Instrument $\frac{1}{7300}$ Sec. angebe, nur auf die Möglichkeit, eine solche Zeit noch auf dem Zifferblatte ablesen zu können, Bezug hat. Diefs folgt auch daraus, dafs Hr. WHEATSTONE, obschon er den von ihm angeführten Uebelstand später theilweise dadurch beseitigte, dafs er beim Durchschiefsen des Drahtes vor der Mündung nur den Strom eines schwachen Elements unterbrach, bei der Wiederherstellung des Stromes durch die Erschütterung des Ziels dagegen 6 Elemente einschaltete, durch deren Wirkung der Anker schnell wieder gehoben wurde, dennoch die Zeitangaben seines Instruments auf $\frac{1}{60}$ Sec. beschränkte, um mit Sicherheit, indem er die Beobachtung in mehrere Abtheilungen zerlegte, den gerügten Fehler zu vermeiden. Um jede Beschleunigung im Gange des Chronometers zu beseitigen, wandte Hr. WHEATSTONE eine Hemmung an, welche den Zeiger jedesmal um eine Abtheilung des Instruments, d. i. um $\frac{1}{60}$ des Umgangs, weiterrückte. Leider ist die Construction derselben aus der Beschreibung nicht ersichtlich, was um so mehr zu bedauern ist, als die Anfertigung einer Hemmung, welche 60 Oscillationen in der Secunde macht, gewifs mit grofsen Schwierigkeiten verknüpft ist. Mit diesem Instrument hat Hr. WHEATSTONE die Zeiten gemessen, welche eine Pistolenkugel zum Durchfliegen verschiedener Schufsweiten und mit verschiedenen Pulverladungen gebraucht, und die Differenzen der Zeitangaben bei Wiederholung der Versuche haben selten den Werth einer Abtheilung des Instruments übersliegen. —

Hr. Wheatstone hatte bei der Construction seiner Apparate nur die Absicht die Zeit zu messen, welche zwischen Anfang und Ende der Bewegung einer Kugel verfliefst. Um dem Wunsche Konstantinoff's nach einem Instrumente, welches die den verschiedenen Abtheilungen der Flugbahn entsprechenden Zeiten mifst, Genüge leisten zu können, ersann Hr. Wheatstone jedoch auch einen Apparat, welcher dies erreichen liefs. Ein Cylinder sollte um eine Schraube rotiren, so dafs er sich mit jeder Umdrehung um $\frac{1}{4}''$ fortbewegte. Die Bewegung sollte durch ein Gewicht geschehen, welches mittelst eines Getriebes von der Länge des Cylinders auf diesen einwirkte und durch einen Regulator constant erhalten werden. Ein mit dem Anker eines Electromagneten verbundener Bleistift war mit dem Cylinder in Contact und verzeichnete auf ihm eine Spirale so lange ein electrischer Strom die Windungen des Electromagneten durchströmte. Verschwand der Magnetismus, so ward auch die Spirale unterbrochen. Sollten nun mehrere Stationen in der Bahn des Geschosses in den Kreis der Messung gezogen werden, so will Hr. Wheatstone so viele Batterien anwenden als Paare von Drahtnetzen vorhanden sind. Die Leitungsdrähte dieser Netze sollen zu den Polen der zugehörigen Batterie führen und mit dem zu dem Magnete führenden Leitungsdraht in Verbindung stehen. Bei der nach einander folgenden Durchschiefsung der Netze würde dann das Gleichgewicht der Ströme abwechselnd unterbrochen und wieder hergestellt, und dadurch der Magnetismus des Electromagneten abwechselnd erregt und wieder vernichtet werden. Diese etwas unverständliche Beschreibung kann wohl nur so verstanden werden, dafs die Leitungsdrähte der beiden Stationen mit der zugehörigen Batterie eine geschlossene Kette bilden, und dafs der Leitungsdraht des zweiten Netzes mit dem des Electromagneten zu einem zweiten Schliefsungsbogen von bedeutend gröfserem Widerstande verbunden ist. Bei der Durchschiefsung des ersten Netzes wird dann die bisherige Nebenleitung durch den Draht des Electromagneten hindurch zur einzigen und der Anker in Folge dessen gehoben, bei Durchschiefsung des zweiten dagegen auch diese unterbrochen und der Anker wieder losgelassen. Dasselbe würde sich bei der Durchschiefsung der anderen Netzpaare wiederholen. Es dürfte aber wohl sehr schwer fallen für mehrere Stationen die Widerstände der Leitungen so abzugleichen, dafs das Abfallen des Ankers stets mit Sicherheit erfolgt, und wenn sich dies auch vielleicht erreichen liefse, so würde doch der von Hrn. Wheatstone selbst angeführte Uebelstand, dafs die Magnete der allmähligen Abnahme ihres Magnetismus wegen die Anker noch längere Zeit zurückhalten, hier in noch erhöhtem Maafse Statt finden, da vor Durchschiefsung des letzten Gitters immer noch ein mehr oder weniger starker Strom durch die Drahtwindungen hindurch geht, der dem Abfallen der Anker entgegenwirkt. An demselben Uebelstande leidet auch eine andere von Hrn. Wheatstone vorgeschlagene Anordnung, welche darin besteht, dafs der Magnet durch zwei oder mehrere gleiche und entgegengesetzte Ströme im Gleichgewicht erhalten werden soll, von denen jeder ein Gitter durchläuft. Werden diese Ströme nun nach einander unterbrochen, so wird der Magnetismus des Electromagneten abwechselnd hergestellt und wieder vernichtet.

Bedeutende Fehlerquellen würden bei diesem von Herrn Wheatstone projectirten Instrumente auch in der ungleichmäfsigen Drehung des Cylinders liegen. Eine gleichförmige Rotation durch ein Laufwerk mit Windfang zu erreichen ist, wie schon früher gesagt, sehr schwierig. Bei dem vorliegenden Apparate werden diese Schwierigkeiten aber noch durch die beträchtliche Verschiebung des schweren Cylinders auf der Schraube und das lange Getriebe bedeutend vermehrt. Der gröfste Uebelstand liegt aber darin, dafs diese Verschiebung erst kurz vor dem Abfeuern beginnen darf, weil der Cylinder nach wenig Umdrehungen am Ende der Schraube anlangt. Es wird daher jetzt plötzlich ein ganz anderes Reibungsverhältnifs eintreten und aufserdem ein Stofs Statt finden, durch welchen der Masse des Cylinders auf Kosten der Rotationsgeschwindigkeit die Bewegung in der Richtung der Achse ertheilt wird, welche er annehmen mufs. Die Rotationsgeschwindigkeit mufs sich daher beträchtlich und in einer Zeit ändern, wo sie nicht mehr bestimmt werden kann.

Hr. Wheatstone macht gleichzeitig auf eine andere sehr sinnreiche, wenn auch weniger bequeme und genaue Methode aufmerksam, durch welche er kleine Zeitabschnitte bestimmt.

Zwei Pendel von sehr wenig verschiedener Schwingungsdauer werden durch Electromagnete in gleicher Höhe festgehalten. Wenn nun die die Letzteren umkreisenden Ströme kurz nach einander unterbrochen werden und man zählt die Anzahl der Schwingungen, welche die Pendel machen, bis sie coincidiren, so kann man aus dieser Zahl und den bekannten Schwingungszeiten der Pendel die Zeit bestimmen, welche zwischen den Unterbrechungen der beiden Ströme verflofs

Derselbe erklärt ferner das ihm von Hrn. Breguet allein zugeschriebene Instrument zur Messung sehr kurzer Lichterscheinungen, wie des Blitzes etc., welches auf einem ganz anderen Princip beruht wie die bisher erwähnten.

Durch ein Räderwerk werden 3 auf Zifferblättern gehende Zeiger gedreht, so dafs ihre Umdrehungszeiten sich wie 1:10:100 verhalten. Die erste Scheibe macht zwei Umdrehungen in der Secunde. Werden die Zeiger nur durch eine Lichterscheinung von unmefsbar kurzer Dauer erleuchtet, so scheinen alle 3 Zeiger in Ruhe zu sein. Eine Beleuchtung von $\frac{1}{200}$ Sec. Dauer dagegen würde auf der zweiten Scheibe einen dunkleren Kreisausschnitt von 36° (um welche der Zeiger sich während dieser Zeit fortbewegte) und die dritte Scheibe gleichmäfsig dunkler gefärbt erscheinen lassen. Aus der Gröfse der auf der zweiten und dritten Scheibe entstehenden dunkleren Sectoren liefs sich nun auf die Dauer der Beleuchtung schliefsen. Es dürfte jedoch schwierig sein die Gröfse dieser Ausschnitte mit einiger Genauigkeit zu bestimmen.

In der Sitzung der physikalischen Gesellschaft vom 3. October 1845 vindicirte ich die erste Anwendung der electrischen Ströme zur Messung der Bewegungsgeschwindigkeit der Geschosse der Artillerie-Prüfungs-Kommission zu Berlin und beschrieb den von derselben eingeschlagenen Weg, woran ich den

Vorschlag knüpfte, den electrischen Funken an Stelle des Stromes zu demselben Zwecke zu benutzen. —

Das von der genannten Kommission benutzte Instrument besteht aus einem Uhrwerk, dessen Gang durch ein konisches Pendel regulirt wird. Es hat zwei Zeiger, welche sich auf einem in 2000 Theile getheilten Zifferblatte gleichmäfsig mit dem Pendel drehen, jedoch so, dafs der eine sich in Ruhe befindet, wenn der andere sich bewegt. Der Wechsel der Zeiger in der Drehung wird durch zwei Hohlkegel bewirkt, welche sich mittelst zweier an den Seiten der Uhr befindlichen Hebel bewegen lassen. Sie engagiren die Zeiger dadurch, dafs sie auf Kegel geprefst werden, welche an der Zeigerwelle sitzen, und dieselben durch die hierdurch entstehende bedeutende Friction in Bewegung setzen. Mit dem Hinabdrücken des einen Hohlkegels ist stets die Lösung des anderen verbunden. Da das angewandte konische Pendel ein Secundenpendel ist, so beschreibt es, und mit ihm der in Bewegung befindliche Zeiger in jeder Secunde einen Halbkreis. Der Zeiger durchläuft also in dieser Zeit 1000 Abtheilungen seines Zifferblattes.

Dies von dem hiesigen Uhrmacher Hrn. Leonhard, bei dem die genannte Kommission ein ihren Zwecken entsprechendes derartiges Instrument bestellte, entworfene und ausgeführte Uhrwerk ward auf der Sternwarte verglichen und erwies sich als ein auch längere Zeit hindurch vollkommen richtig gehender Chronometer.

Der ursprüngliche Plan zur Benutzung dieses Instruments war der, dafs die Kugel beim Hinaustreten aus der Mündung einen Strom erregen sollte, welcher die Windungen des Drahts eines an der einen Seite der Uhr befindlichen Electromagneten durchlaufen, in Folge dessen den einen der oben erwähnten Auslösungshebel, welcher den Anker dieses Magneten bildete, anziehen und dadurch den grofsen Zeiger in Gang setzen sollte. Zu dem Ende ward vor der Mündung des Geschützes ein Draht vorübergeführt, welcher eine Feder spannte, die mit dem einen Pole einer galvanischen Batterie in leitender Verbindung stand. Der vom anderen Pole ausgehende Draht umgab den neben der Uhr befindlichen Electromagneten und endete in einem Metallstück, welches der erwähnten Feder gegenüberstand. Wenn diese nun durch die Zerreifsung des sie in Spannung erhaltenden Drahtes frei wurde, so schlug sie gegen das eben genannte Metallstück und schlofs die Kette. Dasselbe Spiel wiederholte sich am Ziele und an der anderen Seite der Uhr, wenn die Kugel dort anlangte und durch Zerreifsung eines Systems paralleler Fäden auf die eben beschriebene Art einen zweiten Strom herstellte. Die Kommission überzeugte sich jedoch bald, dafs auf diesem Wege keine genauen Resultate zu erzielen seien, indem die Anziehung der Anker zu grofse und verschiedene Zeiten erforderte, und aufserdem durch die Verschiedenheit der Zeit, welche die Federn zur Zurücklegung ihres Weges gebrauchten, zu grofse Fehlerquellen eingeführt wurden.

Ich machte damals den Vorschlag, die Bewegung der Auslösungshebel durch den electrischen Funken zu bewerkstelligen. Dies konnte unter Anderem dadurch geschehen, dafs man vor der Mündung und am Ziele isolirte Metalldrähte ausspannte, welche abwechselnd mit der äufseren und inneren Belegung einer geladenen Leydener Flasche in Verbindung standen. Wenn die Kugel nun z. B. die vor der Mündung ausgespannten Drähte traf, so stellte sie durch ihre eigne Masse während eines Momentes die leitende Verbindung zwischen den beiden Belegungen der Flasche her, und diese mufste sich entladen. Liefs man nun den Entladungsfunken durch ein kleines mit Knallgas gefülltes Rohr schlagen, so konnte die Wirkung der Explosion des Gases zur Fortschleuderung des Engagirungshebels benutzt werden.

Die Kommission schreckte jedoch mit Recht vor den grofsen Schwierigkeiten zurück, welche mit der vollkommenen Isolirung langer Leitungsdrähte verknüpft sind und suchte ihr Ziel auf einem anderen Wege zu erreichen. Es war dies der, später auch von Hrn. Breguet befolgte, der Unterbrechung zweier Ströme durch die Kugel am Anfangs- und Endpunkte des zu messenden Bahnstücks. Ueber den oft erwähnten Hebeln der Uhr, durch deren Bewegung der grofse Zeiger engagirt und arretirt wurde, befanden sich in beträchtlicherer Höhe wie früher zwei Magnete. Durch diese wurden Gewichte getragen, welche bei der Unterbrechung der Ströme auf die Hebel hinabfielen und dadurch auf die Zeiger wirkten. Das Abfallen der Anker wurde noch dadurch wesentlich erleichtert, dafs ein besonderer Leitungsdraht in einer geringen Anzahl von Windungen um die Magnete lief, welcher von einer schwachen Kette in entgegengesetzter Richtung wie der Haupt-Leitungsdraht durchströmt ward. Wurde dieser nun unterbrochen und verschwand mithin seine überwiegende Einwirkung auf den Magnetismus des Eisens, so zerstörte der jetzt allein übrig bleibende entgegengesetzte Strom der Nebenkette den im Eisen noch zurückgebliebenen Magnetismus.

Die mit dem so ausgerüsteten Instrumente angestellten Versuche waren im Allgemeinen befriedigend, wenn die Intensität der Ströme durch eingeschaltete Rheostaten so abgeglichen ward, dafs die Tragkraft die Schwere der Anker nur sehr wenig überwog. Durch gleichzeitige Durchschiefsung beider Leitungsdrähte konnte man den durch die Verschiedenheit der Fallzeit der Gewichte und den todten Gang der Hebel sich ergebenden Zeitverlust auffinden und als eine Constante mit in Rechnung bringen. Diese Constante liefs sich bis auf wenige Tausendtheil-Secunden, welche den variablen Fehler des Instruments bildeten, bestimmen, ein Fehler, der jedoch beim wirklichen Gebrauche durch manche bisher theilweise selbst noch unerklärliche Vorgänge bedeutend gesteigert wird.

Ich ward hierdurch veranlafst meinen früheren Plan, bestehend in der Anwendung des electrischen Funkens, zu dem in Rede stehenden Zwecke wieder aufzunehmen, wobei mein Bestreben war, alle mechanischen Zwischenmittel zwischen dem Geschosse und dem eigentlichen Zeitmesser zu vermeiden und wo möglich durch den Funken selbst Marken auf demselben zu erzeugen, die das spätere Ablesen der Zeiten gestatteten. Versuche zeigten mir, dafs auf polirtes Eisen oder weichen Stahl überspringende Funken sehr deutliche und scharf begrenzte Punkte auf demselben erzeugen. Sie erscheinen mehr oder weniger scharf, je nachdem der Funke stärker oder schwächer war, und bestehen, durch das Mikroscop betrachtet, aus einer Menge kleiner weifser Punkte, die mit zunehmenden Abständen von einander um einen Mittelpunkt sich lagern. Auch die schwächsten, kaum hörbaren Funken hinterlassen auf einer gut polirten Stahlplatte noch deutlich erkennbare Spuren. Durch Abwischen der Platte werden die Punkte weifser und schärfer, indem die auf ihnen abgelagerte Oxydulschicht entfernt wird. Den Ort des Punktes kann man noch ziemlich lange Zeit nach seiner Entstehung durch Anhauchen der Platte finden, wodurch ein farbiger Ring um denselben herum entsteht.

Mein auf dieser Wirkung des Funkens begründeter Plan war nun der, einen möglichst leichtconstruirten und möglichst schnell und gleichmäfsig rotirenden Stahlcylinder als Zeitmesser zu benutzen und die Dauer einer Bewegung dadurch zu messen, dafs beim Beginn und am Ende derselben ein Funke aus einer dem rotirenden Cylinder dicht gegenüberstehenden Spitze auf diesen überspringt. Der Abstand der Punkte von einander giebt dann mit vollkommener Sicherheit den Zeitverbrauch, wenn nur der Cylinder richtig getheilt war und gleichmäfsig rotirte. Hierin lag ohnstreitig die gröfste Schwierigkeit, die jedoch von Hrn. LEONHARD, dem ich die Ausführung eines solchen Instruments übertrug, glücklich überwunden wurde. Dies ward auf folgende Art erreicht:

Ein Stahlcylinder von $2\frac{1}{4}''$ Durchmesser und $\frac{1}{2}''$ Höhe ward möglichst leicht und sorgfältig ausgedreht, so dafs er etwa die Gestalt

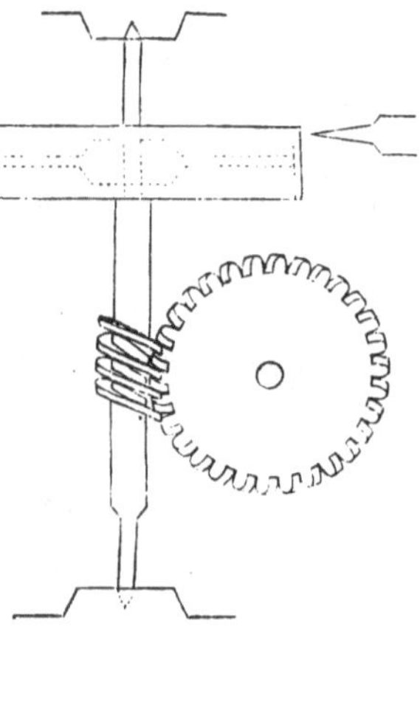

im Durchschnitt erhielt. Die durch diesen Cylinder gehende Achse endete in einer Spitze, auf welcher der Cylinder ruhte und rotirte. An die Achse war unter dem Cylinder ein Schraubengewinde eingeschnitten, mit welchem die Zähne eines Rades im Eingriff standen. Die Drehung des Zahnrades geschah durch ein Gewicht und wurde durch ein schweres konisches Pendel vollkommen regulirt. Bei der Drehung des Zahnrades stützten sich die Zähne auf die schiefe Ebene der Schraubengänge und gaben dadurch dem Cylinder den Impuls zur Drehung. — Das Verhältnifs war so gewählt, dafs der Cylinder einen vollen Umgang machte, wenn 1 Zahn des Rades passirte. Er war in halbe Grade eingetheilt und rotirte 60 Mal in der Secunde, es gingen also in dieser Zeit 43200 Theilstriche am Beobachter vorüber. Durch einen Schraubenmikrometer konnten jedoch, wenn die Punkte klein waren, noch 10 Unterabtheilungen abgelesen werden. Das Uhrwerk wird längere Zeit in ununterbrochenem Gange erhalten und mit Hülfe eines an derselben angebrachten Zeigerwerks regulirt. Kleine Fehler der Schraube und des letzten Zahneingriffs, welche sich bei langsamer Drehung des Cylinders vollständig auf diese übertragen würden, können bei der grofsen Geschwindigkeit der Drehung keine mefsbare Beschleunigung oder Verzögerung hervorbringen, indem die Masse des Cylinders den Dienst eines Schwungrades übernimmt. Fehler in dem entfernter liegenden Räderwerk können aber keine periodische Beschleunigung und Verzögerung der Drehung des Cylinders erzeugen, da die Kraft, welche eine solche hervorbringen könnte, vorher die Masse des Pendels bewältigen mufs, eine etwas gröfsere oder geringere Schwungweite des Letzteren aber ohne mefsbaren Einflufs auf seine Drehungsgeschwindigkeit bleibt. Das Instrument bietet daher alle Garantien für eine durchaus gleichmäfsige Rotation des Cylinders. Dieselbe läfst sich jedoch auch kontrolliren, wenn man 2 gleiche derartige Instrumente zur Disposition hat. Ist nämlich der Gang beider Werke genau verglichen, mithin die mittlere Rotationsgeschwindigkeit beider Cylinder dieselbe, so hat man nur nöthig das eine Instrument isolirt aufzustellen und zwischen den beiden Cylindern einen isolirten und an beiden Enden zugespitzten Verbindungsdraht so anzubringen, dafs jedem Cylinder eine der Spitzen desselben möglichst nahe gegenüber steht. Entladet man nun durch die beiden Instrumente mehrere Flaschen, oder läfst man auch nur aus dem Conductor einer Electrisirmaschine eine Reihe von Funken auf das isolirte Instrument überspringen, so wird auf beiden Cylindern eine Reihe von Punkten entstehen. Sind nun die Abstände dieser Punkte von einander auf beiden genau dieselben, und bleiben sie es bei mehrmaliger Wiederholung des Experiments, wobei man die erwähnten Spitzen etwas hebt oder senkt, um die Punkte auf andere Kreise der Cylinder zu bringen und hierdurch einer Verwirrung der Zeichen zu entgehen, so kann man überzeugt sein, dafs die Rotation vollkommen gleichmäfsig ist, oder im entgegengesetzten Falle auf die Grenze schliefsen, bis zu welcher die mit einem der Instrumente angestellten Messungen fehlerfrei sind.

Diesen Messungen mufs jedoch eine annähernde Messung oder Schätzung der Geschwindigkeit vorausgehen, da man kein Mittel hat, die Anzahl der Gegenumdrehungen des Cylinders, die während des zu messenden Zeitraums Statt finden, zu zählen, wenn man nicht eine Verschiebung der Spitzen kurz vor der Messung eintreten lassen will. Dadurch würde aber ein die gleichförmige Rotation störendes Element, mithin eine Fehlerquelle eingeführt, die eine besondere Kontrollirung erforderte und auch dadurch nicht ganz unschädlich gemacht werden könnte. Man kann diesen Uebelstand aber dadurch umgehen, dafs man nur so kurze Strecken der Flugbahn der Messung unterwirft, dafs der Abstand der Punkte von einander stets weniger wie 2 R betragen mufs. Hierdurch umgeht man auch die Schwierigkeit der Isolirung sehr langer Leitungsdrähte im Freien, da das Geschütz unmittelbar neben oder in dem Gebäude stehen kann, in welchem das Instrument aufgestellt ist. Das Verfahren der Messung ist nun Folgendes: Dem Cylinder dicht gegenüber ist auf isolirenden Stützen ein Metallstück angebracht, welches sich durch eine Schraube heben und senken läfst. Es läuft in eine Spitze aus, welche der Peripherie des Cylinders möglich nahe gebracht wird. Von diesem Metallstück führt ein isolirter Draht vor der Mündung des Geschützes vorbei und endet hinter derselben. Parallel mit ihm und in geringem, jedoch die Schlagweiten des Funkens übersteigendem Abstande ist ein zweiter isolirter Draht vor der Mündung vorüber, zur inneren Belegung einer geladenen Flasche geführt, deren äufsere mit dem Instrumente, also auch mit dem Cylinder selbst in leitender Verbindung steht. Zerschmettert nun die Kugel die Drähte, so stellt sie im Augenblick der Berührung den Contact der Spitze mit der innern Belegung her und gestattet der Flasche, sich durch die Spitze und den Cylinder hierdurch zu entladen. Einige Fufs weiter von der Mündung entfernt ist ein zweites Drahtpaar ebenso angebracht und mit derselben Spitze und einer zweiten Flasche verbunden. Es wird daher ein zweiter Funke überspringen, wenn die Kugel dies Drahtpaar berührt. Zur Kontrolle der Messung könnte noch ein drittes Drahtpaar in gleichem Abstande vom zweiten angebracht werden, wodurch sich noch ein dritter Punkt auf dem Cylinder erzeugen würde. Sollen mehrere Messungen hinter einander angestellt werden, so senkt man jedesmal die Spitze um ein geringes, damit die Punkte der folgenden Messung auf einem tiefer liegenden Kreise des Cylinders erscheinen. Will man die Resultate ablesen, so wird das Treibgewicht gelöst und dadurch das Instrument allmählig zur Ruhe gebracht. Die Gröfse des Abstandes der Punkte von einander kann dann leicht gemessen werden.

Da die Schärfe der Zeitangaben dieses Instrumentes so grofs ist, dafs eine Bewegung der Kugel um 1 m.m. noch nachweisbar sein würde, wenn nicht die ungleichmäfsige Drehung der Drähte durch das dem Geschosse vorauseilende Pulvergas kleine Störungen mit sich führte, so bietet es aufser dem Vortheil der direkten Bestimmung der Anfangsgeschwindigkeit der Geschosse, welche für die Praxis von besonderem Nutzen ist, noch den der Möglichkeit die Geschwindigkeit der Kugel an verschiedenen Stellen im Rohre selbst zu messen, und dadurch zu genaueren Aufschlüssen über die Art und das Maximum der Wirkung des Pulvers zu gelangen, welche für die Theorie der Schufswaffen von grofser Wichtigkeit sind. Die isolirten Leitungsdrähte brauchen zu dem Ende nur durch Durchbohrungen ins Innere des Geschützes geführt zu werden.

Die Messung grofser Strecken der Flugbahn würde der Isolirung der langen Leitungsdrähte wegen mit bedeutenden Schwierigkeiten verknüpft sein. In diesem Falle könnte man sich indefs vielleicht mit Nutzen des Inductionsfunkens der durch die Kugel unterbrochenen galvanischen Kette oder der Ströme noch höherer Ordnung anstatt des Funkens der Flasche bedienen.

Da sich die Schärfe der Zeitangaben des Instruments durch möglichst sorgfältige Anfertigung des ganzen Apparats und schnellere Rotation des Cylinders noch beträchtlich vergröfsern läfst, so schlug ich vor, sich seiner auch zur Messung der Geschwindigkeit der Electricität selbst zu bedienen. Dies kann durch zwei genau verglichene und kontrollirte Instrumente auf die Weise geschehen, dafs man anstatt des kurzen Verbindungsdrahts zwischen den Cylindern, wie er zur Kontrollirung des Ganges der Instrumente verwendet wurde, einen möglichst langen isolirten Leitungsdraht zwischen den Spitzen einschaltete und eine Flasche mittelst eines gleich langen zwischen dem isolirten Instrumente und der innern Belegung eingeschalteten Drahtes entladet. Die Zeitangaben des einen Cylinders müssen dann hinter denen des andern um so viel zurückstehen, als die Electricität zur Durchlaufung ihres halben Weges gebraucht.

Dasselbe läfst sich jedoch auch, und zwar noch sicherer, mit einem einzelnen Instrumente erreichen, wenn man zwei Cylinder, isolirt von einander, auf dieselbe Welle setzt und durch einen langen Leitungsdraht mit einander verbindet. Wird nun jedem derselben eine isolirte Spitze nahe gegenüber gestellt und die eine der letzteren mit der äufseren, die andere dagegen durch einen eben so langen Draht mit der inneren Belegung einer geladenen Flasche in leitende Verbindung gesetzt, so mufs ein Funke zwischen beiden Spitzen und Cylindern überspringen. Entladet man nun eine zweite Flasche durch dieselben Spitzen hindurch, nachdem man die beiden langen Leitungsdrähte durch kurze ersetzt hat, und mifst den Abstand der auf beiden Cylindern verzeichneten Punkte von einander, so giebt die Differenz dieser Abstände die Zeit an, welche die Electricität zur Durchlaufung eines jeden der beiden langen Verbindungsdrähte gebrauchte.

Hrn. Hoffmann's Tafelwaage ist, dem Princip nach, eine gleicharmige Brückenwaage. Sie unterscheidet sich jedoch von den vielen bekannten derartigen Constructionen dadurch, dafs die beiden Waagschalen sich nicht neben, sondern unter einander befinden.

Die obere rechteckige und plane Schale ruht auf 4 an den Ecken derselben befindlichen Stützen, welche ihrerseits von den äufseren Enden zweier Waagebalken getragen werden. Diese schwingen um zwei lange auf Prismen ruhende parallele Achsen. Sie theilen sich nach aufsen in zwei Arme, welche an ihren Endpunkten mit Prismen versehen sind. Auf diesen 4 äufsern Schneiden ruht die obere Schale mittelst der erwähnten Stützen und besonderer Träger derselben. Die beiden inneren Arme der Waagebalken sind ebenfalls mit Prismen versehen, an welchen die untere für die Gewichte bestimmte Schale hängt. Das Prisma des einen Waagebalkens ist zu dem Ende durchbrochen und gestattet das Dazwischentreten des inneren Prisma des zweiten Balkens, so dafs also bei horizontaler Lage der Waagebalken die 3 inneren Schneiden derselben eine gerade Linie bilden. Der Bügel der unteren Schale hängt mittelst dreier Haken an diesen Schneiden.

Wie aus dem eben Gesagten erhellet ist diese Waage jedoch zu komplicirt und zu schwierig anzufertigen, um eine allgemeinere Anwendung erwarten zu lassen. Auch wird sich ihr, der Kürze der Waagebalken und der grofsen Zahl der Schneiden wegen, nie eine für wissenschaftliche Zwecke ausreichende Genauigkeit geben lassen. Man bedenke nur die Schwierigkeit, welche mit der richtigen und parallelen Einstellung von 16 Schneiden und Lagern verknüpft ist!

Hrn. Colladon's dynamometrischer Apparat besteht im Wesentlichen aus einem um eine Scheibe drehbaren Winkelhebel, wie er schon vielfach zu ähnlichen Zwecken, namentlich zu Ketten-Probirmaschinen benutzt worden ist. Doch unterscheidet sich Hrn. Colladon's Apparat von diesen durch einige dem in Rede stehenden Zwecke sehr entsprechenden Vorrichtungen.

Die Basis desselben ist eine starke und wohl fundamentirte senkrechte Säule. Auf ihr drehbar ist ein gufseisernes Lager, welches der Träger der oben erwähnten, den Dreh- und Stützpunkt des Winkelhebels bildenden, Schneide ist. Von zwei an dem oberen Ende des Lagers befestigten horizontalen Armen hängen senkrechte bewegliche Stangen herab, welche einen horizontalen Rahmen tragen, an dem das Tau, auf welches das im Wasser befindliche Schiff seine Zugkraft ausübt, befestigt ist. Durch den im horizontalen Sinne beweglichen Rahmen wird diese Kraft mittelst eines Hakens, welcher über ein am Ende des kurzen senkrechten Arms des Winkelhebels befindliches Prisma greift, auf das Letztere übertragen. Am Ende des langen horizontalen Arms des Winkelhebels ist ein drittes Prisma angebracht, welches eine Schale mit Gewichten trägt.

Diese Anordnung gewährt den Vortheil, dafs das Gewicht des Zugtaues und der Winkel, den es am Befestigungspunkte mit dem Horizonte macht, nicht mit in Rechnung gezogen zu werden braucht, da nur die horizontale Komponente der Spannung des Seils, welche dem horizontalen Zuge des Schiffs entspricht, mittelst des Rahmens auf den Wägemechanismus übertragen wird. —

Zur Ausgleichung kleiner Ungleichheiten der Arbeit der Maschine oder des Triebapparats bringt Hr. Colladon noch ein empfindliches Feder-Dynamometer an. Die Erfahrung hat ihm indefs gelehrt, dafs die intermittirende Wirkung der Radschaufeln und kleine und kurze Schwankungen der Triebkraft durch die grofse Masse des Schiffes vollständig compensirt werden, so dafs die Waage sich vollkommen ruhig einstellt. Auf dies Ergebnifs wird auch die Elasticität des Seils nicht ohne Einflufs sein. — Nach Hrn. Colladon's Angabe soll der Apparat noch Unterschiede von 0,0001 der Zugkraft angeben.

W. Siemens,
Lieutenant der Artillerie.

7. Statik und Dynamik.

Morin. Note sur la roideur des cordes Compt. rend. XX. 228; Inst. No. 579 p. 41.

Laugier. Mémoire sur l'influence du ressort de suspension sur la durée des oscillations du pendule. C. R. XXI. 117; Inst. No. 603 p. 253.

Babinet. Note sur un nouveau pendule isochrone. C. R. XXI. 259; Inst. No. 605 p. 274.

J. Didion. Mémoire sur la ballistique. C. R. XXI. 1102; Inst. No. 620 p. 401.

Ueber die Steifigkeit der Seile.

Coulomb hatte aus seinen Versuchen über die Steifigkeit der Seile (Mémoires de math. et phys. présentés à l'academie. T. X. Paris 1785) das Resultat gezogen, dafs die Gröfse dieses Widerstandes durch einen Ausdruck dargestellt werden könne, der aus zwei Gliedern besteht: das eine Glied ist für jedes Seil und jede Rolle constant, so dafs es blofs noch von der Art der Anfertigung des Seils und von der Torsion seiner Fäden und Litzen abhängt (die natürliche Steifigkeit); das andere ist der Spannung des Seils proportional. Beide Glieder waren übrigens der Dicke des Seils direct und dem Durchmesser der Rolle umgekehrt proportional. Versuche, die mit Seilen von $0^m,0200$ bis $0^m,0144$ Durchmesser angestellt waren, bestätigten diese Hypothese genügend.

Um die Formel auf neue wie auf gebrauchte Seile gleich anwendbar zu machen, nahm Navier an, dafs die beiden Glieder einer Potenz des Durchmessers der Seile proportional wären, deren Exponent sich ändere, je nachdem das Seil neu oder gebraucht wäre. Diese Hypothese ist aber weder durch die Erfahrung gerechtfertigt, noch überhaupt statthaft, da sie zu der Folgerung führen würde, dafs ein gebrauchtes Seil, dessen Durchmesser gleich der Einheit wäre, dieselbe Steifigkeit hätte, als ein neues von derselben Dimension.

Hr. MORIN hat nun eine Formel aufgestellt, die von der Anzahl der Litzen der Seile (fil de caret) abhängt, und COULOMB's Beobachtungen mit grofser Genauigkeit darstellen soll. Er setzt die Steifigkeit R für neue und ungetheerte Seile

$$R = \frac{n}{D}(A + Bn + CQ),$$

wo n die Anzahl der Litzen, D der Durchmesser der Rolle,

$$A = \overset{\text{Kil.}}{0.000297},\quad B = \overset{\text{Kil.}}{0.000245},\quad C = 0.000363.$$

Für getheerte Seile giebt Hr. MORIN eine ähnliche Formel, nur mit andern Coëfficienten, nämlich:

$$A = \overset{\text{Kil.}}{0.0014575},\quad B = \overset{\text{Kil.}}{0.0003160},\quad C = 0.0001188.$$

Nach beiden Formeln hat Hr. MORIN eine kleine Tafel berechnet, aus der man sowohl die natürliche Steifigkeit $\frac{n}{D}(A + Bn)$, als auch den Coëfficienten $\frac{n}{D}C$ der Spannung Q des Seils für verschiedene Werthe von n und D entnehmen kann.

Dr. F. Brünnow.

Isochronismus des Pendels bei ungleichen Schwingungsweiten.

Der Ausdruck für die Zeitdauer einer Schwingung des einfachen Pendels bei sehr kleinen Schwingungsweiten enthält bekanntlich, wenn man in der Entwickelung die Glieder höher als die vierte Potenz vernachlässigt, ein vom Quadrat dieses Winkels abhängiges Glied, vermöge dessen die Zeitdauer zugleich mit der Schwingungsweite wächst. Diese vom Widerstand der Luft und von der Reibung am Suspensionspunkte herrührende Ungleichheit der Schwingungszeiten des Pendels ist namentlich in den letzten Jahren, nachdem die Ausgleichung des vom Thermometer- und Barometerstande abhängigen Einflusses so gut wie vollständig erlangt werden kann, Gegenstand mehrfacher Untersuchung der Astronomen und Künstler gewesen. Es sollen hier die wesentlichen Erfolge LAUGIER's und WINNERL's zugleich mit einer neuen, zur Erlangung desselben Zwecks von Babinet vorgeschlagenen Methode zusammengestellt werden.

Die Compensation der verlorenen Kraft durch das Gewicht der Uhr, und überhaupt die Verbindung des Pendels mit dem Räderwerk compliciren die Aufgabe so sehr, dafs man sich vorläufig damit beschäftigt hat, das freie Pendel, ohne Verbindung mit dem Uhrwerk, an sich isochron zu machen. Im Jahre 1838 machte Frodsham eine, angeblich von Berthoud herstammende Methode bekannt, vermöge deren es ihm gelungen sein sollte, das Pendel in gröfsern und kleinern Schwingungsweiten *gleichzeitig* schwingen zu lassen. Er erlangt dies, indem er das Pendel an einer stählernen Feder von jedesmal zu *bestimmender Länge und Dicke* aufhängt. Der Einflufs, den diese Aufhängung auf die Bewegung des Pendels ausübt, besteht aus zwei Theilen, und läfst sich leicht versinnlichen. Einmal besteht die zur bewegenden Kraft neu hinzutretende in dem *Widerstand* der Feder, wodurch sie am Ende jeder Oscillation dem Pendel einen neuen Impuls giebt; dann wird zugleich durch die Biegsamkeit der Feder die Länge des schwingenden Pendels verkürzt und dadurch ein zweites Mittel zur Compensation geboten. Diese Erfolge Frodsham's veranlafsten Bessel, die Theorie des an einer elastischen Feder aufgehängten Pendels vollständig zu entwickeln[1]. Aus seiner Untersuchung geht hervor, dafs zwar das dargebotene Mittel ausreichend ist, dafs aber das Frodsham'sche Pendel bei den von ihm angegebenen Dimensionen der Linse und der Feder seinen Isochronismus nur durch eine zufällige Combination fremder Ursachen erhalten habe. Später sollen auch andere Künstler diese Methode ohne Erfolg versucht haben. — Endlich haben die Herren Winnerl und Laugier in Paris auf diesem theoretisch möglichen Wege den vorgesetzten Zweck durch eine Reihe von Versuchen vollständig erreicht. Es handelte sich darum, eine solche Combination einer Feder und einer Linse von bestimmter Schwere ausfindig zu machen, dafs das so zusammengesetzte Pendel bei jeder Schwingung so viel Zuwachs an Kraft erhielt, als es durch Widerstand und

[1] Astr. Nachrichten. No. 465.

Reibung verlor. In dem Laugier's Abhandlung in den Compt. rend. beigefügten Tableau werden zunächst Versuche angeführt, bei denen die Compensation nicht vollständig erreicht war. Diese Pendel machten nämlich während einer bestimmten Zeitdauer bei kleinern Amplituden eine gröfsere Anzahl von Schwingungen, wie das an der Schneide aufgehängte Pendel. Andere Verbindungen gaben das umgekehrte Resultat, d. h. die Compensation war *mehr* als vollständig erreicht. Zwischen diesen Grenzen war es nun möglich die gesuchte Combination von Linse und Feder zu finden. In der That bietet der fünfte Versuch ein Pendel dar, das *gleichzeitig* schwingt bei *ungleichen* Schwingungsweiten.

Durch die Mittheilung dieser Versuche in der Pariser Akademie ist Hr. Babinet veranlafst worden, bald darauf eine denselben Gegenstand betreffende Idee in den Compt. rend. auszuführen (1845, August), die indessen, bis jetzt wenigstens, noch nicht zur praktischen Anwendung gekommen zu sein scheint.

Hr. Babinet führt einen biegsamen Metallfaden durch das Pendel, senkrecht auf die Schwingungsebne desselben, etwas oberhalb oder unterhalb des Suspensionspunktes des Pendels. Bei jeder Schwingung wird der aus der geraden Linie entfernte Faden vermöge seiner Elasticität der bewegenden Kraft des Pendels den Verlust zum Theil ersetzen, die sie nothwendig erleidet. Es wird sich diese Ausgleichung um so mehr für jedes Pendel durch Versuche ausfindig machen lassen, als man zwei Gröfsen variiren kann, die Länge des Fadens so wie seine Entfernung vom Suspensionspunkte.

Hr. Babinet glaubt in seiner Anwendung des isochronen Pendels zugleich ein neues Mittel zur thermischen Compensation gefunden zu haben. Sind die Endpunkte des Fadens an Metallplatten befestigt, so wird sich durch deren Ausdehnung bei erhöhter Temperatur die Spannung des Fadens vermehren, und es wird nun wiederum eine solche Anordnung sich auffinden lassen, bei welcher die hinzukommende beschleunigende Kraft diejenige Verlangsamung genau aufwiegt, die von der Verlängerung des Pendels in der Wärme herrührt. —

d'Arrest.

Hr. Didion überreichte der französischen Akademie eine Abhandlung über die Ballistik, von der nur ein kurzer Auszug in den Comptes rendus enthalten ist. Nachdem Hr. Didion der Untersuchungen Newton's, Euler's, Borda's u. A. über die Bewegung eines Körpers in der Luft erwähnt, und bemerkt hat, dafs diese Gelehrten den Widerstand der Luft als proportional der Geschwindigkeit annahmen, nachdem er ferner die Ansicht Piobert's angeführt hat, wonach der Widerstand der Luft durch die Summe zweier Glieder, die beziehlich dem Quadrate und dem Cubus der Geschwindigkeit proportional sind, giebt er als Resultat der Beobachtungen über die Gesetze und die Gröfse des Widerstandes den binomischen Ausdruck

$$\varrho = \frac{v^2}{2c}\left(1 + \frac{v}{r}\right)$$

wo ϱ den Widerstand der Luft, v die Geschwindigkeit des bewegten Körpers, $\frac{1}{2c}$ den Coëfficienten des quadratischen Gliedes, welcher vom Durchmesser und Gewicht des Geschosses und der Dichtigkeit der Luft abhängt, endlich $\frac{1}{r}$ das Verhältnifs der Coëfficienten der beiden Glieder bezeichnet.

Hr. Didion zeigt an, dafs er Hülfstafeln construirt habe, mittelst welcher die Bewegung des Geschosses bequem berechnet werden könne, und die eine genügende Uebereinstimmung mit der Erfahrung ergeben sollen. In der vorliegenden Notiz fehlen sowohl diese Tafeln, als auch Beobachtungen, welche mit den Berechnungen zu vergleichen wären.

Sobald die Abhandlung vollständig erscheint, werden wir in diesen Blättern darauf zurückkommen; bis dahin ist zu hoffen, dafs die neuen Methoden zur Messung der Geschwindigkeit von Geschossen genauere Daten angeben werden, welche den Berechnungen zu Grunde gelegt werden können, als dies nach den bisherigen Methoden der Fall war.

Dr. G. Karsten.

8. Hydrostatik und Hydrodynamik.

PARROT, Vater. Ueber den Ausflufs der tropfbaren Flüssigkeiten durch kleine Oeffnungen im Boden der Gefäfse. POGG. Ann. LXVI. 389.

SONNET. Mémoire sur le mouvement rectiligne et uniforme des eaux, en ayant égard aux différences de vitesse des filets. C. R. XX. 150.

LAMÉ. Rapport sur ce mémoire. C. R. XX. 786; Inst. No. 586 p. 105.

DEJEAN. Sur la relation qui existe entre la hauteur des liquides et leur vitesse d'écoulement. C. R. XXI. 289.

DE CALIGNY. Contraction particulière de la veine fluide dans les coudes d'un canal d'usines. Inst. No. 625 p. 452.

Ueber den Ausflufs der tropfbaren Flüssigkeiten durch kleine Oeffnungen im Boden der Gefäfse von PARROT, Vater.

Hr. PARROT will in diesem Aufsatze beweisen, dafs sowohl die Phänomene der Hydrostatik als der Hydrodynamik nur aus der Elasticität der Flüssigkeiten erklärt werden können. Mit Unrecht hält man diese defshalb für gering, weil ein bedeutend erhöhter Druck nur geringe Volumverminderung hervorbringt. Aber atmosphärische Luft einem Druck von 812 Atmosphären ausgesetzt (das MARIOTTE'sche Gesetz für allgemein gültig angenommen), würde nahezu die Dichtigkeit des Wassers haben; sie würde durch eine bedeutende Druckvermehrung nur wenig comprimirt werden, obgleich wir ihren Elasticitätsgrad für sehr hoch halten müfsten. Elasticität ist die Kraft q, mit der der Körper in seinen vorigen Raum zurückzutreten trachtet, verglichen mit der Kraft p, welche angewendet werden mufste, um seinen natürlichen Zustand zu verändern, d. h. $=\frac{q}{p}$; ist $p=q$, so ist die Elasticität vollkommen, d. h. im Maximo. Wir haben Grund, anzunehmen, dafs dies bei den Flüssigkeiten der Fall sei.

Folgende Versuche sollen darthun, dafs Massen, die blofs schwer und flüssig, nicht aber elastisch sind, keinen Seitendruck ausüben können. An eine 20 Fuſs lange, vertical gestellte Röhre von 4 Zoll Durchmesser war unten ein um 6 Zoll seitwärts vorstehendes Knie von gleichem Durchmesser befestigt. Die Röhre wurde allmählig mit feinem, ganz trocknem Sande gefüllt. Der Sand, dessen Gewicht über 220 Pfund betrug, floſs nun durchaus nicht aus, sondern er hatte sich nur in derselben Weise schräg gelegt, wie wenn Sand auf den freien Boden sanft geschüttet wird. Als das geradlinige Knie durch ein gebogenes ersetzt wurde, fand derselbe Erfolg statt. Ferner wurde das Knie von der Röhre abgenommen, und diese einen Fuſs hoch über dem Fuſsboden befestigt. Ein Haufen Sand wurde so aufgeschüttet, daſs er die Röhre bis $2\frac{1}{2}$ Zoll über ihrer untern Mündung umgab; seine Böschung war die natürliche Böschung des Sandes, nämlich 35°. Die Röhre ward nun vorsichtig mit Sand gefüllt, wodurch nur die Spitze des unten liegenden Sandkegels sehr wenig in die Breite getrieben wurde. Man kann nach Hrn. Parrot nicht einwenden, daſs die Erfolge dieser Versuche der Reibung der Sandkörner zuzuschreiben seien. Es läſst sich also der hydrostatische Grundsatz, daſs der Druck auf der Grundfläche eines Gefäſses durch das Produkt der Basis in die Höhe ausgedrückt wird, aus der bloſsen Schwere nicht erklären, und Hr. Parrot giebt dafür folgenden neuen Beweis: die Definition einer elastischen Flüssigkeit ist, daſs ihr Druck nicht nur in der Richtung der Schwere, sondern in allen Richtungen gleich stark drückt. Daraus folgt dann der Beweis von selbst.

Bei einer Sanduhr fällt jedes einzelne Sandkorn nicht durch den Druck der obern Schichten, sondern nur durch den freien Fall, und nur elastische Körper können einen Ausfluſs mit der Geschwindigkeit $\sqrt{2gh}$ erzeugen. — Bei dem Ausflieſsen des Wassers aus einer verhältniſsmäſsig kleinen Oeffnung im Boden, bleibt bis zu einer kleinen Entfernung vom Boden die Oberfläche eben. Hat aber das Wasser z. B. eine drehende Bewegung, so bildet sich ein hohler Trichter, in den die Luft einflieſst. Bei ruhigem Wasser vertieft sich während des Ausflusses der Spiegel erst, wenn er um $\frac{1}{4}$ des Durchmessers vom Boden absteht. Der Ausfluſs hört auf, wenn nur noch eine Schicht von 1 Linie im Gefäſs ist. —

Die Gestalt der Strömungen beim Ausflufs wurde untersucht durch Pendelkügelchen, die an Fäden in die Flüssigkeit hinabhingen. Die Kügelchen bewegten sich nach der Ausflufsöffnung hin, und zwar in gleichen Abständen von der Axe der Oeffnung um so stärker, je näher sie dem Boden waren. Die Strömungen scheinen bis nach der Axe hin horizontal zu sein. Die Grenzfläche der Strömungen steht senkrecht über der Oeffnung um 4 Durchmesser der letzteren vom Boden ab, und liegt aufserhalb der Axe der Oeffnung um so tiefer, je gröfser der Abstand von dieser Axe ist. Setzt man innerhalb des Gefäfses auf die Ausflufsöffnung eine gleich weite und 4 Durchmesser hohe Röhre, durch welche der Ausflufs nicht vermindert wird, so bewegt ein in derselben Höhe seitwärts aufgehängtes Pendelkügelchen beim Ausflufs sich nach der Röhre hin, während ein tieferes, wenn auch der Röhre näheres, unbewegt bleibt. Ist das Gefäfs mit zwei Flüssigkeiten von verschiedener Farbe angefüllt, deren spec. Gew. nur um $\frac{1}{1000}$ verschieden ist, so bleibt beim Ausflufs die Gränze derselben bis zu dem angegebenen Abstande vom Boden horizontal, so dafs also die Annahme, dafs das Wasser von oben herab in hyperbolischen Krümmungen sich bewegt, irrig ist. Setzt man zugleich wieder die Röhre auf die Ausflufsöffnung, so ist die Grenzfläche der im Gefäfs zurückbleibenden untern Flüssigkeit nicht horizontal, sondern von dem Röhrenrande aus abwärts gekrümmt. Sie wird natürlich horizontal bei unterbrochenem Ausflufs, krümmt sich aber wieder aufwärts bis zum Röhrenrande bei erneuertem Ausflufs. Es nimmt also die Flächenanziehung der Theilchen der Flüssigkeit unter sich an der Bestimmung der krummen Linien, welche das Wasser in der Nähe der Oeffnung während des Ausflusses beschreibt, einen thätigen Antheil. Nach einer seitlichen Ausflufsöffnung hin wird also das Wasser ebenfalls auch von unten zuströmen.

Hiernach folgt der Beweis des Torricelli'schen Satzes. Eine comprimirte elastische Flüssigkeit setzt sich nach aufgehobenem äufsern Druck wieder in ihren vorigen Stand, und äufsert dadurch nach allen Richtungen hin eine bewegende Kraft gegen jeden Körper, der ihr im Wege steht, wenn sein Widerstand nicht überwiegend ist. In einem mit einer tropfbaren Flüssigkeit angefullten Gefäfse erleidet jede Schicht einen Druck proportional der Summe der darüber befindlichen Schichten. Denkt man sich also plötzlich ein Loch im Boden entstehend, so wird die Flussigkeit ausfliefsen vermöge der der Summe der uberstehenden Schichten entsprechenden Geschwindigkeit. Da nun der freie Fall der Körper auch durch Summirung der Geschwindigkeiten Statt findet, so mufs der Ausflufs der Flussigkeiten aus einer Oeffnung im Boden nach dem Gesetze des Falls der Körper erfolgen.

Der Verfasser spricht auch noch uber seine hydraulischen Sprungcylinder und Sprungkegel, und erwähnt, dafs MUNCKE (im GEHLER'schen physikalischen Wörterbuche unter dem Artikel Sprungkegel, wo die Versuche auch beschrieben sind) der Meinung ist, dafs man zur Erklärung derselben die Elasticität der tropfbaren Flussigkeiten nicht in Betracht zu ziehen brauche. Diefs sei indefs nur dann richtig, wenn man den TORRICELLI'schen Satz bereits als bewiesen annehme.

Dr. Kronig.

Die oben angeführte Abhandlung des Hrn. SONNET uber die geradlinige und gleichmäfsige Bewegung des Wassers mit Rücksicht auf die verschiedene Geschwindigkeit der Schichten ist nur im kurzen Auszuge in den Comptes rendus enthalten. Sobald diese Abhandlung indessen, wie nach dem Berichte des Hrn. LAMÉ zu erwarten steht, vollständig in den mémoires des savants étrangers erschienen sein wird, soll auch an diesem Orte über sie berichtet werden. — Die Arbeit des Hrn. DEJEAN uber das Verhältnifs, welches zwischen der Höhe der Flussigkeiten und ihrer Ausflufsgeschwindigkeit stattfindet, ist nur vorläufig in den C. R. angekündigt, aber noch nicht, selbst nicht im Auszuge bekannt gemacht worden. —

Dr. G. Karsten.

9. Aërostatik und Aërodynamik.

Pecqueur. Mémoire sur des expériences tendant à faire connaître la résistance de l'air comprimé mis en mouvement dans des tuyaux. C. R. XX. 1792.

Poncelet. Note sur les expériences de M. Pecqueur relatives à l'écoulement de l'air dans les tubes, et sur d'autres expériences avec orifices en minces parois. C. R. XXI. 178.

de Saint-Venant et Wantzel. Note sur l'écoulement de l'air. C. R. XXI. 366.

Poncelet. Observations relatives à la note sur l'écoulement de l'air de MM. de Saint-Venant et Wantzel. C. R. XXI. 387; Inst. No. 607 p. 293.

Barré de Saint-Venant. Formules relatives à l'écoulement de l'air. Inst. No. 611 p. 329.

Die erste der oben angezeigten Abhandlungen, die von Hrn. Pecqueur, ist bis jetzt noch nicht publicirt, sondern erst einer Commission der franz. Akademie zum Bericht übertragen worden. In einer der Akademie überreichten Notiz faſst indessen Herr Poncelet die Resultate der Untersuchungen des Herrn Pecqueur folgendermaſsen zusammen:

1) Die Gase folgen bei ihrem Durchströmen durch Oeffnungen und Röhren, zwischen ausgedehnten Grenzen des Druckes und der Länge der Röhren, denselben Gesetzen wie die Flüssigkeiten, oder sie verhalten sich als ob sie vollkommen unzusammendrückbar wären.

2) Sie zeigen wie die letzteren dieselben Zusammenziehungen und Verluste der lebendigen Kräfte.

3) Für Oeffnungen in Wänden, die im Verhältniſs zu dem Querschnitte des Reservoirs sehr klein sind, und welche die Gase

unter einem constanten Drucke durchströmen, ist der Coëfficient[1] der äufseren Zusammenziehung, μ, annäherungsweise:

0,71 0,65 0,58 0,56 oder 0,55

wenn die Differenzen des Drucks zwischen innerer und äufserer Luft beziehlich: 0,003 0,010 0,050 1,000 sind.

4) Der Coëfficient μ kann für denselben Druck und dieselbe Oeffnung in μ' übergehen, wie durch die Formel

$$\mu'=\frac{0,95}{\sqrt{1+\left(\frac{1}{\mu}-1\right)^2}}$$

ausgedrückt wird.

5) Wenn die Gase in einen freien Raum ausströmen, wo der Druck stets derselbe bleibt, so können die Ausflufsmenge Q und Geschwindigkeit V nach den Formeln:

$$Q=\Omega\frac{P}{p}V=\Omega\frac{P}{p}\sqrt{\frac{2g(P-p)}{\Pi\left(K+\frac{8\beta}{D}L\right)}} \qquad \Pi=\Pi_0\frac{P}{P_0}\,\frac{1}{1+\alpha\Theta}$$

berechnet werden[2], wenn man hier den Constanten K und β folgende Werthe giebt:

$$K=1,1\left[1+\left(\frac{1}{\mu}-1\right)^2\right] \qquad \beta=0,003.$$

Die andern oben angezeigten Arbeiten der Herren SAINT-VENANT, WANTZEL und PONCELET enthalten eine Polemik über die Ursache der Variation des Coëfficienten μ.

[1] In der Formel

$$Q=\mu\Omega\frac{P}{p}V=\mu\Omega\frac{P}{p}\sqrt{\frac{2g(P-p)}{\Pi}}=\mu\Omega\sqrt{2g\frac{P_0}{\Pi_0}\left(\frac{P}{p}-1\right)\frac{P}{p}(1+0,004\Theta)},$$

wo $g=9^m,809$; P der innere Druck im Recipienten auf den Quadrat-Meter; p der äufsere atmosphärische Druck; Π die Dichtigkeit oder das Gewicht des Cubik-Meters Luft unter dem Drucke P und der Temperatur Θ (die hier innerhalb und aufserhalb des Gefäfses gleich angenommen ist); Π_0 gleich Π für 0°; $P_0=0^m,76$; Ω der Querschnitt der Oeffnung; V die Ausflufsgeschwindigkeit; Q das Volumen der ausgeströmten Luft; ist.

[2] Wo aufser den schon vorher gegebenen Werthen D den Durchmesser der Oeffnung; L die Länge der Röhre; α einen von der Luftfeuchtigkeit abhängigen Coëfficienten =0,004 bedeutet.

Der Bericht über diesen Abschnitt wird erst vollständig im nächsten Jahresberichte erscheinen; für dieses Jahr mufs er unterbleiben, da das Mitglied der physik. Gesellschaft, welches denselben übernommen hatte, durch den Tod verhindert worden ist, seiner Verpflichtung nachzukommen.

Dr. G. Karsten.

10. Elasticität fester Körper.

G. Wertheim. Note sur l'influence des basses températures sur l'élasticité des métaux. Ann. chim. phys. XV. 114.

[G. Wertheim. Von der Elasticität und Cohäsion der Metalle. Pogg. Ann. Ergzsbd. II. 1; Ann. chim. phys. XII. 385.

G. Wertheim. Von der Elasticität und Cohäsion der Legirungen. Ebendas. p. 73; Ann. chim. phys. XII. 581.

G. Wertheim. Vom Einflufs des galvanischen Stroms und des Electromagnetismus auf die Elasticität der Metalle. Ebendas. p. 99; Ann. chim. phys. XII. 610.]

E. Chevandier et G. Wertheim. Note sur l'élasticité et sur la cohésion des différentes espèces de verre. C. R. XX. 1637; Pogg. Ann. Ergzsbd. II. 115.

Die Kenntnisse von den durch die Wärme sowohl als durch mechanische Einwirkungen hervorgerufenen Veränderungen in der Elasticität der Metalle und Legirungen haben durch die Arbeiten des Hrn. Wertheim ein neues und helleres Licht erhalten. Wir wollen hier die Resultate derselben im Kurzen auseinandersetzen.

I. Von der Elasticität der Metalle.

Die Elasticitätscoëfficienten wurden nach den kleinen Verschiebungen berechnet, welche die Moleküle diesseits der Elasticitätsgrenze erleiden konnten. Allein für gewisse Körper mufste man seine Hülfe zu sehr kleinen Verschiebungen, vor allen bei drehenden und longitudinalen Schwingungen nehmen, wie dies seit Chladni's experimenteller Bestimmung der Schallgeschwindigkeit in starren Körpern mit Hülfe der durch Laplace aufgestellten Relation zwischen der Schallgeschwindigkeit und dem Elasticitätscoëfficienten geschah.

Da aber die theoretische und wirkliche Geschwindigkeit des Schalles, für die Gase besonders, nicht einerlei ist, so mufsten die starren Körper auch in dieser Beziehung untersucht werden.

Hr. Wertheim hat fast nur mit chemisch-reinen Metallen operirt, um möglichste Homogeneität zu erhalten. An dem zu einem Stabe gegossenen Metall wurde zuerst die Dichtigkeit bestimmt, wenn dies möglich war. Alsdann wurde das Metall stark gehämmert und zu Draht gezogen, endlich angelassen. In jedem dieser Zustände wurde zuerst die Dichtigkeit, dann der Elasticitätscoëfficient und die Schallgeschwindigkeit nach 3 Methoden, dann die Elasticitätsgrenze, die bleibenden und die elastischen Verlängerungen unter verschiedenen stets wachsenden Belastungen und der Widerstand beim Reifsen bestimmt. Die nämlichen Bestimmungen wurden bei 100°, 200° und —15° bis —20° C. wiederholt, bis so weit, dafs die Elasticitätscoëfficienten nur blofs mittelst einer Methode bestimmt werden konnten, und die Dichtigkeit nach der bekannten Ausdehnbarkeit berechnet wurde.

Bei einer Vergleichung der 3 Methoden zur Bestimmung des Elasticitätscoëfficienten fand sich, dafs bei homogenen Metallen die Resultate aus den Längs- und Querschwingungen vollkommen übereinstimmen, während die Verlängerung sowohl für den Elasticitätscoëfficienten wie für die Schallgeschwindigkeit kleinere Zahlen gab. Bei nicht homogenen Metallen fand diese Uebereinstimmung nicht statt, und es ward gefolgert, dafs man sich des Verhältnisses zwischen den Längs- und Querschwingungen bedienen kann, um die Homogeneität einer Substanz zu bestimmen.

Die Hauptresultate waren nun folgende:

1) Das Ausziehen hat auf alle Metalle nicht gleiche Wirkung, die einen verdichten sich, die andern dehnen sich aus; das Anlassen führt die Drähte ziemlich auf dieselbe Dichtigkeit zurück, die sie im gegossenen Zustand hatten; es bewirkt eine

Ausdehnung; Blei, Zink, Eisen und Stahl in dicken Drähten erleiden aber eine geringe Verdichtung.

Das Ziehen ohne seitlichen Zusammendruck bewirkt bei den Metallen eine Verringerung der Dichte, was bei angelassenen Metallen nicht stattfindet, die sich meistens durch die Verlängerung verdichten.

2) In Betreff der Elasticitätsgrenze (das Gewicht, welches eine bleibende Verlängerung von 0,00005 auf die Längeneinheit ausübt) sind weder Sprünge noch Rucke bei den Verlängerungen gefunden worden, vielmehr wachsen sie von da an, wo sie meſsbar geworden sind, auf eine stetige Weise. Die bleibenden Verlängerungen sind (noch unbekannte) Funktionen der Zeit, während welcher das Gewicht wirkt. Eine wahre Elasticitätsgrenze giebt es nicht, und wenn man bei den ersten Belastungen keine bleibende Verlängerung wahrgenommen hat, so geschieht dies nur, weil man sie nicht lange genug hat wirken lassen. Die Zahlenausdrücke für die Elasticitätsgrenze müssen in dem Maaſs kleiner werden, als die Meſswerkzeuge sich verbessern und man die Gewichte längere Zeit wirken läſs.

Das Anlassen der Metalle verringert die Elasticitätsgrenzen sehr bedeutend, ohne daſs zwischen der Elasticitätsgrenze des angelassenen Metalls und der des nicht angelassenen eine constante Relation stattfindet. Die Elasticitätsgrenze der ausgelassenen Metalle ändert sich durch eine Temperaturerhöhung bis 200° C. nicht merklich.

3) Das Anlassen verringert den Widerstand beim Reiſsen sehr bedeutend, während es zugleich die Verlängerungsmaxima vergröſsert. Eine Temperaturerhöhung bis 200° C. verändert diese Gröſsen nicht merklich.

Ein *vollkommen* homogener Draht muſs eigentlich nicht an einer Stelle zerreiſsen, sondern zu Pulver zerfallen, wenn die Theilchen einen solchen Abstand erreicht haben, daſs bei noch weiterer Trennung die Molekularattraktion von der Belastung überwunden wird.

4) Die aus transversalen und longitudinalen Schwingungen erhaltenen Schallgeschwindigkeiten sind beständig gröſser als die durch die Verlängerungen; bloſs das Eisen macht eine Aus-

nahme: diese Verschiedenheit beruht in der Wärmeentwickelung bei Schwingungen, die in starren und gasförmigen Körpern die Schallgeschwindigkeit vergröfsert. Der Schall entspringt daher aus Wellen mit Kondensation, und man wird das Verhältnifs zwischen der wahren und der aus Verlängerung hergenommenen Geschwindigkeit benutzen können, um das Verhältnifs der specifischen Wärme unter constantem Druck zu der bei constantem Volum zu finden. Berechnet man es sich nach der Formel von Duhamel $k = 1{,}8\frac{v'^2}{v^2} - 0{,}8$, (wo v' die wahre, mittelst longitudinalen Schwingungen gefundene Geschwindigkeit, v die theoretische ist, k das Verhältnifs der specifischen Wärme bei constantem Druck zu der bei constantem Volum), so findet man, dafs dies Verhältnifs im Allgemeinen gröfser bei angelassenen Metallen ist. Die Produkte aus den Wärmekapacitäten bei constantem Volum in die erhaltenen Zahlen zeigen beträchtliche Unterschiede. Es scheint also, als seien die durch Hrn. Wertheim's Methode erhaltenen Geschwindigkeiten noch nicht genau genug.

Der Elasticitätscoëfficient ist ein Element, welches den Rechnungen als Grundlage dienen kann. Man erhält ihn durch genaue, mannigfache und fast instantane Versuche. Zwar mufs die unvollkommene Homogeneität der Metalle einen gewissen Einflufs auf den Werth desselben ausüben, allein wenn auch diese Fehlerquelle von grofser Wichtigkeit war, so konnte sie doch die nach drei verschiedenen Methoden erhaltenen Resultate nicht um dieselbe Gröfse und in demselben Sinne modificiren. Die Uebereinstimmung dieser Zahlen beweist also, dafs man sich derselben als eines ersten Grades von Annäherung wird bedienen können, wenn man die kleinen Unterschiede der Elasticität und Dichtigkeit vernachlässigt, die im Innern, selbst nicht krystallisirter Substanzen vorkommen.

Die Elasticitätscoëfficienten nehmen stetig ab von —15° C. bis +200° C. Indefs verhalten sich Eisen und Stahl ganz anders. Ihre Elasticität nimmt zu statt ab, von —15° C. bis +40° C. allein bei 200° ist sie nicht blofs geringer als bei 100°, sondern bisweilen gar geringer als bei gewöhnlicher Temperatur. Ob dieser unregelmäfsige Gang dem Metalle selbst oder seinen Beimischungen angehört, läfst sich noch nicht entscheiden.

5) Alle Umstände, so für ein und dasselbe Metall den mittleren Abstand der Moleküle von einander verringern [wobei man diesen nach der Formel $\alpha = \left(\frac{S}{A}\right)^{-\frac{1}{3}}$ berechnete, worin α der Abstand, S das spec. Gewicht, A das der Moleküle (aus den spec. Wärmen abgeleitete Aequivalent) ist], vergröfsern das Verhältnifs der molekularen Anziehung zur erzeugten linearen Verlängerung, oder den Elasticitätscoëfficienten. Diese sind desto gröfser, je näher die Moleküle an einander liegen. Dafs das Platin hier eine Ausnahme macht, erklärt sich durch seine gröfsere Homogeneität und seiner gewöhnlichen mechanischen Behandlung.

Das Produkt aus der siebenten Potenz des mittleren Abstandes in den Elasticitätscoëfficienten ist nahezu constant für ein und dasselbe Metall. Das Mittel der Werthe dieses Produkts ist beinahe dasselbe für Blei, Kadmium, Silber, Gold, Zink, Palladium, Eisen und Stahl, kleiner für Kupfer und gröfser für Zinn und Platin.

Man kann bis jetzt nur annehmen, dafs die Funktion, durch welche das Gesetz der molekularen Resultate ausgedrückt wird, in den Rechnungen weit stärker abnimmt, als nach dem umgekehrten Verhältnifs der Quadrate der Abstände; und zwar für gewöhnliche Temperaturen in einem Verhältnifs, das wenig vom umgekehrten der 5ten Potenz der Abstände abweicht.

Jedoch nimmt die Elasticität mit zunehmender Temperatur bis 100 und 200° C. in einem gröfsern Verhältnifs ab, als es vermöge der blofsen Ausdehnung geschehen müfste. Es sind Versuche in einem gröfsern Mafsstabe erforderlich, um die Elasticität der Metalle als Funktion ihrer Temperatur auszudrücken.

Also kurz: der Elasticitätscoëfficient ist nicht constant für ein und dasselbe Metall; alle Umstände, welche die Dichtigkeit erhöhen, machen ihn gröfser, und umgekehrt. Die verschiedenen Metalle befolgen also nicht einerlei Ordnung hinsichtlich ihrer Moleküle, der Elasticitätscoëfficienten und der Fähigkeit, den Schall zu leiten, was dessen Stärke betrifft. Die Versuche von Perolle haben diese Fähigkeit nur angenähert bekannt gemacht.

Nimmt man an, dafs die Gewichte der Moleküle durch ihre Atomgewichte ausgedrückt seien, und die Körper so sind, wie die Mathematiker sie sich denken, so stimmt die Erfahrung mit dem von Poisson für den Elasticitätscoëfficienten gegebenen Ausdruck.

II. Für die Legirungen hat sich Folgendes ergeben:

Nimmt man an, dafs alle Theilchen einer Legirung gleichen Abstand von einander haben, so findet man, dafs, je kleiner dieser Abstand, desto gröfser der Elasticitätscoëfficient ist. Die aus den Schwingungen abgeleiteten Dichtigkeiten und Elasticitätscoëfficienten wurden für geschmeidige Legirungen aus den Werthen derselben Gröfsen, wie bei den ausgezogenen Metallen, für nicht geschmeidige Legirungen aus den bei gegossenen oder angelassenen Metallen gefundenen Zahlen entnommen. Man fand den mittleren gleichen Abstand der Theilchen, wie bei den einfachen Metallen, wenn man die Mittel aus den Atomgewichten der Bestandtheile für das Atomgewicht der Legirung nahm. Der Elasticitätscoëfficient einer Legirung ist beinahe das Mittel aus den Elasticitätscoëfficienten ihrer Bestandtheile, ohne dafs die bei der Bildung des Gemisches stattfindenden Verdichtungen oder Ausdehnungen ihn merklich ändern.

Weder Elasticitätsgrenze, noch Verlängerungsmaximum, noch Cohäsion können für eine Legirung a priori aus dem Mittel dieser für die Bestandtheile bekannten Gröfsen berechnet werden. Man kann im Voraus bestimmen, wie eine Legirung zusammengesetzt sein mufs, damit sie einen gewissen Elasticitätscoëfficienten habe (sobald dieser zwischen den Grenzen der Elasticitätscoëfficienten der Metalle liegt) und den Schall mit einer gewissen Geschwindigkeit fortpflanze.

Lieutn. v. Horn.

11. Gase und Dämpfe.

Elasticität und Dichtigkeit derselben.

C. Holtzmann. Ueber die Wärme und Elasticität der Gase und Dämpfe. Mannheim 1845; Pogg. Ann. II. Ergzgsbd. p. 183.

E. Barry. Nouvelle formule pour la tension des vapeurs. C. R. XX. 1574; Pogg. Ann. Ergzgsbd. II. p. 177.

de Pambour. Sur quelques points controversés du calcul des machines à vapeur. C. R. XXI. 58; Dingl. pol. Journ. XCVIII. 337.

Regnault. Expériences pour l'établissement du calcul théorique des machines à vapeur. Inst. No. 624 p. 437.

Regnault. Sur la détermination de la densité des gaz. C. R. XX. 975; Inst. No. 589 p. 129; Quesneville rev. scient. XXI. 166.

Cahours. Sur la densité des vapeurs des corps composés. C. R. XX. 51; Inst. No. 576 p. 14.

Cahours. Sur la densité de vapeur du perchlorure de phosphore. Inst. No. 611 p. 326; Erdm. u. March. Journ. XXXVI. 136.

(S. auch Faraday unter dem Abschnitt: Veränderung des Aggregatzustandes.)

So grofs die Zahl der Beobachtungsreihen über die Elasticität des Wasserdampfes bei verschiedenen Temperaturen auch ist, und so viele Formeln man aufgestellt hat, welche die Beobachtungen wiedergeben sollen, so stimmten bis vor Kurzem die Resultate doch so wenig mit einander überein, dafs neue Versuche stets willkommen waren. Die ausgezeichnet genauen Beobachtungen von Magnus und Regnault, die ziemlich gleichzeitig 1844 publicirt wurden, lassen nun, was Uebereinstimmung betrifft, wohl nichts zu wünschen übrig, und man kann sagen, dafs die Beobachtung bis zur Grenze der jetzt überhaupt möglichen Genauigkeit getrieben ist. Ob aber eine Formel, wenn sie auch den beobachteten Werthen sich genau anschliefst, als ein vollkommen allgemein gültiger Ausdruck für das Naturgesetz angesehen werden kann, so dafs die aus ihr zu berechnenden Gröfsen für die Elasticität auch jenseits der Werthe, die bis jetzt beobachtet wurden, richtig sind, oder ob nicht vielmehr die Formel mit jeder ausgedehnteren Versuchsreihe neue Modifikationen erleiden müsse, läfst sich nicht mit Bestimmtheit angeben. Aus der Geschichte der Untersuchungen über die Elasticität des Wasserdampfes und aus Regnault's Arbeit, welcher für gewisse Intervalle der Temperaturen verschiedene Formeln aufstellt, scheint das letztere zu folgen.

Hrn. Holtzmann's theoretisch entwickelte Formel (dieselbe, welche Magnus angewendet hatte) scheint dagegen zu beweisen, dafs sie ein entsprechender Ausdruck des Naturgesetzes sei.

Es sind zu wiederholten Malen die Formeln, welche für die Elasticität des Wasserdampfes gegeben worden sind, zusammengestellt worden. Solche Zusammenstellungen finden sich z. B. in Pogg. Ann. Bd. XXVII p. 12 vom Jahre 1833, wo Egen einen Theil der bis 1833 bekannten mathematischen Ausdrücke einer Kritik unterwirft. Ferner in Dove's Repertorium Bd. I p. 49; in Gehler's neuem physikal. Wörterbuch II 319 und X 1056; in Kämtz's Meteorologie und in seinen Untersuchungen über die Expansivkraft der Dämpfe nach den bisherigen Beobachtungen, Halle 1826, 8°, p. 42. Endlich habe ich selbst i. J. 1845 bei Gelegenheit der Berechnung von hygrometrischen Tabellen alle bis dahin aufgestellten Formeln gesammelt, welche Zusammenstellung aber erst in diesem Jahre (1846) im Druck erschienen ist (weshalb die Berichterstattung darüber in den Bereich des nächsten Jahresberichts gehört), nachdem ich in der Sitzung vom 23. Januar in der physikal. Gesellschaft einiges darüber mitgetheilt hatte.

Der litterarischen Uebersicht wegen theile ich hier die Formeln und alle Quellen, wo sie zu finden sind, so weit mir dieselben bekannt wurden, mit.

Um bei den Formeln nicht jedesmal die Maafse anführen zu müssen, wähle ich nach dem Vorgange in Dove's Repertorium folgende Bezeichnungen. Es bedeutet:

e die Elasticität in Pariser Zollen

$\frac{e}{12}$ - - - - Linien

$e_{\prime}$ - - - engl. Zollen

$e_{,,}$ die Elasticität in Metern
$\frac{e_{,,}}{100}$ - - - Centimetern
$\frac{e_{,,}}{1000}$ - - - Millimetern
E - - - Atmosphären.
t die Temperatur in Centesimalgraden
$t_{,}$ - - - Fahrenheitschen Graden
T - - - Réaumurschen -
$T_{,}$ - - - - - des Luftthermometers.

Zur Reduktion der Maafse hat man ferner
1″ engl. = 0″,938258333.... paris. Maafs
1 Meter = 36″,941333..... - -
1 Atmosphäre = 28″ - -

$$t = 0{,}8\,T \qquad t_{,} = \frac{4}{9}T + 32.$$

1. Prony's erste Formel 1794. (Nouvelle architecture hydraulique. Neue Architektura hydraulika, übers. von Langsdorf §. 1325. Bd. I p. 604. Langsdorf, Lehrbuch der Hydraulik mit beständiger Rücksicht auf die Erfahrung, Altenburg 1794. 4to. p. 390; Gren's N. J. p. 174; Gehler's n. ph. W. II 319; Dove's Rep. I 49; Egen in Pogg. Ann. XXVII. p. 12.)

$$e = 10^{m+nT} - 10^{m_{,}+n_{,}T} - 10^{sT-r} - 10^{s_{,}T-r_{,}},$$

wo $m=0{,}068831$ $s=0{,}058576$
$n=0{,}019438$ $r=4{,}686080$
$m_{,}=0{,}068605$ $s_{,}=0{,}049157$
$n_{,}=0{,}013490$ $r_{,}=3{,}932560$ ist.

2. Prony's zweite Formel 1796. (Essay experimental et analytique sur les loix de la dilatabilité des fluides élastiques et cet. Journ. de l'école pol. an IV. Vol. I cah. 2 p. 24; Langsdorf, neue Archit. hydr. §. 1522 Bd. II p. 148; Repert. I 49; Gehler II 322; Pogg. Ann. XXVII 13; Gren's N. J. IV 215; Kämtz, Untersuchungen über die Expansivkr. etc. p. 42.)

$$e = m r^{T} + m_{,} r_{,}^{T} + m_{,,} r_{,,}^{T},$$

wo $m = -0{,}00000072460407$ $r = 1{,}172805$
$m_{,} = +0{,}8648188303$ $r_{,} = 1{,}047773$
$m_{,,} = -0{,}8648181057$ $r_{,,} = 1{,}028189$ ist.

3. G. G. Schmidt, 1798. (Versuche über die Expansivkraft, Dichte und latente Hitze des Wasserdampfes bei verschiedenen Temperaturen, Leipzig, 1798. 8°; Gren's N. J. IV 254; Repert. I 49; Gehler II 322; Pogg. Ann. XXVII. 13.)

$$e = T^{1,4413+0,005T}.$$

4. Soldner's erste Formel 1804. (Gilbert's Ann. XVII. 44; Repert. I 49; Gehler II 329; Pogg. Ann. XXVII. 14.)

$$log\, e_{,} = log\, 30{,}13 - \frac{(280-T)(80-T)}{10280}.$$

5. La Place, 1805. (Mécanique céleste IV 273; Repert. I 49; Gehler II 343; Pogg. Ann. XXVII 15.)

$$log\, e_{,,} = log\, 0{,}76 + 0{,}0154547(t-100) - 0{,}00000625826(t-100)^2.$$

6. Sodner's zweite Formel 1807. (Gilbert's Ann. XXV 411; Gehl. II 341.)

$$log\, e_{,,} = log\, 0{,}76 + 0{,}0193184(T-80) - 0{,}0000977853(T-80)^2$$

oder $log\, e_{,,} = log\, 0{,}76 + 0{,}1365(T-80)\, log[1{,}3802 - 0{,}00253(T-80)]$.

7. Th. Young's erste Formel 1807. (Lectures ou natural philos. II 400; Repert. I 49; Pogg. Ann. XXVII 21; Gehler X 1063.)

$$e_{,} = 0{,}1781[1+0{,}006(t_{,}-32)]^7,$$

für hohe Temperaturen.

8. Th. Young's zweite Formel 1807 (an denselben Orten) für niedere Temperaturen:

$$e_{,} = 0{,}18 + 0{,}007(t_{,}-32) - 0{,}00019(t_{,}-32)^2.$$

9. J. T. Mayer, 1808. (Commentat. soc. reg. sc. Gott. rec. Vol. I ad an. 1808—11; Repert. I 50; Gehl. II 345; Pogg. Ann. XXVII 24.)

$$log\, e = 4{,}286 + log\,(213+T) - \frac{1551{,}09}{213+T}.$$

10. Southern, 1814. (Robison, mechanical philos. II 171; Repert. I 49; Gehl. II 331; Pogg. Ann. XXVII 21; de Pambour, théorie de la machine à vapeur, p. 76.)

$$log\,(e_{,}-0{,}1) = 5{,}14\, log\,(t_{,}+52) - 10{,}97427.$$

11. John Farey, 1814. (A treatise of the steam engine, p. 72; Robison, mech. phil. II 173; Repert. I 49; Pogg. Ann. XXVII 21.)

$$log\,(e_{,}-0{,}1) = 5{,}13\, log\,(t_{,}+51{,}3) - 10{,}94123.$$

12. Creighton, 1814. (Phil. mag. LIII 266; Repert. I 50; Pogg. Ann. XXVII 23; Gehler X 1064.)

$$\log(e_{,}-0{,}09)=6[\log(t_{,}+85)-2{,}22679].$$

13. Biot, 1816. (Traité de phys. I 273; Repert. I 49; Gehl. II 330; Pogg. Ann. XXVII 15; Phil. Trans. 1818 p. 354; Kämtz, Untersuchungen, p. 44.)

$$\log e_{,}=\log 30-0{,}01537419550\,t-0{,}00006742735\,t^2 +0{,}0000000338\,1t^3.$$

14. A. Ure, 1818. (Phil. trans. 1818 p. 338; Schweigger J. XXVIII 329; Gehler II 333.)

Für Temperaturen unter $t_{,}=210$:

$$\log e_{,}=\log 28{,}9-\left(\frac{210-t_{,}}{10}\right)\log\left[\frac{1{,}23+1{,}23-0{,}01\left(\frac{201-t_{,}}{10}-1\right)}{2}\right].$$

Für Temperaturen über $t_{,}=210$:

$$\log e_{,}=\log 28{,}9-\left(\frac{t_{,}-210}{10}\right)\log\left[\frac{1{,}23+1{,}23-0{,}01\left(\frac{210-t_{,}}{10}-1\right)}{2}\right]^{1}.$$

15. Paucker, 1819. (Programm über die Anwendung der Methode der kleinsten Quadrate auf physikalische Beobachtungen. Mitau 1819; Repert. I 49; Pogg. Ann. XXVII 16; Kämtz Untersuchungen, p. 52.)

$$\log e_{,}=\log 30-0{,}019127878274(80-T) -0{,}0001096547488(80-T)^2+0{,}00000010953936(80-T)^3.$$

16. Arzberger's erste Formel 1820. (Jahrbücher des polytechnischen Instituts zu Wien, I 155; Repert. I 51; Gehl. II 345; Pogg. Ann. XXVII 25.)

$$\log e=2{,}83165+\log(213+T)-\frac{847{,}3}{140+T}.$$

17. Arzberger's zweite Formel 1820. (Ebendaselbst zu finden.)

$$\log e=2{,}88174+\log(140+T)-\frac{830{,}94}{140+T}\ ^{2}.$$

[1] Die Formel ist hier so angegeben, wie sie im Gehler'schen Wörterbuch steht.

[2] So gestaltet sich die Formel nach Muncke's Reduktion in Gehl. n. W.

18. Christian, 1823. (Mécanique industrielle II 236; Rep. I 49; Gehl. II 338, Pogg. Ann. XXVII 20.)

$$e = 28(1{,}032)^{t-100}.$$

19. Tregaskis. (Edinb. journ. of sc. X 69; Repert. I 49; Pogg. Ann. XXVII 20 u. 27; Gehler X 1073.)

$$log \frac{e_{,}}{30} = \frac{log\,2}{log\,1{,}2} log\left(\frac{t+32}{180}\right).$$

20. Coriolis. (Du calcul de l'effet des machines, p. 57; Repert. I 50; Gehl. X. 1065.)

$$E = \left(\frac{1+0{,}01878t}{2{,}878}\right)^{5{,}355}.$$

21. Poisson, 1823. (Ann. chim. ph. XXIII 337; Repert. I 50; Gehl. II 342; Gilb. Ann. LXXVI 269; Traité de méc. 2ième ed. II 637; Pogg. Ann. XXVII 24.)

$$e_{,,} = 0{,}76\left(\frac{266{,}67+t}{366{,}67}\right)^{14{,}65}.$$

22. Kämtz's erste Formel 1826. (Untersuchungen etc.; Schweigg. J. N. R. XII 424; Repert. I 49; Gehl. II 347; Pogg. Ann. XXVII 16.)

$$\begin{aligned} log\, e = 2{,}5263393 &- 0{,}01950230219(80-T) \\ &- 0{,}00007404868(80-T)^2 \\ &+ 0{,}0000066252(80-T)^3 \\ &+ 0{,}00000000399(80-T)^4. \end{aligned}$$

23. Jvory, 1827. (Phil. mag. I p. 4; Repert. I 49; Pogg. Ann. XXVII 16; Tredgold, traité des machines à vapeur trad. p. Mellet, p. 124.)

$$\begin{aligned} log\, e_{,} = log 30 &+ 0{,}0087466(t_{,}-212) \\ &- 0{,}000015178(t_{,}-212)^2 \\ &+ 0{,}000000024825(t_{,}-212)^3. \end{aligned}$$

24. August's erste Formel 1828. (Pogg. Ann. XIII 122; Repert. I 49; Pogg. Ann. XXVII 17.)

$$log\left(\frac{e}{12}\right) = \frac{23{,}945371\,T_{,}}{800+3T_{,}} - 2{,}2960383,$$

$$\text{oder } log\left(\frac{e}{12}\right) = 0{,}3506511 + \frac{7{,}9817243\,T}{213{,}4878+T}.$$

25. Tredgold, 1828. (Traité des machines à vapeur trad.

p. Mellet, Bruxelles 1828 p. 101; Repert. I 50; Pogg. Ann. XXVII 22; de Pambour, Théorie etc. p. 77; Gehler X 1064.)

$$e_{,}=\left(\frac{t_{,}+100}{177}\right)^6 \text{ oder } \frac{e_{,,}}{100}=\left(\frac{t+73}{84}\right)^6.$$

26. Mellet, 1828. (Ebendaselbst.)

$$\frac{e_{,,}}{100}=\left(\frac{t+75}{85}\right)^6.$$

27. *Französische Akademiker*, 1830. (Mém. de l'Acad. des Sc. X 193. XI 897; Ann. chim. ph. XXVII 101, LIII 74; Repert. I 50 u. 51; Schweigg. J. N. R. XXIX 200; Pogg. Ann. XVIII 437, XXVII 23; de Pambour, Théorie etc. p. 77; Fechner, Rep. I 173; Gehler X 1056.)

$$E=[1+0{,}7153(0{,}01t-1)]^5=(0{,}2847+0{,}007153t)^5,$$
$$\text{oder } e=(1+0{,}7153t)^5 \text{ (Dulong).}$$

28. Roche, 1830. (Ann. chim. phys. 1830, Jan.; Repert I 50; Pogg. Ann. XVIII 468, XXVII 27; bulletin des sciences math. XIII 193; Gehler X 1063.)

$$log\, e_{,,}=log\, 0{,}76+\frac{0{,}1644(t-100)}{11+0{,}03(t-100)}.$$

29. Schitko. (Ueber die Kraft der Wasserdämpfe in Baumgartner's u. v. Ettinghausen's Zeitschr. f. Phys. VI 256; Rep. I 50; Gehler X 1085.)

$$log\, E=4\, log\, x+log(1+0{,}00275038x)+0{,}0017256x-7{,}8404207,$$
$$\text{wo } x=\frac{-1+\sqrt{1+153{,}7850506\, log(1+0{,}00018018t)}}{0{,}00599839}.$$

30. Kämtz's zweite Formel 1831. (Repert. I 50; Pogg. Ann. XXVII 25.)

$$log\, e=5{,}6264+log(213{,}33+T)-\frac{1630{,}8944541}{213{,}33+T}.$$

31. Kämtz's dritte Formel 1831. (Handb. d. Meteorol. I 292; Repert. I 50.)

$$log\, e=5{,}642997+log(213{,}33+T)-\frac{1635{,}05}{213{,}33+T}.$$

32. Egen, 1833. (Pogg. Ann. XXVII 36; Repert. I 51; Gehler X 1070.) Formel IV:

$$t=100+64{,}29512\, log\, e+13{,}89479\, log^2 e+2{,}909769\, log^3 e$$
$$+0{,}1742634\, log^4 e.$$

33. SPASKY, 1833. (POGG. Ann. XXX 333; GEHLER X 1068.)

$$E=[1+0{,}00719(t-100)]^{4{,}9987}.$$

34. AUGUST's zweite Formel 1837. (Lehrbuch der Physik I 596.)

$$E=\left[\frac{6415(1028{,}4+t)}{1000000000}\right]^{\frac{100-t}{100+\frac{3}{8}t}},$$

$$\text{oder } E=\left[\frac{8019(822{,}7+T)}{1000000000}\right]^{\frac{80-T}{80+\frac{3}{8}T}}.$$

35. v. WREDE, 1840. (POGG. Ann. LIII 225.)

$$log\,E=5{,}737.\frac{t-100}{374{,}27+(t-100)}\left(\frac{0{,}11(t-100)}{374{,}27+(t-100)}\right),$$

$$\text{oder } log\,E=\frac{5{,}1059(t-100)\,[420{,}53+(t-100)]}{[374{,}27+(t-100)]^2}.$$

36. STREHLKE, 1843. (POGG. Ann. LVIII 335.)

$$log\left(\frac{e}{12}\right)=0{,}350636+\frac{0{,}03868508\,T}{1+0{,}00529709\,T}.$$

37. MAGNUS, 1844. (POGG. Ann. LXI 247.)

$$\frac{e_{,,}}{1000}=4{,}525\,.\,10^{\frac{7{,}4475t}{234{,}69+t}}.$$

38. REGNAULT, 1844. (Ann. chim. ph. XI 273; POGG. Ann. Ergzgsbd. II p. 119; C. R. XX 1574.)

Für Temperaturen unter 0°:

$$\frac{e_{,,}}{1000}=0{,}0131765+0{,}29682\,.\,1{,}0893^{t+32}\text{ [1]}.$$

Für Temperaturen zwischen 0° und 100°:

$$log\frac{e_{,,}}{1000}=4{,}7384380+0{,}013616\,.\,1{,}0159329^{t}-4{,}0878\,.\,0{,}992487^{t}\text{ [2]}.$$

Für Temperaturen über 100°:

$$log\frac{e_{,,}}{1000}=5{,}826789-2{,}945976\,.\,0{,}994865^{t-100}.$$

39. HOLTZMANN, 1845. (Ueber die Wärme und Elasticität

[1] In den Ann. ch. ph. p. 329 sowohl wie in POGG. Ann. p. 172 steht durch einen Druckfehler $t-32$.

[2] Weder in den Ann. ch. ph. noch in POGG. Ann. ist angegeben, dafs der Coëfficient 4,0878 oder dessen $log\,0{,}6116485$ negativ zu nehmen ist.

der Gase und Dämpfe, Mannheim 1845. p. 21; POGG. Ann. II Ergzgsbd. p. 183; C. R. XX 51.)

$$log \frac{e_{\prime\prime}}{1000} = 0,656 + \frac{7,4808t}{236,22+t},$$

$$\text{oder } \frac{e_{\prime\prime}}{1000} = 4,529 \,.\, 10^{\frac{7,4801t}{236,22+t}}.$$

40. E. BARRY, 1845. (C. R. XX 1574; POGG. Ann. II Ergzgsbd. p. 177; Inst. No. 596 p. 191.)

$$log \frac{e_{\prime\prime}}{1000} = log 760 - \frac{5,694866(t-100) + 9,00239202(t-100)^2}{366,966-(t-100)},$$

$$\text{oder } log \frac{e_{\prime\prime}}{1000} = log 760 - 0,01557056(t-100)$$

$$-0,00004505528(t-100)^2 - 0,000000207632(t-100)^3.$$

Dies sind alle Formeln, die ich habe auffinden können, und ich glaube, dafs die Zusammenstellung ziemlich vollständig ist. Weniger wird dieses ohne Zweifel mit den litterarischen Nachweisen der Fall sein, da viele Journale mir nicht zu Gebote standen.

Hr. HOLTZMANN hat unter dem Titel: „über die Wärme und Elasticität der Gase und Dämpfe" eine Schrift veröffentlicht, in welcher vermittelst einer Berechnungsmethode, die sich dem von CLAPEYRON[1] eingeschlagenen Wege anschliefst, die oben citirte Elasticitätsformel theoretisch entwickelt wird. Hr. HOLTZMANN zeigt zuerst, wie die Wirkung der zu einem Gase tretenden Wärme rein durch eine mechanische Arbeit, d. h. durch ein Gewicht, das auf eine Höhe gehoben wird, dargestellt werden kann; diese Wirkung nimmt er als das willkürliche Maafs der Wärme und gelangt hiedurch zu einem Ausdrucke für die Wärmemenge, welche in einer Quantität Gas bei bestimmtem Drucke und bei bestimmter Temperatur enthalten ist, und zwar ohne Anwendung irgend einer Hypothese.

Dieser Ausdruck ist: $q = F_t - \frac{k(1+\alpha t)}{\alpha} \,.\, ln \frac{p}{p_0}$, wo p der Druck, unter dem das Gas steht, p_0 einen willkürlichen aber constanten Druck, t die Temperatur des Gases, α den Ausdehnungscoëffi-

[1] Journ. de l'école pol. XIV 170; POGG. Ann. LIX 446.

cienten desselben, k einen für jedes Gas besonderen Coëfficienten[1], a eine Constante[2] und F_t eine willkürliche Funktion bedeuten.

Aus dieser Gleichung leitet Hr. HOLTZMANN die Formeln für die specifische Wärme ab, die man erhält, wenn man die Ableitung von q nach t nimmt, und zwar die specifische Wärme bei constantem Drucke (c) oder bei constantem Volumen ($c_{,}$), je nachdem p oder ϱ $\left(\text{die Dichtigkeit des Gases } = \frac{p}{k(1+\alpha t)}\right)$ als constant betrachtet wird.

Zur Bestimmung der willkürlichen Funktion nimmt Herr HOLTZMANN an, dafs die specifische Wärme eines Gases unabhängig von der Temperatur sei, und zeigt, dafs man alsdann bei dem jetzigen Stande der Wissenschaft als sehr genähert richtig $F_t = A + bt$ setzen kann, wo A und b zwei constante Gröfsen sind.

Hierdurch erhält man die Gleichungen:

$$q = A + bt - \frac{k(1+\alpha t)}{a} \, ln \frac{p}{p_0},$$

$$c = b - \frac{k\alpha}{a} . ln \frac{p}{p_0},$$

$$c_{,} = b - \frac{k\alpha}{a} . ln \frac{p}{p_0} - \frac{k\alpha}{a}.$$

Von diesen Bestimmungen macht der Verf. Anwendungen auf die Erscheinungen, welche sich bei Aenderungen der Dichte und der Temperatur der Luft zeigen.

Mit Hülfe des durch DE PAMBOUR bestätigten Satzes, dafs in Dämpfen im Maximum der Spannung die Wärmemenge constant sei, giebt der für q aufgestellte Ausdruck eine Formel, welche die Elasticität des Dampfes durch seine Temperatur angiebt. Ist daher q diese constante Wärmemenge des Dampfes, p seine Spannung und t seine Temperatur, so hat man wie vorher:

$$q = A + bt - \frac{k(1+\alpha t)}{a} \, ln \frac{p}{p_0}.$$

[1] Nämlich $k = \frac{p}{\varrho\,(1+\alpha t)}$.

[2] Die Hr. HOLTZMANN später als $a = 374$ bestimmt.

Setzt man für $p = p_0$ $t = 0$, d. h. zählt man die Temperaturen von dem Punkte an, bei dem die Spannkraft der Dämpfe gleich p_0 (oder wie früher angenommen war gleich einer Atmosphäre) ist, also vom Siedpunkte an, so hat man $q = A$, was von obiger Gleichung abgezogen $0 = bt - \frac{k(1+\alpha t)}{a} \cdot ln \frac{p}{p_0}$, oder $ln \frac{p}{p_0} = \frac{abt}{k(1+\alpha t)} = \frac{ab}{k\alpha} \cdot \frac{t}{\frac{1}{\alpha} + t}$ giebt. Diese Gleichung giebt die Spannkraft der Wasserdämpfe für die Temperatur t vom Siedpunkte an gezählt.

Führt man briggische Logarithmen ein, drückt die Spannkräfte in Atmosphären aus und setzt $M \cdot \frac{ab}{k\alpha} = B$, wobei M der Modul der briggischen Logarithmen ist, so hat man:

$$\text{(a)} \qquad log \frac{p}{p_0} = \frac{Bt}{\frac{1}{\alpha} + t},$$

und aus den Beobachtungen sind die beiden Constanten B und $\frac{1}{\alpha}$ abzuleiten. Aus Magnus's Versuchen ergiebt sich hiernach:

$$\text{(1)} \qquad log \frac{p}{p_0} = \frac{5{,}2555 \cdot t}{336{,}22 + t}.$$

Für den Gefrierpunkt des Wassers, also $t = -100$ giebt die Formel die Spannkraft $= 4{,}529$ Millimeter.

Will man die Temperaturen von 0° C. an zählen und die Pressungen in Millimeter Quecksilberhöhe angeben, so hat man in die Formel (1) $t_{,} - 100$ für t zu setzen, dies giebt

$$\text{(2)} \qquad log \frac{p}{760} = \frac{5{,}2555 t_{,} - 525{,}55}{236{,}22 + t_{,}}.$$

Ferner hat man für $t = -100$ $p = 4{,}529$, hieraus ergiebt sich für Formel (1):

$$\text{(3)} \qquad log \frac{4{,}529}{760} = \frac{-525{,}55}{236{,}22},$$

und zieht man (2) und (3) von einander ab, so ist

$$log \frac{p}{4,529} = \frac{\left\{5,2555 + \frac{525,55}{236,22}\right\} t_{,}}{236,22 + t_{,}} \text{ oder } log\, p = 0,656 + \frac{7,4804 t_{,}}{236,22 + t_{,}},$$ wo-

für auch zu schreiben ist $p = 4,529 . 10^{\frac{7,4804 t_{,}}{236,22 + t_{,}}}$, und dies sind die beiden in der obigen Zusammenstellung der Formeln unter No. 39 gegebenen Ausdrücke.

Aus dieser Formel ergiebt sich der hier zum ersten Male bestimmte Ausdehnungscoëfficient des Wasserdampfes für 1° C. $= 0,004233$, dessen Genauigkeit Hrn. Holtzmann auf etwa $\frac{1}{100}$ seines Werthes sicher scheint.

Die Kenntnifs dieses Ausdehnungscoëfficienten giebt Gelegenheit für die Dichtigkeit ϱ des Wasserdampfes eine Formel zu bestimmen, nämlich $\varrho = 0,55964 \frac{272,63 + t}{236,22 + t}$, wo die Dichte des Wasserdampfes gegen atmosphärische Luft von gleicher Temperatur und Pressung angegeben wird und t von 0° C. zu zählen ist.

Die aufgestellten Formeln dienen ferner Hrn. Holtzmann dazu, die specifische Wärme des Wasserdampfes zu berechnen. Er findet

$$c = 1,6869 - 0,321 \,.\, log \frac{p}{p_0},$$

$$c_{,} = 1,5475 - 0,321\, log \frac{p}{p_0},$$

wo die Logarithmen briggische sind und die specifischen Wärmen sich auf die Gewichtseinheit beziehen. Unter dem Drucke einer Atmosphäre ist daher die specifische Wärme des Wasserdampfes bei constantem Drucke $= 1,6869$, bei constantem Volumen $= 1,5475$.

Sowohl die für die Dichtigkeit des Dampfes als die für die spec. Wärme desselben aus den Formeln abgeleiteten Zahlen stimmen genügend mit den wenigen vorhandenen Beobachtungen überein.

Die Formel (a) giebt in gleicher Weise die Elasticität anderer Dämpfe, wenn B und $\frac{1}{\alpha}$ für diese Dämpfe bestimmt und die Temperatur t von dem Siedpunkte der betrachteten Flüssigkeiten gezählt wird.

Für *Quecksilberdämpfe* ist danach $\log \frac{p}{p_0} = \frac{2{,}0089 . t}{348 + t}$, worin t von $+350^0$ an gezählt ist und p_0 wie früher den Druck einer Atmosphäre bedeutet. Der Ausdehnungscoëfficient des Quecksilbers ist für 1^0 C. $= 0{,}00259$. Für den Druck einer Atmosphäre ist ferner $c = 0{,}09248$, $c_, = 0{,}07249$.

Für *Schwefelkohlenstoff* ist, wenn t von $+47^0{,}27$ an gezählt wird, $\log \frac{p}{p^0} = \frac{4{,}7126 . t}{336 + t}$.

Für *schweflige Säure* wird, wenn t von -10^0 gerechnet wird, $\log \frac{p}{0^m{,}78} = \frac{5{,}866 . t}{232{,}22 + t}$. Der Ausdehnungscoëfficient unter $1^m{,}48$ Druck ist für 1^0 C. $= 0{,}00413$.

Für *Cyangas*, wenn man t von $-20^0{,}7$ an zählt, ist $\log \frac{p}{0^m{,}75} = \frac{5{,}44 . t}{258 + t}$. Der Ausdehnungscoëfficient ist $= 0{,}00359$.

Für das *Ammoniak* endlich, wenn t von $-33^0{,}7$ an gerechnet wird, ist $\log \frac{p}{0^m{,}7493} = \frac{5{,}24 . t}{230 + t}$. Der Ausdehnungscoëfficient $= 0{,}00379$.

Zum Schlusse der Arbeit giebt Hr. HOLTZMANN noch einige Formeln zur Berechnung des Effektes der Dampfmaschinen, welche sich auf die vorhergehenden gründen, und worin er namentlich zeigt, wie sehr viel von der bewegenden Kraft der Wärme bei den Dampfmaschinen dadurch verloren geht, dafs überall die Cohäsion des Wassers bei der Dampfbildung überwunden werden mufs.

REGNAULT hat die Formel für die Elasticität des Wasserdampfes, zu der Hr. HOLTZMANN, wie eben berichtet, auf theoretischem Wege gelangt, in seiner Untersuchug sur les forces élastiques de la vapeur d'eau[1] verworfen. Diese Formel, deren

[1] s. Ann. chim. XI p. 324 unten.

sich Roche zuerst bediente, und welche von der Form $e = a\alpha^{\frac{t}{m+nt}}$ ist, wurde später von August, v. Wrede, Strehlke und Magnus angewendet, und zeigte sich stets ganz geeignet die Beobachtungen bei gehöriger Bestimmung der Constanten hinreichend genau wiederzugeben. Regnault dagegen geht von dieser Formel ab, weil sie nicht der mathematische Ausdruck des Naturphänomens sein könne, indem erstens für $t = -\frac{m}{n}$ (nach Hrn. Holtzmann's Bestimmung $= -336°,22$) $p = 0$ wird, und indem für $t = \frac{m(\log\alpha - 2n)}{2n^2} = +1700°$ ein Wendepunkt der Curve liegt.

Sieht man davon ab, ob es erlaubt ist, eine Formel darum zu verwerfen, weil sie eine Discontinuität bei Temperaturen angiebt, die so sehr weit jenseit der möglichen Grenzen der Beobachtung liegen, bei welchen Grenzen leicht in der Natur selbst eine Discontinuität (etwa ein anderer Aggregatzustand) eintreten kann, so scheint mir das Problem welches eine Formel zu lösen hat, nämlich alle Beobachtungen innerhalb der Beobachtungsgrenzen mit gleicher Wahrscheinlichkeit zu umfassen, durch die obige Formel vollständig gelöst zu werden. Regnault scheut dagegen nicht die Unbequemlichkeit für die verschiedenen Temperaturintervalle, von tiefen Temperaturen bis 0°, von 0° bis +100, und von 100° bis zu hohen Temperaturen 3 Formeln anzunehmen. Hr. E. Barry zeigt nun in dem am Eingange dieses Abschnittes citirten Aufsatze, dafs sowohl die Formel von Roche, wenigstens wenn man sie um ein Glied vermehrt, also ihr die Form $e = a\alpha^{\frac{t+bt^2}{m+nt}}$ giebt, als auch die Reihenformel $\log e = a + bx + cx^2 + dx^3 + \ldots$ die Beobachtungen von Regnault sehr genau wiedergiebt.

Eine sorgfältige Bestimmung der Constanten in der Formel von Roche aus den Beobachtungen von Regnault, nicht durch 3 Beobachtungspaare, sondern nach der Methode der kleinsten Quadrate, würde ohne Zweifel ihre Anwendbarkeit beweisen, so wie die Werthe der Constanten alsdann nur sehr unbedeutend von denen, durch die Herren Magnus und Holtzmann berechneten, abweichen werden.

Dr. G. Karsten.

Methode zur Bestimmung der Dichtigkeit der Gase.

Hr. Regnault hat eine werthvolle Arbeit geliefert über die Bestimmung der Dichtigkeit der Gase. Er beginnt dieselbe mit der Auseinandersetzung der Fehler, welche die früher angewendete Methode enthielt. Bekanntlich geschah diese Bestimmung bisher durch Wägung eines mit dem zu untersuchenden Gase gefüllten Ballons, dessen Volumen bekannt ist. Hr. Regnault findet die Fehler dieser Methode hauptsächlich in der Art, wie der Ballon gewogen wurde, um das Gewicht der ihn ausfüllenden Gasart zu bestimmen. Da derselbe in der Luft gewogen wird, so mufs man zu dem unmittelbar gefundenen Gewicht noch das der Luft hinzufügen, welches durch den Ballon verdrängt wird (eigentlich minus das Gewicht der von den Gewichten verdrängten Luft). Da nun die Luft, vor Allem die Zimmerluft, in ihrer Zusammensetzung, besonders in ihrer Feuchtigkeit, wechselt, so müfste um defswillen für jede Wägung durch Versuche eine besondere Correction angebracht werden, was wohl nicht ausführbar sein möchte. Deshalb hat Hr. Regnault eine Methode ersonnen, wodurch diese Correction unnöthig gemacht wird.

Diese Methode besteht einfach darin, dafs er einen zweiten Ballon, welcher dem, in welchem das Gas gewogen werden soll, ganz ähnlich ist, als Gegengewicht gegen diesen anwendet.

Dieser Ballon mufs, hermetisch verschlossen, von demselben Glase verfertigt sein und dasselbe Volumen haben, wie der erste. Bei solcher Einrichtung des Apparates fallen alle Thermometer, Barometer und Hygrometerbeobachtungen, welche auf die ge-

[1] Comptes rendus XX 975.

nannte Correction Bezug haben, fort, da der Einflufs der Temperatur, des Luftdrucks und der Zusammensetzung der Luft für beide Ballons derselbe bleibt. Auch diejenige Fehlerquelle wird durch diese Methode vermieden, welche durch die Eigenschaft des Glases, Wassergas auf seiner Oberfläche zu condensiren, entsteht, da anzunehmen ist, dafs dieselbe Glassorte auf gleicher Oberfläche gleiche Quantitäten davon condensiren wird.

Diejenige Quantität Luft, welche die angewendeten Ballons verdrängten, bestimmte Hr. Regnault auf folgende Weise. Er wog die mit Wasser gefüllten Ballons im Wasser und in der Luft. Die Differenz der Resultate dieser Wägungen giebt das Gewicht des von ihnen verdrängten Wassers an. Nachdem er nun unter den so untersuchten Ballons zwei von ziemlich gleichen äufseren Volumen ausgewählt hatte, machte er die Volumina derselben dadurch, dafs er zu dem zur Erlangung des Gleichgewichts dienenden Ballon ein kleines zugeschmolzenes Glasröhrchen hinzufügte, vollkommen gleich. In den als Thara dienenden Ballon wurde nun eine solche Quantität Quecksilber gebracht, dafs er etwa 10 Grm. schwerer war als der andere. Darauf wurde er verschlossen. Die so eingerichteten Ballons wurden an die Waage gehängt, und diese ins Gleichgewicht gebracht. Dieses änderte sich nicht bei Temperaturdifferenzen von 0° bis 17° und bei Differenzen des Drucks von 741 Millim. bis 771 Millim.

Um nun die Dichtigkeit eines Gases zu messen wird der mit einem Hahn versehene Ballon ausgepumpt und mit dem zu untersuchenden Gase gefüllt, wieder ausgepumpt und von Neuem gefüllt, und so mehrere Male. Dann wird derselbe in ein Gefäfs gethan, worin er mit schmelzendem Eise umgeben wird, bis seine Temperatur genau 0° beträgt. Ehe der Hahn des Ballons geschlossen wird, mufs die in ihm befindliche Gasart zuerst mit der Atmosphäre einen Augenblick in unmittelbare Communikation gebracht werden, damit der Druck, den es erleidet, mit dem der äufseren Luft sich ausgleichen könne. Um zu vermeiden, dafs nicht etwa bei diesem Oeffnen des Hahns atmosphärische Luft eintrete, wird die Luft im Ballon vor dem ersten Schliefsen des Hahns unter einen höheren Druck gebracht, so dafs beim Oeffnen desselben nicht Luft eintreten kann, sondern etwas von der Gasart austreten mufs. Dann wird er verschlossen und an die Waage gehängt. Gewogen wird er aber erst nach mehr als 2 Stunden, damit seine Temperatur sowohl, wie die Feuchtigkeit seiner Oberfläche der Temperatur des Zimmers und der Feuchtigkeit der Luft entsprechend werde.

Einen Umstand, auf den schon Dumas und Boussingault aufmerksam gemacht haben, hebt Hr. Regnault gleichfalls hervor. Wird nämlich der Ballon mit trockner Leinwand abgerieben, so wird er so electrisch, dafs durch die Anziehung desselben gegen den Boden, welche dadurch bedingt ist, bedeutende Fehler entstehen können. Diese vermeidet er dadurch, dafs er ihn mit Leinwand reinigt, welche mit destillirtem Wasser angefeuchtet ist.

Der barometrische Druck, so wie die Elasticität des zu untersuchenden Gases wurden durch einen eigenen Apparat gemessen. Dieser bestand aus zwei zwanzig Millim. dicken geraden Glasröhre, wovon die eine oben zugeschmolzene als Barometer dienen sollte. Sie wurde mit Quecksilber gefüllt und ausgekocht. Die zweite Röhre konnte mit dem Ballon in Verbindung gebracht werden, und diente also als Manometer. Sie sollte die Elasticität der beim Auspumpen zurückbleibenden Luft messen. Beide Röhren tauchen in je eine Abtheilung eines und desselben in der Mitte nicht vollständig getheilten Quecksilbergefäfses. Durch Messung der Quecksilbersäule des Barometers erhält man unmittelbar den Druck der Atmosphäre. Um die Elasticität des Gases zu finden, welches bei dem nunmehr vorzunehmenden Auspumpen des Ballons in demselben zurückbleibt, bringt man das Manometer mit demselben, nachdem seine Temperatur in dem Eisgefäfs auf 0° gebracht worden ist, in Verbindung, und bestimmt sie durch die Differenz der Quecksilbersäulen des Barometers und Manometers, welche durch eine einfache Einrichtung unmittelbar gemessen werden kann. Darauf wird der Ballon mit den oben angegebenen Vorsichtsmafsregeln wieder gewogen. Die Differenz dieser zwei Wägungen $(P-p)$ giebt die Menge des Gases an, welche der Ballon bei 0° und bei einem Druck von $(H-h)$ fassen kann, wenn H den Barometerstand beim Füllen des Ballons mit der Gasart, h die Elasticität des Gases nach dem Auspumpen bedeutet. Das Gewicht des Gases, welches den Ballon bei 0° und 760 Millim. Druck füllt ist also $=(P-p)\frac{760}{H-h}$. Es ist klar, dafs man mittelst dieser Vorrichtungen mit grofser Sicherheit das Gewicht eines solchen Quantums eines beliebigen Gases bestimmen kann, welches bei einer bestimmten Temperatur und einem bestimmten Druck den Ballon anfüllt. Das Verhältnifs dieser Gewichte der verschiedenen Gase giebt einfach das Verhältnifs ihrer Dichtigkeiten an.

Mit diesem Apparate läfst sich zugleich die Richtigkeit des Mariotte'schen Gesetzes prüfen, was nöthig ist, ehe man sich der Dichtigkeit der Gase zu Bestimmung ihres Atomgewichts bedienen kann. Man hat nur den bis 0° abgekühlten Ballon mit der zu untersuchenden Gasart zu füllen, und ihn, nachdem er mit dem Manometer in Verbindung gebracht worden ist, zum Theil auszupumpen. Nachdem man seine Elasticität gemessen hat, wird der Ballon gewogen. Geschieht dies bei verschiedener Elasticität, so müssen die gefundenen Gewichte des verdünnten Gases im geraden Verhältnifs stehen mit den Differenzen der beiden Quecksilbersäulen des Barometers und des Manometers, wenn das Mariotte'sche Gesetz für die untersuchte Gasart gelten soll.

Ferner kann man mit dem so eingerichteten Apparate das Gewicht der Quantität Gas, welche den Ballon bei 100° C. füllt, bestimmen. Man hat ihn nur vor dem Verschliefsen statt in schmelzendes Eis in kochendes Wasser zu bringen, und ihn sonst ebenso zu behandeln, wie oben. Es wird dadurch zugleich möglich, den Ausdehnungscoëfficienten der Gase zu bestimmen, welcher leicht aus den Gewichten des Gases bei 100° und bei 0° berechnet werden kann. Hr. Regnault stellt folgende auf einfache Weise gefundene, für diese Berechnung nothwendige Formel auf

$$\frac{1}{1+\alpha' T}=\frac{Po\frac{H'o}{760}-p}{Po}\cdot\frac{1}{1+kT}\cdot\frac{760}{H'o},$$

worin α' den zu findenden Ausdehnungscoëfficienten, P_0 das Gewicht der den Ballon bei 0° und 760 Millim. Druck ausfüllenden Luft, p den Gewichtsverlust, den der Ballon dadurch erleidet, dafs er einer Temperatur T bei einem Drucke H'_0 ausgesetzt war, ehe er verschlossen wurde, h den Ausdehnungscoëfficienten des Glases bedeutet.

Endlich kann man sich mittelst dieses Apparates überzeugen, ob ein Gas bei 100° dem Mariotte'schen Gesetze folgt. Dazu ist nur nöthig den gefüllten Ballon in kochendes Wasser zu bringen, und nun bei verschiedenen Versuchen verschiedene Mengen des Gases auszupumpen. Auch hier müssen die gefundenen Gewichte mit den Differenzen der Quecksilbersäulen des Barometers und Manometers im geraden Verhältnifs stehen.

Die Genauigkeit der Resultate der Versuche, welche Herr Regnault mit diesem Apparate angestellt hat, ist in der That überraschend. Sie differiren höchstens um $\frac{1}{2000}$ des Gewichts der Gase.

Sein Ballon enthält im Mittel von 9 Versuchen 12,7781 Grm. atmosphärische Luft. Er wendete zu denselben Luft an, die durch Röhren geleitet worden war, welche mit Kali und von Schwefelsäure durchtränkten Bimsteinstücken gefüllt waren. Das Mariotte'sche Gesetz fand er für die atmosphärische Luft bei 0° bestätigt. Den Ausdehnungscoëfficienten derselben bestimmte er mit seinem Apparate zu 0,003663, was sehr genau übereinstimmt mit der Zahl, welche er früher auf eine ganz verschiedene Weise gefunden hatte.

Die Dichtigkeit des Stickgases fand Hr. Regnault im Mittel von 6 Versuchen gleich 0,97137. Das Gas war zu denselben aus atmosphärische Luft dadurch bereitet worden, dafs sie durch ein glühendes kupfernes, mit Kupferdrehspänen gefülltes Rohr und durch Kali- und Bimstein-Schwefelsäure-Röhren geleitet wurde.

Die Dichtigkeit des Wasserstoffgases, das aus Zink und Salzsäure bereitet war, und welches durch mit Kali, mit auf Glasstücken ausgebreiteter Quecksilberchloridauflösung, endlich mit Bimstein und Schwefelsäure gefüllte Röhren geleitet war, fand er im Mittel von 3 Versuchen gleich 0,06926.

Die Dichtigkeit des Sauerstoffgases war im Mittel von 3 Versuchen gleich 1,10563. Es war aus chlorsaurem Kali bereitet und durch Kali- und Bimstein-Schwefelsäure-Röhren geleitet worden.

Zuletzt führt Hr. Regnault seine mit Kohlensäure angestellten Versuche an. Sie war aus weifsem Marmor und Salzsäure bereitet, und durch eine mit saurem kohlensauren Natron gefüllte Waschflasche, so wie durch ein Bimstein-Schwefelsäure-Rohr geleitet worden. Ihre Dichtigkeit bei 0° und 760 Millim. Druck bestimmte er zu 1,52910. Ihr Ausdehnungscoëfficient ist gleich 0,003719. Bei den Versuchen, welche mit dem Zweck angestellt wurden, zu bestimmen, wie weit die Kohlensäure dem Mariotte'schen Gesetze unterworfen ist, fand sich, dafs sie demselben bei 100° und niederem Druck vollkommen unterliegt, dafs sie aber bei 0° nicht unbedeutend davon abweicht. Er fand nämlich bei 0° ihre Dichtigkeit unter einem Druck von

$$760^{\text{mm}},00 = 1,52910$$
$$374^{\text{mm}},13 = 1,52366$$
$$244^{\text{mm}},17 = 1,52145.$$

Für die Dichtigkeit dieses Gases bei 100° fand er dagegen unter einem Druck von

$$760^{\text{mm}},00 = 1,52418$$
$$338^{\text{mm}},39 = 1,52410.$$

Diese Zahlen sind natürlich auf atmosphärische Luft gleich 1 bei der angewendeten Temperatur und der jedesmal beobachteten Elasticität zu beziehen.

Dampfdichte der organischen Körper.

Bekanntlich haben die organischen Körper das Eigenthümliche, dafs ein Aequivalent derselben in Gasform, mag dasselbe aus noch so vielen Aequivalenten der Elemente zusammengesetzt sein, immer zu einmal, zweimal oder viermal dem Volumen eines einfachen Atoms der Elemente in Gasform condensirt ist. Nur bei dem Essigsäuredampfe fand Dumas[1] eine Abweichung. Derselbe ist nach ihm zu dreimal dem Volumen eines Atoms der Elemente in Gasform condensirt.

Bineau[2] fand dieselbe Thatsache bei der Ameisensäure, dem ersten Hydrat der Schwefelsäure, und bei der Essigsäure selbst bestätigt.

Auch Hr. Cahours[3] hatte im vorigen Jahre Versuche mit der Essigsäure angestellt und die von Dumas angegebene Thatsache bestätigt, jedoch mit der Einschränkung, dafs sie nur für den Kochpunkt der Essigsäure nicht sehr übersteigende Temperaturen wahr sei. Er bestimmte die Dampfdichte der Essigsäure bei 100—110° über dem Siedpunkte der Säure und fand nun ihre Dampfdichte nicht wie Dumas gleich 2,7 bis 2,8, sondern gleich 2,17 und 2,12. Diese Zahlen entsprechen aber vier Volumen Dampf.

4 Vol.	Kohlendampf	=	3,368
8 -	Wasserstoff	=	0,552
4 -	Sauerstoff	=	4,424
	Summe	=	8,344 = 4 × 2,09.

Man ersieht hieraus, dafs die Anomalie der Essigsäure ganz verschwindet, wenn man die Bestimmung ihrer Dampfdichte nur bei hinreichend hoher Temperatur unternimmt.

Im Verfolg seiner Versuche über die Dampfdichte flüchtiger organischer Körper fand Hr. Cahours diese Thatsache, dafs nämlich die Dampfdichte der Essigsäure bis zu einer gewissen hohen Temperatur stets sinkt, bis sie endlich über 250° hinaus constant bleibt, bestätigt. Von der Richtigkeit der Versuche von Bineau über die Dampfdichte der Ameisensäure und Schwefelsäure, welche zu einem ähnlichen Resultate geführt haben, hat er sich gleichfalls überzeugt.

Er fand ein gleiches Verhalten bei der Buttersäure, die erst von 260° an eine unveränderliche Dampfdichte erhält, und bei der Valeriansäure, deren Verhalten er aber nicht genau angiebt.

[1] Traité de chimie V oder Pogg. Ann. 49, 614.
[2] Comptes rendus XIX 767.
[3] Comptes rendus XIX 771.

Da es sich hiernach ergab, dafs alle die Stoffe, welche die angegebene Anomalie zeigten, Säuren sind, so vermuthete Hr. Cahours, dafs sie eben nur bei diesen vorkomme, da in der That die zusammengesetzten Aetherarten, die flüchtigen Oele, besonders diejenigen, welche nur aus Kohlenstoff und Wasserstoff bestehen, schon bei 30° bis 40° C. über dem Kochpunkte Zahlen liefern, die der der Theorie gemäfsen Dampfdichte entsprechen. Doch fand er zwei ätherische Oele, das Anis- und das Fenchelöl, deren Dampfdichte bei verschiedenen Temperaturen bis mehr als 100° über ihren Kochpunkt nicht gleich bleibt. Da Hr. Cahours jedoch eine Constanz der Dampfdichte derselben von einer gewissen Temperatur an nicht nachgewiesen hat, und er selbst erklärt, dafs die Oele bei dem Versuche sich gebräunt haben, so scheint dies noch nicht als Thatsache betrachtet werden zu dürfen. Denn wenn auch die Elementarzusammensetzung des gebräunten Oels dieselbe war, wie die des farblosen, so setzt doch die Veränderung der Farbe desselben die Veränderung des Stoffs selbst voraus.

Durch die angeführten Versuche von Hrn. Cahours scheint erwiesen zu sein, dafs sich das Atom aller flüchtigen Stoffe, wenn sie aus soviel Volumen ihrer Elemente in Gasform entstanden gedacht werden, als sie einfache Atome enthalten, allein auf vier oder zwei Volumina verdichten kann. Hr. Cahours führt nur eine Ausnahme an, nämlich Chlorsilicium. Aber auch dieses würde der obigen Regel folgen, wenn man annähme, dafs die Kieselsäure aus einem Atom Kiesel und zwei Atomen Sauerstoff bestände, was auch schon durch die Analogie derselben mit der Titansäure und dem Zinnoxyd, und einer Reihe anderer Umstände, welche Hr. Einbrodt[1] sehr übersichtlich zusammengestellt hat, gefordert wird.

Dr. W. Heintz.

[1] Ann. der Chemie und Pharmacie 55, 332.

12. Absorption der Gase.

G. Magnus. Ueber das Absorptionsvermögen des Blutes für Sauerstoff. Pogg. Ann. LXVI. 177; Inst. No. 607 p. 298.

Hr. Magnus sucht in der oben genannten Abhandlung zu beweisen, dafs das Blut in den Lungen den Sauerstoff nur absorbire, nicht aber sich chemisch mit demselben verbinde. Es ist nach ihm das Blut nur das transportirende indifferente Medium für Sauerstoff und Kohlensäure, deren ersteren es aus der eingeathmeten Luft in den Lungen aufnimmt und als arterielles Blut den Capillargefäfsen des ganzen Körpers zuführt. In diesen wird er zur Oxydation gewisser Substanzen benutzt, wodurch Kohlensäure erzeugt wird, welche ihrerseits wieder vom Blute aufgenommen, vom venösen Blut den Lungen zugeführt und dort gegen Sauerstoff ausgetauscht wird, womit der erwähnte Procefs von Neuem beginnt. Die Lungen sind hiernach nur der Sitz eines Diffusionsprocesses, nicht aber eines chemischen. —

Unterschiedlich von dieser Ansicht des Professor Magnus stimmen die bisher gültigen Ansichten über Respiration alle darin überein, dafs der Sauerstoff der eingeathmeten Luft sich in den Lungen mit dem Blute chemisch verbinde. In Bezug auf die Bildung der ausgeathmeten Kohlensäure nimmt die ältere Ansicht von Lavoisier an, dafs dieselbe unmittelbar auf Kosten des eingeathmeten Sauerstoff in den Lungen entsteht, die neueren Respirationstheorien lassen dieselbe aber in den Capillargefäfsen des ganzen Körpers sich bilden, dort vom Blut absorbiren und in den Lungen nur aushauchen, wofür hauptsächlich die gleichmäfsige Vertheilung der Wärme durch den ganzen Körper spricht, da die Lunge, wenn sie der alleinige Sitz des Verbrennungsprocesses wäre, eine höhere Temperatur als der übrige Körper haben müfste, was nicht der Fall ist.

Bereits in einer früheren Arbeit ist von Hrn. Magnus nachgewiesen worden, dafs das Blut nicht unbeträchtliche Mengen von Sauerstoff und Kohlensäure absorbirt enthalte, welche im luftverdünnten Raum von demselben abdunsten. Der Natur der Sache nach ist es mit grofsen Schwierigkeiten verknüpft die im lebenden Körper vom Blut absorbirte Menge dieser Gase direct zu bestimmen, Hr. Magnus hat daher zur Unterstützung seiner Hypothese den indirecten Weg eingeschlagen. Er hat dem arteriellen wie venösen Blute das in ihnen enthaltene Gasgemenge entzogen und das Verhältnifs der beiden Bestandtheile desselben, der Kohlensäure und des Sauerstoffs, bestimmt. Er fand im venösen Blut auf 1 Theil Sauerstoff 5 Theile Kohlensäure, im arteriellen auf 1 Theil Sauerstoff 2 Theile Kohlensäure. Die Menge des Sauerstoffs ist also in dem, dem arteriellen Blut entzogenen Gasgemenge mehr als doppelt so grofs als in dem des venösen Bluts. Dem arteriellen Blut wird also bei dem in den Capillargefäfsen stattfindenden Uebergang in venöses mehr als die Hälfte seines Sauerstoffgehalts entzogen.

Ist nun die Ansicht von Hrn. Magnus über den Athmungsprocefs die richtige, so mufs dieser Sauerstoffverlust hinreichen, die sämmtliche ausgeathmete Kohlensäure zu bilden. Um einen Schlufs auf die absolute Menge von Sauerstoff thun zu können, die das Blut absorbiren könne, hat er den Absorptionscoëfficienten des frischen Kalbsblutes für diese Gasart und für Kohlensäure bestimmt, und für Sauerstoff zu 10% v. Volum., für Kohlensäure zu 150% oder dem 1½fachen Volumen gefunden. Da das Blut in den Lungen in die innigste Berührung mit der eingeathmeten Luft gebracht wird, so glaubt er annehmen zu können, dafs es im lebendigen Körper sicher nicht weniger Sauerstoff disponirt ist aufzunehmen als bei seinen Versuchen.

Hierauf stellt er folgende Rechnung an. Der Mensch athmet durchschnittlich in der Minute 13 Cub." Kohlensäure aus, zur Bildung derselben ist ein gleiches Volumen Sauerstoff erforderlich, es müssen also 13 Cub." Sauerstoff in der Minute eingeathmet werden. Die Blutmenge, welche in einer Minute durch die Lunge geht, beträgt circa 10 Pfd., diese 10 Pfd. sind = 250 Cub.", welche, wenn Hrn. Magnus's Hypothese möglich ist, die

13 Cub." Sauerstoff müssen absorbiren können. 13 Cub." sind circa 5,2$\frac{0}{0}$ von 250 Cub."; nach den obenerwähnten Versuchen kann das Blut aber über 10$\frac{0}{0}$ seiner Volumen an Sauerstoff aufnehmen; so dafs von dieser Seite kein Einwurf gegen Herrn MAGNUS's Hypothese gemacht werden kann. Dafs das Blut beim Durchgange durch die Lungen nur 5,2$\frac{0}{0}$, nicht aber wie in den Experimenten 10$\frac{0}{0}$ Sauerstoff aufnimmt, erklärt sich aus dem obenerwähnten Versuche, welcher zeigt, dafs venöses Blut noch immer eine beträchtliche Menge Sauerstoff absorbirt enthalte, dafs ferner auch das arterielle Blut noch kohlensäurehaltig ist, also in den Lungen weder alle im Blute enthaltene Kohlensäure ausgehaucht, noch in den Capillargefäfsen der ganze Sauerstoffgehalt desselben verbraucht wird.

Als ein wichtiges Argument gegen die Meinung, dafs sich Sauerstoff in den Lungen chemisch mit dem Blute verbinde, führt Hr. MAGNUS die bekannte Erscheinung an, dafs dasselbe durch Sauerstoffabsorption hellgefärbt, durch Kohlensäure dunkelgefärbt wird, welches sich an ein und derselben Quantität Blut beliebig oft zeigen läfst, und wobei, wie seine Versuche ihm gezeigt, die früher absorbirte Gasart durch die nachher darauf einwirkende vollständig ausgetrieben wird, so dafs eine chemische Einwirkung nicht stattgefunden haben kann.

Wenn der Schlufs zulässig ist, dafs das im menschlichen Körper cirkulirende Blut sich ebenso verhalte, wie bereits aus dem lebenden Körper ausgeschiedenes Kalbsblut, so dienen die bisher über den Athmungsprocefs angestellten Versuche zur Bestätigung der Ansicht von Hrn. MAGNUS. Gegen den Einwurf SCHEERER's gegen eine frühere Arbeit, dafs das Blut ein zu leicht zersetzbarer Körper sei, als dafs man von den Erscheinungen, die es aufser dem lebenden Körper zeigt, einen Rückschlufs thun könne, verwahrt sich Hr. MAGNUS insbesondere dadurch, dafs er seine Versuche in so kurzer Zeit angestellt hat, dafs noch keine Spuren von Zersetzung sich zeigten.

13. Eudiometrie.

Lassaigne. Nouveau procédé eudiométrique pour exprimer en volume le rapport des éléments de l'air atmosphérique. C. R. XXI. 890; Erdm. u. March. XXXVII. 50; Inst. No. 615. p. 359.

Hr. Lassaigne schlägt vor, eine ammoniakalische Kupferlösung, die mit metallischem Kupfer in Contact ist, zur Eudiometrie anzuwenden. Ich habe den Versuch, wie Hr. Lassaigne ihn vorschreibt angestellt, und gefunden, dafs er keine weitere Schwierigkeiten in der Anwendung darbietet, aber wegen der Langsamkeit, mit der die vorgeschlagene Lösung den Sauerstoff der Luft vollständig verschluckt, zeitraubender, und da Wasser als Absperrungsmittel angewendet werden mufs, ungenauer ist als die gebräuchliche Methode.

Dr. Wächter.

14. Veränderung des Aggregatzustandes; Gefrieren, Schmelzen, Sieden.

V. Regnault. Sur la température de l'ébullition de l'eau à différentes hauteurs. C. R. XX. 163; Inst. No. 578, p. 30.

F. Link. Schreiben an den Herausgeber über die Erscheinungen beim Gefrieren des Wassers unter dem Microscop. Pogg. Ann. LXIV. 479.

Leclercq. Formation de la glace au fond des eaux. Inst. 593. p. 169.

Faraday, On the liquefaction and solidifaction of bodies generally existing as gases. Phil. trans. for 1845. p. 155 and 172; Ann. ch. ph. XIII. 120; Dingl. pol. Journ. XCV. 232; Quesneville revue scientif. XX. 306; Mechan. Magaz. XLII. 89; Inst. No. 583 p. 83, No. 601 p. 242; C. R. XXI. 259.

Dumas. Expériences sur le chlore liquéfié et refroidi jusqu'à 90 degrés au-dessous de zéro. C. R. XX. 293; Inst. No. 580, p. 50.

Schrötter. Expériences concernant les modifications apportées à certaines réactions chimiques par une très basse température. C. R. XX. 193; Inst. No. 578, p. 30.

Donny ad Marenka. Sur les gaz liquéfiés. Pogg. Ann. LXIV. 532; C. R. XX. 817; Erdm. u. March. Journ. XXXV. 226; Inst. No. 586. p. 107, No. 611. p. 331.

Natterer. Ueber die Verdichtung einiger Gase. Ann. d. Ch. u. Pharm. LIV. 254.

J. Davy. Verflüchtigung des Quecksilbers bei niedriger Temperatur. Dingl. p. J. XCVII. 400; Edinb. n. ph. J. April—Juli 1845, p. 49.

Faraday. Singular properties of mercury Mechan. mag. XLII. 432.

Sartori. Moyen de solidifier le mercure. C. R. XXI. 1182.

Chenot. Sur la liquéfaction de l'air. C. R. XXI. 15.

Bekanntlich hat Regnault[1] gleichzeitig mit Magnus[2] genaue Versuche über die Spannkraft des Wasserdampfes angestellt, deren Resultate genau übereinstimmen. Hr. Regnault berichtet jetzt der Akademie zu Paris über Versuche der Hrrn. Bravais und Martins einerseits und von Hrn. Izarn andererseits über den Kochpunkt des Wassers auf hohen Bergen, die angestellt wurden, um seine Tabelle für die Spannkraft des Wasserdampfes zwischen 84° und 100° zu bestätigen. Schon früher zu demselben Zwecke von Marié angestellte Versuche gaben ein für ihre Richtigkeit sprechendes Resultat, während die von Bravais und Peltier damit nicht übereinstimmen. Diese Abweichungen erklärt Hr. Regnault durch die Unzuverlässigkeit des von ihnen angewendeten Thermometers. Es zeigte sich nämlich, dafs der Nullpunkt desselben nach Beendigung der Versuche nicht unbedeutend verändert war.

Die Herren Bravais und Martins stellten ihre Versuche auf dem Mont-Blanc an, haben aber auch in Paris und in Genf mit denselben Apparaten Versuche gemacht. Sie bestimmten den Nullpunkt des Thermometers, das mit einer willkürlichen Skale versehen war, jedesmal kurz vor und sogleich nach dem Versuche. Sie fanden den Kochpunkt des Wassers

in Paris bei . .	99,88°	und	756,85mm	Barom.st.
in Genf bei . .	98,89°	—	730,40mm	—
in Chamouny bei	96,713°	—	673,99mm	—
Grands-Mulets bei	90,171°	—	529,69mm	—

[1] Ann. chim. phys. XI. 273.

[2] Pogg. Ann. LXI. 247.

Grand-Plateau bei 87,565° und 178,39mm Barom.st.
Gipfel des M.-Blanc 84,396° — 123,74mm —

Der aus dem Kochpunkt nach Regnault's Tabelle berechnete Barometerstand würde sein

in Paris	756,85
in Genf	730,40
in Chamouny . . .	674,92
Grands-Mulets . . .	528,88
Grand-Plateau . . .	478,58
Gipfel des M.-Blanc .	422,86

Man sieht, dafs die Rechnung mit dem Versuche nur um ein Millimeter differirt.

Des Herrn Izarn Versuche wurden in den Pyrenäen ausgeführt. Er konnte nicht wie die Herren Bravais und Martins sogleich vor und nach jedem Versuche den Nullpunkt des Thermometers bestimmen, weil auf den Höhen, auf welchen er sie vornahm, kein Eis oder Schnee sich befand. Dies geschah aber stets sogleich nach seiner Rückkehr von den Bergen. Die Resultate, welche Herr Izarn aus seinen Versuchen zieht, so wie die der Herren Bravais und Martins stimmen mit Herrn Regnault's Tabelle über die Spannkräfte der Dämpfe so vollständig überein, dafs dieser dadurch sowohl diese Tabelle für bestätigt als auch es für bewiesen hält, dafs die von den genannten Beobachtern angewendeten Apparate, die natürlich mit einer zweckmäfsigen Einrichtung zur Abhaltung des Windes auf den Bergen von der zur Erwärmung des Wassers dienenden Flamme versehen sein müssen, statt der Barometer zu Höhenmessungen sehr gut brauchbar seien. Da dieselben weit leichter transportirt werden können, als ein Barometer, so werden sie gewifs um defswillen oft Anwindung finden, wenn auch die damit gemachten Beobachtungen vielleicht etwas weniger genau sein möchten, weil sie gröfsere Vorsichtsmafsregeln bedürfen, als die Barometerbeobachtungen.

Hr. Link hat in den kalten Tagen des Winters 1844—1845 mikroskopische Beobachtungen gemacht über das Gefrieren des Wassers. Er stellte sie vor einem offenen Fenster bei einer

Temperatur von —8° Réaum. mittelst eines Ploesselschen Mikroskops bei einer 315maligen Vergröſserung an. Als er auf diese Weise das Gefrieren des Brunnenwassers beobachtete, fand er Erscheinungen, die nicht allein vom Gefrieren des Wassers herrührten, sondern auch von der Krystallisation der Salze, welche in demselben aufgelöst waren.

Seine Beobachtungen an reinem destillirten Wasser beschreibt er wie folgt: Es dauerte ziemlich lange, ehe sich in der Kälte einige Veränderung zeigte. Dann erschien aber ein langer gerader Streifen, von einer geringeren Durchsichtigkeit als das umgebende Wasser. Bald darauf kräuselte sich der Streifen, riſs gleich einer zähen Masse auseinander, rundete sich an den Enden ab und erstarrte auf diese Weise. Hr. Link beschreibt noch mehrere etwas abweichende Beobachtungen, sagt aber, daſs immer ein oder mehrere Streifen von einer gleichsam schleimigen Materie dem Gefrieren vorangingen.

Hr. Link ist der Meinung, daſs durch diese Beobachtungen seine Ansicht über die Bildung der festen Körper, welche er in seiner unter diesem Titel im Jahre 1841 erschienenen Schrift niedergelegt hat, bestätigt würden, nur daſs noch hinzukomme, daſs die flüssigen Körper beim Uebergange in den festen Zustand einen Mittelzustand der Zähigkeit oder Halbflüssigkeit durchlaufen, und will dies auch für die bei Fällung von in Wasser unlöslichen Salzen zuerst entstehenden Kügelchen, die sich erst allmälig in Krystalle umwandeln, gelten lassen. Was er für letztere Ansicht als Beweis angiebt, nämlich daſs, wenn sie nicht eine geringere Flüssigkeit als Wasser hätten, man sie nicht von ihm unterschieden haben würde, begründet wohl seine Ansicht nicht. Denn daſs sie vom Wasser durch das Auge unterschieden werden können, beruht offenbar nur darauf, daſs sie das Licht anders brechen und reflectiren, als dieses, mögen sie fest oder flüssig sein. Dieses Factum giebt also wenigstens keinen Beweis ab für seine Ansicht, obgleich sie wohl die Thatsachen, die er gefunden hat, am besten erklärt, wenn man nicht etwa annehmen will, daſs die Kügelchen und die nachher sich bildenden Krystalle in ihrer chemischen Zusammensetzung verschieden seien, was freilich mehr Wahrscheinlichkeit für sich hat.

In dem Verfolg seines Briefes entwickelt Hr. Link seine Ansichten besonders in Beziehung auf ihre Verschiedenheit mit den von Berzelius in seinem Jahresbericht (Jahrgang 1839, unorganische Chemie, Seite 1 u. folg.) über diesen Gegenstand ausgesprochenen, über Dinge, welche bis jetzt noch nicht erwiesen werden können. Sie können also hier füglich übergangen werden.

Zu einer gewissen Zeit war es nach den Aussagen der auf fließendem Wasser Arbeitenden allgemein angenommen, daſs sich auf dem Grunde derselben Eis bilde, welches sich durch seine schwammige Textur vor dem festeren Eise, welches sich auf der Oberfläche bildet, auszeichnet. Später veranlaſste die Bemerkung, daſs das Eis ein geringeres specifisches Gewicht besitzt, als das Wasser, mehrere Gelehrte, dieser Thatsache zu widersprechen und gestützt auf die Theorie sie als unmöglich anzusehen. Jetzt sind die Ansichten über diesen Gegenstand nicht mehr getheilt, und es ist mit Sicherheit festgestellt, daſs zwar in stehenden Wässern kein sogenanntes Grundeis sich bilden könne, daſs es sich aber auf dem Grunde von flieſsenden Wässern sehr häufig erzeugt.

Diese Erscheinung erklärt sich leicht dadurch, daſs in stehenden Wassern, wenn sie von oben her abgekühlt werden, sich das kältere leichtere Wasser über dem warmen schweren Wasser lagert, ohne sich mit demselben mischen zu können; so bleibt der Grund derselben stets hinreichend warm, um das Gefrieren des Wassers in der Tiefe zu verhindern. Im flieſsenden Wasser dagegen ist es anders. Zwar giebt es auch die Wärme von der Oberfläche herab, allein die Bewegung in demselben vermischt bald die verschieden erwärmten Wasserschichten, so daſs die Temperatur in seiner ganzen Tiefe stets ziemlich dieselbe bleibt. So erhält es auch in seiner ganzen Tiefe fast gleichzeitig die Temperatur, bei welcher es fest zu werden anfängt, da nun bekanntlich sich alle krystallisirenden Stoffe am leichtesten an festen Körpern ansetzen, so wird auch in dem flieſsenden Wasser das bis auf den Grund hin auf 0° abgekühlte Wasser Eis an den festen Körper auf demselben absetzen. So ist es schon

1781 Des Marest [1] geglückt auf künstlichem Wege Grundeis zu erzeugen, als er ein grofses mit Wasser gefülltes Gefäfs, auf dessen Boden Nägel und andere Dinge sich befanden, sich abkühlen liefs, und dabei die Flüssigkeit in starker Bewegung hielt, das Eis setzte sich an den Nägeln etc. an. Dies war aber niemals der Fall, wenn die Flüssigkeit nicht bewegt wurde. [2]

Hr. Leclercq hat im vorigen Jahre in der Brüsseler Academie über neue von ihm angestellte Versuche über diesen Gegenstand einen Vortrag gehalten. Er hat nämlich sich davon überzeugt, dafs die Temperatur von Wasser, welches in Begriff ist Grundeis zu bilden, in der That in allen Tiefen gleich 0° ist. Zugleich weist er nach, was freilich nicht anders zu denken möglich ist, dafs die in Wasser schwimmenden Eistheilchen es nicht sind, welche sich an die festen Theile des Grundes fliefsender Wasser ansetzen.

Aufserdem will Hr. Leclercq bemerkt haben, dafs der Wechsel der Einwirkung des Sonnenlichts und des Schattens, wenn nicht eine nothwendige Bedingung für den Beginn der Bildung von Grundeis, so doch ein Umstand ist, welcher dieselbe sehr befördert, ohne dafs jedoch der Grund dafür hinreichend klar einleuchtete.

Hr. Faraday hat über die Condensation der Gase zu flüssigen oder festen Körpern sehr interessante Versuche gemacht.

Der Versuch von Cagniard-Latour, nach welchem Aether bei einer gewissen Temperatur und einem gewissen Druck sein Volumen nicht verändert, und doch gasförmig wird, brachte ihn auf die Idee, dafs diejenigen Gase, welche wir bisher nicht haben condensiren können, nur bei gleichzeitiger Anwendung von sehr niedriger Temperatur und sehr starkem Druck flüssig gemacht werden dürften. Er brachte daher sehr stark comprimirte in gläsernen Röhren eingeschlossene Gase in ein Bad von fester Kohlensäure, die unter der Glocke einer Luftpumpe befindlich durch Auspumpen der Luft, und dadurch beschleunigtes

[1] Journal de physique de Rozier. XXII. 50.

[2] S. die Versuche von Gintl über die Bildung des Grundeises in Dingl. pol. J. 1843.

Verdunsten derselben so stark erkaltet war, dafs die Tension ihres Dampfes bis zu dem Grade abnahm, dafs das Barometer der Luftpumpe weniger als einen Zoll niedriger stand, als ein dem Druck der Luft frei ausgesetztes.

So erhielt er bei der verschiedenen Tension des Kohlensäuredampfes unter der Luftpumpe folgende Temperaturgrade, welche durch ein eigends dazu construirtes Weingeistthermometer bestimmt wurden.

Barometer der Luftpumpe.	Thermometergrade.
1 Zoll	— 106° F.
10 -	— 112°,5
20 -	— 121°
22 -	— 125°
24 -	— 131°
26 -	— 139°
27 -	— 146°
28 -	— 160°
28,2 -	— 166°

Die Röhren, welche zur Compression der Gase dienten, waren *U*förmig gebogen und hatten einen längeren und einen kürzeren Schenkel. Dieser konnte mittelst eines Stopfers und Kitt luftdicht verschlossen werden. Der andere dagegen war mit einem Hahn und einem Schraubengewinde versehen, mittelst dessen er an ein Messingrohr befestigt werden konnte. Dieses war luftdicht anschliefsend nach Art einer Stopfbüchse in einem anderen kürzeren Messingrohr beweglich, welches in den oberen Theil der Glocke einer Luftpumpe eingelassen war.

Das Füllen der Röhren geschah nun auf folgende Weise. Man leitete zunächst das zu condensirende Gas so lange von der Seite des Hahns her durch das an beiden Enden offene Rohr, bis es keine atmosphärische Luft mehr enthielt, schlofs dann das entgegengesetzte Ende desselben mittelst des Stopfers, und comprimirte nun in dem Rohr die Luft mittelst Compressionspumpen. Dann wurde der Hahn geschlossen, und das Rohr an der Glocke der Luftpumpe, wie oben beschrieben ist, befestigt, und der durch eine Kältemischung von fester Kohlensäure und Aether im luftleeren Raume erzeugten Kälte ausgesetzt. Das bewegliche Messingrohr erlaubte, das Compressionsrohr aus der Kältemischung herauszunehmen, und nach Belieben den Zustand des comprimirten Gases zu beobachten.

Die zur Compression dienenden Röhren, welche Hr. Faraday anwendete, hielten einen Druck von bis 50 Atmosphären aus, und die Zusammenfügung der einzelnen Theile derselben mittelst Kitt war so sorgfältig geschehen, dafs auch diese Stellen einem solchen Druck mit Leichtigkeit widerstanden.

Die Resultate der Versuche, welche Hr. Faraday mit diesem Apparate angestellt hat, sind in dem Folgenden enthalten.

Das ölbildende Gas condensirte er zu einer klaren, farblosen Flüssigkeit, welche jedoch selbst bei der stärksten Kälte nicht fest erhalten werden konnte. Die Expansivkraft des Dampfes dieser Flüssigkeit bei der Temperatur des Kohlensäurebades fand er nicht unter allen Umständen gleich. Bei — 100° F. fand er sie gleich 4,6 und 9,3 Atmosphären.

Es ist wahrscheinlich, dafs das ölbildende Gas nicht rein war, dafs es vielleicht aus zwei verschiedenen Körpern gemengt war, deren verschiedene Menge in der Mischung diese Erscheinung bedingte. Dies bestätigte er durch die Beobachtung, dafs, obgleich das ölbildende Gas in nicht unbedeutender Menge von Aether, Alkohol und Terpentinöl (die beiden ersteren lösen 2 Vol., das letztere $2\frac{1}{2}$ Vol. des Gases auf) aufgenommen wird, es ihm doch nie gelang, das Gas ganz von diesen Flüssigkeiten absorbiren zu lassen. Stets blieb ein Theil des Gases ungelöst zurück.

Um die Spannkraft des Dampfes des condensirten ölbildenden Gases zu bestimmen, stellte er es auf die gewöhnliche Weise dar, wusch es mit Wasser und Kalkmilch, condensirte es und liefs nun den gröfsten Theil der Flüssigkeit sich verflüchtigen. Die zurückbleibende Flüssigkeit, welche nun den leichter condensirbaren Theil des Gases ziemlich rein enthalten mufste, gab folgende Zahlen. Die Spannkraft des Dampfes war

bei	— 105° F.	=	4,60
bei	— 100°	=	4,82
bei	— 95°	=	5,10
bei	— 90°	=	5,44
bei	— 85°	=	5,84

bei	— 80° F.	=	6,32	
-	— 75°	=	6,89	
-	— 70°	=	7,55	
-	— 65°	=	8,30	
-	— 60°	=	9,14	
-	— 55°	=	10,07	
-	— 50°	=	11,10	
-	— 45°	=	12,23	
-	— 40°	=	13,46	
-	— 35°	=	14,79	
-	— 30°	=	16,22	
-	— 25°	=	17,75	
-	— 20°	=	19,38	
-	— 15°	=	21,14	
-	— 10°	=	22,94	
-	— 5°	=	24,87	
-	— 0	=	26,90	Atmosphären.

Allein auch diesen Körper hält Herr FARADAY noch nicht für rein.

Jodwasserstoffgas, aus Jodphosphor durch Erhitzen mit wenig Wasser bereitet, konnte als klare, durchsichtige, farblose Flüssigkeit erhalten werden, die das Harz das zu der Verkittung der Compressionsröhren angewendeten Kittes, so wie Fett auflöste, ferner Quecksilber und Messing angriff und bei —60° als durchsichtiger und farbloser fester Körper erhalten wurde.

Bromwasserstoffgas ebenso, wie das vorige, aus Bromphosphor bereitet, wird bei — 100° F. zu einer farblosen Flüssigkeit condensirt, die bei noch niedrigerer Temperatur zu einem farblosen, krystallisirten, bei —124° F. schmelzenden Körper gesteht. Die flüssige Säure greift Quecksilber an.

Fluorkieselgas griff im Gaszustande weder das Messing, noch die Verkittung der Apparate an. Bei einem Druck von 9 Atmosphären oder bei —160° F. wird es flüssig, und ist dann farblos und sehr leicht beweglich. Im festen Zustande konnte es nicht erhalten werden.

Phosphorwasserstoff, aus reinem Phosphor und kaustischem Kali dargestellt, gab eine klare, farblose, durchsichtige, leicht flüssige Flüssigkeit, die nicht in den festen Zustand übergeführt werden konnte. Das Gas wurde nicht in seiner ganzen Masse flüssig, sondern es blieb selbst beim stärksten Druck ein Theil desselben in Gasgestalt. Ohne Zweifel war es noch nicht rein.

Fluorbor, aus concentrirter Schwefelsäure, geschmolzener Borsäure und Fluorcalcium dargestellt, wurde unter der Luftpumpe im Kohlensäure-Aether-Bade flüssig. Es stellte dann einen dünnflüssigen, farblosen Körper dar, der nicht fest gemacht werden konnte.

Die Expansivkraft der Dämpfe des flüssigen Fluorbors war

bei	— 100° F.	=	4,61	Atmosphären.
-	— 82° -	=	7,5	-
-	— 72° -	=	9,23	-
-	— 66° -	=	10,00	-
-	— 62° -	=	11,51	-

Die folgenden Substanzen sind schon früher in dem Aggregatzustande bekannt gewesen, in welchen sie überzuführen es auch Hrn. Faraday gelang. Doch kann ich nicht unterlassen, einige interessante Resultate seiner Versuche hier anzuführen.

Chlorwasserstoffsäure konnte nur im flüssigen Zustande erhalten werden. Diese Säure löst Harz auf, läfst es aber bei etwas niedrigerem Druck wieder fallen. Die Spannkraft der Dämpfe dieser Flüssigkeit bei verschiedenen Temperaturen ist

bei	— 100° F.	=	1,80	Atmosphären.
-	— 92° -	=	2,28	-
-	— 83° -	=	2,90	-
-	— 77° -	=	3,37	-
-	— 67° -	=	4,26	-
-	— 53° -	=	5,83	-
-	— 42° -	=	7,40	-
-	— 33° -	=	8,53	-
-	— 22° -	=	10,66	-
-	— 5° -	=	13,88	-
-	0° -	=	15,04	-
-	+ 25° -	=	23,08	-
-	+ 32° -	=	26,20	-
-	+ 50° -	=	40	-

Schweflige Säure in flüssiger Form löste das Harz des Kittes der Apparate auf, krystallisirte bei —105° F. in schönen Krystallen, welche schwerer sind als die flüssige schweflichte Säure.

Die folgenden Zahlen für die Spannkraft der Dampfe dieser Flüssigkeit differiren sehr von denen, welche BUNSEN[1] angegeben hat. Hr. FARADAY fand sie

bei	+14° F.	=	1,00	Atmosphären.
-	+19° -	=	1,12	-
-	+23° -	=	1,23	-
-	+26° -	=	1,33	-
-	+32° -	=	1,53	-
-	+33° -	=	1,57	-
-	+48° -	=	2,06	-
-	+56° -	=	2,42	-
-	+64° -	=	2,76	-
-	+73°,5	=	3,28	-
-	+90° -	=	4,35	-
-	+100° -	=	5,16	-

Schwefelwasserstoffgas kann nicht nur flüssig, sondern auch fest dargestellt werden. Bei —122° F. wird es eine feste, weiſse, crystallinische Masse, welche dem geschmolzenen Kochsalz im äuſseren Ansehen sehr ähnlich ist. Der feste Schwefelwasserstoff sinkt in dem flüssigen unter. Diese Flüssigkeit wird nicht beim freiwilligen Verdunsten an der Luft fest.

Die Spannkraft des Dampfes dieser Flüssigkeit ist

bei	—94° F.	=	1,09	Atmosphären.
-	—90° -	=	1,15	-
-	—83° -	=	1,27	-
-	—74° -	=	1,50	-
-	—68° -	=	1,67	-
-	—58° -	=	2,00	-
-	—45° -	=	2,59	-
-	—40° -	=	2,86	-
-	—24° -	=	3,95	-

[1] Bibliothèque universelle, 1839, XXIII. 185.

bei	—20° -	=	4,24	Atmosphären.
-	—16° -	=	4,60	-
-	—2° -	=	5,90	-
-	+26° -	=	9,36	-
-	+48° -	=	13,70	-
-	+52° -	=	14,60	-

Kohlensäure.

Wird die nach Thilorier's Methode erhaltene schneeartige Kohlensäure geschmolzen, und wieder fest gemacht, so bildet sie eine wasserklare Masse, wie Eis. Sie schmilzt bei —70° bis —72° F., nicht wie Thilorier angiebt bei —100° oder —148°. Die feste Kohlensäure sinkt in der flüssigen unter.

Ueber die Expansivkraft des Kohlensäuredampfes giebt es sehr verschiedene Angaben.

Thilorier . . .	fand sie bei	—4°	=	26 Atmosphären.
Addams	- - -	+32°	=	$27\frac{1}{2}$ -
Thilorier u. Faraday	- -	+32°	=	36 -
Brunel	- - -	+50°	=	60 -
Addams	- - -	+50°	=	34,67 -
Thilorier . . .	- - -	+86°	=	73 -
Brunnel	- - -	+90°	=	120 -
Addams	- - -	+100°	=	62,32 -
Addams	- - -	+150° nicht ganz	=	100.

Hr. Faraday's Versuche haben folgende Spannkräfte ergeben:

bei	—111°	=	1,14	Atmosphäre.
-	—107°	=	1,36	-
-	—95°	=	2,28	-
-	—83°	=	3,60	-
-	—75°	=	4,60	-
-	—56°	=	7,70	-
-	—34°	=	12,50	-
-	—23°	=	15,45	-
-	—15°	=	17,80	-
-	—4°	=	21,48	-
-	+5°	=	24,75	-
-	+10°	=	26,82	-
-	+15°	=	29,09	-

bei +23° = 33,15 Atmosphären.
- +32° = 38,56 -

Chloroxydgas kann zu einer orangefarbenen Flüssigkeit condensirt werden, die leicht zu einem festen Körper crystallinisch erstarrt. Das feste Chloroxyd ist schwerer als das flüssige, dem sauren chromsauren Kali im Aeufseren sehr ähnlich, mäfsig hart, brüchig und durchscheinend. Sein Schmelzpunkt ist —75° F. Das flüssige Chloroxyd konnte bei —110° F. nicht eher wieder fest erhalten werden, als bis es mit Platin berührt wurde. Dann erstarrte es sogleich.

Stickstoffoxydul konnte im flüssigen und im festen Zustande erhalten werden. Es wird fest bei —150° F. Die Spannkraft der Dämpfe des festen Stickstoffoxyduls war geringer als eine Atmosphäre. Daher, meint Hr. FARADAY, kann es durch freiwilliges Verdunsten nicht fest werden, wie es ihm in der That nicht gelang, es auf diese Weise fest zu erhalten. Allein bekanntlich hat NATTERER [1] im Jahre 1844 schon das Gegentheil angegeben. Er fand, dafs ein in die Flüssigkeit getauchtes Thermometer auf —105° C. sank. Aus der Flüssigkeit entfernt, sank es noch tiefer, nämlich auf —115° C., und es bedeckte sich die Thermometerkugel mit einer Kruste von festem Stickstoffoxydul. An offener Luft erstarrte die Flüssigkeit ganz. Welche dieser Angaben die richtige ist, mufs die Zukunft lehren.

Da das Stickstoffoxydul, wie Hr. FARADAY fand, keine Wirkung auf die Kittstellen seiner Apparate äufserte, und da es sehr starke Kältegrade erzeugt, so ist es ohne Zweifel sehr anwendbar, um noch gröfsere Kälte zu erzeugen, als es mittelst der festen Kohlensäure möglich ist, namentlich, da der Gebrauch der Luftpumpe dabei nicht ausgeschlossen ist. Die Druckverhältnisse dieses Gases fand Hr. FARADAY eben so schwankend, wie bei dem ölbildenden Gase. Er ist daher der Meinung, dafs auch in diesem Körper wenigstens zwei verschiedene Stoffe enthalten seien. Bei —106° F. fand er 1,66, 4,4, 5,0 und 6,3 Atmosphären Druck.

Als Hr. FARADAY aus chemisch reinem, namentlich chlor-

[1] POGGENDORFF's Ann. LXII, 132.

freiem, salpetersaurem Ammoniak dargestelltes, mit Wasser gereinigtes Stickstoffoxydul condensirt hatte, und nun einen grofsen Theil der Flussigkeit sich hatte verflüchtigen lassen, um den schwerer condensirbaren Theil möglichst zu entfernen, gab der Rückstand folgende Zahlen für die Expansivkraft des Dampfes dieser Flüssigkeit:

bei	— 125°	F.	=	1,00	Atmosphären.
-	— 120°	-	=	1,10	-
-	— 115°	-	=	1,22	-
-	— 110°	-	=	1,37	-
-	— 105°	-	=	1,55	-
-	— 100°	-	=	1,77	-
-	— 95°	-	=	2,03	-
-	— 90°	-	=	2,34	-
-	— 85°	-	=	2,70	-
-	— 80°	-	=	3,11	-
-	— 75°	-	=	3,58	-
-	— 70°	-	=	4,11	-
-	— 65°	-	=	4,70	-
-	— 60°	-	=	5,36	-
-	— 55°	-	=	6,09	-
-	— 50°	-	=	6,89	-
-	— 45°	-	=	7,76	-
-	— 40°	-	=	8,71	-
-	— 35°	-	=	9,74	-
-	— 30°	-	=	10,85	-
-	— 25°	-	=	12,04	-
-	— 20°	-	=	13,32	-
-	— 15°	-	=	14,69	-
-	— 10°	-	=	16,15	-
-	— 5°	-	=	17,70	-
-	0°	-	=	19,34	-
-	+ 5°	-	=	21,07	-
-	+ 10°	-	=	22,89	-
-	+ 15°	-	=	24,80	-
-	+ 20°	-	=	26,80	-
-	+ 25°	-	=	28,90	-

bei	+ 30° F.	=	31,10	Atmosphären.
-	+ 35° -	=	33,40	-

Cyan hat Hr. FARADAY im festen Zustande als durchsichtigen Körper erhalten. Diese feste Masse schmolz etwa um —30°, und hatte nahe gleiches specifisches Gewicht mit dem flüssigen Cyan. Das Gemisch beider besafs eine geringere Spannkraft des Dampfes, als einer Atmosphäre entspricht. Daher wird das flüssige Cyan an der Luft nicht fest. Die Expansivkraft des Dampfes des Cyans giebt einigermafsen variirende Resultate.

Ammoniak hat Hr. FARADAY fest, als weifsen, durchsichtigen, crystallinischen Körper darstellen können. Es schmilzt bei —103° F. Das feste Ammoniak ist schwerer als das flüssige. Das specifische Gewicht des letzteren ist gleich 0,731 bei —60° F. Die Spannkraft der Dämpfe dieses Körpers war

bei	0° F.	=	2,48	Atmosphären.
-	9,3°-	=	3,00	-
-	18° -	=	3,50	-
-	21° -	=	3,72	-
-	26° -	=	4,04	-
-	32° -	=	4,44	-
-	33° -	=	4,50	-
-	41° -	=	5,10	-
-	44° -	=	5,36	-
-	45° -	=	5,45	-
-	49° -	=	5,83	-
-	51°,4	=	6,00	-
-	52° -	=	6,10	-
-	55° -	=	6,38	-
-	56°,5	=	6,50	-
-	60° -	=	6,90	-
-	61°,3	=	7,00	-
-	65°,6	=	7,50	-
-	67° -	=	7,63	-
-	83° -	=	10,00	-

Arsenikwasserstoffgas, das schon von DUMAS und SOUBEIRAN flüssig dargestellt worden war, konnte nicht in fester Form erhalten werden, selbst nicht bei —166° F. Die Spannkraft der Dämpfe dieser Flüssigkeit war

bei	— 75°	=	0,94	Atmosphäre.
-	— 64°	=	1,26	-
-	— 52°	=	1,73	-
-	— 36°	=	2,50	-
-	— 23°	=	3,32	-
-	— 5°	=	4,74	-
-	0°	=	5,21	-
-	+ 3°	=	5,56	-
-	+ 10°	=	6,24	-
-	+ 20°	=	7,39	-
-	+ 32°	=	8,95	-
-	+ 40°	=	10,05	-
-	+ 50°	=	11,56	-
-	+ 60°	=	13,19	-

Chlor, Aether, Alkohol, Schwefelkohlenstoff, Caoutchoucin, Camphin und rectificirtes Terpenthinöl konnten bei —166° F. nicht fest erhalten werden. Alkohol, Caoutchoucin und Camphin wurden bei —106° F. dicklich und noch mehr bei —166° F. Alkohol flofs bei dieser Temperatur wie ein Oel.

Gelbe flüssige salpetrige Säure (*nitrous acid.*) verlor beim Abkühlen einen Theil ihrer Farbe, und wurde dann ein weifser, crystallinischer, bröcklicher, wenig durchscheinender Körper, der etwas über 0° schmolz. Die grüne Säure fror erst bei —30° zu einer bläulichen Masse.

Wasserstoff und Sauerstoff gaben bei 27 Atmosphären und —166° keine Zeichen von Flüssigwerden. Ebensowenig Stickstoff und Stickstoffoxyd bei 50 Atmosphären, Kohlenoxydgas bei 40, Grubengas bei 32 Atmosphären. Sauerstoff konnte auch nicht bei —140° F. und 58,5 Atmosphären Druck flüssig erhalten werden. Der Grund des Fehlschlagens der Versuche, diese Körper flüssig zu machen, ist in der noch nicht hinreichend niedrigen Temperatur zu suchen, wie ja auch Cagniard-Latour gezeigt hat, dafs Aether bei einer gewissen höheren Temperatur durch keinen Druck flüssig gemacht werden kann.

Ueber die Wirkung liquelicirter Gase haben aufser Hrn. Faraday im verflossenen Jahre noch die Herren Schrötter in Wien, Dumas, Donny und Mareska in Brüssel, endlich Natterer in Wien kurze Mittheilungen gemacht.

Ersterer fand, dafs Chlor, welches durch starre Kohlensäure flüssig gemacht ist, Phosphor und Antimon bei gewöhnlichem Luftdruck nicht verändert. Bei derselben Temperatur oxydirt sich pyrophorisches Eisen nicht, und wirkt Platin nicht auf Knallgas ein. Kalium in flüssiges Stickstoffoxydul gebracht, zersetzt es nicht.

Die Resultate der Versuche des Hrn. Dumas stimmen nicht ganz mit denen von Hrn. Schrötter überein. Hr. Dumas fand nämlich, dafs Phosphor und Arsenik, selbst wenn ersterer vorher bis —90° abgekühlt wird, sich in eben so weit abgekühltem, flüssigem Chlor unter heftiger Explosion entzündet. Antimon dagegen wirkt in der That gar nicht auf flüssiges Chlor ein, selbst wenn dieses von dem Antimon abdestillirt wurde.

Die Herren Donny und Mareska bestätigen diese Beobachtungen, und erweitern sie dahin, dafs auch Ammoniakgas, Schwefel, Brom, Jod noch bei —90° C. sich mit dem Chlor verbinden können. Das Antimon verhält sich dagegen, wenn es gepulvert und bis —90° erkaltet ist, wie es Hr. Schrötter angegeben hat, gegen Chlor von —90° C., wogegen doch eine Licht- und Wärme-Entwickelung zu bemerken war, wenn das gepulverte Antimon vor dem Versuche die Temperatur der Luft hatte. Kalium und Natrium behalten noch bei —80° ihren Glanz im Chlor. Wenn das zweite Hydrat der Schwefelsäure $\ddot{S}\dot{\bar{H}}$ mit etwas Wasser versetzt wird, so erstarrt es nicht, selbst nicht bei einer Temperatur unter —34°. Es wird nur zähflüssig, und wirkt bei dieser Kälte gar nicht auf Lakmuspapier, reine und kohlensaure Alkalien ein. Da die Verbindung von einem Atom Schwefelsäure mit einem Atom Wasser bei —34° C. erstarrt, die von einem Atom Schwefelsäure mit zwei Atomen Wasser aber schon bei +9° nach Chaptal, bei +7,5° nach Dalton, so scheint daraus hervorzugehen, dafs noch eine Zwischenstufe, vielleicht $S^2\dot{\bar{H}}^3$ existirt.

Hr. Natterer endlich, der bekanntlich zuerst den Windbüchsenfläschchen ähnliche Gefäfse aus Schmiedeeisen, welche einen sehr bedeutenden Druck aushalten können, zur Condensation von Gasen anwendete [1], hat seine Versuche über die Condensation der Gasarten fortgesetzt. Er wendete dazu flüssiges Stickstoffoxydul an, wie er es in der citirten Note sich vorgesetzt hatte. Es gelang ihm dadurch Fluorkieselgas als flüssigen und festen vollkommen wasserklaren Körper darzustellen, was auch, wie eben erwähnt, Hrn. FARADAY glückte. Kohlensäure konnte dadurch, dafs sie in ein, in flüssigem Stickstoffoxydul stehendes Gefäfs geleitet wurde unmittelbar fest als unkrystallisirte, wasserklare Masse dargestellt werden.

Die niedrigste Temperatur, welche Hr. NATTERER erhalten konnte, war die durch Mischung von flüssigem Stickstoffoxydul mit Schwefelkohlenstoff erzeugte. Das Thermometer sank auf —140° C. Die niedrigste Temperatur, welche FARADAY erhielt, betrug nur —166° F. oder —110° C. Bei dieser Temperatur blieben Chlor und Schwefelkohlenstoff vollkommen leicht flüssig.

Dr. W. Heintz.

---

15. Hygrometrie.

REGNAULT. Études sur l'hygrométrie. Ann. ch. ph. XV. 129; C. R XX. 1127 u. 1220; POGG, Ann. LXV. 135 u. 321.

BELLI. Hygromètre à condensation. Ann. ch. ph. XV. 506.

Die Hygrometrie ist im Jahre 1845 durch eine ausführliche Arbeit von Hrn. REGNAULT bereichert worden, in welcher derselbe sowohl die den hygrometrischen Bestimmungen zu Grunde liegenden Gesetze der Elasticität und Dichtigkeit des Dampfes (erster Theil der Abhandlung), als die hygrometrischen Methoden selbst (zweiter Theil der Abhandlung), einer genauen Prüfung unterwirft.

[1] POGG. Ann. LXII, 132.

Bei hygrometrischen Beobachtungen bedarf man der Kenntnifs der Elasticität des Wasserdampfes in der Luft unter dem Druck der Atmosphäre. Nach DALTON's Angabe ist diese Elasticität mit der im Vacuo einerlei, weswegen die Formeln, welche man aus den Beobachtungen der Spannkraft im Vacuo abgeleitet hat, bei den Hygrometerbestimmungen zum Grunde gelegt werden können. Hr. REGNAULT hat nun eine Reihe von Versuchen angestellt, durch welche die Richtigkeit der DALTON'schen Angabe, die allgemein angenommen wurde, geprüft werden sollte. Wenn diese Beobachtungen der Elasticität des Wasserdampfes beim Maximum der Sättigung in trockner Luft und in Stickstoff mit den Resultaten verglichen werden, die Hr. REGNAULT früher nahe übereinstimmend mit Hrn. MAGNUS für die Elasticität im Vacuo erhielt, so zeigt sich, dafs die Spannung in der Luft wirklich etwas geringer ist als im Vacuo. Allein der Unterschied ist so gering und bei den verschiedenen Temperaturen so constant, dafs Hr. REGNAULT fürchtet, er möchte nur durch einen constanten Fehler im Verfahren bewirkt worden seien. Vorläufig wird man daher das DALTON'sche Gesetz: dafs sich die Dämpfe gegen die Luft wie gegen den leeren Raum verhalten, d. h. dafs gleich viel Wasser in der Luft und im Vacuo verdampft, und die Spannkräfte des Wasserdampfs und der Luft sich addiren, für richtig ansehen dürfen.

Eine zweite, bei hygrometrischen Bestimmungen wichtige Gröfse ist die Dichtigkeit des Wasserdampfes in der Luft. Die Anzahl der Beobachtungen über diese Gröfse ist sehr bedeutend, liefert aber keineswegs übereinstimmende Resultate. Besonders wurde es durch SCHMEDDINGK's Beobachtungen wahrscheinlich, dafs die Dichtigkeit des Wasserdampfes gegen atmosphärische Luft von gleicher Temperatur und Pressung durchaus nicht eine constante Zahl sei, sondern mit steigender Temperatur abnähme.

Hr. REGNAULT schliefst aus seinen Beobachtungen, dafs das Gewichtsverhältnifs eines Volumens Wasserdampf im Maximum der Sättigung zu einem Volumen Luft bei Gleichheit der Temperatur und Pressung, etwas geringer sei als die von GAY-LUSSAC aus der chemischen Zusammensetzung bestimmte theoretische Dichte. Man würde aber nach Hrn. REGNAULT's Ansicht jedenfalls, wenn man die Dichtigkeit des Dampfes beständig = 0,622 gegen die der Luft unter denselben Umständen = 1 annimmt, finden, dafs das berechnete Gewicht des Wasserdampfes nur um einen sehr kleinen Bruch, etwa ein Hundertel, von der wahren Gröfse abweichen kann.

Dieses Resultat widerspricht dem theoretisch von Herrn Holtzmann in der oben erwähnten Schrift für die Dichtigkeit des Wasserdampfes abgeleiteten. Hrn. Holtzmann findet nämlich[1]

$$d = 0{,}55964 \frac{272{,}63 + t}{236{,}22 + t}$$

oder, für niedere Temperaturen genähert,

$$d = 0{,}6459\,(1 - 0{,}000652\,t)$$

eine Formel, die sich den Beobachtungen von Muncke und Schmeddingk sehr genau anschliefst.

Die grofse Genauigkeit der Formel für die Elasticität des Wasserdampfes, die Hr. Holtzmann theoretisch entwickelte, und die ihn zur Bestimmung der Dampfdichte führt, läfst vermuthen, dafs diese letzteren ebenfalls grofsen Anspruch auf Genauigkeit hat, um so mehr als Hr. Regnault zugiebt, dafs die Dichtigkeiten des Wasserdampfes bei Sättigung der Luft in niedrigen Temperaturen nach dem Mariotte'schen Gesetze berechnet werden können.

Die Beobachtungen des Hrn. Regnault scheinen mir daher die wichtige Frage, ob das Verhältnifs der Dichtigkeit des Dampfes zur Luft unter gleichen Bedingungen ein constantes sei, noch nicht zu erledigen.

In dem zweiten Theile der Arbeit beschäftigt sich Hr. Regnault mit den Verfahrungsweisen, welche man zur Bestimmung der Sättigungsstufe der Luft mit Wasserdampf anwendet. Er unterscheidet deren vier, nämlich 1) die chemische Methode, 2) die Methode der Hygrometer aus organischen Substanzen, die sich durch Feuchtigkeit verlängern, 3) die Methode der Condensations-Hygrometer und 4) die Methode des Psychrometers.

Die chemische Methode ist nach Hrn. Regnault ganz strenge,

[1] S. die angef. Schrift p. 23.

allein zu umständlich, als daſs sie in metereologischen Observatorien oft engewandt werden könnte.

Unter den Hygrometern aus organischen Substanzen berücksichtigt Hr. Regnault nur das Saussure'sche Haarhygrometer. Er findet als Resultat seiner Versuche, daſs diese Hygrometer, wenn sie mit einerlei Art Haaren, die in einer Operation entfettet wurden, zwar nicht strenge übereinstimmend gehen, aber doch so weit, daſs sie für die meisten Beobachtungen als vergleichbar betrachtet werden können, daſs dagegen Hygrometer construirt mit Haaren von verschiedener Natur und verschiedener Zubereitung sehr groſse Unterschiede in ihren Angaben darbieten können, selbst wenn sie an ihren festen Punkten (den Punkten der absoluten Trockenheit und der vollkommenen Sättigung der Luft mit Wasserdampf) mit einander übereinstimmen.

Sehr interessant ist die Methode der Graduirung für die Haarhygrometer, welche Hr. Regnault angiebt, wodurch es möglich werden soll, vermittelst dieses Instrumentes Angaben zu erhalten, welche genau mit den auf anderem Wege erzielten übereinstimmen.

Die Schwierigkeit, diese Art von Instrumenten sorgfältig verfertigt zu erhalten, die Unsicherheit, ob bei allen Temperaturen die Angaben desselben gleich richtig sind, worüber erst noch neue Beobachtungen angestellt werden müſsten, die Nothwendigkeit endlich für die Ausdehnung des Haares mit der Temperatur eine Correction anzubringen, diese Punkte scheinen mir der Wiedereinführung des Haarhygrometers bei physikalischen Beobachtungen noch beträchtliche Hindernisse in den Weg zu legen.

Die beiden letzten der angegebenen vier Methoden sind offenbar die wichtigsten, und es frägt sich, wie weit ihre Zuverlässigkeit geht und welche Uebelstände sie mit sich führen. Was zuerst das vorzüglichste der Condensationshygrometer, das Daniell'sche, betrifft, so findet Hr. Regnault, daſs es an mehren Uebelständen leidet, die auch sonst schon bemerkt worden sind und zu deren Abhülfe man mehre Modificationen des von Daniell angegebenen Apparates vorgeschlagen hat, die aber ihren Zweck nicht erfüllten. Die Umstände, welche zu Fehlern bei den Beobachtungen am Daniell'schen Hygrometer Anlafs gaben, sind folgende:

1) Der Aether innerhalb der Kugel des Hygrometers zeigt in seinen verschiedenen Schichten beträchtliche Temperaturunterschiede, und zwar ist die Temperatur in der Schicht, welche der Oberfläche zunächst liegt und durch deren Abkühlung die Ablagerung des Thaues geschieht, niedriger als die vom Thermometer angegebene. Man erhält also eine zu hoch liegende Temperatur des Thaupunktes.

2) Die Handhabung des Apparates erfordert eine lange Anwesenheit des Beobachters nahe bei demselben, wodurch die Feuchtigkeit und Temperatur der Luft nothwendig geändert wird.

3) Die Verdunstung einer grofsen Menge Aether geschieht nahe bei der Kugel, wo die Bethauung hervorgerufen werden soll, hierdurch wird offenbar eine Temperatursenkung der Luftschichten und somit eine merkliche Veränderung in dem hygrometrischen Zustande der Luft herbeigeführt.

4) Der Aether ist niemals wasserfrei, und dieses mit verdampfende Wasser ändert den hygrometrischen Zustand der Luft.

5) Bei hoher Temperatur und grofser Trockenheit der Luft ist es schwer, ja selbst unmöglich, die Temperatur bis zum Thaupunkte zu erniedrigen.

Hr. Regnault schlägt zur Abhülfe dieser Uebelstände folgendes Instrument unter dem Namen Condensations-Hygrometer (*hygromètre condenseur*) vor. Dasselbe besteht aus einem Fingerhütchen von sehr dünnem und wohl polirtem Silber, 45 Millimeter hoch und 20 Millimeter im Durchmesser. Dieser schiebt sich genau über eine Glasröhre, welche oben seitwärts eine Tubulatur besitzt, die zu einem Aspirator hinführt. Das Glasrohr ist oben mit einem Korke verschlossen, durch dessen Mitte ein empfindliches Thermometer bis in die Mitte des Silberhütchens geht, und durch den mehr am Rande eine feine Glasröhre eingefügt ist, deren untere Oeffnung sich am Boden des Hütchens befindet. Man schüttet nur Aether in das gröfsere Glasrohr, und öffnet den Hahn des Aspirators, dadurch dringt die äufsere Luft in das feine Glasröhrchen ein, Luftblasen steigen in dem Aether in die Höhe, der sich dadurch abkühlt. Die Erkältung geschieht um so schneller, je reichlicher das Wasser aus dem Aspirator abfliefst. Die ganze Masse des Aethers zeigt wegen der Bewegung durch die Luftblasen eine beinahe gleichförmige Temperatur, und durch Regulirung des schnelleren oder langsameren Luftzutrittes kann man diese Temperatur so constant erhalten, dafs es möglich ist, den Thaupunkt bis auf 0°,05 genau zu bestimmen, wobei der Beobachter stets beliebig weit vom Apparate entfernt sein und den Stand des Thermometers vermittelst eines Fernrohrs beobachten kann. Mit Ausnahme dieses letzteren Vortheils wird dasselbe durch eine Einrichtung erreicht, welche Döbereiner schon 1822 vorschlug[1]. Dieser gebraucht nämlich eine kleine Compressionspumpe, oder eine Blase, durch welche Luft in den Aether gedrückt wird, in welchem sich die Kugel des Thermometers befindet. Durch langsameres oder schnelleres Blasen kann man auch hier die Temperatur sehr constant erhalten, und das Instrument gewinnt bedeutend an Einfachheit. In der Form, wie Hr. Regnault das Hygrometer vorgeschlagen hat, wird man ohne Zweifel sehr genaue Beobachtungen anstellen können, allein die Zusammengesetztheit des Apparates verbietet seinen Gebrauch auf Reisen, bei denen die letzte der vier Beobachtungsmethoden vermittelst des Psychrometers besonders zweckmäfsig ist.

Die Theorie, welche Hr. August zur Berechnung der Spannkraft des Wasserdampfs aus den Beobachtungen am Leslie'schen Differenzialthermometer oder am verbesserten Psychrometer gab, führte zu den Formeln

$$e = \frac{1 + \frac{\gamma}{\delta\lambda}(t - t_1)}{1 + \frac{\varkappa}{\lambda}(t - t_1)}\, e' - \frac{\frac{\gamma}{\delta\lambda}(t - t_1)}{1 + \frac{\varkappa}{\lambda}(t - t_1)}\, b$$

wo e die Elasticität des Wasserdampfs beim Thaupunkte,
e' dieselbe bei der Temperatur des feuchten Thermometers,
t die Temperatur der Luft,
t_1 — am feuchten Thermometer,

[1] Gilberts Annalen LXX. 135.

b den Barometerstand,
δ die Dichtigkeit des Wasserdampfes bei 100° C. und einer Atmosphäre Druck, gegen Luft bei denselben Umständen = 1 gesetzt,
γ die specifische Wärme der Luft gegen Wasser,
$\varkappa$ die specifische Wärme des Wasserdampfes gegen Wasser,
λ die latente Wärme des Wasserdampfes
bedeutet.

Setzt man für δ γ $\varkappa$ λ die bekannten Werthe ein und vernachlässigt die zweiten Glieder, so wird nach KÄMTZ:

$$e = e' - 0{,}00080358\,(t - t_1)\,b$$

Bedient man sich der Bestimmungen von HOLTZMANN $\delta = 0{,}6207$, DELAROCHE und BÉRARD $\gamma = 0{,}2669$, BRIX $\lambda = 540$, DELAROCHE und BÉRARD $\varkappa = 0{,}817$, so wird

$$e = e' - 0{,}000796293\,(t - t_1)\,b$$

Nach Hrn. REGNAULT's Bestimmungen wurde die Formel

$$e = e' - 0{,}00071381.$$

Berechnet man den Werth dieses Coëfficienten aus den Beobachtungen, die vermittelst anderer Instrumente angestellt wurden, so erhält man nahe die zueret genannten Gröfsen. Der Werth des Coëfficienten von $(t - t_1)$ ist nach

AUGUST [1] . . .	0,00077832
KÄMTZ [2] . . .	0,00080358
v. BURG . .	0,00081482
STIERLIN [4] . .	0,00078278
BOHNENBERGER [5]	0,00071358

Hr. REGNAULT sieht nun einen Fehler der Formel darin, dafs in ihr keine Rücksicht auf die Geschwindigkeit des Luftstroms genommen ist. Nach der Formel müfste der Temperatur-Unterschied am trocknen und feuchten Thermometer für jegliche Geschwindigkeit derselbe sein. Hr. REGNAULT hat durch direkte

[1] Tafeln, Formeln und Beobachtungen etc.; KÄMTZ Meteorologie I. 318.
[2] Meteorologie I. 318.
[3] Zeitschrift für Mathem. u. Physik, IV. 50.
[4] Hülfstafeln u. Beiträge zur neueren Hygrometrie. Köln 1834, p. 135.
[5] Naturwissenschaftliche Abhandlungen, II. 162.

Versuche den Einflufs dieser Geschwindigkeit zu bestimmen gesucht und als Resultat gefunden, dafs die Temperatur am feuchten Thermometer um so stärker sinkt, je schneller der dasselbe treffende Luftstrom ist. Er schliefst aus ihnen, dafs, wenn das Instrument der freien Luft ausgesetzt ist, die Formel ihre Gültigkeit behält, so lange die Geschwindigkeit des Windes nicht 5 bis 6 Meter in der Sekunde überschreitet. Auch nach der Gröfse und Form der Thermometer, so wie nach den verschiedenen Sättigungsstufen der Luft müfste nach Hrn. Regnault eine Abänderung der Psychrometerformel verursacht werden, und er schliefst mit der Bemerkung, dafs noch eine grofse Zahl von Versuchen unter sehr wechselnden Umständen angestellt werden müsse, um zu erfahren, ob es möglich sei, für das Psychrometer eine einzige Formel aufzustellen, und um die zur Berechnung der Coëfficienten nöthigen Elemente zu erhalten.

Wenn die Vorschrift, welche Hr. August gab, beobachtet wird, nämlich das Psychometer an einem gegen den Wind geschützten Orte aufzustellen, so werden die nach der Psychrometerformel berechneten Werthe gewifs den durch andere Beobachtungen erhaltenen sehr nahe kommen, wie schon aus der Uebereinstimmung des theoretisch gefundenen und des aus den Beobachtungen abgeleiteten Coëfficienten von $(t-t_1)$ hervorgeht.

Die Einwände, welche Hr. Regnault gegen das Daniell'sche Hygrometer erhebt, werden nur zum Theil aufgehoben durch die Einrichtung, welche Hr. Belli zur Bestimmung der Thaupunktstemperatur vorschlägt. Hr. Belli nimmt ein stählernes Rohr, dessen Inneres cylindrisch und dessen Querschnitt ein Sechseck ist. Die äufsere Oberfläche ist vollkommen polirt. Dieses Rohr endet mit einer dicken massiven Metallmasse von rauher Oberflächenbeschaffenheit, welche in ein kupfernes Gefäfs gesetzt wird, worin sich eine Kältemischung befindet. In das Rohr wird Quecksilber gegossen, und ein empfindliches Thermometer kann in diesem auf und ab bewegt werden, wobei die Einrichtung getroffen ist, dafs man von Aufsen die Stelle der Thermometerkugel wissen kann. Durch Leitung kühlt sich das Metallrohr ab und der Thau schlägt sich nieder, man bringt dann die Kugel des Thermometers in diejenige Schicht des Quecksilbers, welche der äufsersten Thauablagerung entspricht. Abgesehen von den Uebelständen, welche dies Instrument mit dem Daniell'schen Hygrometer gemein hat, ist es, wie der Erfinder selbst zugiebt, nur geeignet, da angewendet zu werden, wo es sich um Beobachtungen an einem und demselben Orte handelt, als Instrument für Reisende ist es nicht anwendbar. Die Vermeidung des Aethers dagegen, ferner die Art der Beobachtung, indem nicht der Augenblick der Thauablagerung abgewartet zu werden braucht, endlich die Möglichkeit mit dem Apparate, wenn er einmal eingerichtet ist und eine hinlängliche Menge Eis enthält, eine grofse Anzahl von Beobachtungen in sehr kurzer Zeit machen zu können, dies sind unläugbare Vortheile dieser neuen Vorrichtung.

Dr. G. Karsten.

Zweiter Abschnitt.

Akustik.

Akustik.

J. P. Marrian. Phénomènes sonores présentés par les électro-aimants. Inst. No. 576, p. 20: Arch. de l'El. V. 195.

Beatson. Des vibrations électromagnétiques et de quelques autres. Arch. de l'El. V. 197.

De la Rive. Des mouvements vibratoires qui déterminent des courants électriques. Arch. de l'El. V. 200; C. R. XX. 1278.

Matteucci. Sur le son que rend une barre de fer entourée d'une spirale au moment où l'on ouvre ou ferme le circuit. Inst. No. 609, p. 315; Arch. de l'El. V. 389.

C. Despretz. Observations sur la limite des sons graves et aigus. C. R. XX. 1214, 1477; Pogg. Ann. LXV. 440; Dingl. pol. Journ. XCVII. 244; Inst. No. 592, p. 158.

A. Bravais et Ch. Martins. De la vitesse du son entre deux stations également ou inégalement élevées au-dessus du niveau de la mer. Ann. chim. phys. XIII. 5.

N. Savart. Recherches sur la constitution des ondes fixes. Ann. chim. phys. XIV. 385; Pogg. Ann. LXVI. 374.

Buijs-Ballot. Akustische Versuche auf der Niederländischen Eisenbahn, nebst gelegentlichen Bemerkungen zur Theorie des Herrn Professor Doppler. Pogg. Ann. LXVI. 321.

P. Russell. Sur la nature de l'onde sonore. Inst. No. 581, p. 66.

Cagniard-Latour. Sur la voix humaine. Inst. No. 577, p. 24.

Eyrel. Sur la voix humaine. C. R. XXI. 1118.

Die Schwingungen, in welche ausgespannte Saiten und Stäbe von Eisen durch den Einflufs electrischer Ströme versetzt werden, haben schon seit einigen Jahren die Aufmerksamkeit weniger Physiker auf sich gezogen. In der jüngsten Zeit sind sie mit gröfserer Sorgfalt und von mehren Beobachtern studirt worden. Die zum Theil sehr complicirt scheinenden Phaenomene veranlafsten von verschiedenen Seiten die Aufstellung von Hypothesen, welche sich später als überflüssig erwiesen haben. Da die entscheidenden Versuche, welche alle Betheiligten zu gleicher Ansicht über die Natur jener Erscheinungen vereinigt haben, erst dem Jahre 1846 angehören, so werden nur noch eine Aufzählung der im vorigen Jahre bekannt gewordenen Thatsachen und einige geschichtliche Bemerkungen über den Gegenstand hier von Interesse sein, während die Erklärung ihrem gehörigen Orte, und zwar im Anschlufs an die Untersuchungen von Hrn. Wertheim, aufbewahrt bleiben mufs.

Page erhielt 1837 dadurch einen musikalischen Ton, dafs er die Pole eines starken Magneten einer Spirale näherte, und in dieser den Strom schlofs oder unterbrach (Silliman Americ. Journ. July 1837; Bibl. univ. nouv. sér. XI. 348). Delezenne liefs den Anker einer Saxton'schen Maschine schnell vor dem Magnete notiren; der erstere tönte dabei (Bibl. univ. nouv. sér. XVI. 406). Diese Erscheinungen finden ihre Erklärung wohl einfach in der abwechselnden Anziehung und Abstofsung, welche die Pole auf das Eisen oder die Spirale auf die Pole ausübten.

Die Beobachtungen, welche De la Rive am 21. März 1844 der ***Société de Physique et d'Histoire naturelle*** zu Genf mittheilte, haben eine ganz verschiedene Tendenz. Sie zeigen, dafs ein Stab oder eine gespannte Saite einen Ton geben, wenn sie von einem unterbrochenen Strom durchlaufen werden. Herr Marrian hat seitdem gezeigt (Inst. 8. Janv. 1845; Arch. de l'El. V. 195), dafs ein Eisenstab, der von einer Spirale umgeben ist, in dem Augenblick zu tönen anfängt, wo in der Spirale ein Strom geschlossen oder unterbrochen wird. Dieser Ton hängt ab von den Dimensionen des Stabes, von der Lage desselben zur Spirale, sowohl in Bezug auf den Querdurchschnitt, als auf die Länge beider, so dafs die Enden des Stabes über die der Spirale hervortreten müssen, und von der Stromstärke. War die Spirale von einer zweiten umgeben, so fand Hr. Marrian den Ton geschwächt, wenn die Enden der zweiten Spirale leitend verbunden waren, und zwar um so mehr geschwächt, einen je geringern Widerstand der schliefsende Leiter darbot. Das letzte Phaenomen ist eine einfache Folge der Schwächung, welche der Strom in der Nebenspirale erleidet, eine Einwirkung, welche man am deutlichsten an der verschiedenen Funkenstärke eines Neef'schen Inductions-Apparates bei offner oder geschlossener Nebenspirale beobachten kann. Der Ton war der durch longitudinale Schwingungen erzeugte Grundton. Weiches Eisen, harter Stahl und Magnete gaben solche Töne, nicht aber Silber, Kupfer, Zink, Zinn und Messing.

Hr. Beatson hat ganz dasselbe Phaenomen beobachtet, (Electr. Mag. Apr. 1845; Arch. de l'El. V. 197) zuerst an einem hufeisenförmigen Electromagneten, später selbst an einem geschlossenen Eisenringe. Der Ton war um so klarer, je weicheres Eisen zu seiner Erzeugung angewandt war. Auch wenn die Pole eines Electromagneten einem Eisenstabe genähert wurden, entstand ein Ton. Darauf leitete Hr. Beatson den Strom auch durch einen gespannten Draht, und erhielt wiederum einen Ton. Die angewandten Leiter waren Messing, Kupfer, Platin, Eisen; bei letzterem war der Ton sehr stark, beim Platin sehr schwach. Bei zu starker Spannung nahm der Ton ab.

Die Resultate von Hrn. De la Rive's neueren Untersuchungen (Arch. de l'El. V. 200) sind folgende:

1) Die discontinuirliche Wirkung eines electrischen Stromes ruft in den Körpern, welche er durchläuft, eine Folge von Schwingungen hervor, deren Intensität bei den magnetisirbaren weit bedeutender ist, und vorzüglich in solchen, welche, wie weiches Eisen, eines vorübergehenden Magnetismus fähig sind.

2) Ebenso können die magnetisirbaren Körper in Schwingungen versetzt werden durch die äufsere Wirkung einer Spirale, deren Draht von einem electrischen Strom durchlaufen ist.

3) Gewisse Umstände, wie die stärkere oder schwächere Spannung, die verschiedenen zur Unterbrechung des Stromes angewandten Mittel, der Einflufs der Wärme, können die Intensität der Schwingungen vermehren oder vermindern, und folglich auch die des Tones, der auf die eine oder andere Weise hervorgebracht ist.

4) Nach dem Grade der Spannung und der Schnelligkeit, mit der sich die unterbrochenen Ströme folgen, hört man gewisse Töne vor anderen, und die, welche den zahlreichsten Theilungen des Drahtes entsprechen, verschwinden zuletzt, wenn man den Draht stärker spannt.

5) Die Töne entstehen aus schwingenden Bewegungen der Theilchen und aus Stöfsen, welche sie auf einander durch die beiden, oben bezeichneten Wirkungen ausüben; eine Thatsache, welche man sehr gut durch Eisenfeile nachweisen kann.

6) In Körpern, welche von einem continuirlichen Strom durchlaufen oder einer bleibenden Magnetisirung ausgesetzt werden, sind die Theilchen anders geordnet, als wenn die Körper in ihrem natürlichen Zustande sind; und dieser veränderte Molecularzustand steht mit den meisten Erscheinungen im Zusammenhange, welche der Durchgang electrischer Ströme erzeugt, z. B. die Wärmeerregung, die chemische Wirkung, die Induction und die physiologischen Wirkungen.

Von den Versuchen, aus denen Hr. De la Rive die vorstehenden Resultate gezogen hat, mögen die wichtigeren hier eine Stelle finden.

Die Unterbrechung der Ströme geschah durch Apparate, welche bald nach dem Principe des Commutators, bald nach dem des Mutators eingerichtet waren, oder durch Anwendung von Inductionsströmen, sowohl des Extracurrent als des Nebenstromes. War der Eisenstab, welcher tönen sollte, in der electrischen Spirale eingeschlossen, so wurden zwei Töne unterschieden, der eine bestand aus kurzen Stöfsen, die den Unterbrechungen entsprachen, der andere war ein musikalischer Ton, derselbe, den die Eisenmasse durch transversale Schwingungen geben würde (nach Marrian durch longitudinale).

Um die Natur der Schwingungen genauer zu studiren, führte Hr. De la Rive eine Scheibe aus dünnem Bleche, die am Centrum befestigt war, in das Innere einer Spirale, durch welche ein unterbrochener Strom ging. Die Scheibe hatte das Bestreben, sich parallel zur Axe der Spirale zu stellen; wurde sie daran gehindert, so gerieth sie in heftige Schwingungen, so dafs man sogar ein Geräusch hörte. Auf eine Papierscheibe gestreute

Eisenfeile ordnete sich zu bestimmten Figuren, wenn die Scheibe auf ähnliche Weise in die Spirale geführt wurde. Diese Versuche gelingen am besten bei 20 – 40 Unterbrechungen in der Secunde, nicht mehr bei 160.

Die Wirkung des Stromes auf eine ausgespannte Saite war am stärksten, wenn die Spirale nahe an der Mitte der Saite oder des Stabes lag, nicht in der Mitte selbst. Mehre Spiralen, welche in gleicher oder verschiedener Richtung nach einander durchlaufen wurden, verstärkten den Ton. Wirkten aber zwei Spiralen mit entgegengesetzter Stromrichtung auf denselben Theil der Saite, so brachten sie keine Schwingungen hervor.

Ging der Strom durch die gespannte Saite selbst, so war der Ton am stärksten, wenn der Widerstand der Saite gleich dem der Kette war. Bei beiden Arten der Tonerzeugung wurden noch mehre höhere Töne mitgehört, die gar nicht einmal der harmonischen Oberreihe angehören (z. B. die Quint, ja sogar die Quart). Die Töne, welche durch den unmittelbaren Durchgang des Stromes hervorgebracht sind, sind gewöhnlich etwas tiefer, als die bei Anwendung der Spirale erhaltenen, weil dort die Temperaturerhöhung die Elasticität der Saite vermindert. Bei weichen Eisensaiten ist die Tonintensität gröſser beim Durchgang des Stromes durch die Saite, als durch die Spirale, wenn der Strom stark genug ist, um die Saite leicht zu erwärmen; bei hartem Stahl ist es umgekehrt.

Wurde eine, von einem discontinuirlichen Strome umgebene Saite von einem continuirlichen Strome durchlaufen, oder umgekehrt, so hörte man noch einen neuen, sehr hohen Ton. Eine dauernde Magnetisirung brachte denselben hohen Ton in der Saite hervor, sobald sie von einem unterbrochenen Strome durchlaufen wurde. Eine Saite, welche von einem unterbrochenen Strome durchlaufen wurde, hörte sogleich zu tönen auf, als ausserdem ein ununterbrochener Strom durch sie geleitet wurde. Wurde die Saite erhitzt, so verstärkte sich zuerst der Ton, wurde aber schwächer, sobald sie zu glühen begann.

Die im Institut vom 3. Septbr. mitgetheilten Versuche des Hrn. Matteucci, datirt „*il Cimento, 20. Janv. 1845*", weichen von denen Marrian's, Beatson's, De la Rive's und Anderer in keinen wesentlichen Punkten ab. Hr. Matteucci versuchte auch durch Vibrationen eines magnetischen Stabes einen Strom in eine umgebende Spirale zu induciren (doch wohl durch longitudinale, denn bei transversalen ist dies ein längst bekannter Versuch). Der Stab war von zwei Spiralen umgeben; durch die innere ging ein Strom; der Stab wurde erschüttert, und gab eine Induction, als würde sein Magnetismus vermehrt. Beginnt die Erschütterung gleich nach dem Aufhören des Stromes, so wird die entgegengesetzte Wirkung hervorgebracht.

Hr. Matteucci hat auch die Bewegung der Eisenfeile beobachtet; sie hört nach ihm erst mit dem Strome auf, während sie doch nur momentan beim Schliefsen und Oeffnen stattfinden kann; so lange der Strom dauert, mufs das Pulver ruhen. Bei De la Rive's Versuchen war die Bewegung natürlich dauernd, weil der Strom discontinuirlich wirkte.

Dr. W. Beetz.

Beobachtungen über die Grenze der tiefen und hohen Töne, von C. Despretz.

Zur Bestimmung des tiefsten Tons wandte Hr. Despretz den Apparat der Fakultät der Wissenschaften an; der Stab dieses Apparates war 0m,86 lang und 0m,031 dick, er war von Holz, und nur an seinen Enden waren die Kanten mit Kupferblech beschlagen. Hiermit fand er als tiefsten vergleichbaren Ton das *G*, welches 96 Schwingungen entspricht.

Um den höchsten Ton zu bestimmen, liefs sich Hr. Despretz kleine Stimmgabeln verfertigen, welche $\overline{\overline{\overline{\overline{c}}}}$, $\overline{\overline{\overline{\overline{\overline{c}}}}}$ u. s. f. bis $\overline{\overline{\overline{\overline{\overline{\overline{\overline{\overline{c}}}}}}}}$ ergaben; alle diese Töne konnte das Ohr sehr gut hören und auch classificiren. Ebenso konnte er alle Intervalle der Tonleiter zwischen $\overline{\overline{\overline{\overline{\overline{\overline{c}}}}}}$ und $\overline{\overline{\overline{\overline{\overline{\overline{\overline{c}}}}}}}$ erkennen. Um zu erfahren, ob es nicht möglich sei, noch über *c* hinauszugehen, liefs er sich drei Stimmgabeln verfertigen, welche diesen Ton angaben, und suchte dann durch allmäliges Verkürzen desselben einen höheren Ton hervorzubringen. Dies war nur möglich bis *d*, welches etwa 73700 Schwingungen entspricht.

Das Resultat dieser Versuche fafst er folgendermafsen zusammen:

1) Es ist bis jetzt noch nicht dargethan, dafs das menschliche Ohr Töne unter 32 Schwingungen vergleichen kann.

2) Es ist festgestellt, dafs dieses Organ Töne von 32 bis 73000 Schwingungen hören und mit mehr oder weniger Schwierigkeit vergleichen kann.

E. Röbber.

Die Herren Bravais und Martins geben nach einer historischen Uebersicht aller frühern Versuche über die Geschwindigkeit der Verbreitung des Schalles die Beschreibung ihrer eigenen, wo der Schall den Weg zwischen dem Gipfel des Faulhorns und dem Dorfe Tracht am Brienzer See durchlief. Sie wünschten hauptsächlich durch das Experiment zu bestätigen, dafs der barometrische Druck ohne Einflufs auf die Geschwindigkeit des Schalles sei, wie es die Theorie ergiebt, und womit auch die im Jahre 1822 von den Herren Stampfer u. Myrbach in Tyrol angestellten Versuche übereinstimmen; sie wählten deshalb zwei Stationen, deren eine $563^{m},9$, die andere 2683^{m} über dem Meere lag. Die directe Entfernung der Stationen war 9650^{m}. Ihre mit grofser Genauigkeit angestellten Untersuchungen ergaben das Resultnt, dafs der Schall sowohl von oben nach unten, als auch von unten nach oben mit derselben Geschwindigkeit sich fortpflanze, nämlich bei völlig trockner Luft und bei 0° mit der Geschwindigkeit von $332^{m},4$ in der Secunde.

N. Savart wandte bei seinen früher angestellten Untersuchungen über die Reflexion des Schalles [1] als tönende Körper Glocken, die mit einem Bogen gestrichen wurden, Orgelpfeifen und Saiten an. In einer Entfernung von 40 — 50 Metern (bei den neuen Versuchen in einer Entfernung von 15 — 20 Metern) befand sich eine ebene senkrechte Wand, die den Schall reflectirte. In der Senkrechten, welche von dem tönenden Körper auf die reflectirende Wand gezogen war (in der Reflexionsaxe), wurden die Beobachtungen angestellt, und zwar so, dafs die Reflexionsaxe durch die beiden Ohren des Beobachters ging, während nur das der reflectirenden Wand zugekehrte Ohr offen gelassen, das der Tonquelle zugewandte aber verschlossen war. Wenn man sich der reflectirenden Wand näherte oder sich von ihr entfernte, so wurde der vernommene Ton abwechselnd stärker und schwächer. Die Entfernung zweier Punkte, in denen der Ton am schwächsten war (Knoten), war immer gleich einer halben Wellenlänge; zwischen je zwei Knoten lag ein Punkt, wo die Intensität des Tons im Minimum war (Bauch) fast in der Mitte; die Entfernung des ersten Knotens von der Wand war aber kleiner als eine halbe Wellenlänge, gröfser jedoch als eine Viertelwellenlänge. Es war angenommen, dafs der Ort der Tonempfindung das Labyrinth sei.

Seebeck [2] stellte darauf ähnliche Untersuchungen an, bei denen nicht das Gehör zur Beobachtung benutzt wurde, sondern eine dünne Membran von Kautschuck oder von Goldschlägerhäutchen, die auf einen hölzernen Ring gespannt war, und an der an einem Coconfaden kleine Siegellackpendelchen herabhingen; diese Vorrichtung wurde in senkrechter Stellung der reflectirenden Wand genähert oder von ihr entfernt, und gab durch die Gröfse der Bewegung der Siegellackpendelchen an jeder Stelle die Intensität des Tones an. Die Versuche wurden mit einer Glocke, die durch Bogen angestrichen ward, und mit einer Stimmpfeife angestellt, und ergaben das nach der Theorie er-

[1] Comptes rendus VII. 1068, und Pogg. Ann. XLVI. 458.

[2] Pogg. Ann. LIX. S. 177, und Progamm der technischen Bildungs-Anstalt zu Dresden für 1843.

wartete Resultat, dafs überall, wo der Abstand von der reflectirenden Wand eine gerade Anzahl von Viertelwellenlängen betrug, Knoten lagen, und Bäuche da, wo der Abstand von der reflectirenden Wand eine ungerade Anzahl von Viertelwellenlängen betrug. Um aber zu untersuchen, wie sich Schallwellen verhielten, welche so wie bei der Savart'schen Beobachtungsmethode in das Ohr gelangten, wandte Seebeck einen Apparat an, bei welchem ebenfalls die von dem tönenden Körper direct ausgehenden Wellen erst aus ihrer ursprünglichen Richtung in die entgegengesetzte umgebeugt wurden, ehe sie mit den reflectirten Wellen zusammen gegen die Membran trafen. Wenn mit dem Umbiegen eines Schallstrahls die Richtung der Schwingungen zugleich mit umgebogen wird, so müssen die Knoten da liegen, wo der Punkt, von dem aus die directen und die reflectirten Wellen in derselben Richtung fortschreiten (bei den Savart'schen Versuchen die äufsere Oeffnung des Ohres) um eine ungerade Anzahl von Viertelwellenlängen von der Reflexionswand entfernt ist, und die Bäuche da, wo der Abstand eine gerade Anzahl von Viertelwellenlängen beträgt. Dies bestätigten die Versuche. Der Umstand, dafs sowohl die directen Schallstrahlen, als die reflectirten um den angewandten Apparat oder um den Kopf des Beobachters herum einen Umweg machen müssen, macht noch eine Correction nöthig, und Seebeck zeigte, dafs der auf diese Weise berechnete Ort des ersten Knotens an der Stelle lag, wo ihn die Theorie erwarten liefs, nämlich eine Viertelwellenlänge von der reflectirenden Wand.

Die Resultate, die Hr. Savart bei seinen neuen Untersuchungen fand, sind folgende:

Ein Beobachter, der sich zwischen der Tonquelle und der Wand so aufgestellt hat, dafs die Reflexionsaxe durch die beiden Ohren geht, kann auf doppelte Weise experimentiren. Er kann das der Wand zugekehrte Ohr offen, und das der Tonquelle zugewandte verschlossen halten, oder das nach der Tonquelle gerichtete Ohr offen lassen, und das von derselben abgewandte verschliefsen. Aber auf die eine oder die andere Weise findet sich genau dasselbe Resultat. Man kann sogar parallel mit der reflectirenden Wand um den Kopf des Beobachters herum einen dicken Wulst aus Zeug befestigen, und so der Verbreitung des directen und des reflectirten Strahles ein gröfseres Hindernifs entgegensetzen; dennoch geben die Beobachtungen mit dem einen oder dem andern Ohre noch dasselbe Resultat. Also ist der Sitz der Tonempfindung genau in der Mitte des Kopfes, und man kann deshalb bei Versuchen beide Ohren offen lassen.

Bei den früheren Untersuchungen waren die angewandten Glocken so aufgestellt, dafs ihr Rand in einer Horizontalebene lag, und dies war der Grund der abnormen Lage des ersten Knotens. Wenn die Glocken so aufgestellt sind, dafs ihr Rand in einer Vertikalebene liegt, die mit der reflectirenden Ebene parallel ist, so liegen alle Knoten da, wo der Abstand von der Wand eine gerade Anzahl von Viertelwellenlängen beträgt, und die Bäuche liegen genau zwischen je zwei Knoten in der Mitte. Dafs übrigens die nähere oder weitere Entfernung der Tonquelle von der Wand ohne Einflufs auf die Lage der Knoten und Bäuche ist, war schon in der früheren Untersuchung erwiesen.

Bei der Untersuchung über die Lage der Knoten und Bäuche aufserhalb der Reflexionsaxe fand sich, dafs in jeder auf irgend einem Punkte der reflectirenden Wand errichteten Senkrechten die Vertheilung der gesuchten Punkte genau dieselbe war, als in der Reflexionsaxe selbst, dafs sich also parallel mit der Wand Knotenebenen bildeten. Dieses ergab sich auch noch, als der tönende Körper 3 bis 4 Meter hoch auf einem Gerüst angebracht war, wo als reflectirender Körper die unbegränzte Ebene des Bodens benutzt wurde.

Je nach der verschiedenen Beschaffenheit der reflectirenden Ebene (es wurden benutzt eine dicke Mauer, eine Backsteinwand, eine Bretterwand, eine Glasscheibe, ein Bogen Papier auf einen Rahmen gezogen, ein Trommelfell mit veränderlicher Spannung, Wachstaffet über einen Rahmen gespannt, Wachstaffet über die Oeffnung eines Gefäfses gespannt) zeigte sich der Klang des vernommenen Tones modificirt. Wenn zur Reflexion ein dünner Körper angewandt wurde, der seine Schwingungen wegen der geringen Dicke nach der entgegengesetzten Seite fortpflanzen mufste, so zeigten sich auch auf der von dem tönenden Körper abgewandten Seite Knoten und Bäuche in denselben Abständen, wie auf der dem tönenden Körper zugekehrten.

Aus diesen beiden Gründen, so wie deshalb, weil die Entfernung des tönenden Körpers von der Wand ohne Einflufs auf die Lage der Knotenebenen ist, und weil diese der Wand in ihrer ganzen Ausdehnung parallel bleiben, hält Hr. Savart die Annahme für nicht unstatthaft, dafs die stehenden Wellen unmittelbar durch die Schwingungen der Wand erzeugt werden, und dafs die von dem tönenden Körper direct ausgehenden Schwingungen nur in so fern einwirken, als sie die Wand in Schwingungen versetzen.

Alle diese Beobachtungen waren so angestellt, dafs eine durch die beiden Ohren des Beobachters gezogene Linie mit der Reflexionsaxe parallel war. Stand jene Linie aber senkrecht auf der Reflexionsaxe, so dafs der Beobachter entweder nach der Wand hinsah oder nach der Tonquelle, so kehrten sich die Erscheinungen um. Es lagen nämlich die Knoten um 1, 3, 5 u. s. w Viertelwellenlängen von der Wand entfernt, die Bäuche aber um 2, 4, 6 u. s. w. Viertelwellenlängen; und wenn man in der erstern Stellung an irgend einem Punkte einen Knoten gefunden hatte, so durfte man nur den Kopf um 90° drehen, um einen Bauch zu finden. Hieraus glaubt Hr. Savart, indem er annimmt, dafs bei einer Umbeugung des Schallstrahles die Richtung der Schwingungen dennoch dieselbe bleibe, und dafs nur solche Schwingungen vernommen werden können, welche gegen die Durchschnittsebene des Kopfes senkrecht sind, folgern zu müssen, dafs an derselben Stelle, wo die longitudinalen Schwingungen Null sind, transversale Schwingungen statthaben, welche im Maximum sich befinden, während bei einem um eine Viertelwellenlänge gröfserem Abstande von der Wand die transversalen Schwingungen Null und die longitudinalen im Maximum sind. — Die Frage, ob nicht ein direct in Schwingungen versetzter Körper auf dieselbe Weise stehende Wellen erzeugen könne, wie ein den Schall reflectirender Körper es thue, gedenkt Hr. Savart in einer besonderen Arbeit zu behandeln.

Hr. Savart bemerkt, dafs die Resultate seiner Untersuchungen, wo beide Ohren des Beobachters in der Reflexionsaxe liegen, vollkommen übereinstimmen mit denjenigen, die Seebeck vermittelst der auf einen Ring gespannten Membran erhielt. Wenn dies gleich wahr ist, so geht doch daraus nicht gerade eine Uebereinstimmung hervor. Denn nach den Seebeck'schen Versuchen läſst sich die Membran, gegen welche die directen und die reflectirten Wellen von entgegengesetzten Seiten her eintreffen, nicht zusammenstellen mit dem Ohre, zu dem die Wellen erst gelangen, nachdem sie aus ihrer ursprünglichen Richtung abgelenkt sind.

Doppler machte zuerst darauf aufmerksam [1], daſs man allein aus dem primären Vorgange einer Wellenerregung noch nicht schlieſsen könne auf das secundäre Phänomen ihrer Einwirkung auf einen andern Punkt, z. B. auf ein die Schwingungen empfindendes Organ. Diese Einwirkung wird nämlich modificirt, wenn die Wellenquelle oder der Beobachter nicht ihren anfänglichen Ort beibehalten, sondern ihre gegenseitige Stellung verändern, so wie z. B. ein den Wasserwellen entgegensteuerndes Schiff in derselben Zeit mehr Wellenschläge erleidet, als ein ruhendes, und dieses mehr, als ein in der Richtung der Wellen sich bewegendes. — Sei zuerst die Wellenquelle in Ruhe, und der Beobachter bewege sich direct auf die Wellenquelle zu. Es sei n die Schwingungsanzahl in der Secunde, und v die Geschwindigkeit der Wellenfortpflanzung, so befinden sich n Wellen auf der Länge v. Die Geschwindigkeit des Beobachters sei a, so daſs derselbe in einer Secunde um die Länge a auf der Linie v fortrückt. Er wird dann offenbar nicht mehr bloſs n Schwingungen in der Secunde empfinden, sondern so viel Schwingungen mehr als dem Raume a entsprechen $(v:n = a:\frac{na}{v})$, also im Ganzen $n+\frac{na}{v}$. Ist dagegen der Beobachter in Ruhe, und die Wellenquelle bewegt sich mit der Geschwindigkeit a

[1] Ch. Doppler. Ueber das farbige Licht der Doppelsterne und einiger anderer Gestirne. Prag. 1842.

direct zum Beobachter hin, so sind die ursprünglichen n Schwingungen nicht mehr auf dem Raume v, sondern auf dem Raume v weniger dem von der Wellenquelle in der Secunde durchlaufenen Raume a. Sind auf dem Raume $v-a$ jetzt n Schwingungen, so ist die dem Raume v entsprechende Schwingungszahl n' aus $v-a:n=v:n'$ gleich $\frac{nv}{v-a}$. Im Fall einer Entfernung mufs in beiden Fällen a negativ genommen werden.

Diese Gesetze wendet Doppler nicht blos auf den Schall, sondern namentlich auf das Licht der Sterne an. Bei der Annäherung und Entfernung eines leuchtenden Körpers mufs die Schwingungsdauer jedes Strahles für unsere Wahrnehmung eine andere werden. Bei einer langsamern oder schnellern Annäherung müssen uns z. B. gelbe Strahlen als grüne, blaue, violette Strahlen erscheinen, und endlich, wenn ihre Schwingungsdauer zu kurz geworden ist, um die Empfindung des Lichtes im Auge zu erregen, müssen sie verschwinden. Doppler hält es für wahrscheinlich, dafs alle Sterne an und für sich weifs oder schwach gelblich sind. Bei einer hinreichend schnellen Bewegung des Sterns müssen also alle einzelnen jenes Licht constituirenden Strahlen in Strahlen von anderer Schwingungsdauer übergehen. Die resultirende Farbe wird nicht mehr weifs sein, sondern, im Falle der Annäherung der einen Hälfte des Spectrums (grün, blau, violet), im Falle der Entfernung der andern Hälfte desselben (gelb, orange, roth) angehören. Doppler sagt, Herschel d. j. nehme an, dafs das Auge einen Farbenunterschied bemerken könne, der durch das Austreten von $\frac{1}{100}$ derjenigen rothen oder gelben oder blauen Strahlen hervorgebracht werde, welche das weifse Licht bilden. Zum Austreten von $\frac{1}{100}$ der rothen Strahlen bedarf es einer Geschwindigkeit von 33 Meilen in der Secunde; damit vom weifsen Lichte auch nicht ein violetter Strahl mehr erscheine, ist eine Geschwindigkeit von 19000 Meilen erforderlich. Bei allen Geschwindigkeiten zwischen 33 und 19000 Meilen werden wir einen ursprünglich weifsen Stern irgendwie gefärbt erblicken. Doppler ist der Ansicht, dafs bei dieser Farbenveränderung dennoch jeder einzelne Strahl seine ursprüngliche Intensität beibehalte, so dafs also ein hell leuchtender gelber Strahl des Spektrums nicht in einen schwachen grünen oder orangefarbigen, wie das Spektrum sie zeigt, übergehe, sondern dafs er zu einem in grün oder orange eben so stark, wie früher in gelb leuchtenden werde; und er glaubt, dafs deshalb um so mehr das Austreten von $^1/_{100}$ der rothen oder blauen Strahlen dem Auge bemerkbar sein müsse, weil dadurch ein Theil der hellen gelben in eben so helle grüne oder orangefarbige sich verwandeln.

Hr. Doppler sagt weiter, dafs die Farben der Gestirne uns solche Erscheinungen zeigen, wie sie aus der aufgestellten Theorie zu vermuthen sind. Die eigentlichen Fixsterne, an denen wir keine Bewegung wahrnehmen, sind weifs oder schwach gelblich, Hauptsächlich diejenigen, bei denen aus mechanischen Gründen eine schnelle Bewegung erwiesen ist, die Doppelsterne erscheinen gefärbt. Besteht das Paar aus einem gröfsern Hauptsterne und einem kleineren Begleiter, so ist jener weifs oder gelblich, der kleinere aber gefärbt. Denn der erstere hat als Fixstern keine hinreichend grofse Bewegung, um seine Farbe zu verändern; wohl aber der zweite, der sich um den ersten bewegt. Sind die beiden Sterne des Paares dagegen von gleicher Gröfse, und bewegen sich beide um ihren gemeinschaftlichen Schwerpunkt, so sind sie fast immer verschiedenfarbig, ihre Farben sind entweder wirklich complementär, oder die des einen ist dem obern, die des andern dem untern Theil des Spektrums entnommen, weil man annehmen mufs, dafs der eine sich uns nähert, der andere sich von uns entfernt. Endlich stellt eine Vergleichung der älteren Angaben Herschel's d. ä. und der neuesten von Struve heraus, dafs die Farben vieler dieser Doppelsterne sich seit 50 Jahren bedeutend geändert haben, was davon herrührt, dafs die Richtung ihrer Bewegung gegen uns eine andere geworden ist. Auch die Erscheinungen der periodisch veränderlichen Sterne, welche mit rothem Lichte erscheinen, der verschwundenen und der neuen Sterne sucht Hr. Doppler aus ihrer Bewegung herzuleiten.

Um die Wahrheit der von Hrn. Doppler aufgestellten Gesetzen in Bezug auf den Schall zu prüfen, stellte Hr. Ballot Versuche auf der Eisenbahn zwischen Utrecht und Maarsen an. Während eine Locomotive an drei Stationen vorbeifuhr, wurde abwechselnd entweder auf diesen Stationen geblasen, und der gehörte Ton durch Musiker auf der Locomotive aufgezeichnet, oder es wurde auf der Locomotive geblasen, und der auf den Stationen gehörte Ton beobachtet. Die Geschwindigkeit der Locomotive oder a wurde auf die Weise bestimmt, dafs der Zeitpunkt aufgezeichnet ward, wo jedesmal hinter einer festen, im Wagen gewählten Linie eine Milliarie verschwand. Der Werth von v wurde für jeden Baro-, Thermo- und Hygrometerstand nach den Angaben von Moll und v. Beek berechnet, und vermehrt um die Geschwindigkeit des Windes, zerlegt nach der Richtung vom Instrumente zum Beobachter. So konnte das Resultat der Beobachtung mit dem nach der Theorie erwarteten verglichen werden, und aus den erhaltenen Zahlen ergiebt sich klar, dafs im Allgemeinen die Theorie bestätigt wird.

Gegen die Anwendbarkeit der Theorie zur Erklärung der Farben der Sterne wendet aber Hr. Ballot Folgendes ein: Die Sterne werden nur selten eine hinlängliche Geschwindigkeit haben, um eine merkbare Färbung zu zeigen; und der Schlufs von Bolzano [1], nach dessen Meinung die Geschwindigkeit der Hauptplaneten gröfser ist, als die der Satelliten, und deshalb die Geschwindigkeit der Fixsterne gröfser sein mufs, als die der Planeten, so dafs auch bei den Fixsternen eine Färbung sich zeigen müfste, die nur bis jetzt noch der Beobachtung entgangen ist, dieser Schlufs kann nicht zugegeben werden, weil es bei der Bewegung eines Körpers um einen andern nicht blofs auf das Verhältnifs der Massen, sondern auch auf den gegenseitigen Abstand ankommt. Ferner sagt auch Herschel nicht, dafs das Auge den Farbenunterschied zu erkennen vermöge, der durch das Austreten von $^1/_{100}$ der rothen Strahlen oder eine Geschwindigkeit von 33 Meilen in der Secunde bewirkt wird. Bei der Annahme, dafs das Auge 300000 verschiedene Nüancen unter-

[1] Pogg. Ann. LX, 83.

scheiden könne, ist schon das Austreten von 0,03 der rothen Strahlen nöthig, um eine wahrnehmbare Färbung zu bedingen.

Es bleiben somit nur die Doppelsterne zu betrachten übrig. Diese aber zeigen nicht die Farben, wie sie aus der aufgestell- Theorie folgen würden. Nach Struve [1] ist es bei weitem der häufigere Fall, dafs die beiden Sterne einerlei Farben haben. Das Sternenpaar ist alsdann rücksichtlich seiner Bewegung gegen uns wie ein Fixstern zu betrachten, und hat keine hinlängliche Geschwindigkeit, um gefärbt zu erscheinen. Bei den Doppelsternen, welche complementare oder fast complementare Farben zeigen, müfste man annehmen, dafs fast alle Hauptsterne sich uns nähern, und alle Begleiter sich von uns entfernen; denn bei 157 Paaren ist der Hauptstern weifs, gelb oder röthlich, und die Begleiter blau oder bläulich; und nur bei 13 Paaren ist der Begleiter purpurfarben. — Auch die Farbenänderung ist der Theorie wenig günstig. Nur bei dem Sternenpaare γ *Delphini* ist dieselbe nach Mädler (Populäre Astronomie, Seite 493) mit Bestimmtheit erwiesen. Aber bei diesem sowohl als bei dem Sternenpaare γ *Leonis* haben sich die gegenseitigen Abstände seit 50 Jahren nicht geändert.

Es ist aufserdem eine willkürliche Annahme, dafs die Farbe aller Sterne weifs und unveränderlich sei, da ja doch das Sonnenspektrum andere dunkle Linien zeigt, als die Spektra mehrerer Sterne; und man kann eben so gut die Veränderlichkeit der Färbung den Sternen selbst zuschreiben.

Endlich kann auch die Bewegung gar nicht Ursache des Farbenwechsels sein. Denn eine Farbe ist, wie ein Geräusch, zusammengesetzt aus Wellen verschiedener Länge. In dem Geräusche eines vorbeifahrenden Wagens hört man keine Aenderung, weil bei der gleichzeitigen Verkürzung oder Verlängerung aller Wellen für jede ausscheidende Welle eine andere von derselben Länge eintritt, und also das gesammte Geräusch bei der Annäherung keine andere Veränderung erleidet, als dafs die längste Welle aufhört, als solche wahrnehmbar zu sein, und eine kürzeste hinzukommt. Bei einer Farbe dagegen tritt auch diese

[1] Ueber die Doppelsterne nach den Dorpater Mikrometer-Beobachtungen. Bericht an Se. Excell. v. Uwaroff. S. 34—36.

Aenderung nicht ein. Denn es ist kein Grund vorhanden, warum gerade nur Aetherwellen von solcher Länge erregt werden sollten, dafs sie für das Auge sichtbar sind. Hr. Ballot will dies nicht dadurch unterstützen, dafs aufserhalb der Grenzen des sichtbaren Spektrums noch chemische und wärmende Strahlen vorhanden sind, indem er es für wahrscheinlich hält, dafs jene Strahlen nicht in leuchtende übergehen können, sondern von diesen durch eine solche Modification unterschieden sind, wie wir sie bei dem Schalle Klang nennen. Er führt vielmehr die Erklärung Arago's an, dafs es aus der Unveränderlichkeit des Brechungsindex des Lichtes, welches die Gestirne auf die Erde senden, die Erde mag sich ihnen nähern, oder von ihnen entfernen, hervorgehe, dafs die Gestirne Wellen von unendlich verschiedener Oscillationsgeschwindigkeit aussenden. Es tritt also für jede durch die Bewegung veränderte Welle eine andere ihr gleiche wieder ein, und die resultirende Farbe bleibt dieselbe. Gegen den Einwurf, dafs bei dieser Stellvertretung der einen Farbe durch die andere das intensive Gelb in intensives Orange u. s. w. übergehe, und folglich das Spektrum eine andere Tinte annehmen müsse, bemerkt Hr. Ballot, dafs doch wahrscheinlich die Verschiedenheit der Farbenintensitäten nur subjectiv ist. — Es ist aber auch wohl nicht zu übersehen, dafs diese Argumentation ihre Beweiskraft nur für die Annahme behält, dafs alle von dem betrachteten Stern ausgesandten Wellen gleiche Intensität besitzen. Nimmt man aber mit Hrn. Ballot an, dafs der Stern selbst gefärbt sein kann, und also Wellen von verschiedener Intensität entsendet, so erhält das Doppler'sche Theorem wieder seine Kraft, und die Farbe des Sterns mufs sich bei der Bewegung verändern.

Dr. Krönig.

Hr. P. Russell sagt in der kurzen Notiz, welche im Inst. vorliegt, dafs er die Existenz verschiedener Ordnungen der Schallwellen bestimmt habe, und dafs es zur Erklärung eines akustischen Phänomens nothwendig sei, anzugeben, zu welcher Ordnung die beobachteten Schallwellen gehören. Eine Auseinandersetzung seiner Theorie fehlt bis jetzt und steht wohl noch in dem Bericht der Brittish association zu erwarten.

Dr. G. Karsten.

Cagniard-Latour. Ueber Zungentöne.

Die Ansicht, dafs die menschliche Stimme ein Zungenton sei, sucht Hr. Cagniard-Latour dadurch zu unterstützen, dafs er die Möglichkeit zeigt, mittelst Zungen von verschiedener Gestalt Töne von gleicher Höhe aber verschiedenem Timbre hervorzubringen. Die Zungen, deren er sich bediente, waren freie Zungen von der Art, die er *anche à torsion* nennt; sie bestehen, der hier nicht ganz deutlichen Beschreibung nach, aus dünnen Blättchen von Hollundermark, welche an einem gespannten Drathe befestigt sind, dessen Drehung sie zu bewirken haben, wenn sie unter dem Einflufse des ansprechenden Luftstromes in Schwingungen gerathen. In dem einen Mundstück hatte die steife Zunge die Gestalt einer kreisrunden Scheibe, welche eine ähnliche Oeffnung von 7^{mm} Durchmesser verschliefst; in dem andern deckt sie in Gestalt eines Rechtecks einen Spalt von 20^{mm} Länge auf 1^{mm} Breite. Beide Mundstücke brachten ein *c* von ungefähr 632 einfachen Schwingungen in der Secunde hervor; der Ton des Mundstücks mit runder Zunge entsprach aber, seinem Klange nach, mehr dem der Flöte, der des Mundstücks mit rechteckiger Zunge hielt die Mitte zwischen dem Klang der Hoboë und dem des menschlichen Stimmorgans. Bemerkenswerth ist noch, dafs, unter sonst gleichen Umständen, das Mundstück mit kreisförmiger Zunge den Grundton oder die nächst höhere Octave hervorbringt, je nachdem der Mittelpunkt der Zunge eine excentrische Lage im Verhältnifs zur Oeffnung hatte, oder mit derselben centrirt war. Im Gegensatz zu diesen Ergebnissen erinnert Hr. Cagniard-Latour daran, dafs die Flöten und Jägerpfeifen, mit denen einige Physiker noch immer das menschliche Stimmorgan zu vergleichen streben, unter den mannigfaltigst abgeänderten Umständen stets nur Töne von nahezu einerlei Klang erzeugen.

Dr. E. du Bois-Reymond.

Dritter Abschnitt.

Optik.

1. Theoretische Optik.

R. Moon On Fresnel's theory of diffraction. Phil. mag. XXVI, 89; XXVII, 46.

R. Moon On Fresnel's theory of double refraction. Phil. mag. XXVII, 553.

G. Sabler. Neue Methode zur Bestimmung des Brechungsverhältnisses durchsichtiger Körper durch weifses farbloses Licht ohne Hülfe des Prisma's. Pogg. Ann. LXV, 80; Inst. No. 589, p. 132.

E. Chevreul. Extrait d'un ouvrage sur la théorie des effets optiques que présentent les étoffes de soie. C. R. XXI, 1342; Inst. No. 625, p. 449.

Baden Powell. On the elliptic polarization of light by reflexion from metallic surfaces. Phil. Trans. f. 1845, p. 269; Inst. No. 606, p. 290.

Jamin. Mémoire sur la polarisation métallique. C. R. XXI, 430; Inst. No. 607, p. 294.

Laurent. Note sur la théorie mathématique de la lumière. C. R. XX, 560.

Laurent. Sur la théorie mathématique de la lumière. C. R. XX, 1076; Inst. No. 590, p. 143.

A. Cauchy. Note sur cette communication de Mr. Laurent. C. R. XX, 1180.

Laurent. Sur la théorie mathématique de la lumière. C. R. XX, 1593 et 1597; Inst. No. 596, p. 192.

Laurent. Observations sur les ondes liquides et remarques relatives aux assimilations que l'on a faites de ces ondes aux ondulations lumineuses. C. R. XX, 1713; Inst. No. 589, p. 215.

Laurent. Sur les mouvements atomiques. C. R. XXI, 438; Inst. No. 607, p. 295.

Laurent. Sur les mouvements vibratoires de l'éther. C. R. XXI, 529; Inst. No. 609, p. 311.

Laurent. Nouvelles recherches concernant le mouvement des corps. C. R. XXI, 893.

Laurent. Recherches sur la théorie mathématique des mouvements ondulatoires. C. R. XXI, 1160.

Olmsted. Expériences nouvelles sur le spectre solaire. Inst. No. 605, p. 283; Americ. Journ. 1845.

Briot. Mémoire sur les mouvements vibratoires. C. R. XXI, 573.

Chavagneux. Sur les ondes lumineuses en général, et l'anneau de Saturne en particulier. C. R. XX, 1574; Inst. No. 596, p. 192.

O'Brien. On the law of resistance of a medium to small vibratory motion; the mixture of prismatic colours; and the appearance of the prismatic spectrum when viewed through a plate of common blue glass of proper thickness. Phil. mag. XXVI, 114.

O'Brien. On the laws of reflexion and refraction at the surfaces of substances of high refracting and absorbing powers such as metals. Phil. mag. XXVI, 287.

G. G. Stokes. On the aberration of light. Phil. mag. XXVII, 9; Inst. No. 620, p. 407.

J. Challis. Theoretical explanation of the aberration of light. Phil. mag. XXVII, 321; Inst. No. 620, p. 407.

F. Moigno. Examen raisonné des difficultés que présente le système des ondulations lorsqu'on demande, dans ce système l'explication de certains phénomènes ou de certains faits enveloppés encore de mystères. Quesnev. rev. sc. XX, 177.

Réponse à l'article intitulé: sur le développement de la lumière. Par un Newtonien. Quesnev. rev. sc. XX, 234.

F. Moigno. Des couleurs en elles-mêmes et dans les corps. Quesnev. rev. sc. XXI, 5.

Ch. Doppler. Ueber die bisherigen Erklärungsversuche des Aberrations-Phänomens. Prag, 1845. 4°.

Ch. Doppler. Ueber eine wesentliche Verbesserung des katoptrischen Mikroskops. Prag, 1845. 4°.

Ueber theoretische Optik bringt uns das Phil. Magaz. von 1845 (XXVI, 89, XXVII, 46, XXVII, 553) drei Aufsätze von Hrn. Moon. Im ersten und dritten wird resp. Fresnel's Theorie der Diffraction und der doppelten Brechung bekämpft; im zweiten Aufsatz eine Idee zu einer neuen Beugungstheorie mitgetheilt.

Im ersten Aufsatze, in welchem die Diffractionstheorie angefochten und für unrichtig erklärt wird, ist namentlich die Idee von den Elementarwellen, welche Fresnel seinen Entwikkelungen zum Grunde gelegt hat, für anstöfsig befunden worden.

Wer mag behaupten, sagt Hr. Moon, dafs er verstehe, wie von jedem Punkt der Oberfläche einer Welle eine neue Welle sich verbreiten könne? (*the mind of an angel could not compass such an idea*, fügt er hinzu). — Dennoch will er die Wellentheorie nicht in allen ihren Punkten verwerfen, er erkennt vielmehr ihre Richtigkeit in Beziehung auf viele wesentliche Theile der Optik ausdrücklich an, und erklärt also die Statuirung von Elementarwellen für eine eigene von den Grundvoraussetzungen der Undulationstheorie völlig unabhängige Hypothese. Inzwischen dürfte mancher eine solche Unabhängigkeit einzuräumen Anstand nehmen.

Ist nämlich *a* ein Lichtpunkt, *A* die Oberfläche einer durch dessen Vibrationen erzeugten Lichtwelle, und *b* ein in meſsbarer Entfernung aufserhalb der Fläche *A* liegendes Aethertheilchen, so wird offenbar keines der Theilchen, welche in dem von *A* umschlossenen Raume liegen, eine Bewegung an *b* mittheilen können, als indem es zunächst die auf dem Wege liegenden Theilchen von *A* in Bewegung setzt, und diese den erhaltenen Impuls wiederum nach *b* hinschicken. Ist nun die Bewegung der Theilchen in *A* eine vibrirende, wie die Bewegung von *a* eine war, so ist man auch genöthigt anzunehmen, dafs sich von ihnen aus auch in ähnlicher Weise, wie von *a*, die Bewegung weiter verbreite, d. h. dafs von ihnen, gleich wie von *a*, Wellen ausgehen, und dafs daher die Bewegung von *b* sich aus dem Zusammenwirken dieser letzten (der sogenannten Elementarwellen) ableiten lasse.

Um ferner auf mathematischem Wege zu zeigen, dafs die Hypothese der Elementarwellen, abgesehen von ihrer Unnatürlichkeit, unhaltbar sei, wendet sich Hr. Moon gegen die Fresnel-schen Formeln, welche die Intensität des von der Kante eines undurchsichtigen Körpers gebeugten Lichtes aufserhalb des geometrischen Schattens angeben.

Folgendes diene zur Beleuchtung der von ihm vorgebrachten Einwendungen, die ihn zu der Aeufserung veranlafsten, dafs nicht leicht eine mathematische Untersuchung voller von Widersprüchen und Ungereimtheiten sein könne, als die in Rede stehende Fresnel'sche.

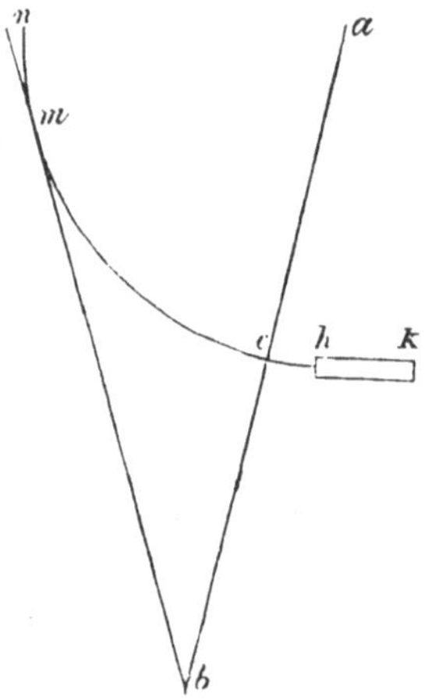

Es sei in der beistehenden Figur *a* der Lichtpunkt, *hk* der beugende Körper, *b* der (aufserhalb der Grenze des geometrischen Schattens von *hk* liegende) Punkt des Beugungsbildes, dessen Intensität zu untersuchen ist, *hn* der Durchschnitt einer durch die beugende Kante *h* gehenden Oberfläche einer von *a* erzeugten Welle — mit derjenigen Ebene, die durch die Linie *ab* gehend senkrecht gegen jene Kante gerichtet ist, und endlich sei *c* der (auf *hn* sich befindende) Durchschnittspunkt der Linie *ab* mit der obigen Wellenoberfläche. Alsdann läfst sich Fresnel's Rechnung zufolge diejenige Bewegung von *b*, welche durch die auf dem Durchschnitt *hn* liegenden Aethertheile erregt wird, eben so gut durch **zwei** Wellensysteme erzeugt denken, die um ¼ Undulation von einander abweichen, und deren Amplitüden resp. $p\int ds \cos\left(\frac{\pi}{2k^2}s^2\right)$ und $p\int ds \sin\left(\frac{\pi}{2k^2}s^2\right)$ sind — wo man unter s die Bogenabstände der verschiedenen Punkte des Durchschnitts *hn* von *c* als Anfangspunkt, und unter p und k Constanten zu denken hat, die von *ac*, *ab* und der Wellenlänge abhängen.

Als Grenzen der Integration, die über alle Theile des Durchschnitts *hn* ausgedehnt werden mufs, welche noch wirksame Elementarwellen nach *b* hinsenden, nimmt Fresnel $s = -ch$ und $s = \infty$.

Das Erste nun, was Hr. Moon als fehlerhaft bezeichnet, ist, dafs an der zweiten Grenze $s = \infty$ genommen werden solle. Streng genommen hätte, wenn *bm* die von *b* an *hn* gezogene Tangente und *m* der Berührungspunkt ist, $s = cm$ die zweite Grenze sein müssen. Sollte aber, wie Hr. Moon vermeint, diese Vertauschung einen Grund abgeben, die Theorie für falsch zu erklären, so müfste die Einführung von $s = cm$ statt $s = \infty$ ein von dem Fresnel'schen völlig verschiedenes, d. h. der Erfahrung widersprechendes Resultat liefern. Dies ist indefs nicht der Fall.

Es convergirt nämlich $\int_{s'}^{\infty} ds \sin\frac{\pi}{2k^2}s^2$ und $\int_{s'}^{\infty} \cos\frac{\pi}{2k^2}s^2$ für ein gröfser werdendes positives s' zur Grenze Null, da, wie sich leicht zeigen läfst, wenn n eine beliebige ganze Zahl bedeutet, das erste Integral für $s' = 2k\sqrt{n}$ numerisch kleiner als $\frac{k}{\pi\sqrt{n}}$, das zweite Integral für $s' = k\sqrt{(4n+1)}$ numerisch kleiner als $\frac{2k}{\pi\sqrt{(4n+1)}}$ bleibt.

Stellt a den Radius ac der Wellenfläche hn, b den Abstand des dunklen Körpers vom Beugungsbilde und λ die Wellenlänge vor, so ist $k = \sqrt{\frac{ab\lambda}{2(a+b)}}$. Legt man also den Fall aus der 7. Versuchsreihe Fresnel's zum Grunde, in der $a = 1011^{mm}$, $b = 116^{mm}$, $\lambda = 0^{mm}, 000638$ war, so hat man $k = 0{,}208$, und mithin wird, wenn man $n = 100$ wählt, jedes der beiden Integrale schon kleiner als 0,007, obgleich für $n=100$ der Bogen s' noch sehr klein ($4^{mm}.16$ oder 14.15 Bogenminuten) ist[1]. Man erkennt sonach, dafs Fresnel sehr wohl berechtigt war, ohne einen irgend bemerkbaren Fehler zu begehen, für $s = cm$ der bequemeren Integration halber $s = \infty$ zu nehmen, ja dafs man andererseits auch statt cm einen bei weiten geringeren Werth von s als

[1] Fresnel hat, $ks = v$ setzend, für die obigen Integrale die gleichgeltenden Produkte $k\int dv \sin\frac{\pi}{2}v^2$ und $k\int dv \cos\frac{\pi}{2}v^2$ genommen und der Ermittelung der Wirkung, welche der von c bis h gehende Theil der Wellenfläche ausübt, eine Tabelle von Näherungswerthen für die von $v=0$ bis resp. $v=0.1$, $v=0.2$, $v=0.3$, ..., $v=5.5$ gehenden Integrale berechnet. Schon diese Tabelle, in der doch die oberen Integralgrenzen nur sehr kleinen Werthen von s entsprechen, zeigt unverkennbar ein mit dem Wachsen der oberen Grenze fortschreitendes Geringerwerden der Schwankungen um den bis zu $s=\infty$ gehenden Werth. — Hätte daher Hr. Moon Fresnel's Original-Abhandlungen statt Herschel's Verarbeitung derselben in dem *Treatise on Light* vor Augen gehabt und hierauf geachtet, so würde er wohl seinen Vorwurf der Ungereimtheit des Fresnel'schen Verfahrens zurückgehalten haben.

obere Grenze hätte nehmen dürfen, wenn dies für die Rechnung Bequemlichkeit gewährt hätte, und dafs folglich, da hiernach die Theile der Wellenfläche *hn* schon sehr frühe anfangen, unwirksam zu werden, der von Hrn. Moon gerügte Widerspruch, Fresnel habe zuerst *s* als etwas sehr Kleines behandelt und nachher gleich ∞ gesetzt, von selber fortfällt. Ueberdies läfst die mehr als genügende Uebereinstimmung der Rechnungsresultate mit den zahlreichen Beobachtungen, mit denen sie Fresnel verglich, kaum einen Zweifel an der Strenge des Calculs Raum.

Der zweite gegen Fresnel's Theorie erhobene Einwand betrifft eine Ausführung Herschel's aus dem *Treatise on Light* (art. 631 u. 718). Derselbe bringt nämlich dort in die allgemeine Formel für die Schwingungen im Beugungsbilde noch einen Factor hinein, der den Einflufs der Schiefe der Schwingungen ausdrücken soll, den er aber nachher in der Anwendung als wenig von Eins verschieden wiederum fortläfst.

Die Formel, um die es sich hier handelt, hat die Form $\int ds \varphi(\vartheta) \sin(m - \psi(s))$, wofür wir zur bequemeren Anknüpfung an das Vorige $\sin m \int ds \varphi(\vartheta) \cos \psi s - \cos m \int ds \varphi \vartheta \sin \psi s$ setzen wollen. Hierin ist m unabhängig von s, ψs ist das obige $\frac{\pi}{2k^2} s^2$, und $\varphi \vartheta$ stellt die wirkende Componente der von den einzelnen Elementarwellen herkommenden Vibrationsintensität vor, während ϑ denjenigen Winkel bezeichnet, den die (transversale) Schwingungsrichtung der Elementarwelle mit der Schwingungsrichtung der direkt ankommenden Welle bildet. Den zu $\vartheta = 0$ gehörenden Werth von $\varphi \vartheta$ nimmt Herschel zur Einheit, so dafs diese Function für wachsende ϑ von 1 bis 0, und zwar je weiter desto schneller, abnimmt. Im Verfolge der Rechnung setzt er aber durchweg $\varphi \vartheta = 1$, weil, wofern nur a gegen λ gehalten sehr grofs sei, ϑ in den von den wirksamen Theilen der Wellenflächen herkommenden Schwingungen sehr kleine Werthe habe.

Gegen diese Substituirung der Einheit für $\varphi \vartheta$ erhebt sich nun Hr. Moon. Er erklärt dieselbe für ein unerhörtes Näherungs-Verfahren und fragt, was mit dem „wirksamen Theil der Wellenfläche“ gemeint sei. Ihm zufolge kann nur dann die Wellenfläche von einer bestimmten Stelle ab unwirksam genannt werden, wenn von derselben an $\varphi\vartheta \sin(m-\psi)$ verschwindend klein sei, und dies sei wiederum nur dann möglich, wenn $\varphi\vartheta$ unendlich klein geworden sei. Er wundert sich, wie man die Theile des Integrals vernachlässigen könne, in denen $\varphi(\vartheta) = \frac{3}{4}$, $= \frac{1}{2}$ etc. werde. Hr. MOON denkt also gar nicht daran, dafs eine Summe gleich 0 sein kann, ohne dafs jedes Glied den Werth 0 hat, es braucht nicht $\varphi\vartheta \sin(m-\psi s)$ für jeden Werth von s, der gröfser als s' ist, sondern nur $\int_{s'}^{\infty} ds \varphi\vartheta \sin(m-\psi s)$ verschwindend klein zu sein, wenn man die Wellenfläche jenseits s' als unwirksam betrachten soll. In der That nähern sich $\int_{s'}^{\infty} ds \varphi\vartheta \sin\psi s$ und $\int_{s'}^{\infty} ds \varphi\vartheta \cos\psi s$ noch früher für zunehmende Werthe von s' der Grenze Null, als die oben besprochenen Integrale $\int_{s'}^{\infty} ds \sin\psi s$ und $\int_{s'}^{\infty} ds \cos\psi s$. Man findet nämlich leicht, dafs, wenn n eine beliebige ganze Zahl bedeutet, das erste Integral für $s' = 2k\sqrt{n}$ numerisch kleiner als $\frac{k\varphi\vartheta'}{\pi\sqrt{n}}$, das zweite für $s' = k\sqrt{(4n+1)}$ numerisch kleiner als $\frac{2k\varphi\vartheta'}{\pi\sqrt{(4n+1)}}$ ist — wo ϑ' den zu $s=s'$ gehörenden Werth von ϑ vorstellt, also $\varphi\vartheta'$ um so kleiner als Eins ist, je gröfser n genommen wird. — HERSCHEL hatte also wohl recht, in dem wirksamen Theil der Wellenfläche ϑ als wenig von Null und mithin $\varphi\vartheta$ unmerklich von Eins verschieden anzunehmen.

Das Dritte endlich, was Hr. MOON rügt, ist, dafs FRESNEL beim Fortlassen kleiner Glieder sehr willkürlich und inconsequent verfahre. Verfahre man dabei consequenter, so erhalte man ein völlig verschiedenes den Beobachtungen gänzlich entgegenstehendes Resultat, mithin sei die absurde Hypothese von den Elementarwellen eine durchaus verwerfliche.

Um zu zeigen, wie wenig gerecht diese Behauptung ist, gehen wir etwas näher auf die Sache ein.

Das obige $\frac{\pi}{2}\left(\frac{s}{k}\right)^2$ ist nur ein genäherter Werth von ψs; die Entwickelung von ψs ist eine nach geraden Potenzen von s fortschreitende Reihe und $\frac{\pi}{2}\left(\frac{s}{k}\right)^2$ ihr erstes Glied, so dafs Fresnel in ψs die mit der vierten und höheren Potenzen von s multiplicirten Glieder als unbedeutend vernachlässigt. Hierauf sich stützend, behauptet nun Hr. Moon, er hätte consequenter Weise nachher auch $\sin\frac{\pi}{2}\frac{s^2}{k^2} = \frac{\pi}{2}\frac{s^2}{k^2}$ und $\cos\frac{\pi}{2}\frac{s^2}{k^2} = 1$ setzen müssen, weil dadurch gleichfalls nur die mit s^4 und mit höheren Potenzen von s behafteten Glieder fortfielen. Geschähe aber dieses, so bekomme man ein völlig der Erfahrung widersprechen- Resultat [1].

Durch die von Hrn. Moon geforderte Substitution fällt der Sinus und Cosinus aus den Integranden heraus, an die Stelle einer periodischen Function tritt also eine algebraische, und mithin geht auch im Resultat das Periodische, was die Erfahrnng eben so wie das Fresnel'sche Resultat zeigt, verloren. Der Zweck der Fresnel'schen Untersuchung war die Bestimmung der Maxima und Minima der Helligkeit im Beugungsbilde, und deren Lage ergiebt sich bei zu Grundelegung der Moon'schen Rechnung, aus einer algebraischen Gleichung des 5ten Grades, so dafs nur ein oder höchstens drei Maxima sich finden, während bei unverkürzten Integranden eine unbestimmte Anzahl Maxima hervorgeht. Bemerkt man aber, dafs nach der mit der Erfahrung sehr gut übereinstimmenden von Fresnel aus seinen Formeln berechneten Tabelle der Intensitäts-Maxima und Minima, die Unterschiede zwischen Maximis und Minimis schon vom zweiten und dritten Spectrum an sehr unbedeutend ausfallen: so darf es kein Wunder nehmen, wenn bei Formeln, die nur wenig ungenauer sind als jene, der Unterschied zwischen Maxi-

[1] Das nach Hrn. Moon's Anweisung gewonnene Resultat weicht zwar gänzlich in der Form, vielleicht aber nicht so sehr in den Werthen vom Fresnel'schen ab.

mum und Minimum sich ganz verwischt. Dafs aber bei Näherungsrechnungen die Genauigkeit sich im Allgemeinen vermindert, wenn man Abkürzungen, selbst wenn sie von einerlei Gröfsenwerth sind, häuft — bedarf keiner Erörterung. Die Wahrscheinlichkeit, dafs die von Hrn. MOON geforderten Abkürzungen die Genauigkeit der Endwerthe schwächen, wird aber zur Gewifsheit, wenn man noch auf die Coëfficienten der fortgelassenen Glieder sieht. Das gröfste Glied, welches FRESNEL vernachlässigt, indem er blofs $\frac{\pi}{2k^2}s^2$ für $\psi(s)$ schreibt, ist $\frac{1}{b}\cdot\frac{\pi(a+b)^2}{4a^2b^2\lambda}s^4$, und das höchste Glied von denen, welche Herr MOON noch fortgelassen haben will, ist $\frac{2\pi}{\lambda}\cdot\frac{\pi(a+b)^2}{4a^2b^2\lambda}s^4$, mithin etwas $\frac{2\pi}{\lambda}b$ mal Gröfseres. Für das rothe Licht, welches FRESNEL bei seinen Versuchen anwendete, war $\lambda = 0^{mm}.000368$, also $\frac{2\pi}{\lambda} = 9848$, während in seinen 23 Beobachtungsreihen, der klein- Werth von b 110, der gröfste Werth 3995 war. Das gröfste Glied, welches nach Hrn. MOON die Consequenz wegzuwerfen verlangt, war daher für diese Beobachtungen 1 bis 40 Millionen mal gröfser, als das, was FRESNEL zu vernachlässigen sich erlaubte. Es leuchtet demnach ein, dafs selbst die entstellendsten Differenzen, welche Hrn. MONN's vermeintlich consequentere Rechnung zeigen möchte, sich vollständig erklären lassen.

Im zweiten Aufsatz bietet Hr. MONN eine eigene und, wie er meint, zur Erklärung der Diffraction geeignete Hypothese als Ersatz für die FRESNEL'sche, die eine der absurdesten, chimärischsten und monströsesten sei, welche man je aufgestellt habe, die aber, wie wir eben gesehen, durch seine Argumente noch nicht im Mindesten erschüttert worden ist. Er meint nämlich, dafs die Wellen beim Vorbeigehen an den Kanten beugender Körper ihre Form ändern (in Folge des Einflusses, welchen das Hindernifs auf die Fortpflanzungsgeschwindigkeit ausübt), dafs dadurch ein Schneiden der auf einander folgenden Wellen, und in den Durchschnittspunkten eine Interferenz veranlafst würde. Es möchte sich indeſs schwer ein Mathematiker finden, der, wie er wünscht, diese Idee mathematisch weiter verfolgte, da das Durchkreuzen einer Welle durch eine nachfolgende desselben Systems ein Widerspruch in sich ist. Welcher Art auch der Einfluſs der Kante des dunklen Körpers sein mag, immer muſs er für alle Wellen derselbe sein, und somit nach der störenden Wirkung, d. h. hinter der Kante, jede Welle der nachfolgenden in der Richtung der Trajectorie um eine Wellenlänge voraus sein. Wie sich das mit der Vorstellung eines Schneiders reimt, müſste also zuvor erklärt werden.

Im dritten Aufsatze, der gegen Fresnel's Theorie der doppelten Strahlenbrechung gerichtet ist, will Hr. Moon darthun, daſs die Optik auch in diesem Punkte von jenem Physiker nicht im Mindesten gefördert sei [1]. Er sucht zunächst die Existenz der Elasticitätsaxen wegzudemonstriren und legt dabei die analytische Entwickelung von Hrn. Smith (*Cambridge mathematical Journal, vol. I.*) zum Grunde, als eine Entwickelung, die sich durch logische Klarheit (*logical clearness*) vor der Fresnel'schen auszeichne.

Der Theil der Entwickelung, auf den es hier ankommt, läſst sich kurz wie folgt darstellen.

Sind x, y, z die Coordinaten eines Punktes a, der unter der Einwirkung der Anziehung oder Abstoſsung anderer umherliegender Punkte steht, und sind X, Y, Z die nach den Axen gerichteten Componenten der Gesammtwirkung auf a, so lassen sich X, Y, Z resp. in der Form $\frac{dR}{dx}$, $\frac{dR}{dy}$, $\frac{dR}{dz}$ darstellen, wo R unter andern auch von den Coordinaten der umliegenden Punkte abhängt. Wenn man nun insbesondere x, y, z die Coordinaten von a zur Zeit des Gleichgewichts nennt, und dieser Punkt durch eine sehr kleine Verschiebung die Coordinaten $x+\delta x$, $y+\delta y$, $z+\delta z$ erhält, so muſs, weil man wegen der Kleinheit der Verschiebung die restituirende Kraft proportional mit δx, δy, δz annehmen darf,

[1] Er sagt: *I pledge myself to prove that the researches of Fresnel have not advanced us one step beyond it.*

$$1)\quad \begin{cases} X = \frac{d^2R}{dx^2}\delta x + \frac{d^2R}{dxdy}\delta y + \frac{d^2R}{dxdz}\delta z \\ Y = \frac{d^2R}{dxdy}\delta x + \frac{d^2R}{dy^2}\delta y + \frac{d^2R}{dydz}\delta z \\ Z = \frac{d^2R}{dxdz}\delta x + \frac{d^2R}{dydz}\delta y + \frac{d^2R}{dz^2}\delta z \end{cases}$$

sein. Soll ferner die restituirende Kraft nur in der Richtung der Verschiebung wirken, so mufs X, Y, Z resp. proportional mit δx, δy, δz sein, so dafs also

$$2)\ \ldots\ \frac{X}{\delta x} = \frac{Y}{\delta y} = \frac{Z}{\delta z} = s$$

wird. Die Verbindung der Gleichungen (1 u. 2) führt auf drei reelle Werthe von s, deren zugehörige Verschiebungsrichtungen auf einander senkrecht stehen. Es existiren daher drei auf einander senkrechte Richtungen, aus denen die Aethertheilchen durch die restituirende Kraft nicht herausgelenkt werden, wenn die Verschiebung längs einer von ihnen erfolgte.

In Bezug hierauf bekennt nun Hr. MOON zunächst, dafs er die mystische Redensart nicht verstehe, dafs wegen der Kleinheit der Verschiebungen die restituirende Kraft proportional mit den Projectionen derselben (d. h. mit δx, δy, δz) angenommen werden dürfe. Es ist indefs schwer zu verstehen, wie Hr. MOON, da er doch mathematische Sachen zu beurtheilen unternimmt, diese Redensart nicht habe verstehen können. Da X, Y, Z mit δx, δy, δz zugleich verschwinden müssen, so können in der Entwickelung dieser drei Componenten keine von δx, δy, δz unabhängige Glieder vorkommen; und da bei der vorausgesetzten grofsen Kleinheit der Verschiebungen die höheren Dimensionen ihrer Projectionen als verschwindend klein angesehen werden dürfen, so bleiben in der Entwickelung von X, Y, Z nur die Glieder der ersten Dimension, d. h. die mit δx, δy, δz proportionalen Glieder allein übrig.

Hierauf erklärt er die in den Gleichungen (1) angegebenen Werthe von X, Y, Z für falsch, weil blofs auf die Variationen δx, δy, δz, also nur auf die Ortsänderung von a, nicht aber auf die gleichzeitige Ortsänderung der umliegenden Theilchen Rücksicht genommen worden sei, und macht die Glieder namhaft, die noch hätten hinzugefügt werden müssen. — Hierin hat Hr. Moon vollkommen Recht; die Smith'schen Ausdrücke sind in der That unvollständig. Die Variationen aber, die sich auf die übrigen Theilchen beziehen (δx_1, δx_2, δx_3, ... δy_1, δy_2 .... δz_1, δz_2 ...) sind offenbar Functionen von δx, δy, δz, liefsen sie sich daher nach blofsen Potenzen von δx, δy, δz entwickeln, so würden sich in (1) nur die Coëfficienten ändern, und X, Y, Z behielten die Form $M\delta x + N\delta y + P\delta z$. Nun kommen zwar in den gedachten neuen Variationen aufser den Potenzen von δx, δy, δz noch Differenzial-Coëfficienten derselben vor, allein die mit diesen multiplicirten Glieder verschwinden, sobald man die einfache Voraussetzung macht, dafs im Zustande des Gleichgewichts die in jeder von a ausgehenden Richtung liegenden Theilchen mit den in der entgegengesetzten Richtung liegenden eine genau gleiche und entgegengesetzte Wirkung auf a ausüben[1]. Unter dieser Voraussetzung behält aber, da alles Uebrige ungeändert bleibt, und die Natur der Werthe von M, N, P in den hierher gehörigen allgemeinen Betrachtungen nicht zur Sprache kommt, der Satz seine volle Gültigkeit, dafs drei aufeinander senkrechte Richtungen existiren, welche die oben erwähnte Eigenschaft haben. Es war also übereilt von Hrn. Moon, als er jene Glieder vermifste, sogleich zu schliefsen, dafs die Existenz jener Richtungen eine reine Absurdität sei, und dafs folglich die ganze Theorie der doppelten Strahlenbrechung als eine falsche sich herausstelle.

Der Rest des Aufsatzes hat kein weiteres Interesse, da Hr. Moon in demselben nur 1) bekennt, dafs er nach Durchlesung der betreffenden Stelle in Herschel's *Treatise on Light* nicht habe einsehen können, warum die Radien der Elasticitätsfläche die Fortpflanzungsgeschwindigkeit der ihnen parallelen Schwingungen vorstellen, darauf 2) tadelnd über die Art spricht, wie Airy in den *Math. Tracts* die Fortpflanzung transversaler Schwingungen erläutert, und 3) dem Resumé als neu noch die

[1] Alle diese Sachen sind schon seit vielen Jahren durch Cauchy in seinen *Exercices* erledigt. Es scheint also, dafs es Hrn. Moon gänzlich an Litteratur-Kenntnifs über den von ihm discutirten Gegenstand gefehlt habe.

Bemerkung beifügt, dafs es für den menschlichen Geist unmöglich sei, die Existenz von Wellen zu begreifen, welche sich senkrecht gegen die Schwingungsrichtung fortpflanzen.

Er schliefst endlich mit den Worten: *Fresnel was satisfied with a series of possibilities, upon which he has built a theory, not only of no value in itself, as having nothing solid to rest upon, but from its crudity and manifold errors discreditable to himself and to the age by which it has been received.*

Dr. F. W. G. Radicke.

Die neue Methode des Hrn. Sabler zur Bestimmung des Brechungsverhältnisses durchsichtiger Körper hat in allen den Fällen, wo es auf die Bestimmung des mittleren Brechungsverhältnisses ankömmt, den Vorzug, dafs sie direct die Brechung des weifsen farblosen Lichtes giebt, während man beim Prisma nicht weifs, welche Linie des Spectrums man gerade als die der mittleren Brechung entsprechende betrachten soll.

Diese neue Methode des Hrn. Sabler beruht nämlich auf der Berechnung durch parallele Flächen.

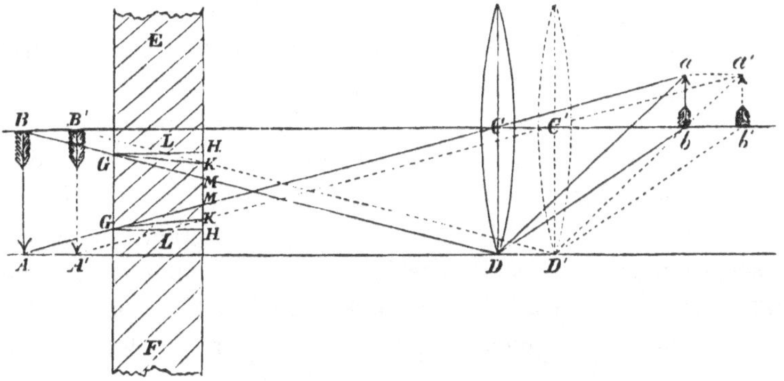

Die von dem Gegenstande *AB* ausfahrenden Strahlen bilden vermittelst der Linse *CD* ein kleines verkehrtes Bild des Gegenstandes *ab*. Wird nun der durchsichtige Körper *EF* zwischen *AB* und *CD* geschoben, so gehen die senkrechten Strahlen *BC*

und AD ungebrochen durch, AC und BD erleiden aber in G eine Brechung nach K, wo sie dann parallel mit der ursprünglichen Richtung als KC' und KD' austreten. Die Spitzen der Strahlenkegel fallen nun nach A' und B', und der Gegenstand AB hat eine scheinbare Verrückung $AA'=BB'$ erfahren.

Soll jetzt das Bild ab in derselben Gröfse und Distanz von der Linse erscheinen, so mufs dieselbe um die Gröfse $CC'=DD' = AA'$ verrückt werden, wodurch das Bild $a'b'$ entsteht. Die Gröfse dieser Verrückung ($= GL = \alpha$) hängt ab von der Dicke des durchsichtigen Körpers ($GH=\beta$) und von seinem Brechungsvermögen μ; es ist nämlich $\mu = \frac{\beta}{\beta-\alpha}$.

Um dies zu beweisen setzen wir den Einfallswinkel $MGH = \varepsilon$, den Brechungswinkel $KGH=\varrho$, so ist $HM : HK = HG : HL$ oder $\frac{tg\,\varepsilon}{tg\,\varrho} = \frac{\beta}{\beta-\alpha}$. Es ist aber $\frac{\sin\varepsilon}{\sin\varrho} = \mu$, also $\frac{tg\,\varepsilon}{tg\,\varrho} = \mu\left(\frac{\cos\varrho}{\cos\varepsilon}\right)$; diesen Factor können wir $= 1$ setzen wenn wir den Einfallswinkel klein genug machen; er differirt von der Einheit erst in der fünften Decimale, wenn der Winkel $\varepsilon = 1^{0}$ ist, und in der Praxis braucht ε nie gröfser zu sein.

Es kömmt also darauf an, β und α genau zu bestimmen. Die Bestimmung von μ wird um so genauer sein, je gröfser β und α sind. Es ist daher zweckmäfsig, an den Kanten der zu untersuchenden Glasscheibe zwei kleine parallele Ebenen anzuschleifen; β kann dann mittelst eines Tasterzirkels und eines guten Maafsstabes gemessen werden. Zur Messung von α kann man sich eines Mikroskopes bedienen, das keine zu kurze Sehweite haben darf (ein achromatisches Objectiv von 3'' Brennweite und 4''' Oeffnung und ein starkvergröfserndes astronomisches Ocular). Man stellt das Mikroskop so normal gegen eine gut erleuchtete weifse Fläche, dafs man einen kleinen schwarzen auf ihr gezeichneten Gegenstand mit der gröfstmöglichsten Deutlichkeit sieht; bringt man dann das zu untersuchende Glas zwischen das feststehende Object und das Mikroscop, so mufs man dieses um die Gröfse α entfernen, um den Gegenstand wieder möglichst deutlich zu sehen. α kann man mittelst einer Mikrometerschraube oder einer andern Vorrichtung messen.

Was die Fehlerquellen anbetrifft, so hat ein sehr kleiner Fehler im Parallelismus wenig zu bedeuten, indem dadurch die senkrechte Entfernung des Bildes von der Ebene nicht afficirt wird. Wichtiger ist ein Fehler in der Ebenheit der kleinen Flächen, weil dadurch das Bild eine falsche Entfernung erhält. Auf folgende Weise kann man diesen Fehler eliminiren. Man nehme ein etwas gröfseres gutes Fernrohr von etwa 12″ Brennweite und keiner zu starken Vergröfserung, und verdecke das Object, so dafs in der Mitte ein kleiner Kreis von 3‴ bis 4‴ frei bleibt. Darauf richte man es auf ein weit entferntes Object und stelle das Ocular scharf ein. Hält man alsdann das zu untersuchende Glas vor das Objectiv, und sieht wieder nach dem Gegenstande, so wird man diesen nur dann vollkommen deutlich erblicken, wenn die beiden kleinen Flächen vollkommen plan sind. Haben die Flächen eine kleine Convexicität, so mufs man das Ocular etwas hineinschieben, herausziehen hingegen, wenn sie eine kleine Concavität haben. Diese Verschiebung sei $= a$ (positiv, wenn das Ocular hineingeschoben wurde), die Brennweite des Objectivs $= b$, die Brennweite der durch die beiden kleinen Flächen gebildeten Linse $= x$; so ist nach den ersten Formeln der Dioptrik

$$x = \frac{b(b-a)}{a}.$$

Ist nun bei der oben beschriebenen Methode die Entfernung der Mitte des Glases von dem kleinen Beobachtungsobjecte $= d$, so können wir uns, da β gegen x immer sehr klein ist, die Sache so denken, als ob zwischen dem Mikroskope und Objecte eine Linse von der Brennweite x stände, deren Wirkung eine scheinbare Versetzung des Objectes in die Entfernung d' ist. Alsdann ist

$$d' = \frac{xd}{x-d}.$$

Die an die Gröfse α anzubringende Correctur ist $d' - d$.

Herr Chevreul führt in der oben citirten Notiz, einem Auszuge aus einer gröfseren Arbeit, die optischen Effecte der Seidenstoffe auf vier Principe zurück.

1) Das Princip der Reflexion des Lichtes durch ein System von sich berührenden metallischen Cylindern.

2) Das Princip der Reflexion des Lichtes durch ein System von metallischen Cylindern, die senkrecht auf die Axe cannelirt sind.

3) Das Princip der Mischung der Farben.

4) Das Princip des gleichzeitigen Contrastes der Farben.

Bei den ersten beiden Principien unterscheidet Hr. Chevreul vier besondere Zustände, unter welchen ein System von Cylindern betrachtet werden kann. 1) Die Cylinder ruhen auf einer horizontalen Ebene und ihre Axe liegt in der Ebene des einfallenden Lichtes. 2) Ihre Axe steht senkrecht auf der Ebene des einfallenden Lichtes.

Ist der Beobachter mit dem Gesichte zum Licht gekehrt, so sieht er *ad* 1) die Cylinder sehr erleuchtet, *ad* 2) weniger erleuchtet; hat er den Rücken gegen das Licht gekehrt, so sieht er *ad* 1) die Cylinder fast ganz dunkel, *ad* 2) sehr stark erleuchtet.

Bei cannelirten Cylindern sind die Wirkungen umgekehrt.

Durch die ersten beiden Principien erklärt der Verfasser die optischen Wirkungen aller einfarbigen Stoffe, bei denen vorzüglich entweder der Aufzug oder der Einschlag, oder beide zugleich erscheinen. Bei den mehrfarbigen Stoffen, bei welchen Aufzug und Einschlag verschiedene Farbe besitzen, nimmt er die beiden letzten Principien noch zu Hülfe.

Ed. Röbber.

(Die übrigen in der Litteratur angezeigten Abhandlungen werden im nächsten Jahresberichte besprochen werden.)

2. Optische Phänomene.

Brechung und Zurückwerfung des Lichtes.

Dupasquier. Mémoire sur la lumière bleue transmise par une feuille d'or ou par un liquide tenant en suspension des particules de ce même métal chimiquement réduit. Généralité de ce phénomène, considéré à tort jusqu'à ce jour, comme particulier à l'or dans un grand état de division. C. R. XXI, 64; Inst. No. 602, p. 247; Pogg. Ann. LXVI, 452.

Melsens. Sur la transparence des bulles de mercure. C.R. XXI, 332; Inst. No. 605, p. 279.

J. F. W. Herschel. Ἀμόρφωτα No. I. — On a case of superficial colour presented by a homogeneous liquid internally colourless. Phil. Trans. f. 1845, p. 143; Inst. No. 595, p. 186.

J. F. W. Herschel. Ἀμόρφωτα No. II. — On the epipolic dispersion of light, being a supplement to a paper entitled on a case of superficial colour presented by a homogeneous liquid internally colourless. Phil. Trans. f. 1845, p. 147; Inst. No. 601, p. 242.

Absorption.

W. A. Miller. Experiments and observations on some cases of lines in the prismatic spectrum produced by the passage of light through coloured vapours and gases, and from certain coloured flames. Phil. mag. XXVII, 81; Inst. No. 616, p. 369; Pogg. Ann. LXIX, 404.

Beugung und Interferenz.

Fizeau et L. Fouault. Sur le phénomène des interférences entre deux rayons de lumière dans le cas de grandes différences de marche. C. R. XXI, 1155; Inst. N. 621, p. 411.

D. Brewster. Sur une nouvelle polarité de la lumière et sur l'explication qu'en a donnée Mr. Airy dans le système de la théorie des ondulations. Inst. No. 620, p. 406.

Stevelly et Brewster. Sur la projection d'une étoile sur le limbe obscur de la lune immédiatement avant son occultation. Inst. No. 623, p. 432.

Polarisation.

D. Brewster. Extrait d'une lettre sur la polarisation de la lumière atmosphérique et note de Mr. Babinet sur le même sujet. C.R. XX, 801; Pogg. Ann. LXVI, 456; Quesnev. rev. sc. XX, 225.

D. Brewster. Polarisation par les surfaces brutes. Inst. No. 584, p. 86.

Optische Eigenschaften an Krystallen.

SOLEIL. Note sur un moyen de faciliter les expériences de polarisation rotatoire et présentation d'un instrument imaginé dans ce dessein. C. R. XX, 1805; Inst. No. 598, p. 214.

SOLEIL. Nouvel appareil propre à la mesure des déviations dans les expériences de polarisation rotatoire. C. R. XXI, 426.

BIOT. Sur les moyens d'observation que l'on peut employer pour la mesure des pouvoirs rotatoires. C. R. XX, 1747; Inst. No. 600, p. 224.

BIOT. Note relative à l'insertion dans le compte rendu de la séance du 23 juin 1845 d'une note de Mr. SOLEIL, intitulée: sur un moyen de faciliter les expériences de polarisation rotatoire. C. R. XX, 1811; Inst. No. 601, p. 237.

BIOT en présentant un opuscule intitulé: „Instructions pratiques sur l'observation et la mesure des propriétés optiques appelées rotatoires, avec l'expose succinct de leur application à la chimie médicale, scientifique et industrielle" fait connaître le bût qu'il s'est proposé dans cette publication et rappelle les services que peuvent rendre à l'industrie et à la médicine les observations de polarisation circulaire. C. R. XXI, 97;

BIOT. Remarques à l'occasion d'une communication de Mr. SOLEIL, sur un nouvel appareil propre à la mesure des déviatious dans les expériences de polarisation rotatoire. C. R. XXI, 428.

BIOT. Sur les propriétés optiques des appareils à deux rotations. C. R. XXI, 453; Inst. No. 608, p. 301.

BIOT. Sur les phénomènes rotatoires opérés dans le cristal de roche. C. R. XXI, 643; Inst. No. 612, p. 333

ARAGO. Remarques à l'occasion d'une communication de Mr. SOLEIL sur un nouvel appareil propre à la mesure des déviations dans les expériences de polarisation rotatoire. C. R. XXI, 430,

SOLEIL. Note sur la structure et la propriété rotatoire du quartz cristallisé. C. R. XX, 435; Quesnev. rev. sc. XX, 227.

BREWSTER. Explication de la cause des couleurs dans l'opale précieuse. Inst. No. 592, p. 164.

BIOT. Remarques à l'occasion d'une communication de Mr. EBELMEN sur une production artificielle de silice diaphane. C. R. XXI, 503.

ARAGO à l'occasion d'une communication de Mr. EBELMEN sur la production artificielle de l'hydrophane, rend compte des expériences qu'il a faites autrefois avec des hydrophanes taillées sous forme prismatique et imbibées de différentes liquides. C. R. XXI, 528.

D. BREWSTER. Sur la cause des beaux anneaux blancs autour d'un corps lumineux. Inst. No. 593, p. 171.

DESCLOIZEAUX. Note sur deux diamants. Ann. ch. ph. XIV, 301; C. R. XX, 514; POGG. Ann. LXIX, 447.

Polariscope naturelle. Inst. No. 603, p. 264.

W. HAIDINGER. Ueber den Pleochroismus der Krystalle. POGG. Ann. LXV, 1; Abhandl. der Böhm. Ges. V. Folge 3. Bd.

W. Haidinger. Optische Erscheinungen an dem durchsichtigen Andalusit aus Brasilien, und dem Diaspor von Schemnitz. Amtl. Ber. der 21sten Vers. deutsch. Naturf. zu Gratz, p. 127; Abhandl. der Böhm. Ges. V. Folge 3. Band.

Brechung und Zurückwerfung des Lichtes.

Hr. Dupasquier beschreibt einige interessante Experimente, durch welche er beweist, dafs die Eigenschaft blaues Licht hindurchzulassen nicht allein dem in dünnen Blättchen ausgeschlagenen Golde oder den Flüssigkeiten zukommt, in welchen sich das Gold im fein zertheilten Zustande befindet, sondern ganz allgemein allen Körpern zugeschrieben werden mufs, wenn sie entweder in sehr dünnen Blättchen, oder bei feiner Zertheilung in einer Flüssigkeit oder Gasart suspendirt, vom Lichte durchdrungen werden. Das Phänomen ist unabhängig sowohl von der Natur der Flüssigkeit, in welcher der Körper niedergeschlagen wird, als auch von der Farbe des festen niedergeschlagenen Körpers selbst. Ein Hindernifs, die Erscheinung deutlich zu zeigen, scheint nur in der Durchsichtigkeit der Körperpartikelchen zu liegen.

Hr. Dupasquier stellte seine Beobachtungen so an, dafs er das diffuse Licht in ein etwas finsteres Zimmer durch eine Oeffnung oberhalb seines Kopfes auf die zu untersuchenden Körper einfallen liefs. Unter diesen Umständen zeigt sich die Erscheinung immer, mit gröfserer oder geringerer Lebhaftigkeit und Reinheit, je nach der Ausdehnbarkeit des Metalles. Beim Golde sieht man die blaue Farbe am besten, weil man von diesem Metalle die feinsten und gleichmäfsigsten Blättchen erhalten kann. Nicht immer ist die Farbe des untersuchten Körpers ohne Einflufs. Gelbe, röthlich gelbe und rothe Substanzen zeigen ein intensiveres Blau wie andere, was mit der Entwicklung der complementären Farbe, welche Chevreul beobachtete, zusammenzuhängen scheint. Die stahlgrauen Körper zeigen ebenfalls eine intensive blaue Färbung, am wenigsten deutlich tritt das Phänomen bei weifsen oder farblosen Körpern auf.

Hr. Dupasquier hat nun mit folgenden Substanzen experimentirt:

1. Metallblättchen, aufser denen von reinem Golde.

Blattsilber, wo die blaue Farbe weniger deutlich wie beim Golde ist.

Blattkupfer zeigt die Färbung noch undeutlicher wie das Blattsilber, die blaue Farbe zieht sich in das Schwarze. Dies rührt davon her, dafs das Kupfer nicht leicht in Blättchen von der erforderlichen Dünnheit und Gleichmäfsigkeit zu erhalten ist.

Grünes Blattgold, eine Legirung von Gold und Silber, zeigt die Erscheinung sehr deutlich.

2. Fein gepulverte Metalle, oder metallische Niederschläge in einer Flüssigkeit.

Silber aus einer salpetersauren Auflösung durch unreines aus Eisenfeilicht und verdünnter Schwefelsäure bereitetes Wasserstoffgas gefällt, zeigt die Erscheinung fast eben so gut wie ein auf ähnliche Weise entstandener Goldniederschlag.

Quecksilber, auf dieselbe Art präcipitirt, läfst das Phänomen weniger deutlich erkennen.

Silber, Antimon, Wismuth und Arsenik als metallische, sehr fein zertheilte Pulver in eine Flüssigkeit suspendirt, zeigten alle das blaue Licht. Bei Versuchen mit gepulverten Substanzen mufs man die Flüssigkeit gut umschütteln, und wenn die Partikelchen zu schwer sind, kann man das langsame Absetzen derselben dadurch unterstützen, dafs man etwas Gummi zur Flüssigkeit hinzusetzt.

3. Stahlgraue oder schwärzliche metallische Verbindungen.

Schwefelantimon, Manganhyperoxyd, Bleiglanz, Glanzkobalt von Tunaberg, lassen das blaue Licht fast wie die reinen Metalle hindurch.

4. Rothe oder röthlichgelbe metallische Verbindungen.

Rothes Quecksilberoxyd, Mennige, Zinnober, englisch Roth, Blutstein, Bleiglätte, Mineralkermes, Mangansesquioxyd, Realgar, arseniksaures Silber; ferner

5. Gelbe gepulverte Substanzen.

Massikot, Turpethum minerale, Schwefelblumen, dieselben vorher zerrieben, Schwefelmilch, Musivgold, gelber Ocker, Chromgelb; sodann

6. Ein schwarzer Körper.

Beinschwarz; endlich

7. Weifse oder farblose Substanzen.

Calomel, Zinnoxyd, Bleiweifs

zeigten alle mehr oder minder deutlich eine blaue Färbung des durchgehenden Lichtes. Auch organische Substanzen, wie z. B. Oxamid, welches sich aus kochendem Wasser beim Abkühlen niederschlägt, zeigen eine deutliche Farbennüance.

Schon durch diese Beispiele glaubt Hr. Dupasquier die Allgemeinheit des Phänomens nachgewiesen zu haben, obwohl er, wie er sagt, noch eine grofse Zahl von Versuchen anführen könnte. Die Erklärung, ob die kleinsten Theile der undurchsichtigen Körper nur das blaue Licht hindurchlassen, oder ob die blauen Strahlen in den Zwischenräumen bei der feinen Zertheilung hindurchgingen, ferner die Anwendung auf verschiedene Erscheinungen in der Natur, überläfst er den Physikern.

Ueber eine hierher gehörige Untersuchung des Herrn Melsens, die Durchsichtigkeit von Quecksilberbläschen betreffend, liegt bis jetzt nur eine Notiz vor. Hr. Melsens bringt sehr dünne Bläschen von Quecksilber hervor, indem er einen Strahl Wasser auf ein Quecksilberbad fallen läfst; die mitgerissene Luft wird von einem Quecksilberhäutchen eingeschlossen und dieses Bläschen schwimmt ziemlich lange auf dem Wasser. Unter diesen Umständen ist das Quecksilber durchsichtig und das weifse Licht nimmt eine bläulichviolette Färbung an.

Hr. Herschel beschreibt in den beiden oben angeführten Aufsätzen eine neue Art der Reflexion des Lichtes an der Oberfläche einer Flüssigkeit, welche er *epipolic dispersion*, Farbenzerlegung an der Oberfläche, nennt.

Es sind verschiedene Körper bekannt, welche eine andere Farbe reflectiren, eine andere hindurchlassen, fast immer aber sind diese Körper fest. So führt Hr. Herschel eine gewisse Varietät des grünen Flufsspathes (von *Alston Moor*) an, welcher den Mineralogen wohl bekannt sei wegen seiner Eigenschaft an der Oberfläche eine Farbe, nämlich ein sehr zartes Blau, zu zeigen, welche sich von der hindurchgelassenen grünen sehr unterscheidet. Bei manchen Sorten von Gläsern wird ebenfalls eine Farbenzerlegung an der Oberfläche hervorgebracht, so dafs eine grüne Farbe zurückgeworfen, eine bläulichrothe hindurchgelassen wird.

Unter den Flüssigkeiten sind dagegen wenige Beispiele für diese Farbentrennung bekannt, gewöhnlich wird ein Aufgufs von nephritischem Holze[1] und eine Schwefelchloridlösung hierfür angeführt. Was die erstere Flüssigkeit betrifft, so erwähnt Hr. Herschel, dafs die reflectirte Farbe von Theilchen herrühre, die zu klein und von zu gleichem specifischen Gewicht mit der Flüssigkeit seien, als dafs sie sich durch blofses Absetzen davon trennen könnten. Er fügt hinzu, dafs, wenn er sich aus seinen früheren Versuchen recht erinnere, denn jetzt habe er keine Probe des Holzes zu Händen, so habe die filtrirte Flüssigkeit die farbenzerlegende Eigenschaft verloren.

Für die zweite Flüssigkeit, die Schwefelchloridlösung, findet Hr. Herschel die Thatsache gar nicht bestätigt. Das Mifsverständnifs rühre davon her, dafs bei der Schwefelchloridlösung wie bei andern dichromatischen Flüssigkeiten bei zunehmender Dicke der Schicht die Absorptionsfarbe sich aus grün in roth ändere.

Hr. Herschel fand nun aber eine andere Flüssigkeit, die sich in ihrem Verhalten gegen das Licht dem erwähnten Flufsspathe von *Alston Moor* anschliefst.

Das schwefelsaure Chinin, welches in Wasser sehr wenig löslich ist, wird von der gleichen Menge Weinsteinsäure vollständig aufgelöst. Verdünnt man diese Flüssigkeit bis sie vollkommen durchsichtig und farblos ist, so wird von ihrer Ober-

[1] Pristley's Gesch. der Optik, übers. v. Klügel, p. 207.

fläche unter gewissen Richtungen des auffallenden Lichtstrahles eine schöne himmelblaue Farbe reflectirt.

Man sieht diese Farbe sehr gut, wenn man ein Glas mit der Flüssigkeit füllt, dieses in die kleine Oeffnung eines sonst verfinsterten Zimmers stellt und nun das Bild eines weifsen Lichtes oder weifsen Objectes von der Oberfläche reflectiren läfst.

Bei Kerzenlicht geht die blaue Farbe in eine violette über. Statt in Weinsteinsäure kann man das schwefelsaure Chinin in irgend einer anderen Säure auflösen, die Flüssigkeit hat stets die erwähnte optische Eigenschaft. Salzsäure ist am wenigsten hierzu tauglich, Schwefelsäure und Essigsäure am meisten. Uebrigens haben nur saure Lösungen diesen Erfolg, niemals aber alkalische.

Einige andere Pflanzenalkaloide, wie Cinchonin, Salicin u. A., welche Hr. Herschel untersuchte, zeigten das optische Phänomen nicht, dagegen konnte es an zwei von Graham dargestellten und beschriebenen Substanzen, dem Esculin[1] und Colophen[2] wahrgenommen werden.

Da die blaue Farbe an der Oberfläche zurückgeworfen wird, so sollte das durchgehende Licht eine in das Orange gehende Nüance zeigen. Diese ist aber wegen der Intensität des hindurchgehenden weifsen Lichtes nicht zu bemerken. Die Zerlegung des Lichtes geht an der Oberfläche oder wenigstens in den ersten Schichten vor sich, denn in einem Glase, welches mit der Chininlösung gefüllt ist, ist der von der untern Fläche reflectirte Strahl farblos. Einen merkwürdigen Zusammenhang mit dem erwähnten Flufsspath zeigt die Chininlösung darin, dafs wenn dieser in die Lösung gethan wird, seine Oberflächenfarbe verschwindet, während sie in andere Flüssigkeiten, z. B. im Wasser, erhöht wird.

1 extracted from the brown coat of the seed of the chestnut.

2 formed by the regulated action of sulphuric acid on oil of turpentine.

Absorption.

Um die Ursache der Frauenhoferschen Linien aufzufinden, und zu untersuchen, ob sie von Absorptionen in der Luft herrühren, hatte zuerst Brewster Versuche angestellt, bei denen er salpetrige Säure als absorbirendes Medium anwendete. Die Herren Miller in Cambridge und Daniell untersuchten hierauf Chlor, Jod, Brom, Euchlor und Indigo [1].

Hr. W. A. Miller geht von diesen Versuchen aus und untersuchte viele Substanzen in der Hoffnung, einen Zusammenhang zwischen ihrer chemischen Zusammensetzung und ihrem Absorptionsvermögen zu finden. Die Resultate seiner Untersuchungen sind:

Vierzehn farblose Gase gaben keine Vermehrung der Linien.

Gleichgefärbte Gase haben sehr verschiedenen Einfluſs.

Die Stellung der Linien kann aus der Farbe des Gases nicht abgeleitet werden.

Einfache sowohl wie zusammengesetzte Körper bringen Linien hervor. Die zusammengesetzten oft, wenn ihre einfachen Bestandtheile es nicht thun.

Dagegen verschwinden wieder Linien in Zusammensetzungen.

Verschiedene Oxydationsstufen sind von Einfluſs.

Die Anzahl der Linien wächst bei derselben Substanz mit der Tiefe der Farbe.

Polarisirtes Licht ist von gleichem Einfluſse wie unpolarisirtes.

Der gehoffte Zusammenhang mit der chemischen Constitution der Körper war also nicht zu finden.

Hr. Miller untersuchte zum Schluſs noch die Spectra verschieden gefärbter Flammen und fand je nach der färbenden Substanz (Kupferchlorid, Boraxsäure, salpetersaures Strontian, Chlorcalcium, Chlorbaryum, Chlornatrium, Chlormagnesium, Zink, Eisen, Stahl, Platin [ohne Linie], Kupfer, Blei, Antimon [zu schwaches Licht]) ein sehr verschiedenartiges Aussehen der Spectra.

[1] Feste Substanzen und Flüssigkeiten zeigen nicht wie die Gasarten die merkwürdige Vermehrung der dunklen Linien (eine Ausnahme macht oxals. Chromoxyd-Kali [Linie zwischen *A* und *B* näher bei *B*] und Pflanzensäfte, wie Brewster entdeckte).

Da sich eine deutliche Beschreibung der Spectra ohne Kupfertafeln nicht füglich geben läfst, so mufs wegen der Einzelheiten der Untersuchung auf die Originalabhandlung verwiesen werden.

Beugung und Interferenz.

Wenn zwei Lichtstrahlen einander unter solchen Bedingungen treffen, dafs eine Interferenz stattfinden kann, und man vergröfsert nach und nach den Unterschied der Wegstrecken dieser beiden Strahlen, so gelangt man endlich zu einem Punkte, wo das Interferenzphänomen aufhört sichtbar zu sein. Diese Grenze findet ihre Erklärung in der Nichthomogenität der beiden Strahlen, und sie liegt in der That um so entfernter, je homogener dieselben sind.

Die Herren Fizeau und Foucault haben nun den Fall untersucht, wo die Wegdifferenz der beiden Strahlen einer grofsen Anzahl Wellenlängen gleichkommt.

Die Beobachtungsmethode beruht auf folgenden Principien:

Wenn ein und derselbe Ort im Raume durch zwei weifse aus derselben Lichtquelle stammende Lichtstrahlen erleuchtet ist, von denen der eine hinter dem andern etwas zurück ist, so kann die Interferenz nur für den Fall beobachtet werden, wo die Wegdifferenz nicht sehr bedeutend ist (der Fresnel'sche Spiegelversuch). Anstatt diesen erleuchteten Ort selbst zu betrachten, kann man ihn als Strahlungsmittelpunkt nehmen, einen begränzten Theil davon durch eine Spalte gehen lassen, und hiermit durch eine passende brechende Vorrichtung ein sehr reines Spectrum erzeugen.

Dieses Spectrum, in welchem man bei Anwendung des Sonnenlichtes alle Fraunhofer'schen Linien unterscheidet, ist aufserdem von den dunklen Interferenzstreifen, welche den festen Linien parallel sind, durchzogen.

Diese letztere Methode, deren sich die Herren Fizeau und Foucault bedient haben, läfst sich sowohl für die Interferenzen anwenden, welche durch zwei geneigte Spiegel hervorgebracht werden, als für die durch die Reflexion an den beiden Flächen dünner Blättchen, oder für die durch die verschiedene Geschwindigkeit der Lichtstrahlen bei der Doppelbrechung entstehenden.

Die Herren FIZEAU und FOUCAULT führen in dem leider nur sehr kurzen Auszuge folgende Zahlen an, um zu zeigen, bis zu welchen Gränzen das Phänomen verfolgt werden konnte.

Vermittelst der FRESNEL'schen Spiegel haben sie noch Interferenzen beobachtet, wenn die Differenz der Wegstrecken für die blauen Strahlen, in der Nähe von *F*, 1737 Wellenlängen betrug.

Durch Reflexion an dünnen Blättchen sahen sie noch Interferenzen bei einer Wegverschiedenheit der Strahlen von 3406 Undulationen.

Mit doppelbrechenden Krystallen konnte das Phänomen bis zu beträchtlichen Dicken verfolgt werden; beim Bergkrystall parallel der Axe geschnitten bis $54^{mm},6$ und beim Isländischen Kalkspath ebenso geschnitten bis $4^{mm},79$ Dicke. Die Wegdifferenzen betrugen demnach für den ersten Fall 1082, für den zweiten 1692 Wellenlängen.

Die oben citirte Notiz: ***Sur une nouvelle polarité de la lumière, et sur l'explication qu'en a donnée M. AIRY dans le système de la théorie des ondulations***, betrifft Beobachtungen des Hrn. BREWSTER aus früheren Jahren (1836 und 1837) über Auftreten einiger Interferenzerscheinungen, die ihm nach der Undulationstheorie nicht erklärlich scheinen. Eine Erklärung dieser Phänomene, welche AIRY in den Philos. Trans. 1840 und 1841 gab, hält Hr. BREWSTER nicht für ausreichend. In dem Dispüt, welcher sich bei der Versammlung der Brittish Association hierüber entwickelte, stimmten die Herren CHALLIS und B. POWELL für die Richtigkeit der Erklärung des Hrn. AIRY. Ein näheres Eingehen auf diese ohnehin nur sehr unvollständige Notiz scheint nicht gerechtfertigt, da die Untersuchung des Hrn. BREWSTER einer früheren Zeit angehört.

Hr. STEVELLY erklärt die Erscheinung, welche bisweilen beobachtet worden ist, dafs ein Stern vor der dunklen Scheibe des Mondes zu stehen scheint, für ein Beugungsphänomen. Die Strahlen des Sterns sollen wie bei NEWTON's Experiment der Beugung des Lichtes am Rande eines Haares, so am Rande des Mondes gebeugt werden, wodurch wir, da die Strahlen in einer Curve zu uns gelangen, den Stern in einer andern Stelle sähen. Hr. BREWSTER widerspricht dieser Erklärung, da wir sonst die Erscheinung auch an terrestrischen Gegenständen sehen müfsten, er ist vielmehr geneigt, sie einer Dichtigkeitsverschiedenheit in einigen Punkten der Atmosphäre, also einer modificirten Brechung des Lichtes, zuzuschreiben.

Polarisation.

Nach einer kurzen Einleitung, in welcher Hr. BABINET der Beobachtungen ARAGO's, SAVART's, GUÉRARD's und seiner selbst erwähnt, theilt er folgenden Brief von Hrn. BREWSTER mit, worin derselbe die Auffindung eines neuen neutralen Punktes in der Polarisation der Atmosphäre mittheilt.

„Ich habe jetzt fast die Beobachtungen von 4 Jahren über die Polarisation der Atmosphäre beisammen, und alle nöthigen Elemente bestimmt, um die Curven gleicher Polarisation festzustellen. Die mittleren Resultate habe ich zwar noch nicht mit der letzten Genauigkeit aufgesucht, indessen werden die folgenden Sie interessiren:

Abstand des ARAGO'schen neutralen Punktes vom antisolaren oder der Sonne gegenüberliegenden, im Momente, wo dieser neutrale Punkt am Horizonte ist	$11^\circ\frac{1}{2}$
Abstand desselben Punktes vom antisolaren beim Untergange der Sonne	$18^\circ\frac{1}{2}$
Abstand dieser beiden Punkte zu Ende der Dämmerung	25°
Abstand des BABINET'schen neutralen Punktes von der Sonne bei hohem Stande derselben (dieser Punkt liegt über der Sonne)	6°—7°
Dieser Abstand wächst beim Untergang der Sonne bis	$18^\circ\frac{1}{2}$

Abstand des Brewster'schen neutralen Punktes von der Sonne bei grofser Höhe derselben (dieser Punkt liegt unter der Sonne) . . . . 6° — 7°

Dieser Abstand wächst, wenn der neutrale Punkt den Horizont erreicht, auf . . . . 16°—18°

Diese letztere Beobachtung ist indessen bei geringer Höhe der Sonne schwer zu machen.

Ich habe auch einen secundären neutralen Punkt entdeckt, welcher unter besonderen Zuständen des Horizontes den Arago'schen neutralen Punkt begleitet. Er erhebt sich hinter diesem Punkte und die Polarisation zwischen beiden ist negativ.

Aus demselben Grunde mufs es nothwendig für jeden der beiden von Ihnen und mir entdeckten neutralen Punkte einen secundären neutralen Punkt geben, allein da sie der Sonne so nahe stehen, habe ich keine Hoffnung, sie in diesem Clima zu entdecken."

Hr. Babinet fügt hinzu, dafs es sehr zu wünschen sei, Hr. Brewster möge das Polariscop oder Polarimeter beschreiben, dessen er sich zu seinen Beobachtungen bedient habe.

Dr. G. Karsten.

Optische Eigenschaften von Krystallen (Polarisation).

Ein sehr einfaches Mittel, sich zu überzeugen, ob ein Körper nach Art des Quarzes und vieler Flüssigkeiten die Polarisationsebene des durch ihn hindurchgehenden Lichtes ablenke und nach welcher Richtung, besteht bekanntlich darin, dafs man die Farbe irgend eines in dieser Hinsicht bereits bekannten Körpers, am besten einer Quarzplatte, bei weifsem Lichte, zwischen gekreuzten polarisirenden und analysirenden Apparaten beobachtet und zusieht, ob diese Ausgangsfarbe durch Einschaltung des zu untersuchenden Körpers sich verändert und ob sie zu oder abnimmt. Am besten ist es, bei diesen Versuchen zur Ausgangsfarbe ein dunkles Violet zu wählen, welches Biot *teinte de passage* genannt hat, weil es die Eigenschaft besitzt, beim Hinzukommen der geringsten additionellen oder subtractiven rotatorischen Kräfte sehr rasch in eine andere Farbe überzugehen, in einem Falle nach Blau, im andern nach Roth. Einer Quarzplatte mufs man nach Biot die Dicke von 3,747 Millimeter geben, damit sie zwischen gekreuzten analysirenden und polarisirenden Apparaten dieses Violet zeige.

Die von Hrn. Soleil angegebene Einrichtung beruht nun darauf, dafs er statt der einfachen Bergkrystallplatte eine zusammengesetzte anwendet, welche er *double plaque* nennt; sie besteht aus zwei Platten von der angegebenen Dicke, von denen die eine rechts, die andere links drehend ist und welche mit einer der Krystallaxe parallelen Fläche an einander geklebt sind; diese Doppelplatte ist um Vieles empfindlicher, als die einfache, da die *teinte de passage*, welche man vor Einschaltung des zu untersuchenden Körpers in beiden Hälften der Platte wahrnimmt, durch Hinzufügung eines drehenden Körpers in beiden auf entgegengesetzte Weise geändert wird, in der einen Hälfte nach Roth, in der andern nach Blau, so dafs, da das Auge die Verschiedenheit zweier neben einander befindlicher Farben leicht fafst, und da Roth und Blau überdies zu den leicht zu unterscheidenden Farben gehören, durch diese Vorrichtung das Vorhandensein selbst äufserst geringer rotatorischer Kräfte wahrgenommen werden kann.

Hr. Soleil will aber auch die Doppelplatte zum Messen der Ablenkung der Polarisationsebene anwenden. An dem directen Verfahren, den analysirenden und polarisirenden Apparat so einzustellen, dafs das Maximum von Dunkelheit erzeugt wird, dann den zu untersuchenden Körper dazwischen einzuschalten, so dafs die Dunkelheit sich in einen gewissen Grad von Helligkeit verwandelt und endlich für jede einfache Lichtart zu beobachten, um wieviel man den analysirenden Apparat nach rechts oder nach links drehen müsse, um bei der gegebenen Dicke des zu untersuchenden Körpers die Dunkelheit wiederherzustellen, an diesem Verfahren tadelt er, dafs es schwierig sei, das Maximum von Dunkelheit genau zu bestimmen, sowohl bei der ursprünglichen Einstellung des Apparats, wie bei den jedesmaligen Versuchen, und dafs man dabei aus einer Menge von Beobachtungen das Mittel nehmen müsse, wobei dadurch, dafs man abwechselnd im dunkeln Raum beobachten und an der erleuchteten Scale ablesen müsse, das Auge schnell ermüde.

Was nun die Anwendung der Doppelplatte zum Messen betrifft, so setzt das Verfahren, welches nach Hrn. Soleil ausreichen soll, sobald es sich nur um das Messen kleiner Abweichungen der Polarisationsebene handelt (nämlich solcher, die nicht gröfser sind, als eine Quarzplatte von 0,6 Millimeter hervorbringen würde), voraus, dafs, wenn die Gleichheit der Farbe in der *double plaque* durch Einschaltung des zu untersuchenden Körpers gestört ist, indem die Polarisationsebenen für alle Farben nach einer Seite gedreht wurden, man nur den analysirenden Apparat um eine Anzahl Grade nach der andern Seite zu drehen brauche, um die Gleichheit der Farbe in beiden Bergkrystallen wiederherzustellen, welche Anzahl Grade das Maafs für die rotatorische Kraft des Körpers gebe. Hr. Biot zeigt aber, dafs die Gleichheit der Farbe auf diese Weise nicht wieder zu erreichen ist. Es sei nämlich für eine bestimmte einfache Lichtart J die Intensität des einfallenden Lichts, $+a$ und $-a$ die Ablenkungen, welche die beiden Quarzhälften hervorbringen, $+i$ die Ablenkung durch den zu untersuchenden Körper, so ist, wenn $-\alpha$ den Winkel bezeichnet, um welchen man den analysirenden Apparat zurückdrehen müfste, und L und L_1 die Itensität der beiden Strahlenbüschel, welche nach dem Durchgange durch beide Quarzhälften ins Auge treten,

$$L = J \sin^2 (i + a - \alpha)$$

$$L_1 = J \sin^2 (i - a - \alpha);$$

damit nun für die angewandte Lichtart $L = L_1$ werde, mufs $i = \alpha$ sein; da aber i bei allen diesen Körpern für jede Farbe ein anderes ist, so ist auch α für jede Farbe ein anderes, und es giebt kein α, welches die Gleichheit in allen Farben zugleich, d. h. die Gleichheit der Farbe im weifsen Lichte, wiederherstellen könnte.

Um nun die *double plaque* zur Messung grofser Ablenkungen zu benutzen, schaltet Hr. Soleil, nachdem die Gleichheit der Farbe durch den zu untersuchenden Körper gestört worden, eine senkrecht auf die Axe geschnittene Bergkrystallplatte von veränderlicher Dicke ein. Sie besteht aus zwei rechtwinklichen Prismen, welche aus zwei gleichdrehenden Bergkrystallen so geschnitten sind, dafs die Krystallaxe senkrecht auf der gröfseren, dem rechten Winkel anliegenden Seite steht und welche sich auf den, dem rechten Winkel gegenüberliegenden Seiten gegen einander verschieben. Eine aus rechts drehenden Prismen bestehende Platte schaltet Hr. Soleil ein, wenn der zu untersuchende Körper links dreht und umgekehrt. Nun soll die Dicke dieser Platte so lange verändert werden, bis die Gleichheit der Farbe in der *double plaque* wiederhergestellt ist, und es soll diese Dicke, welche auf einer an der Seite der Prismen angebrachten Scale zu ermitteln ist, das Maafs der rotatorischen Kraft des zu untersuchenden Körpers abgeben. Dies setzt indefs voraus, dafs die Dispersion der Polarisationsebene in allen diesen Körpern gleich sei, was keineswegs allgemein ist, wie die Weinsteinsäure beweist, jedoch gewifs auch für die übrigen Körper, welche die Polarisationsebene drehen, nur annähernd richtig ist.

Soleil. *Sur la structure et la propriété rotatoire du quarz cristallisé.*

Hrn. Soleil ist es gelungen, eine Erscheinung, welche sich an Bergkrystallen zeigte, in denen rechts und links drehende Stücke vereinigt sind (S. Dove, Pogg. Ann. XL, 607) auf künstlichem Wege durch Combinationen von Platten, die aus verschiedenen Krystallen geschnitten sind, wiederzugeben.

Derselbe hat der französischen Akademie eine Bergkrystall-Platte vorgelegt, in welcher die Grenze eines rechts und eines links drehenden Theiles zwischen zwei gekreuzten Turmalinen beobachtet, durch eine schwarze Linie bezeichnet ist, welche durch das polarisirende Mikroskop betrachtet die Airy'schen Spiralen zeigt und jederseits von farbigen Säumen eingefafst ist. Nachdem er angenommen, dafs dies dadurch entstehe, dafs beide Stücke parallel einer Dihexanderfläche mit einander verwachsen sind, wo dann die schwarze Linie als die Linie gleicher Dicke beider Individuen anzusehen ist, die farbigen Säume aber durch die wachsende Differenz der Dicke entstehen, hat er an eine rechts und eine links drehende Bergkrystallplatte die gewöhnliche Pyramidenfläche angeschliffen, beide mit dieser Fläche an einander geklebt und auf diese Weise vollkommen dieselben Erscheinungen erhalten.

Brewster. *Explication de la cause des couleurs dans l'opale précieuse.*

Der Verfasser bekämpft in dieser Note die Ansicht, dafs die Farben des edlen Opals von dünnen Luftschichten herrühren, welche sich in feinen Spalten dieses Minerals fänden. Dagegen behauptet derselbe, bei Betrachtung von Opalstücken unter einem stark vergröfsernden Mikroskop, so wie durch Vergleichung mit dem Hydrophan gefunden zu haben, dafs die farbigen Flächen durch kleine Poren oder Höhlungen gebildet wurden, welche in Parallellinien angeordnet wären, so wie dafs mehrere solcher Flächen so neben einander liegen, dafs sie einen Raum von drei Dimensionen einnehmen. Diese Poren, fügt er hinzu, böten zuweilen eine krystallinische Anordnung dar, wie die Linien des Saphirs, des Kalkspaths und anderer Körper, und wären offenbar während der Umwandlung des Quarzes in Opal, welche durch die Hitze hervorgebracht worden, entstanden; die Verschiedenheit der Farben rühre von der verschiedennn Gröfse oder Dicke der Poren her, die Farben wären im Allgemeinen zu parallelen Streifen angeordnet und veränderten sich mit der wechselnden Schiefe, unter der man sie betrachtet.

Biot. *Remarques relatives à la communication de Mr.* Ebelmen *sur une production artificielle de silice diaphane.*

Hr. Biot hat Stücke von dem durch Hrn. Ebelmen dargestellten durchsichtigen Kieselsäure-Hydrat (Siehe C. R. XXI, 502; Inst. No. 609, pag. 310; Pogg. Ann. LXVI, 457) auf ihre optischen Eigenschaften untersucht und daran, wie zu vermuthen war, keine Drehung der Polarisationsebene, wie der krystallinische

Quarz sie zeigt, wahrgenommen, ja nicht einmal jene Wirkungen unregelmäfsiger Polarisation, welche sich gewöhnlich in Substanzen zeigen, die durch Niederschlag fest werden, wie Platten von Gummi arabicum; er schliefst daraus, dafs hier das Festwerden nur durch Annäherung ohne stellenweise Zusammenziehung und Ausdehnung der Masse entstanden sei.

Brewster. *Sur la cause des beaux anneaux blancs qu'on aperçoit autour d'un corps lumineux lorsqu'on l'observe à travers certains échantillons de spath calcaire.*

Zwei Ringe, welche sich bei verschiedener Neigung der Kalkspathstücke bald erweitern, bald zu einem Punkt verengen, und deren Erscheinen durch sehr dünne Röhren (*tubes déliés*) hervorgebracht sein soll, welche sich in diesen Stücken fänden und von denen mehrere Tausend auf einen Zoll gingen.

Descloizeaux. *Note sur une astérie du diamant.*

Hr. Descloizeaux beschreibt zwei Diamant-Octaeder, welche auf zwei gegenüberliegenden überschliffenen Octaederflächen in reflectirtem Lichte einen Stern zeigen, welcher aus Sechs verästelten Strahlen besteht; nur in dem einen Krystalle krümmen sich je zwei dieser Strahlen gegen einander, so dafs dadurch eine Gestalt entsteht, welche mit der eines Kleeblattes verglichen wird. Hr. Descloizeaux sagt, dieser Stern stehe offenbar in keiner Beziehung zu den beweglichen Sternen, wie sie hauptsächlich am Corund und Granat vorkommen, sondern sei ein fester Stern, denen sehr ähnlich, welche durch eine fremde Substanz in manchen Krystallen von Saphir und Kalkspath hervorgebracht werden, wo diese fremde Substanz sich nach Richtungen, die in einem bestimmten Zusammenhange mit der Krystallform stehen, vertheilte.

Haidinger. *Ueber den Pleochroismus der Krystalle.*

Hr. Haidinger gebraucht den Namen Pleochroismus theils um damit gleichzeitig den Dichroismus der optisch einaxigen Krystalle und den Trichorismus der optisch zweiaxigen zu umfassen, theils um dadurch auszudrücken, dafs die zwei oder drei Farben, welche man gewöhnlich an den Krystallen im durchgehenden Lichte unterscheidet, nur Extreme sind, zwischen welchen man wiederum Zwischenstufen anzunehmen hat. Der Verfasser hat sich zu den mitgetheilten Versuchen eines sehr einfachen Apparates bedient, welchen derselbe mit dem Namen einer dichroskopischen Loupe bezeichnet; diese besteht aus einem Bruchstück von Doppelspath, an welches jederseits ein Glasprisma von 18° nud aufserdem dem Auge zugekehrt noch ein gewöhnliches Loupenglas befestigt ist. Dieser Apparat ist einem doppeltbrechenden Kalkspath-Prisma vorgezogen, weil er die erzeugten Bilder nicht so weit trennt, dafs sie nicht noch leicht verglichen werden könnten. [Jener auffallenden Ansicht des Verfassers gemäfs, dafs man ohne weitere Anwendung eines analysirenden Apparats die Richtuug, in welcher das Licht polarisirt ist, erkennen könne, fügt derselbe in Beziehung auf die Bilder einer kleinen Lichtöffnung, die er auf der dem Auge entgegengesetzten Seite der Loupe anbringt, hinzu: die von ihm (Pogg. Ann. LXIII, 29) beschriebenen gelben Lichtbüschel, welche man durch vergleichende Betrachtung der zwei Lichtbilder auffände, zeigten die Richtung der Polarisation an, wonach man sich orientiren könne; in dem ordentlichen Strahle nämlich lägen sie in der Ebene, welche beide Strahlen enthält, in dem aufsorordentlichen Strahl ständen sie senkrecht darauf.]

Betrachtet man nun einen optisch einaxigen Krystall senkrecht auf seine gerade Endfläche im durchgehenden Lichte, so nimmt man eine gewisse Farbe wahr, welche der Verfasser Farbe der Basis nennt; durch das Dichroskop gesehen, zerlegt sich dieselbe in ein ordentliches Bild nnd in ein aufserordentliches, welche immer von derselben Farbe sind, wie man auch den Krystall um seine Axe drehen mag. Betrachtet man den einaxigen Krystall senkrecht auf eine Säulenfläche, so sieht man eine andere Farbe, welche der Verfasser die Farbe der Seitenflächen nennt; diese zerlegt sich im Dichroskop in ein ordentliches Bild *O* und ein aufserordentliches *E*, welche von ungleicher Farbe sind. Nun wird angenommen, dafs das *O* vollkommen die Farbe der Basis sei, mag der Verfasser dies durch Beobachtung allgemein gültig gefunden oder aus theoretischen Betrachtungen geschlossen haben, indem allerdings die Lage der Polarisationsebene in Beziehung auf die Axen, von welcher überhaupt die Absorption für die verschiedenen einfachen Lichtarten beim Durchgang durch doppeltbrechende Krystalle abhängig zu sein scheint, für den ordentlichen Strahl immer dieselbe bleibt, dessen Polarisationsebene stets der Hauptschnitt ist. In Folge dieser Annahme nun, dafs das *O* die Farbe der Basis sei, sind in den Listen von einaxigen Krystallen, deren dichromatische Erscheinungen der Verfasser kennen lehren will, nur dieses *O* und ferner das *E*, welches als Axenfarbe bezeichnet wird, aufgeführt, indem damit dann die Farbe der Basis unmittelbar gegeben, die Farbe der Seitenflächen aber durch Mischung von *O* und *E* abzuleiten wäre. In der reichen Liste von Beobachtungen, welche der Verfasser mittheilt, findet man eine Menge positiver und negativer Krystalle aus dem viergliedrigen, sechsgliedrigen und rhomboëdrischen Krystallsysteme.

Wie zu erwarten ist, bringt bei den einaxigen Krystallen eine Drehung um ihre Axe keine Aenderung in den Bildern der Seitenfläche, welche durch die dichroskopische Loupe erzeugt werden, hervor, d. h. durch welche Säulenfläche man auch hindurchsehe, bleiben diese Bilder immer gleich, da die Krystalle wie ein Revolutionsellipsoid sich von der Axe aus nach allen Seiten gleich verhalten. Anders aber ist es mit den optisch zweiaxigen Krystallen. Stellt man von drei verschiedenen auf einander rechtwinkligen Axen die Axe z senkrecht, und betrachtet dann den Krystall erst durch eine Fläche $[x : \infty y : \infty z]$, und, indem man den Krystall um die Axe der z dreht durch eine Fläche $[y : \infty x : \infty z]$, so sieht man das erste Mal im gewöhnlichen Lichte eine Farbe, welche der Verfasser mit *B* bezeichnet, und welche sich durch die dichroskopische Loupe in zwei andere Farben, die mit *a* und *c* bezeichnet werden sollen, zerlegt, das zweite Mal im natürlichen Lichte eine Flächenfarbe *C*, mit der dichroskopischen Loupe aber zwei Farben, von denen die eine wiederum die Farbe *a* ist, da in Beziehung auf die Polarisationsebene des einen Bildes sich durch die Drehung des Krystalls nichts geändert hat, die andere aber eine neue Farbe *b*, da die Polarisationsebene dieses Bildes nicht mehr durch *z* und *x*, sondern durch *z* und *y* geht, die Erscheinungen des Pleochroismus überhaupt aber davon abhängig sind, dafs das Licht, wenn es in einem doppelbrechenden Körper nach verschiedenen Richtungen polarisirt, dann auch verschieden für die verschiedenen Farben absorbirt wird. Aus eben diesen Gründen aber wird der Krystall senkrecht auf die Basis gesehen ohne dichroskopische Loupe eine dritte Flächenfarbe *A* zeigen, welche sich in der dichroskopischen Loupe in die beiden Farben *b* und *c* auflösen wird. Man erhält also hier d r e i extreme Flächenfarben, welche durch Combination zu zweien aus den drei Farben *a*, *b* und *c* entstehen, welche Herr Haidinger Axenfarben nennt. Ganz dieselben Erscheinungen, welche hier die 2 und 2 gliedrigen Krystalle zeigen, ergeben sich nach Hrn. Haidinger auch an den 2 und 1 gliedrigen und den 1 und 1 gliedrigen, sobald man deren Axen richtig stellt. Für eine Menge dieser Krystalle werden die drei Flächenfarben und die drei Axenfarben angegeben.

Durch die von Hrn. Haidinger mitgetheilten Beobachtungen bestätigt es sich also vollkommen, dafs die Krystalle in Beziehung auf die Erscheinungen des Pleochroismus vollkommen wie nach ihren übrigen optischen Erscheinungen und nach ihrer Form in drei grofse Kathegorien zerfallen: 1) die regulairen Krystalle, dieselben zeigen gar keinen Dichroismus; 2) die Krystalle, in denen sich eine Längsaxe von unter einander gleichen Queraxen differenzirt, nämlich die viergliedrigen, sechsgliedrigen und rhomboëdrischen, sämmtlich mit D i chroismus versehen; und endlich 3) die Krystalle, in denen auch die beiden Queraxen von einander verschieden sind, nämlich die 2 und 2 gliedrigen, 2 und 1 gliedrigen und 1 und 1 gliedrigen, sämmtlich mit T r i chroismus.

Als eine besondere Eigenthümlichkeit des durchsichtigen Andalusits aus Brasilien hebt Herr Haidinger hervor, dafs die eine seiner drei Axenfarben, welche ein Dunkel-Blutroth ist, bei einiger Dicke des Krystalls gänzlich absorbirt wird, und dafs die Flächenfarben dann nur noch gebildet werden durch *b* allein (olivengrün), *c* allein (ölgrün) und eine Mischung von *b* und *c*, ein ähnliches Verhalten scheint mehrere Male unter den optisch zweiaxigen Krystallen vorzuhommen; Hr. Haidinger führt in dieser Hinsicht noch den Axinit an; ein ähnliches Verhalten für einaxige Krystalle ist das bekannte des Turmalins.

Dr. J. Ewald.

3. Physiologische Optik.

Sturm. Sur la théorie de la vision. C. R. XX, 554. 761. 1238; Pogg. Ann. LXV, 116.

Forbes. Addition à une note précédante sur l'adaptation de l'oeil à la vision des objets situés à des distances différentes. C. R. XX, 61; Inst. No. 576, p. 15; No. 578, p. 32.

de Haldat. Observations sur l'hypothèse de M. Forbes d'Edinbourg relative à la vision distincte des objets situés à des distances différentes. C. R. XX, 458 et 1561; Inst. No. 596, p. 90.

Frestel. Remarques critiques sur les expériences de Mr. de Haldat. C. R. XXI, 384.

D. Brewster. Sur deux nouvelles propriétés de la rétine. Inst. No. 620, p. 407.

J. B. Listing. Beitrag zur physiologischen Optik. Göttinger Studien v. J. 1845, Abth. I, 52.

W. Mackenzie. Ueber das Sehen von Gegenständen auf und in dem Auge. Froriep's neue Notizen aus dem Gebiete der Natur- u. Heilkunde XXXV, 2.

L. L. Vallée. Théorie de l'oeil. C. R. XX, 1338; Inst. No. 393, p. 166.

Guérard. Observations sur la vision multiple. Inst. No. 581, p. 64.

C. G. Ruete. Das Ophthalmotrop, dessen Bau u. Gebrauch. Götting. Stud. f. 1845. I, 111.

Emsmann. Optische Täuschung, welche sich an dem Abplattungsmodelle zeigt, sobald dieses durch die Schwungmaschine in Bewegung gesetzt wird. Pogg. Ann. LXIV, 326.

Wheatstone. Sur un effet singulier de juxtaposition de certaines couleurs dans des circonstances particulières. Inst. No. 582, p. 75.

D. Brewster. Sur la cause d'un phénomène signalé par M. Selwyn. Inst. No. 592, p. 164.

E. Brücke. Ueber das Verhalten der optischen Medien des Auges gegen Licht- und Wärmestrahlen. Müller's Arch. J. 1845, p. 262; Pogg. Ann. LXV, 593.

E. Brücke. Anatomische Untersuchungen über die sogenannten leuchtenden Augen bei den Wirbelthieren. Müller's Arch. J. 1845, p. 388.

In dem Jahresberichte über die Fortschritte der physiologischen Optik im Jahre 1845 beschäftigt uns zuerst das Vermögen des Auges, in verschiedenen Sehweiten mit gleicher Deutlichkeit zu sehen. Ehe ich jedoch zur Besprechung der Arbeiten übergehe, mufs ich dem Leser mit wenigen Worten den gegenwärtigen Zustand dieses Kapitels vor die Augen führen. Alle Theorien über das deutliche Sehen in verschiedenen Sehweiten lassen sich in zwei Abtheilungen bringen, deren erste solche umfafst, welche aufser der Erweiterung und Verengerung der Pupille keine Veränderung des optischen Apparates, keine Akkommodation anerkennen, und unter deren zweite solche fallen, welche Veränderungen in den Oberflächen und Dimensionen der brechenden Medien behufs der Adaptation annehmen.

Die Begründer der Theorien der ersten Abtheilung nehmen entweder an, dafs die Linse vermöge ihres inneren Baues gleich deutliche Bilder von verschieden entfernten Objecten auf der Nervenhaut entwerfen kann oder sie setzen das Wesentliche der Akkommodation darin, dafs beim Sehen in der Nähe die Randstrahlen, welche ihrer Annahme nach erst hinter der Nervenhaut zur Vereinigung kommen würden; durch die Iris abgeblendet werden. Gegen die erstere Ansicht spricht sogleich, dafs man, wenn man zwei Stecknadeln nicht zu weit vom Auge entfernt und nur wenige Zolle hinter einander aufsteckt, und die eine fixirt, man die andere undeutlich sieht [1]. Auch das Abblenden

[1] Ich mufs bemerken, dafs ich hiermit keinesweges in Abrede stelle, dafs die Vereinigungsweiten der Strahlen, welche aus verschiedenen Entfernungen kommen, bei der bekannten Structur der Linse kleinere Unterschiede haben, als sie haben würden, wenn die Linse aus einer homogenen Masse bestände. Dies ist ein

der Randstrahlen erweist sich als unzureichend, denn sollen die Centralstrahlen naher Objecte sich immer in der Ebene der Nervenhaut vereinigen, so müssen sich die Centralstrahlen ferner Objecte immer vor der Nervenhaut vereinigen, und es ist mithin gar kein deutliches Sehen in die Ferne möglich. Die Verengerung der Pupille kann nur als Hülfsmittel für die Akkomodation betrachtet werden, wenn man annimmt, dafs sich beim Sehen in die Ferne alle Strahlen in der Ebene der Nervenhaut vereinigen, das Auge sich aber für die Nähe nur in so weit durch Veränderungen in Formen und Dimensionen der Medien adaptiren könne, dafs sich die Centralstrahlen in der Ebene der Nervenhaut vereinigen. Dann kann die sich zusammenziehende Iris dazu dienen, die noch nicht hinreichend convergirenden Randstrahlen abzublenden. Jedoch selbst in dieser Hinsicht scheint sie nicht von grofser Bedeutung zu sein; denn man sieht im Finstern auch in der Nähe einen einzelnen hellen Punkt vollkommen deutlich, obgleich die Pupille aufserordentlich erweitert ist, da ihr Zustand mehr von dem gesammten Lichtquantum, welches in beide Augen fällt, als von der jedesmaligen Sehweite abhängt.

Mile endlich rechnet auf die Beugung des Lichts am Rande der Pupille und gründet hierauf eine Theorie, welche billig der Vergessenheit übergeben wird.

Von den Anhängern der Theorien der zweiten Abtheilung werden folgende Akkommodationsmittel geltend gemacht.

1) Verkleinerung des Krümmungsradius der Cornea;
2) Veränderungen in der Convexität der Linsenoberflächen;
3) Bewegung der Linse nach vorn;
4) Verlängerung des Augapfels in der Längsaxe.

Es scheint nun freilich durch Versuche hinreichend dargethan zu sein, dafs keine dieser vier Veränderungen in hinreichendem Grade stattfindet, um den Veränderungen in der Seh-

Gegenstand, der bei dem jetzigen Zustande der Dioptrik wohl einer vollständigen Analyse unterworfen werden kann, und wenn man hinreichend genaue numerische Data auf dem Wege der Erfahrung ermitteln könnte, so würde man vielleicht die nöthigen Akkommodationsveränderungen des Auges beträchtlich geringer finden, als sie Olbers angegeben hat.

weite des Normalauges zu genügen, doch ist es möglich, daſs mehrere von ihnen gleichzeitig wirken und deshalb jede einzelne von ihnen nur sehr klein zu sein braucht; wir wollen sie deshalb einzeln durchgehen, um zu sehen, welche von ihnen wahrscheinlicherweise bei der Akkommodation Statt haben, und durch welche Mittel sie zu Stande kommen können.

1) Stärkere Wölbung der Cornea.

Solche wollen Home und Ramsden beim Sehen in die Nähe beobachtet haben. Young jedoch konnte dieses nicht bestätigen, und auch andere haben sie vergebens gesucht. Sie kann jedenfalls nur gering sein, aber bei der Schwierigkeit der Versuche ist es gewagt, sie aus negativen Resultaten zu leugnen. Als ursächliches Moment kann man eine stärkere Spannung sämmtlicher Augenmuskeln ansehen. Die schiefen Augenmuskeln comprimiren mit einer Componente den Bulbus, indem sie ihn nach der Nasenseite zu gegen die Orbitalwand andrücken, mit der andern ziehen sie ihn nach vorn und liefern so den geraden Augenmuskeln einen Stützpunkt, welche ihn nach hinten zu ziehen und von vier Seiten zu comprimiren suchen.

2) Veränderung in der Convexität der beiden Linsenoberflächen.

Als ursächliche Momente derselben sind geltend gemacht: 1) Contractilität der Linsensubstanz, diese ist aber nach unsern jetzigen physiologischen Begriffen unmöglich, da die Linse gar nicht mit dem Nervensystem in Zusammenhang steht. 2) Seitlicher Druck der Ciliarfortsätze auf den Linsenrand; dieser ist aber ebenfalls unmöglich, da die Ciliarfortsätze nichts als feine weiche Gefäſsbüschel sind, welche die Linse im Menschenauge gar nicht einmal berühren.

3) Bewegung der Linse nach vorn.

Diese will Hueck am lebenden Auge direct beobachtet haben. Als ursächliches Moment für dieselbe läſst sich ebenfalls die Compression des Bulbus durch die Augenmuskeln anführen, es fragt sich nur, wie die Linse bei der Unzusammendrückbarkeit des *Humor aequeus* einen hinreichenden Spielraum nach vorn erhalten soll. Dieser kann in einem geringen Grade durch die stärkere Wölbung der Cornea bedingt sein. Es ist aber auch ein gewiſs nicht zu übersehender Umstand, daſs die frei in die Augenkammern hineinragenden gefäſsreichen Theile die Iris und die Ciliarfortsätze durch den stärkeren Druck einen Theil ihres Blutgehaltes verlieren und dadurch an Volumen abnehmen.

Die frühere Ansicht von der directen Bewegung der Linse durch den Faltenkranz hat man als irrig aufgeben müssen, seit man den anatomischen Bau der Ciliarfortsätze und der *Zonula Zinnii* näher kennen gelernt hat.

4) Verlängerung des Augapfels in der Längsaxe.

Wir haben gesehen, daſs wir, um eine stärkere Wölbung der Cornea und ein Vorrücken der Linse zu motiviren, annehmen müssen, daſs beim Sehen in die Nähe der Augapfel von den Augenmuskeln zusammengedrückt werde, auch haben wir in der That, wenn wir uns bemühen, sehr nahe Gegenstände deutlich zu sehen, ein Gefühl von Druck und Muskelanstrengung in der Augenhöhle. Es fragt sich nun, ob diese Compression des Bulbus eine Verlängerung desselben in der Längsaxe zur Folge haben könne. Es ist zuvörderst zu entscheiden, ob die Augenmuskeln überhaupt einen merklichen Einfluſs auf die Form des Augapfels ausüben können, oder ob die inneren Theile desselben die häutige Kapsel, in welche sie eingeschlossen sind, so prall ausfüllen, daſs der Druck der Augenmuskeln die Form des Augapfels nicht mehr verändern kann. Wenn man den Finger unmittelbar nach dem Tode eines Thieres auf den Augapfel desselben legt, so wird man ihn immer bedeutend weicher finden als er wenige Minuten vorher am lebenden Thiere war, woraus es wahrscheinlich wird, daſs er einen Theil der Spannung, welche er im Leben hatte, der Action der Augenmuskeln verdankte. Auch findet man am Augapfel des Menschen da, wo ihm die geraden Augenmuskeln anliegen, immer sehr auffallende Abflachungen, welche deutlich zeigen, daſs jene Muskeln nicht ohne Einfluſs auf seine Gestalt gewesen sind. Es fragt sich nun weiter, ob die angespannten Augenmuskeln den Augapfel in der Längsaxe verlängern oder verkürzen. Für die letztere Ansicht ist aufgebracht worden, daſs die geraden Augenmuskeln den Augapfel nach hinten ziehen, seine hintere Wand an das Fettpolster der Augenhöhle andrücken und ihn so hinten abflachen. Ich mufs dieses aber bestreiten. Wenn man die Augenhöhle von obenher aufmeifselt, und den Aufhebemuskel des oberen Augenliedes sammt dem oberen geraden Augenmuskel vorsichtig zurückschlägt, so überzeugt man sich leicht, dafs das fetthaltige Zellgewebe ganz weich und locker hinter dem Augapfel liegt und dafs derselbe, ohne sich zu quetschen, um ein merkliches würde in die Augenhöhle zurücktreten können. Wenn wir aber das Auge eines Lebenden beobachten, der abwechselnd die Nähe und die Ferne fixirt, so sehen wir, dafs das Auge beim Fixiren der Nähe nicht in die Augenhöhle zurücktritt, sondern ruhig stehen bleibt. Der Augapfel mufs also, falls ihn die geraden Augenmuskeln nach hinten zu ziehen suchen, durch etwas anderes als durch das hinter ihm liegende Fettpolster in seiner Lage erhalten werden. In der That braucht man nur die Lage der *Trochlea* und die Ursprungsstelle des *Musculus obliquus inferior* anzusehen, um sich zu überzeugen, dafs die schiefen Augenmuskeln nicht nur den Bulbus drehen oder bei gleichzeitiger Anspannung gegen die Nasenwand der Augenhöhle andrücken können, sondern dafs beide mit einer beträchtlichen Componente dem Zuge nach hinten der von den geraden Augenmuskeln ausgeübt wird, entgegenwirken.

Eben so schwer ist es jedoch auf der andern Seite zu beweisen, dafs die Augenmuskeln bei ihrer Zusammenziehung die Axe des Bulbus wirklich verlängern. Da wir aber bis jetzt die Augenmuskeln als einzigen Bewegungsapparat des Auges kennen gelernt haben, der möglicherweise die nöthigen Akkommodationsveränderungen vermitteln kann, so mufs ich noch auf einen Einwand eingehen, den Hr. Hueck und Andere gegen eine derartige Wirkung der Augenmuskeln aufgebracht haben, und der auf den ersten Anblick als sehr schlagend erscheint, nämlich auf den, dafs die Einträuflung von Bilsenkraut- oder Nachtschattenextract in das Auge, übersichtig mache, ohne die Beweglichkeit des Augapfels und mithin die Function der Augenmuskeln zu beeinträchtigen. Joh. Müller beobachtete indessen (Physiologie des Menschen, Bd. II, p. 333), dafs, wenn man Nachtschattenextract in ein Auge einträufelt, weder die Contractilität der Iris, noch das Akkomendationsvermögen völlig erlischt, sondern nur, dafs das narcotisirte Auge unter allen Umständen ferneren Gegenständen adaptirt ist als das gesunde. Sah er mit dem gesunden Auge auf mäfsig nahe Gegenstände, so war das kranke für ferne akkommodirt, und suchte er dieses für nähere Gegenstände zu akkommodiren, was ihm bis zu einem gewissen Grade gelang, so akkommodirte sich sogleich das gesunde Auge für die allernächste Nähe. Es erfolgte also hier auf den Willensreiz in beiden Augen Reaction, aber die des gesunden war constant energischer als die des kranken, was wohl Niemanden Wunder nehmen kann. Aus der Beweglichkeit des Augapfels schliefsen zu wollen, dafs die Augenmuskeln gar nicht afficirt waren, ist nicht zulässig, denn da das Auge nach allen Richtungen hin equilibirt ist, so reicht ein Minimum von Reaction der Muskeln auf den Willensreiz hin, um es zu bewegen. Zur Compression des Augapfels dagegen behufs der Akkommodation ist eine energische und dauernde Zusammenziehung derselben Muskeln nöthig, und zu dieser konnten sie bei dem kranken Auge nicht mehr erregt werden.

So wenig es aber erwiesen ist, dafs die Augenmuskeln keinen Einflufs auf die Akkommodation haben, so unwahrscheinlich ist es auf der andern Seite, dafs sie derselben ausschliefslich vorstehen, denn es sind Fälle von Lähmung des *Nerv. oculomotorius*, z. B. ein von Ruete in dessen klinischen Beiträgen beschriebener beobachtet, in welchem noch ein bedeutendes Akkommodationsvermögen vorhanden war. Erst im Verlaufe des vorigen Winters bin ich so glücklich gewesen im Innern des menschlichen Auges einen Muskel zu entdecken, der ohne Zweifel bei der Akkommodation in Wirksamkeit tritt, aber über die Art derselben eine genügende Hypothese aufzustellen, hat vor der Hand noch einige Schwierigkeit. Ich habe diesen Muskel in Müller's Archiv beschrieben und ihn Spannmuskel der Chorioidea genannt. In Rücksicht auf seine histologische Beschaffenheit gleicht er der Blendung und erhält auch seine Nerven mit ihr aus denselben Quellen. Seine Fasern entspringen ringsum von dem vorderen Theile der äufsern Fläche der Chorioidea und heften sich von hinten nach vorn verlaufend an die

Grenze zwischen Cornea und Sklerotica fest. Es ist also vollkommen einleuchtend, dafs dieser Muskel, wenn er sich zusammenzieht, die Chorioidea mit der in ihr liegenden Retina um den Glaskörper anspannen mufs, und dafs er dabei die Spannung der *Zonula Zinnii* wenigstens des der Linse zunächst liegenden Theiles derselben etwas vermindert, indem ihr hinterer Theil mit der Basis der Ciliarfortsätze etwas nach vorn gezogen wird. Wenn der Muskel die Chorioidea um den Glaskörper anspannt, so ist es ferner klar, dafs er eine Oberfläche zu verkleinern sucht, welche von der innern Fläche der Cornea und der der Chorioidea im engeren Sinne gebildet wird, diese Oberfläche aber schliefst wegen der Unzusammendrückbarkeit der sogenannten Augenflüssigkeiten (*humor aqueus, vitreus* und *crystallinus*) ein constantes Volumen ein, sie kann also nur verkleinert werden, indem sich ihre Form verändert. Der von der Oberfläche eingeschlossene Körper hat ferner einen constanten Querschnitt, den unveränderlichen Kreis an der Grenze zwischen Cornea und Sklerotica; soll deshalb die Oberfläche auf ihr Minimum gebracht sein, so mufs der fragliche Körper aus zwei Kugelabschnitten auf gemeinschaftlicher Basis bestehen, von denen einer durch die Cornea, der andere durch die Chorioidea umfafst wird. Nehmen wir nun an, das innere Auge nähere sich dieser Gestalt durch die Zusammenziehung des Spannmuskels der Chorioidea wirklich, so würde hieraus eine Verlängerung desselben in der Richtung der Sehaxe folgen, indem wenigstens der hintere von der Chorioidea umfafste Theil nach den von andern und von mir selber angestellten Messungen ein Abschnitt eines Sphäroids ist, das von der Kugelgestalt in dem Sinne eines Ellipsoids abweicht, das durch Umdrehung einer Ellipse um die Sehaxe als ihre kleine Axe entstanden ist. Gegen diese Annahme aber ist ein schwer zu beseitigender Einwand zu erheben, nämlich der, dafs die Chorioidea so zart und zerreifslich ist, dafs sie wohl schwerlich der zu einer solchen Formveränderung nöthigen Anspannung trotz bieten möchte; auch ist es die Frage, welchen Grad der Spannung hierbei die Nervenhaut erleiden würde, und zwischen welchen Grenzen die Veränderungen in der Spannung liegen, welche sie ohne Verletzung der Integrität ihrer Function erleiden kann.

Was den Erfolg der Abspannung der *Zonula* für die Akkommodation betrifft, so mufs er vor der Hand ebenfalls zweifelhaft bleiben. Nur mit einiger Wahrscheinlichkeit könnte man vermuthen, dafs sie dem Vortreten der Linse günstig sei. Auch könnte man beim Menschen vielleicht an eine geringe durch sie bedingte Formveränderung der Linse denken. Man müfste nämlich annehmen, dafs die Wölbung der Linsenkapsel durch den Zug der angespannten *Zonula* etwas abgeflacht sei und beim Nachlassen desselben stärker werde, jedoch würde diese Hypothese nur da statthaft sein, wo sich, wie beim Menschen ein wirklicher *liquor Morgagni* vorfindet; bei vielen Thieren, die denselben Akkommodationsapparat haben wie der Mensch, würde sie unstatthaft sein, weil bei ihnen die Schichten von zusammenhängenden Zellen, welche ihren Ort nicht mehr ändern können, unmittelbar unter der Kapsel liegen, auch würde selbst beim Menschen der Vortheil für die Akkommodation nur gering sein, da die eigentlichen Linsenschichten unter allen Umständen ihre Form behalten müfsten.

Nach diesen Vorbemerkungen, welche ich für nothwendig erachtet habe, um den Leser auch mit der anatomisch-physiologischen Seite der Akkommodationsfrage bekannt zu machen, wenden wir uns zur Besprechung der Abhandlungen, welche im Jahre 1845 über diesen Gegenstand erschienen sind. Es liegt uns zunächst folgende Arbeit vor:

Ueber die Theorie des Sehens, von STURM.

Hr. STURM bemerkt im Eingange, dafs durch THOMAS YOUNG die Unveränderlichkeit der Krümmung der Hornhaut, so wie die Unmöglichkeit einer merklichen Verschiebung der Krystalllinse aufser Zweifel gesetzt sei; Punkte, welche schon oben besprochen sind. Er sucht hierauf zu beweisen, dafs das Auge, um in verschiedenen Entfernungen deutlich zu sehen, keine Veränderung seines Refractionszustandes bedürfe. Der Gang, den er hierbei befolgt, ist dieser: Wenn Lichtstrahlen von einem Punkte ausgehend, ein System von optischen Medien durchdringen, so können sie nur dann wieder in einen einzigen Punkt vereinigt werden, wenn die Oberflächen der Medien sämmtlich Revolutionsoberflächen um die gemeinschaftliche Axe sind. Ist dies dagegen nicht der Fall, so sind die für die Lichtbrechung zunächst in Betracht kommenden Krümmungskreise der Oberflächen in irgend einer der unendlich vielen Ebenen, welche durch den Axenstrahl gelegt werden können am gröfsten, in der darauf senkrechten Axenebene am kleinsten. Die in der Ebene der kleinsten Krümmungskreise divergirenden Strahlen vereinigen sich also am frühesten, die in der Ebene der gröfsten Krümmungskreise divergierenden am spätesten. Nehmen wir also beispielsweise an, dafs die Ebene der gröfsten Krümmungskreise die Horizontale, die der kleinsten die Vertikale sei, so giebt es zwei Brennpunkte, einen für die vertikal- und einen für die horizontal-divergirenden Strahlen, ersterer heifse *a*, letzterer *b*. Dann divergiren also zwischen *a* und *b* die Strahlen der vertikalen Ebene schon, während die der horizontalen noch convergiren. Zwischen *a* und *b* ist also das Strahlenbündel verdichteter als irgendwo, behält aber in dieser Strecke ziemlich gleichen Querschnitt, nur dafs derselbe in der Gegend nach *a* zu horizontal, in der Gegend nach *b* zu, vertikal verzogen ist. Aufser der mathematischen Begründung dieses Theorems giebt Hr. Sturm auch eine Methode an, sich experimentell von der Richtigkeit desselben zu überzeugen. Man lasse durch ein Loch im Fensterladen ein cylindrisches Strahlenbündel durch ein System von optischen Medien mit unregelmäfsiger Krümmung fallen (wozu eine gewöhnliche gefüllte Wasserkaraffe dienen kann), das ausfahrende Strahlenbündel läfst man nochmals durch ein rundes Loch in einem Schirme gehen und macht hinter demselben einen dichten Rauch, dann kann man die Gestalt, die das Strahlenbündel angenommen hat, beobachten und auch die Contraction im Raume zwischen den beiden Brennpunkten (*intervalle vocale*) deutlich wahrnehmen. Nun meint Hr. Sturm, gehe aus den bisherigen am Auge gemachten Messungen nicht hervor, dafs die Oberflächen der Medien des Auges Revolutionsoberflächen um eine gemeinschaftliche Axe sein, sondern sie scheinen unregelmäfsig gekrümmt. Hieraus wird es wahrscheinlich, dafs auch sie zwei Brennpunkte und ein *intervalle focale* haben. Ist dies aber der Fall, so können wir offenbar ohne Veränderung des Refractionszustandes Gegenstände verschiedener Entfernung deutlich sehen, da wir immer noch ein brauchbares Bild auf der Nervenhaut haben, sobald sich diese im *intervalle focale* befindet.

Bei dem allgemeinen Interesse, welches die betreffende Theorie erregt hat, und bei dem wissenschaftlichen Ernste, mit dem sie durcharbeitet ist, kann ich nicht umhin, mich auf eine kritische Würdigung derselben einzulassen. Ich will nicht untersuchen, eine wie grofse Schärfe und Deutlichkeit des Sehens bei obiger Doppelheit der Brennpunkte möglich ist; nur folgende drei Fragen mufs ich zu entscheiden suchen:

1) Kann die von Hrn. Sturm gegebene Theorie bei der Annahme, dafs sie richtig ist, das Streitige und Räthselhafte in den sogenannten Akkommodationserscheinungen erklären?

2) Folgt es aus den am todten Auge angestellten Messungen nothwendig, dafs doppelte Brennpunkte und ein *intervalle focale* vorhanden sind?

3) Haben erfahrungsmäfsig alle Augen, welche in verschiedenen Entfernungen deutlich sehen, doppelte Brennpunkte und ein *intervalle focale*, und ist dies überhaupt der Normalzustand?

1) Kann die von Hrn. Sturm gegebene Theorie bei der Annahme, dafs sie richtig ist, das Streitige und Räthselhafte in den sogenannten Akkommodationserscheinungen erklären?

Nach Hrn. Sturm's Theorie ist es freilich einsichtlich, dafs ein und dasselbe Auge Gegenstände in einigermafsen verschiedenen Entfernungen deutlich sehen könne. Dies ist aber auch durch alle übrigen bis jetzt vorgebrachten Theorien erklärlich, denn die kleinen Veränderungen des innern Auges, die hierzu nöthig sind, entziehen sich jeglicher Beobachtung. Die wahre Frage ist nicht die: Warum sieht ein Auge in 1 Fufs und in 2 Fufs Entfernung gleich deutlich, sondern die: Warum kann ein Auge in 6 Zoll Entfernung und in unendlicher Ferne deutlich sehen? Und diese Frage wird durch Herrn Sturm keinesweges gelöst, wie er selbst sehr wohl fühlt, da er sie gänzlich unberührt läfst, und nur immer von gleicher Deutlichkeit innerhalb gewisser Grenzen spricht.

2) Folgt aus den am Auge angestellten Messungen nothwendig, dafs zwei Brennpunkte und ein *intervalle focale* vorhanden sind?

Dies ist keineswegs der Fall, denn die Systeme von optischen Medien, welche alle von einem Punkte kommenden Strahlen wieder in einem Punkte sammeln, sind nicht ausschliefslich solche, bei denen die Oberflächen, an welchen die Brechung erfolgt, Umdrehungsoberflächen um dieselbe Axe sind, sondern es giebt ihrer noch aufserdem eine unendliche Anzahl solcher, welche die fragliche optische Eigenschaft so zu sagen durch Compensation besitzen, indem der optische Effekt der Abweichung einer Oberfläche von der Symmetrie um die Axe durch eine entsprechende einer andern Oberfläche im entgegengesetzten Sinne aufgehoben wird. Ob das Auge zu diesen asymmetrischen aber compensirten Systemen gehöre, läfst sich bis jetzt noch nicht aus Messungen entscheiden; es läfst sich aber auch nicht a priori verneinen, da die Natur nicht an die engen Grenzen unserer mechanischen Ausführung und auch nicht an die weiteren der mathematischen Analysis gebunden ist. Wir müssen uns deshalb zum Experiment am lebenden Auge und somit zu der dritten Frage wenden.

3) Haben erfahrungsmäfsig alle Augen, welche in verschiedenen Entfernungen deutlich sehen, zwei Brennpunkte und ein *intervalle focale,* und ist dies überhaupt der Normalzustand?

Hr. Sturm führt Beobachtungen von Airy, Young, Herschel und Plateau an, dafs in den Augen verschiedener Individuen horizontal-divergirende Strahlen früher oder später zur Vereinigung kommen als vertikal-divergirende; besonders schlagend und für jedes auch ganz ungeübte Auge leicht nachzumachen sind die Versuche von Plateau; er sagt: „Man ziehe auf weifser Pappe zwei schwarze Streifen unter rechtem Winkel, beide 8 bis 9 Millimeter breit. Man lege die Pappe an einen recht hellen Ort und zwar so, dafs der eine Streifen horizontal, der andere vertikal sei. Dann entferne man sich etwa 20 Schritte. Bei dieser Entfernung erscheint der horizontale Streifen für gewisse Augen breiter und schwärzer als der vertikale, und für andere Augen ist es umgekehrt. Neigt man den Kopf, so dafs die Linie, welche die beiden Augen verbindet, vertikal ist, so ist der Effekt umgekehrt. Neigt man den Kopf etwa 45 Grad, oder läfst man den Kopf gerade und dreht die Karte so, dafs beide Linien gleiche Neigung gegen den Horizont erhalten, so erscheinen sie von einerlei Breite und Färbung. Analoge Effekte erhält man mit einem weifsen Kreuze auf schwarzem Grunde.

Diese Versuche habe ich wiederholt, aber sie haben mir mit meinen beiden Augen nicht gelingen wollen. Individuen, mit welchen der Versuch gelang, waren offenbar in gewissem Grade kurzsichtig, da sie schon in 20 Schritt Entfernung die Dinge nicht mehr sahen wie sie wirklich sind. Auch Th. Young war kurzsichtig, da er die Weite des deutlichen Sehens seines Auges im Zustande der Ruhe (!) auf 7 bis 10 Zoll angiebt, Airy's linkes Auge, das citirt wird, möchte verbildet sein, da es nicht zum Lesen taugte, und Herschel spricht geradezu von Missbildungen der Hornhaut. Meine beiden Augen dagegen sehen von 6 Zoll Sehweite an bis in die unendliche Ferne ganz gleich deutlich, das *Lumen cinereum* des Mondes so scharf begrenzt wie die Buchstaben, welche ich schreibe. Mache ich ein schwarzes Kreuz auf ein weifses Blatt und bringe es einem meiner Augen näher als 6 Zoll, so werden alle Schenkel desselben gleichzeitig undeutlich und bei langsamer Entfernung ganz gleichzeitig deutlich. Meine Augen haben also ein und denselben Brennpunkt für horizontal- und vertical-divergirende Strahlen, und da meine Augen offenbar vollkommener und brauchbarer sind, als die auf welche sich Hr. Sturm beruft, so mufs ich den einfachen Brennpunkt für den Normalzustand halten, und ich liefere gewifs ein Beispiel, dafs mit ihm das vollkommenste Akkommodationsvermögen verbunden sein kann. Ueberhaupt mufs ich hier wiederholen, dafs alle Versuche, das deutliche Sehen für verschiedene Fernen ohne Veränderung des Refractionszustandes zu erklären, gänzlich fruchtlos sind, denn Jeder, der eine vollkommene Akkommodationsfähigkeit und ein einigermafsen geübtes Auge hat, kann sich überzeugen, dafs wenn er einen ziemlich nahen Gegenstand scharf fixirt, sogleich alle Gegenstände, welche, wenn auch nur wenige Zolle, vor oder hinter demselben liegen, undeutlich werden. Ich stecke 3 Stecknadeln, resp. 6, 12 und 20 Zoll von meinem Auge entfernt auf, und wenn ich je eine von ihnen fixire, sind die beiden andern undeutlich.

Zum Schlufse führt Hr. Sturm die Rechnungen aus, nach denen man die Gestalt eines dünnen von einem Punkte ausgehenden Bündels homogener Lichtstrahlen bestimmen kann, nachdem dasselbe mehrere brechende Medien durchwandert hat.

Wir gehen hierauf zu einer kurzen Note von Hrn. Forbes über.

Forbes. *Addition à une note précédente sur l'adaptation de l'oeil à la vision des objets situés à des distances différentes.*

Hr. Forbes meldet an Arago, dafs er in einer Arbeit von Chossat (*Sur la courbure des milieux réfringents de l'oeil chez le boeuf,* Ann. ch. ph. X.) eine Bestätigung seiner Ansicht gefunden habe, dafs die verschiedene Dichtigkeit der verschiedenen Linsenschichten nicht ein Correctionsmittel für die sphärische Aberration sei, wie nach Hrn. Forbes Meinung alle modernen Schriftsteller über Optik glauben.

Untersuchen wir zuerst die Theorie von Hrn. Forbes und fragen wir dann, in wie fern ihr Chossat's Messungen zur Bestätigung dienen können. Hr. Forbes ist der Meinung, dafs, indem bei der Akkommodation für die Nähe das innere Auge unter einen stärkeren Druck gesetzt wird, sich die Linse stärker wölbe, weil sie wegen der verschiedenen Form und Dichtigkeit ihrer Schichten nach verschiedenen Richtungen hin verschieden elastisch sei. Die Erfahrung hat sich hierfür bis jetzt noch nicht entschieden. Hr. de Haldat hat mittelst eines dazu construirten Apparates ganze Augen und einzelne Linsen im Wasser comprimirt aber keine Veränderung der Brennweite wahrgenommen (*Observations sur l'hypothèse de M. Forbes d'Edinbourg relative à la vision distincte des objets situés à des distances différentes par M. de Haldat. Comptes rendus XX, 1361*). Es liefs sich aber auch eine solche Formveränderung gar nicht erwarten, da die Linse überhaupt gar nicht elastisch ist. Die Elasticität, welche sie zu haben scheint so lange sie sich in der Kapsel befindet, gehört lediglich der letzteren an. Da die Linse also überhaupt nicht elastisch ist, so kann sie auch nicht wegen der verschiedenen Dichtigkeit ihrer Schichten in verschiedenen Richtungen verschieden elastisch sei, und somit fällt die ganze Hypothese in Nichts zusammen.

Wir werden jetzt sehen, in wie fern dieser Hypothese in Chossat's Messungen eine Bestätigung erwächst. Hr. Forbes sagt: *Pendant que la surface de la cornée est engendrée par la révolution d'une ellipse autour de son grand axe, parallèle aux rayons incidents, et, par conséquent aplanatique pour les rayons parallèles* (Hr. Forbes berücksichtigt hier erstens nur die Brechung an einer Oberfläche, die an der zweiten vernachlässigt er gänzlich; ferner zeigt er auch nicht, dafs die grofse Axe der Ellipse, nach der die Cornea gekrümmt ist, dividirt durch die Entfernung der Brennpunkte von einander gleich dem Brechungsindex des Mediums ist, in das der Strahl bei der Brechung übergeht, was doch nöthig sein möchte, um das *par conséquent* zu rechtfertigen) *les surfaces du cristallin sont produites par la révolution d'une ellipse sur son petit axe; par conséquent les parties latérales sont les plus convexes et tendraient à exagérer l'aberration de sphéricité d'une l'entille ordinaire. Cette forme singulière est, sans doute, compensatrice de la forte variation du pouvoir réfringent du cristallin, depuis le centre jusqu'aux bords, et présente la forme vraiment aplanatique pour une lentille ainsi composée. — Il est clair qu'il n'est plus question de rendre aplanatique une lentille avec des courbes arbitrairement supposées sphériques, par la variation de densité de ses couches. L'inégale densité doit jouer un rôle principalement mécanique et la courbure a été ensuite modifiée, afin de détruire l'aberration en sens contraire de celle de nos lentilles ordinaires.*

Wenn Hr. Forbes glaubt, dafs man die Oberflächen der optischen Medien immer für sphärisch gehalten hat, so irrt er. Schon Chalesius (Optic. liber I) behauptete, die hintere Fläche der Linse sei nicht sphärisch, er hielt sie für hyperbolisch gekrümmt. Die Messungen Krause's am Menschenauge, welche mit den von Chossat am Ochsenauge gemachten nicht übereinstimmen, sind zu bekannt, als dafs ich sie noch besonders aufführen sollte. Ich würde diesen Passus aus dem Briefe des Hrn. Forbes nicht abgedruckt haben, da er blofse Vermuthungen enthält, wenn er nicht zeigte, dass man noch immer glaubt, die Physiologie durch die teleologische Methode fördern zu können. Es ist dem Verfasser nicht genug zu sagen: Ungleiche Dichtigkeit und elliptische Krümmung der Oberflächen compensiren sich bei der Linse, so dafs sie in ihrem actuellen Zustande aplanatisch ist, sondern er legt ein besonderes Gewicht darauf, dafs sie nicht ungleiche Dichtigkeit habe, um die Krümmung der Oberflächen zu compensiren, sondern umgekehrt, elliptisch gekrümmte Oberflächen um die ungleiche Dichtigkeit zu compensiren, und man kann sich wirklich den Gott Vater recht lebhaft vorstellen, wie er erst anderweitiger Rücksichten wegen eine Linse von ungleicher Dichtigkeit gemacht hat, und sich darauf genöthigt sieht, sie durch elliptisch gekrümmte Oberflächen zu aplanatisiren.

Wir gehen hierauf zu zwei Arbeiten über, welche sich mit dem Gesehenwerden von Gegenständen in oder auf dem Auge beschäftigen.

J. B. Listing. *Beitrag zur physiologischen Optik.*

Der Verfasser beginnt mit einer sehr lichtvollen schematischen Darstellung des optischen Apprates unserer Augen. Er substituirt demselben ein System von drei homogenen Medien, die durch sphärische Oberflächen von einander getrennt sind, das erste repräsentirt den *humor aquaeus* mit der *cornea*, das zweite die Linse, das dritte den Glaskörper. Behält man die Krümmungshalbmesser bei, welche die Cornea und die beiden Linsenoberflächen haben, und giebt man dem ersten Medium den Brechungsindex des *humor aequeus*, dem dritten den des Glaskörpers, so sieht man sich genöthigt, um die richtige Brennweite des Systems zu erhalten, dem zweiten Medium einen höheren Brechungsindex zu geben, als selbst dem Kern der Linse zukommt, was, wie der Verfasser richtig bemerkt, in dem anatomischen Baue der Linse seine Erklärung findet.

Hierauf bestimmt der Verfasser in ungefähren Angaben die wichtigsten Punkte auf der Sehaxe mit den durch sie und senkrecht gegen die Sehaxe gelegten Ebenen zuvörderst bei dem für die unendliche Ferne akkomodirten Auge. Der hintere Brennpunkt des Systems liegt hier natürlich an der hintern Fläche des Glaskörpers; den vorderen Brennpunkt, das heifst denjenigen, in welchem sich Strahlen vereinigen würden, welche im Glaskörper parallel der Axe gehen, findet er etwa um einen halben Augendurchmesser vor der Cornea. Als Ort für die von Gauss in seinen dioptrischen Untersuchungen eingeführten Hauptpunkte giebt Hr. Listing die vordere Augenkammer an, als ihre wahrscheinliche Entfernung von einander wenige Zehntheile eines Millimeters. Hieraus ergiebt sich zugleich die Lage der von Moser (Repert. d. Ph. Bd. V, p. 372) sogenannten Hauptpunkte, welche Hr. Listing zum Unterschiede von den wahren Hauptpunkten Knotenpunkte nennt. Die Entfernung des hintersten derselben vom hinteren Brennpunkte ist nämlich gleich der Entfernung des vorderen Hauptpunktes von dem vorderen Brennpunkte, und der Abstand der beiden Knotenpunkte von einander ist gleich dem Abstande der beiden Hauptpunkte von einander. Sie liegen demnach, Hrn. Listing zufolge, in der Gegend der hintern Oberfläche der Linse. Beim Sehen in die Nähe rücken natürlich alle Punkte um etwas, gleich als ob sich die Axe in allen Theilen verkürzte, während ihr fester Punkt in der Cornea liegt. Ob die Verkürzung in allen Theilen als gleichmäfsig gedacht werden mufs, läfst sich vor der Hand nicht entscheiden.

Die Lage der Knotenpunkte führt den Verfasser auf eine physiologisch sehr interessante Betrachtung. Jeder Strahl nämlich, der vor seiner ersten Brechung auf den vorderen Knotenpunkt zielte, hat im Glaskörper wieder dieselbe Richtung, welche er vor seiner ersten Brechung hatte. Deshalb ist nach der Meinung des Verfassers die scheinbare Entfernung eines Punktes im indirekten Sehen von dem Fixationspunkte gleich dem Winkel, welchen die jenen Punkt mit dem vorderen Knotenpunkte verbindende gerade Linie mit der Axe macht. Gehen wir nun aber in die Fixation dieses fraglichen Punktes über, so müssen wir, da der Drehpunkt bedeutend hinter dem vorderen Knotenpunkte liegt, nach dem Winkel, um welchen sich unser Auge gedreht hat, die scheinbare Entfernung geringer finden. Die Differenz zwischen den zwei in Rede stehenden Winkeln nennt Herr Listing die Parallaxe zwischen der scheinbaren Lage der Objecte bei directem und indirectem Sehen. Wenn man als anerkannt voraussetzt, dafs die Raumvorstellung überhaupt und mithin auch die Raumvorstellung im Sehfelde aus der Bewegung stammt, so mufs, meiner Ansicht nach, das von Hrn. Listing eruirte Factum zu folgender Betrachtung führen: Wenn ich nach einer Thurmspitze am Horizont sehe und gleichzeitig eine andere sehr entfernte Thurmspitze im indirecten Sehen habe, so schreibe ich nach der Bewegung, welche mein Auge machen mufs, um sich von einer Thurmspitze zur andern zu wenden, beiden eine gewisse scheinbare Entfernung zu. Nun fixire ich irgend einen mir nahe liegenden Punkt und habe einen andern Punkt meines Horopters im indirecten Sehen, dessen Bild sich auf meiner Nervenhaut dort befindet, wo vorhin das der zweiten Thurmspitze stand. Ich fühle mich jetzt offenbar gedrungen, den beiden fraglichen Punkten dieselbe scheinbare Entfernung wie den beiden Thurmspitzen beizulegen, in der That aber ist sie durch die Drehung des Auges gemessen merklich kleiner. Wenn wir uns nun vergegenwärtigen, dafs wir uns in unserm Sehfelde überhaupt nur dadurch orientiren, dafs wir bestimmte Entfernungen auf unserer Nervenhaut, von denen wir an und für sich durchaus keine Vorstellung haben und welche unserm Bewufstsein gänzlich fremd sind, in Beziehung bringen zu den Bewegungen unseres Auges, welche in unser Bewufstsein eingehen, so ist es klar, dafs wir uns nur in einem sehr kleinen Theile unseres Sehfeldes, welchen wir eben die Gegend des direkten Sehens nennen, und für welchen die oben erwähnte Parallaxe *o* oder unendlich klein ist, wirklich orientiren können, dafs wir aber in dem übrigen Theile unseres Sehfeldes unser ganzes Leben hindurch sehr schlecht Bescheid wissen, und es liegt hierin offenbar ein wesentlicher Grund für die eigenthümliche Unvollkommenheit unseres indirekten Sehens, welche nicht durch Undeutlichkeit und Lichtschwäche der Netzhautbilder allein erklärt werden kann.

Nachdem der Verfasser die dioptrischen Verhältnisse des Auges gründlich erörtert hat, geht er zu den Mitteln über, deren man sich bedient, um Gegenstände im Auge oder ganz nahe vor dem Auge zur Erscheinung im Sehfelde zu bringen, und er wählt als das passendste und dasjenige, welches am wenigsten zu Täuschungen Veranlassung giebt, ein Loch von etwa 0,1^{mm} Durchmesser in einem Schirm, den er in der vorderen Brennpunktsebene des Auges anbringt, und durch welches er nach einem gleichförmig und hinreichend stark beleuchtetem Hintergrunde sieht. Das durch das Loch einfallende Licht kann näherungsweise als von einem Punkte ausstrahlend (homocentrisch) betrachtet werden, und seine Strahlen gehen nach der lezten Brechung parallel durch den Glaskörper.

Nachdem der Verfasser die Schattenbilder der Augenwimpern, der Blendung etc. ausführlich behandelt hat, wendet er sich zur Betrachtung der veränderlichen Erscheinungen in dem so beleuchteten Sehfelde. Er zählt namentlich auf: 1) Die fliegenden Punkte und Perlschnüre, welche er, in so fern sie auch beim freien Sehen zur Anschauung kommen, mit Recht ganz in die Nähe der Nervenhaut versetzt. 2) Das Spectrum durch ungleichmäſsige Benetzung der Hornhaut. 3) Das Spectrum durch Krauswerden der Hornhautoberfläche, welches man wahrnimmt, nachdem man das Auge gedrückt oder gerieben hat.

Hierauf wendet er sich zu den beharrlichen entommatischen Erscheinungen, welche von 26 namentlich angeführten Männern an ihren Augen beobachtet, abgebildet und vom Verfasser näher beschrieben sind.

Um den Ort der Binnenkörper zu bestimmen, veränderte Hr. Listing die Lage des Schirmloches zur Pupille, und bestimmte aus der Gröſse und dem Zeichen der Ortsveränderung, welche die Spectra in dem durch den Rand der Iris begrenzten Sehfelde erlitten, wie weit die sie verursachenden Objecte vor oder hinter der Ebene der Pupille liegen muſsten. Er fand die meisten in der Hornhaut und in dem vorderen Theile der Linse und der Linsenkapsel.

Schliefslich weist der Verfasser auf die Wichtigkeit dieser Untersuchungen für das Studium noch im Beginn begriffener localer Trübungen der optischen Medien hin.

Speziell auf den ophtalmologischen Zweck gerichtet, ist die folgende Abhandlung über diesen Gegenstand von Hrn. Mackenzie.

Ueber das Sehen von Gegenständen auf und in dem Auge.

Hr. Mackenzie bedient sich zur Darstellung des homocentrischen Lichtes namentlich der Linsengläser, durch welche er nach Lichtquellen von sehr kleinem scheinbaren Durchmesser sieht, und zwar wendet er hierzu sowohl Sammellinsen als Zerstreuungslinsen an. Um den Ort der Binnenobjecte zu bestimmen, befolgt er theils die Methode von Brewster, nach welcher man durch ein enges Loch nach zwei neben einander stehenden Lichtern sieht, theils die weniger genaue von Capitain Kater, nach welcher man das Centrum des homocentrischen Lichtes in der Axe des Auges fortrücken läfst und beobachtet, bei welcher Lage desselben sich das Bild des zu untersuchenden Binnenobjektes umkehrt. Der Verfasser unterscheidet:

I. ***Spectrum muco-lacrymale,*** das von dem Schleim und und Thränentröpfchen auf der Cornea herrührt. Er ist der Meinung, dafs es in seltenen Fällen auch beim freien Sehen sichtbar werden und ***muscae volitantes*** erzeugen kann; er will solches selbst an einer sehr kurzsichtigen Person erfahren haben. Er führt als Beweis dafür, dafs die fraglichen ***muscae*** wirklich ein ***Spectrum muro-lacrymale*** waren, die Aehnlichkeit der Form und den Umstand an, dafs sie zusammenflossen und sich theilten und nach dem Blinzeln jedesmal aufwärts stiegen.

II. Spectra, die von zwischen der Hornhaut und der Glasfeuchtigkeit befindlichen Körperchen herrühren.

III. Spectra, die von in oder hinter dem Glaskörper liegenden Objecten herrühren.

1) Das Perlenspectrum.

2) Das isolirt kugelförmige mit scharfen Umrissen.

3) Das matte isolirt kügelchenförmige Spectrum.

4) Das Wasserspectrum.

Die Objekte dieser Spectra folgen von hinten nach vorn gerechnet im Glaskörper aufeinander wie die ihnen vorgeschriebenen Zahlen.

Die drei ersten sind hinreichend bekannt, das letzte beschreibt der Verfasser als bestehend aus wasserhellen meist senkrechten dunkel colorirten Streifen, welche doppelt so breit sind als die Streifen des Perlenspectrums und frei von Kügelchen.

IV. Das circulirende Spectrum. Als solches bezeichnet der Verfasser die im Sehfelde, wenn man gegen den hellen Himmel sieht, schnell dahinschiefsenden hellen Punkte, die er für Bilder der Blutkörperchen hält, welche sich in den Gefäfsen der Nervenhaut oder der Chorioidea bewegen.

V. Das Gefäfsspectrum (Gefäfsfigur der Netzhaut nach Purkinje's Methode sichtbar gemacht). Zufällige Farben (Contrastfarben, Nachbilder), Netzhaut- und Adernhaut-Mücken, unbewegliche Mücken.

Théorie de l'oeil par L. L. Vallée.

Hr. Vallée zeigt den Inhalt seiner vierten Abhandlung über das Auge als optischen Apparat an. Nach ihm besteht der Glaskörper aus Schichten, die nach der Retina zu immer stärker lichtbrechend werden. Dies ist nach dem Verfasser ein Mittel

1) für die Achromasie des Auges;
2) für eine gröfsere Ausdehnung des Sehfeldes auf der Nervenhaut;
3) folgt hieraus, dafs die Bilder im Grunde des Auges am gröfsten sind, und um so kleiner werden, je weiter sie sich von demselben entfernen;
4) ist nach dem Verfasser bei dieser Annahme über den Glaskörper nur eine sehr kleine Verrückung der Linse, eine sehr kleine Verlängerung des Bulbus und eine sehr kleine Veränderung des Krümmungshalbmessers der Cornea nöthig, um alle Akkommodationserscheinungen zu erklären.

Fälle von Doppeltsehen mit einem Auge.

Hr. Guérard trug am 25. Januar 1845 in der ***Société philomatique*** über Doppelt- oder Vielfachsehen mit einem Auge vor. Er schliefst sich der gangbaren Ansicht an, welche die Ursache dieser Erscheinung in einer fehlerhaften Beschaffenheit der Linse findet und citirt zwei Fälle. In einem derselben sah ein am Cataract operirter 27fach, was Hr. Guérard von unvollkommener Neubildung der Linse herleitet. In dem zweiten sah ein junger Mann in Folge einer Verwundung am Auge 14 Tage lang doppelt. Der Verfasser meint, es habe sich hier ein durchsichtiges Exsudat gebildet, welches das zweite Bild veranlafste, gleichsam eine accessorische Linse, die später wieder resorbirt wurde. In beiden Fällen sahen die Patienten durch Convexgläser von kurzer Brennweite einfach.

C. G. Ruete. *Das Ophtalmotrop, dessen Bau und Gebrauch.*

Der Verfasser hat in den physiologisch-optischen Apparat ein namentlich für Demonstrationen höchst geeignetes Instrument eingeführt, welches er Ophtalmotrop nennt. Dieses Instrument besteht aus zwei künstlichen Augen (mit für die Akkommodation beweglichen Linsen), deren jedes in eine Fassung gebracht ist, welche die Form des Augapfels nachahmt und in drei in einander hängenden Kreisen nach allen Richtungen wie das lebende Auge frei beweglich angebracht ist.

Diese Einrichtung, deren Einzelnheiten auf eine genaue Kenntnifs der anatomischen Verhältnisse der Augenmuskeln begründet sind, aber hier leider wegen Mangels einer Figur nicht näher aus einander gesetzt werden können, dient nicht nur dazu, den Antheil jedes einzelnen Augenmuskels an den Bewegungen des Auges klar und einfach darzulegen, sondern das Instrument kann auch benutzt werden, um die optischen und mechanischen Verhältnisse des Sehens mit beiden Augen leichter und besser als es bisher möglich war zu versinnlichen. Ueberdies ist es einsichtlich, dafs das Instrument zu allen den dioptrischen Versuchen, zu welchen man sich sonst eines einzelnen künstlichen Auges bediente, verwendet werden kann.

Optische Täuschung, welche sich an dem Abplattungsmodelle zeigt, sobald dieses durch die Schwungmaschine in Bewegung gesetzt wird. Von Dr. *Emsmann, Oberlehrer zu Stettin.*

Hr. Emsmann erzählt folgende Versuche: „Setzt man die aus Messingbügeln gebildete Kugel, durch welche man die durch Axendrehung bedingte Abplattung der Erde zu veranschaulichen pflegt, durch die Schwungmaschine in Bewegung, so erblickt man im Innern des Sphäroids, dessen Oberfläche bei schneller Drehung sich scheinbar ununterbrochen zeigt, von den Polen des Modells ausgehende Streifen.

„An dem mir zu Gebote stehenden Modelle sind 8 Messingbügel, aus welchen dasselbe besteht, an ihren Enden durch Schrauben an Scheiben befestigt. Ich konnte daher diese Bügel leicht bis auf zwei entfernen, und nun beobachten, was sich zeigen würde, sobald das Modell mit diesen beiden Bügeln allein in Bewegung gesetzt wurde. Standen die Bügel einander diametral gegenüber, so war von den früher sichtbaren Streifen nichts zu bemerken. Stellte ich die beiden Bügel unter einem andern Winkel als 180° gegen einander, so erblickte ich jederseits von der Axe des Modells einen Streifen, und zwar nahm die Krümmung desselben zu, unter einem je kleineren Winkel die Bügel gegeneinander geneigt waren.

Hier ergab sich nun ohne Weiteres, daſs diese Streifen die Stellen bezeichneten, wo dem beobachtenden Auge der hintere Bügel von dem vorderen verdeckt wird, wie man sich besonders dann überzeugt, wenn man das Modell nicht sich ganz in derselben Richtung drehen läſst, sondern in schneller Bewegung in einem kleinen Bogen hin und her dreht, so daſs der vordere Bügel schnell über den hinteren hin und hergeht, und diesen oft hinter einander verdeckt.

Hierauf schraubte ich auf der einen Hälfte des Modells mehrere Bügel an, und — wie vorherzusehen war — vervielfältigten sich die Streifen, immer die Stellen bezeichnend, an denen zwei Bügel sich für das beobachtende Auge deckten. Dadurch, daſs ich auch auf der andern Hälfte des Modells die Bügel den ersteren diametral gegenüber befestigte, änderte sich nichts, weil gegenüberstehende Bügel durch die Axe verdeckt werden. Gab ich denselben aber andere Stellungen, so wurde die Anzahl der Streifen wieder vervielfältigt."

Die Erklärung dieser Versuche liegt meiner (des Referenten) Ansicht nach sehr nahe. Innerhalb des Bildes des Sphäroids erhält das Auge im Allgemeinen bei jeder Umdrehung doppelt so vielmal den Eindruck des gelben Messing, als Bügel vorhanden sind, an jeder Stelle aber, wo sich einmal zwei Bügel dekken, erhält es statt zwei solcher Eindrücke nur einen. Die Aufeinanderfolge solcher Punkte stellt also Kurven dar, die dunkler sind als das übrige Sphäroid. In den Zeiten, in denen ein Punkt der Nervenhaut des Auges keinen Eindruck von einem Messingbügel erhält, erhält er den des hinter dem Modelle befindlichen Hintergrundes. Es war deshalb ganz natürlich, dafs, als Hr. Emsmann den dunklen Hintergrund mit einem farbigen vertauschte, die Streifen die Farbe desselben annahmen. Herr Emsmann schwärzte nun 4 der Bügel auf ihrer Aufsenseite und diese allein (nachdem die 4 anderen abgenommen waren) zeigten die Streifen in der Farbe des Hintergrundes, aber dunkler als derselbe.

Dies erklärt sich daraus, dafs bei jeder Umdrehung die Grundfarbe im Allgemeinen viermal durch dunkel und viermal durch hell unterbrochen wurde, aber in jedem Punkte, wo sich zwei Bügel deckten, eine helle Unterbrechung ausfiel.

Hr. Emsmann schwärzte hierauf die 4 andern Bügel auf der Innenseite, und sie allein zeigten die Streifen in der Farbe des Hintergrundes, aber heller als derselbe, was ebenfalls ganz natürlich ist, da hier an den betrnffenden Stellen eine dunkle Unterbrechung ausfiel.

Mit ganz geschwärzten Bügeln erhielt Hr. Emsmann helle Streifen mit der Farbe des Hintergrundes in einem dunklern Sphäroid, was sich auf dieselbe Weise erklärt wie die hellen Streifen im dunklern Sphäroid bei ganz blanken Bügeln.

Hr. Emsmann giebt keine Erklärung seiner Versuche, verwirft aber die von Plateau für ganz ähnliche Versuche gegebene [1], was jedoch Referenten nicht hat verhindern können, sie

[1] Pogg. Ann. XX, 320.

in vorstehender Weise auf die Gegenversuche des Herrn Verfassers anzuwenden.

Hr. WHEATSTONE beobachtete, dafs bei Gasbeleuchtung das roth und grüne Muster einer Tapete, wenn man absichtslos auf dieselbe hinsah, sich zu bewegen schien. Referent selbst hat mit *Dr.* E. DU BOIS-REYMOND zusammen einmal vor mehreren Jahren zufällig unter ganz ähnlichen Umständen dieselbe Erscheinung beobachtet. Hr. WHEATSTONE und Hr. BREWSTER haben sich mit dem Phänomen beschäftigt; nach letzterem erscheint es auch, wenn helles Tageslicht durch ein kleines Loch in ein sonst dunkles Zimmer fällt; bei Gaslicht haben es Herr WHEATSTONE und Andere mit blau und roth gesehen, im indirekten Sehen ist es stärker als im direkten. Eine genügende Erklärung liegt noch nicht vor.

Sur la cause d'un phénomène optique signalé par M. SELWYN, *par Sir* DAVID BREWSTER.

Hr. SELWYN hat beobachtet, dafs man bei einem Systeme von gekraupten schwarzen Linien auf weifsem Grunde helle Punkte in den Kreuzungsstellen sieht, und Hr. BREWSTER hat bemerkt, dafs helle Streifen die ganzen schwarzen Striche entlang beobachtet werden (Hr. BREWSTER beobachtete an den starken Gitterstäben eines alten Fensters). Er betrachtet diese hellen Streifen als Complementärerscheinungen auf den schwarzen Strichen, diese aber würden im Verlaufe der Striche weniger deutlich wahrgenommen, weil hier die entsprechenden Netzhautstellen durch die weifsen Rechtecke weniger empfindlich gemacht würden, dagegen träten sie in den Kreuzungsstellen, wo dies nicht der Fall sei, deutlicher hervor.

Schliefslich hat Referent noch über zwei eigene Arbeiten zu berichten, welche nur bedingterweise dem Gebiete der physiologischen Optik angehören.

Die erste derselben ist betitelt: Ueber das Verhalten der optischen Medien des Auges gegen Licht- und Wärmestrahlen. Referent suchte zuerst zu erforschen, weshalb die Strahlen des Spectrums jenseit des Violett unsichtbar werden und fand den Grund hiervon darin, dafs die optischen Medien des Auges jene Strahlen absorbiren, so dafs sie gar nicht bis zur Nervenhaut gelangen. Am stärksten zeigte sich das Absorptionsvermögen der Linse, geringer das der Hornhaut, am geringsten das des Glaskörpers. Licht, welches durch die Linse eines Ochsen gegangen war, färbte Guajakharz nur noch schwach gelblich grün, und bleichte am diffusen Lichte gebläutes Guajakharz bis zu derselben Farbe. Von den Strahlen jenseits des Violett wendete sich Referent zu den dunklen Wärmestrahlen. Er fand, dafs Strahlen eines erhitzten Eisenblech-Cylinders schon durch eine einzelne Cornea oder eine einzelne Linse vollständig abgefangen wurden. Die Wärmestrahlen einer Oellampe gingen noch durch eine Hornhaut und auch, wenngleich sehr geschwächt, durch eine Linse. Wurden aber beide Medien hinter einander eingeschaltet, so konnte man keine Wirkung auf dem mit der Thermosäule verbundenen Multiplicator mehr wahrnehmen. Referent glaubt aus diesen Versuchen nicht schliefsen zu dürfen, dafs die beiden Medien wirklich eine vollkommen athermane Combination bilden, sondern ist der Meinung, dafs sie nur die dunkeln Wärmestrahlen vollständig abhalten, dagegen die Strahlen vom äufsersten Roth bis zum äufsersten Violett durchlassen, nur in so hohem Grade geschwächt, dafs sie wenigstens unter den Umständen, unter welchen er damals beobachtete, nicht mehr auf den Multiplicator wirken, aber immer noch stark genug, um auf unserer Nervenhaut die Empfindung des Leuchtenden zu erregen.

In der zweiten Abhandlung (Anatomische Untersuchungen über die sogenannten leuchtenden Augen bei den Wirbelthieren) beschäftigt sich Referent mit dem Sehen der Thiere, welche ein Tapetum besitzen. Es hatte früher immer räthselhaft sein müssen, wie dieselben bei dem hellen Hintergrunde ihrer Augen deutlich sehen können. Referent hatte schon in einer früheren Abhandlung (Ueber die physiologische Bedeutung der stabförmigen Körper und der Zwillingszapfen in den Augen der Wirbelthiere (Müll. Arch. 1844)) gezeigt, dafs die Augen der Wirbelthiere in der Schicht der stabförmigen Körper einen eigenen katoptrischen Apparat besitzen, welcher jedes kleinste Lichtbündel wieder auf dieselbe Stelle der Nervenhaut reflectirt, durch welche dasselbe eingefallen ist, so dafs das reflectirte Licht das Sehen nirgend stören kann. Hierauf nun zurückkommend, zeigt Referent, dafs man das tapetirte Auge in seinen physiologischen Eigenschaften nicht dem leucotischen gleich stellen kann, welches immer schlecht sieht, weil seine Blendung auf der hintern Seite nicht geschwärzt und überdem sogar durchscheinend ist, denn beide Uebelstände sind bei dem tapetirten Auge nicht vorhanden. Es war aber noch ein anderes Bedenken zu heben. Es ist nämlich bekannt, dafs namentlich die Augen der Hunde abwechselnd lebhaft roth und in andern Farben leuchten. Hassenstein hatte zu zeigen gesucht, dafs dieser Farbenwechsel von einer Farbenveränderung des Tapetums durch gröfseren oder geringeren Blutzudrang herrührte. Eine solche Farbenveränderung hätte natürlich störend sein müssen, während das deutliche Sehen bei jeder Farbe des Hintergrundes der Netzhaut bestehen kann, wenn dieselbe nur an jeder Stelle constant ist. Referent glaubt nun durch Versuche an lebenden und todten Thieren gezeigt zu haben, dafs ein solcher Farbenwechsel des Tapetums nicht statt findet, sondern dafs die am lebenden Thiere beobachtete Farbenveränderung davon herrührt, dafs das Licht, welches gerade in unser Auge gelangt, bald von der einen, bald von der andern Stelle des Tapetums, bald von einem der grösseren Gefäfsstämme reflectirt wird. Der übrige Theil der Abhandlung ist rein anatomisch und es ist hier nicht der Ort, ihn weiter zu berücksichtigen.

Dr. E. Brücke.

4. Chemische Wirkung des Lichtes.

Ein Theil der Lehre vom Lichte, in dem seit längerer Zeit nur langsame Fortschritte gemacht worden, nämlich die Wirkung der sogenannten chemischen Strahlen des Lichtes, hat neuerdings durch Daguerre's und Talbot's Erfindungen im Jahre 1839 einen grofsen Aufschwung genommen. Man mufs indessen gestehen, dafs die Zahl der vor jener Zeit bekannten Thatsachen auch schon eine sehr bedeutende gewesen ist, so dafs die neueren Untersuchungen mehr dazu dienten, alle bekannten Erscheinungen in einen festeren Zusammenhang zu bringen, als neue an das Licht zu fördern. Da die frühere Litteratur der chemischen Wirkung des Lichtes ziemlich unbekannt zu sein scheint, wie wohl daraus hervorgeht, dafs zu wiederholten Malen Beobachtungen als neu mitgetheilt wurden, die schon früher angestellt worden waren, so habe ich im Folgenden den Versuch gemacht, diese Litteratur so ausführlich als möglich anzugeben. Es ist mir schwerlich gelungen, eine durchaus vollständige Sammlung aller Schriften über die chemischen Lichtstrahlen veranstaltet zu haben; bei einigen Abschnitten, z. B. über die Phosphorescenzerregung durch Insolation, und bei der praktischen Anwendung der chemischen Lichtwirkung sind sogar entschieden noch bedeutende Lücken, nichts desto weniger denke ich, dafs diese Litteraturübersicht den Physikern, welche sich mit dem in Rede stehenden Gegenstande beschäftigen, nicht unwillkommen sein wird.

Die ganze Litteratur der chemischen Strahlen habe ich in 8 Abschnitte eingetheilt, von welchen der letztere, welcher die Praxis betrifft, mehrere Unterabtheilungen in sich fafst. Diese Abschnitte sind:

I. Untersuchungen über die Veränderungen der Materie durch die chemischen Strahlen des Lichtes.

II. Einflufs der Lichtstrahlen auf den elektrischen, chemischen und Krystallisations-Procefs.

III. Erregung des Magnetismus durch die chemischen Strahlen des Lichtes.

IV. Phosphoressenzerregung durch Insolation.

V. Einflufs des Lichtes auf d. Keimen, Wachsen und die Farben der Pflanzen.

VI. Theorie der chemischen Lichtstrahlen.

VII. Actinometrie oder Methoden und Apparate zur Messung der chemischen Strahlen.

VIII. Von der Anfertigung der Lichtbilder:

1. Die Daguerreotypie.
   a. allgemeine Schriften,
   b. Verbesserungen des Verfahrens,
   c. Bilder bei künstlichem Lichte erzeugt,
   d. Vervielfältigung der Daguerreschen Bilder,
   e. Theorie des Daguerreschen Processes.
2. Lichtbilder auf Papier.
3. Praktische Benutzung der Lichtbilder.

Als Anhang habe ich die Litteratur der Moser'schen Entdeckung hinzugefügt, weil diese in mannigfacher Berührung mit den photographischen Processen steht.

Wo mir die Originalabhandlung zu Gesicht gekommen ist, habe ich jedesmal den Titel in der Ursprache angeführt; bei einigen Arbeiten mufste ich mich mit dem Titel der Uebersetzung begnügen, und mich auf die Richtigkeit des dort gemachten Citates verlassen.

Die Lücken in der Litteratur werde ich bei späteren Gelegenheiten auszufüllen suchen.

Bei dem Berichte über die Arbeiten des Jahres 1845 werde ich dieselbe Ordnung befolgen, die ich in der Litteratur angenommen habe.

Litteratur
der chemischen Lichtstrahlen.

I. Untersuchungen über die Veränderungen der Materie durch die chemischen Strahlen des Lichtes.

(Aufser den chemischen Lehrbüchern.)

1727. J. H. Schulze. Scotophorus pro phosphoro inventus, seu experimentum curiosum de effectu radiorum solarium. Acta phys. med. Acad. Caes. Leop. Carol. Vol. I. p. 528.

1757. Beccaria et Bonzius. De vi quam ipsa per se lux habet non colores modo sed etiam texturam rerum salvis interdum coloribus immutandi. Commentarii Acad. Bonon. IV. 74.

1777. C. W. Scheele. Aëris atque ignis examen chemicum. Upsala et Lips. 1777. p. 61. — Opuscula ed. Hebenstreit Lips. 1788. I. §. 59, p. 67. — Von der Luft und vom Feuer übers. von Leonhardi. Leipz. 1782, p. 64.

1779. Priestley. Von der Wirkung des Lichtes aufs Wasser; d. Beobacht. üb. verschied. Theile der Naturlehre. Aus d. Engl. Leipz. 1780, p. 379.

1782. Senebier. Mémoires physico-chimiques sur l'influence de la lumière solaire pour modifier les êtres des trois règnes de la nature et surtout ceux du règne végétal. Genève, IV. Vol. 1782; deutsche Uebers. Leipz. 4 Bde. 1785. Bd. III. p. 92.

1786. Berthollet. De l'influence de la lumière. Rozier observ. XXIX. 81; Lichtenb. Mag. IV. 2, 40.

Scheele. Observation sur l'air qui se dégage de l'acide nitreux exposé au soleil. Rozier observ. XXIX. 231; Crell's chem. Ann. 1786, St. 4, p. 332.

1787. Marne. Ueber Feuer, Licht und Wärme. Berlin und Leipzig 1787.

1790. Saussure. Effets chimiques de la lumière sur une haute montagne comparés avec ceux, qu'on observe dans les plaines. Mém. de l'Acad. de Turin IV. 441; Ann. chim. I. 150; Crell's chem. Ann. I. 356.

1791. Senebier. Sur l'action de la lumière solaire pour blanchir la cire jaune. Rozier obs. XXXVIII, 56.

1792. Wünsch. Versuche und Beobachtungen über die Farben des Lichts. Leipzig 1792.

1793. Vassalli. Parallèle de la lumière solaire avec celle du feu commun. Mém. de l'Acad. de Turin V. 186 und 287; Crell's chem. Ann. 1795, II. 80 u. 142.

1794. Mrs. Fulhame. Essay on combustion with a view to a new art of dying and painting. London 1794; übers. v. Lentin. Götting. 1798.

1798. Rumford. An inquiry concerning the chemical properties that have been attributed to light. Phil. Trans. f. 1798, P. I; Gilb. Ann. II. 271, 273 Anm.; Scherer Journ. d. Ch. II. 1. Crell's chem. Ann. 1799. I. 65 u. 120; Bibl. brit. X. 93.

1799. C. W. Juch. Versuche über die Wiederherstellung des Goldes. Scherer J. d. Ch. III. 399.

H. Davy. An essay on heat light and the combinations of light. Nichols. J. IV. 395; collected works miscellaneous papers p. 1. London 1839; Gilb. Ann. XII. 574.

E. Horn. Ueber die Wirkungen des Lichts auf den lebenden menschlichen Körper mit Ausnahme des Sehens. Königsberg 1799.

1800. Buchholz. Ueber die Schwärzung des kohlensauren Silbers, Beiträge zur Berichtigung d. Ch. St. 3. 125.

Abildgaard. Ueber die Wirkung des Lichts auf das rothe Quecksilberoxyd. Gilb. Ann. IV. 489; Ann. chim. XXXII. 193.

Böckmann. Versuche über das Verhalten des Phosphors in verschiedenen Gasarten. Erlangen 1800.

Böckmann. Ueber den Einfluſs des Lichts auf den in Gasarten aufgelösten Phosphor. Scherer J. d. Ch. V. 243.

Parrot. Brief an Voigt über den Phosphor. Voigt's Mag. IV. 121.

Scheele. Ueber d. Hornsilber in d. sämmtlichen Werken I. 144; Gilb. Ann. VII. 149.

Le Febure. Recherches et découvertes sur la nature du fluide nerveux. Paris 1800, p. 31; Gilb. Ann. VI. 245.

1801. Ritter. Versuche über das Sonnenlicht. Gilb. Ann. VII. 527, XII. 409; Beiträge zur näheren Kenntnifs des Galvanismus, II. 192; Gehlen n. J. VI. 157; Journ. de ph. LVII. 409; Nichols. journ. Aug. 1804.

Desmortiers. Recherches sur la décoloration spontanée du bleu de Prusse. Paris 1801; Gilb. Ann. X. 363; Scherer J. d. Ch. X. 114; Nichols. journ. I. 275.

1802. Wollaston. A method of examining refractive and dispersive powers by prismatic reflection. Phil. Trans. f. 1802, p. 379 Anm.; Gilb. Ann. XXXI. 416 und XXXIX, 291; Nichols. J. Sept. 1804.

1803. Sage. On the alteration which light produces on red sulphurated arsenic, known under the name of realgar; Tilloch ph. mag. XIII, 42; Scherer J. d. Ch. X. 115.

H. Davy and Wedgwood. An account of a method of copying paintings upon glafs and of making profiles by the agency of light upon nitrate of silver. Davy's collect. w. misc. pap. p. 240; Journ. of the roy. inst. I. 170; Gilb. Ann. XIII. 113.

C. L. Berthollet. Essai de statique chimique. Paris 1803. II. Vol. I. 194; übers. von Bartoldy u. Fischer. Berlin 1811. I. Vol. p. 202.

1804. Gehlen. Ueber die Farbenveränderungen der in Aether aufgelösten salzsauren Metallsatze durch das Sonnenlicht. Gehlen n. J. III. 566.

Th. Young. Experiment on the dark rays of Ritter. Phil. Trans. f. 1804, p. 15; Gilb. Ann. XXXIX. 282.

1808. Buchholz. Ueber die Schwärzung des Hornsilbers durch das Licht. Gilb. Ann. XXXI. 208.

Link. Ueber die chemischen Eigenschaften des Lichts. St. Petersburg. 1808.

Pl. Heinrich. Ueber die Natur und Eigenschaften des Lichts. St. Petersburg 1808.

Wünsch. Beiträge zu Herschels Arbeiten über Licht und Wärme. Gehlen J. f. Ch. u. Ph. VI. 597.

RITTER. Bemerkungen zu Wünsch's Abhandlung über Herrschel's Versuche von der Sonderung der Lichtstrahlen. Gehlen J. f. Ch. u. Ph. VI. 659.

RITTER. Violettes Licht wirkt wie minus und rothes wie plus Elektricität auf Kali. Gilb. Ann. XXVIII. 372.

1809. GAY-LUSSAC u. THÉNARD. Ueber die Natur und die Zersetzungen der Salzsäure und der oxygenirten Salzsäure. Gilb. Ann. XXXV. 8; Mém. de la soc. d'Arc; bulletin de la soc. philom.

1810. SEEBECK. Ueber die chemische Wirkung des Lichts, in Göthe zur Farbenlehre. Tübingen 1810. II. 716.

1811. GAY-LUSSAC u. THÉNARD. Ueber die Art wie das Licht bei chemischen Erscheinungen wirkt. Schweigg. J. V. 219; recherches physico-chimiques II. 186.

SEEBECK. Ueber die Einwirkung farbiger Beleuchtung auf ein Gemisch von gasförmiger oxydirter Salzsäure und Wasserstoffgas. Schweigg. J. II. 263; Ann. chim. LXXXII. 328; Bibl. brit. LIV. 170; Nichols. J. Mars 1813.

J. DAVY. Nachricht über eine neue Gasart etc. Schweigg. J. III. 429; Bibl. brit. XLVIII. 115; Nichols. J. Sept. 1811.

1812. J. DAVY. Ueber eine neue Verbindung von Kohlenoxydgas und Halogen. Schweigg. J. IX. 199; Bibl. brit. LI. 117.

H. DAVY. Chemische Untersuchungen. Lemgo 1812. I. 261.

VOGEL. Sauerstoffentwicklung aus Kohle, die unter Wasser dem Lichte ausgesetzt ist. Schweigg. J. IV. 81.

VOGEL. Wirkung des Lichts auf Phosphorwasserstoffgas, das mit Quecksilber in Berührung ist. Schweigg. J. IV. 404.

1813. FISCHER. Wirkung des Lichts auf in Eiweisstoff gelöstes Silbersalz. Schweigg. J. IX. 403, 405.

BERZELIUS. Reduktion der Goldauflösungen durch Licht. Schweigg. J. VII. 48.

DÖBEREINER. Zersetzung der halogenirten Alkalien durch Licht. Schweigg. J. IX. 18.

VOGEL. Ueber die Wirkung des Sonnenlichts auf den Phosphor. Schweigg. J. VII. 95; Gilb. Ann. XLV. 63; Journ. d. Ph. LXXIV. 388; Ann. chim. LXXV. 225.

Seebeck. Ueber die Wirkung des Lichts auf Phosphor. Schweigg. J. VII. 119.

Bérard. Sur les propriétés physiques et chimiques des divers rayons qui composent la lumière solaire. Ann. chim. LXXXV. 309; Gilb. Ann. XLVI. 376; Thomson Ann. of ph. II. 161; recueil des sav. étr.

Ruhland. Ueber den Einflufs des Lichts auf die Erde. Schweigg. J. IX. 229; J. d. Ph. LXXX. 241; Abhandl. d. Ak. d. Wiss. zu München, 1813.

Vogel. Einflufs des Lichts auf sauerkleesaures Natronkupfer. Schweigg. J. VII 21.

1814. Fischer. Ueber die Wirkung des Lichts auf das Hornsilber. Nürnberg 1814.

Vogel. Zweite Abhandlung von den Wirkungen des Sonnenlichts auf den Phosphor und auf verschiedene zusammengesetzte Körper. Gilb. Ann. XLVIII. 375; Journ. d. Ph. LXXX. 245.

H. Davy. Schwärzung eines durch Jodine bereiteten Silbersalzes durch die Luft. Schweigg. J. XI. 70; Bibl. brit.; Ann. chim. XCII. 89; Journ. d. Ph. LXXIX. 153.

Link, Fischer, Steffens. Wirkung des Lichts auf Jodsilber. Schweigg. J. XI. 133.

1815. Neumann. Ueber salzsaures Kupferoxyd. Schweigg. J. XIII. 358 Anm.

1817. Ruhland. Ueber die polare Wirkung des gefärbten heterogenen Lichts. Berlin 1817.

1818. Grotthuss. Ueber die chemische Wirksamkeit des Lichts. Gilb. Ann. LXI. 50; Ann. d. Curländ. Ges.

Vogel u. Sömmering. Wirkung des Lichts auf die blutrothen Auflösungen des Eisenoxyds in Schwefelblausäure. Schweigg. J. XXIII. 30.

1820. Brande. On the composition and analysis of the inflammable gaseous compounds resulting from the destructive destillation of coal and oil with some remarks on their relative heating and illuminating powers. Phil. Trans. f. 1820, p. 11; Ann. chim, ph. XIX. 196.

1821. Faraday. Wirkung des Lichts auf Kohlenwasserstoff und

Chlorine. Schweigg. J. XXXI. 488. XXXIII. 231; Ann. of phil. n. s. I. 65; Phil. Trans. 1821. P. I. 47.
Döbereiner. Physikalisch-chemische Bemerkungen. Gilb. Ann. LXVII. 332.

1822. Pajot-Descharmes. Sur le changement de la couleur bleue des fleurs de la chicorée sauvage, en couleur blanche. Journ. d. Ph. XCV. 112.
Döbereiner. Ueber den Einflufs des Lichts auf schweflige Säure. Zur pneumat. Chemie IV. 72.

1823. Faraday. Purple tint of plate glass affected by light. Ann. of phil. n. s. VI. 396; Schweigg. J. XL. 380; Quanterly journ. of sc. XVI. 164; Pogg. Ann. XXIV. 387; journ. of th. roy. inst. Octob. 1823.

1824. Bischof. Ueber die Wirkung des Lichts auf Chlor und Wasserstoffgas. Lehrb. d. Ch. I. 93; Kastn. Arch. I. 443.
Frommherz. Zersetzung der Mangansäure durch das Licht. Schweigg. J. XLI. 269.
Seebeck. Ueber die Wirkung des Lichts auf salzsaures Silber. Schweigg. J. XL. 146.
Serullas. Wirkung des Lichts auf in Citronenöl gelöstes Hydrojod. Schweigg. J. XLI. 425, 436; Ann. chim. ph. XXII. 172.

1826. Döbereiner. Einflufs des Lichts auf das Chlorplatin. Schweigg. J. XLVII. 122.
Fischer. Zur chemischen Wirkung des Lichts. Kastn. Arch. IX. 345; Taylor ph. mag. VII. 462; Bibl. univ. XLI. 171.

1828. Döbereiner. Einflufs des Lichts auf Chlorplatinkalium. Schweigg. J. LIV. 416.
Wetzlar. Beiträge zur chemischen Geschichte d. Silbers. Schweigg. J. LII. 466.

1830. Cavallier. Ueber das Chlorsilber. Pharm. Centralbl. 1830, p. 502; journ. de pharm. 1830, p. 552.
H. Rose. Ueber das borsaure Silberoxyd. Pogg. Ann. XIX. 153.

1831. Döbereiner. Chemische Thätigkeit des Lichts und Erzeugung des neutralen Humboldtit's auf photochemischen

Wege. Schweigg. Journ. LXII. 90; Bibl. univ. XLVIII. 244.

1832. Göbel. Ueber ameisensaures Silberoxydul. Schweigg. J. LXV. 164.

Suckow. Die chemischen Wirkungen des Lichts. Darmstadt 1832.

Richter. Ueber eine neue Art Farbenverwandlung am pyramidalen Zirkon. Pogg. Ann. XXIV. 386.

1834. Dulk. De lucis effectibus chemicis. Regimonti 1834. Erdm. u. Schweigg. J. f. pr. Ch. III. 225.

Landgrebe. Ueber das Licht, vorzugsweise über die chemischen und physiologischen Wirkungen desselben. Marburg 1834.

1835. J. Fiedler. De lucis effectibus chemicis in corpora anorganica. Diss. Vratial.

1836. Daubeny. On the action of light upon plants, and of plants upon the atmosphere. Phil. Trans. f. 1836, p. 149.

Artus. Ueber die chemische Wirkung des Lichts auf das Quecksilberjodür und dessen Zersetzungsprodukte. Erdm. u. Schweigg. J. f. pr. Ch. VIII. 63.

1837. Artus. Ueber das Verhalten des Lichts zum salpetersauren Silberoxyd. Erdm. J. f. pr. Ch. XII. 250; Bibl. univ. n. s. XIV. 415.

1838. Scanlan. Sur l'action de la lumière sur le nitrate d'argent. Bibl. univ. n. s. XVII. 181.

Pelouze and Richardson. Action of light on solution of cyanogen. Phil. mag. XIII. 77; Inst.

1839. Herschel. Note on the art of photography, on the application of the chemical rays of light to the purposes of pictorial representation. Phil. mag. XIV. 365; Inst. No. 304, p. 373.

E. Becquerel. Untersuchungen über die Wirkungen der chemischen Strahlen des Sonnenlichts mittelst elektrischer Ströme. Pogg. Ann. LIV. 18; Bibl. univ. XXII. 345; Athen. 621.

1840. Draper. An account of some experiments made in the south of Virginia, on the light of the sun. Phil. mag. XVI. 81; Inst. No. 329, p. 140; Bibl. univ. XXVI. 400.

J. F. W. Herschel. New researches on the solar spectrum and in photography. Phil. mag. XVI. 239; Inst. No. 341, p. 235; No. 343, p. 249; Bibl. univ. XXVI. 404.
R. Hunt. Experiments and observations on light which has permeated coloured media and on the chemical action of the solar spectrum. Phil. mag. XVI. 267; Inst. No. 334, p. 178; Bibl. univ. XXVI. 407.
Herscel. On the chemical action of the rays of the solor spectrum on preparations of silver and other substances both metallic and non metallic and on some photographic processes. Phil. Trans. f. 1840. P. I. p. 1.
Biot. Neue Verfahrungsarten zur Untersuchung der Sonnenstrahlung sowohl der unmittelbaren als des zerstreuten. Pogg. Ann. XLIX. 557; C. R. VIII. 259; Inst. No. 270, p. 65.
Biot. Fortsetzung der Versuche über die Natur der Strahlungen, welche Phosphorescenz erregen und gewisse Processe hervorrufen. Pogg. Ann. XLIX. 562; C. R. VIII. 315.
F. Malaguti. Premier mémoire sur la faculté qu'ont certains liquides de retarder les effets chimiques de la lumière diffuse. Ann. chim. ph. LXXII. 5; Pogg. Ann. XLIX. 567.
R. Hunt. On the permeability of various bodies to the chemical rays. Phil. mag. XVI. 138; Inst. No. 330, p. 147.
R. Hunt. On the influence of jodine in rendering several argentine compounds spread on paper sensitive to light and on a new method of producing with greater distincness the photographic image. Phil. Trans. f. 1840, P. I. p. 325.
R. Hunt. On the use of hydriodic salts as photographic agents. Phil. mag. XVII. 202 u. 260; Dingl. p. J. LXXVIII. 359 u. 424.
E. Becquerel. Mémoire sur le rayonnement qui accompagne la lumière solaire et la lumière électrique. Mém. des sav. étr. VIII. 373; Pogg. Ann. LIV. 43; Inst. No. 358, p. 375; Bibl. univ. XXXIII. 400; Erdm. J. f. pr. Ch. XXIV. 91.
A. Waller. Substances photogéniques. Inst.

1841. Morren. Recherches sur l'influence qu'exercent et la lumière et la substance organique de couleur verte souvent contenue dans l'eau stagnante sur la qualité et la quantité des gaz que celle-ci peut contenir. Ann. ch. ph. I. 456; Edinb. n. ph. J. XXXII. 180.

E. Becquerel. Des effets produits sur les corps par les rayons solaires. Ann. ch. ph. IX. 257; Inst. No. 368, p. 9; No. 396, p. 254; No. 442, p. 213; No. 478, p. 64; No. 513, p. 364; Pogg. Ann. LV. 588; Bibl. univ. XXXV. 136, XLVIII. 184.

J. W. Draper. On some analogies between the phaenomena of the chemical rays and those of radiant heat. Phil. mag. XIX. 195; Bibl. univ. XXXVIII. 173.

1842. Draper. On a new imponderable substance and on a class of chemical rays analogous to the rays of dark heat. Phil. mag. XXI. 453.

Herschel. On the chemical action of the rays of the solar spectrum on vegetable colours and on some photographic processes. Phil. Trans. f. 1842, II. 181; Phil. mag. XXII. 5, 107, 170, 246; Inst. No. 471, p. 3; Bibl. univ. XLI. 182, XLIV. 164.

L. Moser. Ueber den Procefs des Sehens und die Wirkung des Lichts auf alle Körper. Pogg. Ann. LVI. 177; C. R. XV. 119 u. 448; Inst. No. 447, p. 253; No. 454, p. 315; No. 462, p. 386 und 387; No. 470, p. 462; No. 502, p. 269; Taylor scient. mém. III. 422; Ann. ch. ph. VII. 229; Dingl. pol. J. LXXXV. 236; Erdm. u. March. XXVIII. 225; Bibl. univ. XL. 371, XLII. 176; Bair. Kunst- u. Gew.bl. XX. 588.

Herschel. On certain improvements on photographic processes described in a former communication and on the parathermic rays of the solar spectrum. Phil. Trans. f. 1843 I. 1; Phil. mag. XXII. 505.

1843. Draper. On a change produced by exposure to the beams of the sun in the properties of an elementary substance. Phil. mag. XXIII. 388; Inst. 508, p. 320; Bibl. univ. XLVIII. 185.

Draper. Description of the tithonometer an instrument for measuring the chemical force of the indigo-tithonic rays. Phil. mag. XXIII. 401; Inst. No. 508, p. 320; No. 510, p. 342; Sillim. J. XLVII. 217.

DRAPER. On the decomposition of carbonic acid gas and the alcalic carbonates by the light of the sun and on the tithonotype. Phil. mag. XXIII. 161; Ann. ch. ph. XI. 214; Inst. No. 510, p. 342; Dingl. p. J. XCI. 167.

DRAPER. On the rapid detithonizing power of certain gases and vapours, and on an instantaneous means of producing spectral appearances. Phil. mag. XXII. 161.

R. HUNT. Some experiments and remarks on the changes which bodies are capable of undergoing in darkness and on the agent producing these changes. Phil. mag. XXII. 270; Inst. No. 525, p. 27.

HERSCHEL. On the action of the rays of the solar spectrum on the daguerreotype plate. Phil. mag. XXII. 120; Bibl. univ. XLVII. 369.

MOSER. Ueber die Wirkung der farbigen Strahlen auf das Jodsilber. Pogg. Ann. LIX. 391.

MILLON. Wirkung des Lichtes auf die Sauerstoffverbindungen des Chlors. Erdm. u. March. XXXIX. 431; Ann. ch. ph. 1843.

1844. DRAPER. On tithonized chlorine. Phil. mag. XXV. 1.

DRAPER. Note on the decomposition of carbonic acid by the leaves of plants under the influence of yellow light. Phil. mag. XXV. 169.

HUNT. Energiatype a new photographic process. Phil. mag. XXIV. 344; Dingl. p. J. XCIII. 46 u. 158; Inst. No. 548, p. 224; No. 550, p. 240; No. 564, p. 352; Athen. 1844; Bibl. univ. LII. 391.

HUNT. Chromo-Cyanotype, a new photographic process. Phil. mag. XXIV. 435; Athen. No. 826; Dingl. p. J. XC. 413, XCIII. 44; Inst. No. 509, p. 331.

MOSER. Erwiederung an Hrn. E. BECQUEREL. Pogg. Ann. LXI. 412.

HUNT. Researches on light. London 1844.

DRAPER. On M. HUNT's book entitled „researches on light." Phil. mag. XXV. 49.

R. Hunt. On the chemical change produced by solar rays. Report of the royal Cornwall polyt. soc. 1844; Mec. mag. XLIII. 215.

Hunt. De l'influence de la lumière sur les composés chimiques et de l'action électrochimique. Mecan. mag. Nov. 1844, u. XLIII. 215; Dingl. pol. J. XCV. 363; Inst. No. 596, p. 197.

Hunt. Reply to professor Draper's letter in the preceding number of the philosophical magazine on a work entitled researches on light. Phil. mag. XXV. 119.

E. Becquerel. Traité de physique. Paris 1844. II. 487.

1845. Draper. On the allotropism of chlorine as connected with the theory of substitutions. Phil. mag. XXVII. 327; Erdm. u. March. XXXVII. 103.

R. Hunt. Contributions to actino-chemistry. — The chemical changes produced by the solar rays on some photographic preparations examined. Phil. mag. XXVII. 276.

II. Einfluſs der Lichtstrahlen auf den elektrischen, chemischen und Krystallisations-Proceſs etc.

1707. Lemery. Observations sur une végétation chymique du fer. Mém. de l'Acad. roy. 1707. p. 299.

1709. Lemery. Sur la matière du feu ou de la lumière. Mém. de l'Acad. roy. 1709. p. 400.

1722. Petit. Sur la végétation des sels. Mém. de Paris. 1722, p. 95; chem. Arch. II. 139.

1788. Chaptal. Observations sur l'influence de l'air et de la lumière dans la végétation des sels. Mém. de l'Acad. roy. des sc. de Toulouse. III.; Journ. de ph. XXXIII. 297; Licht. Mag. VII. 153.

1789. Dizé. Sur la cristallisation des sels par l'action de la lumière. Journ. de ph. XXXIV. 105; Voigt's Mag. VII. 1, 61.

1790. Dorthes. Bemerkungen über einige Einwirkungen des Lichts in verschiedenen Körpern. Gren J. d. Ph. I. 497; Ann. chim. II. 92; Crell's chem. Ann. 1790. I. 546.

1793. Vassalli. Parallèle de la lumière solaire etc. Mém. de l'Acad. de Turin. V. 186; Crell's chem. Ann. 1795, II. 80 und 142.

1795. Scherer. Resultat der Untersuchungen über den Einflufs des Sonnenlichts auf das Sauerstoffgas. Gren's. n. J. II. 492.

1800. Heller. Ueber den Einflufs des Sonnenlichts auf die Verdunstung des Wassers. Gilb. Ann. IV. 210.

1803. Boullay. Sur diverses altérations qu'éprouvent les muriates de mercure par l'action de différens corps. Ann. chim. XLIV. 176; Gehlen J. II. 91.

1804. Campbell. Versuche im Grofsen über die Bereitung von Glaubersalz etc. Gilb. Ann. XVI. 245; Nichols. J. II. 117.

1805. Paroletti. Recherches sur l'influence que la lumière exerce sur la propagation du son. Journ. d. ph. LXVIII. 345; Mém. de l'Acad. de Turin. 1805—1808, p. 141.

1813. Vogel. Lichtwirkung auf Efflorescenz der Salze. Schweigg. J. IX. 236.

1814. Kries. Ueber den Einflufs des Lichts auf die Eisbildung. Schweigg. J. XI. 32.

1818. Brugnatelli. Wirkung des Lichts auf die farblosen Krystalle der neuen Säure, welche aus Harnsäure bereitet wird. Schweigg. J. XXIV. 309; Ann. ch. ph. VIII. 201.

1824. Schweigger. Schädliche Wirkung des Lichts beim Malzen des Getreides. Schweigg. J. XLI. 476 Anm.

1825. M'Keever. On the influence of solar light on the process of combustion. Ann. of phil. n. s. X. 344; Pogg. Ann. IX. 509; Baumg. u. v. Ettingh. II. 514; Bibl. univ. XXXII. 191; Schweigg. J. XLVIII. 42.

1829. Becquerel. Usber die Erzeugung chemischer Verbindungen vermittelst elektrochemischer Kräfte. Pogg. Ann. XVI. 306; Ann. ch. ph. XLI. 5.

Matteucci. Elektrische Wirkung der Sonnenstrahlen. Schweigg. J. LIX. 369; Quart. journ. n. s. No. XII. 1829, p. 420.

1832. Herschel. On the action of light in determining the precipitation of muriate of platinum by lime-water. Phil.

mag. I. 58; Pogg. Ann. XXVI. 176; Schweigg. J. LXV. 262; Bibl. univ. LI. 129.

1839. E. Becquerel. Untersuchungen über die Wirkungen der chemischen Strahlen des Sonnenlichts, mittelst elektrischer Ströme. Pogg. Ann. LIV. 18; Bibl. univ. XXII. 345; Athen. 621.

1840. E. Becquerel. Mémoire sur les effets électriques produits sous l'influence des rayons solaires. C. R. IX. 561; Bibl. univ. XXV. 152; Pogg. Ann. LIV. 35.

Hunt. On the permeability of various bodies to the chemical rays. Phil mag. XVI. 138; Inst. No. 330, p. 147.

Draper. An account of some experiments made in the south of Virginia on the light of the sun. Phil. mag. XVI. 81; Inst. No. 329, p. 140; Bibl. univ. XXVI. 400.

1841. E. Becquerel. Des effets produits sur les corps par les rayons solaires. Ann. ch. ph. IX. 257; Pogg. Ann. LV. 588; Bibl. univ. XXXV. 136, XLVIII. 184; Inst. No. 368, p. 9; No. 396, p. 254; No. 442, p. 213; No. 478, p. 64; No. 513, 364.

1843. Draper. On a change produced by exposure to the beams of the sun in the properties of an elementary substance. Phil. mag. XXIII. 388; Inst. No. 508, p. 320; Bibl. univ. XLVIII. 185.

Wartmann. Sur les rélations qui lient la lumière à l'électricité lorsque l'un des deux fluides produit une action chimique. Arch. de l'él. II. 598; Phil. mag. XXIII. 254.

1844. Draper. On tithonized chlorine. Phil. mag. XXV. 1.

J. Davy. De l'action des rayons solaires sur l'acide lithique. Inst. No. 563, p. 340.

Hunt. De l'influence de la lumière sur les composés chimiques et de l'action électrochimique. Inst. No. 563, p. 340; No. 596, p. 197; Mecan. mag. 1844, No. 1108.

1845. J. W. Draper. On the allotropism of chlorine as connected with the theory of substitutions. Phil. mag. XXVII. 327; Erdm. u. March. XXXVII. 103.

III. Erregung des Magnetismus durch die chemischen Strahlen des Lichts.

(S. Dove im Repert. d. Ph. V. 283 Photomagnetismus?)

1812. Morichini. Memoria sopra la forza magnetizante del lembo estremo del raggio vieletto. Roma 1812; Gilb. Ann. XLIII 212; Thoms. Ann. of phil. XI. 390; Edinb. phil. journ. I. 239; Schweigg. J. VI. 327; Bibl. brit. LII. 21.

1813. Morichini. Zweite Abhandlung über die magnetisirende Kraft des äufseren Randes des violetten Strahls. Kastn. Arch. VIII. 105; journ. d. ph. LXXVI. 208 u. 293; Gilb. Ann. XLVI. 367; Schweigg. J. XX. 16; Thoms. Ann. of phil. XII. 1.

Configliachi. Sur la force magnétisante du bord le plus reculé du rayon violet du spectre solaire. Journ. d. ph. LXXVII. 212; Gilb. Ann. XLVI. 338.

Moscati. Sur le magnétisme de la lumière. Bibl. brit. LIII. 195; Gilb. Ann. XLV. 339; Schweigg. J. VIII. 352.

Babini. Notice d'expériences ultérieures sur la force magnétisante des rayons violets. Bibl. brit. LIV. 171; Schweigg. J. IX. 215.

Grotthuss. Ueber Morichini's Versuche, Nadeln durch das prismatische Licht zu magnetisiren. Schweigg. J. IX 335.

1816. Ridolfi. Nouvelles expériences tendant à démontrer qu'il existe une force magnétisante dans l'extrémité violette du spectre solaire. Ann. ch. ph. III. 323; Schweigg. J. XX. 10; Giorn. di fis. chim. stor. nat. di Pavia; Bibl. univ. IV. 1; V. 167.

1817. Playfair. Sur la vertu magnétisante de la lumière violette. Ann. ch. ph. VI. 395; Bibl. univ. VI. 81; Journ. de ph. LXXX. 329.

1819. Firmas. Sur la vertu magnétisante qu'on a attribuée au rayon violet. Ann. ch. ph. X. 285; Journ. de ph. LXXXVIII. 459; Bibl. univ. XI. 29.

1823. v. Yelin. Der Thermomagnetismus der Metalle. Gilb. Ann. LXXIII. 415; Abhandl. d. Münchner Akad. 1823.

1826. Sommerville. On the magnetizing power of the more refrangible solar rays. Phil. Trans. f. 1826, p. 132; Ann.

of phil. n. s. XI. 224; Pogg. Ann. VI. 493; Ann. ch. ph. XXXI. 393; Schweigg. J. XLVI. 252; Bibl. univ. XXXI. 210; XXXII. 122.

CHRISTIE. On magnetic influence in the solar rays. Phil. Trans. f. 1826, p. 219; Edinb. journ. XI. 104; Pogg. Ann. IX. 505; Baumg. und v. Ettingh. III. 96; Bibl. univ. XXXIV. 191.

BAUMGARTNER. Untersuchungen über den Magnetismus des Eisens durch Licht, nebst neuen Versuchen über denselben Gegenstand. Baumg. und v. Ettingh. I. 263; Ann. ch. ph. XXXIII. 333.

1827. MARK WATT. On magnetic influence of the heat produced by the solar rays. Edinb. n. ph. journ. III. 170; Baumg. u. v. Ettingh. III. 247; Froriep's Not. XXI. No. 457; Bibl. univ. XXXIX. 197.

MÜLLER. Kastn. Arch. XIII. 397; Vortr. d. schles. Ges. f. vaterl. Cultur.

BAUMGARTNER. Ueber die Schwingungen der Magnetnadel im Sonnenlicht und im Schatten. Baumg. u. v. Ettingh. III. 157.

1828. CHRISTIE. Phil. Trans. f. 1828. II. 379; Baumg. u. v. Ettingh. VI. 325; Bibl. univ. LI. 52.

ZSCHOKKE. Kastn. Arch. XV. 150.

1829. BARLOCCI. Sulla influenza della luce solare nei fenomeni elettrici. Giorn. Arcad. XLI. 145; Quarterly journ. n. s. No. XI. 173; Bibl. univ. XLII. 11; Schweigg. J. LVIII. 69; Kastn. Arch. XXI. 345; Baumg. u. v. Ettingh. VII. 363.

RIESS u. MOSER. Ueber die magnetisirende Eigenschaft des Sonnenlichts. Pogg. Ann. XVI. 563; Ann. ch. ph. XLII. 304; Taylor's phil. mag. VIII. 155; Bibl. univ. XLIII. 114.

ZANTEDESCHI. Ueber das Magnetisirungsvermögen des violetten Strahls. Schweigg. J. LVI. 109, LVIII. 292; Pogg. Ann. XVI. 187; Kastn. Arch. XXI. 345; Baumg. u. v. Ettingh. VI. 321, VII. 365; Bibl. univ. XLI. 64, XLII. 193.

PFAFF. Ueber die angeblichen anziehenden und repulsiven Wirkungen des Sonnen-, Mond- u. Kerzenlichts. Schweigg. J. LVI. 53.

MATTEUCCI. Elektricität der Sonnenstrahlen. Schweigg. J. LVIII. 67; Quart. Journ. n. s. No. XI. 173; Antologia No. 100.

BARLOCCI. Espositione di alcune nuove esperienze sul magnetismo della luce. Giorn. Arc. XLIII. 12.

1830. FARQUHAR u. SCHÜBLER. Schweigg. J. LXVII. 94.

1832. KASTNER. Ueber Photomagnetismus. Kast. Arch. XXIV. 420.

HÄSER. De radii lucis violacei vi magnetica. Jenae, 1832. 4°.

1838. DRAPER. Jourr. of the Franklin. Inst. of Philad.

1840. G. J. and T. KNOX. Justification of Mrs. Sommerville's experiments upon the magnetizing power of the more refrangible solar rays. Phil. mag. XVII. 153.

1842. F. W. de MOLEYNS. On the magnetic influence of the lunar spectrum, in relation to a new theory of terrestrial magnetism. Phil. mag. XX. 39; Inst. No. 449, p. 275.

III. Phosphorescenzerregung durch Insolation.

1630. CASCARIOLO's Entdeckung des Bononischen Leuchtsteines, s. HOOKE's experiments by Derham p. 178.

1640. F. LICETUS. De luminis natura et efficientia. Utini 1640.

1646. ATH. KIRCHER. Ars magna lucis p. 18. Romae 1646; Amstelodami 1671.

1657. DE LA CHAMBRE. La lumière. Paris 1657, p. 200.

1675. MENTZEL. Lapis Bononiensis collatus cum phosphoro hermetico. Bielefeld 1675.

1677. BALDUIN's Erfindung des künstlichen Phosphors, s. G. G. LEIBNITZ historia inventionis phosphori i. d. Miscell. Berol. 1710. Vol. I. p. 91.

1698. MARSIGLI. De phosphoro. Lips. 1698.

1730. DU FAY. Mémoire sur un grand nombre de phosphores nouveaux. Mém. de l'Acad. de Paris 1730, p. 524, holländ. Ausg. p. 749.

1744. J. BECCARIA. De quamplurimis phosphoris nunc primum detectis. Bologna 1744; Com. Acad. Bon. 1746. T. II. P. II. 136, P. III. 489; Phil. Trans. abridged X. 555.

1745. Beccaria. De adamante aliisque rebus in phosphororum numerum referendis. Com. Acad. Bon. T. II. P. I. 274.
1766. Zanottus. De luce. Comm. Bon. V. 106.
1767. Marggraf chemische Schriften. Bd. II. p. 113.
1768. Beccarii Commentarii de phosphoris. Graecii 1768.
Reinlein. Dissert. de phosphoris. Viennae 1768.
Canton. An easy method of making a phosphorus that will imbibe and emit light like the Bolognian stone; with experiments and observations. Phil. Trans. f. 1768, p. 337; Roz. obs. Introd. I. 124; Crell's chem. J. VI. 179.
1773. Herbert. Dissert. de igne. Viennae 1773.
1775. Wilson. A series of experiments on the subject of phosphori and their prismatic colours. Lond. 1775; Rozier's obs. VIII. 72; Gehlen Samml. zur Phys. u. Naturgesch. I. 549.
1776. Higgins. Essay concerning light. London 1776.
1777. M. v. Grosser. Phosphoressentia adamantum novis experimentis illustrata. Viennae 1777; Rozier's obs. XX. 270.
De Magellan. Lettre sur une expérience faite avec le phosphore. Roz. obs. IX. 153; Priestl. Vers. u. Beob. üb. versch. Gattungen d. Luft, aus dem Engl. übers. Wien u. Leipzig 1780. III. Anh. p. 23.
1780. Volta in Priestley's Vers. u. Beobacht. über versch. Gattungen d. Luft; aus d. Engl. übers. Wien u. Leipz. 1780. III. Anh. p. 23.
1782. Senebier. Mémoires etc. Deutsche Uebers. III. 90.
1787. Marne. Ueber Feuer, Licht und Wärme. Berlin und Leipzig 1787.
1788. Scheele. Opuscula ed. Hebenst. Lips. 1788. I. 162 sq.
1799. E. Horn. Ueber die Wirkungen des Lichts auf den lebenden menschlichen Körper mit Ausnahme des Sehens. Königsberg 1799.
1800. Wilson u. Fontana bei Kirwan in Scheele's sämmtlichen Werken, herausg. v. Hermbstädt. I. 165. Anm.
1802. Engelfield. Versuche über die Sonderung von Licht und Wärme durch Brechung etc. Gilb. Ann. XII. 399; journ. of the roy. inst. 1802, p. 202; Bibl. brit. XXII. 113.

1808. Ritter. Bemerkungen zu Wünsch's Abhandl. etc. Gehlen J. f. Ph. VI. 659; Beitr. zur näh. Kenntniſs d. Galvan. II. 280.

1809. Dessaignes. Sur les phosphorescences. Journ. de ph. LXVIII. 444, LXIX. 5, LXXI. 353, LXXIII, 41, LXXIV. 101 u. 173; die letzten auch in Schweigg. Journ. VIII. 70 und 115.

1810. Dessaignes. Sur le pouvoir des pointes sur le fluide de phosphorescence. Journ. de ph. LXX. 109.

Dessaignes. Sur la propriété phosphorescente rendue par l'électricité à des corps qui l'avaient perdue. Journ. d. ph. LXVI. 67.

v. Göthe. Zur Farbenlehre. Tübingen 1810. II. 703.

1811. Placidius Heinrich. Die Phosphorescenz der Körper, oder die im Dunkeln bemerkbaren Lichtphänomene der anorganischen Natur. Abhandl. 1—4. Nürnberg 1811—20; Journ. de ph. LXXIV. 158, 307; Schweigg. J. IV. 215; XXIX. 101 u. 450.

1815. v. Grotthuss. Ueber einen neuen Lichtsauger. Schweigg. J. XIV. 133; Bibl. univ. I. 247.

1817. J. F. John. Bemerkungen über die Lichtmagnete. Gilb. Ann. LV. 453.

v. Grotthuss. Ueber das Lichteinsaugen der Phosphoren. Schweigg. J. XV. 172.

1825. Osann. Leuchtsteine von vorzüglicher Stärke und Schönheit. Kastn. Arch. IV. 347.

Osann. Ueber einige neue Lichtsauger von vorzüglicher Stärke. Kastn. Arch. V. 88; Bibl. univ. XL. 118.

1830. Th. J. Pearsall. Ueber die Wirkung der Elektricität auf die bei Erwärmung phosphorescirenden Mineralien. Pogg. Ann. XX. 252; journ. of the roy. inst. No. 1, p. 77; Kast. Arch. XXI. 357; Bibl. univ. XLV. 352.

Pearsall. Fernere Versuche über die Erregung der Phosphorescenz und Farbe in Körpern mittelst Elektricität. Pogg. Ann. XXII. 566; journ. of the roy. inst. I. 267; Bibl. univ. XLVI. 236.

1833. E. F. Wach. Ueber Leuchtsteine. Schweigg. J. LXVII. 283.

1834. OSANN. Versuche über Phosphorescenz durch Insolation, und Beschreibung eines neuen Photometers. Pogg. Ann. XXXIII. 405.

1839. DAGUERRE. Phosphorescenz des geglühten Schwerspaths. Pogg. Ann. XLVI. 612; C. R. VIII. 243; Inst. No. 270, p. 69.

D. SPLITTGERBER. Beobachtungen über mehrere Glasfarben. Pogg. Ann. XLVII. 466.

E. BECQUEREL. Recherches sur la production de la phosphorescence et sur diverses propriétés de l'étincelle électrique. Ann. ch. ph. LXXI. 36; Pogg. Ann. XLVIII. 540; Bibl. univ. XX. 344; Inst. No. 270, p. 68.

E. BECQUEREL. Recherches sur les effets de la radiation chimique de la lumière solaire au moyen des courans électriques. Bibl. univ XXII. 345; Pogg. Ann. LIV. 18; Athen. 621.

E. BECQUEREL. De quelques propriétés nouvelles relatives au pouvoir phosphorescent de la lumière électrique. Bibl. univ. XIX. 415; C. R. VIII. 216; Pogg. Annal. XLIX. 543.

1840. BIOT et BECQUEREL. Sur la nature de la radiation émanée de l'étincelle électrique qui excite la phosphorescence à distance. Pogg. Ann. XLIX. 549; Bibl. univ. XIX. 422; C. R. VIII. 223.

BIOT. Neue Verfahrungsarten zur Untersuchung der Sonnenstrahlung, sowohl der unmittelbaren als der zerstreuten. Pogg. Ann. XLIX. 557; C. R. VIII. 259; Inst. No. 270, p. 65.

BIOT. Fortsetzung der Versuche über die Natur der Strahlungen, welche Phosphorescenz erregen und gewisse Processe hervorrufen. Pogg. Ann. XLIX. 562; C. R. VIII. 315.

1842. MATTEUCCI. Sur la phosphorescence des corps. Bibl. univ. XL. 159; C. R. XV. 288.

E. BECQUEREL. Mémoire sur la constitution du spectre solaire. Bibl. univ. XL. 341; C. R. XIV. 901;

1843. E. BECQUEREL. Observations sur une lettre de Mr. MATTEUCCI. Bibl. univ. XLI. 352; C. R. XV. 433.

Robert. Sur la phosphorescence du ver luisant. C. R. XVII. 627.

1844. Draper. Further considerations on the existence of a fourth imponderable. Phil. mag. XXV. 103.

1845. Draper. Account of a remarkable difference between the rays of incandescent lime and those emitted by an electric spark. Phil. mag. XXVII. 435.

P. Riess. Zur Phosphorescenz des Diamants. Pogg. Ann. LXIV. p. 334.

V. Einfluſs des Lichts auf das Keimen, Wachsen und die Farben der Pflanzen.

(Auſser den botanischen Schriften.)

Aristoteles. *Περὶ χρωμάτων.* Ed. du Val. I. 1209. Ed. Becker (latine) de coloribus, p. 386.

1736. Duhamel et Dufay. Mém. de l'Acad. des sc. de Paris. 1736, p. 73.

1775. B. C. Méese. Expériences sur l'influence de la lumière sur les plantes. Roz. obs. VI. 445, VII. 118.

1779. Priestley. Experiments and observations relating to various branches of natural philosophy; with a continuation of the observations on air. London 1779.

1782. J. Senebier. Mémoires physico-chimiques etc. (s. I.)

Ingenhousz. Expériences sur les végétaux. Paris 1782. Phil. Trans. f. 1782.

1783. de la Ville. Observations sur les expériences de Mr. Ingenhousz. Roz. obs. XXIII. 290.

Tessier. Expériences propres à développer les effets de la lumière sur certaines plantes. Mém. de l'Ac. des sc. de Paris 1783, p. 133; Licht. Mag. IV. 4, 146.

Senebier. Physiologie végétale III. 396.

1784. Ingenhousz. Sur la vertu de l'eau imprégnée d'air fixe pour en obtenir par le moyen des plantes et de la lumière du soleil de l'air déphlogistiqué. Roz. obs. XXIV. 337.

Senebier. Lettre à Mr. Ingenhousz. Rozier observ. XXV. 76.

1786. BERTHOLLET. De l'influence de la lumière. Rozier obs. XXIX. 81.

INGENHOUSZ. Ueber die Wirkung der Luftarten, der Licht- und Wärmegrade und der Elektricität auf das Keimen und Wachsen der Pflanzen.

1787. J. A. SCHERER. Ueber das pflanzenähnliche Wesen in den warmen Carlsbader und Töplitzer Wassern. Dresden 1787, p. 4 ff.

1788. SENEBIER. Expériences sur l'action de la lumière solaire dans la végétation. Genève et Paris, 1788, p. 61.

1790. INGENHOUSZ. Versuche mit Pflanzen. Uebers. v. Scherer. Wien 1790. III. 150.

1792. HASSENFRATZ. Deuxième mémoire sur la nutrition des végétaux. Crell's chem. Ann. 1796. I. 347; Ann. chim. XIII. 318.

DE HUMBOLDT. Sur la couleur verte des végétaux qui ne sont pas exposés à la lumière. Rozier observ. XL. 154, XLIII. 393; Crell's chem. Ann. XVII.

1793. VASSALLI. Parallèle de la lumière solaire etc. Mém. de l'Ac. de Turin. V. 186 u. 287; Crell's chem. Ann. 1795, II. 80 u. 142.

1795. SENEBIER. Sur la lumière III. 199; Roz. observ. XLI. 205; Gren. n. J. I. 229.

HASSENFRATZ. Extrait des expériences de Mr. SENEBIER sur l'action de la lumière solaire dans la végétation. Ann. chim. I. 108.

HASSENFRATZ. Extrait des expériences sur les végétaux de Mr. J. INGENHOUSZ. Ann. ch. III. 55 u. 266.

1799. SENEBIER. Sur la matière verte qu'on trouve dans les vases remplis d'eau lorsqu'ils sont exposés à la lumière. Journ. de ph. XLVIII. 155, 202, 294, 361, 417.

LEFÉBOURE. Expériences sur la germination des plantes. Strasbourg an IX. p. 126.

1801. DECANDOLLE. Expériences relatives à l'influence de la lumière sur quelques végétaux. Journ. de ph. LII. 124; Voigt's Mag. II. 483; Gilb. Ann. XIII. 372; mém. des sav. étr. I. 329.

WOODHOUSE. Sur la végétation des plantes, tendant à prouver que la végétation à la lumière du soleil n'améliore pas l'air. Ann. chim. ph. XLIII. 194; Voigt's Mag. V. 105; Nichols. journ. 1801.

1803. SAUSSURE. Recherches chimiques sur la végétation. Ann. chim. L. 225; Journ. de ph. LVII. 393; Gilb. Ann. XVIII. 208.

1808. RITTER. Ueber Pflanzenerregbarkeit im Allgemeinen und Besonderen. Gehlen J. d. Ch. VI. 456.

1811. v. CRELL. Versuche über die Erzeugung des Kohlenstoffes in wachsenden Pflanzen. Schweigg. J. II. 281.

1813. RUHLAND. Ueber den Einfluſs des Lichts auf die Erde. Schweigg. J. IX. 229; Journ. de ph. LXXX. 241; Abh. der Ac. d. W. zu München 1813.

1816. RUHLAND. Recherches sur la respiration des plantes exposées à la lumière du soleil. Ann. ch. ph. III. 411; journ. de ph. 1816.

1819. GRISCHOW. Beiträge zur chemischen Kenntniſs des Pflanzenlebens. Leipzig 1819.

GRISCHOW. Ueber die chemischen Veränderungen des Luftkreises durch das Gewächsleben. Schweigg. Journ. XXXI. 449.

1820. E. FR. GLOCKER. Versuch über die Wirkungen des Lichts auf die Gewächse. Breslau 1820, p. 25.

1821. GILBY. Ueber Kohlensäurezersetzung durch Pflanzen. Schweigg. J. XXXII. 326; Edinb. ph. J. IV 100; Ann. chim. ph. XVII. 64.

1825. C. A. FRANK. Dissert. über die Farben der Blüthen und einige damit in Beziehung stehende Gegenstände. Tübingen 1825.

1829. REUTER. Ueber Keimung und Ernährung der Pflanzen. Kastn. Arch. XVI. 463.

1830. MÜLLER. Versuche über die Einwirkung der Elektricität und des Lichts auf grüne und farbige Pflanzentheile. Kastn. Arch. XX. 215.

SPRENGEL. Vom Lichte. Erdm. J. f. t. u. ök. Ch. IX. 172 (III. 413).

1836. DAUBENY. On the action of light upon plants and of plants upon the atmosphere. Phil. mag. VIII. 415.

1838. J. HOGG. On the action of light upon the colour of the river sponge. Phil. mag. XIII. 457.

1840. HUNT. Experiments and observations on light which has permeated coloured media and on the chemical action of the solar spectrum. Phil. mag. XVI. 267; Inst. No. 334, p. 178; Bibl. univ. XXVI. 407;

1842. HUNT. Ueber das Keimen der Pflanzen unter dem Einflufse des Lichts. Inst. No. 463, p. 402; Bibl. univ. XLI. 397; Athen. No. 767.

1843. PAYER. Influence de la lumière sur les racines. Inst. No. 515, p. 380.

DRAPER. On the decomposition of carbonic acid gas and the alcalic carbonates by the light of the sun; and on the Tithonotype. Phil. mag. XXIII. 161; Ann. ch. ph. XI. 214; Inst. No. 510, p. 342; Erdm. u. March. XXXI. 21; Dingl. p. J. XCI. 167.

1844. P. GARDNER. On the action of yellow light in producing the green colour, and indigo light the movements of plants. Phil. mag. XXIV. 1; Inst. No. 543, p. 183; Bibl. univ. XLIX. 376, LII. 381; Silliman J. XLV. 1; Edinb. n. ph. J. XXXVII. 76.

HUNT. On the influence of light on plants. Phil. mag. XXIV. 96; Bibl. univ. XLIX. 383; Athen. 1844.

DRAPER. Note on the decomposition of carbonic acid by the leaves of plants under the influence of yellow light. Phil. mag. XXV. 169.

HARKNESS. On the action of the yellow rays of light on vegetation. Phil. mag. XXV. 339.

ZANTEDESCHI. Influence des rayons solaires sur la végétation Inst. No. 541, p. 157.

1845. GRISCHOW. Ueber die Respiration der Pflanzenblätter. Erdm. u. March. XXXIV. 163.

C. H. SCHULTZ. Ueber die Nahrungsstoffe, aus denen die Pflanzen im Lichte das Sauerstoffgas ausscheiden. Pogg. Ann. LXIV. 125; Inst. No. 579, p. 43.

Dr. Griesbbach. Ueber die Pflanzenernährung. Pogg. Ann. LXIV. 630.

Durand. Tendance de certaines racines à fuir ou à rechercher la lumière. Inst. No. 624. p. 440.

VI. Theorie der chemischen Lichtstrahlen.

Reflexion, Refraktion, Polarisation, Interferenz, Absorption, das chemische Spectrum.

1801. Ritter. Versuche über das Sonnenlicht. Gilb. Ann. VII. 527, XII. 409; Gehlen n. J. VI. 157; Journ. d. Ph. LVII. 409; Nichols. J. Aug 1804; R's. Beitr. zur näh. Kenntn. des Galvanismus. II. 192.

1803. H. Davy. Theorie des Lichts und der Verbindungen u. Wirkungen des Lichts. Gilb. Ann. XII. 574.

1805. Prechtl. Ueber die Identität des Licht- und Wärmestoffes. Gilb. Ann. XX. 305.

1808. Link. Ueber die chemischen Eigenschaften des Lichts. St. Petersburg 1808.

Ritter. Bemerkungen zu Wünsch's Abhandlung über Herschels Versuche von der Sonderung der Lichtstrahlen. Gehlen J. f. Ch. u. Ph. VI. 659.

Ritter. Violettes Licht wirkt wie minus und rothes wie plus Electricität auf Kali. Gilb. Ann. XXVIII. 372.

Heinrich. Ueber die Natur und Eigenschaften des Lichts. Petersburg 1808.

1835. Hessler. Ueber den Einflufs der materiellen Beschaffenheit des Prisma auf die chemische Wirkung des durch dasselbe zerlegten Sonnenlichts. Baumg. Zeitsch. III. 336; Bibl. univ. I. 165

1836. Sommerville. Expériences sur la transmission des rayons chimiques du spectre solaire à travers différens milieux. Bibl. univ. V. 391; C. R. II. 473; Pogg. Ann. XXXIX. 219.

Bérard. Mémoires d'Arcueil. Vol. III.

1839. E. Becquerel. Recherches sur les effets de la radiation chimique de la lumière solaire au moyen des courans électriques. Bibl. univ. XXII. 345; Pogg. Ann. LIV. 18; Athen. 621.

1840. **Draper.** An account of some experiments made in the south of Virginia, on the light of the sun. Phil. mag. XVI. 81; Inst. No. 329, p. 140; Bibl. univ. XXVI. 400.

Hunt. On the permeability of various bodies to the chemical rays. Phil. mag. XVI. 138; Inst. No. 330, p. 147.

Herschel. New researches on the solar spectrum and in photography. Phil. mag. XVI. 239; Inst. No. 341, p. 235; No. 343, p. 249; Bibl. univ. XXVI. 404.

Hunt. Experiments and observations on light which has permeated coloured media. and on the chemical action of the solar spectrum. Phil. mag. XVI. 267; Inst. No. 334, p. 178; Bibl. univ. XXVI. 407.

Herschel. On the chemical action of the rays of the solar spectrum, on preparations of silver and other substances both metallic and non metallic, and on some photographic processes. Phil. Trans. f. 1840, I. 1.

Hunt. On the use of hydriodic salts as photographic agents. Phil. mag. XVII. 202 u. 260; Dingl. p. J. LXXVIII. 359 u. 424.

Biot et **Becquerel.** Sur la nature de la radiation émanée de l'étincelle électrique qui excite la phosphorescence à distance. Bibl. univ. XIX. 422; C. R. VIII. 223; Pogg. Ann. XLIX. 549.

Biot. Neue Verfahrungsarten zur Untersuchung der Sonnenstrahlung, sowohl der unmittelbaren als der zerstreuten. Pogg. Ann. XLIX. 557; C. R. VIII. 259; Inst. No. 270, p. 65.

Biot. Fortsetzung der Versuche über die Natur der Strahlung, welche Phosphorescenz erregen und gewisse Processe hervorrufen. Pogg. Annal. XLIX. 562; C. R. VIII. 315.

Malaguti. Premier mémoire sur la faculté qu'ont certains liquides de rétarder les effets chimiques de la lumière diffuse. Ann. ch. LXXII. 5; Pogg. Ann. XLIX. 567; Bibl. univ. XVII. 393.

E. Becquerel. Mémoire sur le rayonnement qui accompagne la lumière solaire et la lumière électrique. Mém. des sav. étrang. VIII. 373; Bibl. univ. XXXIII. 400; Inst No. 358, p. 375; Pogg. Ann. LIV. 43; Erdm. J. f. pr. Ch. XXIV. 91.

1841. E. Becquerel. Des effets produits sur les corps par les rayons solaires. Ann. chim. IX. 257; Pogg. Ann. LV. 588; Bibl. univ. XXXV. 136, XLVIII. 184; Inst. No. 368, p. 9; No. 396, p. 254; No. 442, p. 213; No. 478, p. 64; No. 513, p. 364.

Sutherland. On the polarisation of the chemical rays of light. Phil. mag. XIX. 52; Pogg. Ann. LIV. 434; Bibl. univ. XXXIV. 382.

Draper. On some analogies between the phaenomena of the chemical rays and those of radiant heat. Phil. mag. XIX. 195; Bibl. univ. XXXVIII. 173.

1842. Draper. On certain spectral appearances and on the discovery of latent light. Phil. mag. XXI. 348.

Draper. On a new imponderable substance and on a class of chemical rays analogous to the rays of dark heat. Phil. mag. XXI. 453; Bibl. univ. XLV. 152.

Herschel. On the action of the rays of the solar spectrum on vegetable colours, and on some new photographic processes. Phil. Trans. f. 1842, II. 181; Phil. mag. XXII. 5, 107, 170, 246; Inst. No. 471, p. 3; Bibl. univ. XLI. 182; XLIV. 164.

Herschel. On certain improvements on photographic processes described in a former communication, and on the parathermic rays of the solar spectrum. Phil. mag. XXII. 505; Phil. Trans. f. 1843. I. 1; Bibl. univ. XLVII. 374.

E. Becquerel. Mémoire sur la constitution du spectre solaire. Bibl. univ. XL. 341, XLVIII. 188; C. R. XIV. 901.

Moser. Ueber den Procefs des Sehens und die Wirkung des Lichts auf alle Körper. Pogg. Ann. LVI. 177; C. R. XV. 119; Ann. ch. ph. VII. 229; Taylor's sc. mém. III. 422; Dingl. pol. Journ. LXXXV. 236; Inst. No. 447, p. 253; No. 454, p. 315; No. 462, p. 386 u. 387; No. 470, p. 462;

No. 502, p. 269; Erdm. u. March. XXVIII. 225; Baier. Kunst- u. Gew.bl. XX. 588; Bibl. univ. XL. 371, XLII. 176.

Moser. Einige Bemerkungen über das unsichtbare Licht. Pogg. Ann. LVI. 569.

Mose. Ueber das Latentwerden des Lichtes. Pogg. Ann. LVII. 1; Bibl. univ. XLIV. 370.

Ascherson. Einige Bemerkungen über die chemische Wirkung des Lichts. Pogg. Ann. LV. 467; Inst. No. 468, p. 451.

Melloni. Ueber die Identität der verschiedenen leuchtenden wärmenden und chemisch wirkenden Strahlen. C. R. XV. 434; Pogg. Ann. LVII. 300.

1843. Moser. Ueber die Verschiedenheit der Licht- u. Wärmestrahlen. Pogg. Ann. LVIII. 105; Bibl. univ. XLIV. 380.

Arago. Considérations relatives à l'action chimique de la lumière. Ann. ch. ph. VII. 207; Pogg. Ann. LVIII. 596; Inst. No. 478, p. 64; Bibl. univ. XLIII. 390.

Draper. On the decomposition of carbonic acid gas and the alcalic carbonates, by the light of the sun; and on the Tithonotype. Phil. mag. XXIII. 161; Ann. chim. ph. XI. 214; Dingl. pol. J. XCI. 167; Inst. No. 510, p. 342; Erdm. u. March. XXXI. 21.

Draper. On a new system of inactive tithonographic spaces in the solar spectrum analogous to the fixed lines of Frauenhofer. Phil. mag. XXII. 360; Bibl. univ. XLVI. 383.

Hunt. Some experiments and remarks on the changes which bodies are capable of undergoing in darkness, and on the agent producing these changes. Phil. mag. XXII. 270; Inst. No. 525, p. 27.

Herschel. On the action of the rays of the solar spectrum on the daguerreotype plate. Phil. mag. XXII. 120; Bibl. univ. XLVII. 369.

Hunt. On the spectral images of Moser; a reply to his animadversions. Phil. mag. XXIII. 415.

Moser. Ueber die Wirkung der farbigen Strahlen auf das Jodsilber. Pogg. Ann. LIX. 391.

MOSER. Ueber die sogenannten Wärmebilder. Pogg. Ann. LIX. 155; Phil. mag. XXIII. 256.

ROBINSON. Versuch ein Bild des Mondes zu machen. Inst. No. 508, p. 320.

1844. MOSER. Ein Experiment, dafs im Quecksilberdampf latentes Licht enthalten sei. Pogg. Ann. LX. 48; Phil. mag. XXIV. 232.

P. GARDNER. On the action of yellow light in producing the green colour and indigo light the movements of plants. Phil. mag. XXIV. 1; Inst. No. 543, p. 183; Bibl. univ. XLIX. 376, LII. 381; Silliman J. XLV. 1; Edinb. n. ph. Journ. XXXVII. 76.

DRAPER. On tithonized chlorine. Phil. mag. XXV. 1.

DRAPER. Further considerations on the existence of a fourth imponderable. Phil. mag. XXV. 103.

MOSER. Erwiederung an Hrn. E. Becquerel. Pogg. Ann. LXI. 412.

MELLONI. Sur le spectre solaire. Inst. No. 524, p. 10.

FIZEAU et FOUCAULT. Images solaires. Inst. No. 542, p. 168.

1845. DRAPER. On the interference spectrum and the absorption of the tithonic rays. Phil. mag. XXVI. 465.

VII. Actinometrie. Methoden und Apparate zur Messung der Intensität und Quantität der chemischen Lichtstrahlen.

1839. COULIER. Emploi du nitrate d'argent dans les expériences photographiques. Inst. No. 280, p. 150.

DAUBENY. Intensité de la lumière solaire. Inst. No. 299, p. 326.

E. BECQUEREL. Recherches sur les effets de la radiation chimique de la lumière solaire au moyen des courans électriques. Bibl. univ. XXII. 345; Pogg. Ann. LIV. 18; Athen. 621.

1840. Hunt. On the permeability of various bodies to the chemical rays. Phil. mag XVI. 138; Inst. No. 330, p. 147.
Malaguti. Premier mémoire sur la faculté qu'ont certains liquides de rétarder les effets chimiques de la lumière diffuse. Ann. chim. ph. LXXII. 5; Pogg. Annal. XLIX. 567.
Soleil. Procédé pour déterminer la durée de l'exposition des épreuves à la chambre noire. Inst. No. 335, p. 181; C. R. 1840, No. 21; Dingl. pol. J. LXXVII. 160.
E. Becquerel. Mémoire sur les effets électriques produits sous l'influence des rayons solaires. C. R. IX. 561; Bibl. univ. XXV. 152; Pogg. Ann. LIV. 35.
1841. E. Becquerel. Des effets produits sur les corps par les rayons solaires. Ann. chim. IX. 257; Pogg. Ann. LV. 588; Bibl. univ. XXV. 136; Inst. No. 368, p. 9; No. 396, p. 254; No. 442, p. 213; No. 478, p. 64; No. 513, p. 364.
1842. Fyfe. On the use of chlorine as an indication of the illuminating power of caol gas, and on the comparative expense of light derived from different sources. Edinb. n. ph. J. XXXII. p. 221.
1843. Draper. Description of the tithonometer, an instrument for measuring the chemical force of the indigo-tithonic rays. Phil. mag. XXIII. 401; Inst. No. 508, p. 320; No. 510, p. 342; Sillim. J. XLVII. 217.
1844. Draper. On tithonized chlorine. Phil. mag. XXV. 1.
Draper. Further considerations on the existence a fourth imponderable. Phil. mag. XXV. 103.
Lipowitz. Die Lichtstärke für photographische Zwecke schnell und möglichst richtig bestimmen zu könncn. Pogg. Ann. LXI. 140.
Heeren. Für Photographen. Dingl. pol. J. XCIII. 47; hannöv. Gewerbbl.
A. Lipowitz. Zur Bestimmung der Lichtstärke bei Erzeugung photographischer Bilder. Pogg. Ann. LXIII. 348; Dingl. pol. J. XCV. 139.
Fizeau et Foucault. Application des procédés daguerriennes à la photometrie. C. R. XVIII. 746, 860.

Heeren. Ueber Messung der Lichtstärke behufs photographischer Versuche. Pogg. Ann. LXIV. 309; Dingl. pol. J. XCVI. 26.

Malinowsky. Etwas über Lichtmessungen. Dingl. pol. J. XCV. 358.

VIII. Von der Anfertigung der Lichtbilder.

1. Die Daguerreotypie.

a. allgemeine Schriften.

1839. Daguerre. Le daguerreotyp. C. R. 18. Aug. 39; Ann. ch. ph. LXXI. 313; Inst. No. 295, p. 285; No. 296, p. 297; l'Echo d. m. s. No. 466; Bullet. d. l. s. d'enc. Sept. 1839, p. 342; Bibl. univ. XXII. 300; Pogg. Annal. XLVIII. 193; Dingl. pol. J. LXXIII. 363, LXXIV. 191; Edinb. n. ph. J. XXVIII. 205; Bair. Kunst- u. Gew.bl. XVII. 75, 548.

Daguerre. Historique et description des procédés du daguerréotype et du diorama. Paris 1839; übers. Berlin 1839; übers. Stuttgart 1839; übers. nebst Anhang von Kobell u. Steinheil Hamburg 1840; translated by J. S. Memes 1839. London.

1840. Draper. On the process of daguerreotype and its application to taking portraits from the life. Phil. mag. XVII. 217 (XVI. 535); Dingl. p. J. LXXVIII. 120.

Lüdger's. Das Daguerreotyp. Quedlinb. 1840.

Fyfe. On daguerreotype. Edinb. n. ph. J. XXVIII. 205; Bibl. univ. XXVII. 389.

Séguier. Bericht üb. die Photographie. Dingl. p. J. LXXVI. 308; bull. d. l. soc. d'enc. Mars 1840.

1841. Alexander. Ueber die Fortschritte und neueste Begründung der Daguerreotypie. Baier. Kunst- und Gewerbbl. XX. 775.

1842. Praktische Anweisung zum daguerreotypiren und zur Erzeugung schön kolorirter Lichtbilder. Leipzig bei Reimer.

Hunt. Popular treatise on the art of photography.

1843. Noël-Paymal LEREBOURS traité de plotographie. Paris 1843.
EGERTON. Treatise on daguerreotypie, a translation of Lerebours treatise with additions.
CH. WALKER. Die Galvanoplastik für Künstler etc. nach der 10. Aufl. mit Anm. v. Ch. H. Schmidt. Weimar 1843.
GRÜEL. Einige Bemerkungen über die Darstellung daguerrescher Lichtbilder. Dingl. pol. J. LXXXIX. 423.
C. REISSER jun. Ueber die Anfertigung von Lichtbildern und die dabei zu beobachtenden Manipulationen. Dingl. pol. J. LXXXVIII. 305; Ann. d. Chem. u. Pharm. März 1843, p. 359; Bair. Kunst- u. Gew.bl. XXI. 565.
TH. v. PAULY. Gegenwärtiger Standpunkt der Daguerreotypie in Frankreich etc. Dresden n. Leipzig bei Arnoldi.
1844. CH. CHEVALIER. Mélanges photographiques. Paris 1844.
T. GAUDIN. Traité pratique de photographie, exposé complet des procédés relatifs au daguerreotype. Paris et Leipzig.
C. ALBINO. Der vollkommene Daguerrotypist etc. Berlin 1844,
G. T. FISCHER photogenische Künste etc.
1845. MUNCKE. Artikel „Daguerrebilder" in Gehlers n. ph. W. Bd. XI. 53.
THORNTHWAITE. Guide to photography.
KNORR. Praktische Bemerkungen zur Daguerreotypie. Pogg. Ann. LXV. 30; Dingl. pol. Journ. XCVI. 448.

b. Verbesserungen des Verfahrens.

Vorbereitung der Platte.

1839. DAGUERRE. Modification de polissage. Inst. No. 305, p. 380; Echo du m. s. No. 484; Dingl. p. J. LXXIV. 315.
1840. SÉGUIER. Verbesserte Putzmethode. Dingl. p. J. LXXV. 489; Inst. No. 324, p. 95.
1842. DAGUERRE. Sur un nouveau procédé de polissage. C. R XVI. 588; Ann. ch. ph. VII. 374; Inst. No. 481, p. 87; Pogg. Ann. LVIII. 586; Dingl. p. J. LXXXVIII. 133; Bair. Kunst- u. Gew.bl. XXI. 476; Wien. pol. J. No. 58, p. 458.

1843. Belfield Lefèvre et Léon Foucault. De la préparation de la couche sensible qui doit recevoir l'image de la chambre noire. Ann. ch. ph. IX. 507; C. R. XVII. 260; Inst. No. 502, p. 263; Dingl. pol. J. LXXXIX. 421; Bibl. univ. XLVI. 377.

Daguerre. Ueber die Präparirung der Platten zu Lichtbildern. Dingl. pol. J. XC. 63; C. R. XVII. 356; Erdm. u. March. XXXI. 40.

1844. Daguerre. Nouveau moyen de préparer la couche sensible des plaques destinées à recevoir les images photographiques. Ann. ch. ph. XI. 188; C. R. XVIII. 756; Pogg. Annal. LXII. 80; Inst. 539, p. 145; Dingl. pol. J. XCII. 284; Bair. Kunst- u. Gew.bl. XXII. 402.

Knorr. Ueber elektrische Abbildungen und Thermographien. Zweiter Artikel. Pogg. Ann. LXII. 464.

1845. Knorr. Praktische Bemerkungen zur Daguerreotypie. Pogg. Ann. LXV. 30; Dingl. p. J. XCVI. 448.

Die empfindliche Schicht.

1839. Ascherson. Neues Verfahren, um Silberplatten auf eine sehr gleichförmige Weise mit einer beliebig starken Jodschicht zu überziehen. Pogg. Ann. XLVIII. 509; Dingl. p. J. LXXV. 221.

Talbot et Robison remarques sur le procédé photographique de Daguerre. Inst. No. 299, p. 326; Edinb. n. ph. J. Juli, p. 155; Dingl. p. J. LXXIV. 67.

1840. Daguerre. Ueber den Einflufs, welchen die plattirten Kupferstreifen spielen, womit man die zur Aufnahme eines photogenischen Bildes bestimmte Platte vor der Einwirkung des Joddampfes umgiebt. Dingl. p. J. LXXVI. 122; Inst. No. 318, p. 39; C. R. 1840, No. 3.

Séguier. Ueber den Einflufs der Metallbanden beim Jodiren. Dingl. p. J. LXXV. 240; Inst. No. 315, p. 10.

Schodel. Verfahren die Metallplatten für die Lichtbilder zu jodiren. Dingl. p. J. LXXVI. 317; bull. de la soc. d'enc. April 1840.

Séguier. Verfahren die Metallplatten für die Lichtbilder

zu jodiren. Dingl. p. J. LXXVI. 318; bull. de la soc. d'ecn. April 1840.

1841. Gaudin. Application des propriétés des rayons continuateurs aux opérations de la photographie. C. R. XII. 862.

Gaudin. Supériorité des rayons jaunes comme rayons continuateurs dans les opérations photographiques, production d'images daguerriennes sans le secours du mercure. C. R. XII. 1060; Inst. No. 389, p. 194.

Claudet (and Lerebours). New mode of preparation of the daguerréotype plates, by which portraits can be taken in the short space of time, of from five to fifteen seconds according to the power of light. Phil. mag. XIX. 167; C. R. XII. 1061; Dingl. pol. J. LXXXII. 239; Inst. No. 389, p. 194; Bibl. univ. XXXIV. 178.

Gaudin. Nouveau procédé d'iodage pour les planches destinées à recevoir des images photographiques. C. R. XII. 1187; Inst. No. 391, p. 210; Dingl. p. J. LXXXI. 363; Bibl. univ. XXXIV. 180.

Fizeau. Note sur l'emploi du brôme dans la photographie sur la plaque. C. R. XII. 1189; Inst. No. 391, p. 210; Dingl. p. J. LXXXI. 365; Bibl. univ. XXXIV. 181.

Gaudin. Modifications dans les procédés photographiques. C. R. XIII. 832; Inst. No. 408, p. 354.

Kratochwila. Dingl. p. J. LXXX. 137, LXXXI. 149.

Natterer. Dingl. p. J. LXXX. 137, LXXXI. 149.

1842. A. Waller. Experiments on the coloured films formed by jodine bromine and chlorine upon various metals. Phil. mag. XXI. 426; Bibl. univ. XLIV. 186.

Gaudin. Epreuves photographiques instantanées obtenues sans les secours de la boite à jode. Inst. No. 431, p. 114; C. R. XIV. 445; Dingl. p. J. LXXXIV. 398.

J. Reindl. Ueber Daguerreotypie und Voigtländers neue grofse Camera obscura. Dingl. p. J. LXXXVI. 128.

Barnard. Methode die Empfindlichkeit des Daguerreotypes zu vergröfsern. Dingl. pol. J. LXXXVI. 319; Bibl. univ. Juli 1842.

Claudet. Perfectionnement apporté dans l'art de photographie. C. R. XV. 1120; Inst. No. 468, p. 452; Dingl. p. J. LXXXVII. 236.

Bisson. Images obtenues dans une demi-seconde. C. R. XV. 345.

1843. Brachet. Sur l'emploi du brôme et du chlore. C. R. XVI. 1100, 1282.

Talbot. On the coloured rings produced by jodine on silver with remarks on the history of photography. Phil. mag. XXII. 94.

Bisson. Sur un moyen de graduer l'eau bromée dont on se sert dans les opérations photographiques. C. R. XVI. 93.

Fizeau. Sur les effets résultant de certains procédés employés pour abréger le temps nécessaire à la formation des images photographiques. C. R. XVI. 759; Pogg. Ann. LIX. 161.

Vande Velden (Van der Velden). Avantage du brôme dans les préparations photographiques. Inst. No. 480, p. 82.

Choiselat et Ratel. Des qualités essentielles que doit avoir la couche sensible. C. R. XVII. 1070; Dingl. p. J. XCI. 78.

Belfield-Lefèvre. Emploi de l'acide chloreux en photographie. C. R. XVII. 914; Inst. No. 519, p. 364; Dingl. p. J. XC. 449.

1844. Shaw. On some photographic phaenomena. Phil. mag. XXV. 445; Inst. No. 577, p. 27.

E. Fortin. Verfahren Bromjodür von gleichförmiger Wirkung für daguerresche Lichtbilder zu bereiten. Dingl. p. J. XCIII. 213; Technol. Mai 1844, p. 356.

v. Valicourt. Verfahren Bromjodid von gleichförmiger Zusammensetzung für daguerresche Lichtbilder zu bereiten. Dingl. p. J. XCIII. 211; Technol. Juli 1844, p. 453.

Das Fixiren der Lichtbilder.

1839. Himly's Lichtbilder. Dingl. p. J. LXXV. 76.

1840. O'Shaugnessi. Dingl. pol. J. LXXVI. 38 Anm.; Echo d. m. s. 523.

Soleil. Neues Verfahren beim Quecksilbern. Dingl. p. J. LXXV. 240, 489; Inst. No. 323. p. 85.

Prechtl's Fixirmethode. Dingl. p. J. LXXVI. 318; Inst. No. 334, p. 175.

Choiselat. Images daguerriennes ineffaçables. Inst. No. 333, p. 166.

Fizeau. Nouveau procédé pour enlever le miroitage des dessins photographiques et les rendre inaltérables par le frottement. C. R. II. sem. No. 6; Echo du m. s. 561; Inst. No. 346, p. 270; No. 347, p. 280; Dingl. p. J. LXXVII. p. 319, LXXVIII. p. 61.

Grekoff. Fixirmethode. Dingl. p. J. LXXIX. 79.

1841. Davidson. Quecksilberungsmethode. Dingl. p. J. LXXX. 229; Edinb. n. ph. J. Jan. 1841, p. 178.

Charbonnier. Anwendung des *nitrate de mercure ammoniacal* zum Fixiren der Bilder. C. R. XIII. 966.

1842. Claudet. Perfectionnement apporté dans l'art de photographie. Dingl. pol. Journ. LXXXVII. 236; Inst. No. 468, p. 452.

Nothomb. Protochlorure de mercure substitué au mercure coulant. C. R. XIV. 173.

Bisson. Sur un moyen de donner aux images photographiques une teinte etc. C. R. XIV. 253.

Bisson. D'orage galvanoplastique. C. R. XIV. 573.

1843. Fordos et Gélis. Hyposulfite d'or employé en photographie. Inst. No. 509, p. 330.

Pauer. Zur Daguerreotypie. Dingl. p. J. XC. 78; Inneröstr. Ind. u. Gew.bl.

Bisson. Sur le moyen de se passer de la boite à mercure. C. R. XVI. 766.

Massas Nouveaux phénomènes photographiques. C. R. XVII. 625.

Gaudin. Sur la fixation des images photographiques au moyen d'un bain d'argent. C. R. XVII. 1072; Dingl. p. J. XCI. 76.

1844. G. A. Jahn. Ueber das Fixiren der daguerreschen Lichtbilder. Dingl. p. J. XCIII. 217.

1845. C. G. Page. Mode of colouring daguerreotype pictures. Mech. mag. XLIII; Sillim. J.

Der Apparat.

1839. J. T. Towson. On the proper focus for the daguerreotyps. Phil. mag. XV. 381.

1840. Séguier's vereinfachter tragbarer Apparat. Dingl. p. Journ. LXXVI. 124; bullet. de la soc. d'enc. Mars 1840, p. 87.

1841. Voigtländer's Apparat. Dingl. p. J. LXXIX. 156, LXXX. 229, LXXX. 149, LXXXIII. 85 und 187; Verhandl. des niederöstr. Gew.-Ver. 1841, 3. u. 5. Heft; Inst. No. 377, p. 89; C. R. XII. 402 u. 514.

Beard. Anwendung der Hohlspiegel. Dingl. p. J. LXXX. 229; Rep. of pat. inv. Mars 1841, p. 137.

Chevalier. Anwendung eines Prisma's. C. R. XII. 447; Inst. No. 396, p. 254.

1842. Reindl. Ueber Daguerreotypie und Voigtländers neue grofse Camera obscura. Dingl. pol. J. LXXXVI. 128.

1843. J. Petzval. Bericht über die Ergebnisse einiger dioptrischen Untersuchungen. Pesth 1843.

1844. Desbordaux. Emploi de l'acétate de potasse dans les opérations de la photographie. C. R. XVIII. 594.

Lecchi. Images photographiques faites au moyen d'un miroir periscopique. C. R. XVIII. 754.

Cundell. On a combination of lenses for the photographic camera obscura. Phil. mag. XXV. 173.

G. S. Cundell. On the practice of the calotype process of photography. Phil. mag. XXIV. 321; Dingl. p. J. XCII. 367.

Claudet. Sur une des causes qui peuvent nuire à la netteté des images obtenues par les procédés photographiques. C. R. XVIII. 954.

1845. Martens. Note sur le daguerréotype panoramique. C. R. XX. 1799 et 1835; Dingl. pol. J. XCVII. 239; Mecan. mag. XLIII. 32; Inst. No. 600, p. 230.

The lenses proper for the daguerreotype process. Mecan. mag. XLIII. 35 u. 222.

Cumberland suggested improvement in the daguerreotyp process. Mec. mag. XLII. 421.

c. Bilder bei künstlichem Lichte erzeugt.

1839. Mallet. Photogenisches Papier durch künstliches Licht geschwärzt. Dingl. pol. J. LXXIII. 76; Mech. mag. 825; nst. No. 299, p. 328; Phil. mag. XIV. 475; proc. of the roy. Irish acad. No. 16.

Göppert u. Gebauer. Dingl. p. J. LXXVI. 455; Uebers. d. Arb. u. Veränd. d. schl. Ges. f. vaterl. Kultur 1839, p. 84; Froriep's Notizen No. 252, p. 231.

1840. Draper. On the process of daguerreotype and it's application to taking portraits from the life. Phil. mag. XVII. 217 (XVI. 535); Dingl. p. J. LXXVIII. 120.

Donné. Bilder mit Drummondschen Lichte. Inst. No. 321, p. 66.

1842. Bianchi. C. R. XIV. 173.

1843. Sillimann. Expériences daguerréotypes au moyen de la lumière galvanique. Arch. de l'El. III. 664.

d. Vervielfältigung der Daguerreschen Bilder.

1839. Niepce et Daguerre. Essais de gravure. Inst. No. 301, p. 338.

Donné. Inst. No. 300, p. 329; No. 303, p. 358.

1840. Steinheil. Galvanoplastische Abdrücke von Daguerreotypplatten. Dingl. p. J. LXXVI. 318.

Donné. Procédé de gravure des images photographiques Inst. No. 339, p. 215; Echo d. m. s. 547; Dingl. pol. Journ. LXXVII; C. R.

Berres. Ueber die Vervielfältigung der Daguerreschen Lichtbilder durch den Druck. Dingl. pol. J. LXXVII. 159, 207, 316, 394, LXXIX. 388; Ann. d. Chem. u. Pharm. Dec. 1840, p. 337; Echo d. m. s. 548; Sturgeons ann. of electr. Juli 1840, p. 75; Athenaeum.

1841. Fizeau. Galvanoplastisehe Abdrücke von Daguerreschen Bildern. Dingl. p. J. LXXX. 155; C. R. XII. p. 401, 509.

1842. Grove. On a voltaic process for etching daguerreotype plates. Phil. mag. XX. 18; proc. of the Lond. electr. soc. Juni 1841; Arch. d. l'El. II. 457; Inst. No. 441, p. 208; Dingl. p. J. LXXXII. 238, LXXXIII 274.

1843. Draper. On the decomposition of carbonic acid gas and the alcalic carbonates, by the light of the sun; and on the Tithonotype. Phil. mag. XXIII. 161; Ann. ch. ph. XI. 214; Dingl. pol. J. XCI. 167; Inst. No. 510, p. 342.

Draper. On the tithonotype or art of multiplying daguerreotypes. Phil. mag. XXII. 365; Dingl. p. J. LXXXVIII. 304; Bibl. univ. XLVI. 386.

Strehlke. Ueber einige Eigenschaften der von daguerrschen Lichtbildern erhaltenen galvanischen Kupferplatten. Pogg. Annal. LX. 144; Inst. No. 545, p. 199; Bibl. univ. L. 185.

Claudet. Improvements in the process and means of obtaining the representation of objects of nature and art. London journ. and repert. of arts cet XXV. 111.

1844. Fizeau. Note sur un procédé de gravure photographique. C. R. XIX. 119; Dingl. p. J. XCIII. 215 u. 459.

Choiselat et Ratel. Sur l'emploi de certains réactifs dans la gravure des planches photographiques. C. R. XIX. 338.

Dropper. Verfahren Daguerreotypbilder beliebig zu vervielfältigen. Baier. Kunst- u. Gew.bl. XXII. 48.

e. Theorie des Daguerreschen Processes.

1839. Golfier Besseyre. Ueber die Theorie des Daguerreschen Verfahrens zum Fixiren der Lichtbilder. Dingl. p. J. LXXIV. 199; Inst. No. 299, p. 322; No. 302, p. 345.

Donné. Dingl. p. J. LXXIV. 370; Inst. No. 299, p. 322; C. R. 1839, No. 12.

1840. Bayeux. Ueber die Theorie des Daguerreschen Verfahrens zur Erzeugung der Lichtbilder. Dingl. p. J. LXXVI. 120; Journ. de chim. med. 1840, No. 1.

1841. Roberts. On the cause of the production of daguerreotype pictures. Phil. mag. XVIII. 301; Dingl. pol. J. LXXX. 262; Bibl. univ. XXXIV. 384.

1842. Moser. Ueber den Process des Sehens und die Wirkung des Lichts auf alle Körper. Pogg. Ann. LVI. 177; C. R. XV. 119 u. 448; Taylor's sc. mem. P. XI. Vol. III. p. 422; Ann. ch. ph. VII. 229 u. 237; Dingl. p. Journ. LXXXV. 236; Inst. No. 447, p. 253; No. 454, p. 315; No. 462, p. 386 und 387; No. 470, p. 462; No. 502, p. 269; Erdm. u. March. XXVIII. 225; Bair. Kunst- u. Gew.bl. XX. 588; Bibl. univ. XL. 371, XLII. 176.

Choiselal et Ratel. Sur une nouvelle manière d'envisager les phénomènes du daguerréotyp. C. R. XVI. 1436; Inst. No. 470, p. 465; Bibl. univ. XLVI. 379; Dingl. p. Journ. LXXXIX. 311.

1843. Belfield-Lefèvre. Sur la formation de l'image daguerrienne. C. R. XVII. 480; Inst. No. 506, p. 302; Dingl. p. J. XC. 68.

Choiselat et Ratel. De l'action des substances accéleratrices dans les opérations photographiques. C. R. XVII. 173; Inst. 500, p. 248; Dingl. p. J. LXXXIX. 359.

Choiselat. Ueber die Erzeugung der zur Aufnahme des Daguerreschen Bildes dienenden empfindlichen Schicht. C. R. XVII. 605; Dingl. p. J. XC. 300; Inst. No. 509, p. 330.

Massas. Nouveaux phénomènes photographiques. Inst. No. 509, p. 329; C. R. XVII. 625.

Strehlke. Ueber einige Eigenschaften der von Daguerreschen Lichtbildern erhaltenen galvanischen Kupferplatten. Pogg. Annal. LX. 144; Inst. No. 545, p. 199; Bibl. univ. L. 185.

---

2. Lichtbilder auf Papier.

1803. H. Davy and Wedgwood. An account of a method of copying paintings upon glass etc. Journ. of the roy. inst. I. 170; Gilb. Ann. XIII. 113; H. Davy's collect. w. misc. pap. p. 240.

1839. Talbot. Some account of the art of photogenic drawing.

Phil. mag. XIV. 196 u. 368; Pogg. Ann. XLVIII. 220; C.R. VIII. 409; Athen. 589, 591; Dingl. pol. J. LXXI. 468; Litt. gaz p. 546; Inst No. 270, p. 65 u. 72; Trans. of the brit. Ass. ninth meeting p. 3; Bair. Kunst- u. Gew.bl. XVII. 302; Bibl. univ. XXIII. 185.

Talbot. An account of the processes employed in photogenic drawing in a letter to S. H. Christie. Phil. mag. XIV. 209; Dingl. pol. Journ. LXXII. 224; Inst. No. 271, p. 80; No. 273, p. 94; No. 304, p. 374. C. R.

Talbot. Remarques sur le procédé photographique de Daguerre. Inst. No. 299, p. 326.

Herschel. Note on the art of photography or the application of the chemical rays of light to the purposes of pictorial representation. Phil. mag. XIV. 365; Inst. No. 304, p. 373.

Robison. Note on Daguerre's photography. Edinb. n. ph. j. XXVII. 155; Dingl. pol. J. LXXIV. 67; Inst. No. 299, p. 326.

Daguerre. Vorschrift zur Bereitung eines gegen Lichtwirkungen empfindlichen Papieres. Pogg. Ann. XLVIII. 217; C. R. VIII. 246; Inst. No. 269, p. 57; Dingl. pol. Journ. LXXII. 54.

Mungo Ponton. Notice of a cheap and simple method of preparing paper for photographic drawing in which the use of any salt of silver is dispersed with. Edinb. n. ph. J. XXVII. 169; Dingl. pol. J. LXXIV. 65; Inst. No. 316, p. 27, No. 325, p. 103; Bibl. univ. XXIII. 414.

Fyfe. Notice of recent improvements in photographic drawing whereby the lights and shadows are not reserved. Phil. mag. XIV. 463; Edinb. n. ph. j. XXVII. 144; Dingl. p. J. LXXIV. 55; Inst. No. 299, p. 328.

Petzhold's Methode Lichtzeichnungen darzustellen. Dingl. p. j. LXXIV. 316; Erdm. u. March. XVIII. 111.

Lassaigne. Sur des copies de gravures obtenues sur papier par un procédé analogue à celui de M. Talbot. Inst. No. 275, p. 117.

Bayard Question de priorité relative à la formation d'iimages photographiques sur papier, qui étant peu ou point visibles au sortir de la chambre obscure le deviennent subséquemment. C. R. XII. 305; Inst. No. 307, p. 399; No. 322, p. 74, No. 372, p. 47.

Constable. Sur les dessins photogéniques sur papier. Inst. No. 299, p. 328.

Berry (fils) dessins sur papier sensitif. Inst. No. 301, p. 338.

v. Kobell u. Steinheil. Ueber Fixirung der Lichtbilder. Erdm. u. March. XVII. 402; Bair. Kunst- und Gewerbebl. XVII. 490.

Enzmann. Ueber ein neues Mittel zur Erzeugung von Lichtbildern. Erdm. u. March. XVIII. 179.

1840. Vérignon's Verfahren Lichtbilder zu erzeugen. Dingl. p. J. LXXVI. 37; C. R. 1840, No. 8; Inst. No. 322, p. 74.

Hunt. Experiments and observations on light which has permeated coloured media, and on the chemical action of the solar spectrum. Phil. mag. XVI. 267; Inst. No. 334, p. 178.

Herschel. New researches on the solar spectrum and in photography. Phil. mag. XVI. 239; Inst. No. 341, p. 235. No. 343, p. 249.

Herschel. On the chemical action of the rays of the solar spectrum, on preparations of silver and other substances both metallic and non metallic, and on some photographic processes. Phil. Trans. f. 1840, I. 1.

Hunt. On the influence of jodine in rendering several argentine compounds spread on paper sensitive to light and on a new method of producing with greater distincness the photographic image. Phil. Trans. f. 1840, P. II. p. 325.

Hunt. On the use of hydriodic salts as photographic agents. Phil. mag. XVII. 202 u. 260; Dingl. p. J. LXXVIII. 359 u. 424.

E. Becquerel. Ueber M. Ponton's Verfahren ein für das Licht empfindliches Papier zum Copiren von Zeichnungen u. Kupferstichen zu bereiten. Dingl. p. J. LXXVI. 301; C. R. 1840, No. 11; Inst. No. 325, p. 101.

Lassaigne. Réclamation de priorité sur Mr. Bayard. Inst. No. 323, p. 85.

Raifé. Bilder auf Silberpapier. Dingl. p. J. LXXVII. 159; Inst. No. 335, p. 181; C. R. 1840, No. 21.

Osann's heliographisches Verfahren. Dingl. p. J. LXXVII. 394; Erdm. u. March. 1840, No. 14.

Taylor's Verbesserungen an dem Talbot'schen Verfahren. Dingl. p. J. LXXVII. 467; Athen. 670.

Schafhäutl. Neues Verfahren Lichtbilder zu erzeugen. Dingl. p. J. LXXVIII 238; Athen. 675; Inst No. 363, p. 416.

1841. Talbot. An account of some recent improvements in photoprapby. Phil. mag. XIX. 164; Inst. No. 369, p. 22; No. 371, p. 38; No. 389, p. 194; C. R. XII. 1056; Athen. 711, 716; Echo d. m. s. 639; France industr. No. 24; Repert. of pat. inv. Septbr. p. 165 (January 1844, p. 47); Dingl. p. J. LXXXI. 79, 316, LXXXII. 192, XCII. 44.

Talbot two lettres on calotype photogenic drawing. Phil. mag. XIX. 88; C. R. XII. 182, 225, 492; Inst. No. 377, p. 89; Echo d. m. s. 603; Dingl. p. J. LXXIX. 317, LXXXI. 356; Bair. Kunst- u. Gew.bl. XXII. 308.

Hunt. Ueber den Einflufs des eisenblausauren Kali's auf das Jodsilber, mit welchem es ein sehr empfindliches photographisches Präparat liefert. Dingl. p. J. LXXXII. 306; Athen. 719; Inst. No. 406, p. 339.

Bertot. Erste Versuche eines neuen photographischen Verfahrens. C. R. XIII. 92; Inst. No. 394, p. 238.

1842. Herschel. On the action of the rays of the solar spectrum on vegetable colours and on some new photagraphic processes. Phil. Trans. f. 1842, P. II. p. 181; Phil. mag. XXII. 5, 107, 170, 246; Inst. No. 471, p. 3; Bibl. univ. XLI. 182, XLIV. 164.

Herschel. On certain improvements on photographic processes described in a former communication, and on the parathermic rays of the solar spectrum. Phil. Trans. f. 1843, P. I. p. 1; Phil. mag. XXII. 505.

1843. Herschel. Papier photographique. Inst. No. 475, p. 36; C. R. XVI. 210.

HUNT. Chromocyanotype, a new photographic process. Phil. mag. XXIV. 435; Athen. 826; Inst. No. 509, p. 331; Dingl. p. J. XC. 413, XCIII. 44; Bibl. univ. XLVIII. 388.

1844. HUNT. Energiatype, a new photographic process. Phil. mag. XXIV. 544; Dingl. pol. J. XCIII. 46, 158, XCV. 141; Inst. No. 548, p. 224; No. 550, p. 240; No. 564, p. 352; Athen. Bibl. univ. LII. 391; Technologiste p. 164.

CUNDELL. On the practice of the calotype process of photography. Phil. mag. XXIV. 321; Dingl. pol. J. XCII. 367; Bibl. univ. LII. 351.

HERSCHEL. Sur un procédé photographique au moyen duquel on produit des images dormantes capables de se développer par le souffle ou en les tenant dans une atmosphère humide. Inst. No. 532, p. 85; Bibl. univ. XLVIII. 387; Athen. 829.

1845. GAUDIN. Nouveau procédé pour la préparation d'un papier photogénique. C. R. XX. 857; Dingl. p J. XCVI. 224.

BREWSTER. Méthode pour prendre des calotypes positifs. Inst. No. 615. p. 363; Mecan. mag. XLIII. 74; Dingl. pol. J. XCVIII. 246.

MUNGO PONTON. On the registry of the hourly variations of the thermometer by means of photographic paper. Edinb. phil. journ. XXXIX. 270.

WOOD. Nouveau procédé photographique. Inst. No. 596, p. 198.

HERSCHEL. Ueber das Amphityp. Dingl. p. J. XCV. 136; Technologiste p. 162; Inst. No. 595, p. 187.

HORSLEY. Neues photographisches Papier. Dingl. pol. J. XCVII. 313; Chem. gaz. 1845, No. 62.

---

3. Praktische Benutzung der Lichtbilder.

1839. GÖPPERT u. GEBAUER. Dingl. p. J. LXXVI. 455; Uebers. d. Arb. u. Veränd. d. schles Ges. f. vaterl. Cultur 1839, p. 84; Froriep's Notizen No. 252, p. 231 (Mikroskopbilder).

1840. M'CORDS observations on the solar and terrestrial radiation made at Montreal. Phil. mag. XVII. 78.

Donné. Inst. No. 321, p. 66; No. 322, p. 74 (Mikroskopbilder).

Hubert. Application de la photographie à la méteorologie. C. R. 1840, No. 22; Inst. No. 336, p. 190; Dingl. p. J. LXXVII. 158.

Talbot. Remarques sur la notice de M. Hubert. Inst. No. 354, p. 339.

1841. Collins. Divers dessins photographiques obtenues par le procédé Talbot. Inst. No. 413, p. 404 (Stereoskopbilder).

1842. Dumontier. Emploi de la photographie pour obtenir des images exactes d'objets relatifs à l'histoire naturelle. C. R. XIV. 246.

1843. Hossard. Appareils destinés à enrégistrer, au moyen des procédés photographiques les indications des divers instruments employés en météorologie. C. R. XVI. 395.

1844. Fizeau et Foucault. Recherches sur l'intensité de la lumière émise par le charbon dans l'expérience de Davy. Ann. ch. ph. XI. 370.

1845. Mungo Ponton. On the registry of the hourly variations of the thermometer by means of photographic papers. Edinb. n. ph. J. XXXIX. 270.

H. Hennessy. On the application of photography to registering the thermometer and barometer. Phil. mag. XXVII. 273.

R. Hunt. Mémoire sur l'actinographe. Inst. No. 607, p. 299.

Anhang.

Die Moserschen Bilder, Thermographien und elektrischen Abbildungen.

1840. Draper. On the process of daguerreotype and its application to taking portraits from the life. Phil. mag. XVII. 217; Dingl. p. J. LXXVIII. 120.

1842. Moser. Ueber den Process des Sehens und die Wirkung des Lichts auf alle Körper. Pogg. Ann. LVI. 177; C. R. XV. 119, 448; Ann. ch. ph. VII. 229, 237; Taylor's sc. mem.

P. XI. V. III. 422; Dingl. p. J. LXXXV. 236; Inst. No. 447, p. 253; No. 454, p. 315; No. 462, p. 386; No. 470, p. 462; No. 502, p. 269; Erdm. u. March. XXVIII. 225; Baier. Kunst- u. Gew.bl. XX. 588; Bibl. univ XL. 371, XLII. 176.

Moser. Einige Bemerkungen über das unsichtbare Licht. Pogg. Ann. LVI. 569.

Moser. Ueber das Latentwerden des Lichts. Pogg. Ann. LVII. 1; Bibl. univ. XLIV. 370.

Breguet. Oertling. Pogg. Ann. LVII. 320; Ann. ch. ph. VII. 236; Dingl. p. J. LXXXVI. 319; C. R. XV. 450.

Marx. Pogg. Ann. LIX. 636; Meister. Pogg. Ann. LIX. 638.

Brewster. On a very curious fact connected with photography discovered by Moser of Königsberg. Phil. mag. XXI. 409; Athen. 770; Inst. No. 462, p. 387; Rep. of the proc. of the Br. Ass. Manchester 29. Juni 1842.

G. Karsten. Ueber elektrische Abbildungen. Pogg. Ann. LVII. 492; Arch. de l'El. II. 647; Inst. No. 488, p. 142; No. 502, p. 270.

Fizeau. Sur les causes qui concourent à la production des images de Moser. Ann. ch. ph. VII. 240; C. R. XV. 896, XVI. 397; Inst. No. 463, p. 395; No. 478, p. 64; Pogg. Ann. LVIII. 592, 594; Bibl. univ. XLIII. 395.

Draper. On a new imponderable substance and on a class of chemical rays analogous to the rays of dark heat. Phil. mag. XXI. 453.

Hunt. On thermography or the art of copying engravings, or any printed characters from paper on metal plates, and on the recent discovery of Moser relative to the formation of images in the dark. Phil. mag. XXI. 462; Pogg. Ann. LVIII. 326; Inst. No. 468, p. 452; Dingl. pol. J. LXXXVII. 200; Bibl. univ. XLVI. 155.

Draper. On certain spectral appearances and on the discovery of latent light. Phil. mag. XXI. 348.

1843. Moser. Ueber die Verschiedenheit der Licht- und Wärmestrahlen. Pogg. Annal. LVIII. p. 105; Bibl. univ. XLIV. 380.

G. Karsten. Ueber elektrische Abbildungen. Pogg. Ann. LVIII. 115; Arch. de l'El. III. 310.

Knorr. Darstellung von Wärmebildern. Pogg. Ann. LVIII. 320; Inst. No. 478, p. 64; Dingl. pol. Journ. LXXXVII. 316, LXXXVIII. 217; Echo d. m. s. 1843, No. 28.

Hunt. Some experiments and remarks on the changes which bodies are capable of undergoing in darkness, and on the agent producing these changes. Phil. mag. XXII. 270; Inst. No. 525, p. 27.

Moser. Ueber die sogenannten Wärmebilder. Pogg. Ann. LIX. 155; Phil. mag. XXIII. 256.

Hunt. On the spectral images of Moser; a reply to his animadversions. Phil. mag. XXIII. 415.

Waidele. Versuche u. Beobachtungen über Prof. Mosers unsichtbares Licht. Pogg. Ann. LIX. 255.

Knorr. Ueber Thermographien. Pogg. Ann. LVIII. 563; Phil. mag. XXII. 325; C. R. XVI. 398; Ann. chim. ph. VII. 239; Inst. No. 478, p. 64; No. 488, p. 142; Bibl. univ. XLV. 379.

G. Karsten. Ueber elektrische Abbildungen. Pogg. Ann. LX. 1.

Knorr. Untersuchungen über das vom Prof. Moser zu Königsberg entdeckte dunkle Licht, und über die Erzeugung von Wärmebildern. Pogg. Ann. LX. 18; Bullet. de la cl. ph. math. de l'ac. imp. d. sc. de St. Pet. I. 261; Gelehrte Schr. d. Univ. Kasan; Inst. No. 488, p. 142; Erdm. u. March. XXIX. 246; Bibl. univ. XLIII. 397.

Moser. Erwiederung an die Herren Fizeau u. Daguerre Pogg. Ann. LX. 40.

Prater and Hunt. Experiments and observations on Mosers discovery. Phil. mag. XXIII. 225; Inst. No. 518, p. 411; Athen. No. 812, p. 485; No. 815, p. 557; No. 817, p. 598.

Masson. Inst. No. 488, p. 143; No. 496, p. 213; C. R. XVI. 762.

Morren. Inst. No. 490, p. 163; No. 495, p. 208; No. 498,

p. 232; C. R. XVI. 1098, XVII. 87; Bair. Kunst- u. Gew.-Bl. XXI. 681; Bibl. univ. XLVI. 161.

Lortet. Inst. No. 489, p. 159.

Bertot photographies hydrothermiques. Inst. No. 492, p. 180; C. R. 29. Mai 1843; Bibl. univ. XLV. 378.

Wartmann. Sur les rélations qui lient la lumière à l'électricité lorsque l'un des deux fluides produit une action chimique. Arch. de l'El. II. 598; Phil. mag. XXIII. 254.

Pinaud. Action de l'électricité sur des plaques et papiers photographiques. Inst. No. 511, p. 348; Arch. de l'El. III. 592; C. R. XVII. 761.

Matteucci. Sur les taches circulaires de Priestley formées par des étincelles électriques. C. R. XVI. 850.

Note on the experiments of Moser. Phil. mag. XXIV. 38; Giorn. Tosc. di sc. med. cet; Bibl. univ. XVI. 374.

Moser. Ueber das Licht. Vortrag gehalten in der phys. ökon. Gesellsch. in Königsberg 1843.

1844. Moser. Ein Experiment, dafs im Qecksilberdampf latentes Licht enthalten sei. Pogg. Ann. LX. 48; Phil. mag. XXIV. 232.

Knorr. Ueber elektrische Abbildungen und Thermographien. Pogg. Ann. LXI. 569.

Knorr. Ueber elektrische Abbildungen und Thermographien. Zweiter Artikel. Pogg. Ann. LXII. 464.

Knorr. Ueber elektrische Abbildungen und Thermographien. Dritter Artikel. Pogg. Ann. LXIII. 506; Arch. de l'El. V. 115.

In den Bereich des Jahresberichtes für 1845 gehören gemäfs der vorstehenden Litteratur folgende Abhandlungen:

J. W. Draper. On the allotropism of chlorine as connected with the theory of substitutions. Phil. mag. XXVII. 327; Erdm. und March. XXXVII. 103.

R. Hunt. Contributions to actino-chemistry; the chemical changes produced by the solar rays on some photographic preparations examined Phil. mag. XXVII. 276.

Draper. Account of a remarkable difference between the rays of incandescent lime and those emitted by an electric spark. Phil. mag. XXVII. 435.

P. Riess. Zur Phosphorescenz des Diamants. Pogg. Ann. LXIV. 334.

Grischow. Ueber die Respiration der Pflanzenblätter. Erdm. u. March. XXXIV. 163.

C. H. Schultz. Ueber die Nahrungsstoffe, aus denen die Pflanzen im Lichte das Sauerstoffgas ausscheiden. Pogg. Ann. LXIV. 128.

Griesebach. Ueber die Pflanzenernährung. Pogg. Ann. LXIV. 630.

Durand tendance de certaines racines à fuir ou à rechercher la lumière. Inst. No. 624, p. 440.

Draper. On the interference spectrum, and the absorption of the tithonic rays. Phil. mag. XXVI. 465.

Heeren. Ueber Messung der Lichtstärke behufs photographischer Versuche. Pogg. Ann. LXIV. 309; Dingl. pol. Journ. XCVI. 26.

Malinowsky. Etwas über Lichtmessungen. Dingl. pol. J. XCV. 358.

Muncke Art. „Daguerrebilder" in Gehler's n. ph. W. Bd. XI. 53.

Knorr. Praktische Bemerkungen zur Daguerreotypie. Pogg. Ann. LXV. 30; Dingl. pol. J. XCVI. 448.

C. G. Page mode of colouring daguerreotype pictures. Mech. mag. XLIII. 94.

Martens. Note sur le daguerréotype panoramique. C. R. XX. 1799 u. 1835; Dingl. pol. J. XCVII. 239; Inst. No. 600, p. 230.

Cumberland suggested improvement in the daguerreotype process. Mech. mag. XLII. 421.

The lenses proper for daguerreotype process. Mech. mag. XLIII. 35, 222.

Gaudin. Nouveau procédé pour la préparation d'un papier photogénique. C. R. XX. 857; Dingl. pol. J. XCVI. 224; Inst. No. 587, p. 114.

Brewster. Sur une modification aux méthodes pour prendre des calotypes positifs. Inst. No. 615, p. 363; Dingl. pol. J. XCVIII. 246; Mec. mag. XLIII. p. 74.

Herschel. Ueber das Amphityp. Dingl. pol. J. XCV. 136; Technologiste 1845, p. 162; Inst. No. 595, p. 187.

Wood nouveau procédé photographique. Inst. No. 596, p. 198.

Horsley. Neues photographisches Papier. Dingl. pol. J. XCVII. 313; Chem. gaz. 1845, No. 62.

SALZMANN portrait photogénique sur papier. Inst. No. 619, p. 396.
MUNGO PONTON. On the registry of the hourly variations of the thermometer by means of photographic papers. Edinb. n. ph. Journ. XXXIX. 270.
H. HENNESSY. On the application of photography to registering the thermometer and barometer. Phil. mag. XXVII. 273.
R. HUNT. Mémoire sur l'actinographe. Inst. No. 607, p. 299.

Herr DRAPER theilt in dem Aufsatze über den Allotropismus des Chlors eine Reihe von Versuchen mit, welche beweisen, dafs der von BERZELIUS allgemeiner angenommene Allotropismus der einfachen Stoffe sich auch am Chlor nachweisen läfst. Der Aufsatz zerfällt in zwei Theile, in dem ersteren führt Hr. DRAPER die Versuche über den verschiedenen Zustand des Chlors an, in dem zweiten theilt der Verfasser seine Ansichten über die Beziehung der gewonnenen Thatsachen zu DUMAS's Substitutionstheorie mit. Nur der erste Theil gehört in diesen Bericht, indem der zweifache Zustand des Chlors, der active und passive, wie ihn Herr DRAPER bezeichnet, durch das Licht hervorgebracht wird. Doch auch die mitgetheilten Beobachtungen sind schon gröfstentheils bekannt, und entweder von andern Physikern oder von Hrn. DRAPER selbst in früheren Arbeiten beschrieben worden. Die Resultate sind kurz angeführt folgende: 1) Eine Auflösung von Chlor in Wasser wird im Finstern nicht zersetzt; 2) sie erleidet im Lichte eine Zersetzung; 3) die Schnelligkeit der Zersetzung hängt von der Quantität der Lichtstrahlen und von der Temperatur ab. 4) Die einmal im Lichte eingeleitete Zersetzung geht im Dunklen weiter fort, wenn auch mit abnehmender Stärke. 5) Diese im Dunklen fortgesetzte Gasentwicklung ist nicht ein Rückstand des Sauerstoffes, der erzeugt wurde während die Lösung dem Lichte ausgesetzt war, sondern rührt von der fortdauernden Einwirkung des Chlors her und entspringt aus den Eigenschaften, welche dieses im Lichte erlangt hat. 6) Die Ursache der Gasentwicklung ist nicht in einer Wirkung von der Art der Gährung zu suchen, so dafs etwa dem Chlor von Partikel zu Partikel die Wirksamkeit mitgetheilt würde, sondern nur das ursprünglich vom Lichte getroffene Chlor besitzt sie. 7) Die Quantität des so im Finstern entstehenden Gases hängt von der Intensität des Lichts und von der Zeit ab, während welcher das Chlor dem Lichte ausgesetzt wurde. 8) Wenn im Dunklen aus dem Chlorwasser die Quantität Sauerstoff entwickelt ist, welche der Dauer der Aussetzung desselben an das Licht entspricht, so kann durch eine wiederholte Lichtwirkung dem Chlor die zersetzende Eigenschaft wieder ertheilt werden, so lange sich noch Chlor in der Flüssigkeit befindet. 9) Die Zersetzung wird nicht durch die Erhöhung der Temperatur der Flüssigkeit in der Sonne hervorgebracht, die Wärme beschleunigt, aber leitet die Wirkung nicht ein. 10) Wenn Chlorwasser dem Lichte ausgesetzt war, so kann man den Sauerstoff in ihm leicht durch Erhöhung der Temperatur austreiben. 11) Die Zersetzung im Lichte beginnt nicht augenblicklich, sondern es ist eine gewisse Zeit erforderlich, damit das Chlor die specifische Veränderung erleide, durch welche es zersetzend wirken kann (oder activ wird).

Nachdem Hr. Draper so die Umstände festgestellt hat, welche bei der Zersetzung des Chlorwassers stattfinden, geht er zu der Entwicklung seiner Ansicht über: dafs die Absorption der Lichtstrahlen im Chlorgas die Ursache der chemischen Wirkung sein. Diese Ansicht hatte Hr. Draper schon 1841 aufgestellt (Phil. mag. XIX. 195), jedoch wurden bald darauf von Ascherson den von Hrn. Draper zur Unterstützung seiner Hypothese beigebrachten Experimenten solche von entgegengesetztem Erfolge gegenübergestellt.

Hr. Draper führt jetzt Folgendes an, was für seine Meinung sprechen soll. Weder Knallgas noch Wasser wird durch das blendendste Licht zersetzt, weil die Lichtstrahlen durch beide Substanzen hindurchgehen ohne eine Absorption zu erleiden. Dies stellte der Verfasser dadurch fest, dafs er einen Lichstrahl durch ein Rohr mit Wasserstoffgas (7 Zoll lang) und einen andern durch ein eben solches Rohr mit atmosphärischer Luft gehen, dann beide auf ein Flintglasprisma fallen liefs, und die Spektra auf einer Daguerreotypplatte auffing. Diese Spektra zeigten nicht den geringsten Unterschied. Wurde dagegen das eine Rohr mit Chlorgas, statt mit Wasserstoff, gefüllt, so fehlte in dem Spektrum jede Wirkung von der Linie *i* an bis zum violetten Ende des Spectrums, weil diese Strahlen vom Chlor absorbirt wurden. Da nur die vom Chlor absorbirten Strahlen eine kräftige chemische Wirkung besitzen, so ist es ihnen zuzuschreiben, dafs bei einem Gemenge von Chlor und Wasserstoff, diese beiden Substanzen zu Chlorwasserstoff mit einander verbunden, und die Chlorlösung in Wasser zersetzt wird.

Hr. Hunt beschreibt in seinen Beiträgen zur Strahlungs-Chemie eine Reihe von Versuchen, welche er über die Veränderungen der Silberoxyde des salpetersauren Silberoxyds und des Chlorsilbers gemacht hat.

Eingangs seiner Arbeit kündigt Hr. Hunt seinen Vorsatz an, die Natur der Veränderungen zu studiren, welche die verschiedenen zu photographischen Zwecken benutzten Präparate durch die chemische Wirkung des Lichts erleiden. Indem er in dieser Arbeit mit den gebräuchlichsten Silbersalzen den Anfang macht, will er zu allen organischen sowohl wie anorganischen Substanzen übergehen, welche, wie die Untersuchungen der letzten Jahre gezeigt haben, eine chemische Veränderung im Lichte erleiden. Nachdem Hr. Hunt hierauf bemerkt, dafs sich in den letzten Jahren viele bedeutende Physiker mit diesem Gegenstande beschäftigt haben, fährt er fort: „*The result has been the discovery of a great number of most interesting processes; and in some few cases the chemistry of the changes produced by actinic power has been examined and explained. This has howewer, so rarely been the case, that J shall offer no apology for proceeding anew over the entire subject; and J hope in every instance, where J do not acknowledge the previous labours of other inquirers, that the omission will be set down to its true cause — my ignorance of those labours — and not attributed to any desire on my part to arrogate to myself the merit of any discovery which is fairly due to another.*"

Im Folgenden sind die Resultate der Versuche enthalten.

1. Silberoxyde.

Herr Hunt schlägt aus einer verdünnten Auflösung von salpetersaurem Silberoxyd durch Baryt das Silberoxyd auf Glasplatten nieder und erhält so auf dem Glase eine dünne Schicht Silberoxyd, welche von jeder organischen Beimengung frei ist. Diese Platten wurden dem vollen Sonnenlichte ausgesetzt, nachdem sie zur Hälfte mit einem undurchsichtigen Körper bedeckt waren. Das braune Silberoxyd (*protoxide*) wurde allmälig dunkler, und nach einer halben Stunde war der unbedeckte Theil von einem tieferen Braun als der bedeckte. Dieser Process wurde fortgesetzt bis eine vollkommene Schwärzung eintrat; wirkte das Sonnenlicht noch länger, so war ein deutliches Blaſswerden des Oxyds bemerkbar, welches bis zu einer Olivenfärbung desselben führte. (Also eine ähnliche Erscheinung wie Moser am Jodsilber beobachtete).

Wurde eine solche Platte in Ammoniak getaucht, so löste sich alles Silberoxyd auf, welches gegen die Lichtwirkung geschützt gewesen war, während der geschwärzte Theil keine Einwirkung zu erleiden schien. Dasselbe war bei sehr verdünnter Salpetersäure ($^1/_{15}$) der Fall. Hieraus könnte man schlieſsen, daſs das Silberoxyd zum metallischen Zustand reducirt worden sei, besonders da etwas concentrirte Salpetersäure die ganze Silberschicht vom Glase auflöste. Hiergegen sprach indessen der Umstand, daſs das so veränderte Silber den galvanischen Strom nicht leitete, während doch metallisches Silber in jeder Feinheit der Vertheilung ein guter Leiter ist.

Zwei Platten wurden ganz und gar geschwärzt, dann die eine in Ammoniak, die andere in verdünnte Salpetersäure gelegt, und nun zeigte sich, daſs ein Theil des geschwätzten Oxyds gelöst wurde. Dieser aufgelöste Theil hatte die Eigenschaften des von Wöhler beschriebenen Silbersuboxyds.

Nachdem durch Ammoniak alles hierin lösliche des Silberoxyds entfernt war, blieb eine dünne Schicht zurück, welche beim Trocknen fast schwarz wurde, und bei durchscheinendem Lichte eine olivengrüne Farbe zeigte. Diese dünne Schicht leitete nun den elektrischen Strom, und Salpetersäure ($^1/_2$ verdünnt) löste dieselbe unter Bildung von salpetrigsauren Dämpfen auf.

Die Versuche beweisen, dafs durch die Wirkung des Lichtes das Silberoxyd in ein Suboxyd und in metallisches Silber verwandelt wird. Das ganze Suboxyd konnte auch bei der längsten Lichtwirkung nicht in den metallischen Zustand gebracht werden, aufser wenn eine organische Substanz zugegen war. Wurde dagegen reines Silberoxyd auf Papier aufgetragen, so wurde es im Verlaufe weniger Stunden vom Lichte vollkommen geschwärzt und ganz vom Ammoniak gelöst. Es war, wie die Untersuchung ergab, in Wöhler's Oxyd (Ag 2 O) verwandelt worden.

Blieben die Papiere länger dem Lichte ausgesetzt, so veränderte sich die schwarze Farbe in ein Olivengrün, und weder Ammoniak noch verdünnte Salpetersäure konnten das Silber auflösen. In etwas concentrirter Salpetersäure wurde es unter Bildung von salpetrigsauren Dämpfen fast ganz weifs.

Durch Wägungsversuche bewies Hr. Hunt, dafs das so veränderte Silberoxyd seinen ganzen Sauerstoffgehalt im Lichte verloren hatte.

Als Unterschied von ganz reinem Silber giebt Hr. Hunt an, dafs dieses, wie bekannt, keinen Sauerstoff aus der Luft anzieht, während das im Lichte reducirte Silber sich an der Luft oxydirt. Es scheint mir sowohl hiernach als aus der Analogie mit Moser's Versuchen mit dem Jodsilber, dafs durch die Lichtwirkung das Silberoxyd in eine niedere und eine höhere Oxydationsstufe verwandelt wird, wie man dies ja auch bei andern Metalloxyden bemerkt hat, dafs also Hr. Hunt nicht metallisches Silber, sondern entweder ein Superoxyd durch die längere Lichtwirkung erhielt, oder metallisches Silber, welches nur durch Absorption Sauerstoff aufgenommen hatte.

2. Salpetersaures Silberoxyd.

Salpetersaures Silberoxyd erleidet im Lichte keine Veränderung, aufser wenn eine organische Substanz zugegen ist, man schreibt dies der Zerstörung der organischen Substanz durch die Salpetersäure und der hierdurch entstehenden Trennung des Silberoxyds zu. Hr. Hunt schliefst aus Versuchen, die er mit salpetersaurem Silberoxyd auf Papier, und mit Auflösungen dieses Salzes, in denen etwas thierischer Gallert enthalten war, daſs die erste Wirkung des Lichts die ist, das Silberoxyd von der Säure zu scheiden, dann einen andern Theil des Sauerstoffes frei zu machen, bis endlich das Suboxyd in metallisches Silber verwandelt ist.

3. Chlorsilber.

Vollkommen reines Chlorsilber wurde wie das Silberoxyd ebenfalls auf Glasplatten niedergeschlagen. Im diffusen Lichte färbt es sich langsam und höchstens bis zu einer hellen Bleifarbe, im hellen Sonnenschein dunkelt es schnell, und wird nach einer Stunde braun.

Durch das prismatische Spektrum werden zwei sehr entschiedene Färbungen auf dem Silberchlorid hervorgebracht, eine bläuliche von den Strahlen des brechbarsten Grün an bis etwas jenseits des äuſsersten Violett, dann wird es lila in einer Entfernung von ½ der Länge des leuchtenden Spektrums [1]. In den mittleren und äuſsersten Strahlen dagegen entsteht eine sehr bestimmte röthliche Färbung. Combinirt man die rothen und blauen Strahlen, so wird das Silberchlorid braun gefärbt.

Hr. Hunt sucht hierauf die Ursache für die Erfahrung, welche Talbot gemacht hatte, daſs die Empfindlichkeit der Chlorsilberpapiere bedeutend gesteigert wird, wenn etwas salpetersaures Silberoxyd damit gemischt ist, und für die sehr alte Beobachtung, daſs die Schwärzung des Chlorsilbers durch Befeuchtung beschleunigt wird. Er findet den Vorzug, den das salpetersaure Silberoxyd vor dem Chlorsilber hat, darin, daſs es leichter zum metallischen Zustande reducirt werde. Die Beschleunigung durch das Anfeuchten schreibt er der bekannten Wasserzersetzung durch das Chlor, und dem Einflusse des dadurch entstehenden Wasserstoffes auf die Reducirung des Silbersalzes zu.

Wurde Chlorsilber in Glas unter Wasser dem Lichte ausgesetzt, so enthielt schon nach wenigen Minnten das Wasser Chlor, und dies nahm an Menge zu je dunkler das Chlorsilber

[1] Herr Hunt giebt die Substanz des Prisma's nicht an, die nach Hessler's Versuchen (Baumg. Zeitsch. III. 336) in Betracht zu ziehen ist, so daſs die Erscheinung für Prismen verschiedener Substanz sowohl in ihrer Ausdehnung als im Charakter sich ändert.

wurde. Durch Wägung indessen des geschwärzten Chlorsilbers ergab sich nur ein geringer Gewichtsverlust, woraus Hr. Hunt schliefst, dafs das Chlor durch einen andern Körper ersetzt sein müsse, und es scheint ihm wahrscheinlich, dafs das geschwärzte Silberchlorid sich im Zustande eines *oxychloride* befinde.

Wenn das Chlorsilber auf Papier, anstatt auf Glas, dem Lichte ausgesetzt ist, so ist Hr. Hunt geneigt, die durch dasselbe hervorgebrachte Wirkung in der Art anzusehen, als sei zuerst ein Theil des Chlors entbunden, welcher durch Sauerstoff ersetzt wird, und als werde sodann bei fortdauernder Wirkung auch noch der andere Theil des Gases in Freiheit gesetzt und in ähnlicher Weise vertreten.

Herr Draper macht in einem kurzen Aufsatze auf einen Unterschied aufmerksam, der zwischen dem Lichte vom glühenden Kalke und dem des elektrischen Funkens besteht.

Nach E. Becquerel's Bemerkung erregte nämlich elektrisches Licht, wenn es durch Glas gegangen war, hinter demselben keine Phosphorescenz mehr, während dies hinter einer Quarzplatte sehr gut geschah. Hr. Draper fand nun, dafs Licht, welches erzeugt wird, wenn ein Strahl Sauerstoff durch eine Spirituslampe auf Kalk geleitet wird, hinter dem Glase eben so stark phosphorescenzerregend wirkt wie hinter einer Quarzplatte.

Die kurze Dauer des elektrischen Funkens ist nicht die Ursache dieser Verschiedenheit, denn der leuchtende Bogen zwischen zwei Kohlenspitzen giebt dasselbe Resultat.

Das Licht des elektrischen Funkens gehört nach Hrn. Draper den brechbarsten Strahlen des Spektrums an, während das des glühenden Kalkes die Farbe von dem entgegengesetzten Ende hat.

Das Licht einer Argandschen Lampe, und bekanntlich auch das der Sonne wirkt phosphorescenzerregend durch Glas wie das des glühenden Kalkes.

Hr. Riess hat die von Wilson am Leuchsteine entdeckte, von Ritter und Seebeck bestätigte Eigenschaft des rothen Lichtes, die durch Insolation erregte Phosphorescenz zu schwächen, an mehreren Diamanten untersucht, und gefunden, dafs der Diamant eben so wie die übrigen Leuchtsteine durch das blaue Licht zur Phosphorescenz gebracht wird, und dafs die Bestrahlung mit rothem Lichte diese Phosphorescenz im hohen Grade schwächt. Hr. Riess hält diese Thatsachen um deswillen für besonders interessant, als bei den Diamanten nicht wie bei den Leuchtsteinen an eine chemische Veränderung zu denken sei. —

Ueber die Wirkung des Lichtes auf die Pflanzenwelt sind im Jahre 1845 zwei Aufsätze zu meiner Kenntnifs gelangt, deren Inhalt ich hier nur kurz erwähnen kann, da der Gegenstand sich zu weit von der Physik entfernt und nur der Vollständigkeit wegen hier in Betracht zu ziehen ist, indem die in den beiden Aufsätzen besprochene Wirkung des Lichtes gerade den Lichtstrahlen zugeschrieben wird, welche vorzugsweise die chemischen genannt worden sind.

Dafs aus frischen Pflanzentheilen im Lichte Sauerstoff entwickelt werde, ist eine alte Beobachtung, die von Duhamel und Dufay, Mérse, Priestley, besonders aber von Ingenhousz und Senebier unter den mannigfaltigsten Umständen studirt wurde. Ueber den Ursprung dieses Sauerstoffs blieb man aber uneinig, und die beiden genannten in d. J. 1845 fallenden Aufsätze vertreten zwei entgegengesetzte Ansichten.

Der Verfasser des einen, Hr. C. H. Schultz, sucht experimentell nachzuweisen, dafs der Sauerstoff seinen Ursprung in der Pflanzennahrung hat, indem die grünen Pflanzentheile die Fähigkeit besitzen sollen, die meisten vegetabilischen und mineralischen Säuren zu zersetzen, und diese Substanzen sollen es gerade sein, aus welchen im Lichte der Sauerstoff entwickelt werde, während die Kohlensäure hiermit nichts zu thun habe.

Dagegen wiederholt der Verfasser der zweiten Arbeit, Herr C. C. Grischow, seine schon 1819 ausgesprochene Meinung und belegt sie mit neuen Experimenten: dafs Pflanzenblätter Sauerstoff im Lichte nur dann entwickeln, wenn freie Kohlensäure in ihrer Umgebung sich befindet.

Die Versuche des Hrn. Grischow sind übrigens mit solcher Sorgfalt angestellt, dafs seinen Resultaten unbedingt vertraut werden kann. Ein gleiches läfst sich von den Experimenten des Hrn. Schultz nicht sagen, bei denen schon das Verfahren den Sauerstoff der Luft zu bestimmen (Pogg. Ann. LXIV. 130), nicht sehr wissenschaftlich genannt werden kann[1].

Hr. Grischow polemisirt am Schlufse seines Aufsatzes gegen Draper's Behauptung, dafs kohlensaure Alkalien von den Pflanzen unter dem Einflufse des Lichtes zersetzt werden, und zeigt durch Wiederholung der Draper'schen Versuche, dafs dieser nicht mit der gehörigen Sorgfalt experimentirt haben könne.

In der Notiz des Hrn. Griesebach sind ebenfalls eine Reihe von Versuchen angeführt, welche mit den von Hrn. Schultz berichteten im entschiedensten Widerspruche stehen.

Hr. Durand theilt mit, dafs nach seinen Experimenten folgt, dafs die Wurzeln der meisten Pflanzen sich vom Lichte abwenden. Nur bei zweien (*mirabilis jalappa*, was schon Dutrochet beabachtete, und *allium cepa*) krümmten sich die Wurzeln dem Lichte zu.

Die einzige Arbeit, welche über die Theorie der chemischen Strahlen im Jahre 1845 geliefert worden ist, rührt von Herrn Draper her. Dieser Physiker schrieb über das Interferenzspectrum und die Absorption der tithonischen Strahlen[2], und sucht neue Beweise erstens für seine Ansicht beizubringen, dafs vier Agentien in den Strahlen der Sonne existiren, nämlich: Lichtstrahlen, Wärmestrahlen, chemische Strahlen und phospho-

[1] S. Marchand's Bemerkung in Erdm. u. March. Journ. XXXIV. 507 unter dem Titel: Neues eudiometrisches Verfahren.

[2] Hr. Draper gefällt sich darin, die absurde Bezeichnung: tithonische Strahlen, trotz aller Einwendungen, die dagegen erhoben worden sind, beizubehalten; ich werde dieselbe überall mit dem gewöhnlichen Ausdrucke „chemische Strahlen" vertauschen.

rescenzerregende Strahlen; zweitens daſs alle Wirkungen, die durch diese Strahlen in der Materie hervorgebracht werden, von den absorbirten Strahlen herrühren (was schon bei Gelegenheit der DRAPER'schen Arbeit über den Allotropismus des Chlors als Meinung dieses Physikers erwähnt wurde), wobei der wirkende Strahl seine wirksamen Eigenschaften verlieren soll.

Die Untersuchung zerfällt in zwei Theile: 1) die Phänomene des Interferenzspectrums, 2) die Gesetze der Absorption für die chemischen Strahlen.

1. Die Phänomene des Interferenzspectrums.

Das gewöhnliche prismatische Spectrum, selbst wenn es mit der gehörigen Sorgfalt hergestellt wird, so daſs die FRAUNHOFER-schen Linien sichtbar sind, verleitet zu mancherlei Irrthümern. Was die Lichtintensität in einem solchen Spectrum betrifft, so läſst sich diese nicht richtig beurtheilen, da das violette Ende ungebührlich ausgebreitet ist. Dasselbe wird für die chemischen Effekte stattfinden, da diese offenbar mit der Vertheilung auf einem gröſseren oder kleineren Raume variiren werden.

In einem vollkommenen Spektrum soll der leuchtendste Theil, das Gelb, in der Mitte sein, und von da ab soll nach beiden Seiten hin die Lichtintensität abnehmen, so daſs sie in gleichen Entfernungen von der Mitte gleich groſs ist. Diese Bedingungen erfüllt das Interferenzspektrum, und Hr. DRAPER bedient sich eines solchen, um die chemische Wirkung des Lichtes zu untersuchen.

Vermittelst eines Heliostaten lieſs er durch eine $^1/_{30}$ Zoll breite Spalte ein horizontales Lichtbündel in einen dunklen Raum einfallen. In einer Entfernung von 12 Fuſs fiel es senkrecht auf ein Glas, dessen Oberfläche mit parallelen Linien geritzt, und dessen Hinterfläche versilbert war. Der Strahl wurde also durch die Oeffnung reflektirt, durch welche er eingetreten war. Auf beiden Seiten der Spalte zeigten sich dann die wohlbekannten Interferenzspektra. Hr. DRAPER wählte das erste auf einer Seite, lieſs es auf ein achromatisches Glas fallen und stellte in dessen Brennpunkt den Schirm auf, der die empfindlichen Oberflächen trug; auf dem Schirme muſsten sich die festen Linien des Spektrums deutlich zeigen. Die Wellenlängen, welche den festen

Linien in diesem Spektrum entsprechen, sind nach HERSCHEL in hundertmillionstel Pariser Zoll ausgedrückt:

für die Linie	B	=	2541
- -	C	=	2422
- -	D	=	2175
- -	E	=	1945
- -	F	=	1794
- -	G	=	1587
- -	H	=	1464

Die Wellenlängen des äufsersten Roth und des äufsersten Violett verhalten sich im Interferenzspektrum nach MOSSOTTI wie 2 : 1.

Diesem Spektrum setzte nun Hr. DRAPER zuerst eine Daguerresche Platte aus, die erst jodirt und dann bromirt war, das Maximum der chemischen Wirkung fand an der Stelle statt, welche einer Wellenlänge 0,00001538 Par. Zoll entspricht, also nahe der Linie *G*. Dasselbe war bei einer Platte der Fall, die mit Jod, Brom und Jodchlorür präparirt war. Die Wirkung begann in der Farbe von der Wellenlänge 0,00002007 (im Grün), das Maximum fiel auf 0,00001538, und hörte auf im Violett bei 0,00001257. Das Maximum lag also mehr nach dem Violett hin und nicht in der Mitte des photographischen Spektrums.

Leider hat Hr. DRAPER die Umstände bei diesen Versuchen sehr wenig verändert, so dafs aus ihnen kaum ein Schlufs zu ziehen sein dürfte. Bei Veränderung der empfindlichen Schicht, wenn Lichtpapiere die Stelle der Daguerreschen Platten eingenommen hätten, oder bei Anwendung von einer achromatischen Linse aus andern Substanzen, oder endlich wenn das Interferenzspectrum nicht durch Reflexion von einem Glase, sondern von einem Metallspiegel entstanden wäre, würden die Resultate ganz anders ausgefallen sein, sowohl die Lage des Maximi der Wirkung würde verschoben, als auch die Ausdehnung des ganzen Spektrums verändert worden sein.

2. Gesetze der Absorption der chemischen Strahlen.

Nachdem Hr. DRAPER darauf aufmerksam gemacht hat, dafs die gewöhnliche Vorstellung den chemischen Strahlen eine zu geringe mechanische Kraft zuschreibe, während doch das Licht einer Kerze die Vereinigung von Chlor und Wasserstoff schneller bewirke als eine Grove'sche Batterie von der Stärke, dafs ein Platindraht weifsglühend bleibt, die Zersetzung der Salzsäure in jene beiden Gase beschaffen kann, geht er zu zwei speciellen Fällen über, aus denen sich die Gesetze der Absorption ergeben sollen.

Wenn ein Lichtstrahl auf eine sensible Oberfläche, z. B. eine Daguerresche Platte fällt, und von ihr reflektirt wird, so geht zweierlei vor sich, erstens wird die Oberfläche verändert, und zweitens erleidet der Strahl selbst eine qualitative Veränderung (nämlich wenn die reflektirende Oberfläche nicht weifs ist), diese beiden Punkte werden also besonders bei den Absorptionserscheinungen in den folgenden beiden Beispielen zu betrachten sein.

Das Chrysotyppapier, ein Papier, welches mit citronensaurem Eisenammoniak (*ammonio-citrate of iron*) zubereitet ist, wird, wie die prismatische Analyse ergiebt, von den Lichtstrahlen gebräunt, die von der Linie *F* ab bis zum violetten Ende des Spektrums gehen. Wurde zwischen das Papier und den Heliostaten ein Gefäfs mit parallelen Glaswänden eingeschaltet, welches die schön gelbe Lösung des citronensauren Eisenammoniak enthielt, so empfing das Papier keinen Eindruck, und erst nach einer Stunde war ein kleiner Fleck bei der Linie *F* bemerkbar.

Wurde statt des Chrysotyppapieres eine jodirte und bromirte Silberplatte genommen, so zeigte sich dasselbe Resultat, die Wirkung ging nur vom rothen Ende bis zur Linie *F*, aber nicht darüber hinaus.

Die Betrachtung dieser Resultate, sagt Hr. Draper, läfst schliefsen, dafs die Strahlen, welche der Absorption im citronensauren Eisenammoniak entgehen, gerade die sind, welche diese Substanz nicht chemisch afficiren, während umgekehrt die absorbirten Strahlen die chemische Veränderung hervorbringen.

Ganz ähnliche Resultate ergaben Versuche mit doppeltchromsaurem Kali und Hr. Draper stellt nun folgende Gesetze für die Absorption der chemischen Strahlen auf.

1) Wenn ein Strahl auf eine empfindliche Oberfläche fällt, oder durch ein Medium hindurch geht, welches durch den Strahl

verändert wird, so wird entsprechend dem chemischen Effekte die Natur des Strahles zerstört. Eine Veränderung in der Zusammensetzung des Mediums ist mit einer Veränderung des Strahles verknüpft; der Strahl verliert seine chemischen Eigenschaften (wird detithonizirt) in dem Maafse als er das Medium verändert hat.

2) Strahlen, welche durch Absorption verschwinden, werden dazu aufgewendet, die Natur der ponderablen Materie zu ändern.

3) Strahlen, welche ihre chemische Wirksamkeit für ein gewisses Medium verloren haben, gehen hindurch oder werden reflektirt.

Hr. Draper findet auch, dafs diese Absorptionsgesetze ganz mit denen für die Licht- und Wärmestrahlen übereinstimmen. Herr Draper scheint sich die Folgerungen sehr schwer gemacht zu haben. Wenn ein Strahl absorbirt wird, so kann er nicht mehr wirksam sein; weil im gelben citronensauren Eisenammoniak die blauen und violetten Strahlen, und im doppeltchromsausen Kali die blauen und grünen Strahlen absorbirt werden, so können sie nicht hindurch gehen, also auch keine Veränderungen hervorbringen. Weil aber die rothen und gelben Strahlen hindurchgehen, so können diese noch alle Veränderungen bewirken, deren sie fähig sind. Trotz dieser Uebereinstimmung sollen aber Licht und chemische Strahlen ganz verschiedene Agentien sein, weil die Färbung für das Licht, die sich durch das Auge ergiebt, und die Färbung für die chemischen Strahlen, die man aus der Wirkung der complementären Farben folgern kann, in vielen Fällen eine andere ist. Da sich Herr Draper nicht darauf einläfst, den Beweis der Nichtidentität weiter zu verfolgen, sondern dies auf eine spätere Gelegenheit verschiebt, so kann ich füglich auch die Einwendungen gegen diese Ansicht bis dahin ersparen.

In dem Schlufse der Arbeit geht Hr. Draper zu dem Beweise über, dafs die chemische Wirkung des Lichtes in dem Körper ihren Ursprung der Absorption verdankt, wobei er einige Versuche über die Vereinigung des Chlors und Wasserstoffes, die mit den oben bei des Verf. Untersuchung über den

Allotropismus des Chlors erwähnten übereinstimmen, und seine Beobachtungen über die Zersetzung der kohlensauren Verbindungen durch die Blätter der Pflanzen im Lichte, anführt, Beobachtungen, welche, wie erwähnt, durch Grischow's Experimente mehr als zweifelhaft geworden sind.

Vorrichtungen, welche dazu dienen sollen, die Intensität und Quantität der chemischen Strahlen zu messen, oder Photometer für die chemischen Strahlen, die ich der Kürze wegen Actinometer genannt habe, sind im Jahre 1845 nicht weiter angegeben worden, es sind jedoch einige kleinere Aufsätze erschienen, die auf frühere Vorschläge Bezug nehmen.

Hr. Heeren vertheidigt sich gegen einen Angriff von Lipowitz über ein photometrisches Verfahren, dessen er sich behufs photographischer Versuche bedient, und giebt die Gründe an, welche ihn die Lipowitz'sche Methode verwerfen lassen. Herr Heeren bedient sich, wie er früher bekannt gemacht hat, der Schwärzung des Chlorsilberpapiers, die er mit einer grauen Unterlage vergleicht. Aus der Zeit, welche nöthig ist, um diesem Papiere eine bestimmte Färbung mitzutheilen, läfst sich dann die zur Erzeugung photographischer Eindrücke nöthige Zeit bestimmen, indem durch Versuche ermittelt werden kann, wie sich diese Zeiten zu einander verhalten. Gegen die Lipowitz'sche Methode, welche darin besteht, dafs die Gröfse der Pupille in einem Spiegel, welcher eine Skala trägt, gemessen wird, wendet Hr. Heeren mit Recht ein, dafs die Hauptbedingung zum Messen nämlich die gleichzeitige deutliche Sichtbarkeit des zu messenden Objektes und der Messvorrichtung nicht erfüllt werde. Herr Heeren findet aber auch das Lipowitz'sche Verfahren untauglich und ungenau, wenn er dem Messapparate eine solche Einrichtung gab, welche eine genaue Messung gestattete.

Der Aufsatz von Hrn. v. Malinowsky enthält keinen Vorschlag zu einem neuen Photometer, sondern nur über die wünschenswerthen Eigenschaften eines solchen Instrumentes, keineswegs sehr originelle Ideen, die der Wissenschaft nicht weiter förderlich sind.

Einen schätzbaren Beitrag zur Kenntnifs der bei der Anfertigung der Lichtbilder auf Silberplatten vorkommenden Schwierigkeiten hat Hr. Knorr in dem oben angezeigten Aufsatze gegeben, worin er sich über alle beim Daguerreotypieren vorkommenden Processe verbreitet. Im Folgenden sind in der Reihefolge wie die Proceduren in der Praxis vorkommen die wichtigsten Bemerkungen des Hrn. Knorr enthalten.

1. Schleifen neuer Platten. Beim Schleifen neuer Platten ist, wie dies jedem, der sich mit derartigen Versuchen beschäftigt hat, bekannt ist, eine gröfsere Sorgfalt nöthig, als bei schon gebrauchten Platten, theils wegen der Fettigkeit, die von der Fabrikation her den Platten anhaftet, theils wegen der Unebenheiten und starken Striche, die von der Maschinenpolitur herrühren. Man kann in der Sorgfalt beim Putzen etwas nachlassen, wenn die Platten nur jodirt und nicht mit beschleunigenden Substanzen versehen, angewendet werden sollen, weil durch das Jod nicht so sehr wie durch die letzteren alle Fehler des Putzens zum Vorschein gebracht werden.

Hr. Knorr bedient sich zum Schleifen der neuen Platten folgender Mittel: 1) ein aus Olivenöl genommenes gesäuertes Fett, welches man gewinnt, indem man zu 5 Theilen Olivenöl 1 Theil Salpetersäure giefst, dieses 24 Stunden stehen läfst und dann mit 1 Theil weifser Schwefelsäure versetzt. Nach einigen Tagen erstarrt das Oel bei einer Temperatur unter 16° R., man macht dann ein Loch in die feste Masse und läfst die überschüssige Säure ablaufen. 2) Spiritus von etwa 67 Procent Alkoholgehalt dem Gewichte nach. 3) Feine Baumwolle [1]. 4) Gereinigter Baumwollensammt No. 1; diesen erhält man, wenn man weifsen Sammt in reinem Regenwasser, wozu etwas *liq. ammon. caustic.* gesetzt ist, etwa eine Stunde durchweichen

[1] Auf die Güte der Baumwolle kommt sehr viel an, wenn man, wie dies von sehr vielen Experimentirenden geschieht, nur mit Baumwolle polirt. Eine grofse Zahl mifslungener Versuche rührten bei mir von der schlechten Qualität der Baumwolle her. Hier in Berlin bekommt man gute, von allen andern Pflanzentheilen gereinigte Baumwolle in der Wattenfabrik Friedrichsgracht No. 61. Man thut aber immer gut, die Baumwolle vor dem Gebrauch mit Alkohol oder Aether auszuwaschen, um alles Fett daraus zu entfernen.

läfst, dann wiederholt mit reinem Wasser übergiefst und endlich mit Regenwasser auskocht. 5) Desgleichen oder besser Seidensammt No. 2; dieser unterscheidet sich vom Sammt No. 1 dadurch, dafs er noch mit Spiritus gereinigt wird. Der Spiritus mufs mindestens von der Stärke des beim Poliren angewendeten sein. Den Seidensammt reinigt man auf gleiche Weise wie den Baumwollensammt. 6) Venetianischer Tripel — englisch Roth oder gebrannte Knochen. Diese Substanzen müssen von Zeit zu Zeit über einer Lampe ausgetrocknet werden, doch ist es nicht nöthig, dafs man sie bis zum Glühen erhitzt.

Man schleift nur zuerst mit Fett, Baumwolle und trocknem Tripel, nimmt dann das Fett so viel als möglich mit Tripel und Baumwolle fort, und schleift hierauf mit Baumwolle, Tripel und Spiritus; dann mit Baumwolle, Roth oder Knochen und Spiritus; oder mit Sammt No. 1, Roth oder Knochen und Spiritus; endlich mit Roth oder Knochen, Spiritus und Sammt No. 2 um zu poliren; zuletzt mit trockenem Sammt No. 2, Knochen oder Roth um die Politur zu vollenden.

2. Absieden der Platten. Daguerre hat vorgeschlagen, die Platten nach vollendeter Politur noch mit destillirtem Wasser abzusieden. Hr. Knorr findet die Methode, wie sie Daguerre gebraucht, nicht anwendbar, er bedient sich statt dessen des folgenden Verfahrens. Man nehme ein Gefäfs von Messing oder Kupferblech mit ebenem Boden. In dieses legt man die gehörig geschliffene und polirte Platte, giefst einige Linien hoch destillirtes Wasser darüber, und bringt dies über der Berzelius'schen Lampe zum Sieden. Wenn die Entwickelung der Luftblasen aufgehört hat, so läfst man das Wasser noch einige Sekunden fortsieden, giefst es dann ab und läfst die Platten erkalten. Die Platte mufs dann noch mit Sammt No. 2, Roth und Spiritus, und mit trockenem Sammt No. 2 leicht übergangen werden um die entstandene Flecken zu vertilgen. Hr. Knorr findet, dafs diese Methode für gewöhnliche Versuche, wenn man nur die Absicht hat, schöne Bilder zu erhalten nicht zu empfehlen ist, weil die Bilder zwar äufserst fein und zart sind, aber so wenig Rundung erhalten, dafs sie nicht wohl befriedigen können.

3. Schleifen gebrauchter Platten. Platten, die zwar den Quecksilberdämpfen ausgesetzt, aber nicht vergoldet wurden, braucht man nicht aufs Neue mit gesäuertem Fett zu schleifen. Es ist gut, die empfindliche Schicht vor dem Putzen mit unterschweflichsaurem Natron fortzunehmen. Vergoldete Platten soll man erst mit verdünntem Königswasser (1 Thl. Salpeters., 1 Thl. Salzs., 40—50 Thl. destillirtes Wasser) schleifen und dann wie neue Platten behandeln.

4. Jodiren. Hr. Knorr jodirt über dem Seguier'schen Apparate, d. h. einem Holzkasten, auf dessen Boden trocknes Jod ausgebreitet ist, über dieses kommt ein Kissen von Baumwolle und dann eine Pappscheibe mit einem Rahmen. Für Platten, die nachher bromirt werden sollen, hält Hr. Knorr die erste starke Orangenfarbe für die beste.

5. Beschleunigende Substanzen. Bei der Anwendung dieser Substanzen erwähnt Hr. Knorr eine Menge von nöthigen Vorsichtsmafsregeln, auf deren Details ich hier nicht eingehen kann, sondern worüber man die Abhandlung selbst nachsehen mufs. Ich erwähne daher nur kurz, dafs Hr. Knorr sowohl verdünntes Bromwasser, als die feste und flüssige Verbindung des Brom's mit dem Jode untersucht hat. Bei der festen Verbindung ist das Vorjodiren überflüssig. Die flüssige Brom-Jod-Verbindung ist empfindlicher als die feste, giebt aber nicht so schöne Resultate.

6. Aussetzen der Platten in der Camera obscura. Ueber die Zeitdauer der Lichtwirkung, um ein gutes Bild zu erhalten, läfst sich keine nur einigermaafsen genügende Regel geben, nur eine grofse praktische Erfahrung kann hier als Führerin dienen, die aber auch keinesweges sicher ist, denn die Wirkung hängt nicht allein von der Erleuchtung, sondern auch von atmosphärischen Einflüssen ab, die bis jetzt noch ganz unerforscht sind. Hr. Knorr theilt als einen solchen Witterungseinflufs die merkwürdige Beobachtung mit, dafs an Tagen, an welchen ein Gewitter in der Luft war, die Platten eine ungewöhnliche Unempfindlichkeit zeigten.

7. Quecksilberapparat. Hr. Knorr findet, dafs reines flüssiges Quecksilber den Amalgamen vorzuziehen sei.

8. Waschen im unterschwefligsauren Natron. Eine Platte, die nachher vergoldet werden soll, mufs man möglichst gleichzeitig in ihrer ganzen Ausdehnung von der empfindlichen Schicht befreien. Vor dem Aufgiefsen der Vergoldungsflüssigkeiten ist die Platte sorgfältig in destillirtem Wasser zu waschen, um alles Natron zu entfernen.

9. Vergoldung. Nachdem Hr. Knorr die Ursachen verschiedener Flecke angegeben hat, die durch Anwendung der Fizeau'schen Vergoldungsmethode auf den Bildern entstehen können, verweilt er bei der einen Ursache, welche in der Zersetzung der Goldlösung beruht, und giebt Mittel zu ihrer Hebung an. Aus der zuerst wasserhellen Goldlösung sondern sich nämlich bald weifse Flocken ab, und die Lösung wirkt dann schlechter wie früher. Man kann sie wieder brauchbar machen, wenn man sie auf ein Filtrum bringt und dann mehr neue Goldlösung (1 Thl. Chlorgold auf 500 Thl. Wasser) zusetzt [1].

10. Mittel, die Dicke der empfindlichen Schicht zu erhöhen. Daguerre hatte den Vorschlag gemacht, um den Bildern ein mehr plastisches Ansehen zu geben, die Dicke der empfindlichen Schicht durch verschiedene bei der Zubereitung der Platten anzuwendende Substanzen zu vergröfsern. Seine Methode ist bei der Menge der Operationen und ihrer zum Theil schwierigen Ausführung nicht geeignet, sichere Resultate zu gewähren, obwohl Hr. Knorr zugiebt, durch dieselbe sehr schöne Proben erhalten zu haben.

Ueberschleift man eine Platte, der nur noch die letzten Operationen bei der gewöhnlichen Zubereitung fehlen würden, mit einem Gemisch verdünnter wässeriger Lösungen von Quecksilberchlorid und Goldchlorid, so kann man den Bildern die verschiedensten Farbenspiele ertheilen, je nachdem man mehr

[1] Es kommt mitunter der Fall vor, dafs eine Platte, die beim Vergolden etwas zu stark erhitzt wurde, über und über mit schwarzen Pünktchen besäet erscheint; es zeigen sich diese Punkte auch schon bei weniger starker Erhitzung, wenn die Goldlösung anfängt sich zu zersetzen. Diese Punkte sind häufig fortzubringen, wenn man eine schwache Cyankaliumlösung auf die Platte bringt, sie hiermit erwärmt und dann, wie gewöhnlich, mit Wasser abwäscht.

oder weniger Chlorgoldlösung zum Quecksilber setzt. Diese Färbungen kann man durch Zusatz einer verdünnten Lösung von Platinchlorid vertilgen. Hr. KNORR hat folgendes Gemisch der Chloride am besten gefunden: 1 Thl. Quecksilberchlorid in 1400 Thl. Wasser, 1 Thl. Chlorgold in 500 Thl. Wasser, 1 Thl. Platinchlorid in 4000 Thl. Wasser; von der ersten Flüssigkeit nehme man 1 Vol., von der zweiten 10 Vol. und von der dritten 4 Vol., diese 15 Vol. verdünne man noch mit eben so viel Wasser.

Die schönsten Resultate hat Hr. KNORR durch Anwendung von 1 Vol. Quecksilbercyanidlösung in Wasser, 2 Vol. Wasser, 2 Vol. FIZEAU'sche Goldlösung, 2 Vol. der vorher erwähnten Platinchloridlösung erhalten. Man mischt erst das Platin zum Gold und beides dann zum Quecksilber.

Aufser dieser sich fast auf alle Theile des Verfahrens zur Erzeugung der Lichtbilder beziehenden Arbeit sind noch mehrere Aufsätze bekannt gemacht worden, welche Verbesserungen für einzelne Operationen bringen; diese Aufsätze rühren von den Herren MARTENS, GAUDIN, BREWSTER, HERSCHEL, WOOD her.

Die Verbesserung, welche Herr MARTENS vorschlägt, betrifft die Einrichtung der Camera obscura, und besteht im Wesentlichen darin, dafs man mit einem hinsichtlich seiner Dimensionen und Güte ganz mittelmäfsigen Objective, Bilder von grofser Längenausdehnung nnd ausgezeichneter Reinheit hervorbringen kann. Bei dem Verfahren kommt eine horizontale Bewegung des Objektivs, eine Krümmung des Silberbleches, auf welchem die Bilder aufgefangen werden, und ein Diaphragma, was sich hinter dem Objektiv bewegt, zur Anwendung. Die nähere Beschreibung des Apparates steht noch zu erwarten.

Hr. GAUDIN giebt ein neues Verfahren zur Bereitung eines photographischen Papieres an. Er setzt ein Blatt Papier eine Minute lang dem Dampf rauchender Salzsäure aus, überstreicht dann seine Oberfläche mittelst eines Pinsels mit einer fast gesättigten Auflösung von neutralem salpetersaurem Silber und läfst es trocknen. Dies trockene Papierblatt bringt man in die Camera obscura. Wenn man es aus derselben nimmt, ist das Bild noch nicht sichtbar (die Zeit in der Camera obscura soll dieselbe sein, welche Talbot's Papier verlangt), es tritt hervor, wenn man das Papier mit einer beinahe gesättigten schwach mit Schwefelsäure angesäuerter Auflösung von Eisenvitriol befeuchtet. Fixirt wird das Bild durch Abwaschen mit vielem Wasser, und zuletzt mit Wasser, welches $^1/_{10}$ Aetzammoniak enthält. Die Bilder sind negativ wie die Talbot'schen und man mufs, um sie positiv zu machen oder sie in ihrem wahren Lichte zu erhalten, entweder mit demselben oder einem andern Papiere eine Copie machen, wobei der von Talbot vorgeschlagene Copirrahmen sehr zweckmäfsig ist. Hr. Brewster hat es vortheilhaft gefunden zwischen das erste negative Bild und das empfindliche Papier, auf dem das positive Bild entstehen soll, ein bis zwei Blätter feines Schreibpapier einzuschalten, weil dadurch die Härten in den Contouren vermieden werden.

Hr. Herschel beschreibt ein anderes neues photographisches Verfahren auf Papier, welches er Amphityp nennt, und bei dem man nach Belieben negative oder positive Bilder erhalten kann. Das zur Erzeugung von Amphitypbildern geeignete Papier kann entweder mit eisenweinsaurem, oder eisencitronensaurem Quecksilberoxydul oder Oxyd oder auch Bleioxyd bereitet werden. Das zubereitete und getrocknete Papier liefert in der Camera obscura nach einer halben Stunde oder oft erst nach 5 — 6 Stunden ein negatives Bild von prächtig sammtbrauner Farbe.

Diese Bilder sind nicht permanent, sondern verlöschen bisweilen und sogar im Dunkeln. Mann kann sie aber wieder beleben, wenn man sie in eine Auflösung von salpetersaurem Quecksilberoxyd taucht, wobei sie positiv und von gelber Farbe werden. Auf praktische Anwendung wird dies Verfahren schon wegen der zu lange Zeit erfordernden Lichtwirkung keinen Anspruch machen.

Endlich findet sich noch eine kurze Notiz von Hrn. Wood, welcher ebenfalls eine neue Zubereitungsart eines photographischen Papieres angiebt. Das Papier wird in Wasser gewaschen, in dem 2 Tropfen Salzsäure auf 3 Unzen Wasser enthalten sind.

Darauf wäscht man es in einer Mischung von ½ Drachme Eisenjodür und 2 bis 3 Tropfen Jodtinktur in 2½ Drachme Wasser. Man trocknet das Papier mit Fliefspapier und wäscht es mit einer Auflösung von salpetersaurem Silberoxyd (12 Gran in 1 Unze Wasser).

Zur praktischen Benutzung der Lichtbilder auf Papier sind mehrere Vorschläge im Laufe des Jahres 1845 gemacht worden, von denen zwei von den Herren Hennessy und Mungo Ponton die Registrirung der meteorologischen Beobachtungen bezwecken, während der eine von Hrn. Hunt dahin zielt, die Intensität der Lichtstrahlen zu den verschiedenen Tageszeiten zu messen.

Die Vorrichtung des Hrn. Hennessy ist, wie er selbst sagt, noch sehr unvollkommen, und er will nur zeigen, dafs es überhaupt möglich ist, die Angaben meteorologischer Instrumente durch photograghische Mittel genau darzustellen; da ihm dies nun schon mit seinem unvollkommenen Apparate ziemlich gelang, so zweifelt er nicht, dafs man mit besser construirten zu guten Resultaten gelangen wird. Hr. Hennessy macht auf einen Fehler aufmerksam, der bei dieser Art von Registrirung sich in die Beobachtungen einschleicht, den, so viel mir bekannt ist, noch Niemand berücksichtigt hat, und den ich sogleich erwähnen werde.

Hr. M. Ponton wendet einen Apparat an, dessen mechanische Anordnung sehr einfach ist. Ein Cylinder, dessen Oberfläche mit dem empfindlichen Papiere überzogen ist, wird durch ein Uhrwerk innerhalb eines gröfseren innen geschwärzten und mit einem offenen Schlitze versehenen Cylinders so gedreht, dafs er von ¼ zu ¼ oder von ½ zu ½ Stunde, je nachdem man viertel oder halbstündige Beobachtungen haben will, weiter springt und dann stehen bleibt. In den Schlitz des äufsern Cylinders ist das Thermometer- oder Barometerrohr eingelassen, welches so geschliffen ist, dafs der nicht vom Quecksilber gefüllte Theil das Licht gut hindurchgehen läfst. Vor die Instrumente wird ein mit Wasser gefüllter Cylinder gestellt, der das Licht einer Flamme auf dem Rohre des zu registrirenden Instrumentes concentrirt. Hr. Hennessy bemerkt nun mit Recht, dafs eine Correktion angebracht werden müsse, je nachdem der Stand des Quecksilbers im Instrumente höher oder tiefer ist. Denn offenbar wird nur in dem Falle, wo die Verbindungslinie zwischen der Flamme und der Kuppe des Quecksilbers senkrecht auf die Oberfläche des Cylinders trifft, genau die richtige Höhe markirt, steht das Quecksilber aber höher, so wird man zu hohe, steht es tiefer, zu niedrige Angaben erhalten. Hierfür läfst sich aber leicht eine Correktionsformel angeben, wenn das ganze Verfahren sich als zweckmäfsig erweisen sollte.

Hr. Hunt beschreibt unter dem Titel „actinographe" ein Instrument, welches die Intensität der chemischen Strahlen zu den verschiedenen Tageszeiten registriren soll. Das Instrument besteht aus einem Cylinder, auf dessen Oberfläche ein mit Silberbrom bereitetes Papier befindlich ist. Diesen Cylinder umgiebt ein zweiter, der sich vermittelst eines Uhrwerks einmal in 24 Stunden um seine Axe dreht. In den äufseren Cylinder ist eine dreieckige Oeffnung gebort, welche durch Horizontalstäbchen in 100 Theile getheilt ist, so dafs die kleinsten der übrigbleibenden Oeffnungen nur $1/100$ so grofs sind, wie die gröfsten. Wenn sich der Cylinder dreht, so ist hinter der dreieckigen Oeffnung an den verschiedenen Theilen das Papier offenbar sehr verschiedene Zeiten hindurch der Lichtwirkung ausgesetzt, und je nachdem bei einer kleineren oder gröfseren Oeffnung eine Wirkung des Lichts wahrnehmbar ist, wird man auf eine gröfsere oder geringe Intensität der chemischen Strahlen schliefsen können. Dies Instrument ist eine Abänderung der von Herschel in seiner Untersuchung Phil. Trans. f. 1840 vorgeschlagenen Vorrichtung.

Dr. G. Karsten.

5. Optische Instrumente.

L. Merz. Ueber einen neuen Apparat zum Messen der Brennweite von Linsen. Pogg. Ann. LXIV. 321.

Amici. Achromatisches Mikroskop. Pogg. Ann. LXIV. 476.

Nachet. Lentilles achromatiques d'une très petite dimension. C. R. XX. 156.

Strauss. Note sur un appareil pour la construction des lentilles. C. R. XX. 444.

Oberhäuser. Réclamation relative à un passage de la note de Mr. Strauss. C. R. XX. 574.

Strauss, Note relative à la réclamation de Mr. Oberhäuser. C. R. XX. 892.

Babinet. Note sur l'estimation de la dispersion dans les substances transparentes dont on ne peut employer que de très-petits échantillons taillés en prisme. C. R. XXI. 513; Inst. No. 609, p. 310; Pogg. Ann. LXVII. 139.

Pistor und Martins patentirte Reflexionsinstrumente. Dingl. pol. J. XCVI. 14.

A. Martins. Ueber die für den praktischen Optiker geeignetsten Prüfungsmittel für Plan- und Parallelgläser, nebst Beschreibung eines Apparates zur Anfertigung derselben. Verhandl. des Gew.-Vereins in Preufsen 1845, p. 97.

Tourasse. Note sur la substitution de l'argent à l'étain dans la fabrication des miroirs. C. R. XXI. 378; Dingl. pol. J. XCVII. 466; Pogg. Ann. LXVI. 454.

New process for silvering glass. Mech. mag. XLIII. 190; Dingl. pol. J. XCVIII. 292.

Böttcher. Ueber das Versilbern des Glases behufs der Spiegelfabrikation. Dingl. pol. Journ. XCVIII. 293; Arch. f. Pharm. Jan. 1845, p. 36.

J. Stenhouse. On some of the substances which reduce oxide of silver and precipitate it on glass in the form of a metallic mirror. Phil. mag. XXVI. 233; Pogg. Ann. LXVI. 455.

A. Gautier. Notice sur les grandes télescopes de lord Rosse et sur les premiers essais d'observations faits avec ces instruments. Inst. No. 626, p. 457; Astron. Nach. No. 536.

O. Young's optometer. Phil. mag. XXVI. 436.

Silbermann. Note sur l'orientation de son héliostat. C. R. XXI. 522.

Steinheil. Prisme de passages. Inst. No. 602, p. 249.

Amici. Ueber einen Polarisationsapparat. Pogg. Ann. LXIV. 472; Ann. ch. ph. XII. 114; C. R. XIX. 36.

STEINHEIL. Ueber parallaktische Aufstellung von Teleskopspiegeln mittelst eines Heliostaten neuer Construktion. Gelehrte Anzeigen der bayr. Akad. XXI. 297.

BIOT. Sur une modification de l'appareil de polarisation, employé en Allemagne pour des usages pratiques. C. R. XXI. 539; Inst. No. 610, p. 317.

ARAGO met sous les yeux de l'Académie deux appareils qu'il a imaginés pour des recherches de photométrie chromatique, et dans lesquels il fait usage de plaques de cristal à double système de polarisation. Des lames semblables ont été plus récemment eemployées par Mr. SOLEIL dans un instrument où elles jouent un rôle essentiel et très-curieux. C. R. XX. 1704; Inst. No. 598, p. 215.

ARAGO met sous les yeux de l'Académie un des appareils dont il a fait usage pour ses recherches photométriques; cet appareil dans lequel la double refraction joue un rôle important, peut-être employé suivant les besoins comme polarimètre, ou comme polariscope de comparaison. C. R. XXI. 346; Inst. No. 606, p. 285.

ARAGO. Remarques à l'occasion d'un opuscule de Mr. PELTIER sur la cyanométrie et la polarimétrie atmosphérique. C. R. XXI. 332.

Ueber einen neuen Apparat zum Messen der Brennweite von Linsen. Von Dr. S. MERZ in München.

Um die Brennweite eines Glases zu ermitteln, genügt es fast immer, wenn es ein Convexglas ist, dasselbe als Camera obscura Objectiv anzubringen und den Abstand des Bildes eines entfernten Gegenstandes vom Glase direct zu messen. Ist es ein Concavglas, so mufs man es mit einem bekannten Convexglase verbinden, welches natürlich von kleinerer Brennweite sein mufs, und aus der gefundenen Brennweite nach einer bekannten Formel diejenige für die Concavlinse berechnen. Das Princip des Apparats des Hrn. MERZ beruht nun darauf, dafs, wenn man ein Fernrohr auf einen unendlich entfernten Gegenstand einstellt, man einen Gegenstand, der genau in der Brennweite einer Convexlinse steht, eben so deutlich sieht, als gingen von ihm, dem nahen Gegenstande, die Strahlen parallel aus. Stellt man aber ein Fernrohr mit vorgehaltenen Hohlglase auf parallele Strahlen ein und nimmt das Hohlglas fort, so sieht man einen um die imaginäre Brennweite desselben entfernten Gegenstand deutlich.

Der Apparat des Hrn. MERZ ist nun so eingerichtet, dafs man im ersten Falle, wo das Fernrohr auf parallele Strahlen einsteht, und man ein convexes Glas prüfen will, die Entfernung des Gegenstandes vom zu untersuchenden Glase genau messen kann. Im zweiten Falle, wo es sich um die Prüfung eines Hohlglases handelt, kann man die Entfernung des Gegenstandes vom Objectiv des Fernrohr genau bestimmen, und sie giebt auch hier die Brennweite auf eine überraschend scharfe Weise an.

Zum Messen von Brennweiten convexer Linsen bietet dieser Apparat bei seiner grofsen Einfachheit ein überaus strenges Mittel dar; aber bei concaven, vorzüglich bei sehr scharfen Linsen, bleibt er nicht mehr in seiner ursprünglichen Gestalt, denn Concavlinsen innerhalb nicht grofser Grenzen erfordern immer die Veränderung des Objektivs, so dafs noch ein Ueberschufs, der für die Körperlänge des Fernrohrs ausreicht, auf Seiten des convexen Glases sein mufs.

Amici achromatisches Mikroskop.

Aufser den gewöhnlichen Einrichtungen hat Hr. Amici der Beleuchtungslinse, welche das Licht vom Spiegel empfängt und dem Gegenstande zuwirft, nicht allein eine Bewegung von oben nach unten, sondern auch von rechts nach links gegeben, wodurch er eben die passenste Beleuchtung erreicht. Das Instrument ist von mehreren Reihen achromatischer Objective begleitet; der schwächste Satz hat eine Brennweite von 20^{mm} und eine Oeffnung von 10^{mm}. Der stärkste Satz hat eine Brennweite von $0^{mm},5$ und eine Oeffnung, die einen Kegel von 100° Divergenz zu umfassen vermag. Auch bietet er Licht genug für eine 2000malige lineare Vergröfserung dar. Der Achromatismus ist berechnet für eine bestimmte Dicke des Deckglases der Objecte. Platten von anderer Dicke würden eine unerträg- Aberration einführen, allein man kann sie durch eine von Hrn. Amici erfundene Correctionslinse verschwinden machen.

Ueber die Bestimmung der Dispersion in durchsichtigen Substanzen, die man nur in sehr kleinen Stücken als Prismen haben kann. Von Hrn. Babinet.

Herr Babinet erzeugt in einer dunklen Kammer vermittelst eines gewöhnlichen Prisma's ein Sonnenspektrum von beliebigen Dimensionen und fängt es mit einem Schirme auf, betrachtet dann dieses Spektrum durch das zu untersuchende Prisma, dessen Dispersion dem ersteren Prisma entgegengesetzt ist, und strebt danach, es in diejenige Entfernung zu bringen, dafs das Spektrum des ersten Prisma's so weifs wie nur möglich erscheint. Wenn der Winkel dieser Prismen hinreichend klein ist, so hat man das Maafs der Dispersion des kleinen Prisma's, in dem umgekehrten Verhältnifs ihrer Abstände vom Schirm, sonst mufs man die Rechnung anwenden.

Da sich kleine verstellbare Hohlprismen für Flüssigkeiten leicht und genau herstellen lassen, so würde diese Art auch für die Bestimmung der Dispersion der Flüssigkeiten bequem anzuwenden sein.

Halske.

Ueber die für den praktischen Optiker geeignetsten Prüfungsmittel für Plan- und Parallelgläser, nebst Beschreibung eines Apparates zur Anfertigung derselben. Von Martins.

In dem ersten Theile der Abhandlung, welche den oben genannten Titel führt, sucht der Verfasser darzuthun, dafs unter den Werkzeugen zur Prüfung planer Flächen der „Fühlhebel“ seiner überraschenden Sicherheit und bequemen Anwendung wegen den ersten Platz verdient, vorausgesetzt, dafs er zweckmäfsig construirt und gut ausgeführt ist; er hält es für einen guten Fühlhebel von starker Vergröfserung erforderlich, dafs 1) möglichst wenig Hebelarme in demselben zur gemeinsamen Wirkung verbunden sind, 2) die stärkste Vergröfserung jederzeit durch den letzten Hebel bewirkt werde, — so dafs bei einem aus zwei Hebeln bestehenden Werkzeuge der erste, das ist derjenige, welcher den Impuls zur Bewegung des Zeigers empfängt und weiter überträgt, nicht über 25 mal, bei einer dreifachen Hebelverbindung aber der erste Hebel nicht über 3 mal, und der zweite nur bis 10 mal vergröfsere —; 3) wird Gewicht darauf gelegt, dafs die Hebel um ihre Drehungsaxen genau ballanciren, und 4) die Drehungsaxen sich mit möglichst geringer Reibung bewegen, ohne dafs ihnen irgendwie ein, die Präcision der ihnen vorgeschriebenen Bewegung beeinträchtigender Spielraum gelassen wird.

Da für den vorgeschriebenen Zweck nur Fühlhebel von bedeutender Vergröfserung dienen können, so wird auch besonders auf solche Rücksicht genommen, und ein 10,000 mal vergröfserndes Werkzeug — bei welchem die Tangente eines Winkels von 2 Bogensecunden durch eine Bewegung des Zeigers von $^1/_{10}$ Zoll reducirter Bogenlänge angegeben wird — durch Beschreibung und Zeichnung erläutert. Es sind bei demselben drei Hebel verbunden, von denen der erste 2,5 mal, der zweite 10, und der dritte (der Zeiger, welcher möglichst leicht also sehr dünn gearbeitet wird) 400 mal vergröfsert. Die starke Vergröfserung des dritten Hebels — und dies ist das Eigenthümliche der beschriebenen Vorrichtung — wird dadurch erzielt, dafs die Welle des Hebels mit einer Rolle von sehr geringem Durchmesser versehen ist, um welche sich ein Menschenhaar, oder ein eben so feiner Seidenfaden schlingt, welcher an dem langen Schenkel des zweiten Hebels befestigt, und durch eine an demselben befindliche Feder gespannt wird. Dem Verschieben des Fadens auf der Rolle wird durch Ankleben vorgebeugt, jedoch so, dafs die freie Bewegung oder Abwickelung von etwa $^1/_{12}$ Umgang dadurch nicht gestört werden kann. Der leichten und sicheren Bewegung der Hebel wegen werden die Axen mit gut gehärteten, fein polirten conischen Spitzen versehen, und gehen in sehr kleinen, gut gehärteten und polirten Stahllöchern, oder besser in Rubinen.

Ein solcher Fühlhebel soll nur zur Vergleichung von Flächen untereinander, oder mit einer anerkannt guten Planfläche (Normalschaale) dienen. Dieses mufs weniger der hygroscopischen Eigenschaft des sehr kurzen und mit Fett getränkten Haares, als der Temperatureinflüsse wegen festgehalten werden; es müfste denn sein, dafs man das ganze Werkzeug aus demselben Metall, aus Stahl, anfertigte.

Weiter geht der Verfasser von der Untersuchung planer Flächen zu der, planparalleler Gläser über, und beschreibt den von ihm mit gutem Erfolg angewendeten Apparat zur Anfertigung derselben. Es wird erwähnt, dafs man bisher planparallele Gläser allgemein auf die Weise hergestellt habe, dafs man auf einer Seite plangeschliffene und polirte Glasstücke auf eine Planscheibe gut auflegte, sie daran befestigte, und die nun oben liegende Fläche ebenfalls plan schliff; durch Verwechslung der verschiedenen Stücke die dicksten neben die dünnsten brachte, die Verschiedenheiten durch Schleifen abglich, und so fortfuhr, bis alle Stücke gleich dick, also parallel waren. Auf dasselbe Princip stützt sich diejenige Methode, welche dem Verfahren des Verfassers am ähnlichsten ist und darin besteht, dafs man eine runde plane Glasscheibe, mit einem sie umgebenden entsprechend breiten Glasringe, auf eine Planscheibe legt, daran befestigt, und die oberen Flächen durch Schleifen in eine Ebene bringt; dann den Ring losnimmt, ihn um 180° verdreht, dadurch die dickste Seite des Ringes dem dünnsten Theile der Scheibe zukehrt, durch Schleifen die Unregelmäfsigkeiten ausgleicht, indem man wieder eine Ebene herstellt, und dies Verfahren wiederholt bis man den Parallelismus erreicht zu haben glaubt, d. h. bis die Ebene des Ringes, bei der Verdrehung desselben, in der Ebene der Scheibe bleibt. Da es sich hier um sehr geringe Kleinigkeiten handelt, so sieht man leicht ein, dafs die Hauptschwierigkeit des Verfahrens darin besteht, den Ring bei dem wiederholten Verdrehen jedesmal zum absolut genauen Anliegen an die Unterlage zu bringen. Hiervon hängt der Erfolg der Arbeit ab, welche nicht allein sehr grofse Sorgfalt, sondern auch einen bedeutenden Zeitaufwand erfordert.

Das Verfahren des Verfassers besteht nun darin, dafs er eine Ebene herstellt, welche gegen eine gewisse Linie (die Mittellinie eines Zapfens) senkrecht gerichtet ist; auf diese Ebene eine Glasscheibe mit ihrer vorher eben geschliffenen und polirten Seite auflegt, und die zweite Seite der Glasscheibe durch Schleifen in eine Ebene bringt, welche gleichfalls gegen die vorherbezeichnete Linie senkrecht liegt, wodurch dann der Parallelismus beider Ebenen hergestellt ist. Dies wird durch Nachstehendes deutlicher werden.

Eine runde metallene Planscheibe ist mit einem conischen Stahlzapfen sicher verbunden, und paſst dergestalt in eine gröſsere in der Mitte ausgedrehte Planscheibe ein, daſs ihre Fläche von der Fläche der gröſseren ringförmig umgeben wird. Die gröſsere Scheibe ist mit der Hülse für den Zapfen der kleineren versehen, so daſs letztere, ohne jedoch anderweitig die erstere zu berühren, sich in dieser verdrehen läſst. — Bringt man nun die Flächen beider Scheiben durch Schleifen in eine Ebene, dreht die innere um 180° gegen die äuſsere, und setzt den Fühlhebel mit einem Fuſspunkt auf den Ring, mit den anderen auf die Scheibe, so wird man zwei gegenüberliegende Stellen finden, für welche die Fühlhebelangaben die gröſsesten Differenzen zeigen. Die gröſseste Differenz ist das 4fache Maaſs des Winkels, welchen die Flächen mit der senkrecht gegen die Drehungsaxe liegenden Ebene bilden. Wenn also die Fläche der kleinen Scheibe mit der Drehungsaxe einen Winkel von 90° und 0,5 Bogensecunde macht, so wird der erwähnte Fühlhebel von 10,000maliger Vergröſserung die halbe Secunde durch eine Bewegung des Zeigers von $^1/_{10}$ Zoll reducirter Bogenlänge angeben. Ein Winkel von 0,1 Secunde ist demnach noch deutlich zu erkennen. — Durch abwechselndes Verdrehen der Scheibe und Ueberschleifen beider Flächen kommt man dahin, daſs der Fühlhebel, beim Vergleichen des Ringes mit der Scheibe, überall dieselbe Zahl angiebt, d. h. daſs die Fläche senkrecht gegen die Drehungsaxe gerichtet ist.

Legt man auf den so vollendeten Apparat eine plane Glasscheibe und einen sie umgebenden Glasring fest auf und behandelt die Glasflächen wie vorher die Flächen des Apparates: so erhält man die obere Glasfläche ebenfalls senkrecht gegen die Axe des Zapfens, mithin parallel mit der unteren.

Der wesentliche Vortheil des neuen vor dem älteren Verfahren besteht darin, daſs die Verdrehung der Scheibe gegen den Ring sicher und schnell bewirkt wird, und der Erfolg gesichert ist, sobald die Scheibe mit gehöriger Sorgfalt aufgelegt und befestigt wurde. Den guten Fortgang der Arbeit, sowie ihre Vollendung kann man jeden Augenblick mit Hülfe des beschriebenen Fühlhebels prüfen. Ein gut angeordnetes praktisches Verfahren, zu welchem die Erfahrung bald führt, macht jedoch das oftmalige Prüfen überflüssig, denn wenn man nichts thut als dahin arbeitet die Flächen plan und fein herzustellen und dabei in gewissen Intervallen die innere Scheibe um 180° verdreht, so findet sich der Parallelismus von selbst.

Der Verfasser geht nun zu einem Apparate über, der zur Prüfung schon fertiger Planparallelgläser dienen soll, und beschreibt denselben zuerst in seiner einfachsten Form, später in seiner vervollkommneten Einrichtung.

Wie dem Verfasser erst später mitgetheilt worden, prüfte man schon vor geraumer Zeit Planparallelgläser dadurch, dafs man sie auf 3 abgerundete Spitzen legte, das reflectirte Bild eines Gegenstandes durch ein, in einem flachen Winkel gegen die Ebene des Glases aufgestelltes Fernrohr betrachtete, und nun beobachtete, ob die Lage des Bildes im Fernrohr (gegen das im Ocular befindliche Fadennetz) sich beim Verlegen des Glases auf den drei Punkten änderte. Diese Methode, welche, wie es scheint, zuerst von C. H. Pistor angewendet worden ist, zeigte sich als unzureichend, indem auf diese Weise als gut oder nahe vollkommen erscheinende Spiegel dennoch beim nachherigen Gebrauch mit der Sonne nicht ganz ihrem Zwecke entsprachen. So kam es, dafs das Verfahren, welches leider nicht weiter verfolgt wurde, bald ganz in Vergessenheit gerieth, bis es, durch die interessante Arbeit des Hrn. Oertling (Verhandl. d. Vereins für Gewerbfleifs in Preufsen, Jahrg. 1843, S. 60, und Pogg. Ann. LIX. 284) von Neuem in Anregung gebracht, man kann sagen als etwas Neues aufgestellt wurde; denn es war darüber nie etwas zur Oeffentlichkeit gelangt.

Herr Oertling beschreibt ein Instrument, welches er zur Messung des von den beiden Flächen eines Glases gebildeten Winkels anwendet. Als Objekt bedient er sich eines am Fenster des Zimmers aufgestellten Kreuzes aus punktirten Linien, welches er zur Beurtheilung des Planseins für zweckmäfsig hält. In dieser letzten Beziehung war seine Methode in der That neu, denn Pistor hatte seine einfache Vorrichtung nur zur Prüfung des Parallelismus benutzt.

Der Verfasser des in der Ueberschrift bezeichneten Aufsatzes hatte zwar das Bedürfnifs eines Prüfungsapparates für Planparallelgläser längst gefühlt, konnte jedoch durch das Oertling-sche Instrument nicht zufrieden gestellt werden, weil ihm einmal die Prüfungsmethode zu umständlich, dann aber auch das Instrument zu complicirt, besonders aber für die Praxis nicht genügend erschien. Es trat der schon oben erwähnte Umstand ein, dafs Gläser, deren beide Seiten für plan und auch sehr nahe parallel gehalten werden mufsten, dennoch bei der Verwendung zu einem Spiegelinstrument mit der Sonne kein vollkommen scharf begrenztes Bild gaben, während andererseits Spiegel, welche in den Einzelnheiten nicht so befriedigten, dennoch in ihrer Wirkung besser waren; was wohl davon herrührte, dafs sich die Fehler theilweise compensirten. Die Sonne blieb immer das einzige den Ausschlag gebende Object zur Prüfung solcher Gläser. Da dies Object jedoch nicht jederzeit zu Gebote stand, so handelte es sich darum, ein Ersatzmittel zu finden, was dem Verfasser, wie das Nachstehende zeigen wird, vollkommen gelungen ist.

Es ist bekannt, dafs wenn man zwei Fernröhre, deren Oculare mit Fadenkreuzen versehen sind, auf einen unendlich entfernten Gegenstand deutlich einstellt; sie sodann in eine Linie bringt, so dafs ihre Objektive gegeneinandergekehrt sind, und in das eine Fernrohr hineinsieht: dafs man dann das Fadenkreuz des andern in vollkommener Schärfe erblickt. Dies Fadenkreuz vertritt also die Stelle eines unendlich entfernten Gegenstandes, und giebt ein ganz vortreffliches Object für die Oertling'sche Prüfung des Planseins.

Giebt man nun dem Diaphragma, über welches das Fadenkreuz gespannt ist, eine sehr kleine scharf begrenzte Oeffnung, und stellt hinter das Ocular eine Lampe (der gröfseren Helligkeit wegen mit Blender und Sammellinse), so erscheint in dem sonst dunklen Gesichtsfelde des andern Fernrohrs (des Prüfungsfernrohrs) das Diaphragma (des Objektfernrohrs) als helle scharf begrenzte Scheibe. Man hat also ein künstliches Sonnenbild, welches, seiner Ruhe und bequemen Benutzung wegen, vor dem natürlichen wesentliche Vorzüge hat.

Demgemäfs ist der Prüfungsapparat folgendermaafsen eingerichtet. An den Enden einer, mit einem Fufse versehenen Metallplatte sind zwei Fernröhre aufgestellt, welche sich in einer Ebene auf und abbewegen lassen. Das eine Fernrohr ist mit einem Schraubenmikrometer, das andere mit dem erwähnten engen Diaphragma, mit übergespanntem Fadenkreuz versehen. Der Auszug des letzteren kann ein für alle Mal festgestellt, die Stellung des Auszuges an dem andern nach einer kleinen Theilung abgelesen, oder auch nur nach einer Marke bestimmt werden. In der Mitte der Platte ist eine Vorrichtung zum Auflegen gröfserer und kleinerer Gläser, sowie Raum genug zum Aufsetzen von Schleifschaalen etc.

Dieser Apparat ist für alle in der Praxis vorkommenden Fälle von vortrefflicher Wirkung. Will man z. B. das Plansein einer reflektirenden Fläche prüfen, so bringt man sie auf die Auflegevorrichtung, und neigt die Fernröhre entsprechend gegen dieselbe. Die Deutlichkeit des reflektirten Fadenkreuzbildes, namentlich die gleichmäfsige Deutlichkeit des vertikalen und des horizontalen Fadens, giebt sogleich das Erkennungszeichen. — Will man die Brauchbarkeit eines Planparallelspiegels untersuchen, so läfst auf dieselbe Weise die Schärfe des künstlichen Sonnenbildes dies mit einem Blicke feststellen. — Will man die Anwendbarkeit eines farbigen Blendglases beurtheilen, oder die beste Richtung für die praktische Verwendung bestimmen, so bringt man die optischen Axen beider Fernröhre in eine Linie, so dafs sich die Bilder ihrer Fadenkreuze schneiden, und hält das Glas zwischen die Objektive; die unveränderte Lage der Fadenkreuzbilder giebt dann das genügende Maafs des Parallelismus, die Deutlichkeit des künstlichen Sonnenbildes sowie des Fadenkreuzes, das Plansein der Flächen, zugleich mit dem Nichtvorhandensein von Schlieren im Glase, zu erkennen. — Der Parallelismus nicht durchsichtiger oder überhaupt dunkler Gläser läfst sich auch mit Hülfe des reflektirten Bildes prüfen, indem man das Glas auf die Auflegevorrichtung bringt, die Bilder der Fadenkreuze einstellt, das Glas auf den drei Auflagepunkten (also in seiner unteren Ebene) verlegt, und den veränderten Ort des reflektirten Bildes durch das an dem Fernrohre befindliche Mikrometer bestimmt. Die Messung giebt das vierfache Maafs des Winkels, welchen beide Flächen des Glases bilden.

Nachdem nun noch der Verfasser die Erkennungszeichen für plane Flächen und für die Form davon abweichender angegeben hat, kommt er zu der Schlufsbemerkung, dafs er seinerseits zur Prüfung planer Flächen, namentlich während der Bearbeitung derselben, den beschriebenen Fühlhebel für fast unentbehrlich halte, dafs derselbe das Plansein der Flächen nicht minder scharf erkennen lasse als ein guter Fernrohrapparat, und dafs, wenn es sich um Beurtheilung der Brauchbarkeit planparalleler Spiegel handelt, das künstliche Sonnenbild, als Objekt benutzt, allein befriedigende Resultate liefere.

A. Martins.

Belegung von Glasspiegeln mit Silber.

Hr. Tourasse hat der Pariser Akademie Glasspiegel vorgelegt, die nach dem Verfahren des Engländers Drayton statt des Zinns und Quecksilbers mit Silber belegt sind, und einen weit höheren Grad von Lichtreflexion darbieten als diese.

Das in England und Frankreich patentirte Verfahren besteht darin, dafs man salpetersaures Silberoxyd in destillirtem Wasser auflöst, Alkohol, kohlensaures Ammoniak, Ammoniak und Kassiaöl hinzusetzt, die Flüssigkeit alsdann auf den Glasspiegel giefst und im Moment dieser Operation noch Nelkenöl hinzufügt. Nach zwei Stunden ist der Procefs beendigt, und das Glas mit einer vollkommen homogenen Schicht des reinsten Silbers überzogen. Durch eine Firnifsschicht wird die Belegung vor äufseren Einflüssen geschützt.

Herr Böttcher in Frankfurt a. M. giebt ein anderes Verfahren an, wodurch er immer zum gewünschten Ziele gelangte, im Archiv f. Pharm. Jan. 1845, S. 36.

Bemerkungen über die grossen Spiegel-Teleskope des Lord Rosse, von Alfred Gautier.

Seit 1827 beschäftigte sich Lord Rosse mit der Anfertigung von Reflexions-Teleskopen, und nach vieler Mühe beendigte er das erste Instrument im Jahre 1839. Der grofse Spiegel dieses Teleskops hat 3 Fufs im Durchmesser und 27 Fufs Brennweite. Das Metall besteht aus einer Legirung von 126,4 Gewichtstheilen Kupfer auf 58,9 Zinn. Das spec. Gewicht davon ist 8,8; es hat eine grofse Härte, ist weniger porös als andere Arten Spiegelmetall und soll seinen Glanz lange erhalten. Lord Rosse brachte folgende Methode in Anwendung um den grofsen Spiegel herzustellen. Er gofs 16 einzelne Stücke von diesem harten Metall und befestigte sie sehr sicher auf einer starken Scheibe von einer Legirung von Kupfer und Zink, welche dieselbe Ausdehnung als das Spiegelmetall hatte. Auf diese Weise stellte er einen Spiegel von 3 Fufs Durchmesser dar, liefs aber, der grofsen Arbeit wegen, die Methode fallen, und gofs nun ähnliche und gröfsere aus einem Stücke. Behufs des Schleifens und Polirens wandte er eine kleine Dampfmaschine an, und damit der Spiegel sich während der Arbeit in einer gleichmäfsigen Temperatur erhalten möchte, war er mit Wasser umgeben. Die Teleskope sind Newton'sche mit kleinem geneigten Planspiegel und seitlich des Rohres eine Convexlinse. Das zweite Teleskop des Lord Rosse, welches schon im Jahre 1840 angefangen wurde, hat einen Spiegel von 6 Fufs Durchmesser, die Composition des Metalls ist dieselbe als bei dem ersten. Man baute zum Gufs des Spiegels 3 Oefen von 8 Fufs Höhe und 5½ Fufs Seitenlänge. Der gegossene Spiegel wog 6000 Pf., das Rohr zum Teleskop ist 56 Fufs lang und mit starken eisernen Bändern zusammengehalten. Dieses so schwere Instrument ist auf gemauerten Pfeilern befestigt und so vortheilhaft balancirt, dafs es ein Mensch mit Leichtigkeit in jede Lage bringen kann. Am Schlufse wird noch bemerkt, dafs man in Paris beabsichtige, ein achromatisches Fernrohr zu verfertigen von 20 Zoll franz. Oeffnung. Das gröfste bis jetzt bekannte Fernrohr ist das auf der

Sternwarte Pulkowa bei Petersburg, es hat 14 Zoll Oeffnung und 20½ Fuſs Brennweite.

Bemerkung über eine erleichterte Aufstellungsweise des Silbermann'schen Heliostaten.

Hr. Silbermann giebt für seinen Heliostaten, der in Poggendorfs Annalen (LVIII. 574) beschrieben ist, einige Regeln zur Erleichterung der Aufstellung seines Heliostaten, wodurch man aus der Bewegung des Sonnenbildes beim Drehen des Instruments die wahre Zeit leicht finden soll, so daſs die Bestimmung dieses nöthigen und schwierigen Erfordernisses künftig fortfallen könnte. Von den drei Bestimmungen, die zur Aufstellung des Heliostaten nothwendig sind, als: 1) Polhöhe, 2) Deklination, 3) wahre Zeit, darf eine unbekannt sein, sie läſst sich bei diesem Heliostaten aus den beiden andern am Instrumente selbst finden. Zum Bericht über die Brauchbarkeit dieser Vereinfachung ist die früher ernannte Kommission der französischen Akademie aufgefordert worden, deren Gutachten sowie die genaue Beschreibung des Verfahrens noch zu erwarten steht.

Halske.

Ueber einen Polarisationsapparat von Hrn. Amici.

Dieser Apparat, welchen Hr. Amici bereits im Jahre 1830 construirt, und von welchem neuerlich in den Ann. de chim. et phys. und in Pogg. Ann. eine Beschreibung und Abbildung mitgetheilt worden, besteht aus einem Mikroskop, welches besonders dazu geeignet gemacht werden kann, nicht allein die unter senkrechter Incidenz durch den Krystall gehenden Strahlen ins Auge zu lassen, sondern auch diejenigen, welche sich unter bedeutender Schiefe gegen den Krystall neigen. Zu diesem Zweck nämlich wird zwischen dem Objektiv und dem zu beobachtenden Krystall ein System von Linsen angebracht, dessen Brennweite kürzer ist, als die des gewöhnlichen achromatischen Objectivs und endlich jenseits des Objekts noch ein System sehr convexer Linsen, auf welches das Objekt unmittelbar gelegt wird; auf diese Weise erhält man von einaxigen Krystallen mit sehr ausgebreiteten Ringsystemen und solchen zweiaxigen Krystallen, deren Axen keinen allzugroſsen Winkel bilden, sehr schöne und mit einem Blicke zu übersehende Polarisationsfiguren. Der polarisirende Apparat besteht bei diesem Instrument aus einem Satz von Plangläsern, welcher das Licht des Himmels oder einer Lampe von einem gewöhnlichen Spiegel erhält, und der analysirende Apparat aus einem Kalkspathrhomboeder, in welchem sich der aus dem Ocular austretende Lichtbüschel in zwei theilt, welche abwechselnd abgeblendet werden können.

Dr. J. Ewald.

Biot. *Sur une modification de l'appareil de polarisation, employée en Allemagne pour des usages pratiques.*

Hr. Biot hat der Pariser Akademie der Wissenschaften einen Polarisationsapparat zur Untersuchung von Flüssigkeiten vorgelegt, den ihm Hr. Mitscherlich, nach dessen Angabe er in Berlin von den Herren Bötticher und Halske gefertigt worden, übersandt hatte. Die Beschreibung desselben würde, bei seiner Verbreitung hier wohl unnütz sein; es darf aber nicht unterlassen werden, auf einen leichten Irrthum aufmerksam zu machen, in den der ehrwürdige Physiker bei der Beurtheilung des in seinen Händen befindlichen Exemplars verfallen sein dürfte.

Nachdem er der Einsicht und Geschicklichkeit, womit die verschiedenen Theile der Vorrichtung ausgeführt sind, volle Gerechtigkeit hat widerfahren lassen, und an die Formel erinnert hat, wodurch der Ablenkungswinkel der Uebergangsfarbe (*teinte de passage*) für ein und dieselbe Länge des Rohrs mit dem

Zuckergehalt der Flüssigkeit verknüpft wird, fährt Hr. Biot fort: *„D'après cette expression, si le tube avait 200 millimètres de longueur, chaque degré de déviation repondrait juste à 7 grammes de sucre par litre. Le tube qui est annexé à l'instrument de M. Mitscherlich a une l'ongueur intérieure tant soit peu moindre que celle-là. Je la trouve de 197^{mm},5 entre les faces internes des verres. En divisant 1400 par ce nombre, le quotient est 7^{gr},0888 ...*" allerdings ein weit weniger einfaches Verhältnifs als dasjenige, welches der genauen Länge des Rohrs von 200^{mm} entsprechen würde.

Die Absicht der Künstler ist aber in der That gewesen, dem Rohre diese letztere Länge zu ertheilen. Da die von Hrn. Biot angegebene mit derselben ziemlich nahe übereinstimmt, so wird wohl nicht leicht einer, bei Lesung jener Stelle, sich der Meinung enthalten, dafs Ungeschick oder Nachlässigkeit dieselben verhindert habe, ihren Zweck mit gröfserer Vollkommenheit zu erreichen. Eine in der Sitzung der physikalischen Gesellschaft vom 17. Oktober 1845 an diese Herren gerichtete Anfrage hat jedoch folgende Auskunft veranlafst, welche, um ferneren Mifsverständnissen vorzubeugen, hier öffentlich mitgetheilt werden mag. —

Mit wie grofser Ehrfurcht sich dieselben auch dem Urtheile des berühmten französischen Gelehrten zu unterwerfen bereit sind, so können sie doch nicht umhin, zu glauben, dafs Hr. Biot bei dieser Gelegenheit durch einen, freilich geringfügigen und leicht verfänglichen Umstand in die Irre geführt worden sei. Die Herren Bötticher und Halske haben wahrgenommen, dafs die hier wie auch sonst gangbare Art die Plangläser, welche das Rohr an seinen beiden Enden verschliefsen, zn befestigen, in diesem Falle nicht selten den besondern Nachtheil mit sich führe, dafs die Gläser durch Druck doppelbrechend erscheinen und somit zur Farbenbildung Anlafs geben, ohne dafs sich eine drehende Flüssigkeit im Rohr befände. Diese Art der Befestigung bestand nämlich einfach darin, dafs die Gläser durch den Druck eines in das Ende des Rohrs geschnittenen Gewindes gegen den Bodenrand eines Ringes geprefst wurden, in welchen man das Rohr hineinschraubte. Auf folgende Weise wird diesem Uebelstande abgeholfen.

Vor wie nach wird ein metallener Ring auf die Ecken des Rohrs geschraubt. Dieser Ring hat aber im Innern einen Vorsprung zwischen dem und der Mutter des Gewindes ein kleiner Zwischenraum übrig bleibt. Die Dicke des Vorsprunges und dieser Zwischenraum zusammengenommen betragen etwas über 1^{mm}. Das Glas wird von aufsen auf den ringförmigen Vorsprung aufgesetzt, mit Schmirgel aufgeschliffen und mit Bernsteinlack oder geschmolzenem Kautschuk aufgekittet. Endlich wird der dünne äufsere Rand des Ringes über das Glas fortgebogen, wie dies beim Einsprengen von Gläsern zu geschehen pflegt. Nun kann das Rohr begreiflich noch so fest in den Ring hineingeschraubt werden, man sieht leicht, dafs nie ein Druck auf das Glas ausgeübt werden kann und somit jener Nachtheil als beseitigt zu betrachten ist.

Sollte aber nicht Hr. Biot, von der Vorstellung der alten Befestigungsweise der Gläser ausgehend, einfach die Länge des Rohrs bestimmt und diese mit dem Abstande zwischen den innern Flächen der Gläser für gleichwerthig genommen haben? Es würden ihm alsdann zu beiden Seiten jene erwähnten, absichtlich herbeigeführten Zwischenräume entgangen sein, deren Summe, wie man nicht übersieht, sehr nahe dem von ihm aufgewiesenen Fehler von $2^{mm},5$ in der Länge des Rohres gleichkommt.

Noch wahrscheinlicher wird diese Deutung, wenn man den Kunstgriff kennen lernt, dessen die Herren Bötticher und Halske sich zu bedienen pflegen, um dem Rohre, zwischen den innern Flächen der Gläser, die gewünschte Länge von 200^{mm} zu ertheilen. Zu diesem Behufe wird vorerst das eine Glas aufs Gerathewohl in seiner Lage befestigt, dann wird ins Rohr ein Stahlstab versenkt, dessen Länge gleich 200^{mm} einem Pistorschen Normalmeterstabe entnommen ist, welcher seinerseits nach einem Pariser Maafsstabe ersten Ranges gearbeitet worden. Nun schleift man das zweite Glas von Aufsen her so lange auf den Vorsprung mit Schmirgel auf, bis es in allen seinen Punkten die Grundfläche des Stahlcylinders berührt.

Dies Verfahren gestattet, nach der Meinung der Künstler, keine gröſseren Fehler als solche von $0^{mm},2$, welche auch bei den am stärksten die Polarisationsebene drehenden Flüssigkeiten noch dem geübtesten Auge entgehen dürften.

Dr. E. du Bois-Reymond.

Vierter Abschnitt.

Wärmelehre.

1. Wärmeentwicklung.

Durch chemische Verbindungen.

Hess. Nouvelle méthode générale pour la détermination des quantités de chaleur dégagées dans les combinaisons chimiques. C. R. XX. 190. Pogg. Ann. LXVI. 58; Bull. de la cl. ph. de l'Acad. à St. Pet. IV. 34; Inst. No. 578, p. 31.

Grassi. Untersuchung über die bei chemischen Verbindungen entwickelte Wärme. Erdm. u. March. XXXVI. 193; Journ. de pharm. et de chim. III. Série. T. VIII.

Favre et Silbermann. Sur les chaleurs dégagées pendant les combinaisons chimiques; combustion du charbon (deuxième mémoire). C. R. XX. 1565; Inst. No. 596, p. 191.

Favre et Silbermann. Combustion du gaz des marais et du gaz oléfiant (troisième partie). C. R. XX. 1734.

Favre et Silbermann. Recherches sur les chaleurs dégagées pendant les combinaisons chimiques (quatrième partie). C. R. XXI. 944; Inst. No. 617, p. 374.

Joule. Chaleur absorbée dans les décompositions électrochimiques. Inst. No. 619, p. 395.

Charnoz. Recherches concernant la chaleur dégagée pendant la combustion de l'hydrogène dans l'oxygène. C. R. XXI. 289.

Durch mechanische Einwirkung.

J. P. Joule. On the changes of themperature produced by the rarefaction and condensation of air. Phil. mag. XXVI. 369.

J. P. Joule. On the existence of an equivalent relation between heat and the ordinary forms of mechanical power. Phil. mag. XXVII. 205.

Die Idee, dafs die Wärme, welche bei Verbindung von Sauerstoff mit andern Körpern entwickelt wird, im Verhältnifs einfacher Multipla stehen, gebührt WELLER, der sie schon im Jahre 1821 aussprach [1]. Er war der Meinung, dafs diejenigen Wärmemengen, welche bei Verbindung verschiedener Stoffe mit Sauerstoff erzeugt werden, in direktem Verhältnifs zu den von ihnen aufgenommenen Sauerstoffmengen, oder im Verhältnifs einfacher Multipla derselben stehe.

Ganz in einer andern Weise ist die Idee der Verbindung der Wärme mit den Körpern in bestimmten Verhältnissen später von HESS aufgefafst worden. Dieser schlofs sich genau an die chemischen Gesetze über die Verbindungsverhältnisse verschiedener Stoffe an. Er behandelte die Wärme wie einen chemischen Stoff und suchte daher nachzuweisen, dafs die Mengen derselben, welche bei Verbindung derselben Stoffe in verschiedenen Verhältnissen mit einander frei werden, Multipla mit einfachen ganzen Zahlen seien. Ich führe seine und seiner Nachfolger Arbeiten in möglichst vollständigem Auszuge an, weil ihr eigenthümlicher Werth bis jetzt noch mehr in ihren Specialitäten als in allgemein gültigen Schlüssen zu suchen ist.

Zuerst [2] untersuchte HESS die Verhältnisse bei der Verbindung der Schwefelsäure mit Wasser. Seine Methode war anfangs so einfach, dafs sie der weiteren Erklärung nicht bedarf. Er mischte im Verhältnifs der Atomgewichte stehende Mengen der verschiedenen Schwefelsäurehydrate mit Wasser im Ueberschufs, und bestimmte die Temperatur vor und nach dem Versuche. Hieraus wurden die Wärmemengen, die bei Verbindung der Schwefelsäure mit 1, 2, 3, 4, 6 Atomen Wasser frei werden, berechnet. Als Wärmeeinheit nahm HESS diejenige Menge an, welche 1 Gr. Wasser um 1° C. zu erwärmen vermag. Später wendete er einen eigenen Apparat dazu an, der in einem auf zwei Achsen durch eine Kurbel drehbaren kupfernen Cylinder bestand, worin die Mischung der zu untersuchenden Stoffe leicht geschehen konnte. Dieser Cylinder steht in einem Bade von

[1] Ann. chim. ph. XIX. 429.
[2] POGG. Ann. XLVII, 210.

Wasser, dessen Temperaturveränderung durch die Mischung man bestimmt. Folgende Tabelle drückt die Resultate seiner corrigirten Versuche aus [1].

Zusammensetzung	Bei Mischung mit einem Ueberschufs von Wasser entwickelte Wärme.	Verhältnifs	Differenz.
$\dddot{S}$	504,96	13	8
$\dddot{S}\dot{H}$	194,5	5	2
$\dddot{S}\dot{H}^2$	116,7	3	1
$\dddot{S}\dot{H}^3$	77,8	2	1
$\dddot{S}\dot{H}^6$	38,9	1	

Aus dieser Tabelle ersieht man also, dafs wenn die wasserfreie Schwefelsäure 8 Wärmeeinheiten frei macht, wenn sie sich mit einem Atom Wasser verbindet, die so entstandene Verbindung nur zwei Wärmeeinheiten entwickelt, wenn sie sich mit noch einem Atom Wasser vereinigt. Nimmt diese Verbindung noch ein Atom Wasser auf, so wird nur noch eine Wärmeeinheit frei. Die Verbindung $\dddot{S}\dot{H}^3$ entwickelt bei ihrer Vereinigung mit 3 Atomen Wasser nur eine Wärmeeinheit, die endlich auch frei wird, wenn diese so entstandene Verbindung mit einem Ueberschufs von Wasser gemischt wird.

Hess [1] bestimmte mittelst des so eben beschriebenen Apparates auch die Wärmemengen, welche bei der Verbindung von Schwefefsäure, Chlorwasserstoffsäure und Salpetersäure mit Kalihydrat, Natronhydrat, Ammoniak und Kalkerdehydrat sich entwickelt. Folgende Tabelle giebt die Mittelzahlen für die Wärmeentwickelung bei der Verbindung der drei Alkalien und des Kalkerdehydrats mit Schwefelsäure, Salzsäure und Salpetersäure.

	$\dddot{S}\dot{H}$	$ClH+12\dot{H}$	$\ddot{\ddot{N}}+8\dot{H}$
$\dot{K}\dot{H}$	601	409	361
$\dot{Na}\dot{H}$	605	410	368
NH^3	598	404	368
$\dot{Ca}\dot{H}$	642	451	436

1 Pogg. Ann. L. 385.

2 Ebend. L. 385 und LII. 97.

HESS schlofs hieraus, dafs eine gleiche Anzahl von Atomen aller Basen mit derselben Säure einerlei Wärme hervorbringe. Nur bei der Kalkerde fand er eine zu grofse Wärmeentwickelung, was er auf Rechnung der zwei Atome Krystallwasser schreibt, welche die schwefelsaure Kalkerde bindet. Er zeigte nämlich, dafs gebrannter Gyps, wenn er mit Wasser gesättigt wird, 37,7 Wärmeeinheiten erzeugt. Schreibt man der Vereinigung der Schwefelsäure mit der Kalkerde 600 Wärmeeinheiten zu, so müfste also bei der Vereiniguug der Schwefelsäure mit Kalkerde 637,7 Wärmeeinheiten erzeugt worden. HESS fand 642,6. Allein sowohl das schwefelsaure Natron, als das schwefelsaure Ammoniak binden gleichfalls Wasser, ohne dafs jedoch HESS dafür eine gewisse Menge Wärme in Abzug gebracht hätte. Es scheint also aus diesen Versuchen der Schlufs, den HESS zu machen sich berechtigt hält, nicht abgeleitet werden zu können.

Verschiedene spätere Arbeiten widerlegen in der That seine Ansichten gänzlich. So fand er selbst, dafs die wasserfreien Basen, wenn sie sich mit Wasser verbinden, sehr verschiedene Menge Wärme entwickeln. Für die Kalkerde fand HESS die Zahl 163, dagegen für das geglühte Kalihydrat schon 323. Das wasserfreie Kali würde also noch weit mehr Wärme erzeugen.

Aber ein anderes, wichtiges Gesetz leitete HESS aus seinen Versuchen ab, dafs nämlich, wenn eine Verbindung stattfindet, die entwickelte Wärmemenge constant ist, es mag die Verbindung direkt oder indirekt oder mit Zwischenzeiten geschehen, wenn nur die Menge der aus der chemischen Action hervorgehenden Verbindung und ihre Zusammensetzung gleich ist.

Ein anderes wichtiges Gesetz, welches er nachweist, ist das der Thermoneutralität, worunter er die Erscheinung versteht, dafs zwei Salze, wenn sie sich gegenseitig zersetzen, weder Wärme frei machen, noch Wärme binden, wenn sie vor der Zersetzung und nach derselben entweder kein Wasser binden, oder doch eine gleiche Anzahl Atome desselben.

HESS [1] versuchte auch die Wärmeentwickelung, welche bei Mischung von Salpetersäure mit Wasser stattfindet, zu bestimmen.

[1] Pogg. Ann. LIII. 535.

Er stiefs dabei auf grofse Schwierigkeiten, weil die Säure rein zu erhalten sehr schwer war. Doch ist er zu dem Resultate gekommen, dafs die Wärmequantität für jedes der zwei ersten Atome Wasser, welche sich mit Salpetersäurehydrat verbinden, etwa 38,85 beträgt, eben so wie das 3te und 4te und gleichfalls das 6te, 7te und 8te in Summa 38,85 Wärmeeinheiten erzeugen. Das 5te Atom Wasser entwickelt 19,43, also die Hälfte von jener Menge Wärmeeinheiten

Andrews [1], welcher gleichfalls über diesen Gegenstand gearbeitet hat, zieht aus seinen Versuchen den Schlufs, dafs ein Aequivalent ein und derselben Basis, wenn es sich mit einem Aequivalent verschiedener Säuren verbindet, stets dieselbe Menge Wärme entwickele, was gerade das Entgegengesetzte ist von dem, was Hess aus seinen Versuchen geschlossen hat. Andrews stellte Versuche mit Schwefelsäure, Salpetersäure, Phosphorsäure, Arseniksäure, Borsäure, Oxalsäure, Essigsäure, Weinsteinsäure, Citronensäure und Bernsteinsäure an. Die relative Wärmeentwickelung dieser Säuren mit den Basen läfst sich nach ihm durch folgende Verhältnifszahlen ausdrücken.

Base.	Wärmemenge.	Base.	Wärmemenge.
$\dot{K}$	6,52	NH^3	5,52
$\dot{Na}$	6,48	$\dot{Zn}$	4,91
$\dot{Ba}$	6,75	$\dot{Pb}$	3,98
$\dot{Ca}$	7,10	$\dot{Ag}$	3,23
$\dot{Mg}$	8,24		

Diese Zahlen können indessen nicht einmal relativ zu einander als richtig angesehen werden. Denn bei den in Wasser nicht löslichen Basen ist nicht die Menge Wärme in Rechnung gezogen, die bei dem Flüssigwerden derselben gebunden werden mufs, wie Andrews selbst bemerkt. Bei den mit Wasser sich verbindenden Basen dagegen hat er nicht die bei dieser Verbindung frei werdende Wärme berücksichtigt, und bei diesen beziehen sich daher seine Zahlen auf die Hydrate und nicht auf die wasserfreie Basis.

[1] Pogg. Ann. LIV. 208.

Andrews stellt aufserdem noch folgende Gesetze auf:

1) Wenn sich ein neutrales Salz durch Verbindung mit einem oder mehreren Aequivalenten einer Säure in ein saures verwandelt, so findet keine Temperaturveränderung Statt.

2) Wenn dagegen ein neutrales Salz durch Aufnahme von einem oder mehreren Atomen Basis in ein basisches Salz übergeht, so findet Wärmeentwickelung Statt.

Im Jahre 1842 hat Hess seine Versuche weniger erweitert als verbessert. Er wiederholte nämlich die Versuche über die von der Schwefelsäure bei ihrer Mischung mit Wasser entwickelten Wärmemengen, und hat nach möglichster Entfernung aller Fehlerquellen folgende Zahlen erhalten[1]. Es entwickelten sich, wenn ein Ueberschufs von Wasser mit einem Atom

				Verhältnifs.	Differenz.
$\dddot{S}$	gemischt wird	510,1	Wärmeeinheiten .	11 . .	6
$\dddot{S}\dot{\bar{H}}$	-	229,4	-	5 . .	2
$\dddot{S}\dot{\bar{H}}^2$	-	134,2	-	3 . .	1
$\dddot{S}\dot{\bar{H}}^3$	-	94,2	-	2 . .	1
$\dddot{S}\dot{\bar{H}}^6$	-	46,9	-	1	

Danach sind also Hess's frühere Resultate zu corrigiren. Für die Salpetersäure dagegen entwarf Hess folgende Tabelle. Mit einem Ueberschufs von Wasser gemischt entwickelte:

$\overset{.....}{N}\dot{\bar{H}}$	1050	Wärmeeinheiten	$= 6 \times 175$
$\overset{.....}{N}\dot{\bar{H}}^2$	700	-	$= 4 \times 175$
$\overset{.....}{N}\dot{\bar{H}}^4$	525	-	$= 3 \times 175$
$\overset{.....}{N}\dot{\bar{H}}^8$	262,5	-	$= 1\frac{1}{2} \times 175$

Noch habe ich einiger Versuche zu erwähnen, welche Hess anstellte, um die Wärmemenge zu bestimmen, welche bei Bildung des schwefelsauren Bleioxydes aus seinen Bestandtheilen entwickelt wird. Er fand die Zahl 10,405 für die Menge Wärme, welche bei Verbindung eines Aequivalents Schwefel mit Sauerstoff und Bleioxyd entsteht, und 4014 für die, welche bei Verbindung eines Aequivalents wasserfreier Schwefelsäure mit Bleioxyd frei wird. Die Wärme, welche bei Bildung der schwef-

[1] Pogg. Ann. LVI. 465.

ligten Säure aus einem Aequivalent Schwefel entsteht, ist aber gleich 6391, also bleiben 1189 Wärmeeinheiten für die Vereinigung von schwefliger Säure mit einem Atom Sauerstoff übrig. Hess knüpfte hieran Betrachtungen über die Constitution der schwefelsauren Salze, die durchaus der Chemie angehören, also hier keinen Platz finden können.

Aufserdem hat Hess [1] die Wärmemenge bestimmt, welche bei Oxydation des Zinks zu Zinkoxyd, der Verbindung des Zinkoxyds mit Schwefelsäure, der Verbindung des schwefelsauren Zinkoxyds mit einem Atom und mit 7 Atome Wasser entwickelt, so wie die, welche bei der Auflösung des $\dddot{S}\dot{Zn} + 7\dot{H}$ in Wasser gebunden wird.

Dulong fand bei der Verbindung von

	und O	5291	Wärmeeinheiten.
Hess bei der Verbindung von	S und 3O	6391	-
-	$\dot{Zn}$ und $\dddot{S}$	2982,1	-
-	$\dot{Zn}\dddot{S}$ und $\dot{H}$	596,4	-
-	$\dot{Zn}\dddot{S}\dot{H}$ u. $6\dot{H}$	850,8	-
		Summa 16111,3	Wärmeeinheiten.

Beim Auflösen des $\dddot{S}\dot{Zn}+7\dot{H}$ werden 254,4 Wärmeeinheiten gebunden. Die Wärme also, welche bei der Auflösung von einem Aequivalent Zink in Schwefelsäure beobachtet werden müfste, wenn dabei nicht die Zersetzung des Wassers einen Wärmeverlust erzeugte, müfste gleich 15856,9 sein.

Das Jahr 1843 ist wieder reicher an Arbeiten über die Wärmeentwickelung bei chemischen Verbindungen auf nassem Wege. Vor allen Anderen hat Graham [1] eine werthvolle Arbeit über diesen Gegenstand geliefert.

Er macht zunächst darauf aufmerksam, dafs bei allen Versuchen, die Wärmeentwickelung bei chemischen Verbindungen auf nassem Wege zu bestimmen, auf sehr viele Punkte Rücksicht genommen werden mufs, so z. B. die Auflösung des Produktes der Verbindung in der Flüssigkeit, die Aufnahme von Hydratwasser etc. Man mufs die bei diesen Prozessen entwik-

[1] Pogg. Ann. LVI. 593.

[2] Phil. mag. XXII. 329; Erdm. u. March. XXX. 152.

kelte oder gebundene Wärme von der bei den Versuchen auf nassem Wege erhaltenen Wärmemenge abziehen oder zuzählen, sobald jene Prozesse bei den Versuche selbst eine Rolle spielen.

Die Frage, ob, wie HESS meint gefunden zu haben, in der That ein Atom einer und derselben Säure mit einem Atom irgend einer Base stets gleiche Menge Wärme entwickelt, verneint GRAHVM. Denn er fand, dafs ein Atom Schwefelsäure mit einem Atom Kupferoxyd 1°,37, mit einem Atom Zinkoxyd 2°,21, mit einem Atom Magnesia 8°,42 entwickelte, nachdem jene die Auflösung des Salzes und das Binden von Krystallwasser betreffende Correctionen angebracht worden sind. Diese Zahlen stehen aber nahe in den Verhältnifs von 2: 3: 12.

GRAHAM hielt es jedoch für nothwendig, ehe er diese Versuche über die Wärmeentwickelung bei Verbindung von Basen mit Säuren fortsetzte, die Wärme zu bestimmen, welche bei Auflösung der Salze absorbirt wird, so wie diejenige, welche bei der Aufnahme von Hydratwasser frei wird.

Die von ihm zu den Versuche angewendete Methode war einfach die der Mischung. Sie geschah in einem grofsen Platintiegel, in den stets 1000 Gran Wasser als Auflösungsmittel gebracht wurden. Zum Umrühren diente ein hohler Palladiumcylinder. GRAHAM sorgte dafür, dafs die Temperatur vor der Mischung etwa eben so viel unter der umgebenden Luft war, als nachher über derselben. Um den Tiegel möglichst vor Abkühlung zu schützen, setzte ihn GRAHAM in gekämmte Baumwolle. Die Körper, welche er den Versuchen unterwarf, wurden stets im Verhältnifs ihrer Atomgewichte angewendet, um sie danach vergleichen zu können.

Zunächst stellte GRAHAM Versuche mit Schwefelsäure an, und ist in Betreff derselben zu folgenden Resultaten gelangt:

$\dddot{S}\dot{H}$	entwickelt mit	1	$\dot{H}$	1,47°R.
$\dddot{S}\dot{H}^2$	- -	2	$\dot{H}$	1,09°R.
$\dddot{S}\dot{H}^4$	- -	2	$\dot{H}$	0,43°R.
$\dddot{S}\dot{H}^6$	- Ueberschufs von		$\dot{H}$	0,68°R.

Das erste Atom Wasser macht also eben so viel Wärme frei, als die 4 folgenden.

Die Versuche von HESS und GRAHAM in Betreff der bei der

Mischung von Schwefelsäure mit Wasser erzeugten Wärme bieten zwar im Allgemeinen eine Uebereinstimmung dar, im Besonderen aber weichen sie sehr von einander ab, welche Divergenz Graham durch folgende Zusammenstellung deutlich zu machen sucht:

	Hess	Graham
Wärme, entwickelt durch das erste Wasseratom	2	2
- - - - zweite -	1	0,72
- - - - 3,4,5te -	1	1,35
- - durch Wasser in Ueberschufs	1	1,18

Die wichtigsten der ferneren Resultate, zu denen Graham gelangte, sind in folgenden Tafeln von ihm zusammengestellt worden.

1) Wärme, welche durch Aequivalente der krystallisirten Salze bei ihrer Auflösung in Wasser absorbirt wird

Schwefelsaure Magnesia		bindet	$7\dot{H}$	0,92°
Schwefelsaures Zinkoxyd		-	-	1,00°
-	Eisenoxydul	-	-	1,06°
-	Kupferoxyd	-	$5\dot{H}$	0,67°
-	Manganoxydul	-	-	0,12°
-	Magnesia-Kali	-	$6\dot{H}$	2,30°
-	- Ammoniak	-	-	2,24°
-	Maganoxydul-Ammoniak	-	-	2,24°
-	Eisenoxydul- -	-	-	2,27°
-	Eisenoxydul-Kali	-	-	2,47°
-	Zinkoxyd-Kali	-	-	2,60°
-	Kupferoxyd-Ammoniak	-	-	2,63°
-	Zinkoxyd- -	-	-	2,73°
-	Kupferoxyd-Kali	-	-	3,04°
-	Natron	-	$10\dot{H}$	7,59°
-	Kali	wasserfrei		1,51°
-	Ammoniak			0,51°
Chromsaures Kali				1,18°
Doppelt chromsaures Kali				3,96°
Salpetersaures Kali				3,96°
Dreifach-chromsaures Kali				2,28°
Doppelt-phosphorsaures Kali			$2\dot{H}$	2,24°

Doppelt-arseniksaures Kali	bindet $2\dot{\bar{H}}$	2,26°
Schwefelsaures Wasser und Kali	wasserfrei	1,95°

2) Wärme, welche bei der vollkommenen Hydratisirung folgender wasserfreier Salze entwickelt wird:

Schwefelsaure	Magnesia	5,25°
-	Zinkoxyd	5,17°
-	Kupferoxyd	4,40°
-	Manganoxydul	3,34°
-	Magnesia-Kali	3,90°
-	Zinkoxyd-Kali	4,30°
-	Kupferoxyd-Kali	5,01°

3) Wärme, welche sich bei der Verbindung des ersten Atoms Wasser mit den schwefelsauren Salzen der Magnesiareihe entwickelt

Schwefelsaures	Wasser	1,47°
-	Kupferoxyd	1,47°
-	Manganoxydul	1,43°
-	Magnesia	1,30°
-	Zinkoxyd	1,71°

Auch Chodnew[1] versuchte die Wärmeabsorption bei der Auflösung verschiedener Salze zu bestimmen. Er mischte dieselben in einer Glasflasche von dünnem Glase mit Wasser, und befolgte im Allgemeinen dasselbe Prinzip, wie Graham. Seine Resultate sind in nachfolgender Tabelle enthalten, in welcher ein Atomgewicht der Salze vorausgesetzt ist, und in der die Zahlen, die bei der Lösung gebundene relative Wärmemenge bedeutet.

$\bar{C}lNa$	125,1	$\ddot{S}Na + 10\dot{\bar{H}}$	1123,0
$\bar{C}l\bar{N}\bar{H}^4$	505,0	$\ddot{S}\dot{Z}n + 7\dot{\bar{H}}$	199,3
$\bar{C}lK$	525,0	$\ddot{S}\dot{M}g + 7\dot{\bar{H}}$	241,2
$\ddot{S}\dot{K}$	382,0	$\bar{C}lBa + 2\dot{\bar{N}}$	281,4
$\ddot{C}\dot{N}a + 10\dot{\bar{H}}$	999,7	$\ddot{\bar{P}}\dot{N}a^2 + 25\dot{\bar{H}}$	2436,0

Das krystallisirte schwefelsaure Zinkoxyd, schwefelsaure Natron und schwefelsaure Magnesia finden sich auch in der Tabelle von Graham. Vergleicht man die Resultate beider, so

[1] Erdm. u. March. XXVIII. 116.

findet man, dafs die für das schwefelsaure Natron und die schwefelsaure Magnesia von beiden gefundenen Zahlen zwar ziemlich genau im graden Verhältnifs mit einander stehen, dafs aber die für das schwefelsaure Zinkoxyd gefundenen, davon sehr abweichen.

Andrews[1] suchte die Wärmemenge zu bestimmen, welche sich bei der Verbindung des Eisens und Zinks mit Chlor, Brom und Jod entwickelt. Er fand folgende Zahlen.

Bei seiner Verbindung mit einem Aequivalent Zink erwärmt,

1	Aequivalent-Chlor	ein jenem gleiches Gewicht Wasser um	2766°
1	- Brom	- - - - -	2284°
1	- Jod	- - - - -	1474°

Diese Zahlen verhalten sich nahe wie 2: 3: 4.

Verbinden sich 2 Aequivalente Eisen mit drei Aequivalenten Chlor, so wird ein dem angewendeten Eisen gleiches Gewicht

		Wasser um 3246°	erwärmt
mit 3	Aequiv.-Brom	- 2302°	-
mit 3	- Jod	- 834°	-

Das Verhältnifs dieser Zahlen ist nahe 1: 3: 4.

Wenn Eisenchlorid, -Bromid oder -Jodid sich in ihren Lösungen mit Eisen zu Chlorür, Bromür, Jodür verbinden, so entwickeln sich, wie Andrews fand, stets gleiche Mengen Wärme für gleiche Quantitäten des aufgenommenen Eisens.

Im Jahre 1844 machte Graham[1] seine ferneren thermochemischen Untersuchungen bekannt. Sie handelten über die bei Verbindung von Säuren mit Basen entwickelte Wärme. Er führte diese Versuche in derselben Weise aus, wie die früheren. Nur vermehrte er die Menge des zur Auflösung dienenden Wassers auf 1544 Gran, und wendete auf diese Menge Wasser so viel der zu untersuchenden Basen und Säuren an, dafs ihre Menge in Grammen ausgedrückt gleich den halben Atomgewicht derselben sind. Er theilte das Wasser unter die Base und Säure und mischte dann die unter die gewöhnliche Temperatur abgekühlten Auflösungen mit einander, indem er dafür sorgte, dafs beide vor dem Vermischen genau dieselbe Temperatur hatten.

[1] Pogg. Ann. LIX. 428.
[1] Phil. Mag. XXIV. 1.

So entwickelte ein Atom Kalihydrat folgende Quantitäten Wärme mit den verschiedenen wasserhaltigen Säuren.

Mit	Schwefelsäure		11°,38 F.
-	vorher geschmolzenen $\ddot{S}^2\dot{K}$		12°,38 -
-	Salpetersäure		10°,50 -
-	Salzsäure		10°,50 -
-	Essigsäure		10°,34 -
-	Oxalsäure		10°,48 -
-	$\dot{K}\ddot{\bar{C}}^2$		12°,40 -
-	$\dot{K}\ddot{\bar{C}}^4$	3mal	10°,40 -
-	$\dot{K}\dot{C}^2$		6°,70 -
-	½ Atom Arseniks.		9°,22 -
-	½ Atom $\dot{K}+\ddot{A}s$		8°,10 -
-	1 Atom Phosphors.		10°,00 -
-	½ Atom Phosphors.		9°,00 -
-	$\dot{K}\ddot{C}l^2$		8°,96 -

Wenn diese Zahlen sich auch ziemlich nahe kommen, und auch mit der von Andrews gefundenen Zahlen im wesentlichen übereinstimmen, so sind sie doch zu verschieden, um zu dem Schlufs zu berechtigen, welchen Andrews darauf gegründet hat. Sie dürfen auch nur als das empirische Resultat des Versuchs betrachtet werden; sie drücken durchaus nicht die Wärmemenge aus, welche bei chemischer Verbindung von wasserfreiem Kali mit wasserfreier Säure entwickelt wird. Denn es ist dabei nicht die Menge Wärme in Rechnung gezogen worden, welche bei Verbindung des Kalis oder der Säure mit Wasser entwichen war. Denn diese Menge Wärme mufste bei Verbindung der Säure mit der Base wieder gebunden, und dagegen die bei Verbindung des so entstandenen Salzes mit Wasser erzeugte Wärme entwickelt werden, da das Resultat der Versuche nicht feste Salze, sondern Auflösungen derselben waren.

Graham bemerkte bei seinen Versuchen den eigenthümlichen Umstand, dafs das Resultat derselben bei verschiedenen Temperaturen etwas verschieden ausfiel. So fand er dafs bei 60° F. die Salpetersäure bei ihrer Verbindung mit Kali die Zahl 10°,50, bei 40° F. aber nur 10°,38 ergab. Es ist jedoch wohl schwerlich als entschieden zu betrachten, dafs diese verschiedenen Resultate wirklich von der Temperaturverschiedenheit abhängen; wahrscheinlich mufs man annehmen, dafs die diesen Versuchen noch anhaftenden Fehlerquellen dadurch vergröfsert oder verringert werden, und dafs daraus jene Verschiedenheiten zu erklären sind.

Wenn solche Salze, welche Doppelsalze bilden, in ihren Auflösungen mit einander gemischt wurden, so konnte Graham keine Wärmeentwickelung bemerken. Nur bei der Mischung der Lösungen von Quecksilberchlorid und Chlorammonium war eine höchst geringe Temperaturerhöhung zu bemerken, die aber ohne Zweifel dem Binden von einem Atom Wasser zuzuschreiben ist.

Graham hat noch einige vereinzelte Beobachtungen gemacht, deren Betrachtung ich hier folgen lassen will. Namentlich suchte er die Wärmemenge zu bestimmen, welche bei der Bildung der drei verschiedenen Sättigungsgrade der Phosphorsäure und Arseniksäure entwickelt wird. Er fand, dafs

1 Aequiv. Phosphorsäure		1 Aequiv. Arseniksäure	
mit 1 Atom $\dot{K}$	10°,00 F.	mit Atom $\dot{K}$	10°,20 F.
- 2 - $\dot{K}$	8°,08 -	- - $\dot{K}$	8°,10 -
- 3 - K	7°,54 -	- - K	5°,88 -

Wärme entwickelten.

Bei der Auflösung von einem Atom Salpeter in Wasser wurden, wenn der Versuch wie die früheren angestellt wurde, bei 62° F. 5°,72 F. bei 46° F. aber 5°,94 Wärme entwickelt.

Wurden in derselben Wassermenge nach und nach 1, 2, 3 etc. Atome Salpeter aufgelöst, so stand die dabei gebundene Wärme in folgendem Verhältnifs. Die Temperatur wurde bei der Auflösung des ersten Atom's um 5°,75 F.

des 2ten	-	-	5°,28 -	
- 3ten	-	-	4°,97 -	
- 4ten	-	-	4°,60 -	
- 5ten	-	-	4°,28 -	
- 6ten	-	-	3°,82 -	verändert.

Je weniger Wasser man also bei diesen Versuchen zur Auflösung des Salpeters anwendete, um so geringer wird die Quantität der dabei entwickelten Wärme. Wenn daher eine concentrirte Salpeterlösung mit Wasser gemischt wird, so mufs sie

Kälte erzeugen, wie dies auch GRAHAM durch direkte Versuche nachgewiesen hat.

Salpetersaures Ammoniak zeigt diese Erscheinung in noch höherem Maaſse. Die Temperatur wurde durch

das erste	und zweite	Atom des Salzes um	8°,34 F.
- 3te	- 4te	- - -	7°,52 -
- 5te	- 6te	- - -	6°,85 -
- 7te	- 8te	- - -	6°,28 -
- 9te	- 10te	- - -	5°,85 -
- 11te	- 12te	- - -	5°,47 -
- 13te	- 14te	- - -	5°,16 -
- 15te	- 16te	- - -	4°,92 -
- 17te	- 18te	- - -	4°,62 -
- 19te	- 20te	- - -	4°,35 -
- 21te	- 22te	- - -	4°,13 -
- 23te	- 24te	- - -	4°,03 -
- 25te	- 26te	- - -	3°,67 -
- 27te	- 28te	- - -	3°,56 -
- 29te	- 30te	- - -	3°,33 -
- 31te	- 32te	- - -	3°,23 -
- 33te	- 34te	- - -	3°,13 -
- 35te	- 36te	- - -	2°,95 - verändert.

Auch die Temperatur der concentrirten Lösung von salpetersaurem Ammoniak wird durch erneuerte Verdünnung mit Wasser erniedrigt.

Wasserfreies essigsaures und kohlensaures Kali entwickelten bei ihrer Lösung 2°,45 bis 2°,46 F. Wärme.

Die fatiscirte Oxalsäure dagegen verursachte eine Wärmeabsorption von 1°,00. Die durch die krystallisirte Oxalsäure veranlaſste Temperaturerniedrigung betrug jedoch 3°,05 F., so daſs auf Rechnung der Verbindung des Oxalsäurehydrates mit zwei Atomen Wasser 2°,05 F. kommen.

Krystallisirtes neutrales oxalsaures Kali ($\ddot{C}\dot{K}+\dot{H}$) erniedrigt die Temperatur um 2°,66, im wasserfreien Zustande um 1°,58. Der Verbindung dieses Salzes mit einem Atom Wasser entspricht also eine Temperaturerhöhung von 1°,08. Dies ist fast genau eben so viel, als auf jedes der beiden Atome Wasser gerechnet werden muſs, welche das Oxalsäurehydrat in krystallisirte Oxalsäure umwandeln. Bei der Bildung von zweifach oxalsaurem Kali scheint jedoch keine Wärmeentwickelung Statt zu finden, da keine Temperaturveränderung zu bemerken ist, wenn neutrales oxalsaures Kali und Oxalsäure in ihren Auflösungen mit einander gemischt werden.

In dem Phil. Magaz. XXV., 93 führt Andrews einige Versuche an über Wärmeentwickelung bei der Reduktion irgend eines Metalls aus seinen neutralen Auflösungen, und theilt als Resultat derselben mit, dafs die Wärmeentwickelung bei dieser Reduktion, wenn nur das fallende Metall dasselbe bleibt, stets gleich sei, sobald nur die Umstände vermieden werden, welche auf jenen Versuch ändernd einwirken könnten. Namentlich ist der elektrische Strom hiebei von bedeutendem Einflufs, welcher durch die Berührung des fällenden und gefällten Metalls eine bedeutende Wärmeentwickelung verursacht.

In der Philos. Trans. f. 1841. pt. I. p. 21.[1] findet sich eine Arbeit von T. Andrews, worin er die Wärmemengen zu bestimmen sucht, welche bei der Zersetzung von Salzen durch Basen entwickelt oder gebunden werden. Diese sind für verschiedene Basen verschieden, jedoch bei Anwendung derselben Basen aber verschiedener Salze der schwächeren dieser Basen stets gleich. Andrews drückt dies in folgendem Gesetze aus. Wenn eine Base eine andere aus irgend einer ihrer Verbindungen austreibt, so ist die entwickelte oder verschluckte Wärme stets gleich, was für eine Säure es auch sei, an welche die aufgelöste Base gebunden ist, wenn nur die Basen dieselben sind.

Dieses Gesetz steht im innigsten Zusammenhange mit dem, welches er früher aufgestellt hat, dafs nämlich dieselbe Base bei ihrer Vereinigung mit verschiedenen Säuren stets dieselbe Menge Wärme entwickelt; denn diese chemische Verbindung der Säure mit der Base geschieht ja auch nur unter Austreibung der schwächeren Base, des Wassers.

Die Versuche, welche Andrews zur Constatirung dieses

[1] Auch Pogg. Ann. LXVI. 31; Ann. ph. XIV. 68.

Gesetzes angestellt hat, geschahen einfach durch Mischung. Ein hohes cylindrisches messingnes aufsen mit Copalfirnifs überzogenes Gefäfs enthielt die Kalilösung, und konnte in eine Flasche von dünnem Glase, die die Salzlösung enthielt, so eingesenkt werden, dafs es bis auf den Boden derselben reichte. Nachdem durch schnelle rotirende Bewegung des Messinggefäfses die Temperatur der beiden Flüssigkeiten gleich geworden und angemerkt war, wurde der Inhalt des Messinggefäfses in die Flasche gegossen, die Flüssigkeit durch einander geschüttelt, und nun ihre Temperatur bestimmt.

Die Correktion wegen des angewendeten Gefäfses und der Thermometerkugel, so wie auch wenigstens annähernd die wegen der specifischen Wärme der Flüssigkeit wurden natürlich angebracht.

Aus den Resultaten der Versuche stellte Andrews folgende Tabellen zusammen. Die Zahlen sind bezogen auf 1000 Theile Wasser

1) Zersetzung von Kalksalzen durch Kali

Salz	Temperaturveränderung im Mittel
$\dot{\mathrm{Ca}}\ \overset{\cdot\cdot\cdot\cdot\cdot}{\bar{\mathrm{N}}}$	$-0^{\circ},35$ F.
$\dot{\mathrm{Ca}}\ \mathrm{S}^{2}\,\mathrm{O}^{2}+6\dot{\bar{\mathrm{H}}}$	$-0^{\circ},35$ -
$\mathrm{Ca}\ \bar{\mathrm{C}}\mathrm{l}$	$-0^{\circ},37$ -
$\dot{\mathrm{Ca}}\bar{\mathrm{A}}+\mathrm{Aq}$	$-0^{\circ},37$ -

2) Die Talkerdesalze werden durch Kali nicht vollständig zersetzt. Sie gaben also eine Temperaturveränderung, die nicht der vollständigen Zersetzung derselben entsprach. Andrews fand eine Temperaturerniedrigung von $0^{\circ},10 - 0^{\circ},15$.

3 u. 4) Baryt und Strontiansalze ergaben keine Temperaturveränderung.

5) Zersetzung von Natronsalzen durch Kali

Salze	Temperaturveränderung im Mittel
$\overset{\cdot\cdot\cdot\cdot\cdot}{\bar{\mathrm{N}}}\ \dot{\mathrm{N}}\mathrm{a}$	$+0,13$ F.
$\dddot{\mathrm{S}}\ \dot{\mathrm{N}}\mathrm{a}+10\,\dot{\bar{\mathrm{H}}}$	$+0,07$ -
$\bar{\mathrm{C}}\mathrm{l}\ \mathrm{Na}$	$+0,05$ -
$\ddot{\mathrm{C}}\ \dot{\mathrm{N}}\mathrm{a}+10\,\dot{\bar{\mathrm{H}}}$	$+0,06$ -

6) Zersetzung von Ammoniaksalze durch Kali

Salze	Temperaturveränderung
$\dddot{S}\,NH^4$	+ 0°,73 F.
$\ddot{N}\,NH^4$	+ 0°,72 -
$Cl\,NH^4$	+ 0°,73 -
$\ddot{C}\,NH^4 + \dot{H}$	+ 0°,73 -
$C^4H^4O^5\,\dot{N}H^4 + \dot{H}$	+ 0°,72 -

7) Zersetzung der Mangansalze durch Kali

Salze	Temperaturveränderung im Mittel
$\dddot{S}\,\dot{M}n$	+ 1°,04 F.
$Mn\,Cl + Aq$	+ 1°,04 -
$\dddot{S}\,\dot{M}n\,Aq$	+ 1°,15 -

8) Zersetzung der Eisenoxydulsalze durch Kali

Salze	Temperaturveränderung im Mittel
$\dddot{S}\,Fe + 7\dot{H}$	1°,60 F.
$Fe\,Cl + 4\dot{H}$	1°,59 -

9) Zersetzung von Zinksalzen durch Kali

Salze	Temperaturveränderung im Mittel
$\dddot{S}\,\dot{Z}n$	1°,76 F.
$\ddot{N}\,\dot{Z}n + Aq$	1°,74 -
$Zn\,Cl$	+ 1°,73 -
$Zn\,Br$	+ 1°,71 -
$Zn\,I$	+ 1°,74 -

10) Quecksilberchlorid entwickelte bei seiner Zersetzung durch Kali 1°,86 F. Wärme.

11) Bleisalze und Kali

Salze	Temperaturveränderung im Mittel
$\ddot{N}\,\dot{P}b$	+ 2°,85 F.
$\bar{A}\,\dot{P}b + 3\dot{H}$	+ 2°,85 -

12) Kupfersalze und Kali

Salze	Temperaturveränderung im Mittel
$\dddot{S}\,\dot{C}u$	+ 2°,97 F.
$\ddot{N}\,\dot{C}u + Aq$	+ 2°,97 -
$Cu\,Cl$	+ 2°,92 -
$\bar{A}\,\dot{C}u + \dot{H}$	+ 3°,15 -

13) Das salpetersaure Silberoxyd entwickelte durch Kali zersetzt im Mittel 3°,93 F.

14) Eisenchlorür, das mittelst Chlor in Chlorid verwandelt

war, gab bei seiner Zersetzung mit Kali im Mittel 3°,88 F. das schwefelsaure Eisenoxydul ebenso mit Chlor behandelt und dann mit Kali zersetzt, gab dagegen 4°,27 F. Diese Resultate weichen in etwas von einander ab, jedoch bei der Schwierigkeit jene Salze von constanter Zusammensetzung zu erhalten nicht hinreichend, und das von Andrews aufgestellte Gesetz für diejenigen Metalloxyde, die auf 2 Atome dieses drei Atome Sauerstoff enthalten unanwendbar zu machen.

Andrews stellt noch das Gesetz auf, dafs in einer Reihe von Basen, von denen die folgende immer die vorhergehende aus ihrer Verbindung mit einer Säure auszutreiben vermag, die Wärmeentwickelung von je zwei derselben, welche bei Austreibung der ersten durch die Letzte Statt findet, gleich sei der Summe aller Wärmeentwickelung, welche die dazwischen liegenden Basen unter einander hervorbringen.

So z. B. fand er, dafs der Zersetzung des Salpetersäurehydrats durch Kalk eine Wärmeentwickelung von 7,23 und der des salpetersauren Kalks mit Kali eine Temperaturerniedrigung von —0°,37 entspricht. Die Summe ist 6,86. Dies müfste die Wärmemenge sein, welches bei der Austreibung des Wassers aus dem Salpetersäurehydrat mittelst Kali erzeugt wird. Die gefundene Zahl ist 6°,76 F.

$\dddot{S}\dot{\bar{H}}$ und $\dot{K}$ entwickeln 7°,23 F.

Dies mufs gleich sein der Summe von

$\dddot{S}\dot{\bar{H}}$ und $\bar{N}\bar{H}^3$	6°,48 F.
$\dddot{S}\,\dot{\bar{N}}\bar{H}^4$ und $\dot{K}$	0°,76 -
Summa	7°,24 F.

$\dddot{S}\dot{\bar{H}}$ und $\dot{K}$	entwickeln	7°,23 F.
$\dddot{S}\dot{\bar{H}}$ und $\dot{Zn}$	-	5°,40 -
$\dddot{S}\,\dot{Zn}$ und $\dot{K}$	-	1°,87 -
	Summa	7°,27 F.

Beim schwefelsauren Kupferoxyd stimmt diese Rechnung weniger gut

$\dddot{S}\dot{\bar{H}}$ und $\dot{K}$	entwickelten	7°,23 F.
$\dddot{S}\dot{\bar{H}}$ und $\dot{Cu}$	-	3°,52 -
$\dddot{S}\,\dot{Cu}$ und $\dot{K}$	-	3°,08 -
	Summa	°6,60 F.

Nach dem, wie ANDREWS die Rechnung ausführt, scheint sie auch hier besser zu stimmen, als es bei vorstehenden Zahlen der Fall ist. Allein er giebt hier, wie es scheint, ganz willkürlich für die Wärme, welche bei Austreibung des Wassers aus seiner Verbindung mit Schwefelsäure erzeugte wird 6°,76 an, während seine Versuche 7°,23 ergeben haben.

Einen Zusammenhang zwischen den beobachteten Wärmeentwickelungen und irgend einer andren Eigenschaft der Basen aufzufinden, ist ANDREWS nicht geglückt.

Folgende Tabelle drückt die Temperaturveränderungen aus, welche die Salze der genannten Basen bei ihrer Zersetzung mit Kali veranlassen.

$\dot{Ca}$	— 0,°36 F.	$\dot{Fe}$	+ 1°,60 F.
$\dot{Ba}$	0°,00 -	$\dot{Zn}$	+ 1°,84 -
$\dot{Cr}$	0°,00 -	$\dot{\bar{Hg}}$	+ 1°,86 -
$\dot{\bar{Na}}$	+ 0°,08 -	$\dot{Pb}$	+ 2°,82 -
		$\dot{Cu}$	+ 3°,00 -
$\dot{\bar{N}}\bar{H}^4$	+ 0°,74 -	$\dot{Ag}$	+ 3°,99 -
$\dot{Mn}$	+ 1°,07 -	$\dddot{\bar{Fe}}$	+ 4°,09 -

Endlich hat ABRIA[1] die Versuche von HESS und GRAHAM über die bei der Vermischung von Schwefelsäure mit Wasser erzeugte Wärme wiederholt. Seine Resultate schliefsen sich sehr nahe den neuesten von HESS an. In der folgenden Tabelle sind sie zum Vergleich neben diese und die von GRAHAM gestellt. Die Zahlen können jedoch natürlich nur als Verhältnifszahlen mit einander verglichen werden.

Das erste Atom Wasser, das sich mit einem Atom wasserfreier Säure vereinigt entwickelt

nach	HESS.	GRAHAM.	ABRIA.
	6	—	1
das 2te	2	2	$\frac{1}{3}$
das 3te	1	$\frac{2}{3}$	$\frac{1}{6}$
das 4te }			$\frac{1}{12}$
das 5te }	1	$\frac{4}{3}$	$\frac{1}{18}$
das 6te }			$\frac{1}{24}$

1 Ann. ch. ph. XII. 167.

Keinem unbefangenen Beurtheiler wird es entgehen, daſs in allen den bisher angeführten Arbeiten, wenn sich auch manche Uebereinstimmung zeigt, doch so viele Differenzen sich finden, daſs dadurch auf die geringe Genauigkeit der angewendeten Methoden ohne Zweifel hingedeutet wird.

Herr Hess[1] hat nun in dem jüngst verflossenen Jahre eine allgemeine Methode bekannt gemacht, diese Versuche auszuführen, welche wenigstens, was allen früheren abgeht, Controlen zuläſst, wenn auch im Allgemeinen die Methode demselben Principe folgt, wie die früher angewendeten. Sie ist folgende:

Nimmt man an K und nk seien solche Quantitäten zweier Körper, daſs sie im Verhältniſs ihrer Atomgewichte stehen, so geschehen die Versuche auf die Weise, daſs

1) K mit nk
2) $K+k$ mit $(n-1)\,k$
3) $K+2k$ mit $(n-2)\,k$
4) $K+3k$ mit $(n-3)\,k$ etc.

gemischt und die Temperaturdifferenzen vor und nach der Mischung bestimmt wird. Sei die Wärme, welche bei Mischung von 1) entwickelt wird und gleich A, die von 2) gleich B, die von 3) gleich C etc., so ist, wenn c die specifische Wärme der Flüssigkeit, t die Temperaturdifferenz bezeichnet

$$(K+nk)\,ct=A$$
$$(K+nk)\,ct_{\prime}=B$$
$$(K+nk)\,ct_{\prime}=C \text{ etc.}$$

oder die freigemachten Wärmemengen sind den Zunahmen der Temperaturen proportional, da $K+nk$ und c constant bleiben.

Es kommt jetzt nur noch darauf an, auch die specifische Wärme der Flüssigkeit nach der Mischung zu bestimmen, wenn man die Werthe von A, B, C u. s. w. finden will; denn die übrigen dazu nothwendigen Werthe sind bekannt. Dies geschieht auf folgende Weise.

Man bestimmt die Temperaturerhöhung, welche in dem Falle hervorgebracht wird, wenn K und k vor dem Versuche gleiche Temperatur haben, und findet dadurch die Gleichung

[1] S. die oben citirten Abhandlungen.

$(K+nk)\ ct = A$. Jetzt wiederholt man den Versuch, doch so, dafs K dieselbe Temperatur behält, nk aber eine höhere oder niedrigere ertheilt wird. Sei die Wärmemenge, die man so hinzufügt oder ausschliefst, und deren Werth bestimmt werden kann, $nkst$, in welcher Formel s die specifische Wärme der Flüssigkeit nk, die natürlich bekannt sein mufs (ist nk Wasser, so fällt s ganz fort) und t die Anzahl der Grade bedeutet, um welche nk wärmer ist als K, so hat man die Gleichung $(K+nk)\ ct_{,} - nkt = A$. Durch Elimination von A aus dieser und der oben angeführten Gleichung erhält man

$$(K+nk)\ ct = (K+nk)\ ct_{,} - nkst \quad \text{und}$$

$$c = \frac{nkst}{(+nk)\ (t_{,} - t)}$$

Man darf sich aber nicht begnügen, die specifische Wärme des Körpers $K+nk$ allein durch die Mischung von K mit nk zu bestimmen. Wird der Versuch auf die Weise abgeändert, dafs man $(K+k)$ mit $(n-1)k$ auf obige Weise bei gleichen und verschiedenen Temperaturen der beiden Körper mischt, so mufs man denselben Werth für c erhalten.

Hat man durch die so gefundenen Werthe A, B, C, D etc. berechnet, so ist $A - B$ die von K bei seiner Verbindung mit k, $A - C$ die von K bei seiner Verbindung mit $2k$ entwickelte Wärmemenge und so fort. Ferner $B - C$ ist die Wärmemenge, welche $K+k$ erzeugt, wenn es sich mit k verbindet, $B - D$ die, welche $K+k$ erzeugt, wenn es sich mit $2k$ vereinigt u. s. w.

Die Methode, nach welcher Hr. Hess die Genauigkeit dieser Versuche controlirt, besteht darin, dafs er n vergröfsert oder verkleinert. Dadurch mufs natürlich, sowohl c als auch A, B, C etc. in A', B' C' etc. verändert werden. Aber die Differenz $A' - B'$ mufs gleich $A - B$, $A' - C' = A - C$, $B' - C' = B - C$ sein u. s. w.

Bei Anwendung dieser Methode ist es, wie man sieht, vor allen Dingen nothwenig, dafs das Endresultat der Mischung immer genau dasselbe sei. Auch ist klar, dafs bei der angeführten Methode, c zu bestimmen, vorausgesetzt wird, dafs die Wärmemenge, welche bei derselben chemischen Verbindung aber verschiedener Temperatur entwickelt wird, stets genau dieselbe sei, was jedoch nach Graham's Versuchen nicht der Fall sein soll.

Versuche über die Wärmeentwickelung bei chemischen Verbindungen, die in ihrem theoretischen Zwecke weniger die eigenthümlichen Richtung haben, welche Hess diesen Untersuchungen gegeben hat, und die sich mehr an die Versuche von Crawford, Lavoiser, Dalton, H. Davy, J. B. Richter, Dulong etc. anschliefsen, haben die Hrn. Grassi so wie Favre und Silbermann angestellt. Auch der Gegenstand der Untersuchungen derselben war nicht, wie bei Hess, Andrews etc. die Wärmeentwickelung bei chemischen Verbindungen auf nassem Wege, sondern die bei der Verbrennung Statt findende.

Die Methode, welche Hr. Grassi bei seinen Versuchen anwendete, war folgende: Die zu verbrennende Substanz wurde in einer von einer zweiten umschlossenen Metallbüchse verbrannt, zwischen deren Wänden Wasser von einer Temperatur unter der der umgebenden Luft sich befand. Die Verbrennung geschah im Sauerstoffstrom, und wurde beendet, sobald die durch ein sehr empfindliches Thermometer gemessene Temperatur des Wassers um eben so viel Grade über die der umgebenden Luft gestiegen war, als sie vorher geringer war, als sie.

War der zu untersuchende Stoff ein Gas, so wurde dies in einem graduirten Gasometer mit Sauerstoff gemischt, und die Verbrennung der Mischung geschah gleichfalls in den erwähnten Metallbüchsen auf die angeführte Weise. Die Menge der verbrannten Substanz wurde im Gasometer direkt gemessen. Bei Anwendung fester Körper wurde sie durch den Gewichtsverlust bestimmt.

Die Wärmeeinheit, welche Hr. Grassi seinen Rechnungen zum Grunde legt, ist diejenige Menge Wärme, welche 1 Grm. Wasser braucht um einen Grad ermärmt zu werden. Er nennt diese Wärmemenge *Caloric.* Es mufs also die von ihm bemerkte Temperaturerhöhung mit dem Gewichte des Wassers in Grammen multiplicirt und mit dem Gewichte der Substanz in Grammen oder dem Volumen des Gases in Litern dividirt werden, wenn man die Menge Wärmeeinheiten finden will, welche ein Grm. oder ein Litre der Substanz beim Verbrennen entwickelt.

Die Wärme, welche durch die Metallbüchsen aufgenommen wird, zieht Hr. Grassi nicht in Rechnung, ebenso wenig, wie die, welche etwa durch Leitung in den festen Körpern fortgeführt sein könnte. Auch giebt er nicht an, wie er sich davon überzeugt hat, dafs die Verbrennungsprodukte nicht noch etwas Wärme, die also nicht zur Erwärmung des Wassers hatte mitwirken können, mit sich geführt haben. Er nimmt ferner auf den Aggregatzustand der erzeugten Produkte keine Rücksicht, obgleich z. B. bei der Verbrennung von Wasserstoff, offenbar durch die Bildung von flüssigen Wasser etwas mehr Wärme frei gemacht wird, als bei solchen Verbrennungen, wo das Produkt derselben denselben Aggregatzustand besitzt, wie der zu verbrennende Stoff.

Mit einen bedeutenden Fehler scheint die Bestimmung der bei Verbrennung der Kohle erzeugten Wärme behaftet zu sein. Hr. Grassi wendete nämlich als solche den durch Glühen von Zucker erhaltenen Rückstand an. Besonders kann aber auf diese Weise nicht eine von Wasserstoff reine Kohle erhalten werden, wie Erdmann und Marchand[1] angeben. Die so dargestellte Kohle enthält noch Wasserstoff und Sauerstoff. Wenn daher Hr. Grassi aus seinen Versuchen über die bei Verbrennung von Kohle und Kohlenoxydgas entwickelte Wärme den Schlufs zieht, dafs das von Hess aufgestellte Gesetz, dafs die Wärmemenge, welche ein Körper entwickelt, wenn er sich mit verschiedenen Mengen desselben Stoffs verbindet, in einem einfachen Verhältnifs stehen, falsch sei, so steht derselbe auf sehr unsicherem Grunde, und die Entscheidung dieser wichtigen Frage bleibt ferneren Arbeiten vorbehalten.

Trotz der geringen Zuverlässigkeit, welche die von Hrn. Grassi erhaltenen Zahlen darbieten, will ich doch nicht unterlassen, sie hier anzuführen.

Es fand für 1 Litre Wasserstoff	3,160	Wärmeeinheiten
- 1 Grm. -	34,666	-

[1] Journal f. prakt. Chemie XXIII, 179.

für 1 Grm.	Kohle	7,714	Wärmeeinheiten
- 1 Litre	Kohlenoxydgas	2,358	-
- 1 -	Sumpfgas	7,945.8	-
- 1 -	ölbildendes Gas	10,756	-
- 1 Grm.	Terpenthinöl	10,496	-
- 1 Litre	Terpenthinöldampf	68,349	-
- 1 Grm.	Weingeist	6,556	-
- 1 Litre	Weingeistdampf	13,740	-
- 1 Grm.	Holzgeist	5,839	-

Die Hrn. Favre und Silbermann haben im Laufe dieses Jahres drei Abhandlungen über die Wärmemengen, welche bei chemischen Verbindungen auf trocknem Wege entwickelt werden, der Pariser Akademie eingereicht. Schon ein Jahr früher hatten sie Versuche über die bei Verbrennung des Wasserstoffs erzeugte Wärme angestellt, und hatten gefunden, dafs ein Grm. Wasserstoffgas die Temperatur von 34,188 Grm. Wasser um einen Grad bei seiner Verbrennung erhöht, was sie, indem sie die Wärme, welche 1 Grm. Wasser um 1° C. erwärmt als Einheit annehmen und Calorie nennen, auf folgende Weise ausdrücken: 1 Grm. Wasserstoff erzeugt 34,188 Calorie's bei seiner Verbrennung.

Ein grofser Mangel für die Beurtheilung dieser Abhandlungen ist, dafs die Verfasser bisher sich begnügt haben, Zeichnungen von dem Apparate, welchen sie zu ihren Versuchen angewendet haben, statt ihn genau zu beschreiben. Es läfst sich daher gar nicht beurtheilen, in wie weit man sich auf die Richtigkeit ihrer Resultate verlassen kann, da man nicht weifs, welchen Fehlerquellen sie ausgesetzt waren, und welche sie vermieden haben. Hoffentlich werden die Verfasser dieser Abhandlungen diesen Mangel durch eine vollständige Zusammenstellung aller ihrer Versuche später abhelfen.

In der ersten Abhandlung vom Jahre 1845 (der zweiten der vier bisher bekannt gemachten) beschreiben die Verfasser ihre Versuche, welche zur Bestimmung der von Kohlenstoff bei seiner Verbrennung erzeugten Wärme dienen sollten. Sie sind die ersten, die bei diesen Versuchen nicht das Gewicht der zu verbrennenden Substanz, sondern das der durch die Verbrennung erzeugten Kohlensäure bestimmten. Die von ihnen angewendete Kohle war heftig geglühte Holzkohle, die mit Chlor in der Hitze behandelt, und von Neuem heftig geglüht worden war. Ihre Verbrennung geschah im Sauerstoffstrome.

Da aber wie schon Dumas gefunden hatte, bei Verbrennung von Kohle im Sauerstoff stets auch ein wenig Kohlenoxydgas sich bildet, so würde ein nicht unbedeutender Fehler dadurch entstehen, wenn man diese Bildung von Kohlenoxydgas nicht berücksichtigte. Die Verfasser brachten daher an dem letzten Kaliapparat, welcher zur Aufnahme der beim Verbrennen der Kohle sogleich gebildeten Kohlensäure diente, noch ein Rohr mit glühendem Kupferoxyd an, um auch das Kohlenoxydgas in Kohlensäure zu verwandeln, und in den damit verbundenen Kaliapparaten absorbiren und wägen zu können. Aber um die Wärme in Abzug zu bringen, welche bei Bildung des Kohlenoxydgases erzeugt wird, sahen sich die Verfasser genöthigt, die bei Verbrennung dieses Gases erzeugte Wärme zu bestimmen. Dies gelang jedoch nicht anders, als dadurch, dafs sie es mit Wasserstoffgas mischten, und die von diesem Gase erzeugte Wärme in Abzug brachten. So fanden sie für das Kohlenoxydgas die Zahl 2402,7 im Mittel von zwei Versuchen, als die Anzahl der von 1 Grm. desselben entwickelten Calorie's.

Für die Kohle gaben sie als die Menge der von ihr erzeugten Calorie's nach angebrachter Correktion wegen des erzeugten Kohlenoxydgases die Zahl 8086,2 im Mittel von 5 Versuchen an.

In ihrer zweiten Abhandlung führen die Hrn. Favre und Silbermann ihre Versuche mit Sumpfgas und mit ölbildendem Gase an. Ersteres bereiteten sie aus essigsaurem Natron und Baryterdehydrat durch Erhitzen, letzteres aus Alkohol und concentrirter Schwefelsäure auf die gewöhnliche Weise.

Sie fanden, dafs das Sumpfgas weniger Wärme bei seiner Verbrennung erzeugt, als die Summe der Wärmemenge betragen würde, welche der in ihm enthaltene Kohlenstoff und Wasserstoff für sich entwickelt. Bei ölbildendem Gase findet dagegen das Gegentheil Statt. Die von ihm erzeugte Wärmemenge ist nämlich gerade die Summe der Wärmemengen, welche die darin enthaltenen Mengen Kohlenstoff und Wasserstoff für sich verbrannt geben würden. Es ist jedoch zu bemerken, dafs hieraus nicht geschlossen werden darf, dafs der Kohlenstoff und Wasserstoff in diesem Gase in der That eben so viel Wärme entwickelt, wie reine Kohle und reines Wasserstoffgas. Im Gegentheil, es ist anzunehmen, dafs dies nicht der Fall ist; denn in dem Kohlenwasserstoffgase ist der Kohlenstoff schon als Gas enthalten. Es wird also bei seiner Verbrennung in dieser Form nicht die Quantität Wärme latent gemacht, welche bei Verbrennung des festen Kohlenstoffs dadurch verloren geht, dafs dieser in den gasförmigen Zustand übergeführt wird. Eher könnte man daraus schliefsen, dafs die Menge Wärme, welche nöthig ist, um eine gewisse Menge Kohle in Gas zu verwandeln, gleich der ist, welche bei Verbindung derselben Menge Kohle mit Wasserstoff zu ölbildendem Gase erzeugt wird.

Die Versuche ergaben für 1 Grm. Grubengas 13,158.2 und für 1 Grm. ölbildendes Gas 11,900.3 Calories.

Die letzte Abhandlung der Hrn. Favre und Silbermann behandelt nochmals die bei Verbrennung der Kohle erzeugte Wärmemenge. Sie dehnten ihre Versuche jedoch auch auf Graphit und Diamant aus. Für die Holzkohle fanden sie wieder im Mittel von 13 Versuchen 8080 Calories (früher 8086). Dagegen gab der natürliche Graphit und Diamant so wie der Graphit aus Gasretorten davon etwas abweichende Zahlen, die jedoch unter sich sehr gut übereinstimmen. Sie fanden im Mittel aus 4 Versuchen für die Wärme, welche der Graphit aus Gasretorten beim Verbrennen entwickelt, die Zahl 7762,25, für den natürlichen Graphit im Mittel von 4 Versuchen 7796,5, für den Diamant im Mittel von zwei Versuchen 7824,5.

Auf eine eigenthümliche Weise suchten Hr. Favre und Hr. Silbermann die Wärmemenge zu bestimmen, welche bei Verbindung des Silbers mit Sauerstoff sich entwickelt. Da das Silber bekanntlich nicht verbrennt, so konnte dies nur dadurch geschehen, dafs die bei der Zersetzung des Silberoxyds latent gemachte Wärme bestimmt wurde. Dies geschah auf folgende Weise. Reines Silberoxyd wurde mit Kohle in einem mit einer dünnen Lage Glas bedeckten Platintiegel überschüttet, und diese

Kohle im Sauerstoffstrom in ihrem gewöhnlichen Apparate verbrannt. Durch die dadurch erzeugte Wärme wurde das Silberoxyd reducirt. Die Wärmemengen, welche die Kohle für sich hatte erzeugen müssen, ist aus den früheren Versuchen der Verfasser bekannt. Die Quantität der Wärme, welche sie bei diesen Versuchen weniger fanden, als ohne Anwendung des Silberoxyds, ist natürlich bei Reduktion dieses verbraucht worden, und diese entspricht, wie sie meinen, wahrscheinlich der bei Oxydation des Silbers erzeugten Wärmemenge.

Sie fanden so im Mittel von 3 Versuchen 20,34 Caloric's für die Wärmemenge, welche ein Grm. Silber bei seiner Verbindung mit Sauerstoff entwickelt.

Doch ist nicht zu bezweifeln, dafs diese Zahl nicht richtig sein kann, da die Verfasser nicht die Wärmemenge berücksichtigen, welche, indem der Sauerstoff des Silberoxyds Gasform annimmt, von ihm latent gemacht wird. Ueberhaupt können, wenn Correktionen dafür nicht angebracht werden, nur solche Versuche für die Lehre von der durch die chemischen Verbindungen erzeugten Wärmeentwickelung von Werth sein, welche mit Stoffen von gleichem Aggregatzustande angestellt sind, die auch bei ihrer Verbindung einen Stoff von gleichem Aggregatzustande liefern.

Ich mufs im Allgemeinen bemerken, dafs die Experimentatoren über die Wärmeentwickelung bei chemischen Verbindungen auf trocknem oder auf nassem Wege, durchaus noch nicht dahin gelangt sind, alle die Umstände zu berücksichtigen, welche auf die Menge der entwickelten Wärme von Einflufs sein können, dafs es also noch viel zu früh ist, so allgemeine Schlüsse aus ihren Versuchen zu ziehen, wie sie sich dazu für berechtigt halten. Namentlich aber ist die bei den Experimenten angewendete Methode wohl schwerlich hinreichend genau, um genügende Resultate davon erwarten zu können.

Dr. W. Heintz.

In England sind zur Ermittelung der Temperaturveränderungen, welche die Luft beim Verdichten und Verdünnen erleidet, zuerst von CULLEN und DARWIN, dann von DALTON[1] Versuche angestellt worden, welcher Letztere den von DULONG[2] aufgestellten Satz, dafs die Gase bei ihrer Verdichtung und entsprechenden Verdünnung eine gleiche Wärmemenge entwickeln und absorbiren, empirisch bestätigt fand.

Neuerdings hat Herr J. P. JOULE neue Untersuchungen in dieser Hinsicht in einer Abhandlung: *On the changes of temperature produced by the rarefaction and condensation of air* bekannt gemacht.

Der Verfasser verdichtete die Luft in einem kupfernen Recipienten von 136,5 Cub. Zoll mittelst einer Pumpe und mafs die dabei erzeugte Wärme durch die Steigerung der Temperatur einer Wassermenge von bekanntem Gewicht, welche den Behälter der Luft und die Compressionspumpe umgab. Er bediente sich dazu eines eigens construirten Quecksilber-Thermometers mit sehr engem Rohre, an dem 1 Grad etwa die Länge eines 20stel Zolles hatte und $\frac{1}{10}$° F. entsprach, so dafs der 20ste Theil eines jener willkürlichen Grade, den man noch mit Sicherheit beobachten konnte, dem Werthe von $\frac{1}{200}$° F. gleichkam.

Aufser der Temperatur des Wassers wurde die der eingeschlossenen (durch Chlorcalcium getrockneten) Luft, so wie die Temperatur der Umgebung beobachtet.

Um die Abkühlung des Wassers möglichst zu verhindern, hatte man das Gefäfs, in dem es sich befand, mit doppelten Wänden versehen und die Zwischenräume derselben mit Luft angefüllt. Jede fremdartige Einwirkung wurde sorgfältig vermieden.

Die Wärme, welche vom Recipienten der Luft und der Pumpe aufgenommen wurde, anstatt an das Wasser überzugehen, rechnete man zu der des letzteren hinzu. Dagegen wurde die Temperaturerhöhung in Abzug gebracht, welche die Reibung des zur Compression dienenden Stempels gegen die Seitenwände der

[1] Memoirs of the Literary and Philosophical Society of Manchester V. part. 2, p. 521—525.

[2] Annal. de chim. XLI. 156.

Pumpe hervorbrachte und die man bestimmen konnte, wenn man den Kolben im Cylinder ohne Luft auf und nieder bewegte.

Um die Resultate, welche sich auf diese Weise ergaben, auf ein gemeinsames Maafs zurückzuführen, berechnete der Verfasser aus der Kraft, welche auf die Führung der Pumpe verwandt worden war, diejenige, welche erforderlich gewesen wäre, um in den verschiedenen Fällen durch Verdichtung der Luft die Temperatur eines Pfundes Wasser um 1° F. zu erhöhen.

So fand er, dafs bei der Compression von 2956 Cub. Zoll Luft auf 136,5 Cub. Zoll (wodurch die Luft unter einen Druck von 22 Atmosphären versetzt wurde) die Temperatur eines Pfundes Wasser um 13°,628 gesteigert wurde, oder dafs in diesem Falle eine Kraft, welche im Stande wäre, 823 Pfund um 1 Fufs zu heben, durch Verdichtung der Luft die Temperatur eines Pfundes Wasser um 1° F. vermehrte.

Ferner, dafs die Compression der Luft von 1433 Cub. Zoll auf 136,5 Cub. Zoll (wozu ein Druck von ungefähr 11 Atmosphären erforderlich war) die Temperatur eines Pfundes Wasser um 5°,26 F. steigerte, oder dafs diesmal eine Kraft, welche 795 Pfund um 1 F. zu heben vermöchte, durch Verdichtung der Luft die Temperatur eines Pfundes Wasser um 1° F. erhöhte.

Um die Luft zu verdünnen, liefs sie der Verfasser aus einem Behälter von 136,5 Cub. Zoll Inhalt, in dem sie sich unter einem Druck von 22 Atmospären befand, in einen zweiten luftleeren von 134 Cub. Zoll Inhalt überströmen. Die Temperatur des umgebenden Wassers erlitt dabei keine Veränderung.

Dies bewog Hrn. Joule zu dem Schlufse, dafs bei Verdünnungsversuchen niemals Temperaturveränderungen einträten, wenn nicht bei der Ausbreitung der Luft in einen gröfseren Raum ein mechanischer Effekt ausgeübt wurde, indem er die Wärme selbst als eine Bewegung betrachtet, welche eine Schwächung erleidet, wenn sie durch einen mechanischen Widerstand in Anspruch genommen wird.

Er hielt diese Ansicht für bestätigt, als er beim Ausströmen der durch einen Druck von 22 Atmosphären verdichteten Luft in einen Raum, in dem der Widerstand einer Atmosphäre zu überwinden war, eine Temperatur-Erniedrigung von 4°,085 pro Pfund des umgebenden Wassers wahrnahm. Der bei jenem Ueberströmen ausgeübte mechanische Effekt entsprach — nach der Berechnung des Verfassers — für jede Verminderung der Temperatur eines Pfundes Wasser um 1° F., einer Kraft, welche 820 Pfund um 1 F. zu heben vermöchte.

Herr Joule glaubt hiemit einen neuen Beleg für die Richtigkeit der dynamischen Wärmetheorie geliefert zu haben, zumal er jene Erscheinungen durch die Annahme eines Wärmestoffs für unerklärbar hält. Den Schlufs seiner Abhandlung bildet eine Hypothese über die Constitution der Körper.

In einer zweiten Untersuchung: *On the existence of an equivalent relation betwenn heat and the ordinary forms of mechanical power* vergleicht Herr Joule eine durch Reibung erzeugte thermische Wirkung, wie bei den vorerwähnten Verdichtungsversuchen, mit der mechanischen Kraft, welche sie hervorgebracht hat. — Aus der Temperaturerhöhung, welche ein in Wasser rotirendes Schaufelrad bewirkt, findet er, dafs eine Kraft, welche 890 Pfund um 1 F. zu heben im Stande wäre, auf die bezeichnete Weise 1 Pfund Wasser um 1° F. erwärmen würde.

Diesem Resultate fügt er einige theoretische Bemerkungen hinzu, welche hier übergangen werden können.

Dr. H. Knoblauch.

---

2. Physiologische Wärmeerscheinungen.

J. Davy on the temperature of man. Phil. Trans. f. 1845; Ann. chim. ph. XIII. 174.

J. Liebig. Ueber die thierische Wärme. Ann. d. Ch. u. Ph. L; Quesnev. rev. sc. XX. 392.

Ueber die Wärmeverhältnisse der Thiere sind in diesem Jahre zwei Arbeiten erschienen. Die eine von Hrn. J. Davy, eine achtmonatliche Reihe von Beobachtungen der Temperatur seiner Zunge enthaltend, angestellt, um die täglichen und monatlichen Schwankungen derselben und den Einfluſs körperlicher und geistiger Anstrengung zu ermitteln, ist mehr von physiologischen als physikalischen Interesse. Hrn. Davy's Hauptresultate sind, daſs die Zungentemperatur während des Schlafes am niedrigsten ist (36°,4 C.), im Laufe des Vormittags steigt bis gegen 4 Uhr (auf 37°,17 C.) nach dem Mittagessen, was erst um 6 Uhr stattfand und wonach Schläfrigkeit eintrat, fällt (bis 36°,5 C.) und nach dem Thee um 7½ Uhr zum zweiten Male etwas steigt, um endlich zur Nacht wieder auf ihr Minimum zu sinken. Zwei deutsche Beobachter, Gierse und Hallmann, hatten schon früher entsprechende Resultate gefunden, nur fielen ihre Maxima auf andere Tageszeiten, 11 Uhr früh und 6 Uhr Abends, weil sie gegen 2 Uhr zu Mittag speisten; auch ist bei ihnen die zweite Erhebung bedeutender als bei Hrn. Davy. Die jährlichen Schwankungen sind sehr gering, wenn man die Temperatur der Zunge unter Umständen miſst, wo der Körper vor einer unangenehmen Einwirkung der Temperaturextreme geschützt ist. Die gröſste Differenz der Mittel aus den Beobachtungen der einzelnen Monate beträgt 0°,18 C. auf einen Unterschied der mitteren Zimmertemperatur von 8°,4 C. Dagegen erniedrigt sich die Zungenwärme auffallend (bis 35° C.), sobald durch äuſsere Kälte das Gefühl von Frieren und von Schläfrigkeit erregt wird. Körperliche und geistige Anstrengung erhöhen dieselbe um etwa 0°,4 C. Hrn. Davy's Arbeit ist in so fern wichtig, als er zuerst die Methode der Beobachtungsreihen in gröſserem Maſsstabe angewendet hat, um bei Bestimmung der Veränderungen, welche die menschliche Temperatur unter verschiedenen Bedingungen erleidet, die störenden Variationen anderer Art zu eliminiren, und so zu sichereren Resultaten zu kommen, als es bisher durch vereinzelte Beobachtungen möglich war.

Die zweite Arbeit von Hrn. Liebig bezieht sich auf die Frage nach dem Ursprung der thierischen Wärme, und bietet mehr von physikalischem Interesse dar, insofern es sich darum handelt zu entscheiden, ob die thierische Wärme aus den bekannten Erwärmungsquellen der unorganischen Natur herrühre, oder ob sie in dem lebenden Körper auf eine besondere und abweichende Art erzeugt werde. Der gegenwärtige Stand dieser Frage ist folgender: Man ist ursprünglich, ausgehend von der materiellen Ansicht der Wärmeerscheinungen, für die Erklärung der organischen Wärme genöthigt gewesen zu der Annahme, dieselbe rühre von dem mit den Ingestis, den Nahrungsmitteln und dem eingeathmeten Sauerstoffe, frei und latent eingebrachten Wärmestoffe, weil man nicht annehmen konnte, dafs dieser Stoff im Organismus erzeugt werde; man hat deshalb von Lavoisier an dieselbe aus der Verbrennung des Kohlenstoffs und Wasserstoffs des Bluts in den Lungen erklären wollen. Dagegen zeigte Brodie experimentell, dafs bei geköpften oder durch Gifte und Kopfverletzungen betäubten Thieren, bei welchen man durch ein Lufteinblasen noch längere Zeit die Blutbewegung, die chemischen Veränderungen der Ausathmungsluft, die Reizbarkeit der Muskeln erhalten kann, die Wärme schnell verloren gehe. Er schlofs daraus, dafs nicht die Respiration, sondern die Nerventhätigkeit unter Leitung des Gehirns die Wärme erzeuge. Das angegebene Resultat ist von allen bestätigt worden, welche diese Versuche wiederholt haben; nur in Betreff der Geschwindigkeit der Abkühlung sind die Stimmen nicht einig. Brodie hatte nämlich gefunden, dafs die Thiere bei künstlicher Respiration schneller abgekühlt werden als ohne dieselbe und schlofs daraus, dafs die Respiration ein Abkühlungsmittel sei; Chaussat fand keinen Unterschied, Hales und Legallois dagegen eine Verzögerung des Erkaltens durch die künstliche Respiration; endlich zeigten Wilson Philip und Williams, dafs die Abkühlung bei langsamen Einblasen langsamer sei, bei geschwindem schneller als ohne dasselbe, und dafs durch starkes Lufteinblasen die Temperatur auch eines unverletzten Thieres vermindert werden könne.. Jedenfalls folgt aus diesen Versuchen so viel mit Sicherheit, dafs die Respiration unmittelbar, d. h. durch die sogleich im Blute eintretenden Verbindungen des Sauerstoffs und die Ausscheidung der Kohlensäure, nicht die einzige Quelle der thierischen Wärme sei; ein Theil der Physiologen aber liefs sich dadurch verleiten, weiter zu schliessen, dafs die Wärme ganz oder theilweise nicht von aufsen her,

d. h. aus den Ingestis, ihren Ursprung nehme, sondern von der unbekannten, alles regelnden Thätigkeit der Nerven erzeugt werde. Hierzu kamen nun noch die Versuche von Dulong [1] und Despretz [2], welche die von verschiedenen warmblütigen Thieren während einer gewissen Zeit abgegebene Wärme mit dem Wassercalorimeter quantitativ bestimmten. Die Thiere befanden sich dabei in einem kupfernen, mit Weidengeflechten ausgelegten Kasten, durch welchen Luft aus einem Gasometer in gleichmäfsigem Strome hindurchgeleitet und in einem zweiten Apparat so aufgefangen wurde, dafs ihre Menge und Zusammensetzung genau bestimmt werden konnten. Es wurde dann berechnet, wieviel Kohlenstoff und Wasserstoff während der Dauer des Versuchs sich mit dem verzehrten Sauerstoff verbunden habe, und wieviel Wärme dabei erzeugt worden sei. Sie fanden beide in einer grofsen Reihe von Versuchen, dafs die berechnete Verbrennungswärme nur 0,75—0,90 von der in den Thieren erzeugten betrug.

Liebig hat in seiner Thierchemie die Herleitung der ganzen thierischen Wärme aus dem Verbrennungsprocefs der Blutbestandtheile mit dem eingeathmeten Sauerstoff entschieden vertheidigt. Er widerlegt die Schlüsse, die man aus den Versuchen von Brodie an geköpften und betäubten Thieren gezogen hat, und stellt die theoretische Forderung auf, dafs der Ursprung der Wärme, als eines Princips, welches einem gewissen Kraftäquivalent entspreche, nicht aus nichts, sondern nur aus andern Kräften hergeleitet werden dürfe. Daraus aber schliefst er weiter, dafs die Wärme nur von der Verbrennung des Kohlenstoffs und Wasserstoffs mit Sauerstoff herrühre, und sucht die Quantität derselben hiernach für den menschlichen Körper zu berechnen.

Wir befinden uns hier mit der Frage über die thierische Wärme auf einem eigenen Felde. Das Princip von der Constanz des Kraftäquivalents bei Erregung einer Naturkraft durch eine andere, obschon logisch vollkommen gerechtfertigt, und

[1] Ann. de chim. et de ph. I.
[2] Ebend. XXVI.

auch schon benutzt als Grundlage mathematischer Theorien (z. B. von CARNOT und CLAPEYRON zur Bestimmung der Arbeit, welche eine gewisse Wärmequantität leisten kann, von NEUMANN in der Theorie der Induktionsströme durch Bewegung von Magneten oder Strömen) ist weder theoretisch bisher vollständig ausgesprochen und anerkannt, noch empirisch durchgeführt, wenn ihm auch die bisher gemachten Versuche vollständig entsprechen. So lange ein Wärmestoff als Ursache der Erscheinungen festgehalten wurde, war es undenkbar, dafs dieser Stoff im Körper erschaffen würde.

Nun ist aber gegenwärtig die materielle Theorie der Wärme nicht mehr zu halten, sondern dafür eine Bewegungstheorie zu substituiren, weil wir Wärme aus mechanischen Kräften ihren Ursprung nehmen sehen, sowohl unmittelbar, z. B. bei der Reibung, sowohl fester gegen feste Körper wie flüssiger gegen feste, als auch mittelbar durch elektrische Ströme bei der Bewegung von Magneten und durch die Reibungselektricität, wo an ein Freiwerden latenten Wärmestoffs nicht zu denken ist. Fassen wir die Wärme als Bewegung, so ist zuvörderst vorauszusetzen, dafs mechanische, elektrische und chemische Kräfte nur immer ein bestimmtes Aequivalent derselben erzeugen können, wie complicirt auch die Art des Ueberganges der einen Kraft in die andere sein mag. Was darüber empirisch bekannt ist, reicht nicht weit. Für die mechanischen Kräfte bestehen noch keine Versuche, die in Betracht kommen könnten; die Arbeiten von CARNOT, CLAPEYRON und HOLTZMANN beziehen sich nicht auf die Erzeugung, sondern nur auf die Ausbreitung der Wärme. In Bezug auf die chemischen Kräfte sind die Wärmeäquivalente (die latente Wärme) einer Reihe von chemischen Processen bestimmt worden, und das Gesetz von der Constanz der Wärmeerzeugung, in welchen Zwischenstufen auch die Verbindung erfolge, hat sich in den untersuchten Fällen bewährt. Für die constanten hydroelektrischen Ströme folgt aus den Gesetzen von OHM und LENZ, wenn wir das letztere auch, wie es von BECQUEREL[1] empirisch geschehen ist, auf die Flüssigkeiten ausdeh-

[1] Comptes rendus, T. XVI. 1843.

nen, dafs die entwickelte Wärme bei jeder Einrichtung der Kette der Gröfse der elektro-chemischen Umsetzung proportional sei. Es ist nach LENZ in einem bestimmten Theile der Kette, dessen Widerstand $= w$, bei der Intensität des Stromes J für die Zeit t die entwickelte Wärme $\vartheta = J^2 wt$, also die Wärmemenge in der ganzen Kette $\Theta = J^2 Wt$, wenn W den Widerstand der ganzen Kette bezeichnet. Nun ist aber $J = \frac{nA}{W}$, wo A die elektrische Differenz der wirkenden Metalle und n die Zahl der Zellen bezeichnet, also $\Theta = nJAt$. Die Menge der Atome C, welche in der Zeit t von dem einen Metall oxydirt, von dem andern reducirt sind, ist nach FARADAY's elektrolytischem Gesetze in einer Zelle $= Jt$, in n Zellen $= nJt$, also $\Theta = AC$, also gleich der Quantität der verbrauchten Metalle, multiplicirt mit ihrem elektrischen (chemischen?) Gegensatz, gänzlich unabhängig von der Form, Länge etc. der Kette. Für die statische Elektricität folgt, wenn wir die Gesetze von RIESS als allgemein gültig voraussetzen dürfen, $\Theta = QD$, wo Q die Quantität und D die Dichtigkeit der angehäuften Elektricität ist [1].

Bezeichnen wir nach wie vor mit latenter Wärme der chemischen Verbindungen das Wärmeäquivalent, was sie bei weiteren Verbindungen erzeugen können, so folgt aus den hingestellten theoretischen Forderungen für die organischen Körper, dafs bei constanter Gröfse und Zusammensetzung derselben die als frei abgegebene Wärme und die latente der Egesta zusammen gleich sein müssen der latenten der Ingesta, gleichviel in welchen Zwischenstufen auch die Umwandlung der letzteren in erstere vor sich gegangen sein mag. Die Egesta sind nun Kohlensäure, Wasser, kohlensaures Ammoniak, Harnstoff, Reste der Nahrungsmittel und eine verhältnifsmäfsig geringe Menge quaternärer Verbindungen, wie Gallenreste, Schleim, Extraktivstoffe, Hargsäure etc. Lassen wir die letzteren aus dem Spiel, weil bei ihrer Bildung eben nicht viel Wärme frei geworden sein kann, und rechnen wir dafür den Harnstoff mit der entsprechenden Menge von Wasseratomen gleich als kohlensaures Ammo-

[1] Pogg. Ann. XLXIII. 320, und LXIII. 505.

niak an, bei welcher Umsetzung keine bemerkbare Quantität Wärme entsteht: so mufs die im Körper erzeugte Menge derselben ungefähr gleich sein derjenigen, welche der entsprechende Theil der Nahrungsmittel, verbrannt mit Sauerstoff zu Kohlensäure, Wasser und Ammoniak geben würde. Es handelt sich also nicht um die Verbrennungswärme von Kohlenstoff und Wasserstoff, sondern um die der Nahrungsmittel. Da nun über die letzteren noch gar keine empirischen Bestimmungen gemacht sind, so ist eine Berechnung von Versuchen, wie sie von Dulong und Despretz angestellt sind, noch gar nicht möglich. Die Ansicht von Lavoisier, wonach in den Lungen ein Kohlenwasserstoff ausgeschieden werden sollte, würde die Berechnungsart, wie sie Dulong, Despretz und Liebig angewendet haben, rechtfertigen, aber sie ist längst als falsch erwiesen worden. Herr Liebig hilft sich durch die Annahme, dafs der Kohlenstoff und Wasserstoff der organischen Verbindungen eben so viel Wärme erzeugen müssen, als wenn sie frei verbrennen. Das können wir ihm ungefähr zugeben, denn wahrscheinlich sind die Hauptbestandtheile des thierischen und pflanzlichen Körpers, die Proteinverbindungen, die zucker- und mehlartigen Stoffe, die Fette, solche, die den gröfsten Theil der latenten Wärme ihrer Elemente noch enthalten. Was wird aber aus dem Sauerstoff, der in den Substanzen schon vorhanden ist und der, verbunden mit Wasserstoff und Kohlenstoff, sich unter den Verbrennungsprodukten befindet. Hrn. Liebig's Rechnung ist nur dann gerechtfertigt, wenn wir annehmen, dafs dieser Sauerstoff sich nur mit Wasserstoff verbinde, und dabei keine Wärme mehr erzeuge, also gleichsam schon als Wasser in der Substanz vorhanden sei. Das ist aber eine Annahme, die theoretisch unwahrscheinlich ist, und durch die neueren Untersuchungen auch empirisch widerlegt wird. Nach den Versuchen von Favre und Silbermann ist beim Alkohol die Verbrennungswärme ungefähr gleich, bei den einfachen und zusammengesetzten Aetherarten dem Holzgeist gröfser, bei einigen Säuren von sehr hohem Atomgewichte und geringem Sauerstoffgehalte geringer als sie nach Herrn Liebig's Rechnungsweise sein müfste. Von den Nahrungsmitteln sind keine untersucht, doch läfst sich aus der Angabe für die

Stearinsäure, die ein wenig hinter der Verbrennungswärme der freien Kohlen- und Wasserstoffatome zurückbleibt, wohl annehmen, dafs sich die meisten Fette eben so verhalten werden. Dagegen folgt für die sämmtlichen Pflanzenstoffe von der Formel $C_{12} H_{2n} O_n$, welche in Traubenzucker und dann mit bedeutender Wärmeentwickelung in Alkohol verwandelt werden können, dafs ihre latente Wärme viel gröfser sei als die der 12 At. Kohlenstoff. Es geben nämlich 12 At. Kohlenstoff = 901,44 grm. (wenn O = 100 grm.) bei der Verbrennung 7283600 Calories. Bei der weinigen Gährung gehen 4 At. als Kohlensäure fort, die übrigen 8 bleiben zurück, verbunden mit $H_{24} O_4$ zu 1150,72 grm. Alkohol, welche bei der Verbrennung 8265600 geben. Verbrennen wir Traubenzucker unmittelbar, so kommt noch die bei der weinigen Gährung entwickelte Wärme hinzu. Für die von stickstoffhaltigen Verbindungen erzeugte Wärme haben wir bisher gar keine Anhaltspunkte.

Wenn also die Versuche von Dulong und Despretz keine vollständige Uebereinstimmung zwischen der abgegebenen Wärme und der nach den Athmungsprodukten berechenbaren ergeben, so widerspricht dies Resultat der chemischen Theorie der organischen Wärme nicht im mindesten.

Herr Liebig sucht nun auf zweierlei Weise das Ergebnifs dieser Versuche mit seinen theoretischen Ansichten zu vereinigen. Einmal bezweifelt er (Thierchemie S. 34), dafs die Thiere in der niedrigen Temperatur des Kastens bei gezwungen ruhiger Stellung ihren eigenen Wärmegrad beibehalten haben. Bei Despretz ist zwar die Temperatur von 7—8° C. nicht so tief, dafs die meisten einheimischen Thiere sie nicht ohne Beschwerde in ruhiger Lage ertragen sollten, besonders da sie nicht unmittelbar mit dem Kupfer des Kastens in Berührung, sondern durch Weidengeflechte davon getrennt waren; doch mufs Hrn. Liebig's Einwand deshalb als möglich zugegeben werden, weil die Zuleitung der frischen Luft nicht immer schnell genug geschah, so dafs die hindurchgetretene bis doppelt so viel Kohlensäure enthielt als die normale Ausathmungsluft, wodurch erfahrungsmäfsig die Temperatur der Thiere erniedrigt werden kann. Dagegen kann ein solcher Einwurf die Versuche von Dulong, welche bei mittlerer Zimmertemperatur angestellt sind, und wo das Sauerstoffgas in hinreichender Menge zugeleitet wurde, nicht treffen. Zweitens macht Hr. Liebig in dem hier zu besprechenden Aufsatze darauf aufmerksam, dafs die Versuche mit zu niedrigen Zahlen für die Verbrennungswärme des Kohlenstoffs und Wasserstoffs berechnet seien, nämlich von Despretz mit den selbst gefundenen Zahlen für 1 grm. *C.* 7912, für 1 grm. *H.* 23460, und von Dulong mit denen Lavoisier's *C.* 7226, *H.* 23400, während doch nach den genaueren Bestimmungen von Hess die Verbrennungswärme des Wasserstoffs 34792 sei. Dann stellt er eine theoretische Verbrennungswärme des Kohlenstoffs auf, welche er aus den von Despretz für das Aetheringas, den Alkohol und Aether, und von Hess für den Wasserstoff gefundenen ohne Berücksichtigung der verschiedenen Aggregatzustände nach eben der theoretischen Annahme über die Verbrennung organischer Verbindungen berechnet, welche wir oben widerlegt haben. Er findet im Mittel 8558, und zieht diese den empirischen Bestimmungen vor, weil er die vollständige Verbrennung der angewendeten Kohle und ihre Freiheit von Wasserstoff bezweifelt. Nun findet er bei der Berechnung der Versuche von Despretz mit *C* 7912 und *H* 31792 das Verhältnifs der Verbrennungswärme zu der von den Thieren abgegebenen zwischen 82 : 100 und 102 : 100, Mittel 95,25 : 100; mit *C* 8558 dagegen zwischen 88,5 und 107,5 : 100, Mittel 96,9 : 100; mit der letzteren Zahl in Dulong's Versuchen zwischen 83,6 und 104,7 : 100, Mittel 95,8 : 100.

Jedenfalls müssen wir die theoretisch gefundene Zahl für den Kohlenstoff zurückweisen, weil sie aus eben der unrichtigen Annahme hergeleitet ist, die damit gestützt werden soll. Ob bei Despretz's Versuchen die neuere Zahl für den Wasserstoff gesetzt werden darf, ist zweifelhaft, da derselbe mit denselben oder ganz ähnlichen Apparaten und Methoden diese bestimmt hat, mit denen er die Versuche an Thieren anstellte; an beiden also dieselben Fehlerquellen haften. Bei Dulong, der fremde Zahlen benutzt hat, wäre diese Rücksicht nicht zu nehmen. Auffallend, und die Genauigkeit der Resultate verbürgend, ist übrigens die nahe Uebereinstimmung der Mittel beider Versuchsreihen bei gleichmäfsiger Berechnung, und als wahrscheinlichstes Resultat möchte hinzustellen sein, dafs die von den Thieren erzeugte und abgegebene Wärme um $\frac{1}{20}$ bis $\frac{1}{10}$ gröfser sei als die aus den Respirationsprodukten zu berechnende.

Dr. Helmholtz.

---

3. Wärmeleitung.

Langberg. Ueber die Bestimmung der Temperatur und Wärmeleitung fester Körper. Pogg. Ann. LXVI. 1; Monatsber. der Berl. Akad. f. 1845, p. 268; Inst. 1846.

Wenn man das eine Ende einer sehr dünnen und langen, homogenen prismatischen Stange mit einer constanten Wärmequelle in Verbindung setzt, so wird die Stange nach dem kalten Ende hin allmälig sich erwärmen. In demselben Verhältnifs wird sie anfangen, an die umgebende Luft Wärme abzugeben, und nach einiger Zeit wird jeder Punkt der Stange eine constante Temperatur annehmen; dann nämlich, wenn jedes unendlich dünne Scheibchen der Stange eben so viel Wärme von dem der Wärmequelle näher liegenden angrenzenden Scheibchen bekommt, als es an das zunächst folgende Scheibchen und an die umgebende Luft verliert. Die Temperatur jedes Punktes der Stange wird dann eine Funktion sein von ihrem normalen Querschnitt w und von der innern Leitungsfähigkeit des Körpers k, von dem Perimeter ihres Querschnittes ε und der äufseren Wärmeleitungsfähigkeit des Körpers p, von der Temperaturdifferenz der constanten Wärmequelle und der den übrigen Theil der Stange umgebenden Luft, und endlich von dem Abstande des betreffenden Punktes von der constanten Wärmequelle; und setzt man $\frac{\varepsilon p}{wk} = g^2$, so findet sich die Gleichung für den Temperaturüberschufs i jedes Punktes, der um die Abscisse x von der Wärmequelle entfernt ist [1]

$$i = a \cdot e^{-gx} \qquad (A)$$

Setzt man $x = o$, so ist $i = a$, es bedeutet also a den Temperaturüberschufs des der Abscisse $x = o$ entsprechenden Punktes über die Temperatur der umgebenden Luft. Man kann in dieser Formel die Abscissen von jedem beliebigen Punkte aus anfangen lassen (wobei nur die Constante a einen andern Werth annimmt), was schon ohne mathematische Betrachtung klar ist; denn wenn man von irgend einem Punkte ausgeht, dessen constante Temperatur b ist, so bleibt für die nachfolgenden Punkte das Resultat dasselbe, mag diese constante Temperatur unmittelbar durch eine berührende, oder mittelbar durch eine weiter entfernte Wärmequelle erzeugt sein. Bei der Ableitung der Formel ist vorausgesetzt, dafs die Geschwindigkeit der Abkühlung des Körpers dem Ueberschufs seiner Temperatur über der der Luft proportional, dafs die innere und äufsere Wärmeleitungsfähigkeit des Körpers von seiner Temperatur unabhängig, und dafs die Stange so dünn sei, dafs in einem normalen Querschnitt der Stange jeder Punkt dieselbe Temperatur besitze. Aus der Formel $i = a.e^{-gx}$ geht das von Biot aufgestellte Gesetz hervor, dafs die Temperaturüberschüsse in geometrischem Verhältnisse abnehmen, wenn die Abstände der respektiven Punkte in arithmetischem Verhältnifs wachsen.

Zur Bestätigung dieses Gesetzes sind von Biot [2] und von Despretz [3] Versuche angestellt, bei denen in eine horizontale Metallstange an mehreren Orten Löcher eingebohrt, diese mit Quecksilber gefüllt, und in jedes Loch die Kugel eines Thermometers gestellt war, woran die Temperatur abgelesen wurde, nachdem ein stationärer Zustand eingetreten war. Diese Methode erfüllt wegen des bedeutenden Querschnitts der Stange und wegen der, durch die mit Quecksilber angefüllten Vertiefun-

[1] Poisson, Théorie mathématique de la chaleur, p. 251.

[2] Traité de physique, T. IV. p. 670.

[3] Ann. de chim. et de phys. XXXVI. 442; Traité élémentaire de physique, p. 210.

gen hervorgebrachten Unterbrechungen der Continuität, zu unvollkommen die von der Theorie gestellten Bedingungen. Herr Langberg schlägt als ein brauchbares Mittel zu diesen Untersuchungen die Thermosäule vor, und hat selbst mit einem Kupferdraht von 5,87^{mm}, einer Zinnstange von 9,28^{mm}, einer Bleistange von 9,41^{mm} und einer Stahlstange von 5,98^{mm} Durchmesser Versuche angestellt. Als Wärmequelle wurde kochendes Wasser benutzt, in welches nahe am Boden des Kochgefäfses das eine Ende der Stange durch einen Kork eingesteckt war. Weiterhin wurde der Draht vor den Strahlen der Wärmequelle durch polirte Messingschirme geschützt. Die Thermosäule bestand nur aus zwei sehr dünnen, am Ende facettenartig abgefeilten Elementen, Antimon und Wismuth, und wurde, um immer eine gleichförmige Berührung zu haben, durch eine Spiralfeder gegen die horizontal zwischen zwei zugespitzten vertikalen Glasstäbchen eingeklemmte Metallstange angedrückt, und die Ablenkungen der Nadel des Multiplikators, der nach der Melloni'schen Methode graduirt war, beobachtet. Um gröfsere Temperaturdifferenzen zu messen, wurde in die Kette ein langer und dünner Kupferdraht eingeschaltet. Als Resultate der Untersuchungen zählt der Verfasser folgende auf:

1) Für den Kupferdraht bestätigt sich das Biot'sche Gesetz und bei wachsendem Abstande von der Wärmequelle nehmen die Temperaturen in geometrischer Proportion ab.

2) Für die Zinn-, Blei- und Stahlstange bestätigt sich das Biot'sche Gesetz nicht. Der Grund liegt darin, dafs die innere und äufsere Leitungsfähigkeit als von der Temperatur unabhängig angenommen sind. Betrachtet man dieselben als Funktionen der Temperatur und setzt statt k und p respektive $k+nki$ und $p+\gamma pi$, so ist nach Poisson[1], wenn man wie oben $\frac{\varepsilon p}{wk}=g^2$ setzt, die angenäherte Formel für den Temperaturüberschufs jedes Punktes der Stange

$$i=\left[1-\frac{\Theta}{3}(\gamma-2n)\right]\Theta.\, e^{-gx}+\frac{\Theta^2}{3}(\gamma-2n)e^{-2gx} \qquad (C),$$

[1] Théorie mathématique de la chaleur, §. 125, p. 256.

woraus sich für $x=0$, $i=\Theta$ ergiebt, so dafs Θ den Temperatur-Ueberschufs der Stange für den Punkt, dessen Abscisse $x=0$ ist, bedeutet. Die nach dieser Formel berechneten Werthe stimmen sehr gut mit den beobachteten überein.

3) und 4) Die nach dem Biot'schen Gesetze abgeleiteten Werthe für die Wärmeleitungsfähigkeit fester Körper können also nur als eine grobe Annäherung gelten, und dieselben müssen aus der Poisson'schen Formel abgeleitet werden.

5) Da der Unterschied zwischen den berechneten und beobachteten Temperaturen nur ein einziges Mal 0,6 Multiplikatoreinheiten oder 0°,086 überschreitet, so scheint die Brauchbarkeit und Genauigkeit der Beobachtungsmethode bewiesen zu sein; man kann sehr kleine Temperatur-Differenzen fester Körper dadurch messen, und besonders die Temperaturvertheilung an der Oberfläche in Fällen bestimmen, wo dies durch gewöhnliche Thermometer beinahe unausführbar sein würde.

Gegen diese aufserordentliche Uebereinstimmung der Rech- mit der Beobachtung ist aber trotzdem einiges zu bemerken. Es sind die Constanten, welche der Natur der Sache nach für jede einzelne Metallstange dieselben bleiben mufsten, für jede Versuchsreihe neu berechnet (für die Formel (A) ist g und für (C) sowohl g als $\gamma - 2n$ für dieselbe Metallstange nothwendig constant). Ferner sind die beiden Werthe für $\log a$ in der VI. und VII. Versuchsreihe für den Kupferdraht (S. 15 und 16), wie leicht zu ersehen ist, falsch. Aus diesen beiden Zahlen aber ist die Verhältnifszahl der Multiplikatoreinheiten (in denen alle Temperaturen ausgedrückt sind) zu Thermometergraden berechnet, und diese ist somit auch falsch. Eine Uebereinstimmung der berechneten Temperatur der constanten Wärmequelle mit der beobachteten findet also durchaus nicht Statt. Nach den von Hrn. Langberg selbst gegebenen Zahlen findet sich bei der I. Versuchsreihe für den Kupferdraht die Temperatur der constanten Wärmequelle, die gleich 100° sein müfste, zu 55°,62. Bei Anwendung berichtigter Zahlen würde bei der IV. Versuchsreihe für die Stahlstange aus der Formel wahrscheinlich die Temperatur 118°,54 statt 100° hervorgehen.

Dr. A. Krönig.

4. Specifische und latente Wärme.

Andrews. Note supplémentaire sur la détermination des chaleurs spécifiques de quelques liquides. Ann. ch. ph. XIV. 92.

E. Desains. Mémoire sur la chaleur spécifique de la glace. C. R. XX. 1345; Inst. No. 593, p. 166; Ann. ch. ph. XIV. 306.

Person. Sur la chaleur spécifique de la glace. C. R. XX. 1457; Inst. No. 594, p. 174.

Payerne. Question sur l'existence du calorique latent. C. R. XXI. 943.

Bestimmung der specifischen Wärme der Flüssigkeiten.

Hr. Andrews giebt in dem oben citirten Aufsatze eine Abänderung der zur Bestimmung der specifischen Wärme von Flüssigkeiten dienenden Methode der Mischung, die manche Vortheile zu gewähren verspricht. Bekanntlich wendet man zu dieser Bestimmung in der Regel eine Metallkugel an, welche man in die zu untersuchende Flüssigkeit taucht. Aus der Temperatur der Kugel des Wassers und der Mischung beider berechnet man auf einfache Weise die specifische Wärme. Da aber die Temperatur der Kugel nicht genau genug bestimmt werden kann, so wendet Hr. Andrews zu demselben Zwecke ein Thermometer mit sehr grofser Kugel an, das so eingerichtet ist, dafs erst bei einer dem Kochpunkt des Wassers nahen Temperatur das Quecksilber aus der Kugel tritt. Dies Thermometer erwärmt er bis über 201° F., welcher Punkt etwa 1½ Zoll von der Kugel seines Thermometers entfernt lag, und läfst es nun abkühlen. In dem Moment, wo das Ende der Quecksilbersäule genau die Marke, welche 201° F. entspricht, trifft, taucht er es bis zu derselben in die zu untersuchende Flüssigkeit und beobachtet die Temperatur derselben vor und nachher mittelst eines sehr empfindlichen Thermometers. Er richtete die Versuche so ein, dafs die Temperatur der Flüssigkeit vor dem Versuche einige Grade höher war, als die der umgebenden Luft. Die wegen des Einflusses der Luft durch Erwärmung und Erkaltung nothwendige Korrektion war sehr gering, doch hat sie Hr. Andrews nicht übergangen.

Wenn nun das Gewicht der Flüssigkeit, die specifische Wärme der verschiedenen Theile des Apparates (natürlich mit Ausnahme des grofsen Thermometers) der Zuwachs der Temperatur des Wassers und der Verlust des grofsen Thermometers an Wärme bekannt ist, so ist es leicht, den thermischen Werth dieses letzteren in Beziehung zur angewendeten Flüssigsigkeit, d h. das Produkt seines Gewichts in seine specifische Wärme, wenn die der Flüssigkeit gleich 1 angenommen wird, zu finden. Dieser thermische Werth kann auf dieselbe Weise in Beziehung auf Wasser gefunden werden, wie für jede andere Flüssigkeit. Hieraus ist denn leicht die specifische Wärme der Flüssigkeit zu berechnen, denn diese verhält sich zu 1 (der specifischen Wärme des Wassers) umgekehrt, wie jene zwei thermischen Werthe sich zu einander verhalten.

Die Genauigkeit dieser Methode prüfte Hr. Andrews durch mehrfache Versuche mit Wasser, deren Resultate recht genau übereinstimmen. Er fand den thermischen Werth des grofsen Thermometers gleich 62,45—62,65, im Mittel von 5 Versuchen gleich 62,59. Darnach bestimmte er die specifische Wärme einer Auflösung von schwefelsaurem Kali in Wasser, wovon 100 Theile 2,18 Theile des Salzes enthielten, zu 0,973, die einer Auflösung von 2,53 Theilen Salpeter in 97,47 Theilen Wasser zu 0,975, die einer Lösung von Chlorkalium, welche 1,86 pCt. Salz enthielt, zu 0,971, die einer Lösung von essigsaurem Kali, deren procentischer Gehalt 2,45 des Salzes betrug, zu 0,971.

Die specifische Wärme des Eises.

Die specifische Wärme des Eises ist zuerst von den englischen Physikern zu 0,9 angegeben worden. Später haben sich Desormes und Clément[1] einerseits und Avogadro[2] andererseits ihre Bestimmung zur Aufgabe gemacht. Erstere wendeten dazu zwei Methoden an. Zuerst brachten sie Eis von einer Temperatur unter 0° in Wasser von 0°. Sobald die Temperatur gleichmäfsig geworden war, wogen sie das Eis, welches durch Gefrieren des Wassers sich angesetzt hatte, woraus sie die specifische Wärme des Eises berechneten. Nach der zweiten Methode gossen sie heifses Wasser auf Eis von niedrigerer Temperatur als 0°, mafsen nach Schmelzung des Eises die Temperatur des Wassers und berechneten daraus die specifische Wärme, indem sie die vom Wasser abgegebenen der vom Eis beim Schmelzen aufgenommenen gleich setzen. Ihre Resultate stimmten ziemlich überein, obgleich sie bei ihren Berechnungen die latente Wärme des Wassers gleich 75 annahmen. Da diese jedoch nach den Untersuchungen von de la Prevostaye und P. Desains[3] gleich 79,25 ist, so verschwindet der Schein der Uebereinstimmung ihrer nach beiden Methoden erhaltenen Resultate vollständig. Auch die Versuche von Avogadro gaben zwischen 1,09 und 0,75 schwankende Resultate, so dafs auch seine Versuche der so nothwendigen Schärfe entbehren.

Hr. Eduard Desains, welcher im verflossenen Jahre Versuche über die specifische Wärme des Eises angestellt hat, findet darin einen bedeutenden Grund der Unsicherheit jener Versuche, dafs die genannten Experimentatoren mit zu geringen Temperaturdifferenzen arbeiteten. Er selbst hat bis auf — 20° C. künstlich abgekühltes Eis und warmes Wasser zu seinen Mischungsversuchen angewendet. Jenes wurde in einem Körbchen von dünnem Messingdraht länger als zwei Stunden auf ziemlich derselben Temperatur erhalten, und dann in Wasser von etwas höherer Temperatur als die umgebende Luft gebracht. Nach

[1] Journal de Physique (1819).
[2] Mémoires de la société italienne (tome XX).
[3] Ann. ch. ph. III. sér. VIII. 5.

vollendeter Schmelzung war die Temperatur desselben etwas niedriger geworden, als die der Luft.

Bei diesen Versuchen wurde bestimmt: das Gewicht des Eises p, seine anfängliche Temperatur t, die Temperatur des Wassers nach dem Schmelzen des Eises t', das Gewicht q, und die specifische Wärme c' des kleinen Gefäfses, welches das Eis enthielt, das Gewicht des Wassers, nebst dem des zur Aufnahme des Wassers bestimmten Gefäfses und des Thermometers, beide auf Wasser reducirt M, die Anfangstemperatur des Wassers t'' und die Menge Wärme A, welche während der Dauer jedes Versuches vom umgebenden Mittel der Mischung ertheilt wird. c ist die specifische Wärme des Eises. Nach diesen Daten wurde c nach der Formel $-pct + 79{,}25\,p + pt' + q\,c'\,(t'-t) = M.(t''-t') + A$ berechnet.

Durch besondere Versuche mittelte Hr. Ed. Desains den Einflufs des umgebenden Mediums auf die Abkühlung und Erwärmung des Gefäfses aus. Er fand, dafs das Abkühlen, ohne Zweifel durch Einflufs des verdunstenden Wassers, schneller geschah, als das Erwärmen. Auch hierauf hat er bei seinen Versuchen Rücksicht genommen.

Die Resultate seiner Versuche schwanken zwischen 0,505 und 0,521, und als Mittel derselben fand er 0,513 für die specifische Wärme des Eises.

Auch Schnee hat Hr. Desains zu seinen Versuchen angewendet. Das Resultat derselben war genau dasselbe, wie das bei Anwendung von Eis.

Eine zweite Methode hat ferner Hr. Ed. Desains zur Bestimmung der specifischen Wärme des Eises benutzt, die jedoch weniger genaue Resultate liefern konnte. Sie bestand darin, dafs er Eis in Terpenthinöl erwärmen liefs, doch so, dafs die Endtemperatur unter 0°C. war, um das Schmelzen des Eises ganz zu verhindern.

Der Mangel dieser Methode liegt hauptsächlich darin, dafs wegen des Einflufses des umgebenden Mediums, das Eis noch kälter sein mufs, als das Terpenthinöl, wenn es auf das Minimum der Temperatur gesunken ist. Aufserdem ist in dem Momente sicher auch das Innere der Eisstücken noch kälter als die äufsere Schicht derselben. Ohngeachtet dieser Unsicherheiten bestätigte doch die nach dieser Methode angestellten Versuche die nach der ersten erhaltenen oben angegebenen Resultate, denn sie differiren sehr wenig und weichen nach der Seite hin von einander ab, welche die Theorie verlangt.

Es wurden bestimmt: das Gewicht des Eises p, die Anfangstemperatur desselben t, das Minimum der Temperatur des Terpenthinöls t'', des Gewicht q und die specifische Wärme c' des das Eis enthaltenden Gefäfses, das Gewicht des Terpenthinöls, nebst dem des Gefäfses, welches es enthielt und des Thermometers, sämmtlich auf Wasser reducirt M, die Anfangstemperatur des Terpenthinöls t', und die Wärmemenge, welche das umgebende Medium während des Versuchs abgiebt A. c war die specifische Wärme des Eises.

Die Berechnung geschah nach der Formel $pc(t''-t)+qc'(t''-t)=M(t'-t'')+A$.

So fand Hr. Desains im Mittel von 3 Versuchen die Zahl 0,465 für die specifische Wärme des Eises.

Diese Zahl ist geringer als die nach der ersten Methode gefundene; allein es ist schon angegeben, dafs der Grund davon in einigen Fehlerquellen liegt, deren Einflufs weder hat vermieden noch genau bestimmt werden können. Hr. Ed. Desains giebt daher für die specifische Wärme des Eises und des Schnee's die Zahl 0,513 an.

Einige Zeit nachdem diese Arbeit bekannt geworden war, theilte Hr. Person der Pariser Akademie mit, dafs er die specifische Wärme des Eises schon früher bestimmt habe, und dafs seine Abhandlung über diesen Gegenstand in einem versiegelt der Akademie übergebenen Paket enthalten sei. Er fand, dafs die specifische Wärme des Eises zwischen 0,50 und 0,56 liegt.

Hr. Person fügt noch zwei Bemerkungen hinzu die von Interesse sind. Er fand nämlich, dafs einige Salze, die Krystallwasser enthalten, wie Borax und phosphorsaures Natron das Wasser als Eis enthalten müssen, denn die specifische Wärme desselben in diesen Verbindungen ist etwa gleich 0,56, also gleich der des Eises.

Der Grund dafür, dafs die nach der ersten Methode angestellten Versuche von CLÉMENT und DESORMES nicht hinreichend genaue Resultate gegeben haben, findet er darin, dafs Eis von genau 0° sich in Wasser von 0° mit Eis bedeckt, wie seine Versuche ihm gelehrt haben.

Dr. W. Heintz.

Hrn. HOLTZMANN's Formeln über die specifische Wärme des Wasserdampfes s. p. 101.

Latente Wärme.

Herr PAYERNE hat am 27. Oktober 1845 in der Pariser Akademie eine Abhandlung gelesen deren Titel: ***Question sur l'existence du calorique latent,*** die Comptes rendus XXI, 943 mittheilen.

---

5. Strahlende Wärme.

MELLONI. Nouvelles recherches sur le rayonnement de la chaleur. C. R. XX. 575; Inst. No. 584, p. 86; Pogg. Ann. LXV. 101.

H. KNOBLAUCH. Ueber die Veränderungen, welche die strahlende Wärme durch diffuse Reflexion erleidet. Monatsber. der Berl. Akad. 1845, p. 170; Pogg. Ann. LV 581.

F. DE LA PROVOSTAYE et P. DESAINS. Mémoire sur le rayonnement de la chaleur. C. R. XX. 1767; Inst. No. 587, p. 116. No. 600, p. 231.

ARTUR. Note sur les effets que le rayonnement d'un corps solide produit sur le cylindre d'un thermomètre. C. R. XX. 1803.

HENRY and ALEXANDER. Experiments, relative to the spots on the sun. Procced. of the Americ. phil. soc. IV. 173.

E. BRÜCKE. Ueber das Verhalten der optischen Medien des Auges gegen Licht- und Wärmestrahlen. MÜLLERS Arch. f. 1845; Pogg. Ann. LXV. 593.

BOUTIGNY. Extrait d'un mémoire contenant des expériences destinées à prouver que les corps à l'état sphéroïdal réfléchissent presque complétement le calorique rayonnant. C. R. XX. 855.

Boutigny. Sur l'état sphéroïdal des corps. C. R. XXI. 171. 255.

Boutigny. Note sur l'application de l'état sphéroïdal à l'analyse des taches produites par l'appareil de Marsh. C. R. XXI. 1068.

R. Kersting. Ueber das Leidenfrost'sche Phänomen. Correspodenzblatt des naturforschenden Vereins zu Riga. I. Jahrgang, p. 147.

Artur. Note concernant une partie de son ouvrage sur la cappillarité dans laquelle il considère les phénomènes désignés par Mr. Boutigny sous le nom de „phénomènes de caléfaction". C. R. XX. 860.

S. a. Armstrong im ersten Abschn. p. 23.

---

1. Herr Melloni hat i. J. 1845 eine Abhandlung: *Nouvelles recherches sur le rayonnement de la chaleur.* (Lettre à Mr. Arago) veröffentlicht.

Angeregt durch die zuerst von Rumford und Leslie gemachte Beobachtung, dafs die Wärmeausstrahlung eines Körpers durch Firnifsüberzüge verbessert wird, sucht der Herr Verfasser die Grenze näher zu ermitteln, bis zu welcher diese Ausstrahlung eines erhitzten Körpers mit der Dicke der auf ihn aufgetragenen Schichten zunimmt.

Zu dem Ende überzog er die Wände eines Metallwürfels mit verschiedenen Lagen eines aus 40 gramm. Mastix, 30 gr. Bernstein, 20 gr. Wachholderharz, 15 gr. Panaxgummi, 5 gr. Gummi guttae und 350 gr. concentrirten Alkohols bestehenden Firnisses. Nachdem der Würfel mit Wasser von 50° C. gefüllt worden, wurde die Ausstrahlung seiner Wände an einem Thermomultiplicator gemessen. Die Ablenkungen, welche sich an diesen Instrument in den einzelnen Fällen ergaben, sind in der folgen Tabelle enthalten, welche zugleich die Differenzen angiebt, aus denen die Zunahme der ausgesandten Wärme zu ersehen ist.

Firnifs-schichten.	Strahlung.	Unterschiede.	Firnifs-schichten.	Strahlung.	Unterschiede.	Firnifs-schichten.	Strahlung.	Unterschiede.
0.	4,7					13.	39,6	1,1
1.	9,3		7.	29,9	2,5	14.	40,3	0,7
2.	13,9	4,6	8.	32,2	2,3	15.	40,8	0,5
3.	17,8	3,9	9.	34,1	1,9	16.	40,9	0,4
4.	21,3	3,5	10.	35,8	1,7	17.	40,9	0,0
5.	24,5	3,2	11.	37,2	1,4	18.	40,8	—0,1
6.	27,4	2,9	12.	38,5	1,3	19.	40,6	—0,2

Es geht daraus hervor, dafs die Wärmeausstrahlung anfangs beständig zunahm, mit der 16ten Schicht (bei welcher die Dicke des Firnisses $0^{mm},043455$ betrug) ihr Maximum erreichte und jenseits dieser Grenze wieder abzunehmen anfing.

Beim *Russ* trat die gröfste Wirkung nach dem Auftragen von 25—30 Schichten ein.

Goldblättchen von $0^{mm},00206$; $0^{mm},00412$; $0^{mm},00824$ Dicke zeigten nicht die mindesten Unterschiede, ein Beweis, dafs bei ihnen das Maximum der Ausstrahlung schon bei der geringsten Dicke erreicht war.

Ueberhaupt ist die Grenze, bis zu welcher die ausgesandte Wärme mit der Dicke des ausstrahlenden Körpers zunimmt, bei einem jedem, seiner Natur gemäfs, eine andere. — Das Gesetz, nach dem diese Steigerung stattfindet, ist von Herrn Padula durch die folgende Formel dargestellt worden:

$$fx = b' - \frac{2(b'-b)}{\pi a^2}(x-\alpha)^2 \int_0^{\infty} \frac{a\alpha}{\alpha} \cos \alpha x \sin a\alpha.$$

worin fx die Ablenkung bezeichnet, welche durch die bei x Schichten ausgestrahlte Wärme am Thermomultiplicator hervorgebracht wird; b das aus dem Versuch gefundene Minimum, b' das Maximum der Ablenkung und a die Anzahl der Schichten, bei der das letztere eintritt. — α ist eine bei der Integration verschwindende Veränderliche. — Die Grenzen der Formel sind $x = o$ und $x = a$.

In dem obigen Beispiel war also $b - (fx)_{x=0} = 4{,}7$; $b' - (fx)_{x=a} = 40{,}9$; $a = 16$.

Herr Melloni erklärt die besprochene Erscheinung dadurch, dafs die Wärme nicht von der Oberfläche allein, sondern auch aus gewissen Tiefen unter derselben hervorstrahle, und hält es für unstatthaft, die von Prévost, Fourier, Poisson u. A. eingeführte Hypothese einer inneren Reflexion zu Hülfe zu nehmen.

---

2. Vom Berichterstatter ist der Berliner Akademie (am 29. Mai 1845) eine Reihe von Versuchen mitgetheilt worden, die derselbe über die Veränderungen, welche die strah-

lende Wärme durch diffuse Reflexion erleidet, angestellt hat. —

Die Frage, ob die Wärme, je nachdem sie von einem oder dem andern Körper diffus reflektirt ist, Verschiedenheiten zeigt, wurde dadurch untersucht, dafs man ihren Durchgang durch diathermane Körper beobachtete.

Es ergab sich, dafs z. B. die unreflektirte Wärme einer ARGAND'schen Lampe, welche direkt eine Ablenkung von 20° an einem Thermomultiplicator hervorbrachte, nach dem Einschalten einer 3^{mm},7 dicken Kalkspath-Platte, eine Ablenkung von 12°, die von Carmin reflektirte, bei gleicher direkter Einwirkung von 20°, eine Ablenkung von 17°, die von schwarzen Papier zurückgeworfene von 10°,5 und die von Gold diffus reflektirte von 12° bewirkte.

Die Wärme der ARGAND'schen Lampe erlitt also bei der Reflexion von Carmin und schwarzem Papier Veränderungen, welche sie, z. B. bei der Durchstrahlung durch Kalkspath, von der unreflektirten und der von Gold zurückgeworfenen unterschieden.

Auf die bezeichnete Weise ist die von mehr als 70 verschiedenen Körpern diffus reflektirte Wärme in ihrem Durchgange durch Kalkspath, Gyps, Alaun, rothes, blaues Glas und Steinsalz untersucht worden [1]).

Es hat sich dabei gezeigt, dafs die von jenen Körpern zurückgeworfene Wärme entweder in gleichem Verhältnifs wie die unreflektirte durch alle eingeschalteten diathermanen Substanzen hindurchgeht, aber ihr Durchgang für alle mehr oder minder (verhältnifsmäfsig) verbessert, oder für alle mehr oder weniger verschlechtert, oder endlich für einige verbessert, für andere verschlechtert wird.

Die Wärme wird also durch diffuse Reflexion von einigen Körpern gar nicht von andern in hohem Grade und in sehr verschiedener Weise verändert.

[1] Die eigene Erwärmung der reflektirenden Flächen wurde dadurch hinreichend vermieden, dafs man sie als Seitenflächen eines mit Wasser von der Temperatur der Umgebung gefüllten Metallwürfels anwandte.

Um diese Veränderungen bei verschiedenen Wärmequellen kennen zu lernen, wurden dieselben Versuche, welche vorher mit der Argand'schen Lampe angestellt worden waren, auch bei rothglühendem Platin, einer Alkoholflamme und einem dunkeln erhitzen Metallcylinder ausführt.

Die Beobachtung ergab, dafs z. B. die von Carmin zurückgeworfene Wärme des rothglühenden Platins, welche die Kalkspath-Platte durchdrang, eine Ablenkung von 15°, die von schwarzem Papier reflektirte von 10° hervorbrachte, wenn die Abweichung der Nadel vor dem Einschalten 20° betragen hatte.

Die von denselben Flächen zurückgesandte Wärme der Alkoholflamme lenkte, unter übrigens gleichen Umständen, die Nadel des Thermomultiplicators im ersten Falle um 11°, im zweiten um 8° ab.

Die Wärme des dunkeln Cylinders endlich brachte nach ihrem Durchgange durch Kalkspath eine Ablenkung von 5°,5 hervor, sie mochte von Carmin oder von schwarzem Papier reflektirt sein. Für diese Wärmequelle waren also keine Verschiedenheiten nach der Reflexion warzunehmen.

Aehnliche Unterschiede in der diffus reflektirten Wärme der genannten Quellen wurden bei allen andern reflektirenden Flächen und nicht nur bei der Durchstrahlung durch Kalkspath, sondern auch beim Durchgange durch alle übrigen diathermanen Substanzen wahrgenommen. Die besprochenen Veränderungen waren sämmtlich bei der Wärme der Argand'schen Lampe am bedeutendsten, verminderten sich bei der Wärme des glühenden Platins, wurden für die Strahlen einer Alkoholflamme noch gegeringer und verschwanden gänzlich für die vom erhitzten Metallcylinder ausgesandte Wärme, welche Temperatur derselbe auch bis 115° C. haben mochte.

Die Veränderungen der Wärme bei diffuser Reflexion sind also wesentlich von der Natur der Wärmequelle abhängig.

Es fragte sich, wie sie zu erklären seien. Sie konnten entweder in einer Umwandlung der Wärmestrahlen bestehen, welche diese für die eine oder andre diathermane Substanz mehr oder minder durchgangsfähig machte, oder sie waren Folge einer auswählenden Absorption der reflektirenden Flächen für gewisse ihnen zugesandte Wärmestrahlen, wie es nach bekannten Versuchen von Baden Powell und Melloni am wahrscheinlichsten war. — Im ersten Falle konnten die Verschiedenheiten der reflektirten Wärme erst beim Durchgange durch die diathermanen Medien hervortreten, im zweiten mufsten sie mit der Intensität der reflektirten Wärme, welche der reciproke Ausdruck der Wärmeabsorption ist, im innigsten Zusammenhange stehen. In wie fern dies der Fall war, liefs sich auf folgende Weise untersuchen.

Rührte die erwähnte Erscheinung, dafs die von Carmin reflektirte Wärme verhältnifsmäfsig besser als die unreflektirte durch Kalkspath hindurchgeht, davon her, dafs Carmin die durch Kalkspath schlecht hindurchgehenden Strahlen absorbirte, so mufste es desto weniger die Wärme einer Quelle reflektiren, je mehr sie ihm unter einer gewissen Menge solche durch Kalkspath schlecht hindurchgehende Strahlen zusandte. Es mufs z. B. die Wärme des dunkeln Cylinders weniger als die der Argand'schen Lampe reflektiren, indem jene schlechter als diese durch Kalkspath hindurchgeht

Schwarzes Papier dagegen, welches den Durchgang der Wärme durch Kalkspath im Vergleich mit der unreflektirten verminderte, mufste sich — im Fall einer auswählenden Absorption — entgegengesetzt verhalten. Es mufste die Wärme der Lampe weniger gut, als die des Cylinders reflektiren.

Dies zeigte sich in der That. Die von Carmin zurückgeworfene Wärme der Argand'schen Lampe brachte am Thermoskop eine Angabe von 20°, die des Cylinders von 18° hervor, während die, unter übrigens gleichen Umständen, von schwarzem Papier zurückgesandte Wärme im ersten Fall eine Ablenkung von 18°, im letzteren von 31° bewirkte.

Der schon an diesem einen Beispiel hervortretende Zusammenhang zwischen den aus der Durchstrahlung beurtheilten Veränderungen und der ungleichen Intensität verschiedener reflektirter Wärme hat sich bei der Untersuchung von mehr als 70 reflektirenden Flächen bei den obengenannten 4 Wärmequellen und 6 diathermanen Körpern bewährt.

Die Erfahrung hat also dahin entschieden, daſs alle Veränderungen der Wärme bei der diffusen Reflexion nur Folge einer auswählenden Absorption der reflektirenden Flächen für gewisse, ihnen zugesandte Wärmestrahlen sind.

Die besprochenen Verschiedenheiten der diffus reflektirten Wärme sind denen ganz analog, welche an den diffus reflektirten sichtbaren Strahlen beobachtet werden, indeſs ist die Reflexion beider, wie schon HERSCHEL und MELLONI gezeigt haben, nicht vollkommen parallel. — Die obigen Versuche haben dies bestätigt, indem sie z. B. ergaben, daſs gewisse Körper, welche dem Auge gleichfarbig erscheinen, ungleichartige Wärmestrahlen zurückwerfen. Nur Ruſs und animalische Kohle verhielten sich gegen jede Art von Strahlen auf gleiche Weise. Sie reflektirten eine so wenig wie die andere.

Die hier im Auszuge mitgetheilten Beobachtungen haben zuerst das Verhalten der diffus reflektirten Wärme direkt untersucht und den Zusammenhang der dabei eintretenden Veränderungen mit der Intensität der Reflexion unmittelbar nachgewiesen.

Die Herren F. DE LA PROVOSTAYE und P. DESAINS haben 1. den Einfluſs untersucht, welchen die verschiedene Gröſse einer Umhüllung und die ungleiche Dichtigkeit der in ihr enthaltenen Luft auf die Abkühlung eines Körpers ausübt; 2. das Gesetz ermittelt, nach dem die Erwärmung eines Körpers unter ähnlichen Umständen stattfindet.

Eine vorläufige Mittheilung ihrer Resultate ist in dem ***Mémoire sur le rayonnement de la chaleur*** enthalten.

1. Die Abkühlung eines gläsernen, eines versilberten und eines vergoldeten Thermometers wurde bei verschiedenem Luftdruck in einem geschwärzten Ballon von 24^{cm} Durchmesser, einem andern von 15^{cm} Durchmesser und einem Cylinder von 6^{cm} Durchmesser und 20^{cm} Höhe beobachtet.

Es zeigte sich, daſs ein und dasselbe Thermometer, wie

auch seine Oberfläche beschaffen sein mochte, bei niederem Druck in einer grofsen Umhüllung langsamer, bei höheren Druck dagegen schneller als in einer kleineren Hülle erkaltete.

So bedurfte das gläserne Thermometer, um sich, bei einem Druck von 6^{mm}, um 96°,0 abzukühlen, im grofsen Ballon 29′ 48″, im 12 mal kleineren Cylinder 26′22″. Dagegen, um sich, bei einem Druck von 215^{mm}, um 90°,25 abzukühlen, im grofsen Ballon 18′ 35″, im Cylinder 20′ 49″.

Der Druck der Luft, bei dem diese Aenderung eintritt, ist nach der Natur des erkaltenden Körpers und dem Verhältnifs der Volumina der Umhüllungen verschieden. — Während z. B. eine Steigerung des Druckes von 15^{mm} auf 70^{mm} die Geschwindigkeit der Abkühlung in einem gröfseren abgeschlossenen Raume verdoppelte, führte sie in einem kleineren nicht die mindeste Veränderung herbei.

Auf den durch Ausstrahlung abgegebenen Wärme-Antheil hatte die Gröfse der Umhüllung bei diesen Versuchen keinen Einflufs.

2. Die Erwärmung eines unbedeckten oder mit Metall überzogenen Thermometers untersuchte man in dem geschwärzten Ballon von 15^{cm} Durchmesser, welcher durch siedendes Wasser bei einer constanten Temperatur von 100° C. erhalten wurde. Es ergab sich, dafs die Formel:

$$v = ma^{\theta}(a^{t}-1) + np^{c}t^{1,233}$$

welche nach Dulong und Petit die Geschwindigkeit der Abkühlung darstellt, auch für die Erwärmung gilt. Der eine Theil dieser Formel: $v_{,} = ma^{\theta}(a^{t}-1)$ drückt den Einflufs der Wärmestrahlung, der zweite: $v_{,,} = np^{c}t^{1,233}$ den Einflufs der umgebenden Luft aus. v bezeichnet darin die Geschwindigkeit der Abkühlung; m einen von der Natur des ausstrahlenden Körpers abhängigen Coefficienten; a eine absolute Constante; Θ die Temperatur der Umgebung im leeren Raume; t die Differenz zwischen der Temperatur des Thermometers und Θ; n einen nach der Beschaffenheit der Luft und der Gröfse des Körpers durch Versuche zu bestimmenden Coefficienten; p den Luftdruck; c eine durch die Natur des Gases bestimmte Constante.

Sollen diese Ausdrücke für die Erwärmung gelten, so hat man sich unter v die Geschwindigkeit derselben zu denken und t negativ zu setzen. Die Constanten nehmen natürlich andre Werthe an. Unter entsprechenden Umständen geschieht stets die Erwärmung langsamer als die Abkühlung.

---

4. Herr Artur hat der Pariser Akademie in einer Note die Resultate seiner Versuche mitgetheilt, deren Zweck es war, die Wärmestrahlung eines festen Körpers gegen ein Thermometer mit cylindrischem Gefäfse zu untersuchen,

1. wenn die Wärme des erhitzten Körpers nur die Luft zu durchdringen hat, um zum Thermometer zu gelangen,

2. wenn die Wärmestrahlen zuvor durch Wasser hindurchgehen,

3. wenn sie von Wasser reflektirt werden.

Die oben erwähnte Note in den Compt. rend. enthält nur diese kurzen Bemerkungen.

---

5. Veranlafst durch die Bemerkung Sir W. Herschel's, dafs mit dem Auftreten der Sonnenflecken eine Steigerung der Wärmeausstrahluug der Sonne verbunden zu sein schiene und die entgegengesetzte Meinung Gautier's, haben die Herren Henry und Alexander die Temperatur eines Sonnenbildes zur Zeit eines Sonnenflecks direkt zu bestimmen gesucht.

Die Ergebnisse ihrer Beobachtungen finden sich in den ***Proceedings of the American philosophical society.*** Sie wurden der Gesellschaft von Herrn Henry in der Versammlung von vom 20. Juni 1845 übergeben.

Das Sonnenbild brachte man in einem verfinsterten Zimmer durch ein Fernrohr von 4 Zoll Oeffnung hervor, dessen Linse 1,5 Fufs Brennweite hatte. Der Sonnenfleck von etwa 10000 Meilen im Durchmesser bildete an der Stelle, an welcher das Bild aufgefangen wurde, eine scharf begrenzte, fast quadratische Fläche von ungefähr $\frac{3}{4}$ Zoll Seite. Der Halbschatten umfafste in einer Richtung 2 Zoll, in der andern 1,5 Zoll.

Durch Rücken des Fernrohrs war man im Stande, unmittelbar nach einander den hellen und den dunklen Theil der Sonnenscheibe auf eine Thermosäule fallen zu lassen, deren Erwärmung an einem RUHMKORFF'schen Multiplikator gemessen wurde.

Die Beobachtung ergab in einem Falle für den Sonnenfleck eine Ablenkung von 3°,25, für den hellen Theil von 4°,5; In einem andern für den Sonnenfleck 4°, für den hellen Theil 5°,25, u. s. w. Ueberhaupt stimmten alle Versuche darin überein, dafs die Erwärmung des Thermoskops im dunkeln Raume des Bildes geringer als im hellen war.

---

6. Die Untersuchungen von Hrn. E. BRÜCKE: ***Ueber das Verhalten der optischen Medien des Auges gegen Licht- und Wärmestrahlen*** sind vom Herrn Verfasser selbst an einer andern Stelle dieses Jahresberichts mitgetheilt worden.

Herr BOUTIGNY sucht die bekannte Erscheinung, dafs Flüssigkeiten in glühenden Metallgefäfsen längere Zeit in ihrem tropfbarflüssigen Zustande verharren, einem Zustande, den der Verfasser von der Gestalt der Tropfen mit dem Namen des sphäroidalen bezeichnet, durch eine bei dieser Gelegenheit eintretende Reflexion der Wärmestrahlen zu erklären.

Er hat beobachtet, dafs Wasser weder vollkommen rein, noch mit Holzspähnen, Eisenfeilspähnen, Sand, gestofsenem

Glase, Rufs oder irgend einer andern unlöslichen Substanz gemengt in rothglühenden Gefäfsen zum Sieden gebracht werden könne.

Ob die Reflexion der Wärmestrahlen, durch welche er die Erhitzung des Wassers verhindert glaubt, an der Oberfläche der Flüssigkeit selbst oder ihrer Atmosphäre oder endlich in ihrem Innern stattfindet, läfst der Verfasser dahingestellt.

Auf die Anfrage, was aus der, von den Wassertropfen reflektirten Wärme werde, antwortet Hr. Boutigny, dafs sie wahrscheinlich wie das Licht und der Schall interferire.

Seine Erwiederung auf Herrn Arago's Bemerkung hinsichtlich des gedachten Phänomens ist nicht in die Berichte der Pariser Akademie aufgenommen worden.

Bei Gelegenheit der Untersuchung auf Arsenik mittelst des March'schen Apparats wird von Hrn. Boutigny der obigen Erscheinung nochmals gedacht.

Was die Erklärung derselben von dem Gesichtspunkte aus betrifft, dafs die Erwärmung der Flüssigkeiten — wie der Verfasses meint — durch Reflexion der vom glühenden Metall ausgehenden Wärmestrahlen verhindert werde, so ist dabei zu bedenken, dafs zwar die an der Flüssigkeit stattfindende Reflexion gewifs ihren Antheil ausübt, dafs aber noch mancherlei andere Umstände mitwirken, um die Erwärmung der Flüssigkeit bis auf ihren Siedepunkt zu verhindern. Das Wesentlichste ist, dafs die Flüssigkeit durch eine zwischen ihr und dem Metall gebildete Dampfatmosphäre überhaupt so weit vom erhitzten Körper getrennt wird, dafs nur die strahlende Wärme auf sie einwirken kann. Denn diese ist, wie man weifs, im Vergleich mit der geleiteten, deren Mittheilung auf die bezeichnete Weise verhindert wird, in ungleich geringerem Grade fähig, Flüssigkeiten zu erwärmen, nicht allein wegen der an der Oberfläche derselben stattfindenden Reflexion, sondern auch wegen der Fähigkeit vieler Wärmestrahlen, dergleichen diathermane Körper ohne merkliche Erhitzung zu durchdringen. Dazu kommt, dafs die fortgesetzte Dampfbildung unausgesetzt der Flüssigkeit Wärme entzieht, so dafs ihre verhältnifsmäfsig niedere Temperatur auch ohne Rücksicht auf Wärmeinterferenzen, deren Antheil noch aufser aller Berechnung liegt, hinreichend erklärt zu sein scheint.

Im Widerspruch mit früheren Resultaten des Herrn BOUTIGNY stehen diejenigen, welche Hr. R. KERSTING *„Ueber das LEIDENFROST'sche Phänomen"* [1] in dem Correspondenzblatte des Naturforsch. Vereins zu Riga (7. Dec. 1845) mittheilt.

Der Verfasser will gefunden haben: „dafs zwischen der Flüssigkeit und den erhitzten Wänden des Gefäfses ein fortdauernder Wechsel von Zurückstofsung und Berührung, keineswegs aber eine beständige Trennung stattfände, was z. B. dadurch bestätigt wird, dafs ein salpetersäurehaltiger Tropfen unter diesen Umständen ein Gefäfs von unedlem Metall angreift.

2) Dafs die Flüssigkeit eine Temperatur von vollen 100° C. annähme.

3) Dafs sie eben so schnell wie beim kräftigen Kochen verdampft.

4) Dafs Wasser auch ohne eigentliches (von Blasenentwicklung begleitetes) Kochen Dämpfe von 1 Atmosphäre Spannung und einer Temperatur von 100° C. bilden könne.

Das ganze Phänomen scheint dem Verfasser sonach keine andere Eigenthümlichkeit darzubieten, als dafs bei ihm die Dämpfe unterhalb der Flüssigkeit entweichen, während sie beim gewöhnlichen Kochen in Blasen dieselbe durchdringen. Der Grund dieser Erscheinung ist seiner Meinung nach, dafs die Dämpfe der unteren Schichten, welche die ganze Wassermasse heben, unter ihr einen Ausweg finden, also nicht nöthig haben, ihn durch die Flüssigkeit selbst zu suchen, dafs aber die oberen Schichten derselben wegen der höheren Wärmecapacität des Wassers von 100° nicht genug erhitzt werden, um Dämpfe in

[1] Dasselbe, welches Hr. BOUTIGNY mit dem Namen des sphäroidalen Zustandes der Flüssigkeiten bezeichnet.

Blasen aufsteigen zu lassen, wozu seines Erachtens eine höhere Temperatur als 100° C. erforderlich ist.

Bevor man sich der einen oder andern der besprochenen Erklärungsweisen zuwendet, kommt es vor Allem darauf an, durch neue Untersuchungen die Fakta der Erscheinung, deren Hauptfragen aus dem Mitgetheilten hervorgehen und über welche die Beobachtungen so verschieden lauten, aufser Zweifel zu stellen.

Herr Artur erinnert daran, dafs in seiner der Pariser Akademie überreichten Abhandlung „*Ueber die Capillarität*" einige Untersuchungen über das Boutigny'sche Phänomen der *calefaction* enthalten sind. Diese Abhandlung ist bis jetzt noch nicht veröffentlicht worden.

Dr. H. Knoblauch.

---

6. Wirkungen der Wärme.

Ausdehnungserscheinungen s. p. 32 ff.

Veränderung der Elasticität fester Körper durch die Wärme s. p. 84 ff.

Einflufs der Wärme auf die Elasticität und Dichtigkeit der Gase und Dämpfe s. p. 90 ff.

Veränderung des Aggregatzustandes durch die Wärme siehe p. 115 ff.

---

7. Theorie der Wärme.

LIOUVILLE. Recherches concernant des questions de physique mathématique et d'analyse. C. R. XX. 1386.

BERTRAND. Note sur la théorie des surfaces isothermes. C. R. XXI. 570.

Eine von Hrn. LIOUVILLE in den Compt. rend. mitgetheilte Abhandlung enthält einige mathematische Bemerkungen in Bezug auf das Gleichgewicht der Wärme in einem homogenen Ellipsoid.

Hr. BERTRAND stellt in seiner *Note sur la théorie des surfaces isothermes* einige neue Sätze in Bezug auf die zuerst von LAMÉ betrachteten „isothermen Flächen" auf. Die Mittheilung derselben ist jedoch so kurz und in der gedachten Abhandlung so wenig erläutert, dafs es am angemessensten erscheint, sie mit den eigenen Worten des Verfassers wiederzugeben.

1°. *Si, dans un solide indéfini, on considère un système de surfaces isothermes, et que ce système soit tel que la température des points situés à l'infini tende vers une limite finie et déterminée, il est nécessaire que les diverses surfaces isothermes tendent vers la forme sphérique à mesure que leurs dimensions augmentent.*

2°. *Parmi les systèmes isothermes en nombre infini, dont peut faire partie une surface donnée, il n'en existe qu'un seul qui satisfasse à la condition précédente*; *pour tous les autres la température des points situés à l'infini croît indéfiniment ou tende vers une limite qui n'est pas la même pour tous. Le premier cas est évidemment le seul qui puisse se présenter lorsque les surfaces isothermes sont fermées et s'enveloppent les uns les autres.*

3°. *Il est nécessaire et suffisant que les surfaces isothermes tendent vers une forme sphérique pour que la température des points situés à l'infini tende vers une limite finie.*

Lorsque cette condition n'est pas remplie, il est impossible que les surfaces isothermes tendent à devenir semblables à une autre surface fermée qui ne présente aucune singularité, et dont aucune dimension ne soit infiniment petite par rapport aux autres.

Dr. H. Knoblauch.

Fünfter Abschnitt.

Elektricitätslehre.

1. Allgemeine Theorie der Elektricität.

F. C. Henrici. Einige die Theorie und Anwendung der Elektricität betreffende Bemerkungen. Pogg. Ann. LXIV. 345.

R. Laming. Observations on a paper by Prof. Faraday concerning electric-conduction and the nature of matter. Phil. mag. XXVII. 420.

Wartmann. La méthode dans l'électricité et le magnétisme. Arch. de l'El. V. 320.

Hr. Henrici bespricht in der vorstehend citirten Abhandlung einige Punkte, welche auf verschiedene Theile der Elektricitätstheorie Bezug haben, nämlich allgemein auf die Natur der Electricität und auf die Beziehung der in verschiedener Weise erregten Elektricitäten.

Zuerst deducirt Hr. Henrici, dafs aus der Abstofsung der freien gleichnamigen Elektricität auf der Oberfläche eines Leiters folge, dafs die Elektricitäten sehr compressible Flüssigkeiten (?) sein müfsten, weil wir eine ähnliche Abstofsung der Theilchen nur bei den compressiblen Flüssigkeiten, den Gasen kennen. Die jetzige mathematische Theorie der Elektricitäten fordere aber, dafs die Elektricitäten incompressible Flüssigkeiten (?) seien.

In dem zweiten Paragraphen zieht Hr. Henrici aus der Verschiedenheit der elektrischen Spannung bei galvanisch gleicher Wirkung eines reibungselektrischen und eines galvanischen Stromes den nicht neuen Schlufs, dafs man verschiedene Gattungen von Elektricität wie von Licht, von Wärme, von Tönen annehmen müsse, dafs also die elektrischen Erscheinungen, Schwingungsphänomene seien. Er zeigt sodann, dafs die Analogie zwischen diesen Schwingungen und den Schwingungen des Lichtes, der Wärme u. s. f. nicht sehr weit gehe, was die Erscheinungen der Leitung und Strahlung anbetrifft.

Die mit Recht schon von vielen Seiten ausgesprochene Ansicht, dafs die Elektricitätsphänomene vielleicht auch auf Schwingungen eines Aethers zurückgeführt werden können, scheint mir jedenfalls von der zuerst erwähnten Folgerung des Hrn. Henrici, dafs die Elektricitäten sehr compressible Flüssigkeiten seien streng auseinander gehalten werden zu müssen. Licht besteht in den Schwingungen des Aethers, nicht aus dem Aether selbst, dem Substrate der mathematischen Betrachtung. Will man für jede Bewegung eine besondere Flüssigkeit, in der sie sich fortpflanzen soll, setzen, so würden wir es jetzt schon mit einem halben Dutzend und mehr von Aetherarten innerhalb der Körper zu thun haben: Lichtäther, Wärmeäther, Aether für die chemischen Strahlen, für die phosphoressenzerregenden, für den Magnetismus, die Reibungselektricität, den Galvanismus u. s. f. Ob durch so gehäufte Hypothesen die Erklärung der Phänomene gewinnen könne, scheint mir mehr als zweifelhaft; wir haben genug an einem Aether und wenn die Erscheinungen darauf führen, dafs sie in Schwingungen ihren Ursprung haben, so mag man in der Natur der Schwingungen Auskunft suchen, über welche jede Hypothese erlaubt ist, weil wir von ihnen stets nur aus der Uebereinstimmung der Rechnung mit der Erfahrung Kenntnifs erlangen können. (*K.*)

In dem dritten Paragraphen bespricht Hr. Henrici die gewöhnliche Annahme, nach welcher die beiden Electricitäten, welche durch den Contact zweier Metalle entstehen, deshalb nicht sogleich bemerkbar sind, weil sie sich gegenseitig binden. Hr. Henrici macht darauf aufmerksam, dafs ein solches Binden nur mit einer condensatorischen Wirkung gedacht werden kann, indem zwei Metallflächen immer eine solche Wirkung zeigen, wenn sie sich auch unmittelbar berühren. Hieraus lasse sich dann auch erklären, weshalb gröfsere Flächen stärkere Elektricität zeigen, während doch nach der Contacttheorie die Berührung beliebig weniger Punkte schon den vollen Effekt geben müssen. An den berührenden Punkten selbst finde eine stets vollkommene Leitung, also ein Austausch der Electricitäten statt, der gröfste Theil derselben werde dadurch aufgehoben, nur ein kleiner Theil verbreite sich auf den Flächen, und könne durch äufsere Leitung fortgeführt werden, wobei natürlich die Intensität des geleiteten Stromes der Leitungsfähigkeit des ganzen Apparates proportional sein müsse. Immer werde aber nur ein geringer Theil durch den äufseren Leiter fortgeführt und das Fortgeführte durch neue Contactwirkung ersetzt, während bei der Leidenschen Flasche fast der ganze Antheil der gebildeten Elektricität durch den Schliefsungsbogen gehe. — Um die Contactelectricität frei von condensatorischer Wirkung zu zeigen, hat Hr. HENRICI einen Zink- und einen Silberstreifen verbunden, beide zu einem Bogen gekrümmt (mit der Convexität nach unten) und ein Goldblättchen zwischen die Enden gehängt, das sich dem einen odem dem andern zuwendet, wenn es mit positiver oder negativer Elektricität gefüllt ist.

Der vierte Paragraph handelt von dem Ursprunge der Elektricität bei der Verbrennung.

Im fünften endlich macht Hr. HENRICI auf den verschiedenen Materialconsum aufmerksam, mit welchem man unter gewissen Bedingungen durch verschiedene galvanische Combinationen denselben Effekt erreichen kann. Eine Säule von n Elementen, deren electromotorische Kraft $= k$, deren wesentlicher Widerstand $= r$, der des Schliefsungsbogens $= w$ ist, hat die Intensität $Q = \frac{nk}{nr+w}$; eine zusammengesetzte Kette von denselben Elementen hat unter sonst gleichen Umständen die Intensität $Q' = \frac{k}{\frac{r}{n}+w} = \frac{nk}{r+nw}$. Ist $r = w$, so wird $Q = \frac{nk}{r(n+1)}$, $Q' = \frac{nk}{r(n+1)}$, also wird durch beide Combinationen derselbe Effekt hervorgebracht; bei der Säule ist die Intensität in jedem Elemente dann $q = \frac{k}{r(n+1)}$, bei der zusammengesetzten Kette $q' = \frac{k}{r(n+1)}$, also wird bei jener Zusammenstellung bei gleichem

Nutzeffekt, *n* mal so viel vom positiven Metall verbraucht, als bei dieser. (*B.*)

Dr. W. Beetz. Dr. G. Karsten.

Hr. FARADAY hatte sich in einer früheren Arbeit über die Ansichten ausgesprochen, welche man über die Natur der Materie aufgestellt hat, in so fern sie der Elektricitätsleitung fähig oder unfähig ist. Er nahm als Resultat seiner Betrachtungen an, dafs ein Körper nur in so fern ein Leiter der Elektricität sein kann als die Zwischenräume, welche seine Atome von einander trennen, eine solche Leitung zulassen, denn nur diese Zwischenräume sind zusammenhangend, nicht die Atome selbst. Indem nun Hr. LAMING diese Ansicht einer Kritik unterwirft, setzt er an ihre Stelle eine andere, ebenfalls vom atomistischen Gesichtspunkte ausgehende. Er betrachtet die Atome jedes Körpers als von Elektricität so umgeben, dafs die letztere eine Schale um das kugelförmige Atom bildet. Eine Elektricitätsmasse soll dann so aus Elektricitätsatomen bestehend gedacht werden, wie ein anderer Körper aus seinen Atomen. Ist nun ein Körper ein Leiter, so ist er dies deshalb, weil die Elektricitätsschalen nicht vollständig sind; in diesem Falle nämlich füllen die Atome einer Elektricitätsmasse, welcher er genähert wird, das Fehlende aus und gehen in gleicher Weise von einem Atome zum andern weiter. Ist dagegen keine Unterbrechung in den Schalen vorhanden, so ist ein weiteres Eintreten der Electricitätsmaterie in den Körper nicht möglich, und er ist ein Isolator. Hr. LAMING macht von diesem Principe auch eine Anwendung auf die electro-chemischen Processe.

Bei Gelegenheit einer Besprechung des von Hrn. ZANTEDESCHI herausgegebenen *Trattato del Magnetismo e della Elettricità* giebt Hr. WARTMANN eine Beurtheilung der in den physikalischen Lehrbüchern überhaupt, und in den Lehrbüchern der Elektricität im Besonderen befolgten Methoden. Nachdem er die Gründe, welche solche Compendien gewöhnlich an einer oder der andern Schwäche leiden lassen, hervorgehoben, theilt er selbst einen Plan mit, nach welchem seiner Ansicht nach ein Lehrbuch der Electricität und des Magnetismus zu entwerfen wäre.

Dr. W. Beetz.

---

2. Reibungselektricität.

A. Allgemeine Eigenschaften.

P. Riess. Ueber das elektrische Leitungsvermögen einiger Stoffe. Pogg. Ann. LXIV. 49: Arch. de l'El. V. 177.

K. W. Knochenhauer. Ueber das Gesetz, nach welchem ein nicht isolirter Körper von der Innenseite der elektrischen Batterie angezogen wird. Pogg. Ann. LXV. 569.

Ragona. Nouveau cas de rotation de l'aiguille magnétique. Arch. de l'El. V. 352.

M. W. Thomson. Sur les lois élémentaires de l'électricité statique. Inst. No. 620, p. 408.

B. Entladung der elektrischen Batterie.

H. W. Dove. Ueber den Ladungsstrom der elektrischen Batterie. Pogg. Ann. LXIV. 81; Inst. No. 586, p. 107; Monatsber. der Berl. Akad. 1844, p. 354; Arch. de l'El. V. 127.

Hankel. Ueber die Magnetisirung von Stahlnadeln durch den elektrischen Funken und den Nebenstrom desselben. Pogg. Ann. LXV. 537.

P. Riess. Ueber das Glühen und Schmelzen von Metalldrähten durch Elektricität. Pogg. Ann. LXV. 481.

Masson. Études de photométrie électrique. Ann. chim. ph. XIV. 129; Arch. de l'El. V. 269.

C. Elektro-Induktion.

K. W. Knochenhauer. Neue Versuche über den elektrischen Nebenstrom. Pogg. Ann. LXIV. 64 u. 284.

K. W. Knochenhauer. Zum elektrischen Nebenstrome. Pogg. Ann. LXVI. 235.

Matteucci. Note sur l'induction de la décharge de la bouteille. C. R. XX. 1100; Inst. No. 590, p. 142.

Matteucci. Note sur l'induction électro-statique ou de la décharge de la bouteille. C. R. XXI. 246; Arch. de l'El. V. 530.

Henry. Communication of the results of a series of experiments on electricity made last winter. They had reference first to the discharge of electricity through a long wire, connected with the earth at the farther end: secondly to the discharge of a jar through a wire: and thirdly to en attempt to account for the phenomena of dynamic induction. Proc. of the Americ. phil. soc. IV. 208.

D. Elektrische Apparate.

W. Siemens. Ueber die Anwendung des elektrischen Funkens zu Geschwindigkeitsmessungen. Pogg. Ann. LXVI. 435.

E. Dampfelektricität.

Matteucci. Sur l'électricité de la vapeur. C. R. XX. 1098; Inst. No. 590, p. 142.

Armstrong. Colossal hydro-electric machine. Mech. mag. XLIII. 64; Inst. No. 623, p. 433.

Zantedeschi. Sur l'électricité d'un jet de vapeur. C. R. XX. 970.

Elice. Méthode de produire l'électricité par le déchargement d'un fusil. Arch. de l'El. V. 550.

A. Allgemeine Eigenschaften der Elektricität.

Leitung der Elektricität.

P. Riess. *Ueber das elektrische Leitungsvermögen einiger Stoffe.*

Hr. P. Riess hat im Jahre 1845 Versuche über das Leitungsvermögen einiger Körger bekannt gemacht. Das Leitungsvermögen der Körper ist diejenige Eigenschaft, von welcher die Dauer der elektrischen Entladung abhängig ist, und man findet den Werth für das Leitungsvermögen direkt durch die Zeit, welche zur Entladung nöthig ist. Bei einigen Körpern ist diese Zeit beträchtlich genug um gemessen werden zu können, dies sind die unvollkommenen Leiter; bei andern dagegen, bei den Leitern ist sie so klein, daſs direkte Zeitbestimmungen nicht möglich sind. Man schieſst nun aus der erwärmenden Wirkung der Elektricität beim Durchströmen der Leiter, welche von der elektrischen Verzögerungskraft oder, wie diese Gröſse in der Lehre vom Galvanismus heiſst, vom Leitungswiderstande abhängt, auf das elektrische Leitungsvermögen[1]. Da also diese Gröfse bei Substanzen verschiedener Beschaffenheit durch ganz verschiedene Methoden gefunden wird, bei den schlechten Leitern zwar durch direkte Zeitmessung, aber wegen des Einflusses der Oberfläche und der Dimensionen des Körpers nur mit annähernder Genauigkeit, bei den Leitern zwar durch genaue Messungen, aber mit Hülfe eines hypothetischen Schlusses, so warnt Hr. Riess davor, die Resultate beider Methoden als mit einander vergleichbar zu betrachten. Vielleicht führen die neueren Vorschläge zur Geschwindigkeitsmessung, namentlich der des Herrn Siemens dazu, auch direkte Bestimmungen für die Entladungszeit bei Leitern zu machen.

In der vorliegenden Abhandlung hat Hr. Riess das Leitungsvermögen von 5 Körpern, vom Selen, Jod, Retinasphalt, Aluminium und Beryllium, vermittelst der ersten Methode, der der direkten Zeitmessung für die Dauer der Entladung bestimmt, und zwar bezeichnet er einen Körper, der das Elektroskop augenblicklich entladet, als Leiter der Elektricität, einen Körper, der es erst in einigen Sekunden entladet, als unvollkommenen Leiter, und einen Körper, der die Divergenz des Elektroskops in einer Minute nicht sichtlich verändert, als Nichtleiter.

Die Resultate der Versuche waren folgende:

Ein Cylinder von Selen, 3 Linien im Durchmesser und 6—13 Linien lang, leitete die Elektricität des Goldblattelektroskops fast augenblicklich ab. Die Oberfläche war theils metallisch dunkelbraun, theils an Bruchflächen glänzend bleigrau. Wurde die Oberfläche durch Schmelzen erueuert, so leitete sie die Elektricität nicht so schnell als früher. Ein an der Flamme gezogener Selenfaden isolirte so gut wie ein Schellackfaden, liefs die Divergenz des Elektroskops, selbst wenn es in einer Länge von ⅓ Linie genommen wurde, unverändert, und wurde durch Reiben stark negativ elektrisch, wie der ihm so verwandte Körper: der Schwefel.

[1] Die scharf gefafsten Definitionen dieser verschiedenen Bezeichnungen sind im VI. Bande des Repertoriums der Physik p. 112 —114 zu finden.

Das Jod ist ein unvollkommener Leiter der Reibungselektricität, indem Cylinder 6½ Linie dick und bis 20½ Linie lang das Elektroskop etwa in einer Sekunde entladen, und ohne Isolation durch Reiben nicht elektrisch gemacht werden können. Die Oberflächen der Cylinder waren krystallinisch stahlgrau, die Bruchflächen metallisch glänzend, in einigen Höhlungen zeigten sich deutliche Krystalle. In Form eines groben krystallinischen Pulvers zeigte sich das Jod vollkommen leitend.

Den Retinasphalt fand Hr. Riess, widersprechend den Angaben von Breithaupt, Hausmann und Henrici, als Nichtleiter der Elektricität. Die Oberfläche mufste aber glänzend und rein sein; an rauhen Stellen leitete sie. Durch Reiben wird der Retinasphalt wie der ihm nahestehende Bernstein negativ elektrisch.

Das Aluminium und Beryllium untersuchte Hr. Riess in Pulverform. Weil solche gepulverte Substanzen sich häufig nur wegen des condensirten Wassers als leitend zeigen, so wurden die genannten Metallpulver in Porzellantiegeln eine halbe Stunde lang bei 80° R. getrocknet, und dann schnell in 4 Linien weite Glasröhren, die sogleich verkittet wurden, gefüllt. In diesem Zustande zeigten sich beide Metalle als Nichtleiter der Elektricität, indem das Beryllium in einer Dicke der Schicht von ⅓ Linien, das Aluminium bei 2 Linien Dicke die Divergenz des Elektroskops ungeändert liefs.

Dies sind wohl die ersten Metalle, welche sich als Nichtleiter der Elektricität gezeigt haben, sie bilden also eine Ausnahme von dem von Hausmann und Henrici aufgestellten Gesetze, dafs die Metalle und ihre Legirungen, alle, Leiter der Elektricität seien.

Elektrische Vertheilung.

K. W. Knochenhauer. Ueber das Gesetz, nach welchem ein nicht isolirter Körper von der Innenseite der elektrischen Batterie angezogen wird.

Im Repertorium der Physik (II. 29 und VI. 132) hat Riess eine Uebersicht der Ansichten gegeben, welche über die Eigenschaften der gebundenen Elektricität bis zum Jahre 1842 vorgetragen worden sind. Seitdem hat Hr. Knochenhauer die Untersuchung wieder aufgenommen, weil es ihm schien, als erhöben sich gegen den von Riess und Fechner ausgesprochenen Satz: „dafs die abstofsenden und anziehenden Wirkungen der bindenden und sogenannten gebundenen Elektricität aus demselben „Gesichtspunkte zu betrachten seien, wie die der freien Elektricität, und dafs die gebundene Elektricität durch den Akt der „Bindung mit keiner andern Eigenschaft begabt werde," mehrere Schwierigkeiten.

Bei diesen zunächst und den weiterhin zu besprechenden Untersuchungen des Hrn. Knochenhauer enthalte ich mich übrigens jeder Kritik, die an einem andern Orte über die ganze Reihe der Abhandlungen dieses Physikers ausführlicher behandelt werden wird als dies in einem Jahresberichte möglich ist; ich beschränke mich daher einfach auf das Referat der von Hrn. Knochenhauer ausgesprochenen Sätze.

Der erste Aufsatz des Hrn. Knochenhauer, auf den ich hier zurückgehen mufs, indem die vorliegende Arbeit sich auf denselben stützt, fällt in das Jahr 1843, wo er seine

Versuche über gebundene Elektricität

in Pogg. Ann. LVIII. 31—49 und 211—31 bekannt machte.

Der Gang, den die Untersuchung des Hrn. Knochenhauer in dieser Arbeit nahm, ist folgender.

1) Zuerst bringt er einige Versuche bei, die ihm die Richtigkeit der herrschenden Ansicht bei den Vertheilungsphänomenen zweifelhaft erscheinen lassen. Sodann geht er

2) zur Prüfung der Tauglichkeit der Coulomb'schen Drehwage zum Behufe der Vergleicheng der Gesetze für freie und gebundene Elektricität über;

3) bestimmt er die Quantität der gebundenen Elektricität, bei veränderter Entfernung von der bindenden;

4) betrachtet er die Abhängigkeit der gebundenen Elektricität von der veränderten Intensität der bindenden;

5) untersucht er die Kraft der Anziehung einer Kugel mit gebundener Elektricität in verschiedenen Entfernungen;

6) stellt er Versuche in verdünnter Luft zur Bestimmung des Bindungsexponenten *b*, dessen Bedeutung im Verlaufe des Berichtes klar werden wird, an.

Hieran schliefsen sich

7) Beobachtungen über die Intensität der Ladung beim Ueberschlagen des Funkens in verdünnter Luft;

8) Beobachtungen der Quantität der durch den Funken verdrängten Luft.

---

1. Was die Versuche betrifft, welche Hrn. KNOCHENHAUER an der Richtigkeit der herrschenden Ansichten zweifeln liefsen, so hebe ich folgende zwei daraus hervor.

a. Ein isolirter Leiter *A* von passender Form wird mit + Electr. geladen, hierdurch erhalten zwei andere hinter einander in zweckmäfsigen Entfernungen aufgehängte, nicht isolirte Körper *B* u. *C* nach hergestelltem Gleichgewicht — Electr. gebunden, und *B* geht von *C* ab nach *A* zu, *C* von *B* ab und weiter von *A* fort. Hier fragt es sich nun: Findet die elektrische Vertheilung und die elektrische Anziehung nach denselben oder nach differenten Gesetzen statt? Gilt der erstere Fall, wie man doch gewöhnlich annimmt, wie kann in *C* die positive Elektricität von *A* mehr binden als die negative von *B*, und doch die Anziehung von *A* aus geringer sein als die (Abstofsung) von *B* aus? — So wie Hr. KNOCHENHAUER hier den Versuch beschreibt, läfst sich wenig über denselben sagen, da weder die Gröfse von *A*, *B* u. *C* noch die Masse der Körper *B* u. *C* noch die gegenseitigen Entfernungen angegeben sind, welche Werthe doch auf den Erfolg der Bewegung von *B* u. *C*, die so paradox erscheint, bedeutenden Einflufs haben. Man kann sich vielleicht den Fall analog einem andern in der Lehre von der Gravitation denken wo die Gröfse der Sonnen- und Mondfluth von der Entfernung und von der Gröfse der Anziehung der Sonne und des Mondes abhängt, die Mondfluth ist gröfser wie die Sonnenfluth, trotz dem, dafs die Anziehung der Sonne auf die Erde der des Mondes so sehr überlegen ist.

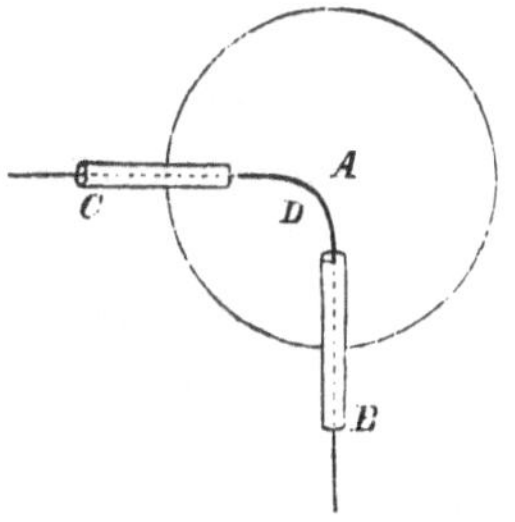

b. In eine mit Lack überzogene Glaskugel *A* wurden bei *B* u. *C* Glasröhren eingeschoben, die bei *B* durch Schellack, die bei *C* durch einen Kork. Durch beide Röhren ging ein Draht, der bei *C* ein wenig hervorsah. Wurde diese Vorrichtung einem mit — Elektr. geladenen Conduktor genähert, indem man *B* und den Draht anfafste, und *C* so richtete, dafs es vom Conduktor fort sah, so strömte von *C* ein Lichtbüschel mit + Electr. aus. Dieses Strömen soll von der gebundenen positiven Elektricität entstehen, die hier etwa in der Mitte des Drahtes bei *D* sich findet; dies zugegeben, so geht die strömende positive Elasticität offenbar abwärts vom Conduktor in die Luft, und könnten wir den Conduktor so schützen, dafs seine negative Elektricität keine anderweitige Ableitung fände, so hätten wir in der That ein perpetuum mobile construirt. Ward die Kugel gedreht, so verstärkte sich nach und nach der positive Büschel; füllte man sie mit Feilspänen, so ward der Hergang nicht geändert.

Was dieser Versuch gegen die oben erwähnte Vorstellung von den Eigenschaften der gebundenen Elektricität beweisen soll, ist mir in der That nicht klar. + Elektricität wird auf dem Drahte gebunden, und während die — Elektr. bei *B* mit der Hand abgeleitet wird, so entweicht die + Elektr. an den Spitzen eben so stark wie die freie Elektr. Allerdings hätten wir hier ein perpetuum mobile, dies Räthsel kann aber keinen Einwand abgeben, da die Zamboni'schen Säulen ja ein Gegenstück zu der unerschöpflichen Erregung der Elektricität liefern, und ein zwischen zwei solchen Säulen aufgehängtes Pendel ein wirkliches perpetuum mobile ist.

2. Die Coulomb'sche Drehwage schien Hrn. Knochenhauer das zweckmäfsigste Instrument zur Bestimmung der Quantität der gebundenen Elektricität, doch glaubte er sich von ihrem

Gebrauche erst vorher genau in Kenntnifs setzen zu müssen. Die Versuche mit der Drehwage, welche hierauf mitgetheilt werden, stimmen genügend mit der Berechnung überein.

3. Die Quantität der gebundenen Elektricität bei veränderter Entfernung der bindenden zu bestimmen.

Hr. Knochenhauer stellte hierüber zuerst Versuche mit einer Anordnung des Apparates an, die er nachher, um exaktere Resultate zu erhalten, mit der folgenden vertauschte. **A**, **B**, **C**, **D** ist ein solider hölzerner Rahmen, 3′ breit und 2′ hoch, der bei **C** u. **D** auf einem Tische **EF** festgeschraubt werden kann, in seiner Mitte stehen zwei 5″ lange Schrauben **J** u. **K**, zwei Leitstangen **G** u. **H** oben mit Knöpfen von Siegellack versehen,

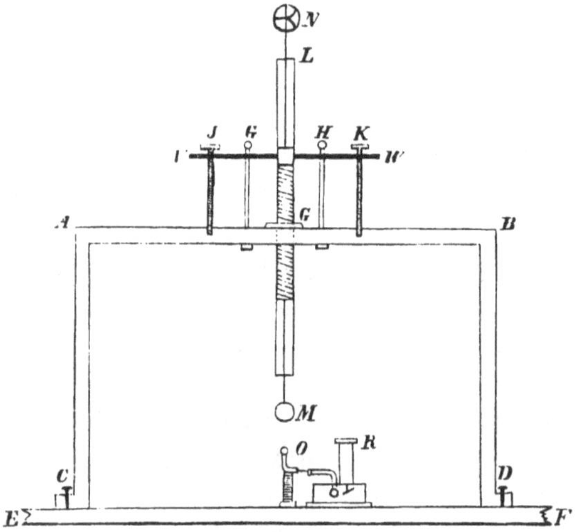

sie leiten einen messingenen Querstab **VW**, in dessen Mitte die zwei Fufs lange gläserne Röhre **LM** fest gekittet ist, die aufserdem durch eine ihr entsprechende Oeffnung in **AB** hindurchgeht. In dieser Röhre ist wiederum eine andere festgemacht, die eine, von Linie zu Linie auf Papier sorgfältig getheilte Skala enthält; durch diese geht ordentlich befestigt der Messingdraht **MN**, der unten mit einer Kugel **M** endigt und oben mit einer andern aus zwei Hälften bestehenden, die eine leichte Drehung um einen horizontalen Zapfen gestatten. Die untere Kugel wurde bei den Versuchen senkrecht über die Kugel **O** der Drehwage **R** gestellt, und ihr Abstand von der Skale bei **P** genau gemessen. Von der zweiten Hälfte der Kugel **N** ging dann ein anderer Draht zur Innenseite der Batterie, indem er auf den die dortigen Kugeln verbindenden Querstäben auflag und in seinem überragenden Ende selbst mit einer Kugel endigte. Die Ladung der Batterie von 4 Flaschen wurde durch eine LANE'sche Flasche gemessen. Zu jeder Beobachtung wurde, wenn die Kugel *M* in der richtigen Lage stand, die Batterie auf denselben Grad geladen, ihre Aufsenseite mit dem Erdboden in Verbindung gesetzt um die freie Elektricität zu entfernen, die Batterie entladen, Innen- und Aufsenseite dauernd verbunden und der Ablenkungswinkel x, der Nadel in der Drehwage nach vollständigem Stillstande derselben gemessen.

Die auf *O* gebundene Elektricität verbreitete sich nach der Ladung (während welcher die freie Elektricität von *O* entfernt wurde) über den ganzen Draht. Die Intensitäten der Elektricität auf der innern Kugel *Q* und des Nadelendes seien *J*, der Ablenkungswinkel x, die Torsionskraft des Fadens k, so ist

$$k = N \frac{J . J . \cos\frac{x}{2}}{4 \sin^2\frac{x}{2}}$$

wo N eine Constante ist[1].

Setzt man $\frac{4k}{N} = C^2$, einer neuen Constante, so ist

$$J = C\sqrt{\sin\frac{x}{2} \tan \frac{x}{2}} \qquad (1)$$

Die Distanzen d der Kugeln *M* und *O* wurden in Einheiten von 3 zu 3 Pariser Linien genommen. Zu jedem beobachteten x wurde *J* berechnet (welches Hr. KNOCHENHAUER unter der Ueberschrift beobachtetes *J* anführt). Aus einer Anzahl Beobachtungen bestimmte sich dann die Constante *C*; vermittelst des Mittelwerthes dieser konnte für jeden Ablenkungswinkel die Intensität, und umgekehrt vermittelst der Constante *C* und dem beobachteten *J*, der Ablenkungswinkel x berechnet werden.

Beispielsweise ist eine solche Beobachtungsreihe diese:

d.	x beob.	log. *J* beobachtet.	log. *J* berechnet.	x berech.
1.	31°27′	log *C*+0,4412850—1	log *C*+0,4423157—1	31°32′
2.	27°27′	log *C*+0,3815439—1	log *C*+0,3795819—1	27°20′
3.	24°15′	log *C*+0,3272116 —1	log *C*+0,3314441—1	24°29′
4.	22°24′	log *C*+0,2925014—1	log *C*+0,2908626—1	22°19′
5.	20°38½′	log *C*+0,2567833—1	log *C*+0,2551094—1	20°34′

[1] S. Gehlers n. ph. W. III. p. 694.

Die Zahlen in der dritten Columne schienen zu beweisen, dafs eine Abnahme proportional zu den Distanzen stattfände, so dafs mit Einführung zweier neuer Constanten A und b die Formel $J = CAb^n$ folgen würde, sofern n die variable Zahl der Distanzen bezeichnet. Umfassendere Versuche führten Hrn. KNOCHENHAUER darauf, dafs man die Formel auf

$$J = CAb^{\sqrt{n}} \qquad (2)$$

oder

$$\log J = \log C + \log A + \sqrt{n} \,.\, \log b \qquad (3)$$

stellen müsse. Nach der Methode der kleinsten Quadrate wurden jetzt $\log A$ und $\log b$ aus den einzelnen Gleichungen (3) berechnet, und dann mittelst derselben $\log J$, ferner x aus:

$$\frac{1}{2}\left(\log \sin \frac{x}{2} + \log \operatorname{tang} \frac{x}{2}\right) = \log J - \log C$$

Die Werthe von $\log b$ stimmen nach den verschiedenen Versuchsreihen ziemlich gut überein, $\log A$ dagegen variirt nach den speciellen Verhältnissen.

Hr. KNOCHENHAUER untersuchte nun, ob der Werth b von der Gröfse der Kugel an der Waage abhängt oder allein mit der bindenden Kraft der Elektricität durch die Luft zusammenhängt. Er findet das letztere und als Mittelwerth aus sämmtlichen Beobachtungsreihen

$$\log b = 0{,}8496134-1 \qquad b = 0{,}70736$$

Hiernach liefse sich die Intensität der gebundenen Elektricität, wenn man $C.A = E$ setzt, aus der Formel

$$J = 0{,}70736^{\sqrt{n}} \,.\, E$$

finden, worin man für n die Entfernung des gebundenen Körpers von bindenden durch 3 Paar Linien als Einheit gemessen zu substituiren, und für E einen constanten von der Gröfse der Kugeln und der ursprünglichen Intensität abhängigen Werth zu setzen hat. Dies giebt also die Menge der gebundenen Elektricität bei einer Entfernung von

$$\begin{aligned} 1\times 3 \text{ Par. Lin.} &= Eb &&= 0{,}70736\, E \\ 4\times 3 \quad \text{-} \quad &= Eb^2 &&= 0{,}50037\, E \\ 9\times 3 \quad \text{-} \quad &= Eb^3 &&= 0{,}35394\, E \\ 16\times 3 \quad \text{-} \quad &= Eb^4 &&= 0{,}25036\, E \text{ u. s. f.} \end{aligned}$$

Hr. Knochenhauer stellt zum Schlufse die Frage, ob man dieses Resultat nach den bisherigen Ansichten erklären könne, oder ob man hierin nicht eine continuirliche Wirkung von dem bindenden Körper ab bis zu dem gebundenen erblicken mösse?

4. Abhängigkeit der gebundenen Elektricität von der veränderten Intensität der bindenden.

Hr. Knochenhauer findet als Resultat hierfür durch Versuche die Ansicht bestätigt, die als die natürlichste angenommen werden mufs: dafs bei constanter Entfernung die Intensität der gebundenen Elektricität mit der Intensität der sie bindenden proportional wächst.

5. Anziehung einer Kugel mit gebundener Elektricität in verschiedenen Entfernungen.

Hierfür gelangt Hr. Knochenhauer zu dem Resultate: dafs eine gleiche Anziehung bei einer der Entfernung proportionalen Ladung stattfindet.

Die bisherigen Ansichten scheinen ihm hier nicht Stich zu halten; denn es sei z. B. auf der Kugel M, $J = 4$ bei $d = 4$, so ist die gebundene Elektricität auf der Kugel $O = 4 \times 0{,}50037\, E$ und die Anziehungskraft k wäre $k = A . \frac{4 . 4 . 0{,}50037\, E . J}{4 . 4}$ $= A . 0{,}50037\, E . J$, sofern A eine Constante bezeichnet. Bei $d = 9$ sei $J = 9$, so ist die gebundene Elektricität auf $O = 9 \times 0{,}35394\, E$ also $k_{,} = A . \frac{9 . 9 . 0{,}35394\, E . J}{9 . 9} = A . 0{,}35394\, E . J$, während k und $k_{,}$ nach dem Resultate dieses Paragraphs gleich sein sollten.

6. Versuche in verdünnter Luft zur Bestimmung des Bindungsexponenten b.

Durch die Versuche, die mit einem passenden Apparate angestellt wurden, in welchen die Luft durch eine kleine Handluftpumpe verdünnt werden konnte, zeigte sich, dafs für den Bindungsexponenten kein wahrnehmbarer Unterschied entstand, mochte der Luftdruck 27″3‴2 oder 13″7‴ betragen.

7. Intensität der Ladung beim Ueberschlagen des Funkens in verdünnter Luft.

Wenn nun gleich der Bindungsexponent derselbe blieb, so nahm doch mit zunehmender Verdünnung der Luft die Intensität der Ladung ab, welche erforderlich war, um eine Entladung der Batterie zwischen den Kugeln M und O (die sich im luftverdünntem Raume befanden, und von denen M mit dem inneren, O mit dem äufseren Belege der Batterie in Verbindung stand) hervorzubringen.

Hr. Knochenhauer findet die Intensität der Ladung ausgedrückt durch die Formel:

$$J = \frac{y(x+B)}{1+Bz} J_n$$

darin sind y und z zwei constante Zahlen, x ist ebenfalls eine constante Zahl und bezeichnet die Quecksilbersäule in Zollen, die dem Barometerstande B (ebenfalls in Zollen ausgedrückt) hinzugefügt werden mufs, und J_n ist die Intensität, welche erforderlich ist, um den jedesmaligen Zwischenraum zwischen den beiden Kugeln bei einem Normalluftdruck von 28 Par. Zoll und bei einer Temperatur von etwa 23° C zu durchbrechen.

Als vorläufige Annäherungen für die Constanten setzt Herr Knochenhauer:

$$x = 2 \qquad z = 0{,}004 \qquad y = 0{,}0371.$$

Kennt man also die Intensität J_n, so findet man ganz allgemein die Intensität J für einen andern Luftdruck B in Pariser Zollen, aus

$$J = \frac{0{,}0371\,(2+B)}{1+0{,}004\,B} J_n$$

Für den luftleeren Raum wird daher

$$J = 0{,}0742\,J_n$$

und dieser Raum bietet noch ein genugsames Hindernifs gegen den Durchgang der Elektricität.

8. Die Quantität der durch den Funken verdrängten Luft x läfst sich nach der Formel

$$x = A\frac{q^2}{s}$$

berechnen, wo A eine Constante, q die Elektricitätsmenge gemessen an einer LANE'schen Flasche, s die Flaschenanzahl bedeutet.

Die unter den beiden letzten Nummern 7 und 8 angeführten Resultate habe ich hier mit aufgezählt, weil Hr. KNOCHENHAUER auf sie im Verlaufe seiner Untersuchungen geführt wurde, eigentlich hätten sie mit unter die Erscheinungen bei der Entladung der Batterie erwähnt werden müssen.

In der Abhandlung nun, welche Hr. KNOCHENHAUER im Jahre 1845 veröffentlichte, sucht derselbe neue Bestätigungen für den unter No. 5 angeführten Satz beizubringen: dafs eine gleiche Anziehung einer Kugel mit gebundener Elektricität bei einer der Entfernung proportionalen Ladung stattfindet. Er sucht die Bestätigung dieses Gesetzes in der Herleitung desselben mit Hülfe der unter No. 2 gegebenen Formeln für die Quantität der gebundenen Elektricität.

Die Gleichheit der Anziehung bewirkt Hr. KNOCHENHAUER indem er durch die mit der Innenseite der Batterie verbundene Kugel eine mit der äufseren Seite in metallischer Verbindung stehende Metallscheibe, welche als Schale einer Waage angebracht ist, anziehen läfst. Da diese Scheibe stets die gleiche Kraft erfordert, um aus ihrer Gleichgewichtsstellung gebracht zu werden, so wird dadurch der Bedingung der gleichen Anziehungskraft Genüge geleistet. Die Scheibe konnte in verschiedene Entfernungen von der anziehenden Kugel gebracht werden, und die Intensität der Ladung wurde durch die LANE'sche Flasche gemessen.

Die Versuche selbst, durch welche Hr. KNOCHENHAUER das vorher angegebene Resultat bestätigt findet, glaube ich übergehen zu dürfen, da sie nur eine Wiederholung seiner früheren sind, und zwar verschiedener Umstände wegen eine weniger genaue Widerholung. Das Resultat derselben ist, dafs für die Distanzen d ($1d = 3$ par. Lin.) folgende Anzahl q oder Entladungen der LANE'schen Flasche gefunden wurden:

d		q
1	. .	8,85
2	. .	13,75
3	. .	18,75
4	. .	23,78
5	. .	28,78

Ich gehe jetzt dazu über anzuführen wie Hr. KNOCHENHAUER in der Berechnung aus seinen früher gegebenen Formeln eine Bestätigung des in Rede stehenden Gesetzes findet.

Wie oben unter No. 3 angeführt ist, fand Hr. KNOCHENHAUER für die Gröfse der gebundenen Elektricität

$$J = 0{,}70736^{\sqrt{n}}\, c \,.\, a$$

Bei einer Ladung der Kugel $= A$ ist danach die gebunbundene Elektricität auf der Scheibe in der Distanz d, $= B = A\alpha\,(0{,}70736)^{\sqrt{d}}$, worin α eine unbekannte Constante bezeichnet; diese gebundene Electricität bindet auf der Kugel eine neue Quantität $= C = B\beta\,(0{,}70736)^{\sqrt{d}}$, wenn wir mit β eine neue Constante einführen, die möglicherweise von α verschieden sein kann. In aller Strenge wird zwar B von $A + C$ gebunden und da die Formel nur B in seiner Abhängigkeit von A angiebt, so wäre für C, das von B abhängt, eine Correktion nach derselben Einheit erforderlich; indessen ist C gegen A mit Ausnahme bei $d = 1$ eine unbedeutend kleine Gröfse. Ueber den Ort dieser Elektricitäten wissen wir allein, dafs A in seinem freien Zustande gleichmäfsig auf der Kugel vertheilt ist, dagegen kennen wir weder die Vertheilung von B noch von C auf der Platte und der Kugel, wenn wir indessen voraussetzen dürfen, dafs sie gegenseitig angezogen, so weit als nur möglich gegeneinander vorrücken, so könnnen wir B auf der Mitte der Platte und C auf dem obersten Punkte der Kugel annehmen. Nehmen wir dann den Radius der Kugel $= r = 3\frac{1}{6}d$, so bekommen wir die Attraktionskraft aus

$$\frac{A^2\alpha(0{,}70736)^{\sqrt{d}}}{(r+d)^2} + \frac{A^2\alpha^2\beta(0{,}70736)^{3\sqrt{d}}}{d^2}$$

welche Gröfse für gleiche Belastung der Schale eine Constante ist. Da aber A proportional zu q ist (welches Hr. KNOCHEN-

HAUER zu Anfang der Abhandlung experimentell nachweist), so ist auch

$$\frac{q^2(0{,}70736)^{\sqrt{d}}}{(r+d)^2}+\frac{q^2\alpha\beta(0{,}70736)^{3\sqrt{d}}}{d^2}=\text{Const.}$$

Sieht man nun, ob man vermittelst der vorher gegebenen Werthe von d und q, die man durch Multiplication mit $\frac{4}{5}$ zur Berechnung bequemer macht, wirklich eine Constante erhält, so findet sich folgende Tafel. In dieser ist für $9d$ noch $q=39$ und $=40$ zur Vergleichung hinzugefügt, und die Constante mit dem Mittelwerthe von $\alpha\beta=0{,}18$ berechnet.

d	q	Const.
1	7	$1{,}996+17{,}343\,\alpha\beta = 5{,}118$
2	11	$2{,}778+6{,}963\,\alpha\beta = 4{,}031$
3	15	$3{,}248+4{,}137\,\alpha\beta = 3{,}993$
4	19	$3{,}517+2{,}826\,\alpha\beta = 4{,}026$
5	23	$3{,}657+2{,}074\,\alpha\beta = 4{,}030$
.	.	. . . .
9	39	$3{,}637+0{,}833\,\alpha\beta = 3{,}787$
9	40	$3{,}826+0{,}876\,\alpha\beta = 3{,}984$

Hr. KNOCHENHAUER betrachtet nun kurz, welche Veränderung in den Resultaten hervorgebracht würde, wenn man die Schwerpunktslage der Elektricität auf Kugel und Scheibe anders wie so eben betrachtet, und findet, daſs eine gröſsere Ausbreitung der Elektricität auf diesen Körpern dem Endresultate noch günstiger sein würde. Er schlieſst seine Abhandlung mit der Hoffnung in der vorstehenden Berechnung den Beweis geliefert zu haben, daſs wenn bei späteren Untersuchungen sich das Gesetz bewährt, daſs gegenseitig gebundene Electricitäten sich umgekehrt im Quadrate ihrer Entfernungen anziehen, die Quantität der gebundenen Elektricität ihrem Zahlenwerthe nach mit der von ihm bisher aufgestellten Formel nahe übereinstimmen müsse, wenn auch diese auf theoretischem Wege gefundene Formel eine ganz andere Form als die empirisch abgeleitete annehmen sollte.

Dr. G. Karsten.

In den beiden oben angeführten Notizen der Herren Ragona und Thomson ist nichts Neues enthalten.

B. Entladung der elektrischen Batterie.

H. W. Dove. Ueber den Ladungsstrom der elektrischen Batterie.

Wird der Conduktor einer in Bewegung gesetzten Elektrisirmaschine mit dem Erdboden in Verbindung gebracht, so zeigt der Strömungsvorgang, der in dem verbindenden System von Leitern stattfindet, nahezu die nämlichen Eigenschaften wie derjenige in dem Schliefsungsdrathe der Volta'schen Kette: er ist geeignet, Ablenkung der Magnetnadel, Elektrolyse, Erwärmung hervorzubringen. Es kann wohl keinem Zweifel unterliegen, dafs dasselbe der Fall sein würde, wenn die Verbindung, statt zwischen dem Erdboden und dem Conduktor, zwischen diesem und der inneren Belegung einer nicht isolirten Batterie von ausgedehnter Capacitat hergestellt wäre. Wohl aber war es wichtig, zu ermitteln, ob dieser Strömungsvorgang, der alsdann Ladungsstrom genannt werden kann, da er die Batterie geladen zurückläfst, in seinen Wirkungen übereinkommen werde mit dem Schlage, d. h dem Entladungsstrome der Batterie, wenn er, wie dieser, statt auf eine verhältnifsmäfsige lange Zeit vertheilt zu sein, sich in einem einzigen aufserordentlich kurzen Augenblicke zusammengedrängt fände. Ein Mittel dies zu untersuchen, hätte sich möglicherweise in dem Strome dargeboten, durch welchem, nach Volta's Entdeckung eine Batterie von einer Säule aus in einem geringen Bruchtheil einer Sekunde geladen werden kann [1]. Ein weit einfacheres, zugänglicheres

[1] Collezione dell' Opere del Cav. Conte Aless. Volta etc. Firenze 1816 t. II. p. II. Sopra gli Elettromotori. Lettera al S. J. C. Delaméthérie. p. 161; — Memoria sull' Identità del Fluido elettrico col Fluido Galvanico. Parte seconda. §. XXXII. p. 197. Bekanntlich hat Ritter diese Versuche in Gotha mit einer ihm vom regierenden Herzoge daselbst zu Gebote gestellten Säule in gröfstem Mafsstabe wiederholt, und dabei unter andern die Erscheinung des

und, wegen der noch gröfseren Beschleunigung des Ladungsvorganges dem Zweck noch mehr entsprechendes Mittel hat hingegen Hr. Dove in dem folgenden Verfahren ausfindig gemacht, wobei aufserdem noch mehrere andere Fragen in überraschender Weise zur Erledigung kamen.

Man denke sich eine geladene und eine ungeladene Batterie, deren äufsere Belegungen mit einander in leitender Verbindung stehen. Werden auch die inneren Belegungen durch einen Auslader verbunden, so springt genau, wie bei der Entladung der Batterie, eine Reihe von Funken von abnehmender Gröfse in immer kleinerer Schlagweite bis zur metallischen Berührung über, und nach abermaliger Trennung findet man beide Batterieen in einerlei Sinne geladen. Man hat demnach so zwei Ladungsströme, einen mit Funkenbildung zwischen den inneren, den anderen ohne dieselbe zwischen den äufseren Belegungen, deren Intensität um so gröfser ist, je gröfser die ursprüngliche Ladung, und je gröfser die Capacität der ungeladenen im Verhältnifs zu der der geladenen Batterie. Diese Ströme stehen in demselben Verhältnifs zu dem Entladungsstrome der zweiten, ursprünglich nicht geladenen Batterie, wie der Strom zwischen Conduktor oder Erdboden und Belegung zu dem Entladungsstrom einer Batterie überhaupt, mit dem Unterschiede, dafs sie, wie dieser selbst, von augenblicklicher Dauer sind. Der Versuch lehrt, dafs sie, unter dieser Form, sämmtliche Eigenschaften des gewöhnlichen Entladungsstromes besitzen. Von den Funken ist dies bereits angeführt worden. Was die physiologische Wirkung betrifft, so ist es leicht, sich davon zu überzeugen, indem man in die eine Hand eine geladene, in die andere eine ungeladene Flasche nimmt, und die Knöpfe mit einander in Berührung bringt; man empfindet z. B. bei positiver Ladung der inneren Belegung den negativen Ladungsstrom als einen heftigen Schlag. Hr. Dove hat aber den Vergleich noch auf folgende stromprüfende Mittel ausgedehnt: wobei er sich zweier gleicher Batterien bediente, deren jede aus 16 Quartflaschen bestand: 1) Induk-

des von ihm bereits sogenannten Ladungsschlages durch den Ladungsvorgang der Batterie nachgewiesen, welche, so viel ich weifs, Volta selbst entgangen war. Gilbert's Annalen der Physik. 1803. Bd. XIII. S. 11.

tion mit Einlage sowohl von Drathbündeln als von massivem Eisen in die Spirale; erstere wirkten verstärkend, letztere schwächend in Uebereinstimmung mit den früher gewonnenen Ergebnissen für den Entladungsstrom. (Vergl. Monatsberichte der Akademie. 1841. p. 296. — Pogg. Ann. LIV, 305. — Dove, Untersuchungen im Gebiete der Induktionselektricität. — Berlin. 1842. S. 42.) 2) Galvanometrische Wirkung. 3) Magnetisiren des Stahls. 4) Durchbohren schlechter Leiter (der Lullin'sche und der Tremery'sche Versuch). 5) Erwärmung. Die durch ein elektrisches Thermometer gemessene Erwärmung des Ladungsstromes im äufseren Verbindnngsdrathe war dieselbe, als wenn dieser Verbindungsdrath zur Entladung der zweiten Batterie verwendet wurde. —

Aus diesen Versuchen zieht Hr. Dove den Schlufs: „Wird „freie positive Elektricität am Ende *a* eines Drathes „*ab* erregt und am Ende *b* gebunden, oder wird freie ,negative Elektricität am Ende *b* erregt und am Ende „*a* gebunden, so entstehen dieselben Wärmewirkun„gen, als wenn am Ende *a* freie positive, am Ende *b* „freie negative Elektricität erregt wird und beide „sich im Drathe neutralisiren, d. h. sowohl der posi„tive als negative Ladungsstrom zeigen identische „Wirkungen mit dem Entladungsstrome." Er fügt hinzu: „der Ladungsstrom hat aufserdem das für sich, dafs man ihn „so zu sagen, gratis erhält, da die beiden Batterien, wenn sie „nach dem Ueberschlagen des Funkens in der inneren Belegung „verbunden bleiben, gerade so geladen sind, als wenn die innere „Belegung der verbundenen Batterie während der Drehung der „Maschine unmittelbar mit dem Conduktor derselben verbunden „worden wäre. Benutzt man den Ladungsstrom, so erhält man „daher bei einer bestimmten Anzahl die Umdrehungen der Scheibe „denselben Effekt als früher bei den doppelten."

Die beiden Ladungsströme gaben aufserdem Anlafs zu folgenden Wahrnehmungen: 1° der durch den Ladungsstrom mit Funkenbildung erregte Induktionsstrom compensirte den durch den Ladungsstrom ohne Funkenbildung erregten genau. Es lassen sich daher nicht nur primäre Ströme von momentaner Dauer in beliebiger Intensität ohne Funkenbildung entwickeln, sondern dieselben zeigen auch identische Eigenschaften mit denen, welche durch Funkenbildung eingeleitet werden.

2° Wird der eine Ladungsstrom, z. B. der zwischen den inneren Belegungen, durch Einschaltung eines nassen Fadens verzögert, so giebt sich dieselbe Verzögerung auch in der Bahn des andern Ladungsstromes, durch Rothwerden des Funkens in einer angebrachten Unterbrechung, Verminderung seines Schalls, schwächere physiologische und stahlmagnetisirende, dagegen erst jetzt deutlich hervortretende galvanometrische Wirkung zu erkennen. Hieraus folgt, dafs auch in einem homogenen Schliessungsbogen ganz wie in einem aus verschiedenen Leitern zusammengesetzten Bogen Verzögerungserscheinungen hervorgebracht werden können.

3° Wegen der bei galvanischen Wirkungen erhaltenen Unipolarität der trocknen Seife wurde nach Einschaltung derselben in den äufseren Verbindungsdrath untersucht, ob ein Unterschied sich zeige, wenn der Ladungsstrom ein positiver oder negativer war. Es ergab sich aber in beiden Fällen ein, abgesehen von der entgegengesetzten Richtung, identischer Strom.

4° Wenn man statt den entsprechenden Belegungen einer geladenen und einer ungeladenen Batterie diejenigen zweier völlig gleichen, und gleich stark, jedoch im umgekehrten Sinne geladenen Batterieen verbände, so würde der Erfolg die gänzliche Entladung beider Batterieen sein. Diesen Erfolg beobachtet man indefs nicht, da es sehr schwierig, vielleicht unmöglich ist, der Bedingung vollkommner Gleichheit beider Batterieen zu genügen. Man findet vielmehr, nach Ueberschlagen des Funkens an der inneren Belegung beide Batterieen in gleicher Art, und zwar im Sinne der stärkern geladen; denn dem Entladungsstrom folgt augenblicklich ein gleichgerichteter Ladungsstrom, indem der bei der Entladung auf der einen Batterie bleibende Ueberschufs sich sogleich über die Belegungen beider Batterieen verbreitet.

Dr. E. du Bois-Reymond.

Hankel. *Magnetisirung von Stahlnadeln durch den elektrischen Funken und den Nebenstrom desselben.*

Bald nach Oersted's Entdeckung zeigte Arago, dafs der Entladungsschlag einer elektrischen Batterie eine gegen den Entladungsdrath senkrecht gestellte Stahlnadel magnetisirt. Man konnte zunächst erwarten, die Lage der Pole werde jedenfalls so sein, wie bei einer Magnetnadel, die über einem entsprechend gerichteten galvanischen Strome frei beweglich aufgehängt ist. Allein Savary zeigte durch eine Reihe von Beobachtungen, dafs die Richtung der Polarität keineswegs immer jene erwartete, normale ist, die einzig und allein durch die Richtung der Elektricität bestimmt sein soll; sondern, dafs sich diese Polarität ändert nach

1) der Entfernung der Nadel vom Entladungsdrath,

2) der Härte der Nadel,

3) der Dicke der Nadel, nicht aber nach ihrer Länge,

4) der Länge, Dicke und substanziellen Natur des Entladungsdrathes,

5) dem in der Batterie enthaltenen Elektricitätsquantum und der Oberfläche der Batterie.

So hatten z. B. von 27 gleichen Stahlnadeln, welche in verschiedenen Entfernungen von 0 bis 130 Millimetern angebracht waren, durch dieselbe Entladung die Nadel in $0^{mm},0$ Entfernung die normale Polarität angenommen; die Nadel in $1^{mm},1$ Entfernung dagegen die anomale (entgegengesetzte); die Nadel in $2^{mm},0$ Entfernung keine, alle folgenden bis zu $6^{mm},7$ Entfernung normale, die folgenden bis zu $21^{mm},4$ die anomale und alle übrigen die normale Polarität. In jeder dieser Perioden war das Maximum der Intensität ungefähr in der Mitte und die Intensität Null bildete den Uebergang aus einer Polarität in die entgegengesetze. Andere Versuche zeigten, dafs Alles, was die Entladung verzögert, die Perioden der anomalen Polarität immer mehr verschwinden und zu blofsen Minimis der normalen Polarität macht, und dafs durch Beschleunigung der Entladung die anomale Polarität in immer gröfserer Nähe am Entladungsdrath auftritt, so dafs selbst die Nadeln in unmittelbarer Berührung mit demselben anomale Polarität annehmen können. Die Nadeln, welche an der äufsersten Grenze der Wirksamkeit liegen, sind jedes Mal normal magnetisirt. An gehärteten Nadeln erscheinen die Polaritätswechsel, während sie an gleichen ungehärteten nur als Intensitätsänderungen hervortreten. Ebenso sind an diesen Nadeln diese Wechsel nicht so leicht zu erreichen, wie an dünnen.

Savary giebt keine Theorie dieser Erscheinungen, sondern zieht aus ihnen und einigen andern bei metallischen Umhüllungen der Stahlnadeln nur die Vermuthung, dafs die elektrische Entladung und Magnetisirung in undulatorischen Bewegungen bestehen.

Herr Hankel hat die Versuche Savary's in Bezug auf Verschiedenheit der Ladungen und der Entladungsdräthe vervollständigt und dazu eine Theorie der Erscheinungen gegeben. Seine Experimente sind folgende.

Eine Nähnadel von 1 Zoll 3,8 Linien Länge und 0,28 Linien Dicke wurde in eine Glasröhre gesteckt und diese mit einer Spirale von Silberdrath umwunden. Diese Spirale wurde in den Entladungsdrath eingeschaltet. So wie die Batterie entladen war, wurde die Nadel ihrer Polarität nach bestimmt. Die Versuche wurden, während die Spirrale dieselbe blieb und die Nadel immer wieder durch eine gleiche unmagnetische ersetzt wurde, mit neun verschieden langen Entladungsdräthen und für jeden Entladungsdrath mit 19 verschiedenen Ladungen angestellt. Endlich wurde für einige Drathlängen und Ladungen nur die Oberfläche der Batterie, d. h. die Dichtigkeit der Elektricität geändert. Es wurden nämlich Batterien von 1, 2, 5 und 9 Flaschen angewendet. Die Gröfse der Ladung wurde durch eine Lane'sche Flasche bestimmt. Das Resultat dieser Versuche ist folgendes:

Bei sehr schwachen Ladungen ist die Polarität für jede Drathlänge normal.

Bei einer gewissen Gröfse der Ladung tritt anomale Polarität ein, welche erst mit zunehmender Ladung bis zu einem Maximum an Intensität wächst und dann allmälig abnehmend wieder in die normale übergeht.

Die anomale Periode tritt bei desto schwächerer Ladung ein, je kürzer der Entladungsdrath ist, ist dann aber auch um so kürzer und kann für sehr geringe Leitungswiderstände ein blofses Minimum der normalen Polarität werden. — Bei sehr grofsem Widerstande wurde die anomale Periode so lang, dafs durch Steigerung der Ladung ihr Uebergang in die Normale nicht erreicht werden konnte.

Ein und dieselbe Ladung bringt bei um so gröfserem Leitungswiderstande die anomale Polarität hervor, auf je kleinerer Fläche sie angehäuft ist, d. h. je gröfser ihre Dichtigkeit ist. Die Dichtigkeit ersetzt jedoch nicht die Quantität.

Zu diesen Erscheinungen giebt der Verfasser nun folgende Erklärung. Jeder elektrische Strom erregt in einem daneben befindlichen Leiter ihm selbst parallele Ströme und zwar beim Entstehen ihm selbst entgegengerichtete und beim Vergehen ihm gleich gerichtete. Die Entladung einer Batterie ist das Entstehen und Vergehen eines elektrischen Stroms und wird also in der Stahlnadel Ströme erregen, welche gegen die Achse der Nadel senkrecht sind, von denen aber die ersten der Entladung entgegen, die andern gleichgerichtet sind. Damit nun die Nadel magnetisch wird, müssen die einen dieser Ströme bleibend geworden sein oder die Coercitivkraft der Nadel überwunden haben. Da das Vergehen des Stromes länger dauert als das Entstehen, so ist die Wirkung des ersteren jedes Mal schwächer. Es wird daher eine schwache Entladung, welche beim Vergehen noch nicht bleibende Ströme inducirt, beim Entstehen solche, ihr entgegengerichtete erzeugen können und dadurch die Nadel normal magnetisiren, wie es auch die Versuche gelehrt haben. Wird die Ladung allmälig stärker, so wird sie auch beim Vergehen bleibende Ströme induciren können. Diese sind den erstern entgegengesetzt und heben also deren Wirkung zum Theil auf, und so kann mit steigender Ladung die Intensität des normalen Magnetismus immer mehr geschwächt werden. Jede Nadel kann nämlich nur ein gewisses Maximum von Magnetismus annehmen. Ist daher eine Entladung so stark, dafs sie beim Entstehen der Nadel dieses Maximum inducirt, so kann man sie steigern, ohne dafs dadurch so zu sagen, ihr Entstehungs-Einflufs auf die Nadel gesteigert wird. Ihr Einflufs auf die Nadel beim Vergehen wird sich aber noch steigern, bis er für sich das Maximum des Magnetismus hervorzubringen, also das Maximum im normalen Sinne aufzuheben im Stande ist. Durch eine solche Ladung wird die Nadel gar nicht magnetisch werden. Wird die Entladung nun noch gesteigert, so wird sie, während ihre Wirkung beim Entstehen durch die Natur der Nadel begrenzt ist, beim Vergehen nicht nur die Wirkung ihres Entstehens aufheben, sondern auch noch eine Magnetisirung im entgegengesetzten Sinne bewirken, deren Maximum ebenfalls durch die Natur der Nadel begrenzt ist.

Um zu erklären, wie durch fortgesetzte Steigerung der Ladung der anomale Magnetismus von seinem Maximum aus allmälig wieder abnehmen und in den normalen übergehen kann, macht der Verfasser darauf aufmerksam, dafs jede elektrische Entladung streng genommen eine Folge von mehreren ist, die der Intensität nach abnehmen. Wenn nämlich die Ladung so gesteigert ist, dafs der erste Entladungsfunke das Maximum des Magnetismus im anomalen Sinne hervorbringt, also in der Natur der Nadel überhaupt die Grenze seiner Wirksamkeit gefunden hat; so kann durch fernere Steigerung der Ladung auch der zweite Entladungsfunke auf die Nadel wirksam werden. Diese Wirkung wird zunächst im normalen Sinne sein, die Wirkung des ersten Entladungsfunken immer mehr schwächen, nach Vernichtung derselben normalen Magnetismus erzeugen, dann anomalen und endlich im Maximum desselben durch die Natur der Nadel die Grenze seiner Wirksamkeit finden. So kann nun noch dritte, vierte etc. Entladungsfunken auftreten. Jeder wird im Verlauf seiner Steigerung eine normale und anomale Periode bilden. Herr Hankel erhielt mit einem Entladungsdraht, welcher 0,6''' dick und 98,6 Fufs lang war, und einer Batterie von 9 Flaschen, deren Ladung nach der Reihe 10, 20, 30 bis 190 zunahm, 15 Wechsel in der Polarität. — Hierin findet auch die Savary'sche Beobachtung, dafs bei einer und derselben Entladung Nadeln, die in verschiedenen Entfernungen angebracht sind, eine gewisse Periodicität in der Polarität darbieten, ihre Erklärung. Denkt man sich nämlich, dafs eine Nadel senkrecht gegen den Entladungsdraht sich diesem aus grofser Ferne nähert, so erkennt man, dafs sie zuerst in die Sphäre kommen mufs, wo nur das Entstehen des ersten Funkens wirksam ist, also jedenfalls zuerst normal magnetisirt wird, wie es die Versuche bestätigen. Dann kommt sie in die Sphäre, wo der erste Entladungsfunke auch im Vergehen wirkt. Hier wird der normale Magnetismus allmälig abnehmen und in den anomalen übergehen. Dieser wird sich bis zum Maximum steigern und der Wirkung des ersten Funkens die Grenze setzen. Dann fängt die Wirkung des zweiten Funkens im normalen Sinne an, schwächt zuerst den anomalen Magnetismus, erregt dann normalen, und endlich anomalen etc.

Dicke Nadeln werden erst bei gröfseren Ladungen oder gröfserer Nähe anomale Polarität zeigen, weil sie ein gröfseres Intensitätsmaximum haben.

Dafs ungehärtetee Nadeln keine Wechsel zeigen, sondern immer normal magnetisch werden, ist dadurch erklärlich, dafs sie den Magnetismus sehr wenig festhalten, und daher immer die Spuren von der Entstehungswirkung des letzten Funkens an sich tragen. Dafs diese Wirkung auch bei glasharten sich noch zeigt, beweisen Savary's Versuche, in welchen die anomalen Maxima immer geringer sind als die normalen.

Diese Theorie könnte als ein bequemer Ausdruck für die Gesammtheit der betreffenden Erscheinungen angesehen werden, wenn sie nicht auf einem Fehler gegen die Ampère'sche Theorie vom Magnetismus beruhte, die sie doch andererseits wieder zur Grundlage nimmt.

Herr Hankel sagt nämlich: die Ströme, welche beim Entstehen der Entladung in der Nadel erregt werden und der Entladung entgegengerichtet sind, müssen die Nadel normal magnetisiren.

Nach allen übrigen elektromagnetischen Erscheinungen müfste die Nadel durch diese Ströme aber anomal magnetisch werden. Gleichwohl erklärt der Verfasser aus dieser seiner falschen Annahme den Umstand, dafs schwache Ladungen in jeder beliebigen Nähe und starke Ladungen an der äufsersten Grenze ihrer Wirkungssphäre nur normal magnetisiren, indem er der entstehenden Entladung eine gröfsere Wirkung zuschreibt als der vergehenden.

Mit diesem Fehler geht der Verfasser zur Erklärung der

Magnetisirungserscheinungen durch den Nebenstrom über, die wir demnach füglich übergehen können.

Somit ist durch diese Arbeit die Summe der betreffenden Erscheinungen zwar ansehnlich vermehrt, aber für die Theorie oder die Erklärung derselben nur insofern etwas gewonnen, als jede Vermehrung der Thatsachen der Theorie näher führt.

C. G. Jungk.

Wirkungen der elektrischen Entladung.

P. Riess, über das Glühen und Schmelzen von Metalldrähten durch Elektricität.

Ist das Schmelzen der Metalle in der Schliefsung der Batterie eine Folge der Erwärmung, oder ist die Ansicht, dafs durch eine der Elektricität eigenthümliche Kraft die Cohäsion der Metalle gelöst, und so eine kalte Schmelzung herbeigeführt werde die richtige? Dies sind die Fragen, welche Herr Riess in der vorliegenden Arbeit behandelt. Zuerst giebt der Verfasser eine kurze historische Uebersicht von den Ansichten der Physiker über den gedachten Punkt, welche bald nach der einen bald nach der andern Seite neigten. Schon Franklin hatte die Meinung einer kalten Schmelzung der Metalle gehegt, war aber später selbst wieder, in Folge von Kinnersley's Versuchen davon zurückgegangen. Später kam Berthollet wieder auf dieselbe zurück. van Marum stellte seine Versuche zusammen ohne sich entschieden für die eine oder andere Meinung auszusprechen. In den physikalischen Lehrbüchern werden endlich die Wirkungen der Elektricität, nämlich die Hitzewirkung, wozu das Glühen, Schmelzen und Zerstäuben der Metalle gerechnet wird, die mechanische Wirkung, welche sich im Zersprengen unvollkommner Leiter äufsert, und die chemische Zersetzung, neben einander angeführt, ohne sie in ihrem nothwendigen Zusammenhange zu betrachten.

Hr. Riess hat nun die Wirkung steigender elektrischer Entladungen neuen Untersuchungen unterworfen, deren Resultate im Folgenden kurz berichtet sind.

Der Gang, welchen die Arbeit des Hrn. Riess nimmt, ist dieser:

1) Berechnung der Temperatur eines Schmelzpunktes aus den beobachteten Ermärmungen.

2) Erscheinungen, die dem Glühen vorangehen und dasselbe begleiten.

a) Erschütterung, Dampf.

b) Einbiegungen des Drahtes.

c) Scheinbare Verkürzung von Drähten.

3) Gesetze des elektrischen Glühens.

a) Frühere Angaben.

b) Glühen nach der Stärke der Ladung.

c) Glühen eines Drahtes nach seiner Länge.

d) Glühen von Drähten nach der Dicke derselben.

e) Glühen von Drähten verschiedener Metalle.

4) Erscheinungen die dem Glühen folgen.

a) Die Zerreifsung.

b) Die Zersplitterung.

c) Die Schmelzung.

d) Rückstände der Ladung beim Schmelzen.

e) Die Zerstäubung.

5) Mechanismus des Glühens und Schmelzens durch Elektricität.

a) Mechanismus des Schmelzens.

b) Mechanismus des Glühens.

6) Verschiedenartige Fortpflanzung der elektrischen Entladung.

a) Fortpflanzung in Metalldrähten.

b) Fortpflanzung in Flüssigkeiten.

c) Lage der Intermittenzstellen an Drähten.

d) Der elektrische Funke.

---

1) Berechnung der Temperatur eines Schmelzpunktes aus beobachteten Erwärmungen.

Hr. Riess nahm verschiedene Längen dünnen Platindrahtes,

die er successive in ein Luftthermometer einführte. Nach der früher vom Verfasser gegebenen Formel:[1]

$$W = \frac{a' x' l}{r^2} \left(\frac{1}{1 + \frac{b x \lambda}{\varrho^2}} \right) \frac{q^2}{s}$$

$$= \frac{a V}{1 + b U} \cdot \frac{q^2}{s}$$

konnte die Erwärmung berechnet werden, sie stimmte mit der Beobachtung genügend überein. Nach dieser Formel müfste die Erwärmung für eine Drahtlänge, welche geschmolzen werden konnte 207°—212° C. betragen, Temperaturen, welche nicht einmal das Glühen noch weniger also das Schmelzen des Platins erklären können.

Wurde die Temperatur nach der Erwärmung eines dicken in der Schliefsung befindlichen Platindrahtes berechnet, so fand sich für die Erwärmung des schmelzenden dünnen Drahtes 240°—245° C.; diese 245° waren das Maximum, welches zu berechnen war, und da eine solche Temperatur offenbar nicht zum Schmelzen des Platins hinreicht, so folgt, dafs die Schmelzung durch Elektricität als eine dieser Kraft eigenthümliche Wirkung angesehen werden mufs.

2) Erscheinungen die dem Glühen vorangehen und dasselbe begleiten.

a) Erschütterung, Dampf.

Bevor die zum Glühen nöthige Elektricitätsmenge erreicht ist, zeigen sich am Drathe Erscheinungen, welche das gewaltsame Eindringen der Elektricität in denselben bekunden. Der

[1] Pogg. Ann. XLV. 23.
wo q die Elektricitätsmenge,
s die Fläche auf der sie angehäuft ist,
V der Verzögerungswerth der constanten Schliefsung,
U der Verzögerungswerth eines hinzugefügten Drahtes, ist.
Diese beiden letzteren Gröfsen sind wiederum durch eine Formel von der Form $\frac{Lx}{R^2}$ auszudrücken wo L die Länge des Drahtes, R seinen Halbmesser und x einen Werth bedeutet der für das bestimmte Metall des Drahtes ermittelt ist, für welchen Werth Hr. Riess in einer früheren Arbeit $x = y C g$ fand, wo y das relative elektrische Erwärmungsvermögen, C die Wärmekapacität, g das specifische Gewicht des Drahtes ist.

Draht wird erschüttert, es treten Funken an seinen Enden auf, von der Oberfläche erhebt sich ein dichter Dampf, Metalltheilchen werden losgerissen und als sprühende Funken fortgeschleudert, endlich entstehen

b) Einbiegungen des Drahtes,

welche mit zunehmender Stärke der Ladung immer stärker und und häufiger werden. Auf diese Einbiegungen hat Hr. Riess zuerst 1837 aufmerksam gemacht; zwei Jahr später erwähnt E. Becquerel ihrer, hält sie aber fälschlich für eine Folge des Glühens, obwohl sie viel eher auftreten als der Draht glüht.

c) Scheinbare Verkürzung von Drähten.

Diese wurde zuerst 1780 von Nairne entdeckt, er fand, dafs der Draht nach der Entladung sein Gewicht behalten habe, dafür schien er aber dicker geworden zu sein. van Marum meinte ebenfalls, dafs durch den Entladungsstrom die Drähte seitwärts ausgebreitet und daher kürzer würden.

E. Becquerel hat sogar ein Gesetz hierfür gesucht, indem er die Verkürzung mit der Dicke der Drähte in Relation setzte.

Nach Hrn. Riess ergiebt sich nun die Verkürzung ganz einfach als eine Folge der erwähnten Einbiegungen, was sich nach den in der Abhandlung beschriebenen Versuchen nicht mehr bezweifeln läfst.

Als Wirkung des elektrischen Glühens wird auf der andern Seite die Verlängerung von Drähten genannt, worüber Kinnersley und Beccaria Versuche anstellten. Dies ist offenbar eine sekundäre Wirkung der Wärme, da nach Beccaria die Ausdehnung erst beim Glühen deutlich wird.

3) Gesetze des elektrischen Glühens.

a) Frühere Angaben.

Nach van Marum wurde durch Elektricitäten von gleicher Dichtigkeit, ihren Mengen proportionale Drahtlängen geschmolzen.

Cuthberthon bestritt die Proportionalität der geschmolzenen Drahtlängen mit der Menge der Elektricität, bei 1½ fache Menge der Elektricität sollte die dreifache, bei doppelter Menge der Elektricität die vierfache Drahtlänge, wie durch die einfache Elektricitatsmenge geschmolzen werden.

Brooke nahm an, dafs die Wirkung mit dem Quadrate der angewandten Elektricitätsmenge zunähme.

Singer giebt dies Gesetz nur für mäfsige Drahtlänge zu.

Hr. Riess drückt nun die Gesetze des Glühens durch die Erwärmung aus, die ein constanter in den Schliefsungsbogen befindlicher Draht erfährt.

b) Glühen nach der Stärke der Ladung.

Das Glühen eines Drahtes ist eben so wie die Erwärmung desselben abhängig von dem Produkt der angewandten Elektricitätsmenge in die Dichtigkeit derselben. Kommt daher ein Draht im Schliefsungsbogen der Batterie durch die Entladung ins Glühen, so geschieht dasselbe bei allen Aenderungen der Flaschenzahl und Elektricitätmenge, welche die Stärke des Entladungsstromes ungeändert lassen.

c) Glühen eines Drahtes nach seiner Länge.

Nennt man Θ die Anzeige eines im constanten Theile des Schliefsungsbogens befindlichen Thermometers; λ, ϱ, x die Länge den Radius und die Verzögerungskraft eines hinzugesetzten Drahtstückes, das durch die Entladung zum Glühen kommen soll, so hat man, wenn a und b vom constanten Theil des Schliessungsbogens abhänge Constanten sind

$$\Theta = \frac{a}{1 + \frac{b\lambda x}{\varrho^2}} \cdot \frac{q^2}{s}$$

Fragt man nun nach der Länge λ', die durch die in ns Flaschen angehäufte Elektricitätsmenge nq glühen werde, so erhält man, da die Thermometeranzeige dieselbe sein mufs, die zweite Gleichung:

$$\Theta = \frac{na}{1 + \frac{b\lambda' x}{\varrho^2}} \cdot \frac{q^2}{s}$$

woraus sich $\lambda' = n\lambda + (n-1)\frac{\varrho^2}{bx}$ bestimmt.

Zwei Flaschen zu irgend einem Grade geladen werden also mehr als die doppelte Länge eines Drahtes ins Glühen bringen, die bei Anwendung einer Flasche glüht, aber um wie viel mehr läfst sich um deswillen nicht allgemein bestimmen, weil die Constante *b* mit der Beschaffenheit des Schliefsungsbogens variirt.

Hr. Riess bemerkt, dafs die obige Formel keine genauere Angabe der zum Glühen gebrachten Längen leisten wird, da die Wärmeformeln nicht mehr gelten, wenn ein Theil des Schliessungsbogens glüht.

d) Glühen von Drähten nach der Dicke derselben.

Die Stärke des Entladungsstromes einer Batterie die zum Glühen eines Drahtes erfordert wird, ist dem Biquadrate des Radius desselben proportional.

e) Glühen von Drähten verschiedener Metalle.

Aus einer Anzahl von Versuchen, mit Drähten von 7 Metallen findet Hr. Riess folgende Werthe für die Verhältnisse der Stromstärken *i*, welche zum Glühen der Drähte erforderlich sind, wenn der dem Platin zukommende Entladungsstrom zur Einheit genommen wird und alle Zahlen sich auf gleiche Längen und Dicken der Drähte bezeichnen:

Es glüht:	bei der Stromstärke *i*
Eisen	0,816
Neusilber	0,950
Platin	1,
Palladium	1,07
Messing	2,59
Silber	4,98
Kupfer	5,95

Wenn diesen Zahlen auch keine grofse Genauigkeit zugeschrieben werden kann, so ist doch ersichtlich, dafs die zum Glühen nöthige Stromstärke im Allgemeinen wächst, wenn die elektrische Verzögerungskraft abnimmt.

Nach Hrn. Riess hat aufser der Verzögerungskraft noch die Wärmekapacität und das specifische Gewicht Einflufs auf diese Zahlen, jedoch nicht denselben der sich bei der reinen Wärmeerregung [1] ergab, sondern es kommen noch andre Eigenschaften der Metalle wie die Sprödigkeit und Oxydirbarkeit derselben mit in das Spiel.

[1] S. d. Anm. p. 411.

4) Erscheinungen die dem Glühen folgen.

a) Die Zerreifsung.

Diese folgt unmittelbar nach dem Weifsglühen, die abgerissenen Stücke zeigen keine Schmelzung.

b) Die Zersplitterung.

Setzt man die Drähte einer noch stärkern Entladung aus, so zersplittern sie in kleinere Stücke, aber auch hier ist eine Schmelzung nur zufällig, meist sind die Enden scharf und zackig.

c) Die Schmelzung.

Diese tritt bei nach und nach gesteigerter Entladung ein; je stärker diese wird, in um so kleinere Stücke zersplittern die Drähte, diese Stücke schmelzen an der Oberfläche und an den Enden und fliefsen zuletzt zu Kugeln zusammen. Die Schmelzung wird durch Aufnahme des Sauerstoffes aus der Luft beschleunigt.

d) Rückstand der Ladung beim Schmelzen.

Schon van Marum hatte bemerkt, dafs eine bestimmte Ladung der Batterie erforderlich ist, um eine gegebene Drahtlänge zu schmelzen, dafs aber ein Theil der Ladung in der Batterie zurückbleibt, der weit gröfser ist, als das gewöhnliche Residuum. Hr. Riess fand dies bestätigt, und es war z. B. bei einer Batterie, wo das gewöhnliche Residuum 0,15 der ganzen Elektricitätsmenge betrug dasselbe beim Schmelzen eines Platindrahtes (15 Linien lang 0,02089 Lin. radius) 0,23 der ganzen Ladung. Dies beweist, dafs die Continuität des Platindrahts früher gelöst wird, als die vollständige Entladung in der Schlagweite zu Stande kommt; ein neuer Beleg dafür, dafs die elektrische Schmelzung der Metalle nicht durch allmälige Steigerung der Erhitzung geschieht, sondern, dafs dabei eine schneller wirkende mechanische Gewalt thätig ist.

e) Die Zerstäubung.

Das letzte Stadium, bei sehr starker Ladung ist die Zerstäubung, bei welcher die ganze Drahtmasse in Dampf verwandelt wird. Wegen der feinen Zertheilung nehmen die Metalltheilchen leicht Sauerstoff aus der Luft auf und verwandeln sich in Oxyde, als welche man sie auf Papier, welches unter den Drähten ausgebreitet ist, sichtbar machen kann. In andern

Gasen und im luftverdünnten Raume werden dagegen die Metalle regulinisch zerstäubt.

5) Mechanismus des Glühens und Schmelzens durch Elektricität.

a) Mechanismus des Schmelzens.

Dieser läfst sich aus dem Vorhergehenden mit wenigen Worten zusammenfassen.

Ueberall wo die elektrische Schmelzung eintritt, ist eine mechanische Trennung der geschmelzten Masse sichtbar, und jene kann daher nur als die Wirkung der Hitze auf fein zertheiltes Metall gefafst werden. Im Gegensatze zum gewöhnlichen Schmelzen kann man daher sagen: die Elektricität schmelzt die Metalle durch gleichzeitige Zertheilung und Erhitzung.

b) Mechanismus des Glühens.

Auch das Glühen ist nicht allein wie eine reine gesteigerte Wärmeerregung durch die Elektricität anzusehen, dies beweisen theils die mechanischen es begleitenden Wirkungen, theils ist dies aus der zu niedrigen Glühtemperatur zu schliefsen, die nach den Gesetzen, welche für minder hohe Temperaturen gelten, berechnet wird. Dies kann nur davon herrühren, dafs der Verzögerungswerth des Drahtes sich ändert, wie Hr. Riess in seiner Abhandlung durch Versuche beweist.

Der Verzögerungswerth eines Drahtes hängt aber allein von der Art ab, in welcher eine Entladung in demselben fortschreitet; und die fortwährenden Aenderungen dieses Werthes zeigen, dafs schwache Entladungen anders fortgepflanzt werden wie starke. Ueber den Mechanismus des Glühens stellt sich danach heraus: das Glühen eines Drahtes geschieht durch eine Fortpflanzung der elektrischen Entladung in demselben, die von der gänzlich verschieden ist, durch welche der Draht nur erwärmt wird.

6) Verschiedenartige Fortpflanzung der elektrischen Entladung.

a) Verschiedene Fortpflanzung in Metalldrähten.

Herr Riess unterscheidet continuirliche und discontinuirliche Entladungen. Einen Fall der continuirlichen Entladung liefert die Batterie die durch einen homogenen cylindrischen Draht entladen wird. Die Entladung tritt dadurch ein, dafs der Draht, der beide Belegungen verbindet, in einer grofsen Zahl von Pulsen hinter einander elektrisch wird. Alle Theilchen, die in einem normalen Querschnitte des Drahtes liegen, werden gleichzeitig diese verschiedenen Zustände annehmen. Es mufs also durch das Fortschreiten eines bestimmlen elektrischen Zustandes von einem Querschnitte des homogenen Verbindungsdrahtes zu dem nächst folgenden, die Entladung der elektrischen Batterie herbeigeführt gedacht werden, und zwar mufs dies Fortschreiten gleichmäfsig geschehen, so dafs in jedem Theile des Drahtes in gleicher Zeit gleich viele Querschnitte elektrisch geworden sind. Eine discontinuirliche Entladung wird dagegen eintreten, wenn eine gleichmäfsige Mittheilung des elektrischen Zustandes von Theilchen zu Theilchen auf irgend eine Weise gehindert ist. Dadurch wird sich die Elektricität an einer Stelle so lange anhäufen, bis sie das ihr entgegenstehende Hindernifs überwinden kann, und ein stofsweifses Fortschreiten des elektrischen Zustandes ist davon die Folge. Nachdem Hr. Riess die Erscheinungen angeführt hat, welche für diese Ansicht sprechen, fafst er die Folgerung für die Fortpflanzung der Entladung in Metalldrähten in folgendem Satze zusammen: „Durch jeden Draht werden „elektrische Entladungen bis zu einer gewissen Stärke conti„nuirlich fortgepflanzt; dabei wird der Draht erwärmt und mag„netisch; stärkere Entladungen pflanzen sich durch denselben „nur discontinuirlich fort und in Folge davon entsteht die Ver„biegung, das Glühen, Zerreifsen, Schmelzen und Zerstäuben „des Drahtes."

b) Verschiedene Fortpflanzung der Entladung in Flüssigkeiten.

Eben diese verschiedene Art der Fortpflanzung findet sich wie bei den Metallen, so auch bei allen übrigen Körpern, und läfst sich deutlich bei der Entladung durch Flüssigkeiten nachweisen. Bis zu einer gewissen Stärke der Ladung läfst sich eine Batterie geräuschlos durch eine in einer Röhre enthaltenen Flüssigkeit entladen, bei geringer Verstärkung der Entladung erscheint ein Funke in der Röhre und zertrümmert dieselbe gewaltsam. Durch die erstere Art der Entladung wird die Flüssigkeit in Bestandtheile zersetzt, die einzeln an bestimmten beliebig von einander entfernten Stellen auftreten, während die explosive Entladung die Bestandtheile vermengt an jeder Stelle der durchbrochenen Flüssigkeit liefert. Hr. Riess zeigt nun experimentell, dafs die discontinuirliche Entladung sich auch durch die bei ihr auftretende Wärmeerregung von der continuirlichen unterscheidet, die ohne eine solche vor sich geht.

c) Lage der Intermitttenzstellen an Drähten.

Die Lage der Stellen, an welchen das gleichmäfsige Fortschreiten der Elektricität gehindert ist, oder der Intermittenzstellen, welche hypothetisch von den Einbiegungen angedeutet wird, scheint nur von zufälligen Ungleichheiten im Gefüge des Drahtes bestimmt zu werden. Ein Draht, welcher an irgend einer Stelle einen Druck erlitten hat, erhält die erste Einbiegung stets an dieser Stelle.

d) Der elektrische Funke.

Ueber die Natur des elektrischen Funkens läfst sich aus der vorliegenden Untersuchung kein Schlufs zu Gunsten einer der beiden über ihn bestehenden Ansichten ziehen. Nach der einen Ansicht wird das durchbrochene Medium selbst, in den gewöhnlichen Fällen die Luft, durch primäre oder sekundäre Wirkung der Elektricität leuchtend, so wie der Metalldraht durch die intermittirende oder discontinuirliche Entladung glühend wird. Nach der andern Ansicht besteht der Funke nicht aus den leuchtenden Theilen des durchbrochenen Mediums, sondern aus glühenden Theilen des guten Leiters, der dasselbe begränzt. Die discontinuirliche Entladung hat auch die Wirkung Theilchen von Metallen loszureifsen und zu glühen. Beiden Ansichten wird also durch die Untersuchung der discontinuirlichen Entladung eine Stütze geboten.

Der Entladungsfunke.

A. Masson. Études de photométrie électrique.

Nach einer allgemeinen Einleitung, in welcher sich Herr Masson über die Erscheinungen ausspricht, deren Ursache wir in die Bewegung der kleinsten Theile zu setzen pflegen, erwähnt er, wie wenig über den Zusammenhang zwischen Wärme, Licht, Elektricität und Magnetismus bekannt sei.

In der vorliegenden Abhandlung sucht er über eine dieser Relationen neuen Aufschlufs zu geben, nämlich über das Verhältnifs des Lichtes und der Wärme, welche bei der elektrischen Entladung frei werden.

Dafs nicht schon früher Beobachtungen über die Intensität des elektrischen Funkens angestellt worden sind, liegt ohne Zweifel in dem Mangel eines Lichtmessers, der genaue und für verschiedene Farben des Lichtes anwendbare Messungen gestattete. Hr. Masson giebt nun die Beschreibung eines Instrumentes, welches diese Bedingungen erfüllen soll, nachdem er zuvor in einer sehr aphoristischen Uebersicht, in der man die Namen Lambert, Langsdorff, Fraunhofer u. A. vermifst, die photometrischen Untersuchungen und Methoden historisch aufgezählt und ihre Unzulänglichkeit für seinen Zweck auseinandergesetzt hat. Von seinem neuen Photometer, dem elektrischen Photometer, wie er es nennt, giebt Hr. Masson folgende Beschreibung der Einrichtung und der Principien auf denen es beruht.

Eine Papierscheibe mit abwechselnd schwarzen und weifsen gleich grofsen Sektoren zeigt von einem dauernden weifsen Lichte beleuchtet bei hinreichend schneller Drehung eine gleichmäfsig graue Färbung, wohingegen bei einer momentanen Beleuchtung z. B. durch den elektrischen Funken, die einzelnen Sektoren sichtbar werden. Diese bekannte Thatsache benutzt Hr. Masson um eine Einheit für das Maafs der Lichtstärke festzustellen. Wenn eine von einer dauernden Lichtquelle beleuchtete Scheibe plötzlich noch durch ein momentanes Licht beleuchtet wird, so sieht man bei hinreichender Intensität dieses letzteren, die einzelnen Sektoren auf der Scheibe. Schwächt man dann allmählig die Stärke des momentanen Lichtes, so kann man es zu einem Punkte bringen, wo die Sektoren eben aufhören zu erscheinen. In diesem Falle ist die Intensität des momentanen Lichtes ein gewisser Bruchtheil des dauernden, und wenn man dieses constant machen kann, so wird dieses Maafs für einen und denselben Beobachter ebenfalls constant sein.

Hr. Masson bringt eine solche rotirende Scheibe mit schwarzen und weifsen Sektoren einem Funkenmesser mit Mikrometerschraube gegenüber an, durch den sich die Ladung eine Batterie entladet. An Stelle der Flaschen nahm Hr. Masson eine Glastafel, weil ihm dies wegen der Messung ihrer Dicke und Oberfläche angemessener schien. Die rotirende Scheibe wird zugleich von einer Carcel'schen Lampe als permanenter Lichtquelle beleuchtet, deren Entfernung von der Scheibe an einer Skale gegemessen werden kann.

Hr. Masson legt seinem elektrischen Photometer folgende Vorzüge von andern photometrischen Apparaten bei. 1) Die Sektoren verschwinden fast plötzlich und man hat daher nicht die Ungewifsheiten, wann die erwartete Gränze eintritt, zu fürchten, mit denen z. B. die Photometer behaftet sind, welche auf der Gleichheit der Schatten oder der beleuchteten Flächen begründet sind. 2) Während für farbiges Licht die anderen Photometer unbrauchbar sind, wird das seinige gerade noch empfindlicher, indem alsdann die Sektoren nicht nur durch die Schattirung, sondern auch noch durch die Färbung verschieden sind. 3) Das elektrische Photometer ist füs alle momentane Lichterscheinungen anwendbar.

Nachdem Hr. Masson von der hinreichenden Empfindlichkeit seines Photometers überzeugt ist, und sich davon versichert hat, dafs für das momentane Licht ebenso wie für das dauernde das Gesetz gilt, dafs die Intensität nach dem Quadrat der Entfernung abnimmt, geht er dazu über die Intensität des elektrischen Entladungsfunkens unter verschieden abgeänderten Umständen zu untersuchen. Er gelangt durch die in der Abhandlung niedergelegten Versuchsreihen zu dem Resultate, dafs die Intensität des elektrischen Lichtes abhängig ist von:

1) der Schlagweite,

2) der Ausdehnung der Fläche, auf welcher die Elektricität angehäuft ist, oder wie Hr. Masson es bezeichnet, von der Oberfläche der Condensatoren,

3) von der Dicke des Belegs der Batterie oder der Dicke der Condensatoren,

4) von der natürlichen Beschaffenheit des Beleges,

5) von der Leitungsfähigkeit des Schliefsungsbogens,

6) von der Natur des durch den Entladungsfunken durchbrochenen Mediums,

7) von der natürlichen Beschaffenheit der Kugeln zwischen denen der Entladungsfunke übergeht.

Die Abhängigkeit dieser Gröfsen von einander drückt Herr Masson durch folgende 3 Gesetze aus.

Erstes Gesetz. Die Intensität des elektrischen Lichtes nimmt mit dem Quadrat der Entfernung ab.

Zweites Gesetz. Die Intensität des Entladungsfunkens ist proportional der Oberfläche und umgekehrt der Dicke des Beleges.

Drittes Gesetz. Die Intensität des elektrischen Lichtes wächst proportional dem Quadrate der Schlagweite.

Die Formel $J = H \frac{x^2}{y^2} \frac{s}{e}$

stellt diese drei Gesetze dar. In derselben bedeutet:

J die Intesität des elektrischen Lichtes,

H eine Constante, welche von unbekannten Elementen abhängt,

x die Schlagweite,

s die Oberfläche des Beleges,

y die Fntfernung des Funkens vom Photometer,

e die Dicke des Beleges,

Die Beschaffenheit der Kugeln zwischen denen der Entladungsfunke übergeht, hat auf diese photometrischen Gesetze keinen Einflufs. Denn die Verschiedenheit des Metalls dieser Kugeln ändert zwar die absoluten Werthe der Lichtintensität, aber das Verhältnifs zwischen den verschiedenen Metallen bleibt dasselbe; die Lichtintensität ist um so gröfser, je weniger zähe die Metalle sind.

Bei der Vergleichung der gewonnenen Resultate mit den Untersuchungen von Riess über die Erwärmung durch eine bestimmte Elektricitätsmenge findet Hr. Masson: Wenn die Entladung der elektrischen Batterie, sowohl eine Lichterscheinung an einer Unterbrechung des Schliefsungsbogens, als eine Erwärmung in eben derselben Schliefsung hervorbringt, so ist die entwickelte Wärmemenge der Lichtmenge proportional.

C. Die Elektro-Induktion.

K. W. Knochenhauer. Neue Versuche über den elektrischen Nebenstrom.

K. W. Knochenhauer. Zum elektrischen Nebenstrome.

Die Elektro-Induktion oder die Induktion durch Maschinen-elktricität wurde fast gleichzeitig von Marianini, Henry und Riess in den Jahren 1838 u. 39 entdeckt. Im Repertorium der Physik. VI. 206. ff. hat Riess das Geschichtliche der Entdeckung und die verschiedenen Wirkungen des inducirten Stromes beschrieben, und die Gesetze des Nebenstromes, so weit sie aus der Erwärmung, die derselbe in einem unveränderlichen Drahte erregt, zu folgern sind, abgeleitet. In aller Kürze lassen sich diese Gesetze etwa folgendermaafsen zusammenfassen:

1) Der Hauptstrom, durch den eine gewisse Elektricitätsmenge in bestimmter Zeit entladen wird, erregt einen Nebenstrom, der eine proportionale Elektricitätsmenge in proportionirter Zeit entladet.

2) Die im Nebendrahte erregte Elektricitätsmenge ist der Länge des wirkenden Hauptdrahtes proportional.

3) Die im Nebendrahte erregte Elektricitätsmenge ist um so gröfser, je paralleler die beiden Ströme laufen.

4) Die Erwärmung in der Nebenschliefsung ist um so gröfser, je dünner der erregte Draht ist.

5) Der Nebenstrom ist abhängig von dem Leitungsvermögen des Nebendrahtes.

6) Die Stärke des Nebenstromes nimmt proportional der Entfernung ab.

7) Kein Theil des Schliefsungsbogens wirkt inducirend auf den andern.

8) Die Elektricitätsmenge im Hauptstrom der Batterie wird durch Rückwirkung des Nebenstromes nicht geändert; aber die Entladungszeit derselben wird um so mehr verzögert, je mehr die Leitung des Nebenstromes bis zu einem gewissen Grade verschlechtert worden ist.

9) die Verzögerung des Hauptstromes erreicht ein Maximum mit zunehmender Verlängerung, oder was gleichbedeutend ist,

mit zunehmenden Verzögerungswerthe der Nebenschliefsung, und nimmt von da an wieder ab.

Hr. Knochenhauer hat nun, seitdem die Zusammenstellung der Gesetze des Nebenstroms im Repertorium von Riess gegeben wurde, eine Reihe von Abhandlungen bekannt gemacht, in denen er erstens die Gesetze des Nebenstroms auf seine für die Vertheilung der Elektricität gefundenen Werthe zurückzuführen, zweitens die Ströme im getheilten Schliefsungsdrahte der Batterie unter demselben Gesichtspunkte wie den Nebenstrom zu betrachten, (worüber auch von Riess a. d. Jahr 1841 eine Abhandlung vorliegt), und drittens die Uebereinstimmung zwischen galvanischen und spannungselektrischen Strömen nachzuweisen, bezweckt. Diese Abhandlungen, zu denen die in der Ueberschrift genannten neuen Arbeiten des Hrn. Knochenhauer in Beziehung stehen, sind mit ihren kurz zusammengefafsten Resultaten folgende:

K. W. Knochenhauer Versuche über die gebundene Elektricität, zweiter Artikel. Pogg. Ann. LVIII. 391.

In dieser Abhandlung wendet Hr. Knochenhauer seine oben gegebene Formel für die Quantität der gebundenen Elektricität

$$\Theta = A a^{\sqrt{n}}$$

zur Berechnug der von Riess, Pogg. Ann. L. 7., zur Bestimmung der Stärke des Nebenstromes in veränderlichen Entfernungen gegebenen Beobachtungsreihen, an, und findet sie die Versuche sehr gut darstellend. Aus einer Anzahl von neuen Beobachtungen findet er, dafs a, der Bindungsexponent durch die Luft beim Nebenstrome $= b^2$, seinem früheren Bindungsexponenten, sei. Dies führt ihn zu der Ansicht, dafs überall im Entladungsdrahte der positive und negative Strom zugleich sei; wenn also nach den Versuchen über die Vertheilung der Elektricität, der positiv elektrische Körper, auf einem ihm in einem Abstande von n Viertelzollen nahe gestellten Leiter, einen negativen Strom $= C b^{\sqrt{n}}$ erregt, so erregt auch der negative Strom auf demselben Leiter einen positiven $= C b^{\sqrt{n}}$, und beide zusammen bedingen die Erwärmung $\Theta = C^2 b^{2\sqrt{n}} = A a^{\sqrt{n}}$.

Als anderweitige Resultate aus seinen Versuchen findet Hr. Knochenhauer

1) dafs der Bindeexponent $a = b^2$ eine variable Gröfse ist, deren Maximum nicht über den Exponenten bei unbewegter Elektricität hinausgeht;

2) dafs der Bindeexponent durch die Hauptschliefsung vermindert wird, einmal, wenn bei gleichbleibender Schliefsung aus zwei Drähten der schwächere als Erreger dient, zweitens, wenn der Leitungswiderstand überhaupt gesteigert wird;

3) dafs der Bindeexponent durch die Nebenschliefsung vermindert wird, wenn der Leitungswiderstand in ihr wächst; ob ein schwächerer Draht als erregter Theil einen Einflufs übt, tritt nicht bestimmt hervor.

Die folgende Abhandlung:

K. W. Knochenhauer. Ueber den Nebenstrom im getheilten Schliefsungsdrahte der Batterie. Pogg. Ann. XL. 70 u. 235,

enthält den Beweis, dafs bei einem getheilten Schliefsungsdrahte durch einen, nämlich den elektrisch kürzeren Theil der Entladungsstrom geht, während in dem anderen Theile ein Nebenstrom inducirt wird, dafs also nicht wie beim galvanischen Strome, die elektrische Strömung getheilt durch beide Schliefsungen geht.

Die nächsten vier Abhandlungen:

K. W. Knochenhauer. Ueber die elektrischen Ströme im getheilten Schliefsungsdrahte der Batterie. Pogg. Ann. LXI. 55.

K. W. Knochenhauer. Ueber die Schwächung des Hauptstromes bei getheiltem Schliefsungsdrahte der Batterie. Pogg. Ann. LXII. 353.

K. W. Knochenhauer. Ueber den Zusammenhang der Formeln, welche die Wärmeentwicklung durch den elektrischen und durch den galvanischen Strom bestimmen. Pogg. Ann. LXII. 207.

P. Riess. Ueber die Wärmeerregung in einem verzweigten Schliefsungsbogen der elektrischen Batterie. Pogg. Ann. LXIII. 481; Inst. 584, p. 93 geben Formeln für die Erwärmung in den verschiedenen Theilen der verzweigten Schliefsung unter verschiedenen Umständen.

In der ersten dieser Abhandlungen beschreibt Hr. Knochenhauer den Apparat zu seinen Versuchen folgendermaafsen. Von der Innenseite der Batterie ging ein 1‴ starker und 2′ 11″ langer Messingdrath aus, unterbrochen durch die Kugeln des Ausladers. Mittelst einer Klemme schlofs sich hieran ein Kupferdraht 7″,5 lang und 0‴279 dick. Hierauf theilte sich die Leitung, indem zwei gleiche Kupferdrähte ($Z_,$ und $Z_{,,}$) von 4″ Länge in zwei mit Quecksilber gefüllte, wohl isolirte gläserne Näpfe tauchten; aus jedem von diesen führten 13″ lange Kupferdrähte in zwei Luftthermometer, (deren Erwärmung entsprechend den getrennten Zweigen $Z_,$ und $Z_{,,}$ mit $\Theta_,$ und $\Theta_{,,}$ bezeichnet werde) in denen sich Platindrähte von 16″ Länge befanden. Die getheilten Ströme vereinigten sich wieder und der gemeinsame Strome ging jetzt durch einen neuen Kupferdraht von 21″ Länge, dem ein Quecksilbergefäfs folgte, wodurch der Strom entweder durch ein Luftthermometer gehen, oder nach Entfernung desselben unmittelbar auf einem 3′ 9″ langen und 0‴,5 dicken Kupferdrahte zur Aufsenseite der Batterie geleitet werden konnte.

Nachdem nur die Widerstände der verschiedenen Drähte bestimmt waren, ging Hr. Knochenhauer dazu über die Stromstärke unter veränderten Bedingungen zu bestimmen.

1) Die Stromstärke in gleichen Zweigen $Z_,$ und $Z_{,,}$.

Wenn man zuerst die Stromstärke bei einem geöffneten Zweige misst und hinterher beide Zweige schliefst, so mufs die Stromstärke im vereinigten Draht nach dem verminderten Widerstande zunehmen. Die Elektricität vertheilt sich hierbei offenbar gleich in beide Zweige, jeder empfängt die Hälfte der Elektricität, und da diese durch solche Theilung zugleich auf die halbe Intensität zurückgebracht wird, so beträgt auf gleichem Drahte die Erwärmung in jedem Zweige den vierten Theil von der vereinigten Leitung. Ist also der Widerstand in der vereinigten Leitung $= W$, der Widerstand in $Z_,$ und $Z_{,,}$ $= w'$ und w'', wobei hier $w' = w''$ ist, und setzt man die Stromstärke beim Widerstande $1 = C$, so bekommt man die Angaben der Thermometer $\Theta_,$ und $\Theta_{,,}$ aus:

$$\Theta_, = \Theta_{,,} = \frac{\frac{1}{4}C}{W + \frac{1}{4}w' + \frac{1}{4}w''} = \frac{\frac{1}{4}C}{W + \frac{1}{2}w'}$$

wogegen bei einem geöffneten Zweige die Temperatur

$$T = \frac{C}{W + w'}$$

ist, also auch

$$\Theta_{,} = \Theta_{,,} = \frac{\frac{1}{4} T (W + w')}{W + \frac{1}{2} w'}$$

Die Berechnung mittelst dieser Formeln stimmte mit den Beobachtungen nur, wenn für W und w', oder die Widerstände in den Drähten, andere als die zuvor bestimmten Werthe genommen wurden. Hr. Knochenhauer erklärt sich diese Verschiedenheit für die Werthe der Widerstände daraus, dafs ein Hindernifs an den Stellen stattfinden müsse, wo der Hauptstrom in die beiden Zweige übergeht und ebenso wo diese sich wieder vereinigen.

Mir scheint dies aus der Bemerkung von Riess erklärlich zu werden, dafs es nicht hinreicht, den Widerstand eines Drahtes von bestimmter Länge und Beschaffenheit zu kennen, wenn der Widerstand desselben in einer discontinuirlichen Verbindung bei der Berechnung benutzt werden soll, sondern dafs man bei einer solchen Verbindung den Widerstand unter diesen Umständen erst experimentell ermitteln mufs.

2. Die Stromstärke in compensirten Zweigen.

Wenn man in die beiden Zweige der Leitung verschiedene Drähte einfügt, und zwar in den einen Zweig zunächst irgend einen von bestimmter Länge, in den andern einen an Stoff und Stärke verschiedenen, dessen Länge man so lange verringert oder vermehrt, bis beide Thermometer eine gleiche Erwärmung erhalten, so nennt Hr. Knochenhauer die so zu einander gehörigen Längen elektrisch gleiche oder einander compensirende; er wählt diesen Ausdruck statt des beim Galvanismus gebräuchlichen der Reduktion, um damit sogleich auszudrücken, dafs die durch einander compensirten und die auf einander reducirten Drahtlängen sich keineswegs entsprechen.

Die Beobachtungen zeigten nun, dafs compensirte Drahtlängen nicht solche sind, bei denen die früher bestimmten

Widerstände gleich sind. Wurde z. B. in den einen Zweig 9' Kupferdraht mit dem Widerstande 1,03, und in den andern 4' Neusilberdraht mit dem Widerstande 2,39 eingeschaltet, so war die Erwärmung in den beiden Zweigen gleich.

Hr. Knochenhauer sucht dies durch folgende Betrachtung zu erklären: „Der elektrische Strom unterscheidet sich vom galvanischen durch die freie Spannung, welche ihn begleitet; tritt ein gröfserer Widerstand in einer Leitung ein, so nimmt nicht nur die Spannung überhaupt, sondern beim elektrischen Strome auch zugleich die freie Spannung ab, und zwar rück- und vorwärts wirkend durch die ganze Länge der Leitung. Der freien Elektricität ist es aber eigenthümlich, dafs an zwei an einander stofsenden leitenden Theilen keine Differenz der Spannung stattfinden kann, sondern dafs diese Verschiedenheit durch Ausgleichung jedesmal verschwindet. Möge also durch die beiden Zweige je welcher Theil an Elektricität durch den einen oder den andern hindurchgehen, immer mufs doch an den beiden Stellen, wo sich diese Zweige wieder vereinigen, nach der einen oder der andern Seite hin gleiche Spannung vorliegen, und ebenso müssen beide Zweige durch ihre Rückwirkung die gleiche Spannung hier aufrecht erhalten. Nach diesem Satze würde es zunächst als nothwendig erscheinen, dafs durch beide Zweige in allen Fällen die gleiche Stromstärke hindurchginge, und dafs demnach in demjenigen, welcher den gröfsten Widerstand leistet, und hiermit die Spannung am meisten auf seiner Seite verringert, die meiste Elektricität hineinträte, damit nach erfolgtem Verlust die noch übrigbleibende Spannung der in dem andern Zweige das Gleichgewicht hielte. Dies würde in der That auch der Fall sein, wenn nicht erstens bei gleicher Stromstärke die freie Spannung auf einem feineren Drahte gröfser wäre als auf einem stärkeren, und demnach bei gleicher Länge der Drähte der stärkere mehr Elektricität aufnehmen müfste, damit er rückwirkend die gleiche freie Spannung an den Vereinigungspunkten erzeugte; und wenn nicht zweitens die Erfahrung uns belehrte, dafs eine geringere Stromstärke auf einem längeren Draht eine stärkere Rückwirkung zeigte als eine gleiche Stromstärke auf einem kürzeren Zweige. Im Allgemeinen haben wir also in den

Zweigen Folgendes zu erwarten: Dünnere Drähte nehmen bei gleicher Länge mit stärkeren eine geringere Stromstärke auf und erzeugen schon hiermit das Gleichgewicht der freien Spannung; zweitens lassen bei gleicher Stärke längere Drähte eine geringere Stromstärke zu, indem sie wieder die erforderliche Spannung eben durch ihre Länge erzielen. Soll also ein dünnerer Draht durch einen stärkeren compensirt werden, so nehme man diesen von gröſserer Länge und umgekehrt."

Für die compensirten Zweige gilt nun dieselbe Formel wie für gleiche Zweige, nämlich mit derselben Bezeichnung wie vorher:

$$\Theta_{,} = \Theta_{,,} = \frac{\frac{1}{4}C}{W + \frac{1}{4}w' + \frac{1}{4}w''}$$

oder wenn man die Widerstände w' und w'' in die der constanten gleichen Längen und der zugesetzten compensirten Längen zerlegt, so daſs

$$w' = w_0 + w_{,} \quad \text{und} \quad w'' = w_0 + w_{,,}$$

ist, so erhält man

$$\Theta_{,} = \Theta_{,,} = \frac{\frac{1}{4}C}{W + \frac{1}{2}w_0 + \frac{1}{4}(w_{,} + w_{,,})}$$

nennt man ferner die Erwärmung bei 0 Zusatz T, so ist

$$T = \frac{\frac{1}{4}C}{W + \frac{1}{2}w_0}$$

und

$$\Theta_{,} = \Theta_{,,} = \frac{T\left(W + \frac{1}{2}w_0\right)}{W + \frac{1}{2}w_0 + \frac{1}{4}(w_{,} + w_{,,})}$$

3. Die Stromstärke in ungleichen Zweigen.

Die Hauptleitung blieb unverändert. Die Zweige erhielten beide in 3 Versuchsreihen die Zusätze von 0', 4' und 8' Kupferdraht, sodann blieb während jeder Versuchsreihe der eine Zweig

$Z_{\prime\prime}$ unverändert, während zu dem andern $Z_{\prime}$ nach und nach immer gröfsere Längen desselben Drahtes hinzugefügt wurden. Aus den beobachteten Erwärmungen $\Theta_{\prime}$ und $\Theta_{\prime\prime}$ ergab sich die Relation

$$\Theta_{\prime} : \Theta_{\prime\prime} = c^2 : (c+n)^2$$

wo c einen constanten Werth und n die zum Zweige $Z_{\prime}$ hinzugefügte Drahtlänge in Fufsen bezeichnet. Die 3 Werthe der Constanten c in den Versuchsreihen unterscheiden sich nahe durch die Zahl der Fufse, welche in beiden Zweigen zugleich hinzugefügt worden sind. Daraus geht hervor, dafs diese Constante diejenige Drahtlänge an Kupferdraht bezeichnet, durch welche der beständige Theil der Nebenschliefsung compensirt wird. Wir haben also das Gesetz, dafs durch jeden der beiden getrennten Zweige eine ihrer compensirten Länge umgekehrt proportionale Menge an Elektricität durchgeht, und da die Stromstärke von der Quantität und Intensität zugleich abhängig ist, die letztere aber wieder der Quantität proportional zunimmt, so ist die Stromstärke in jedem Zweige dem Quadrate der Länge umgekehrt proportional. Bezeichnen wir nun mit λ' und λ'' die Längen des als Grundmaafs dienenden Drahtes, welche die Zweige $Z_{\prime}$ und $Z_{\prime\prime}$ compensiren, ferner wie vorher mit W den Widerstand in der vereinigten Hauptleitung mit w' und w'' die Widerstände in den beiden Zweigen, endlich mit C die vereinigte Stromstärke bei einem Widerstande $= 1$, so haben wir

$$\Theta_{\prime} = \frac{C\left(\frac{\lambda''}{\lambda'+\lambda''}\right)^2}{W+\left(\frac{\lambda''}{\lambda'+\lambda''}\right)^2 w'+\left(\frac{\lambda'}{\lambda'+\lambda''}\right)^2 w''}$$

$$\Theta'' = \frac{C\left(\frac{\lambda'}{\lambda'+\lambda''}\right)^2}{W+\left(\frac{\lambda''}{\lambda'+\lambda''}\right)^2 w'+\left(\frac{\lambda'}{\lambda'+\lambda''}\right)^2 w''}$$

welche Formeln bei $\lambda' = \lambda''$ in die frühere

$$\Theta_{\prime} = \Theta_{\prime\prime} = \frac{\frac{1}{4}C}{W+\frac{1}{4}w'+\frac{1}{4}w''}$$

übergehen. Die Nenner $\lambda'+\lambda''$ entstehen daher, dafs beide Zweige gleichmäfsig auf die Vereinigungsstellen rückwirken, und dafs daher die Schwächung der Stromstärke in dem einen Zweige sich um des Gleichgewichtes der Spannung willen auf beide Zweige vertheilt.

4. Die Abnahme der Stromstärke in der vereinigten Leitung.

Aus den so eben gegebenen Formeln läfst sich nun die Bedingung ableiten, wann eine Schwächung der Stromstärke stattfinden mufs. Wenn in dem Zweige $Z_{\prime}$ die Erwärmung $= \Theta_{\prime}$ und in dem Zweige $Z_{\prime\prime} = \Theta_{\prime\prime}$ ist, so ist die Quantität der Elektricität proportional mit $\sqrt{\Theta_{\prime}}$ und $\sqrt{\Theta_{\prime\prime}}$ und die Erwärmung im Hauptdrahte ist, vorausgesetzt dafs mit demselben Thermometer gemessen werde:

$$\Theta = (\sqrt{\Theta_{\prime}}+\sqrt{\Theta_{\prime\prime}})^2$$

Nun geben die obigen Formeln

$$\Theta = \frac{C}{W+\left(\frac{\lambda''}{\lambda'+\lambda''}\right)^2 w'+\left(\frac{\lambda'}{\lambda'+\lambda''}\right)^2 w''}$$

Ist λ'' unendlich grofs, d. h. bleibt der Zweig $Z_{\prime\prime}$ geöffnet, so haben wir im Hauptdrahte

$$\Theta_0 = \frac{C}{W+w'};$$

soll also eine Abnahme der Stromstärke bei geschlossenem Zweige $Z_{\prime\prime}$ stattfinden, so mufs

$$\Theta_0 > \Theta$$

oder

$$\frac{C}{W+w'} > \frac{C}{W+\left(\frac{\lambda''}{\lambda'+\lambda''}\right)^2 w'+\left(\frac{\lambda'}{\lambda'+\lambda''}\right)^2 w''}$$

sein, dies giebt:

$$\lambda''^2 w'+\lambda'^2 w'' > (\lambda'+\lambda'')^2 w'$$

oder

$$\lambda' w'' > (\lambda'+2\lambda'')w'$$

5. Der elektrische Nebenstrom.

Den Mechanismus des Nebenstromes giebt Hr. Knochenhauer, nachdem er in diesem Abschnitte die Uebereinstimmung der Ströme im getheilten Schliefsungsdrahte und des Nebenstromes angeführt hat, folgendermaafsen an: „Sobald die Elektricität an die Stelle des Hauptdrahtes tritt, an welcher ihm parallel der gespannte Draht beginnt, so bindet das erste ankommende, z. B. positive Theilchen zunächst ein Theilchen negativer Elektricität auf dem Nebendrahte, und ein Theilchen positiver wird frei. Das freie Theilchen im Hauptdrahte rückt weiter, demnach rückt auch entweder das gebundene negative weiter und mit ihm das frei gewordene positive, oder jenes vorher gebundene Theilchen verbindet sich wieder mit seiner freien Elektricität, und ein neues Theilchen wird gebunden, eben so ein neues frei. Bei beiden Ansichten rückt im gespannten Drahte eben so ein freies Theilchen positiver Elektricität vorwärts, wie im Hauptdrahte das freie Theilchen vorrückt; jedes folgende Theilchen übt einen gleichen Einflufs, folglich strömt gerade wie im Hauptdrahte, so auch im gespannten Drahte positive Elektricität vorwärts, natürlich im letzteren in einem so geminderten Maafse als es die Entfernung vom ersteren in jedem Falle bedingt. Gehen wir nun auf den getheilten Schliefsungsdraht zurück. Die Elektricität der Batterie, welche bis an die getrennten Zweige gelangt, wird offenbar nicht nach eigener Wahl den schwierigeren Weg, wo sie die meisten Hindernisse findet, durch die Zweige einschlagen, sondern den leichteren zumeist, wie dies natürlich ist; und doch zwingt sie das erforderliche Gleichgewicht der Spannung an der Vereinigungsstelle einen Gang zu nehmen, der weiter vom Ziele abliegt. Die Elektricität also, die eigentlich durch den leichteren Weg hindurch will, mufs auch den schwierigeren gerade in dem Maafse ausfüllen, bis das Gleichgewicht erzielt ist; ein einseitiger Gang ist hier nicht möglich. Eben so ist indefs mit dem gespannten Drahte auch der Nebendraht verbunden; die freie Elektricität wird hier ursprünglich den gespannten Draht entlang getrieben, aber sie kann auf ihm ihre Strömung nicht vollbringen, es sei denn, dafs sie auch den Nebendraht erfüllt und an der Vereinigungsstelle das Gleichgewicht der Spannung herstellt; der eine Strom ohne den andern ist wieder unmöglich. Folglich gehen beide Ströme in gleicher Richtung und werden sich ohne allen Zweifel nach derselben Weise vertheilen, wie sich die Ströme in den Zweigen des Schliefsungsdrahtes vertheilen."

In der zweiten Abhandlung giebt Hr. Knochenhauer zunächst die Versuche an, welche er zur Begründung der vorher unter 4) aufgestellten Formel über die Schwächung des Hauptstromes bei getheiltem Schliefsungsdrahte der Batterie angestellt hatte. Sodann entwickelt er, um zu untersuchen, ob auch bei mehrfach getheilter Schliefsung entsprechend gebildete Formeln ihre Anwendung finden, diese Formeln für eine dreifach gespaltene Leitung. Durch die eine mitgetheilte Beobachtungsreihe hält er diese Formeln für zureichend begründet. In einem Zusatze endlich macht Hr. Knochenhauer darauf aufmerksam, dafs die Summe der frei werdenden Wärme bei einfacher oder bei zwei und mehrfach getheilter Schliefsung stets dieselbe bleibe.

Die dritte der erwähnten Abhandlungen enthält eine Vergleichung der Formeln, welche die Wärmeentwicklung durch den elektrischen und galvanischen Strom bestimmen, da Herr Knochenhauer beide Ströme, abgesehen von der freien Spannung, die beim elektrischen stattfindet, in ihren sonstigen Eigenschaften für gleich hält. Einen Auszug aus dieser Arbeit zu geben, ist unmöglich, es müfste die ganze Entwickelung hier aufgenommen werden, weshalb ich lieber auf die Abhandlung selbst verweise. Hr. Knochenhauer gelangt zu dem Resultate, dafs die elektrischen Formeln als die Grundformeln, die galvanischen als die für einen speciellen Fall daraus abgeleiteten angesehen werden müssen.

Die vierte Abhandlung aus dem Jahre 1844 enthält endlich die Untersuchungen des Hrn. P. Riess, welche derselbe gleichzeitig mit Hrn. KNOCHENHAUER über die Wärmeerregung in dem verzweigten Schliefsungsbogen angestellt hat. Hr. RIESS geht von der Formel aus, welche er früher für die Wärmeerregung, die an einer Stelle des Schliefsungsbogens der elektrischen Batterie durch die Entladung erregt wird, gegeben hatte, und die auch oben schon erwähnt wurde, nämlich

$$W = \frac{aV}{1+bU}\frac{q^2}{s}$$

Um den Einflufs der discontinuirlichen Verbindungsstellen, welche bei einer Theilung des Schliefsungsdrahtes stets entstehen müssen, mit in Rechnung zu ziehen, stellt Hr. RIESS die Aufgabe: Die Verzögerungswerthe (U) einer beliebigen Anzahl von Metallstücken sind gegeben, entweder durch unmittelbare Abmessung oder durch experimentelle Bestimmung, es soll der Verzögerungswerth für dieselben gefunden werden, wenn sie alle gleichzeitig neben einander zur Schliefsung der Batterie benutzt werden. Ist nun der Werth der U bekannt, so ist damit nach obiger Formel unmittelbar die Erwärmung in jedem Zweige der Schliefsung zu berechnen.

Nachdem nun Hr. RIESS eine detaillirte Beschreibung des angewandten Apparates gegeben hat, durch dessen sorgfältige Zusammenstellung und Instandhaltung die Genauigkeit der Versuche wesentlich bedingt ist, nachdem er ferner die Verzögerungswerthe der Zweige in den Verbindungen, in denen sie angebracht sind, bestimmt hat, geht er zur Entwickelung der Formeln für die zwei Fälle über: 1) für die Erwärmung im Stamme eines verzweigten Schliefsungsdrahtes, 2) für die Erwärmung in einem Zweige.

1) Erwärmung im Stamme eines verzweigten Schliessungsdrahtes.

Als Hr. RIESS die Formel

$$(1) \quad . \; . \; . \; . \; . \quad W = \frac{aV}{1+bU}\cdot\frac{q^2}{s}$$

herleitete, fafste er den Nenner $1+bU$ als die Zeit auf, welche während der Entladung der Elektricitätsmenge q durch den ganzen Schliefsungsbogen verfliefst. Verläuft der Schliefsungsbogen in mehrere Zweige, so wird die Formel ihre Geltung behalten, wenn statt bU die Zeit z gesetzt wird, in welcher die Ladung der Batterie durch diese Zweige geht. Es sei $U_{\prime}$ der Verzögerungswerth des ersten Zweiges, $U_{\prime\prime}$ der des zweiten u. s. f.; der erste Zweig, der nach der Formel in des Zeit $bU_{\prime}$ die ganze Elektricitätsmenge q entladen würde, kann während der Zeit z nur $\frac{qz}{bU_{\prime}}$ entladen, ebenso der zweite Zweig nur $\frac{qz}{bU_{\prime\prime}}$ und so fort. Da hiermit die Ladung erschöpft ist, so wird:

$$\frac{z}{b}\left(\frac{1}{U_{\prime}}+\frac{1}{U_{\prime\prime}}+\ldots\frac{1}{U_{n}}\right)=\frac{z}{b}\left[\frac{1}{U}\right]=1$$

und hieraus

$$z=\frac{b}{\left[\frac{1}{U}\right]}$$

der $n$te Zweig nimmt hierbei die Electricitätsmenge

$$q_n=\frac{q}{U_n\left[\frac{1}{U}\right]}$$

auf. Setzt man nun in die Formel (1) den für $z=bU$ gefundenen Werth, so erhält man die Formel für die Wärmemenge an einer Stelle des Stammes in einem verzweigten Schliefsungsdrahte:

$$(2)\quad\ldots\quad W=\frac{aV}{1+\frac{b}{\left[\frac{1}{U}\right]}}\cdot\frac{q^2}{s}$$

Die Beobachtuungen bestätigen die Gültigkeit dieser Formel.

2) Erwärmung in einem Zweige des Schliefsungsbogens.

Vorher wurde bestimmt, dafs der $n$te Zweig der Schliefsung, dessen Verzögerungswerth U_n ist, von der in der Batterie vorhandenen Elektricitätsmenge q nur

$$q_n=\frac{q}{U_n\left[\frac{1}{U}\right]}$$

enthält, es mufs daher in die Formel (2) dieser Werth anstatt q eingesetzt werden, um den Ausdruck für die Wärmemenge W_n zu finden, dies giebt:

$$W_n = \frac{aV}{1+\frac{b}{\left[\frac{1}{U}\right]}} \cdot \frac{q^2}{s \cdot U_n^2 \left[\frac{1}{U}\right]^2}$$

oder:

$$(3) \quad \ldots \quad W_n = \frac{aV\frac{1}{U_n^2}}{\left[\frac{1}{U}\right]\left(\left[\frac{1}{U}\right]+b\right)} \cdot \frac{q^2}{s}$$

Auch für diese Formel zeigten die Beobachtungen eine genügende Uebereinstimmung mit der Berechnung.

Hr. Riess bemerkt, dafs man sich zu hüten habe, diesen Formeln eine zu grofse Ausdehnung zu geben, sie könnten nur über die Erwärmung von continuirlichen Drahtstücken Aufschlufs geben, nicht aber von solchen, die durch irgend welche Verbindungsmittel aneinander gefügt sind. Uebersähe man diese Bedingung, so gelange man zu der Folgerung, dafs die gesammte durch eine Entladung erregte Wärmemenge im Schliefsungsbogen unabhängig von der Beschaffenheit des Bogens ist, wie dies Knochenhauer (s. vorher) und vor ihm Vorsselmann de Heer ausgesprochen haben.

Dies sind die Untersuchungen, an die sich nun die neueren Arbeiten des Hrn. Knochenhauer aus dem Jahre 1845 anschliessen. Bei der ersteren derselben: „neue Versuche über den elektrischen Nebenstrom", kann ich mich darauf beschränken, die Resultate anzugeben, wie sie Hr. Knochenhauer selbst zusammengefafst hat, da die Beobachtungnn anzuführen hier nicht der Ort ist. Die Berechnung derselben wurde nach der schon oben erwähnten Formel $\Theta = Aa^{\sqrt{n}}$ angestellt. Die Resultate sind folgende:

1) Die Batterie giebt bei gleicher Ladung eine gleiche Wärmemenge, wie man auch den Haupt- und Nebendraht abändert.

2) Bleibt der gespannte Theil des Nebendrahtes unverändert, und wird nur der Schliefsungsbogen gewechselt, so kann man die Veränderung des Nebenstromes aus den compensirten Längen dieser beiden Theile bestimmen.

3) Aendert man den gespannten Theil des Nebendrahts, so ändert sich die Einwirkung vom Hauptstrome, sie wird in demselben Maafse geringer, als die compensirte Länge des gespannten Drahtes gröfser wird.

4) Bei wachsenden Distanzen des Nebendrahtes vom Hauptdrahte wird der Nebenstrom schneller geschwächt, wenn der gespannte Theil des Nebendrahtes überhaupt eine geringere Einwirkung vom Hauptdrahte aus erfährt.

5) Der erregende Draht übt keinen, wenigstens keinen deutlichen Einflufs auf den Nebenstrom aus.

An diese Sätze schliefsen sich einige Beobachtungen über die Richtung des Nebenstromes an, wobei Hr. KNOCHENHAUER die Behauptung von MATTEUCCI wiederlegt, dafs sich die Richtung des Nebenstromes ändere, wenn der erregende Strom das eine Mal in einem ununterbrochenem Drahte, das andere Mal vermittelst eines Funkenüberschlages verläuft.

Aus weiteren Beobachtungen folgert Hr. KNOCHENHAUER, dafs der Nebenstrom, wenn die Drähte passend hierzu angeordnet sind, nach ganz gleichen Gesetzen und in ganz gleichem Maafse einen neuen Nebenstrom auf sich selbst erregt, als der Hauptstrom auf dem Nebendrahte.

Sodann findet er, dafs ein Hauptstrom auf jeden von zweien zugleich geschlossenen Nebendrähten gerade ebenso wie auf einen einzelnen einwirkt.

Endlich sucht er zu zeigen, dafs die von RIESS aufgestellten vorher gegebenen Formeln für die Wärmeerregung im verzweigten Schliefsungsbogen in den seinigen enthalten seien und nur specielle Fälle darstellen.

In der letzten Abhandlung aus dem Jahre 1845 sucht Herr KNOCHENHAUER seine Ansicht von der Identität des Nebenstromes und des Stromes im verzweigten Schliefsungsdrahte näher zu begründen. Diese Ansicht, welche sich darauf stützt, dafs Herr Knochenhauer die Abnahme des elektrischen Nebenstromes mit der Entfernung vom erregenden Hauptdrahte von denselben Gesetzen abhängig gefunden hatte, nach welchem die Quantität der gebundenen Elektricität von ihm bestimmt worden war, scheint ihm noch nach zwei Seiten hin einer Unterstützung zu bedürfen. Erstlich sei es zweifelhaft, ob das Gesetz über die gebundene Elektricität, welches bei zwei Kugeln gefunden worden ist, auch auf zwei nebeneinander gespannte Drähte, wo die Längendimensionen vorwalten, unmittelbar übertragen werden dürfe, und zweitens frage es sich, wie weit man überhaupt von freier Elektricität auf dem Schliefsungsdrahte der Batterie zu reden befugt sei, da hier der Strom das Innere des Drahtes durchdringt, während die freie Elektricität sonst nur an der Oberfläche haftet.

Die bei der Entladung auf dem Schliefsungsdrahte jedenfalls vorhandene freie Elektricität (deren Vorhandensein schon aus der Thatsache folgt, dafs der Strom von der Leitung auf einen anderen ihm genäherten Draht überspringt, wenn dieser auf kürzerem Wege die Batterie entladet) benutzt Hr. Knochenhauer, um auf einem anderen Drahte gebundenen zu erzeugen, und deren Quantität an der Coulomb'schen Drehwaage eben so zu messen wie er es früher bei den Versuchen mit gebundener Elektricität auf einer Kugel gethan hatte. Die Versuche ergaben, dafs der Bindungsexponent b nahe denselben Werth hatte wie früher, woraus folgt, dafs auch bei parallel gespannten Drähten die Quantität der gebundenen Elektricität unter derselben Formel steht wie bei Kugeln.

Was den zweiten Punkt betrifft, so glaubt Hr. Knochenhauer zwei Ströme bei der Entladung auf dem Schliefsungsbogen unterscheiden zu müssen: 1) einen äufseren, welcher von der freieren Elektricität gebildet wird, und welchen er durch die Darstellung der elektrischen Figuren ermittelt; 2) einen inneren, den man nicht unmittelbar als freie Elektricität ansehen und darnach seine Wirkung erklären dürfe. Wenn dieser letztere indessen einen innern Nebenstrom erzeugt, dessen Stärke bei wechselnden Abständen der Drähte unter demselben Gesetze steht wie der äufsere Nebenstrom, der von der freien Elektricität hervorgerufen wird, so stehe wohl zu erwarten, dafs wir, wenn uns die Entstehungsweise der gebundenen Elektricität bekannt sein wird, auch die Entstehungsweise des innern oder eigentlichen elektrischen Nebenstromes nach denselben Principien werden erklären können.

Dr. G. Karsten.

D. Elektrische Apparate.

s. W. Siemens p. 65.

E. Dampfelektricität.

Ueber die Elektricität der Dämpfe, welche aus einer Armstrong'schen Hydroelektrisirmaschine strömen, hat Hr. Matteucci Versuche angestellt, besonders um sie mit gewöhnlicher Maschinenelektricität zu vergleichen. Unter andern Angaben macht er besonders die, dafs die Nadel eines Galvanometers mit 200 Windungen constant abgelenkt wurde, sobald ein Ende der Leitung mit dem Kessel, das andere mit dem Conduktor verbunden wurde, der den Dampfstrahl aufnimmt. Diese Ablenkung soll mit der Spannung der Dämpfe wachsen. Befand sich das letztere Ende in einiger Entfernung vom Conduktor, so sprang eine Funkenreihe über, welche continuirlich zu sein schien, aber in deren Beleuchtung eine gedrehte Kreisscheibe mit radienförmigen Linien stillstehend erschien, wiewohl die Zeit der Bewegung von einer Linie zur andern nur 0,00009 Sekunden betrug.

Hr. Armstrong theilt eine Beschreibung seiner kolossalen Hydroelektrisirmaschine mit.

Hr. Elice theilt einige Versuche mit über die Electricität, welche man bei der Entladung eines Schiefsgewehres wahrnimmt. Es wurde gegen eine Scheibe aus leitenden oder isolirenden Substanzen aus einem Gewehre, theils mit theils ohne Pfropf, aus verschiedenen Entfernungen geschossen. Jedesmal zeigte sich die Platte positiv elektrisch (selbst Colophonium). Wurde das Gewehr an isolirenden Fäden aufgehängt, so zeigte es ebenfalls nach dem Abfeuern Spuren von Electricität, aber nur unbedeutende. Dieselben Resultate wurden mit einer Windbüchse erlangt, nur dafs diese ohne Pfropf die Scheibe nur dann merklich elektrisirte, wenn die Entfernung sehr gering war. Wurden auf der Platte des Elektrometers selbst ein bis zwei Grammes Pulver abgebrannt, so war keine Elektricitätsentwickelung bemerkbar.

Unter den verschiedenen Ursachen, welche bei der Hervorbringung der Elektricität in der Scheibe mitgewirkt haben können, hält Hr. Elice den Stofs, welchen dieselbe erleidet, für die bedeutendste.

Dr. W. Beetz.

---

3. Atmosphärische Elektricität.

F. Reich. Ueber die Wirkungen einiger Blitzschläge in Freiberger Gruben. Pogg. Ann. XLV. 607.

W. Haidinger. Blitze ohne Donner am 22. Juni 1845 in Wien. Pogg. Ann. LXVI. 529.

A. Fargeaud. Note sur les coups de tonnerre qui ont frappé la cathédrale de Strasbourg le lundi 10 juillet 1843, à une heure et demie après midi. Ann. ch. ph. XIII. 317; Pogg. Ann. LXVI. 544.

F. C. Henrici. Bemerkungen über einige meteorologische Gegenstände. 4) Gewitter. Pogg. Ann. LXVI. 519.

Regnier. Cas de mort causée par une décharge électrique qui paraît n'avoir été accompagnée d'aucune détonation. C. R. XXI. 381.

Desboeuf-Pottier. Lettre relative au même événement. C. R. XXI. 927.

Eben Meriam. Le nombre des personnes frappées de la foudre aux États-Unis dans les trois dernières années. C. R. XVI. 774.

Hugeny. Sur une trombe observée à Dijon le 25 juillet 1845. C. R. XXI. 443.

Pouillet. Note sur le météore de Malaunay. C. R. XXI. 545.

Cornay. Sur quelques effets de l'ouragan du 19 août observés dans les environs de Paris. C. R. XXI. 534.

Marianini. Du ré-électromètre comme moyen de découvrir la direction de la foudre. Ann. chim. ph. XIII. 245; Comm. Bonon. April et Mai 1843.

Henry. Method of protecting from lightning buildings covered with metallic roofs. Proc. of the Americ. phil. soc. IV. 179.

4. Thermoelektricität.

P. Erman. De l'influence du frottement sur les phénomènes thermo-électriques. Arch. de l'El. V. 477; Inst. No. 614, p. 355.

van Breda. Courants électriques. Inst. No. 617, p. 375.

W. Sullivan. On currents of electricity produced by the vibration of wires and metallic rods. Phil. mag. XXVII. 261; Arch. de l'El. V. 480.

de la Rive. Observations sur les recherches de MM. Erman et Sullivan. Arch. de l'El. V. 484.

Hr. Erman hat den Einfluſs untersucht, welchen die Reibung der Löthstelle zweier mit einander verbundener Metallstäbe ausübt. Er fand, daſs in denselben ein elektrischer Strom entstand, in demselben Sinne als würde die Löthstelle erwärmt. Er nennt deshalb diese Wirkung tribothermisch. Der Eintritt des Stromes, wenn die Reibung beginnt und sein Verschwinden, wenn sie aufhört, sind völlig unabhängig von den reibenden Körpern und deshalb fast unabhängig von der Dauer des Processes, durch welchen sie erzeugt sind. Diese Bemerkungen veranlassen Hrn. Erman, die Erscheinung als nicht thermoelektrischen Ursprunges anzusehen, sondern sie einer besonderen Veränderung des Molecularzustandes zuzuschreiben.

Die Bemerkung von Peltier, daſs ein elektrischer Strom je nach seiner Richtung die Berührungsstelle zweier Metalle erwärmen oder erkälten kann, bewog Hrn. Erman ähnliche Versuche mit Reibung anzustellen, und er fand, daſs ein Metallpaar an der Löthstelle sich erwärmen kann, während der elektrische Strom wächst, und umgekehrt, je nach der Beschaffenheit der Metalle.

Hr. SULLIVAN vermuthete aus einer Bemerkung von SEEBECK (Pogg. Ann. VI. 269): dafs bei der Erwärmung der Löthstelle zweier Metalle ein Ton entstanden sei, dafs auch ein, auf andere Weise hervorgebrachter Ton in einer, aus zwei Metallen zusammengesetzten Saite einen elektrischen Strom erregen würde, wiewohl er einsah, dafs dieser mit der Thermoelektricität nichts zu thun habe. Er erhielt diesen Strom bei Saiten von Messing und Eisen, wenn die ganze Saite schwang, nicht aber, wenn in der Löthstelle ein Knoten lag; doch waren die Resultate nicht immer scharf. Ein Stab von Wismuth und Antimon zeigte sie schon sicherer. Hr. SULLIVAN meint, die Verschiedenheit der Metalle sei nicht nöthig, da auch Drähte von weichem und hartem Eisen solche Ströme gäben. Er kommt mit ERMANNS Angabe überein, dafs die Ströme nur so lange dauern als die Saite tönt, also nicht thermo-elektrischen Ursprungs sein können.

Hr. DE LA RIVE urtheilt über beide Arbeiten, dafs die Ströme wohl immer thermischen Ursprungs seien, wenn auch nicht durch unmittelbare Reibungswärme hervorgebracht, so doch durch die Vibration der Theile, eine Erscheinung, die bekanntlich bei den gasartigen Körpern in hohem Grade wirksam sei.

Hr. VAN BREDA befestigte im Inneren einer Spirale eine Röhre von weichem Eisen, an beiden Enden verschlossen. Durch das eine Ende ging eine Thermometerröhre, die einen Flüssigkeitstropfen enthielt, durch das andere die Leitungsdrähte eines, in der Röhre liegenden thermoelektrischen Elementes. So lange ein continuirlicher Strom die Spirale durchlief, war keine Veränderung zu sehen, beide thermoskopische Apparate verriethen aber eine bedeutende Erwärmung, als der Strom durch einen Rheotomen etwa 30 Mal in der Secunde unterbrochen wurde.

Dr. W. Beetz.

5. Galvanismus.

A. Theorie.

Peclet. Lettre touchaut un passage de la dernière édition du traité de physique de Mr. Pouillet. C. R. XX. 54.

Pouillet. Réponse à la lettre de Mr. Peclet. C. R. XX, 199.

Peclet. Nouvelle note sur le même object. C. R. 370.

Poggendorff. Ueber die Leitung galvanischer Ströme durch Flüssigkeiten. Pogg. Ann. LXIV. 54; Monatsber. der Berl. Akad. Aug. 1844. Arch. de l'El. V. 133.

Henrici. Ueber den Einflufs der Temperatur auf das Leitungsvermögen der Flüssigkeiten für galvanische Ströme. Pogg. Ann. LXVI. 174.

Selligr. Sur les effets préservateurs des corps noirs (?) considérés comme conducteurs de l'électricité. C. R. XXI. 256.

Lenz. Sur la force des courants dans un système de piles galvaniques juxtaposées et liées entre elles. Inst. No. 595, p. 187.

F. Petrina. Ueber die Beschaffenheit des Widerstandes in einem in den galvanischen Strome eingeschalteten Voltameter. Pogg. Ann. LXIV. 356.

Marié. Sur la transmission des courants au travers des liquides conducteurs, et la perte d'électricité aus changements de conducteurs. Arch. de l'El. V. 35.

M. Cito, prince della Rocca expériences sur la force électromotrice de diverses substances. Arch. de l'El. V. 429.

Delezenne. Expériences sur les piles sèches Arch. de l'El. V. 67.

Kirchhoff. Ueber den Durchgang eines elektrischen Stromes durch eine Ebene, insbesondere durch eine kreisförmige. Pogg. Ann. LXIV, 497.

Matteucci. Note sur la conductibilité électrique. Ann. ch. ph. XV. 498; Arch. de l'El. V. 433.

Im Compte rendu der ersten Jahressitzung der pariser Akademie wird eine Reklamation des Hrn. Peclet gegen einige Bemerkungen mitgetheilt, welche Hr. Pouillet in Bezug auf ihn in der Vorrede zur 4. Ausgabe seiner Physik gemacht hat. So fern auch ein Eingehen in derartige persönliche Verhältnisse, einer Arbeit, wie der vorliegenden sein mufs, so sind wir es doch der vaterländischen Wissenschaft schuldig, sie da, wo sie gerade mit dem unermüdlichsten Eifer durch die mühevollsten

Versuche und die durchdachteste Rechnung neue, wichtige Wahrheiten ins Leben gerufen hat, gegen den Vorwurf der Unzulänglichkeit, der ihr aus der Fremde gemacht wird, zu rechtfertigen.

Im Verlaufe seiner Reklamation hat Hr. PECLET auf das Verfahren aufmerksam gemacht, durch welches Hr. POUILLET den Antheil, welcher ihm an der Ausbildung des OHM'schen Gesetzes, über die Galvanische Kette zusteht, der Oeffentlichkeit übergeben hat. Es sei uns erlaubt über die Bemerkungen, wie über die Entgegnung, welche Hr. POUILLET gegen dieselben im Compte rendu vom 21. Januar mitgetheilt hat, einige Worte zu sagen. Alles, was in dieser Angelegenheit persönlich ist, sei auch hier mit Stillschweigen übergangen, nur das eigentliche Verhältnifs der POUILLET'schen Arbeiten zur Wissenschaft ist es, das, um mit seinen Worten zu sprechen, nicht wie die übrigen Streitpunkte, jedes wissenschaftlichen Interesses baar ist.

Die erste Mittheilung von Hrn. POUILLET über seine hierher gehörigen Untersuchungen hat er der Akademie im Oktober 1831 gemacht. Sie beziehen sich auf die Anwendung der Thermokette zur Herleitung der Intensitätsgesetze eines constanten Stromes. Diese Arbeit könnte die einzige sein, welche ihrer Entstehungszeit nach eine Priorität des Gedankens beanspruchen könnte, durch die von OHM gewählten Elemente der Intensität einen Ausdruck zu leihen, wenn nicht POUILLET selbst gestände, dafs er die OHM'sche Schrift „über die galvanische Kette“ aus den Anzeigen im Bulletin de Ferussac der Hauptsache nach gekannt habe. Es kann daher nur noch gefragt werden: Welchen Werth wollte Hr. POUILLET dieser Arbeit einräumen? „Herr „OHM hat unwiderleglich im Jahr 1827 den Gedanken veröffent„licht, dafs man auf den Widerstand der Kette, wie auf die „übrigen Widerstände des Stromes Rücksicht nehmen müsse, „aber einerseits hat er keine Analyse dieser Widerstände gege„ben, er hat nicht diejenigen, welche der Kette selbst angehören, „von denen geschieden, die den andern Leitern zugehören, kurz „er hat das Mittel nicht angegeben, ihre Werthe zu sondern etc.“ So Hr. POUILLET. Eine solche Bestimmtheit des Urtheils über eine fremde Arbeit sollte billig nur gefällt werden, nachdem der

Urtheilende sich gründlich mit ihrem Inhalte vertraut gemacht hat. Dies ist nicht geschehen, sonst würde Hr. POUILLET gesehen haben, bis zu welchen Specialitäten „die galvanische Kette" eine Analyse der Widerstände, der wesentlichen und aufserwesentlichen, der Widerstände in Zweigleitungen etc. giebt.[1] Wenn auch die weiteren Arbeiten unserer verdienten Landsleute, OHM und FECHNER manchem hier gegebenen Ausdruck, später eine andere Form gegeben haben, so hat doch OHM in jener Schrift die Grundlagen aller bereits mitgetheilt. Wenn Herr POUILLET dies Alles nicht gesehen hat, so ist es gewifs nicht die Schuld deutscher Wissenschaft und deutscher Forscher, denen er durch sein Urtheil nahe tritt. —

Von einer Gedankenpriorität kann also nicht mehr die Rede sein, vielleicht von einer Priorität im Experiment? „Andererseits," fährt Hr. POUILLET fort, „hat er für die Richtigkeit seines Gedankens nur eine mathematische Herleitung gegeben etc." Diese Behauptung ist ebenfalls unwahr, wie Hr. PECLET selbst darauf aufmerksam macht; in SCHWEIGGER's Jahrbuch, 1826 u. ff., also noch vor dem Erscheinen jener Schrift, die die vollständige Theorie der Kette giebt, hat OHM Versuche geliefert, ja sogar Versuche mit der Thermokette, deren Resultate von denen seiner Theorie, deren baldiges Erscheinen er in jenem Jahrbuche ankündigt, warlich nicht eben sehr differiren.[2] Die

[1] Vergl. auch FECHNER, Maafsbest.: S. 32: „Drei parallele Leiter von dem Widerstande m, n, p wirken einem Leiter vom Widerstande $\frac{mnp}{mn+mp+np}$ gleich. Uebrigens hat schon OHM obigen Satz mittelst der Multiplicationsdrehwage an der thermoelektrischen Kette erwiesen.

[2] Nicht ohne Interesse wird ein Vergleich der Meinungen von Hrn. POUILLET und Hrn. DE LA RIVE über die Entstehungsweise der OHM'schen Schrift sein.

Il (Mr. OHM) n'a donné de la justesse de sa pensée qu'une démonstration mathématique, fondée sur des considérations d'électricité statique, qui, aujourd'hui encore auraient elles-mêmes besoin de démonstration. Mr. OHM, en un mot, a donné cette loi, non pas comme conséquence de principes avoués et reconnus, mais comme conséquence d'une pure hypothèse.

(POUILLET. C. r. XX. p. 209.)

— — — Et puisque nous faisons une réserve, nous en profiterons pour protester hautement contre la tendance illogique qui règne dort als Resultat der Versuche mit constanter Kette aufgestellte Formel heifst: $X=\frac{a}{b+x}$, wobei X die Stärke der magnetischen Wirkung auf den Leiter, dessen Länge x ist, a und b aber constante, von der erregenden Kraft und dem Leitungswiderstande der übrigen Theile der Kette abhängige Gröfsen bezeichnen. (SCHWEIGGER Jahrb. 1826. I, p. 151.) Wo eine Theorie durch so übereinstimmende Versuche gestützt ist, darf man ihrem Schöpfer in der That nicht nachsagen: „er habe ein Gesetz ge„geben, nicht als Folge anerkannter und angenommener Grund„sätze, sondern als Folge einer neuen Hypothese". — Eine Wahrheit kann nie zuviel Bestätigung erfahren; Hrn. POUILLET's Untersuchungen von 1831 gaben dem OHM'schen Gesetze eine neue: dies ihr nicht zu verkennendes Verdienst. —

Anders ist es mit den Untersuchungen, welche Hr. POUILLET mit constanten Ketten angestellt hat. Bei keiner Hydrokette hatte das OHM'sche Gesetz absolut bewährt werden können, so lange der Experimentator das „Wogen" der Kette nicht zu bewältigen wufste. Hr. POUILLET giebt deshalb an, dafs er seine langjährigen Versuche mit inconstanten Ketten der Oeffentlichkeit nicht übergeben habe, weil deren Resultate zu ungenau waren. Nachdem aus den Händen eines FECHNER die „Maafsbestimmungen" hervorgegangen waren, zweifelte wohl nicht leicht mehr ein Physiker an der vollständigen Bestätigung, welche das OHM'sche Gesetz in ihnen gefunden hatte. So weit es möglich und, darf man hinzufügen, so weit es für den Zweck nöthig war, überwand seiner Ausdauer die unsäglichen Schwierigkeiten, mit denen er zu kämpfen hatte. Wenn nun sechs Jahre später Hr.

dans ce mémoire (de Mr. WEBER) dans le livre de Mr. OHM, dont les Archives ont rendu compte, et dans d'autres productions des premiers savants de l'Allemagne, tendance qui consiste à présenter les résultats de recherches instrumentales comme les conséquences de certaines lois qu'on pose en prémisses et a priori, au lieu de montrer, conformément à la vérité historique, que ces lois découlent au contraire des expériences, qu'on a faites dans un but plus ou moins déterminé, et d'avouer, qu'elles sont entachées de toutes les incertitudes et de toutes les irrégualrités, qui peuvent être inhérentes dans l'état actuel de la science expérimentale aux procédés d'observations qu'on a choisis.

(DE LA RIVE. Arch. de l'El. V. p. 449.)

Pouillet seine Messungen mit constanten Ketten wiederholte, so wird gewifs ein jeder solches Unternehmen mit Freude willkommen heifsen, wenn er auch von vorn herein gesehen hat, dafs sie zu denselben Resultaten führen mufsten, mit die Fechner'schen. Durch je bessere Hülfsmittel ein Gesetz bestätigt ist, desto sicherer ist es bestätigt. Hrn. Pouillet's Antheil an diesem Theile der Ausbildung des Ohm'schen Gesetzes kann durch Hrn. Peclet's Angriffe nicht geschmälert werden.

Die Formeln, welche Hr. Pouillet für die Intensität der Kette in verschiedenen Gestalten gegeben hat, unterscheiden sich allerdings von den Ohm'schen nur in der Gestalt. Er wäre eine Ungerechtigkeit ihm hieraus einen Vorwurf zu machen, wie es Hr. Peclet thut, denn die schon angeführten Beispiele zeigen deutlich, welchen Begriff Hr. Pouillet von Dem, was in Deutschland geschehen war, hat; darf man ihm daher auch in keiner Beziehung in der Aufstellung der Intensitätsgesetze eine Priorität zugestehen, so kann ihm doch vielleicht Selbständigkeit der Auffindung nicht abgesprochen werden.

Noch einige Bemerkungen über das Verhältnifs, in welches sich Hr. Pouillet selbst zur Geschichte des Ohm'schen Gesetzes versetzt: Er sagt in Bezug auf die Fechner'schen Maafsbestimmungen: Wirklich dienten meine Grundsätze und meine Methoden Herrn Fechner als Grundlage, nicht die Grundsätze und Methoden Ohm's. Wer die Vorrede zu Fechner's mühevollem Werke gelesen oder je eine Seite in demselben aufgeschlagen hat, welche irgend einen mathematischen Ausdruck für ein Stromelement enthält, wird sich überzeugt haben, wie wenig diese Ansicht gegründet ist. Die Gestalt der Formeln ist stets die von Ohm gegebene, ausgehend von einer elektromotorischen Kraft, nicht von der Intensität für den aufserwesentlichen Widerstand $= o$; die Gesetze sind den Ohm'schen Worten angeschlossen, ja das Ganze ist, wie man gleich aus S. I. der Vorrede sieht, dazu bestimmt, Ohm's Theorie zu bestätigen. Eine Stelle, an welcher Hr. Pouillet seinen Namen citirt findet, giebt ihm zu weiteren Erörterungen Veranlassung. Es heifst S. VIII:

„3) Bestätigung des von Ohm und Pouillet gefundenen Gesetzes, nach welchem die Kraft der Kette mit der Länge des

Schliefsungsbogens abnimmt; und direkter Beweis, dafs der Strom sich zwischen Drähten, die eine Kette neben einander schliefsen, nach Verhältnifs ihres Leitungsvermögens theilt:" Hierzu sagt Hr. POUILLET: Der letzte Theil dieser Stelle läfst mich voraussetzen (!), dafs Herr FECHNER sich mit Zweigströme beschäftigt hat; indefs bin ich geneigt zu glauben, dafs nach seiner Arbeit meine Abhandlung von 1831 ihren ganzen Werth behalte, denn Herr POGGENDORFF, der diese Abhandlung nicht kannte, sagt 1841 (Th. LIV, p. 173) von meiner Abhandlung von 1837, dafs ich hier der erste war, der die Formeln für Zweigströme gegeben hat, und dafs ich sie zuerst mit dem Versuch verglichen habe." Es scheint auf den ersten Blick unbegreiflich, wie Hr. POGGENDORFF, bei seiner fast unbegränzten Literaturkenntnifs zu einem solchen Ausspruch gekommen sein soll, der die OHM'schen und FECHNER'schen Arbeiten über diesen Gegenstand vollständig mifsachtet. Vergleicht man die von Hrn. POUILLET citirte Stelle, so findet man: Der erste, der, meines Wissens, den allgemeinen Fall der Ungleichheit der partiellen Kette berücksichtigt hat, ist Hr. POUILLET. Er hat für diesen Fall einige Messungen gemacht, und einige Formeln gegeben, indefs ohne Herleitung." Man sieht, dafs hier von etwas ganz Anderem die Rede ist, und dafs nur Sprachunkenntnifs den Grund zu dieser Verwirrung gegeben haben kann. Deutsche Physiker werden gewifs nicht leicht über den wahren Thatbestand in diesem Punkte wie in der ganzen Angelegenheit in Zweifel sein, wenn auch das Ausland nur langsam in der Bekanntschaft mit demselben fortschreitet. — Leider hat die Akademie den Inhalt eines zweiten Briefes von Hr. PECLET nicht mitgetheilt, so dafs man nicht darüber urtheilen kann, ob und wie die Sache in ihrem eigenen Schoofse zur Erledigung gekommen ist.

Nach Hrn. POGGENDORFF's Messungen hat der Theil des OHM'schen Gesetzes, welcher sich auf die Leitung im getheilten Schliefsungsdrahte bezieht, keine Anwendung, wenn der eine Zweig ein Metall, der andere eine Flüssigkeit ist. Sind nämlich r und r' die Widerstände der beiden Zweige, so ist der gemeinsame Widerstand $\frac{rr'}{r+r'}$, also mufs durch Hinzufügung eines Leiters mit dem Widerstande r' zu dem mit r, der Widerstand sich um $r - \frac{rr'}{r+r'}$, d. h. um $\frac{r^2}{r+r'}$ verändert haben. Dieser Werth wächst wenn r wächst und r' abnimmt; nimmt man also ein Glasrohr in dem ein Platindraht mit sehr grofsem Widerstande r ausgespannt ist, und giefst dann verdünnte Schwefelsäure hinzu, so müfste noch eine Nebenleitung stattfinden. Der Widerstand fand sich aber unverändert, so dafs der Strom nur den Draht durchlief. Freilich mufs man hierbei wohl berücksichtigen, dafs die Ladung an den Stellen, an welchen der Strom in die Flüssigkeit eintreten sollte, bei der sehr geringen Fläche der Elektroden so bedeutend sein würde, dafs die Stromstärke im flüssigen Leiter sich der o sehr nähern mufste.

Der Einflufs, welchen die Erwärmung einer Leitungsflüssigkeit auf deren Widerstand hat, war bis zu Ohm's Versuchen (Pogg. Ann. LXIII, 403) sehr zweifelhaft, eine Erwärmung der ganzen Leitungsflüssigkeit einer Kette complicirt den Versuch, weil die Gröfse der Ladung gleichzeitig mit der Leitungsfähigkeit geändert wird, und die entstehenden Strömungen die Beobachtung stören. Ohm hat deshalb nur einen Theil der Leitungsflüssigkeit erwärmt, der sich in einer horizontalen Röhre befand, und gefunden, dafs das Leitungsvermögen mit der Wärme zunimmt. Hr. Henrici bestätigt diese Angabe durch einen ganz ähnlichen Versuch in einer umgekehrten *U*-förmigen Röhre, deren Enden aufwärts gebogen sind; in einem Ende steckt ein poröser Pfropf, über demselben befindet sich Kupfervitriollösung, der übrige Theil der Röhre enthält verdünnte Schwefelsäure. In diese taucht ein Eisendraht, in jene ein Kupferdraht, beide waren durch ein Galvanometer verbunden, und gaben eine constante Ablenkung von 38°, die beim Erwärmen des horizontalen Rohrs von 17°—80° bis auf 41° stieg. Hr. Henrici schliefst aus seiner Combination, dafs jene Temperaturerhöhung das Leitungsvermögen der Flüssigkeit kaum auf das Anderthalbfache erhöhte.

Die Frage über die Schwächungen, welche ein Strom in einem Elektrolyten erleidet, hat Hr. PETRINA experimentell behandelt. Er bediente sich dazu seines Galvanometers, in welchem er die Ablenkung der Nadel dadurch constant erhält, dafs er die Drahtenden zur Schliefsung einer Nebenleitung benutzt, während der Hauptstrom eine Quecksilberrinne durchläuft. Aus dem Abstande beider Drahtenden schliefst er auf die Intensität des Gesammtstroms. (HOLGER's Zeitschr. I., POGG. Ann. LVII, p. 111.) Das Resultat dieser Versuche ist, dafs sich die Schwächung des Stromes nicht allein durch den Widerstand und die Ladung der Elektroden erklären lasse, sondern dafs noch eine dritte Gegenkraft hinzukomme, die er die Zersetzungswiderstandskraft nennt, und welche für sich nicht, wie die Ladung einen entgegengesetzten Strom hervorzubringen vermag. Er bestimmt diese Gröfse aus Gleichungen, in welchen der Widerstand des Elektrolyten schon bestimmt ist. Ist nämlich der Gesammtwiderstand desselben $= w$, der der Kette $= r$, die elektromotorische Kraft $= E$, die Ladung $= p$, der Zersetzungwiderstand $= z$ und die Intensität $= J$, so haben seine Gleichnngen die Gestalt $\frac{E-(p+z)}{r+w} = J$. In einer solchen Gleichung dürfte w aber nur den Leitungswiderstand bezeichnen; da aber w schon Funktionen von p und z einschliefst, so zerfallen diese Gleichungen und ihr Resultate.

Hr. POGGENDORFF bemerkt übrigens, dafs die Ladung völlig ausreichend sei, um den Gesammtwiderstand des Elektrolyten zu erklären.

Hr. MARIÉ giebt in seiner Arbeit: über den Durchgang der elektrischen Ströme durch leitende Flüssigkeiten einen Ueberblick der verschiedenen Methoden, welche zu Maafsbestimmungen der Stromstärke benutzt sind, und der Formeln, durch welche die Beobachtungen mit theoretischen Betrachtungen in Zusammenhang gebracht sind. Ein weiteres Eingehen auf diese Abhandlung scheint nicht nothwendig, wenn man Stellen wie die folgenden darin antrifft:

„Der mathematische Ausdruck des besprochenen Gesetzes ist $i = \frac{A}{l+c}$, in welchem i die Intensität des Stromes bezeichnet, wenn er einen Leiter a von der Länge l durchläuft, und c eine Constante, welche als Funktion derselben Einheit l ausgedrückt, den Widerstand darstellt, welchen die Säule und die von a verschiedenen Leiter dem Strome darbieten, endlich A eine gewisse Gröfse, ebenfalls constant, welche den Leitungscoëfficienten der Substanz a für den Strom bezeichnet."

„Setzt man in dieser Formel $l+c = o$, so ist $i = x$, d. h. wenn der Widerstand der Säule und der Leiter $= o$ ist, so ist die Intensität des Stromes unendlich, was man nicht zugeben kann, da man daraus schliefsen müfste, dafs die elektromotorische Kraft der Säule unendlich ist.

Michael Cito, principe della Rocca hat eine Reihe von Salzlösungen in Bezug auf ihre elektromotorische Kraft untersucht, oder richtiger gesagt, er hat Gröfsen bestimmt, welche von der elektromotorischen Kraft zwischen Kupfer, Zink und jenen Lösungen und von dem Widerstande in denselben abhängen, indem er an den Enden eines Galvanometers eine Kupfer- und eine Zinkplatte befestigt, diese in die verschiedenen Lösungen eintaucht, und die Ablenkung des Galvanometers angiebt.

Im Jahre 1816 hat Delezenne Versuche über trockne Säulen bekannt gemacht, (Journ. d. phys. LXXXII. 269, 449). Peltier hat 1830 ähnliche Versuche dem Institut de France mitgetheilt, über welche aber Delezenne bisher keine Nachricht hatte. Eine Stelle in Becquerel's „traité de l'électricité" macht ihn darauf aufmerksam, welche die Peltier'sche Bemerkung enthält, dafs man mit trocknen vielpaarigen Säulen keine Zersetzung eines Elektrolyten enthält, während dieselben doch starke elektroskopische Wirkung und selbst Funken geben, dafs aber die Zersetzung bei Verminderung der Plattenzahl eintritt. Zur Berichtigung dieser Angabe theilt Hr. DELEZENNE alle Spezialitäten seiner Versuche mit. Seine Säulen, welche Zersetzung und Erschütterung gaben, waren theils aus verzinntem und verkupfertem Papiere, theils aus verzinntem Papiere gemacht, dessen Rückseite mit einer Mischung aus Leim und Kienrufs oder Manganoxyd bestrichen war. An beiden Enden befanden sich Messingarmirungen, gröfser als die Papierscheiben, welche durch gespannte Schnüre verbunden waren. Aus den Versuchen geht deutlich hervor, dafs alle Erscheinungen, wie Erschütterungen, Zersetzungen, magnetische Wirkung den gewöhnlichen Gesetzen der Säulen folgen, wenn auch nicht immer mit derselben Regelmäfsigkeit, da die verschiedenen Zustände der Feuchtigkeit, der Druck, dem die Säule ausgesetzt ist, u. dgl. m. wesentliche Einflüsse auf die Resultate der Versuche ausüben.

Dr. W. Beetz.

KIRCHHOFF. Ueber den Durchgang eines elektrischen Stromes durch eine Ebene, insbesondere durch eine kreisförmige.

In dieser Abhandlung löst der Verfasser das höchst interessante Problem, die Vertheilung der Elektricität in einer Ebene zu bestimmen, durch welche ein galvanischer Strom fliefst. Wir wollen hier nicht die mathematische Deduktion wiederholen, sondern nur angeben, dafs der Verfasser dabei von den Principien ausgeht, welche OHM aufgestellt hat, und durch scharfsinnige Betrachtungen zu folgenden Resultaten gelangt.

Sind A_1, A_2, A_3 etc. Punkte der Ebene, an welchen Elektricität ein- oder ausströmt und E_1, E_2, E_3 etc. respective die Elektricitätsmengen, welche in jenen Punkten zu- oder abgeführt werden, bezeichnet ferner u die elektrische Spannung eines beliebigen Punktes der Ebene, welcher von den Punkten A_1, A_2 etc.

die Entfernungen r_1, r_2, r_3 etc. hat; so ist für den Fall, daſs die Ebene unbegrenzt und ihr elektrischer Zustand stationär ist,

$$u = M - \frac{E_1}{2\pi\varkappa\delta}\log r_1 - \frac{E_2}{2\pi\varkappa\delta}\log r_2 - \text{etc.}$$

worin π die LUDOLF'sche Zahl, $\varkappa$ die Leitungsfähigkeit, δ die kleine Dicke der als Platte genommenen Ebene und M eine Constante ist. Ist nur ein Ein- und ein Ausströmungspunkt, also $E_1 = -E_2$, so erhält man, wenn die constanten Gröſsen unter N zusammengefaſst werden,

$$u = M - N\log\frac{r_2}{r_1},$$

woraus für alle Punkte, in denen u denselben Werth hat, sich die Gleichung ergiebt

$$\frac{r_2}{r_1} = \text{const.}$$

d. h. jede Kurve constanter Spannung ist ein Kreis, der die gerade Linie $A_1\ A_2$ in Punkten schneidet, die den Punkten A_1 und A_2 harmonisch zugeordnet sind, und seinen Mittelpunkt in derselben hat.

Dieselben Gleichungen gelten noch, wenn die Platte nicht unendlich, aber von Kurven begrenzt ist, welche jene Kreislinien constanter Spannung senkrecht schneiden, und solche Kurven sind alle Kreise, die durch A_1 und A_2 gezogen werden können. Diese theoretischen Resultate hat der Verfasser mit genügender Genauigkeit experimentell bestätigt.

Eine kreisförmige Scheibe von dünnem Kupferblech wurde so in eine Hydrokette eingeschaltet, daſs zwei Punkte ihres Randes, welche $\frac{3}{4}$ Fuſs von einander abstanden, die Ein- und Ausströmungspunkte bildeten. Wurde nun die Scheibe in zwei Punkten mit den Enden eines Multiplicatordrahtes berührt, so muſste die Nadel eine Ablenkung zeigen, wenn die berührten Punkte eine verschiedene, dagegen in Ruhe bleiben, wenn sie eine gleiche Spannung hatten. Während nun das eine Ende die Scheibe in einem Punkte fest berührte, wurden mit dem andern Ende Punkte gleicher Spannung gesucht. Eine weitere Bestimmung über die Lage solcher Punkte zeigte, daſs dieselben mit geringen Abweichungen in einem Kreise lagen, wie die

Theorie ihn verlangt. Auf diese Weise war experimentell dargethan, dafs die elektrische Spannung in einem beliebigen Punkte der Scheibe eine Funktion ist, von dem Quotienten aus den beiden Entfernungen dieses Punktes von den Einströmungspunkten oder dafs $u = f\left(\frac{r_2}{r_1}\right)$.

Es war nun noch die Natur dieser Funktion zu ermitteln. Dazu suchte der Verf. zuerst in der geraden Verbindungslinie der beiden Einströmungspunkte je zwei Punkte, welche eine constante Spannungsdifferenz zeigten, für welche also, wenn r_1 und r_2 die respectiven Entfernungen sind, welche der eine Punkt von A_1 und A_2 hat, und R_1 und R_2 dasselbe in Bezug auf den andern bedeuten, $f\left(\frac{r_2}{r_1}\right) - f\left(\frac{R_2}{R_1}\right) = \text{const.}$ war, und er fand, dafs für alle solche Punkt Paare auch $\frac{r_2}{r_1} : \frac{R_2}{R_1}$ constant blieb. Dasselbe Resultat erhielt er, als er solche Paare in einem durch A_1 und A_2 gezogenen Kreise aufsuchte. Daraus folgt

$$f\left(\frac{r_2}{r_1}\right) - f\left(\frac{R_2}{R_1}\right) = F\left(\frac{r_2}{r_1} : \frac{R_2}{R_1}\right) \text{ oder}$$

mit Vereinfachung der Bezeichnung

$$f(p) - f(P) = F\left(\frac{p}{P}\right); \text{ oder } \frac{p}{P} = q \text{ gesetzt}$$

$$f(q.P) - f(P) = F(q) \text{ und nach } P \text{ differenzirt}$$

$$q(f'q.P) - f'(P) = o \text{ oder } f'(qP) = \frac{f'(P)}{q}$$

Setzt man $P = 1$ also $f'(P) = \text{const.} = N$ und $q = p = \frac{r_2}{r_1}$, so hat man

$$f'(q) = \frac{N}{q} \text{ oder } f(q) = M + N \log q \text{ oder}$$

$f\left(\frac{r_2}{r_1}\right) = u = M + N \log \frac{r_2}{r_1}$, wie die Theorie es verlangt.

In Bezug auf eine kreisförmige Platte, an welcher sowohl der Zahl als auch der Lage nach beliebige Ein- und Ausströmungspunkte sind, findet der Verf. für die Funktion u eines beliebigen Punktes den Ausdruck

$$u = M - N_1 (\log r_1 + \log r_1') - N_2 (\log r_2 + \log r_2') - \ldots . \\ - N_2 (\log r_n + \log r_n'),$$

worin M und $r_1, r_2, \ldots r_n$ die frühere Bedeutung haben, und $N_i = \frac{Ei}{2\pi\varkappa\delta}$ ist. Die accentuirten r_i aber sind die Entfernungen des betreffenden Punktes von Punkten $A'_1, A'_2 \ldots A'_n$ aufserhalb der Scheibe, welche so bestimmt sind, dafs jeder Punkt A'_i mit dem entsprechenden Einströmungspunkte A_i und dem Mittelpunkte der Scheibe in einer geraden Linie liegt, und dafs sein Abstand vom Mittelpunkte, mit demselben Abstande des Punktes A_1 multiplicirt, das Quadrat des Radius der Scheibe giebt.

Für eine kreisförmige Scheibe, an der nur zwei Einströmungspunkte sind, entwickelt der Verf. auch den Widerstand

$$w = \frac{1}{2\pi\varkappa\delta} \log \left[\left(\frac{A_1 A_2}{\varrho}\right)^2 . \frac{A_1 A'_2 . A_2 A'_1}{A_1 A'_1 . A_2 A'_2} \right]$$

worin alle Buchstaben die frühere Bedeutung haben und ϱ der Radius des Zuleitungsdrahtes oder des Kreises ist, in welchem der Draht die Scheibe berührt. Diesen Ausdruck für den Widerstand einer Scheibe hat der Verf. auch experimentell zu bestätigen gesucht, und dazu einen Weg eingeschlagen, der obgleich er nicht zum Ziele geführt hat, doch höchst interessant ist, weil er durch die allgemeine Lösung des Problems, die lineare Vertheilung galvanischer Ströme zu bestimmen, vorgezeichnet ist. Der Verfasser beweist nämlich folgende zwei allgemeine Sätze:

Wird ein System von Drähten, die auf eine ganz beliebige Weise mit einander verbunden sind, von galvanischen Strömen durchflossen; so ist

1) wenn die Drähte 1, 2, .. μ in einem Punkte zusammen stofsen,

$$J_1 + J_2 + J_3 + \ldots J_\mu = o$$

wo J_1, J_2 etc. die Intensitäten der Ströme bezeichnen, die jene Drähte durchfliefsen, alle nach dem Berührungspunkte zu als posiv genommen;

2) wenn die Drähte 1, 2. ... υ eine geschlossene Figur bilden,

$J_1 w_1 + J_2 w_2 + \ldots . + J_\upsilon w_\upsilon =$ der Summe aller elektromotorischen Kräfte, die sich auf dem Wege: 1, 2, .. v befinden; wo w_1, w_2 ... die Widerstände der Drähte, J_1, J_2 ... die Intensitäten der Ströme bezeichnen, von denen diese durchflossen werden, alle nach einer Richtung als positiv gerechnet.

Der erste Satz folgt unmittelbar daraus, dafs in dem gemeinschaftlichen Berührungspunkte keine Elektricitätsanhäufung Statt findet. Der Beweis des zweiten Satzes geht einfach aus dem Ohm'schen Gesetze hervor, und ist mit Anwendung der in Lehrbüchern gebräuchlichen Darstellung des Ohm'schen Gesetzes folgender:

Man nehme an, dafs innerhalb jeder Seite des von den Drähten 1, 2, 3 ... v gebildeten Polygons keine elektromotorische Kraft, oder die Seite an der Stelle einer solchen in zwei Seiten getrennt sei, bezeichne mit J_i die Intensität des Stromes, mit w_i den Widerstand im Drahte i, nenne ferner s und s_1 die elektrischen Spannungen an den Enden des ersten, s_2 und s_3 die elektrischen Spannungen an den Enden des zweiten Drahtes in derselben Folge, und so weiter; so gilt für irgend einen Draht i die Gleichung

$$\frac{s_{2i-2} - s_{2i-1}}{w_i} = J_i$$

also für alle n Drähte

$$\begin{aligned}
s - s_1 &= J_1 w_1 \\
s_2 - s_3 &= J_2 w_2 \\
s_4 - s_5 &= J_3 w_3 \\
s_6 - s_7 &= J_4 w_4 \\
&\vdots \\
s_{2n-2} s_{2n-1} &= J_n w_n
\end{aligned}$$

wobei mit dem Zeichen der Spannungsdifferenz das Zeichen der Intensität gegeben ist. Aus dieser Gleichung folgt

$$J_1 w_1 + J_2 w_2 + J_3 w_3 + J_4 w_4 + \dots J_n w_n$$
$$= s - s_1 + s_2 - s_3 + s_4 - s_5 + \dots + s_{2n-2} - s_{2n-1}$$

Da s_1 und s_2 die Spannungen an der Berührungsstelle des ersten und zweiten Drahtes sind, so ist ihre Differenz $s_2 - s_1$ die dort wirkende elektromotorische Kraft e_1; ebenso ist

$$s_4 - s_3 = e_2,\ s_6 - s_5 = e_3 \ \dots\dots\ s - s_{2n-1} = e_n. \text{ also ist}$$
$$J_1 w_1 + J_3 w_2 + \dots = e_1 + e_2 + e_3 \dots.$$

Haben die sich berührenden Enden zweier Drähte gleiche elektrische Spannung, so ist die elektromotorische Kraft daselbst Null. Dies kann an jeder Ecke des Polygons der Fall sein, und dann ist

$$J_1 w_1 + J_2 w_2 + J_3 w_3 + \ldots = 0$$

Durch diese allgemeinen Sätze ergiebt sich, daſs, wenn man einen Strom durch eine Verzweigung nach dem Schema

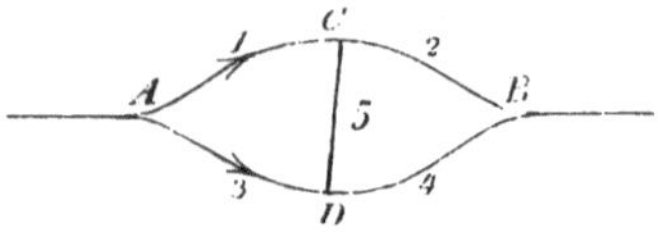

leitet, und durch einen in *BC* eingeschalteten Rheostaten es so einrichtet, daſs in *DC* die Intensität $J_5 = 0$ ist, die in *C* und *D* zusammenflieſsenden Ströme die Gleichungen

$$J_1 + J_2 = 0 \text{ und } J_3 + J_4 = 0 \text{ erfüllen.}$$

Die beiden geschlossenen Figuren *ACD*, und *BDC* liefern die Gleichungen

$$J_1 w_1 - J_3 w_3 = 0 \text{ und } J_2 w_2 - J_4 w_4 = 0,$$

woraus mit Hülfe der ersteren $w_1 : w_2 = w_3 : w_4$ folgt. Der Verf. machte nun w_3 sehr klein und w_4 sehr groſs, damit, wenn w_1 auch nur wenig sich änderte, an w_2 ein groſser Unterschied wahrzunehmen war, schaltete dann in *AC* seine Kupferscheibe nach und nach unter verschiedenen Berührungspunkten ein, und sah, ob sich an einem in *BC* eingeschalteten Rheostaten, der jedes Mal so gestellt wurde, daſs *CD* von jedem Strome frei blieb, der Wechsel der Berührungspunkte in der Scheibe bemerkbar machen würde. Dieser Weg hat, wie gesagt, noch nicht zum Ziele geführt, ist aber deshalb wohl noch nicht aufzugeben.

Note sur la conductibilité électrique par M. Ch. Matteucci.

Ein Zusammenhang zwischen der chemischen Zusammensetzung der Körper und ihrer Fähigkeit den galvanischen Strom zu leiten, ist bekanntlich noch nicht nachgewiesen. Hr. Matteucci macht in dem citirten Artikel einige Experimente bekannt, welche einen solchen Nachweis zum Ziele hatten. Er hat zu dem Ende mehrere chemische Verbindungen, welche sowohl flüssig und wasserfrei, als auch in wässerigen Auflösungen erhalten werden können, in beiden Zuständen nach ihrer Leitungsfähigkeit beobachtet, und zwar auf folgende Weise. Ein galvanischer Strom von 6 FARADAY'schen Säulen ging durch ein Voltameter *A*, spaltete sich dann und ging theils durch ein zweites Voltameter *a*, theils durch die zu untersuchende Flüssigkeit *s*. Das Voltameter *A* gab die Stärke des ganzen Stromes und *a* die Stärke des von der Flüssigkeit in *s* nicht hindurchgelassenen Theils. Die Elektroden in *A*, *a*, und *s* waren von gleichem Platindraht, gleich tief eingetaucht und gleich weit von einander entfernt. Jemehr Gas also in *a* entwickelt wurde, je geringer war die Leitungsfähigkeit in *s*. Auf diese Weise fand er, dafs in wasserfreien geschmolzenen Körpern die elektrische Leitungsfähigkeit

1) nicht abhängt von dem Verhältnisse, nach welchem die Körper aus elektropositiven und elektronegativen Elementen zusammen gesetzt sind; denn sowohl unter den guten als schlechten Leitern finden sich Körper, in denen sich das positive Element zum negativen verhält wie z. B. 1 : 1 und 1 : 5. PlO, KS, KS^5 sind gute $SnCh$, $SbCh^5$ sind schlechte Leiter,

2) richtet sie sich auch nicht nach der Leitungsfähigkeit der Elemente; denn NCh und $CaCh$ leiten besser als $SnCh$, $ZnCh$, $HgCh$.

Indem er geschmolzene Körper mit ihren concentrirtesten wässrigen Auflösungen und Auflösungen von verschiedener Concentration untereinander verglich, fand er

3) dafs ein Körper im geschmolzenen Zustande besser leitet als seine concentrirteste Auflösung,

4) dafs, wenn die Auflösungen zweier verschiedenen Körper gleiche Leitungsfähigkeit haben sollen, die Lösung des Körpers, welcher im geschmolzenen Zustande schlechter leitet, concentrirter (specifisch schwerer?) sein mufs.

Von No. 3 machen aber $SbCh^3$, $SnCh$ und $SbCh^5$ eine Ausnahme, indem die Lösungen dieser Körper besser leiten, als die geschmolzenen Körper selbst. Jedoch erklärt Hr. MATTEUCCI die Leitungsfähigkeit dieser Auflösungen durch eine chemische

Action zwischen dem auflösenden und aufgelösten Körper, weil Zucker und Salicin, welche geschmolzen die Elektricität nicht leiten und auf reines oder gesäuertes Wasser keine chemische Action ausüben können, auch in den concentrirtesten Lösungen der Elektricität keinen Durchgang gestatten.

C. G. Jungk.

B. Ladung.

MARTENS. Sur la force électromotrice du fer. Bullet. de l'Ac. de Brux. XIX; Inst. No. 587, p. 118.

GROVE. On the gas-voltaic battery. Voltaic action of phosphorus, sulphur and hydrocarbons. Phil. Trans. 1845. P. II, p. 351.

GROVE. Nouvelles expériences sur la batterie voltaïque à gaz. Inst. No. 616, p. 369.

In Bezug auf die VOLTA'sche Polarisation des Eisens und die damit im Zusammenhange stehende Erscheinung der Passivität, hat Herr MARTENS aus meinen Arbeiten über das Anlaufen des Eisens und dessen Zusammenhang mit der Passivität (Pogg. Ann. Bd. LXII, p. 234, zu welchen er bereits in denselben Ann. Bd. LXIII. p. 412, einige Bemerkungen gemacht hat) und über die VOLTA'sche Polarisation des Eisens (ib. Bd. LXIII, p. 415) Gelegenheit genommen, der Brüsseler Akademie eine Abhandlung, „sur la force électromotrice du fer" zu überreichen. (Bulletin de l'Académie de Bruxelles T. XIX.) Diese Abhandlung soll zunächst zeigen, dafs der Anlauf, den ich auch in Wasserstoffatmosphären bei zu hoher Temperatur einer Oxydation durch Zersetzung der noch vorhandenen Feuchtigkeit zuschrieb, einer Ablagerung seinen Ursprung verdanke, welche durch Zersetzung einer Verunreinigung des Gases, besonders von Kohlenwasserstoff, entstehe. Ich habe hierauf nur zu erwidern, dafs ich, wie a. a. O. gesagt ist, auch elektrolytisch entwickeltes Wasserstoffgas angewandt habe, und mufs bei meiner Ansicht bleiben, dafs in einer ganz reinen Wasserstoffatmosphäre ein Eisendraht nicht anlaufen kann. Weiter bespricht Hr. MARTENS die von mir beschriebene Erscheinung, dafs ein auf irgend eine Art passiv gemachter und wieder activ gewordener Eisendraht, sich positiv gegen gewöhnliches Eisen verhält, eine Erscheinung, welche mit der von mir beobachteten und in Pogg. Ann. LXIII, p. 421 beschriebenen der „verkehrten Polarisation“ im engsten Zusammenhange steht. Er bestätigt im Allgemeinen meine Angaben, und dehnt sie auf einige andere Fälle, besonders in Bezug auf die angewandte Leitungsflüssigkeit aus. Die Unterschiede, welche zwischen unseren beiderseitigen Beobachtungen stattzufinden schienen, rühren von den verschiedenen Temperaturen, bei welchen wir arbeiteten, und davon her, dafs Hr. Martens seine Versuche unnöthig durch den Einflufs complicirte, den das ungleichzeitige Eintauchen der Electroden ausübt.

In Bezug auf die Erklärung der besprochenen Umkehrung der Polarität kann ich Hrn. Martens durchaus nicht beistimmen; er glaubt sie sei eine Folge davon, dafs ein Metall durch den Contact mit einer verdünnten Säure positiv, mit einer concentrirten negativ erregt werde. Davon kann hier gar nicht die Rede sein, denn das passive Eisen ist positiv, so wie ihm seine Oberflächenschicht genommen wird, z. B. durch Abreiben, wie dies auch Hr. Martens bestätigt hat; es wird nicht erst durch das Eintauchen in die verdünnte Säure positiv, während Eisen in der That durch das Eintauchen in concentrirte Säuren negativ wird. Ausführlicher habe ich mich über diese Abhandlung in Pogg. Ann. LXVII, p. 365 ausgesprochen. —

In der Sitzung vom 25. Juli theilte ich der Gesellschaft die Resultate meiner weiteren Untersuchungen über die Passivität des Eisens mit. Sie sind später in Pogg. Ann. LXVII, p. 186 gedruckt. Ich habe darin gezeigt, dafs sich die Flüssigkeiten, durch deren Berührung das Eisen nach verschiedenen Angaben passiv werden soll, sich wesentlich auf die Salpetersäure reduciren, der ich dann noch die Sauerstoffsäuren der Salzbildner hinzugefügt habe. Auf den Gedanken, diese Säuren anzuwenden, wurde ich dadurch geleitet, dafs ich die Passivität, der Faraday'schen Theorie folgend, in einer Oxydation der Oberfläche begründet glaube. Jedenfalls wird diese Theorie schon dadurch sehr unterstützt, dafs wir nur von Substanzen, in denen der Sauerstoff schwach gebunden ist, wissen, dafs sie Passivität erregen. Aufserdem wird ein Eisendraht durch Erhitzen (Anlaufen, d. h. Oxydiren) und dadurch passiv, dafs er als positive Electrode in einem sauerstoffhaltigen Electrolyten benutzt wird. Zur Prüfung der Passivität bediente ich mich einer Wippe, durch welche ich den zu untersuchenden Draht durch ein Galvanometer schnell mit einem Kupferdrahte zur Kette verband, während beide Drähte bereits in zwei, sich leitend berührende Flüssigkeiten tauchten, und habe so gezeigt, dafs alle oxydirenden Wirkungen das Eisen passiv machen, alle reducirenden: activ. Die von Mousson aufgestellte Theorie, wonach die Passivität in einem Umhüllen mit salpetriger Säure bestehen soll, ist nicht nur einseitig, weil sie nur auf die Methode des Eintauchens in Salpetersäure Anwendung hat, sondern auch falsch, weil nach ihr immer das entgegengesetzte Resultat erwartet werden mufste. Die so complicirt aussehenden Versuche, bei welchen Eisendrähte mit andern Eisendrähten oder auch Drähten aus andren Metallen verbunden, und mit den Enden in irgend welche Flüssigkeiten getaucht werden, habe ich sämmtlich aus der Wirkung der dadurch gebildeten Kette zu erklären versucht, und hoffe, dafs mir dies in allen Fällen gelungen ist. Absichtlich habe ich zu dem Zweck alle bekannt gewordenen Einzelnheiten, welche hierher gehören, zusammen gesucht, damit die Theorie, welche ich erhärten wollte, nicht durch eine derselben widerlegt würde. Die Erscheinungen der Metallfällung durch Eisen reiht sich an diese Versuche an. Als Endresultat meiner Untersuchungen habe ich das hingestellt: Das Eisen wird durch alle oxydirenden Wirkungen passiv, durch alle reducirenden activ: die Passivität besteht also in einer Oxydation; das Eisen ist deshalb zur Passivität so viel mehr geneigt, als alle anderen Metalle, weil sein Oxyd in der Spannungsreihe so weit vom Metall entfernt steht.

Die Literatur über Passivität ist folgende.

Keir. Philosophical Transactions 1790, Schweigger Journal. Bd. LIII, p. 151.

Wetzlar. Schweigger XLIX, 170. L, p. 88, 129. LVI, p. 206.

Berzelius. Jahresbericht. VIII. 104.

Fischer. Poggend. Ann. VI.

Fechner. Lehrb. d. Galvanismus, p. 409. 416. Schweigger. LIII, p. 141, 61, 129. LVI, p. 206.

Herschel. Pogg. Ann. XXXII. p. 211. Ann. de physique. LIV, p. 87.
Schönbein. Pogg. Ann. XXXVII, p. 390, 590. XXXIX, p. 137.
Mousson. ib. XXXIX. 330.
Schönbein. ib. XL, p. 193, 623. XLI, p. 41, 89, 204. XLIII, p. 1, 13, 100, 103.
Andrews. ib. XLVI, p. 121. Phil. Mag. 3. ser. XII, 305.
Martens. Pogg. Ann. LV, p. 437, 612.
Schönbein. Pogg. Ann. XLVI, p. 331. LVII, p. 63. LIX, p. 149. 421.
Martens. ib. LXI, p. 121.
Beetz. ib. LXII, p. 234.
Martens. id. LXIII, p. 412.
Beetz. ib. LXIII, p. 415.
Martens. Bulletin de l'acade de Bruxelles, T. XIX.
Beetz. Pogg. Ann. LXXII, p. 186, 365.

Hr. Grove hatte die Bemerkung gemacht, dafs Stickstoff, wenn er durch Verbrennen von atmosphärischer Luft erhalten war, mit Sauerstoff in der Gasbatterie combinirt stärker wirkte, als anderer Stickstoff. Er schrieb dies zurückgebliebenen Phosphordämpfen zu und beschreibt in der gegenwärtigen Arbeit eine Reihe von Versuchen, bei denen ein Stückchen Phosphor in die eine Gasröhre eingeschoben, die andere dagegen mit Sauerstoff gefüllt wurde. In der Umgebung des Phosphors wandte er Stickstoff, Stickoxydul, Kohlensäure, Sauerstoff uud Stickoxyd an, immer mit demselben Erfolge, wenn auch in verschiedenem Grade; eine in den Strom geschaltete Galvanometernadel wurde mehr oder weniger abgelenkt, was nicht eintrat, wenn der Phosphor fehlte. Nach jedem Versuche wurde der Phosphor gewogen, und ergab jedesmal einen Verlust gegen sein früheres Gewicht, so dafs man annehmen mufs, dafs die Phosphordämpfe das jetzt wirksame Gas sind, und mit dem Sauerstoff eine Verbindung eingehen.

Phosphor und Jod in fester Gestalt in die beiden mit Stickstoff gefüllten Röhren eingeführt, gaben ebenfalls einen Strom; gegen Wasserstoff war der phosphorhaltige Stickstoff negativ.

Schwefel wirkt wie Phosphor, aber nur wenn er im Gase bis zum Schmelzen erhitzt wird; im Momente des Schmelzens beginnt die Ablenkung der Nadel. Wurde Kampher in gleicher Weise angewandt, so verlor er ebenfalls an Gewicht, und lieferte dabei ein Gas, das nach Versuchen, die in gröfseren Mengen angestellt wurden, aus Kohlenwasserstoff und Kohlenoxydgas bestand.

Terpentin- und Cassiaöl gaben ebenso angewandt einen Strom, bei dem der ölhaltige Stickstoff positiv war; ähnlich wirkten Alkohol und Aether. Die Reihe der bis jetzt in der Gasbatterie geprüften Stoffe giebt Hr. Grove von den negativen zu den positiven so an:

Chlor, Brom, Jod, Oxyde, Sauerstoff, Stickoyd, Kohlensäure, Stickstoff, Metalle, welche unter gewöhnlichen Umständen Wasser nicht zersetzen; Kampher, flüchtige Oele, ölbildendes Gas, Aether, Alkohol, Schwefel, Phosphor, Kohlenoxyd, Wasserstoff, Metalle, welche Wasser zersetzen.

Als eine zwar schwache, aber höchst constante Säule schlägt Hr. Grove eine Gasbatterie vor, welche aus platinirten Platinplatten besteht, von denen die eine die verdünnte Schwefelsäure nur berührt, und übrigens in der Luft steht, die andere von einem Glasrohr umgeben, tief im Wasser steht. Die Glasröhren hängen oben alle zusammen durch ein horizontales Rohr. Man entwickelt unter einer Glocke, welche in diesem Rohre mündet (durch untergelegtes Zink) Wasserstoff, der die Luft aus dem Rohre verdrängt. Das Ende desselben wird darauf verstopft, und das Gas drückt in allen Röhren die Flüssigkeit herab. Um eine solche Säule wieder aufzufrsichen, braucht man nur wieder ein Stück Zink unter die Glocke zu legen. Hr. Grove glaubt, dafs diese Säule vielleicht elektrische Telegraphen wird bewegen können.

Dr. W. Beetz.

C. Elektrische Phänomene.

NEEF. Ueber das Verhältnifs der elektrischen Polarität zu Licht und Wärme. Pogg. Ann. LXVI. 414.

BOTTO. Sur les lois de chaleur degagée par le courant voltaïque et sur celles qui régissent le développement de l'électricité dans la pile. Arch. de l'El. V. 353.

FUSINIERI. Effets mécaniques des courants voltaïques. Arch. de l'El. V. 516.

Hr. NEEF hat die Gestalt des bei der Unterbrechung eines VOLTA'schen Stromes entstehenden Funkens einer genaueren Beobachtung unterworfen. Er bediente sich dazu seines selbstunterbrechenden Magnetelektrometers (Pogg. Ann. XLVI. 104), auf dessen Ambofs eine feine Platinspitze befestigt wurde. Durch eine Loupe oder ein 25—50 fach vergröfserndes Mikroskop sah er, dafs die Lichterscheinung immer am negativen Pol auftrat, nicht in Gestalt von Funken von einem Pol zum andern übersprang. Er unterscheidet in der Lichterscheinung kleine weifse Punkte, welche nur an den äufsersten Spitzen (bei einer polirten Spitze also nur an einem Punkte) haften, und eine bläuliche Flamme, welche den negativen Pol umgiebt oder als Kreisscheibe deckt. Sie wird bei Schwächung des Stromes kleiner, bei Verstärkung wird sie violet oder röthlich, und bleibt nicht mehr ruhig, sondern sprüht über die ursprüngliche Gestalt hinaus; auch springen dann wirkliche Funken bis aufserhalb der Flamme.

Als Analogon der am negativen Pol statthabenden Lichterscheinung sieht Hr. NEEF die Wärmeentwickelung am positiven Pol an. Er führt hierfür mehrere Versuche an. Eine am Ambofs befestigte Stahlnadel fing als Anode an der Spitze zu glühen an, niemals als Kathode. Bei WALKER's Versuch mit der starken DANIELL'sche Kette (Pogg. Ann. LV. 62) wurde der positive Drath rothglühend, in Wasser getaucht erhöhte sich die Temperatur des ihn umgebenden Wassers.

Hr. NEEF hält das Phänomen der weifsen Lichtpunkte für ein primäres, dem festen Polmetalle zukommendes, die Flamme für eine Verbrennungserscheinung eines Gases, von dem er jedes Metall in dünner Schicht umgeben denkt, und das sich von ihm in seiner Natur nicht unterscheidet. Er schliefst hierauf aus der Färbung, welche die Flamme bei Anwendung verschiedener Metalle annimmt, und daraus, dafs sie in einer Kohlensäureatmosphäre kleiner und matter wird. In verdünnter Luft vergröfsert sie sich.

Hr. Botto theilt eine Reihe von Versuchen über die Wärmeentwickelung mit, welche in dem Leitungsdrahte einer Volta-schen Säule stattfindet. Die angewandte Methode ist die der Eisschmelzung. Ein dünner Platindraht verbindet zwei Messingstäbe, ein dritter spannt den Platindraht so, dafs er ihn in der Mitte berührt. Wird der Strom entweder durch den Mittelstab und von da gleichzeitig in beide Seitenstäbe, oder vom Mitteldraht in einen Seitenstab, oder von einem Seitenstab zum andern geleitet, so verhalten sich die Widerstände der Platindrähte wie 1 : 2 : 4. Die Menge des geschmolzenen Eises wurde gewöhnlich in bestimmten Zeiten gemessen, und es bestätigte sich mit hinreichender Annäherung der von Joule und E. Becquerel aufgestellte Satz: dafs sich die Wärmeerregungen wie die Quadrate der Intensität und wie die Widerstände verhalten. Weitere Folgerungen zieht Hr. Botto aus der Zusammenstellung der so erhaltenen Formel

$$w = i^2 r \qquad \text{(I)}$$

(wo w die Erwärmung bezeichnet) mit einer Formel, die er vom Standpunkte der elektrochemischen Hypothese aus aufstellt:

$$i = \frac{\lambda \varepsilon \sigma z}{\lambda z + \varepsilon \sigma r} \qquad \text{(II)}$$

wo i die Intensität des Stromes, λ eine Constante, die vom angewandten Apparat abhängt, ε die elektrolytische Kraft (Intensität) eines Elements von der Oberflächeneinheit und dem aufserwesentlichen Widerstand $= 0$, σ die wirksame Oberfläche, z die Anzahl der Elemente, r den Widerstand im metallischen Leiter vorstellt. Es sei erlaubt, diese Formel in die Sprache der Contakttheorie und des OHM'schen Gesetzes zu übersetzen, wie dies HENRICI mit den POUILLET'schen Formeln gethan hat.

Nach dem OHM'schen Gesetze ist

$$\varepsilon = \frac{A}{\varrho\sigma} \tag{1}$$

wo A die elektrometorische Kraft, ϱ der wesentliche Widerstand bei Platten von der Gröfse σ ist. Demnach ist

$$A = \varepsilon\sigma\varrho \tag{2}$$

also

$$i = \frac{\varepsilon\varrho\sigma z}{\varrho z + r} \tag{3}$$

λ ist nichts Anderes als A (wie auch aus der später gegebenen Bestimmung, dafs es von der Gröfse der Platten und der Leitungsfähigkeit der Flüssigkeit unabhängig sei, hervorgeht). Nun war nach (2)

$$A = \lambda = \varepsilon\varrho\sigma,$$

also

$$\varrho = \frac{\lambda}{\varepsilon\sigma}. \tag{4}$$

Dies in (3) giebt:

$$i = \frac{\lambda\varepsilon\sigma z}{\lambda z + r\varepsilon\sigma} \tag{II}$$

Diese künstliche Gestalt ist der Gleichung gegeben, damit sie für $r = 0$ den Werth $i_{(r=0)} = \varepsilon\sigma$ giebt, da aus $i_{(r=0)} = \frac{A}{\varrho}$ unmittelbar folgt.

Aus (I) und (II) ist

$$w = \left(\frac{\lambda\varepsilon\sigma z}{\lambda z + r\varepsilon\sigma}\right)^2 r. \tag{III}$$

Das Maximum der Erwärmung ist durch Differentiation dieser Gleichung nach r gefunden, nachdem der Differentialquotient $= 0$ gesetzt ist:

$$\frac{dw}{dr} = \frac{(\lambda\varepsilon\sigma z)^2}{(\lambda z + r\varepsilon\sigma)}\,(\lambda z - r\varepsilon\sigma) = 0.$$

Für das Maximum mufs also $\lambda z = r\varepsilon\sigma$, $r = \frac{\lambda z}{\sigma\varepsilon}$ sein. Für z Elemente ist der wesentliche Widerstand nach (4) $= \frac{\lambda z}{\varepsilon\sigma}$, also müssen beide Widerstände einander gleich sein. Die Ohm'sche Formel giebt dies einfacher: $w = \left(\frac{A}{\varrho+r}\right)^2 r$, $\frac{dw}{dr} = \left(\frac{A}{\varrho+r}\right)^2\left(1 - \frac{2r}{\varrho+r}\right)$, also für das Maximum $\varrho = r$. Aufserdem folgt aus obiger Ableitung $i_m = \frac{\varepsilon\sigma}{2}$, und $w_m \frac{\lambda\varepsilon\sigma z}{4}$.

Auf Grund der Joule'schen Untersuchungen wird auch für flüssige Leiter dasselbe Gesetz angenommen, also die Totalerwärmung durch den Strom $w' = \left(\frac{\lambda\sigma z\varepsilon}{\lambda z+\varepsilon\sigma r}\right)^2\left(\frac{\lambda z}{\varepsilon\sigma}+r\right)$ oder $= i\lambda z$.

Die Erwärmungen bei der Leitern müssen dann den Widerständen proportional, also für das Maximum gleich sein, und die Totalerwärmung ist $= \frac{i\lambda\sigma z}{2}$.

Der zweite Theil der Arbeit beschäftigt sich mit der Herleitung der Formel (II), die nach dem Obigen übergangen werden kann; nur sei Einiges über die Constante λ bemerkt. Für ein Paar ist $i = \frac{\varepsilon\lambda\sigma}{\lambda+\varepsilon\sigma r}$, für $\lambda = \varepsilon\sigma r$ ist $i = \frac{\varepsilon\sigma}{2}$; für $r = 0$, $i = \varepsilon\sigma$. Hierin soll λ nicht mit der Gröfse der Oberfläche und der Leitungsfähigkeit der Flussigkeit abhängen, auch nicht von $\varepsilon\sigma$, es soll vielmehr nur in den Nenner gebracht sein um für $r = 0$, $i = \varepsilon\sigma$ zu haben. In der Sprache der Contakttheorie ist die letzte Bestimmung unzulaseig, da $\varepsilon = \frac{A}{\varrho\sigma}$, also $A = \varepsilon\varrho\sigma$ ist, und da A dasselbe bedeutet wie λ, aber auch für die elektrochemische Hypothese ist es unbegreiflich, wie λ von der Beschaffenheit und der Anfangskraft der Kette abhängig sein soll, und doch unabhängig von ε, das doch nur eine Funktion derselben Kraft und des Widerstandes in der Kette ist.

An der Volta'schen Säule alter Construktion hat Hr. Fusinieri Beobachtungen uber die mechanischen Wirkungen des Stromes angestellt. Wenn die Metalle eines Paares zusammengelöthet waren, so nahm man an ihnen nach dem Gebrauche Krümmungen wahr, gewöhnlich so, dafs das Kupfer convex, das

Zink concav wurde; die Convexität des Kupfers war aber überwiegend, so dafs sich die Platten von einander entfernten. Diese sehr ausführlich behandelte Erscheinung glaubt Hr. de la Rive, auch ohne genauer in ihre Betrachtung einzugehen, einer Wärmewirkung des Stromes zuschreiben zu müssen, eine Erklärung, die ohne Zweifel die richtige ist. Hr. Fusinieri aber erkennt darin eine mechanische Wirkung des Stromes. Da dieser aber in seinem Fortgange gerade ein entgegengesetztes Eindrücken hervorbringen müfste (nämlich der positive Strom), so erkennt der Verfasser in der vorliegenden Erscheinung eine Reaktion (!) und schliefst daraus, dafs die Elektricität eine Materie sein müsse, weil nur Materie auf Materie drückend wirken kann. — Die Vertiefungen, welche ein Conduktor, aus dem man elektrische Funken gezogen hat, zeigt, sind nach Hrn. Fusinieri ebenfalls Eindrücke, welche der Funke durch eine Reaktion hinterläfst (!).

Dr. W. Beetz.

D. Apparate.

Louijet. Couple de Grove modifié. Inst. No. 594, p. 152.

Tasché. Beschreibung einer vortheilhaften Einrichtung der Bunsenschen galvanischen Batterie. Dingl. p. J. XCVI. 273.

Jacobi. Neue Voltai'sche Combination. Pogg. Ann. LXVI. 597; Bull. de l'Acad. à St. Pet. III. 288.

Gassiot. Beschreibung einer grofsen Wasserbatterie. Pogg. Annal. LXV. 476.

Herzog v. Leuchtenberg. Neue Batterie zum Gebrauch bei der Galvanoplastik. Technol. Août 1845, p. 485; Dingl. p. Journ. XCVIII. 25; Inst. No. 619, p. 396.

Ensmann. Neuer galvanoplastischer Apparat. Techn. Jan. 1845, p. 164; Dingl. p. J. XCV. 237.

H. Jacobi. Instruction pour les galvanoplasticiens. Arch. de l'él. V. 184; St. Petersb. Zeit. 1844, No. 131.

Delezenne. Sur le cerceau électrique. C. R. XX. 1804.

Hr. Louijet hat der Grove'schen Kette eine andere Einrichtung gegeben, bei welcher die Oberfläche des Platins im im Verhältnifs zu der des Zinks vergröfsert ist. Die Kette besteht aus einem irdenen Gefäfse, auf dessen Rand ein stark gefirnifster Kupferring pafst. An diesen sind Federn von Argentan tangential angelöthet, deren Enden mit Platin belegt sind und gegen den Ring anliegen. Der ganze innere Raum wird durch ein poröses Thongefäfs gefüllt, das verdünnte Schwefelsäure und einen massiven amalgamirten Zinkcylinder enthält; es ist von Salpetersäure umgeben, in welche die, durch die erwähnten Federn gehaltenen Platinlamellen tauchen. Vorzüge dieser Konstruktion sind nach Hrn. Louijet: 1) Gröfsere Wirksamkeit bei gleichem Preise; 2) beliebige Veränderlichkeit der Intensität (d. h. des wesentlichen Widerstandes) durch Verschieben der Platinlamellen; 3) Geringere Erhitzung der Salpetersäure; 4) gleichmäfsige Auflösung des Zinkcylinders.

Um das unbequeme Zusammensetzen einer Bunsen'schen Kohlenzinkbatterie zu erleichtern, wendet Hr. Tasché einen hölzernen Rahmen an, in welchen Löcher von der Weite eingeschnitten sind, dafs die Zinkelemente hineingeschoben und durch eine umgebende Holzschraube befestigt werden können. Der Zinkring, welcher den Kohlencylinder aufnehmen soll und die innere Holzschraube haben Zäpfchen, welche in hakenförmige Rinnen auf der inneren und äufseren Fläche des Kohlencylinders greifen. Dieser wird aufgeschoben und etwas gedreht, so dafs der Zapfen nicht mehr die Rinne verlassen kann.

Hr. Jacobi hat beobachtet, dafs, wenn in das Zink einer Daniell'schen Kette durch Silber die Schwefelsäure durch concentrirte Cyankaliumlösung ersetzt wird, ein ziemlich kräftiger Strom entsteht, durch welchen das Silber aufgelöst und auf das Kupfer gefällt wird. Dasselbe findet noch statt, wenn gleichzeitig das Kupfer und der Kupfervitriol durch Zink und Zinklösung ersetzt werden. Poggendorff hat in Folge dieser Angabe die elektrische Reihe in Cyankaliumlösung untersucht, und sie, von den bekannten Reihen abweichend, gefunden:

1. amalgirtes Zink.	9. Blei.
2. Zink.	10. Quecksilber.
3. Kupfer.	11. Palladium.
4. Kadmium.	12. Wismuth.
5. Zinn.	13. Eisen.
6. Silber.	14. Platin.
7. Nickel.	15. Gufseisen.
8. Antimon.	16. Kohle.

Hrn. GASSIOT's Wasserbatterie (Pogg. Annal. LXV. 476) ist schon im vorigen Jahre beschrieben (Phil. Trans. 1844, I. 39).

Der Herzog v. LEUCHTENBERG schlägt zum Gebrauch bei der Galvanoplastik eine Batterie aus Coaks und Eisen mit einer Flüssigkeit, verdünnter Schwefelsäure, vor, welche bald das Maximum der Polarisation erreicht, und dann längere Zeit annähernd constant wirkt. Die Unterhaltung kostet so gut wie nichts, da Eisenvitriol als Nebenprodukt erhalten wird, und die Coaks ihren Werth als Brennmaterial behalten.

Als Verbesserung der gewöhnlichen galvanoplastischen Apparate, deren Inconstanz hauptsächlich auf einer Veränderung der Zinkoberfläche beruht, schlägt Hr. ENSMANN eine Vorrichtung vor, welche durch Bürsten jene Fläche beständig rein erhält.

Bei der Darstellung galvanoplastischer Erzeugnisse im Grofsen stellt sich der Preis des Produktes zum Theil wegen des bedeutenden Zinkverbrauches so hoch. Hr. JACOBI schlägt eine Anordnung des Apparates vor, durch welche nur die halbe Quantität Zink verbraucht wird. Wenn nämlich eine DANIELL-sche Kette mit zwei Kupferelektroden in die Kupfervitriollösung taucht, wobei auf der als Anode dienenden Form das Kupfer niedergeschlagen und die Kathode aufgelöst wird; so schlägt sich gleichzeitig auf dem Kupfer der Kette Metall nieder. Dies kann man ebenfalls benutzen, indem man statt der Kette einen einfachen galvanoplastischen Apparat einschaltet, also mit einer bestimmten Quantität Zink sowohl im Apparate selbst als im abgesonderten Troge einen Kupferniederschlag erhält.

Als Flüssigkeit, in welche das Zink getaucht wird, schlägt Hr. Jacobi eine concentrirte Lösung von doppeltschwefelsaurem Kali vor, wobei das Bedürfnifs der Amalgamation fast ganz wegfallen soll. Hr. de la Rive fügt hinzu, dafs das Zink mit Vortheil durch Eisen ersetzt werden könne, das dann auch ein besser verwerthbares Nebenprodukt liefert als Zink.

Dr. W. Beetz.

E. Elektrochemie.

Daniell und Miller. Nachträgliche Untersuchung über die Elektrolyse sekundärer Verbindungen. Pogg. Ann. LXIV. 18; Phil. Trans. f. 1844. P. I.

Smee. On the cause of the reduction of metals from their solutions by the galvanic current. Phil. mag. XXVI. 434; Pogg. Ann. LXV. 470.

Poggendorff. Zusatz zur Abhandlung von Smee. Pogg. Ann. LXV. 473.

Pouillet. Note sur l'électrochimie. C. R. XX. 1544; Inst. No. 596, p. 189; Arch. de l'El. V. 168.

J. Napier. Observations on the decomposition of metallic salts by an electric current. Phil. mag. XXVI. 211; Pogg. Ann. LXV. 480; Arch. de l'El. V. 159; Dingl. p. J. XCVII. 291.

E. Becquerel. Note sur les anneaux colorées produits par le dépot des oxydes métalliques sur les métaux. Ann. ch. ph. XIII. 342; Dingl. p. J. XCVI. 124.

C. V. Walker. Sur la réduction voltaïque des alliages. Inst. No. 609, p. 314; Dingl. p. J. XCVIII. 465; Mech. mag. XLIII. 11.

Warren de la Rue. On the structure of electroprecipitated metals. Phil. mag. XXVII. 15; Arch. de l'El. V. 345.

Gaultier de Claubry et Dechaud. Traitement électrochimique des minerais de cuivre. C. R. XX. 1659, 1712; XXI. 278; Dingl. p. Journ. XCVII. 68; XCVIII. 31; Mech. mag. XLIII. 155.

J. Napier. Application of electricity in the extraction of metals. Mech. mag. XLII. 432.

Ritchie. Verfahren Kupfer aus den Erzen zu gewinnen und auf galvanischem Wege niederzuschlagen. Dingl. pol. J. XCVII. 67; Lond. journ. of arts, Mai 1845, p. 252; Mech. mag. XLII. 440.

E. MILLON. Mémoire sur la décomposition de l'eau par les métaux, en présence des acides et des sels. Arch. de l'El. V. 303; Pogg. Ann. LXVI. 449.

GROVE. Sur la théorie de GROTTHUS de la décomposition et récomposition moléculaire. Arch. de l'El. V. 537.

BECQUEREL. Sur les applications de l'électrochimie à l'étude des phénomènes de décomposition et récomposition terrestres. C. R. XX. 1509; Inst. No. 596, p. 189; Arch. de l'El. V. 233; Dingl. pol. Journ. XCVII. 208.

WILLIAMSON. Recherches sur l'ozone. Quesnev. rev. sc. XXI. 409; Ann. d. Ch. u. Ph. LIV. 131; Arch. de l'El. V. 188.

SCHÖNBEIN. Relation entre l'ozone et l'acide hyponitrique. Arch. de l'El. V. 556; Pogg. Ann. LXIII. 520.

SCHÖNBEIN. Ueber die Natur des Ozons. Pogg. Ann. LXV. 69; Arch. de l'El. V. 11; Dingl. p. J. XCVI. 253.

MARIGNAC. Sur la production et la nature de l'ozone. C. R. XX. 808; Inst. No. 586, p. 106; Arch. de l'El. V. 5.

SCHÖNBEIN. Einige Bemerkungen über die Anwesenheit des Ozons in der atmosphärischen Luft. Pogg. Ann. LXV. 161; Inst. No. 616, p. 370.

SCHÖNBEIN. Das Ozon verglichen mit dem Chlor. Pogg. Ann. LXV. 173.

FISCHER. Ueber SCHÖNBEIN's Ozon. Jahrb. f. wissensch. Kritik. Decbr. 1844; Erdm. u. March. J. XXXIV. 186.

SCHÖNBEIN. Beleuchtung der Meinung des Hrn. FISCHER. Pogg. Ann. LXV. 190.

SCHÖNBEIN. Ueber Einwirkung des Ozons auf organische Substanzen. Pogg. Ann. LXV. 196.

L. RIVIER et L. R. FELLENBERG. Essais sur l'ozône. Arch. de l'El. V. 24.

SCHÖNBEIN. Sur la nature de l'ozône. Arch. de l'El. V. 337; Pogg. Ann. LXVII. 78.

FISCHER. Bemerkungen über das sogenannte Ozon. Pogg. Annal. LXVI. 163.

FISCHER. Bemerkungen zu Hrn. SCHÖNBEIN's Beleuchtung meiner Meinung betreffend das Ozon. Pogg. Ann. LXVI. 168.

SCHÖNBEIN. Ueber langsame und rasche Verbrennung der Körper. Basel 1845.

SCHÖNBEIN. Einige Bemerkungen über die Versuche des Hrn. WILLIAMSON betreffend das Ozon. Pogg. Ann. LXVI. 291.

SCHÖNBEIN. Erwiederung auf Hrn. FISCHER's Replik. Pogg. Annal. LXVI. 593.

Im Ergänzungsbande zu Pogg. Annalen S. 565 sind von Hrn. DANIELL eine Reihe von Untersuchungen über die Elektrolyse secundärer Verbindungen mitgetheilt, deren Hauptresultate folgende waren.

1) Neutrale Metallsalzlösungen werden durch den VOLTAI'schen Strom beständig zersetzt, und zwar in Säure und Basis, wenn das Metall zu den Wasserstoff entwickelnden gehört, sonst in Säure, Metall und Sauerstoff.

2) Derselbe Strom zerlegt ein Wasseratom in einem eingeschobenen Voltameter gleichzeitig mit einem zusammengesetzten Strom der Salzlösung.

3) Bei Ammoniaksalzen erscheint statt des Ammoniums 1 Aeq. Ammoniak + 1 Aeq. Wasserstoff.

4) Bei der Elektrolyse complexer Elektrolyte wandern verschiedene Elemente nach derselben Electrode.

Auf diese letzte Thatsache fufsend, setzten die Herren DANIELL und MILLER ihre Untersuchungen so fort, dafs sie die nach jeder Seite eines durch eine doppelte Scheidewand in drei Zellen getheilten Gefäfses wandernden Jonen bestimmten, wobei darauf Rücksicht genommen wurde, dafs jedem an einer Elektrode entbundenen Aequivalente nur ein halbes durch die Scheidewand geführtes entspricht. Zunächst wurde herausgestellt, dafs die Quantität der übergehenden Jonen eines einfachen Elektrolyten dieselbe ist, er mag geschmolzen oder in wässriger Lösung angewandt werden. Dann wurden Lösungen der ein-, zwei- und dreibasischen phosphorsauren Salze in die Kette gebracht, und die in der Zinkodezelle befindliche Flüssigkeit darauf untersucht. Sie reagirte jedesmal auf dieselbe Phosphorsäuremodification, wie das angewandte Salz, so dafs sich GRAHAM's Ansicht über die Constitution der Phosphate vollkommen bestätigte. Arsenate erfuhren eine den Phosphaten analoge Zersetzung, bei arseniksauren Salzen aber wurde an der Platinode kein Wasserstoff entwickelt, sondern in der ganzen Zelle schied sich Arsenik aus. Die Verfasser glauben diese Abscheidung einer secundär-chemischen Aktion zuschreiben zu müssen, weil sie nicht unmittelbar an der Elektrode allein stattfand. An der Zinkode wurde die arsenichte Säure nicht höher oxydirt. — Bei der Zersetzung oxalsaurer Salze werden an der Zinkode zwar die Elemente der Kohlensäure genau ausgeschieden, aber zum Theil in Gestalt von Oxalsäure und Sauerstoff, so dafs die Kohlensäure einem secundären Processe ihre Entstehung verdankt. Entsprechend liefern schweflichtsaure Salze zum Theil Schwefelsäure, zum Theil schweflichte Säure und Sauerstoff. Bei Anwendung von unterschweflichtsaurem Kali wurde die unterschweflichte Säure durch die sich bildende Schwefelsäure ausgetrieben und, wie gewöhnlich, in Schwefel und schweflichte Säure zerlegt.

Die Frage über die Constitution der Cyaneisenkaliumverbindungen suchen die Verfasser auch durch ihre Zersetzungsmethode zu lösen. Eine Lösung von Blutlaugensalz wird an der Zinkode in Gmelin'sches, eine Lösung des letzteren an der Platinode in Blutlaugensalz verwandelt. Nach Smee's Ansicht geschieht dies durch ein Ausscheiden von Eisenblausäure, die durch die secundäre Wirkung des Sauerstoffes Cyaneisen abscheidet, das dann wieder in die Verbindung eingeht; nach den Herren Daniell und Miller dagegen wird in jedem der beiden Fälle Ferrocyan abgeschieden, das, wieder mit Blutlaugensalz verbunden, Kaliumeisencyanid giebt, während sich dies im anderen Falle durch Ausscheiden von Ferrocyan in Kaliumeisencyanür verwandelt.

$$\begin{array}{lr} \mathrm{Pl.} & \mathrm{Zn.} \\ \dot{K}_2 & \mathrm{FCy}_3 \\ & K_6Fe_2\mathrm{Cy}_9 \\ \hline & K_6Fe_4\mathrm{Cy}_{12} \end{array} \qquad \begin{array}{lr} \mathrm{Pl.} & \mathrm{Zn.} \\ K_6Fe_4\mathrm{Cy}_{12} & \\ & -Fe\mathrm{Cy}_3 \\ \hline K_6Fe_2\mathrm{Cy}_9 & \end{array}$$

Die Annahme des Ferridcyans wäre hiernach nicht nöthig, doch ist es wohl überhaupt kaum möglich zu entscheiden, welche Wirkung sekundär, welche der ursprünglichen Zersetzung zuzuschreiben ist.

Von besonderer Wichtigkeit sind die zum Theil schon von Gmelin (Pogg. Ann. XLIV. 27) angestellten Untersuchungen über die Ueberführbarkeit einiger Basen. Thonerde, Eisenoxyd, Talkerde, Kupferoxyd gehen weder in einfachen noch in Doppelsalzen aus der Zinkodenzelle in die der Platinode über, wovon man sich überzeugt, wenn man die letztere nur mit verdünnter Schwefelsäure füllt. Aus den Doppelsalzen geht dann nur das Alkali zur Platinode. Ammoniak wird ebenfalls nicht übergeführt.

Das Ueberführen der Säuren ist unabhängig von der gleichzeitigen Zersetzung des Wassers und der Bewegung seiner Elemente. Denn Wolframsäure, Kohlensäure und andere Säuren, deren Verwandschaft zum Wasser sehr gering ist, wurden eben so gut übergeführt wie Schwefelsäure.

Die besprochenen Arbeiten von Daniell und die neueren von Daniell und Miller haben den Grund der Zerlegung von Metallsalzen durchaus noch nicht aufgeklart, besonders aber ist das Phänomen durch die Beobachtungen von L. Gmelin und den genannten Physikern complicirt worden, dafs nicht alle Substanzen von einer Electrode zur andern zu wandern vermögen. Die Arbeit vom Hrn. Smee hat diesen letzten Punkt ebenfalls aufgefafst und bestätigt, ohne dafs jedoch irgend eine der mit Bezug auf die Art des Metallniederschlages gemachten Bemerkungen etwas Neues enthielte. Der weitere Zweck der Arbeit ist zu zeigen, dafs die Reduktion immer Folge von Wasserstoffentwickelung ist; der Beweis wird dadurch geführt, dafs sich in vielen Fällen Metalle durch Wasserstoffabscheidung reduciren, ist also durchaus nicht schlagend. Zu diesen Fällen wird besonders die Reduktion, durch eine Kohle gerechnet, die als negative Elektrode gedient und Wasserstoff absorbirt hat, während auf andere Art absorbirter Wasserstoff der Kohle diese Eigenschaft nicht mittheilt. Ferner, dafs platinirtes Platin zum Theil in eine Metalllösung, zum Theil in Wasserstoff tauchend die Lösung reducirt, was nach Grove's und Schönbein's Beobachtungen vorherzusehen war.

Endlich enthält die Arbeit noch eine Bemerkung über die Polarität von Drahten, die zwischen die Elektroden in Flüssigkeit gelegt werden. Sie bekommen natürlich ein positives und ein negatives Ende. Bei nichtleitenden Substanzen hat Hr. Smee dies noch nicht ganz deutlich gesehen.

Hr. Poggendorff, indem er einen Auszug aus Smee's Abhandlung giebt, macht auf die Unzulänglichkeit der darin gegebenen Beweise für die Wirksamkeit des Wasserstoffes aufmerksam. Er bespricht gleichzeitig eine Notiz von Hrn. Pouillet: Ueber eine scheinbare Anamolie der Voltai'schen Zersetzung. In eine Goldlösung, die sich in einer *U*förmigen Röhre als Elektrolyt befand, tauchten zwei Platinelektroden. An der negativen wurde Gold ausgeschieden, und die Lösung natürlich goldarmer. Die Flüssigkeit an der positiven Elektode behielt ihren Goldgehalt. Daraus schliefst Hr. Pouillet, dafs nur am negativen Pole chemische Aktion stattfindet und das gewöhnliche Auftreten der Jonen an derselben einer secundären Wirkung zuzuschreiben sei. Hr. Poggendorff bemerkt hierzu, dafs Hr. Pouillet eine Erklärung seiner Experimente würde gefunden haben, ohne eine neue Hypothese aufzustellen, wenn er auf die Unfähigkeit vieler Substanzen, namentlich der Metalloxyde, durch den Elektrolyten zu wandern Rücksicht genommen hätte, wie sie Gmelin, Daniell und Miller nachgewiesen haben.

Hr. Napier hat beobachtet, dafs am negativen Pole einer starken Daniell'schen Säule, deren Elektrolyt Cyankalium war, weniger Wasserstoff entwickelt wurde als nach dem Gewichts-Verluste der positiven Silberelektrode zu erwarten war. Bei einer negativen Kupferelektrode, welche in Kupfervitriol, und einer positiven Kupfer- oder Silberelektrode, welche in Cyankalium tauchten, verhielt es sich ebenso, auch wenn die positive Kupferelektrode von Salzsäure umgeben war, nicht aber wenn er die Salzsäure durch Schwefelsäure ersetzte. Hr. Poggendorff ist (und wohl mit vollem Rechte) geneigt, diese Erscheinung der Bildung niederer Verbindungen (z. B. Kupferchlorür) zuzuschreiben, nicht, wie Hr. Napier will, einer durch den Strom erhöhten Lösungskraft des Elektrolyten in der positiven Zelle.

Hr. E. Becquerel hat die Nobili'schen Farbenringe, welche durch galvanische Zersetzung einer Bleilösung auf einer als positive Elektrode dienenden Metallplatte gebildet werden, einer mathematischen Analyse unterworfen. Er bediente sich zu ihrer Darstellung, nach dem Vorgange seines Vaters, einer Lösung von Bleioxyd in Kali. Die Ringe folgen in umgekehrter Ordnung auf einander, wie die Newton'schen, weil die abgelagerte Schicht ihre gröfste Dicke im Centrum hat. Das Gesetz, nach welchem die Dicke der Schichten nach den Rändern hin abnimmt, und das Verhältnifs dieser Dicken zu den Radien hat Hr. Becquerel aus Betrachtungen abgeleitet, welche den Leitungsvorgang in einer Flüssigkeitsmasse in keiner Weise hinreichend berücksichtigen. Näher auf diese Erklärungsart und die daraus gezogenen falschen Resultate einzugehen, ist hier nicht der Ort, da der Bericht über die Fortschritte der Physik im Jahre 1846 diesen Gegenstand wieder aufnehmen, und durch die Untersuchungen von Hrn. du Bois-Reymond und die meinigen näher erörtern wird.

Hr. Walker beschreibt seine Methode, auf elektrischem Wege Legirungen niederzuschlagen, eine Methode, welche der Jacobi'schen sehr nahe kommt. Er wendet in der Cyankaliumlösung zuerst eine Anode von Kupfer an; fängt diese an sich aufzulösen, so ersetzt man sie durch eine Zinkanode. Nachdem die Wirkung einige Zeit gedauert hat, so schlägt sich Messing auf der Kathode nieder.

Eine Methode zur Ausbringung der Metalle, namentlich des Kupfers, auf elektrischem Wege, haben die Herren Gaultier de Claubry und Dechaud mitgetheilt. Sie verwandeln das Kupfererz in Vitriol (das kohlensaure durch Behandlung mit Schwefelsäure, die Schwefelkupfererze durch Rösten) und bringen die Lösung in ein Gefäfs, das durch eine poröse Wand mit einem andern, mit verdünnter Eisenvitriolösung gefülltem communiciren. In dieser befindet sich eine Eisenplatte, von der eine leitende Verbindung in die Kupfervitriollösung führt. Der Niederschlag bildet sich zuerst in Plattenform, dann pulverig. Um das letztere möglichst zu vermeiden, mufs die Kupferlösung an der Oberfläche, wo sie zu verdünnt ist, und die Eisenlösung im Grunde, wo sie zu concentrirt ist, von Zeit zu Zeit abgehoben und durch neue ersetzt werden.

Hr. Napier hat im Mech. Mag. XLII. 432 ganz ähnliche Vorschläge mitgetheilt. Auch das Verfahren, auf welches Herr Ritchie ein Patent erhalten hat, schliefst sich an das beschriebene an. Als Kette dient hier ebenfalls eine Gufseisenplatte, welche in Eisenvitriollösung, und eine Bleiplatte, welche in die Lösung des Erzes taucht.

Die Untersuchungen von Hrn. Warren de la Rue über die Struktur der galvanoplastisch niedergeschlagenen Krystalle liefern wenig Resultate. Sie beziehen sich hauptsächlich auf die Beobachtung des stets krystallinischen Gefüges, und auf Anwendungen von dieser Beobachtung, wie die, dafs man scharfe Kanten an Formen möglichst vermeiden soll, um nicht Zwischenräume zwischen den einzelnen Krystallschichten dadurch zu veranlassen. Andere Bemerkungen beziehen sich auf die Hülfsmittel zur Erlangung verschiedener Niederschläge, namentlich in Bezug auf Erhaltung brauchbarer Lösungen u. dgl.

Hr. Millon hat messende Bestimmungen über die Auflöslichkeit von Metallen in Säuren und Salzlösungen, denen eine kleine Portion eines Metallsalzes beigegeben war, ausgeführt. Am auffallendsten ist die Wirkung von Chlorplatinlösung, die, in einigen Tropfen hinzugefügt, die Lösung zuerst sehr stark beschleunigt bis sie zu einem Maximum gekommen ist, bei dem sie ziemlich unverändert bleibt, während die blofse Säure (verdünnte Schwefelsäure) zuerst langsamer wirkt, aber dann mit sehr schnell steigender Lebhaftigkeit. Bei anderen Säuren ist die Wirkung sehr ähnlich; selbst Seewasser, Flufswasser und destillirtes Wasser lösen bei Zusatz solcher Metalllösungen das Zink auf, und zwar, wie Hr. Millon angiebt, bei Tageslicht weit besser als bei dessen Abhaltung; ja sogar soll die fernere Auflösung gehindert sein, wenn das Gefäfs, in dem der Procefs vorgehen sollte, längere Zeit mit einer lichtdichten Hülle bedeckt war. Hr. Millon hat seine Versuche auch auf andere Metalle ausgedehnt, die sich meist ähnlich wie Zink verhalten, d. h. deren Lösung durch manche Salzlösungen beschleunigt wird (besonders Chlorplatin), durch manche fast ganz aufgehoben (wie Quecksilberchlorid).

Mit der gewöhnlich angenommenen Theorie von Grotthus, über die Trennung und Wiedervereinigung der Molecule findet Hr. Grove die Principien seiner Gasbatterie nicht im Einklange. Betrachtet er nämlich ein Element derselben, so mufste ein Atom Sauerstoff an einem Ende im Stande sein, ein anderes Atom Sauerstoff von dem Wasserstoff, mit dem dieses verbunden war, zu trennen, und seine Stelle dafür einzunehmen; ein Procefs, der in der ganzen Naturlehre ohne Analogie ist. In der That tritt dieses Paradoxon der Grove'schen Anschauungsweise entgegen. Hr. de la Rive führt in einer Note, die er diesem Aufsatze hinzufügt, wenn nicht zur Lösung, doch zur Erleichterung dieser Schwierigkeit an, dafs jenem Sauerstoffatom noch diejenige Wirkung zu Hülfe kommt, welche der aufgelöste Sauerstoff unter Mitwirkung des Platins auf dasselbe Wasserstoffatom äufsert. In dieser Bemerkung liegt ungefähr das, was wir vom Standpunkte der Kontakttheorie Hrn. Grove entgegnen würden. Wenn er früher seine Theorie der Gasbatterie für die richtige hielt, und fragte, wie man seinen Versuch nach der Kontakttheorie erklären könnte, so mufs er jetzt selbst zugestehen, dafs er mit den sonst allgemein angenommenen und gewifs wenigstens ein bequemes Schema für alle Betrachtungen bietender Hypothesen in Widerspruch geräth. Gehen wir aber wieder von dem Grundprincipe der Kontakttheorie aus, so findet die ganze Erscheinung nicht darin ihren Anfang, dafs ein Atom eines Stoffes ein anderes desselben Stoffes verdrängt, ohne ein gröfseres Recht als dieses zum Eintritt in die Verbindung zu haben; sondern in einer Wirkung, welche von der Berührung zwischen dem Platin und der Sauerstoffschicht einerseits und dem Platin und der Wasserstoffschicht andererseits ausgeht.

Dr. W. Beetz.

Hr. Becquerel macht in dem oben citirten Aufsatze „*Sur les applications de l'électrochimie à l'étude des phénomènes de décomposition et recomposition terrestres*" aufmerksam auf die Vortheile, welche die Geologie zur Erklärung der Erscheinungen von der Elektrochemie ziehen könne und begründet seine Ansicht durch Experimente, welche auch von physikalischem Interesse sind und deshalb in vorliegendem Berichte erwähnt werden müssen. Der Verfasser zeigt zuerst, wie man dadurch, daſs man die beiden Elektroden einer Batterie in verschiedene Flüssigkeiten taucht, welche durch eine dritte Flüssigkeit in leitender Verbindung stehen, die mannigfachsten Produkte erhalten könne, indem die an den Gränzflächen der Flüssigkeiten sich begegnenden Substanzen chemische Verbindungen eingehen. Die Art und Weise, die Versuche anzustellen, so wie die Erklärung aus den bekannten Theorien über elektrochemische Zersetzung ergaben sich von selbst.

Hierbei macht Hr. Becquerel auf ein schon von Davy beobachtetes Faktum aufmerksam; man findet nämlich bisweilen unter den elektrochemischen Produkten Bestandtheile des Gefäſses, in welchem die Flüssigkeit während ihrer Zersetzung sich befand; die ohne Zweifel richtige Erklärung des Hrn. Becquerel gründet sich auf die Voraussetzung, daſs die Flüssigkeit die Bestandtheile des Gefäſses, welche sich später vorfinden in geringem Grade auflöse; wird nun durch den galvanischen Strom der aufgelöste Theil zersetzt, so löst sich ein neuer Theil auf, welcher abermals zersetzt wird, und so kann es geschehen, daſs wir unter den elektrochemischen Produkten Substanzen finden, deren Gegenwart wir in der Flüssigkeit wegen ihrer geringen Menge nicht nachzuweisen vermögen.

Auf ähnliche Weise wird man nun eine groſse Anzahl in Wasser unauflöslicher Suhstanzen der zersetzenden Wirkung des

Stroms aussetzen können, wenn man nur eine andere Lösung entdeckt, welche jene Substanz etwas, wenn auch sehr wenig, auflöst. Allerdings finden denn auch rein chemische Wirkungen des Lösungsmittels auf den zu lösenden Körper statt, die jedoch in Verbindung mit der elektrochemischen Wirkung zu den interessantesten Processen und zur Erzeugung neuer chemischer Verbindungen führen. Leider waren bei den Versuchen Herrn Becquerel's die Quantitäten der erhaltenen Verbindungen trotz jahrelanger Dauer des Processes so gering, dafs eine genauere Untersuchung derselben nicht wohl ausgeführt und die Zusammensetzung nur mit Wahrscheinlichkeit festgestellt werden konnte. Der Vorschlag, poröse wohl gereinigte Kohle als negative Elektrode anzuwenden, um dadurch Verlusten an dem erhaltenen Niederschlag vorzubeugen, indem der Niederschlag sich in den Poren absetzt und daselbst festgehalten wird, mufs durch Erfahrung geprüft werden.

R. Grofsmann.

Untersuchungen über das Ozon.

Die Untersuchungen über das von Schönbein so genannte Ozon sind im letzen Jahre in ausgedehnter Weise fortgesetzt worden, und haben wiederum mehrere andere Physiker beschäftigt. Der gröfste Theil der hierhergehörigen Arbeiten gewährt ein rein chemisches Interesse, es können hier nur diejenigen besprochen werden, welche den Zusammenhang zwischen jener Substanz, und den elektrischen Phaenomenen angehen. Als Ergänzung des Uebrigen folgt hier die Literatur über den ganzen Gegenstand:

Schönbein. Beobachtungen über den bei der Electrolysation des Wassers und dem Ausströmen der gewöhnlichen Elektricität aus Spitzen sich entwickelnden Geruch. Aus den Berichten der Münchner Akademie in Pogg. Ann. L. 616.

de la Rive. Neue Untersuchungen über die Eigenschaften der discontinuirlichen elektrischen Ströme von abwechselnd entgegengesetzer Richtung, II. Theil aus dem Arch. de l'El. III, in Pogg. Ann. LIV. 402.

Schönbein. Ueber die Natur des eigenthümlichen Geruchs, welcher sich sowohl am positiven Pole einer Säule während der Wasserelektrolyse, wie auch beim Ausströmen der gewöhnlichen Elektricität aus Spitzen entwickelt. Aus den Denkschriften der Münchener Akademie in Pogg. Ann. LIX. 240.

Schönbein. Ueber die Erzeugung des Ozons auf chemischem Wege. Basel. Schweighäuser. 1844.

Schönbein. Ozon ist nicht salpetrichte Säure. Pogg. Ann. LXIII. 520.

Williamson. Recherches sur l'ozône. Ann. d. Pharm. LIV. p. 131, Arch. de l'El. V. 188. Quesneville revue sc. XXI. 409.

Schönbein. Ueber die Natur des Ozons. Pogg. Ann. LXV, p. 69 und Arch. de l'El. V. 1.

Schönbein. Einige Bemerkungen über die Anwesenheit des Ozons in der atmosphärischen Luft. Pogg. Ann. LXV. 161.

Schönbein. Das Ozon verglichen mit dem Chlor. ib. p. 173.

Fischer über Schönbein's Ozon; in den Jahrbüchern für wissenschaftl. Kritik. Decemb. 1844, Erdm. u. March. J. XXXIV. 186.

Schönbein. Beleuchtung der Meinung des Herrn Fischer. Pogg. Ann. LXV. 190.

Schönbein. Ueber Einwirkung des Ozons auf organische Substanzen. ib. p. 196.

Marignac. Sur la production et la nature de l'ozone. C. R. XX. 808. Arch. de l'El. V. 1.

Rivier et Fellenberg. Essais sur l'ozône. Arch. de l'El. V. 24.

Fischer. Bemerkung über das sogenannte Ozon. Pogg. Ann. LXVI. 163.

Fischer. Bemerkungen zu Hrn. Schönbein's Beleuchtung meiner Meinung, betreffend das Ozon. ib. p. 168.

Schönbein. Ueber langsame und rasche Verbrennung der Körper. Basel. 1845.

Die genannten Arbeiten enthalten in Bezug auf Elektrochemie im letzten Jahre nur Weniges. Die Herren Marignac und de la Rive zersetzten beliebig lange ein Gemisch aus chemisch reinem Wasser, und chemisch reiner Schwefelsäure, welches von atmophärischer Luft befreit war, und erhielten fortwährend am positiven Pole Ozon. Da aus diesem Versuch die Hypothese Schönbein's, nach welcher Ozon aus dem Stickstoff der Luft gebildet würde, widerlegt ist, und die Versuche von den Hrn. Fischer, Marignac und Williamson nur Sauerstoff und Wasser als Bedingung der Ozonbildung gaben, so konnte jene Substanz als ein höheres Wasserstoffoxyd betrachtet werden. Hr. Schönbein hält es aber nicht für Thénard's Wasserstoffsuperoxyd weil in diesem Platin positiv, im Ozon negativ polarisirt wird.

Spätere Versuche von Hrn. Marignac, bei welchen er durch reines trocknes Sauerstoffgas elektrische Funken schlagen liefs, und doch immer Ozon erhielt, bewogen ihn zu der Annahme, dafs der Sauerstoff selbst einen veränderten Zustand, eine isomere Modification bilde, welche als Ozon auftritt; indefs liegt wohl der Grund der ganzen Erscheinung nur darin, dafs der schon in der geringsten Menge vollkommen wahrnehmbare Geruch, und die leicht bemerkliche Wirkung des Ozons auf Jodkaliumkleister so empfindliche Reactionen sind, dafs sie in einem Gase noch einen Wassergehalt angeben, den wir durch unsere gewöhnliche Trockenmittel nicht zu entfernen im Stande sind. In gewöhnlicher Luft befindet sich nach Hrn. Schönbein beständig Ozon, welches durch die häufigen elektrischen Entladungen erzeugt wird.

Dr. W. Beetz.

Anhang zur Elektrochemie.

Galvanoplastik.

Jordan. Methode metallne Abgüsse für galvanische Copien zu machen. Dingl. p. J. XCVIII. 216; Mech. mag. XLIII. 84.

v. Kobell. Ueber die galvanische Anfertigung erhabener Typen. Dingl. p. J. XCV. 191; Gel. Anz. der Bair. Ak. d. Wissensch. f. 1844.

v. Kobell. Ueber die Fortschritte der Galvanographie. Dingl. p. J. XCV. 186; Gel. Anz. der Bair. Ak. Sept. 1844; Mech. mag. XLIII. 311; Silliman's J. 1845.

Marshall. Verfahren grofse Gypsformen zum Copiren durch Galvanoplastik zuzubereiten. Dingl. p. J. XCVI. 251; Chem. gaz. April 1845. No. 59.

Schöler. Platten aus einer Composition für die Galvanoplastik. Dingl. p. J. XCVI. 334; Technol. Mai 1845, p. 360.

Parkes. Phosphorauflösung und Wachscomposition für galvanische Copien. Dingl. p. J. XCVIII. 411; Rep. of pat. inv. Oct. 1845, 248.

Elkington. Ueber galvanoplastisches Abformen von Gold- und Silbergegenständen. Dingl. pol. J. XCV. 134; Technol. Jan. 1845, p. 165.

Napier. Verfahren Medaillen und andere Gegenstände aus Silber auf galvanischem Wege zu erzeugen. Dingl. p. J. XCVII. 314; Chem. gez. 1845, No. 63.

Gschwindt. Verfahren die Wachsabgüsse von den Gypsformen zu trennen. Dingl. p. J. XCVI. 252.

C. Siedhof. Ueber die Anfertigung galvanoplastischer Copien von

Maafsstäben. Dingl. p. J. XCVI. 82; Hanöv. Gewerbl. Octbr. 1844, p. 182.

Elsner. Ueber einen Deckgrund für galvanische Vergoldungen. Dingl. p. J. XCV. 445. XCVI. 490.

Elsner und Philipp. Ueber Verkupferung des Eisens und Zinks ohne Cyankalium. Dingl. p. J. XCV. 447; Mech. mag. XLV. 11.

Elsner. Ueber galvanische Verkupferung, Versilberung und Vergoldung ohne Anwendung von Cyankalium. Dingl. p. J. XCVII. 429; Verh. der Gewerbever. in Pr.

Selmi. Ueber eine Goldauflösung zur galvanischen Vergoldung. Dingl. p. J. XCVIII. 27; Technol. August. 1845, p. 526.

Phillipp. Ueber galvanische Vergoldung mittelst Cyankalium. Dingl. p. J. XCVI. 334; Berliner Gewerbebl, XV. No. 4.

Brandely. Verfahren Cyansilber zur galvanischen Versilberung zu bereiten. Dingl. p. J. XCVIII. 383, Technol. Octob. 1845, p. 20.

Stöhrer. Ueber galvanische Versilberung und Vergoldung, Dingl. p. J. XCV. 414.

Mourey. Ueber Erhaltung des Glanzes galvanisch versilberter Gegenstände. Dingl. p. J. XCVII. 206.

Anweisung zur Vergoldung und Versilberung der Gegenstände durch einfache Berührung derselben mit Zink. Dingl. p. J. XCVIII. 383; Bair. Gewerbebl. Juli 1845; Pol. Notizbl. I. No. 3. p. 35.

Parkes. Galvanische Versilberung etc. auf trockenem Wege. Dingl. p. J. XCVII. 295; Rep. of pat. inv. 1845. Juli p. 32.

Desbordeaux. Mémoire sur l'argenture galvanoplastique de l'acier. C.R. XIX. 1450. Dingl. p. J. XCV. 193.

Desbordeaux. Notes sur l'argenture galvanoplastique. C. R. XX. 103, 248, 353. Dingl. p. J. XCV. 380. XCVII. 199, 314. Technol. Juni 1845, p. 393; Encycl. Zeitschr. d. Gewerbewes. 1846. p. 822.

Louyet. Note sur certaines conditions indispensables pour le succès du zincage du fer par les procédés voltaïques. C. R. XIX. 1180. Dingl. p. J. XCV. 320.

Louyet. Ueber das Verzinken des Eisens auf galvanischem Wege. Dingl. p. J. XCV. 454; Technol. Febr. 1845, p. 193; Bull. du mus. de l'ind. de Bruxelles.

Blackwell und Norris. Ueber galvanisches Verkupfern eiserner Nägel. Dingl. p. J. XCV. 413; Mech. mag. XLII. 108.

Wall. Anwendung des Galvanismus zur Fabrikation des Cementstahles. Dingl. p. J. XCVIII. 385; Technol. Octob. 1845, p. 1; Mech. mag. XLII. 443.

Die Galvanoplastik ist eine Erfindung, welche sowohl durch ihre wissenschaftliche Grundlage, als auch durch ihre leichte und einfache Ausführbarkeit und ihre überraschenden Resultate, sich schnell das Interesse nicht allein der Gelehrten, Künstler und Gewerbtreibenden vom Fache, sondern auch vieler denkenden Dilettanten aller Stände und Länder erwarb. Durch diese schnelle Verbreitung wurde sie mit raschen Schritten einer gewissen Grenze der Vollkommenheit zugeführt, welche ihr das Bürgerrecht im Gebiete der Technik vollständig sicherte. Grofsartige Werkstätten, in Petersburg, London, Paris, Wien und Berlin errichtet, geben rühmliches Zeugnifs von dem Aufschwunge und der Vervollkommnung, den diese Erfindung in so kurzer Zeit ihres Bestehens gewonnen.

Bei dieser raschen Entwickelung der Galvanoplastik mufste endlich ein Zeitpunkt eintreten, wo die Wissenschaft wenig mehr für dieselbe zu thun vermochte und die ferneren Fortschritte derselben mehr dem eigentlichen Gebiete der Technik überlassen werden mufsten.

Es ist daher nicht auffallend, dafs es weniger eclatante Erfindungen, als vielmehr meistentheils Verbesserungen und zweckmäfsigere Anordnungen des bereits Bestehenden sind, welche wir in diesem Jahresberichte zu besprechen haben. —

I. Die Galvanoplastik im eigentlichen Sinne.

Die einfachste Anwendung der Galvanoplastik besteht bekanntlich darin, dafs man auf irgend eine Metallform (eine zweite Platte, Medaille oder dergl.) ein anderes Metall, gewöhnlich Kupfer aus einer Kupfervitriollösung, durch einen galvanischen Strom niederschlägt. Nach der Trennung des Niederschlages von der Form bildet ersterer eine getreue Copie der letzteren, doch im umgekehrten Sinne. Je nach dem Behuf der Verwendung ist durch diese Copie nun entweder der Zweck erreicht; oder sie dient von neuem zum Modell für Copien im Sinne des Originals.

Zur Verhütung des Zusammenwachsens der Copie mit dem Original dient eine sehr dünne Lage von Fett, Graphitpulver, oder nach v. Kobell eine schwache kalte Versilberung durch Austausch. Man legt die Kupferform nämlich in eine Lösung

Ein äufserst feines Silberpulver zur Metallisirung nichtleitender Substanzen, kann man sich folgendermaafsen bereiten: Man löse in einem Kolben etwa 1 Loth salpetersaures Silberoxyd in 6 Loth destillirtem Wasser auf und setze zu der kochenden Lösung eine ebenfalls bis zum Kochen erhitzte Lösung von 1 Theil Aldehyd-Ammoniak in 5–6 Theile Wasser, indem man das Gemisch stark umschüttelt.[1] Es bildet sich schnell ein Niederschlag von metallischem Silber, welcher sich zum Theil spiegelförmig an die Wände des Kolbens ansetzt. Der gröfste Theil fällt jedoch als zartes Pulver nieder. Man filtrirt dies von der Flüssigkeit (welche gewöhnlich noch etwas Silber enthält) ab, wäscht es rein aus und trocknet bei gelinder Wärme.

Dieses Silberpulver ist dem Bronzepulver zur Metallisirung nichtleitender Formen nicht allein der Feinheit wegen, sondern auch besonders deshalb vorzuziehen, weil es selbst in bereits sauren Lösungen von schwefelsaurem Kupferoxyd unveränderlich ist, und daher ein schnelleres Ueberwachsen des Kupfers zuläfst; wogegen das Bronzepulver, namentlich bei grofsen Gegenständen, immer etwas angegriffen wird, sich daher nur langsam mit Kupfer überzieht, und an manchen Stellen, vor dem völligen Ueberwachsen gewöhnlich nachgeholfen werden mufs, wodurch das Verfahren oft ungleichförmig wird. Bei Anwendung des Silberpulvers geschieht das Ueberwachsen bei hinreichend starkem Strome fast augenblicklich. Es wird ebenfalls mit einer feinen Bürste oder einen weifsen Pinsel aufgetragen und das was nicht fest haftet, abgestäubt. —

Um Holz, Gyps, gebrannten Thon, Käfer, Schmetterlinge und andere organische Körper zu verkupfern, kann man sich sehr zweckmäfsig folgender Methode bedienen: Man bringe gelbes Wachs, mit etwa dem achten Theile desselben Colophon versetzt, in einen Glaskolben, übergiefse es mit soviel bayonner oder rectificirtem Terpentinöl, dafs nach erfolgter Auflösung, welche man durch Erwärmung befördern kann, ein sehr dünner Firnifs entsteht. Kleine Gegenstände, Insekten u. dgl. werden

[1] Salpeters. Silber in Wasser gelöst, mit Zucker versetzt, mit Aetzkali gefällt und gekocht, giebt ein regul. Silberpulver, welches sich ebenfalls zu diesem Zwecke sehr gut eignet.

nun durch Eintauchen, gröfsere durch Bestreichen, mit diesem Firnifs dünn überzogen. Hierauf läfst man sich an einem mäfsig erwärmten Orte soweit abtrocknen, dafs das Terpentinöl fast gänzlich verflogen ist. Nun ist der Gegenstand geeignet, um durch Anreiben mittelst ein Pinsels die leitende Schicht von Silberpulver zu empfangen. Die feinston Vertiefungen und Erhöhungen der Unterlage verlieren hierdurch nichts von ihrer Schärfe. Nach erfolgter Verkupferung können dann die so vorbereiteten Gegenstände versilbert oder vergoldet werden.

Hr. Parkes löst 1 Pfund Phosphor in 15 Pfund Schwefelkohlenstoff auf, und verbindet entweder die Auflösung mit den Substanzen, auf welche Kupfer etc. niedergeschlagen werden soll, oder man überzieht die Gegenstände damit.

Eine taugliche Wachscomposition erhält man, wenn man 5 Pfund Wachs und 5 Pfund Talg in 12 bis 16 Loth der Phosphorauflösung schmilzt.

Zum Auftragen auf die Oberfläche anderer Substanzen versetzt man die Auflösung von 1 Pfund Phosphor in 15 Pfund Schwefelkohlenstoff, mit 1 Pfund Wachs oder Talg, 25 Loth Terpentinöl, 4 Loth Kautschuk in 16 Loth Schwefelkohlenstoff gelöst, und 1 Pfund Asphalt in 6 Pfund Schwefelkohlenstoff gelöst.

Hr. Elkington soll sich zu Copien einer Composition aus Wachs, Talg und Phosphor bedienen, welche nun in eine Lösung von salpetersaurem Silber getaucht, auf ihrer Oberfläche eine leitende (Phosphor-) Silberschicht niederschlägt, wodurch die Form zur Aufnahme des galvanischen Kupferniederschlages geeignet wird.

Einer ähnlichen Methode bedient sich Hr. Napier zu galvanoplastischen Silberniederschlägen. Das ganze Verfahren zur Darstellung einer Copie ist folgendes. Auf ein Modell aus Metall, Gyps etc. giefst man eine durch Zusammenschmelzen bereitete Mischung von 12 Theilen Leim und Syrup, welche nun nach dem Abkühlen eine biegsame, vom Original leicht trennbare Form bildet. In diese Form giefst man eine Mischung von 3 Theilen Talg, 1 Wachs und ½ Theil Harz, nachdem man eine Auflösung von Phosphor in Schwefelkohlenstoff hinzugesetzt hat. Wird die so erhaltene Form mit salpetersaurer Silberlösung befeuchtet, so bildet sich auf der Oberfläche eine dünne Silberschicht, auf welche man nun vermittelst des galvanischen Stromes Kupfer niederschlägt. Ist diese hinreichend dick, so schneidet man die Wachsmasse weg, bedeckt die Rückseite der Form mit einer nichtleitenden Composition und schlägt aus einer Kaliumsilbercyanürlösung Silber in die Form nieder. Ist der Niederschlag stark genug, so löst man die Kupferform in Eisenchloridlösung auf, welche das Silber nicht angreift.

Auf dieselbe Art sollen sich auch einige Gewebe vergolden lassen. Die fettige Substanz in den Geweben würde indessen gewifs das Eindringen des gefällten Metalles ins Gewebe verhindern, und daher keine haltbare Verbindung möglich sein. Taucht man jedoch das Gewebe unmittelbar in die Lösung von Phosphor in Schwefelkohlenstoff, so entzündet sich, nach der Verflüchtigung des letzern der zurückbleibende fein zertheilte Phosphor bereits nach sehr kurzer Zeit von selbst und zerstört dadurch gleichzeitig das Gewebe. Diese Methode ist daher jedenfalls sehr phoblematisch. —

Um Wachsabgüsse von Gypsformen zu trennen, welches, besonders bei gröfseren Gegenständen, oft nur mit Schwierigkeiten zu erreichen ist, bedient sich Hr. C. Gschwindt jun. in Pforzheim einer Methode, welche darin besteht, auf die Gypsplatte von einem Brunnen aus der Höhe von 2—3′ einen anhaltenden Wasserstrahl fliefsen zu lassen. In 1½ Tagen soll eine 1¼″ dicke Gypsplatte von 1′ Durchmesser dadurch vollkommen weggewaschen sein, ohne dafs die Wachsform darunter leidet.

Hr. C. Siedhof macht auf die bedeutende Zusammenziehung aufmerksam, welche eine Composition von Wachs, Stearin und und Graphyt beim Erkalten erleidet. Die daraus gefertigte Copie eines Maafsstabes hatte sich so zusammengezogen, dafs die Verkürzung des Kupferniederschlages auf 7″ Par. genau 1″ betrug. Wo es sich daher um Copieen handelt, welche dem Original anch in Hinsicht der Dimensionen völlig gleich kommen, ist es am besten, sich erst unmittelbar vom Ojekt galvanoplastische Matrizen darzustellen und diese dann zu Copieen zu benutzen.

II. Galvanische Versilberung, Vergoldung, Verkupferung etc. —

Die Verbindungen, welche sich bis jetzt zu haltbaren Versilberungen, Vergoldungen und Verkupferungen am meisten bewährt gezeigt haben, sind die entsprechenden Doppelcyanüre. Die Eigenschaft der leichten Zersetzung ihrer Auflösungen bei verhältnifsmäfsig ziemlich hohem Preise des zu ihrer Darstellung erforderlichen Materiales, war die Veranlassung vielfacher Bemühungen, ihre Stelle durch beständigere und billigere zu ersetzen; dem Anscheine nach jedoch leider ohne günstigen Erfolg. Durch keine andere Verbindung ist man bis jetzt im Stande, eine so schöne, gleichförmige und zugleich so haltbare Versilberung herzustellen, als durch Kalium-Silber-Cyanür, und je reiner die Lösung dieses Salzes dargestellt wird, desto sicherer ist der Erfolg. Dasselbe gilt von Kaliumgoldcyanür und Kaliumkupfercyanür. Die Silberlösung läfst sich am zweckmäfsigsten folgendermaafsen darstellen: Eine reine hinreichend verdünnte Lösung von neutralem (geschmolzenem) salpetersaurem Silberoxyd wird unter Umrühren mit einer Auflösung von soviel Cyankalium versetzt, dafs dasSilber beinahe, doch nicht ganz vollständig als Cyansilber gefällt wird. Es ist diese Vorsicht defshalb nöthig, um nicht durch überflüssig hinzugesetztes Cyankalium wieder etwas von dem Niederschlage aufzulösen. Der Rest des Silbers wird nun durch eine Lösung von einfach kohlensaurem Natron vollends gefällt. Die Flüssigkeit giefst man vom Rückstande, nachdem sich dieser gesenkt, klar ab und bringt letzteren auf ein Filtrum, um ihn mit Regen- oder Flufswasser rein auszuwaschen.

Nachdem dies geschehen, giebt man ihn in eine Porzellanschaale oder in einen emaillirten eisernen Kessel und übergiefst ihn mit soviel Cyankaliumlösung, dafs er dadurch unter gelinder Erwärmung aufgelöst wird. Nachdem diese Lösung klar filtrirt ist, giest man sie in den Kessel zurück, um sie bis zur Krystallisation abzudampfen. Die nach dem Abkühlen entstandenen Krystalle werden von der Mutterlauge getrennt, mit Regenwasser abgespühlt, und nachdem man sie hat abtropfen lassen, bei gelinder Wärme getrocknet. Die Krystallisation wiederholt man mit der Mutterlauge so oft, als noch schöne Krystalle erzeugt werden. Der zweite Anschufs ist gewöhnlich schon undeutlich und gelb gefärbt, wefshalb man ihn nach dem Abwaschen nochmals umkrystallisiren kann. Sämmtliche erhaltenen Krystalle werden zusammengeschüttet und nach Trocknen gewogen. 1 Theil derselben wird nun mit $\frac{1}{10}$ ihres Gewichts Cyankalium gemengt im Kessel mit 5 Theilen Wasser übergossen, und schnell bis zum Sieden erhitzt, worauf man die Lösung filtrirt und noch 5—7 Theile Wasser (so dafs die ganze Menge des Wassers 10—12 Theile vom Gewicht der Krystalle beträgt) hinzusetzt.

Mit Ausschlufs des Goldes ist Kupfer das einzige (einfache) Metall, welches einer direkten haltbaren Versilberung auf galvanischen Wege fähig ist und eine Kupferlegirung ist um so weniger zur Versilberung geeignet, je mehr fremder Bestandtheile sie enthält. Hat man nur Gegenstände von reinem Kupfer zu versilbern, so kann man sich schon dadurch weit einfacher und billiger eine zu diesem Behuf ebenso gute Verbindung darstellen, dafs man 1 Aequivalent Cyan durch 1 Aequivalent Chlor ersetzt, indem man nämlich die Lösung des salpetersauren Silberoxyds (welche in diesem Falle selbst Cu enthalten kann) durch Chlorwasserstoffsäure oder Kochsalzlösung fällt, wodurch man die Hälfte Cyankalium erspart. Zu Tombak, Messing und ist diese Lösung ebenfalls noch anwendbar; aber nicht mehr z. B. auf Neusilber, indem die erhaltene Versilberung auf dieser Legirung der Behandlung mit dem Polirstahl nicht widersteht. Ein Gehalt von Zinn in einer Legirung ist der Versilberung besonders hinderlich.

Die Goldlösung läfst sich am besten auf folgende Art erhalten. Man löse Gold in Königswasser und dampfe die überschüssige Säure bei gelinder Wärme soviel wie möglich weg. Nach der Verdünnung des Rückstandes mit Wasser trenne man das etwa abgeschiedene Chlorsilber durch Filtration und versetze die klare Lösung mit Ammoniak in Ueberschufs, wodurch das Gold als Knallgold gefällt wird. Die über dem Rückstande befindliche Flüssigkeit enthält das Kupfer, welches etwa noch im Golde enthalten war. Man trennt sie vom Rückstande durch Filtriren und wäscht das Filtrum mit kaltem Wasser so lange aus, bis das Waschwasser völlig geschmacklos abläuft (besser noch, bis eine Lösung von salpeters. Silber durch dasselbe nur noch sehr wenig getrübt wird) der Rückstand wird nun in einem passenden Gefäfse mit soviel einer Cyankaliumlösung übergossen, als eben hinreichend ist, um denselben unter Erwärmung aufzulösen. Es entweicht hierbei viel Ammoniak aus den Knallgolde. Man erhält nun die Flüssigkeit einige Zeit im Kochen, theils um das Amoniak zu entfernen, besonders aber, um das anfänglich gebildete Kalium-Goldcyanid in das Cyanür zu verwandeln. Endlich setzt man noch etwas überschüssiges Cyankalium hinzu und verdünnt die Flüssigkeit so weit, dafs auf jeden Dukaten (= $\frac{1}{4}$ Loth) 1 Pfund Wasser kommt, worauf man sie filtrirt. Eine Krystallisation des Goldsalzes ist wegen der gröfseren Verdünnung der Goldflüssigkeit nicht nöthig. Diese Flüssigkeit vergoldet einen metallnen Gegenstand durch Hülfe des galvanischen Stromes fast augenblicklich und giebt, besonders warm angewandt, innerhalb einiger Minuten, einen aufserordentlich schön matten Goldüberzug.

Die galvanische Vergoldung haftet ebenfalls nicht unmittelbar auf allen Metallen, und aufser Kupfer, dessen Legirungen, und Silber, müssen alle übrigen Metalle, ebenso wie bei der Versilberung, zuvor mit einer Kupferschicht überzogen werden. Eisen und Stahl nehmen indessen, namentlich in erwärmter Lösung und bei schnellem Strome, unmittelbar eine ziemlich haltbare Vergoldung en.

Zur Darstellung der Kupferlösung ist folgendes Verfahren geeignet. Man fälle eine Lösung von schwefelsaurem Kupferoxyd durch einfach kohlensaures Natron, wasche den Niederschlag rein aus und löse ihn in Cyankalium. Diese Lösung dampfe man zur Krystallisation ab und verfahre wie bei der Silberlösung. Vortheilhafter ist es jedoch die Kupferlösung concentrirter zu machen, als die Silberlösung etwa auf 1 Theil des Salzes 6 Theile Wasser. Ein Ueberschufs von Cyankalium ist ebenfalls vortheilhaft.

Diese Lösung würde ebenfalls nichts zu wünschen übrig lassen, wenn nicht, besonders bei ihrer Anwendung im Grofsen, der hohe Preis des Cyankaliums sehr hinderlich wäre. Hierzu trägt noch der Umstand bei, dafs gerade das Kupfer vermöge seines bedeutend niedrigen Atomengewichts, bei weitem mehr Cyankalium zur Darstellung seines Cyanüres erfordert, als zur Bildung des Kaliumsilbercyanürs nöthig ist.

Aus der procentischen Zusammensetzung der beiden Salze ist dies deutlich zu ersehen:

100,000 Theile Kaliumsilbercyanür (= K Ȼy + Ag Ȼy) enthalten:

K Ȼy	= 32,376	oder	19,586	K
Ag Ȼy	= 67,624		54,356	Ag
	100,000		26,058	Cy
			100,000	

100,000 Theile Kaliumkupfercyanür (K Ȼy + Ȼu Ȼy) enthalten dagegen:

K Ȼy	= 42,235	
Ȼu Ȼy	= 57,765	(= 40,769 Kupfer)
	100,000	

54,356 Theile metallisches Silber erfordern demnach zur Bildung des Doppelcyanürs 64,752 K Ȼy, wovon die Hälfte sein Ȼy an der Ag abgiebt, um Ag Ȼy zu bilden, welches mit der andern Hälfte des unzersetzten K Ȼy zu der Doppelverbindung zusammentritt. Auf 100,000 Theile Ag berechnet sind daher 119,126 K Ȼy erforderlich.

40,769 Kupfer erfordern dagegen 84,470 K Ȼy; 100,000 Theile Cu also 207,192 K Ȼy.

Der Kostspieligkeit dieser Kupferlösung kann theilweise dadurch begegnet werden, dafs man, ebenso wie bei der Silberlösung angegeben, einen Theil des Cyan's in der Verbindung durch Chlor ersetzt, wodurch man ebenfalls eine ganz gute Verkupferungsflüssigkeit erzielt. Das Krystallisiren mufs man bei dieser Verbindung unterlassen, weil sie nicht so schön ausgebildete Krystalle liefert, wie das reine Cyanür.

Neutrales Kupferchlorid bereitet sich am besten dadurch, dafs man rein gewaschenes kohlensaures Kupferoxyd, durch Fällung von schwefelsaurem Kupferoxyd mit einfach kohlensaurem Natron erhalten, mit nur so viel Clorwasserstoffsäure übergiefst, dafs noch ein kleiner Theil des kohlensauren Kupferoxyd ungelöst zurückbleibt. Hierauf versetzt man diese Chlorkupferlösung mit soviel Cyankaliumlösung, dafs die ursprünglich grüne Farbe des Chlorkupfers verschwindet und die Flüssigkeit farblos geworden ist. Hierauf wird die Flüssigkeit eine Zeitlang gekocht, (wobei sich das im $K\not{C}y$ enthaltene $\dot{K}\not{C}y$ in $\dot{K}\ddot{C}y$ und $\not{N}\not{H}^3$ zerlegt) worauf man noch etwas überschüssiges Cyankalium hinzusetzt, die Flüssigkeit hinreichend verdünnt und filtrirt.

Die Hrn. Elsner und Philipp haben eine billigere Verkupferung auf die Art darzustellen gesucht, dafs sie verschiedene Chloride, als $K\not{C}l$, $Na\not{C}l$, $Ca\not{C}l$, durch $\not{N}\not{H}^3$ alkalisch gemacht, entweder direkt mit einem $\dot{C}u$salze ($\dot{C}u\dddot{S}$) gemischt, oder durch den galvanischen Strom mit Cu geschwängert, anwendeten. Am zweckmäfsigsten und zur Verkupferung aller Metalle anwendbar erschien ihnen jedoch die Lösung eines Doppelsalzes von $\dot{K}\bar{T}$ mit $\dot{C}u\bar{T}$, unter Zusatz von etwas freiem Alkali. Zur Erzielung eines fest adhärirenden und gleichförmigen Kupferüberzuges ist durchaus ein sehr schwacher Strom erforderlich. Ebenso dürfen die eisernen oder zinkenen Gegenstände vor der Verkupferung nicht mit Säuren, sondern nur durch Bürsten mit Sand oder feinen Kratzbürsten gereinigt werden.

Nach Angabe der Hrn. Elsner und Philipp haftet die durch das angegebene Doppelsalz hervorgebrachte Verkupferung so fest auf der Unterlage, dafs sie heftiges Reiben mit Leder und Bürsten verträgt. In vielen Fällen mag diese Probe genügend sein, besonders bei gröfseren Gegenständen, wo es darauf ankommt, dieselben durch eine Kupferschicht gegen eine Oxydation durch die Luft zu schützen. In diesem Falle mufs die Verkupferung jedoch schon eine ziemliche Stärke besitzen, da sonst durch Hinzutritt der Atmosphäre das Uebel noch ärger gemacht wird, indem durch den Contakt des Cu mit dem darunter befindliche Fe oder Zn eine elektrische Thätigkeit erregt wird, welche eine um so schnellere Corrosion der + elektrischer Metalle und die baldige Abblätterung des Cuüberzuges zu Folge hat. Ungünstig für die Operation tritt der Umstand hervor, dafs das weinsteinsaure Kupferoxyd-Kali einen so schwachen Strom erfordert, um eine gleichförmige Ablagerung des Kupfers zu erzeugen. Kupfer wird überdies verhältnifsmäfsig nur langsam gefällt. Derselbe Strom, welche z. B. 3,416 Gewichtstheile Ag niederschlägt, ist nur im Stande 1,000 Cu zu füllen; denn: das Atomengewicht des Cu = 395,695 verhält sich zu dem der Ag = 1351,607; = 1,000: 3,416. Bei sehr schwachem Strome wird also eine geraume Zeit erforderlich sein, um eine hinlänglich starke Kupferschicht zu bilden, in der Praxis ein sehr unwillkommener Umstand.

Soll die Verkupferung dazu dienen, um eine spätere Versiberung eines Gegenstandes zu vermitteln, so mufs sie in den meisten Fällen so fest haften, dafs sie nicht allein ein Abreiben mit Leder, Haar- oder Metallbürsten erträgt, ohne sich abzulösen, sondern auch ohne Nachtheil der Behandlung mit dem Polirstahl unterworfen werden können. Keine der vorgeschlagenen Verkupferungsflüssigkeiten erreicht diesen Zweck so vollkommen, als die Cyanverbindungen; und schon diese Eigenschaft, verbunden mit der Zulässigkeit eines weit stärkeren Stromes, sichern ihr bis jetzt vor allen andern den Vorzug. Durch eine stark alkalische Lösung von schwefelsaurem Kupferoxydul ($\dot{C}u\ddot{S}$), durch Behandlung von kohlensaurem Kupferoxyd-Hydrat mit schwefelsaurem Natron erhalten, will Herr Elsner jedoch eine Verkupferung erreicht haben, welche wenigstens auf Eisen den Polirstahl vertrug, aber nicht auf Zink.

Eine ähnliche Verbindung wurde zur Versilberung dargestellt, und gab zwar bei gewissen Vorsichtsmaafsregeln einen Silberüberzug, doch ist die Lösung für längere Aufbewahrung nicht geeignet, indem sich alles Ag theils metallisch, theils als $\dot{A}g\ddot{S}$ ausscheidet.

Behufs der Vergoldung wurden mehrere Goldverbindungen versucht, als Chlorkalium-Goldchlorid, Knallgold in schweflichsaurem Natron gelöst u. a.; doch ohne genügende Resultate. Eine Vergoldung mit einer Lösung von Kaliumeisencyanür, worin Knallgold aufgelöst, kommt der durch reines K^2 Au Cy noch am nächsten, ja, sie soll nach Hrn. Elsner die letztere ganz ersetzen. Es ist hiergegen doch einzuwenden, dafs die Fällung des Au aus dieser Lösung lange nicht so schnell von statten geht, namentlich nicht ein so schönes Matt erreicht wird, als durch Kaliumgoldcyanür. Auch wird die Farbe der Vergoldung dunkler und weniger brillant.

Hr. Selmi, welcher letztere Lösung ebenfalls anwendet, giebt an, dafs zu einer hinreichenden, dicken glänzenden Vergoldung einige Stunden, zu einer matten dagegen 15—16 Stunden erforderlich sind, und der Strom soll so schwach sein, dafs der Gegenstand erst nach 15 Minuten eine schwache Vergoldung erhält. Durch Kaliumgoldcyanür läfst sich dagegen in 5 Minuten eine gute Vergoldung erzielen; bei erwärmter Lösung in derselben Zeit ein schönes Matt.

Hr. Philipp schlägt vor, zur Darstellung der Goldlösung fein vertheiltes mattes Gold (durch Füllung von $Au\text{Cl}^3$ mit $\dot{F}e\ddot{S}$ erhalten) durch Schütteln in einer erwärmten $K\text{Cy}$lösung aufzulösen, um die Lösung frei von Chlorverbindungen zn erhalten, welche der Vergoldung hinderlich sind.

Das Kunst- und Gewerbebl. f. Bayern, Juliheft 45, giebt im oben citirten Aufsatze Vorschriften zu Gold- und Silberlösungen für die Vergoldung und Versilberung vermittelst Contakt mit Zink.

Zur Goldlösung wird ein Dukaten in Königswasser gelöst, die überschüssige Säure soviel wie möglich weggedampft, der Rückstand in Wasser aufgelöst und mit 1½ Loth Cyankalium, 1½ Loth Kochsalz, 1 Loth krystallisirtem kohlensaurem Natron, welche Salze in 2 Pfund Wasser gelöst werden, vermischt.

Silberlösung: ½ Loth Silber wird in Salpetersäure gelöst, die Lösung verdünnt und durch ½ Loth Kochsalz gefällt. Das erhaltene Chlorsilber wird abgewaschen, in 4 Loth Salmiakgeist gelöst und zu folgender Lösung gesetzt: 2½ Loth Cyankalium, 2½ Loth krystallisirtem kohlensaurem Natron, 1 Loth Kochsalz, 24 Pfund Wasser.

Die Versilberung oder Vergoldung geschieht auf die Weise, dafs man die polirten mit Weingeist und geschlämmtem Kalke geputzten Gegenstände in die Lösung (welche sich in keinem metallischen Gefäfse befinden darf,) einlegt, und an zwei gegenüberstehenden Seiten mit Zinkstäbchen berührt. Auch durch blofses Ansieden (Einlegen der Gegenstände in die kochende

Lösung ohne Zinkkontakt) können metallische Gegenstände versilbert oder vergoldet werden.

Ein in England patentirtes Verfahren der galvanischen Versilberung und Vergoldung auf trocknem Wege von Hrn. ALEXANDER PARKES in Birmgh. kann wohl als ein Curiosum gelten, möchte aber wenig Nachahmung finden. Derselbe wendet die entsprechenden Jodide, Chloride oder phosphorsauren Salze im geschmolzenen Zustande an. Zur Versilberung werden 6 Pfund Chlorsilber in einem Tiegel von Silber oder emaillirtem Eisen geschmolzen, dann wie gewöhnlich, an der Anode eine Silberplatte, und an der Kathode der zu versilbernde Körper befestigt. — Statt dessen kann auch Jodsilber angewandt werden, wovon man 6 Pfund mit 3—10 Pfund Jodkalium zusammenschmilzt.

Um die Verkupferung des Stahls und Eisens vor der Versilberung desselben zu vermeiden, giebt Hr. DESBORDEAUX die Vorschrift, die betreffenden Geräthe in eine verdünnte, mit Salpetersäure schwach angesäuerte Lösung von salpetersaurem Silberoxyd und salpetersaurem Quecksilberoxyd zu tauchen. Es bildet sich ein schwärzlicher Ueberzug, welcher aus einem Gemenge von Silber und Quecksilber, nicht aber, wie Hr. DESBORDEAUX annimmt, oder doch nur zum geringsten Theil, aus Silber besteht. Nach Entfernung desselben durch ein leinenes Läppchen soll ein dünnes, fest haftendes Silberhäutchen zurückbleiben, und die Stahl- und Eisengegenstände zu einer weiteren Versilberung auf galvanischem Wege geeignet machen, welche nicht allein die stärkste Politur vertragen, sondern auch ohne Nachtheil der Rothglühhitze widerstehen soll. Als Probe der genügenden Stärke der Versilberung soll man den Gegenstand in eine Auflösung von schwefelsaurem Kupferoxyd tauchen. Wird das Silber, durch Einwirkung dieses Salzes auf den Stahl, gelb gefärbt, so ist die Dicke der Versilberung unzureichend.

Als Vorsichtsmaafsregeln zur Erreichung eines sicheren Erfolges werden noch folgende angegeben: Nachdem die Gegenstände bereits einige Zeit der Einwirkung des galvanischen Stromes ausgesetzt gewesen, sollen sie einer mäfsigen Wärme ausgesetzt werden, bis sie in der Hand ein leichtes Brennen verursachen. Nachdem sie mit einem leinenen Tuch abgewischt worden, sollen sie dann weiter versilbert werden. Dieses Erwärmen soll nicht allein zur Erlangung einer festeren Adhäsion, sondern auch dazu beitragen, dafs die spätere Ablagerung des Silbers schneller von Statten gehe. Dieselbe Erwärmung soll am Schlusse der Operation, vor dem Poliren, vorgenommen werden. Eine etwas kupferhaltige Silberlösung soll noch leichter zum Zwecke führen. Noch einfacher will Hr. Desbordeaux den Cementstahl dadurch zur Versilberung präparirt haben, dafs er nur in reiner verdünnter Salpetersäure abgebeizt, die schwarze Ablagerung von etwas Kohle mit einer Feile beseitigt (!), und der Stahl durch Einlegen in Kalilösung vollkommen gereinigt wurde. Diese Vorbereitung soll denselben Zweck erfüllen, wie die mit Silber und Quecksilber; doch nur beim Cementstahle, nicht beim Gufseisen.

Gufsstahl soll einer concentrirten, stark sauren Lösung von salpetersaurem Quecksilberoxyd bedürfen. Auch soll auf alle Fälle eine concentrirte Cyansilberlösung und ein nicht zu starker Strom angewandt werden, um Wasserstoff-Entwickelung zu vermeiden. Sehr lange Leitungsdrähte werden ebenfalls empfohlen; Zinkdraht von 1 Meter, Kupferdraht von $\frac{1}{2}$ Meter, zum Theil auf eine Glasröhre aufgewickelt. Bei Eisendrähten sollen die Enden, an welchem die Anoden und Kathoden befestigt sind, in Silber oder Platindraht ausgehen.

Hr. Desbordeaux glaubt, dafs die Veränderung des Stahls durch Salpetersäure oder die Präparirfähigkeit darauf beruht, dafs durch dieselbe der Kohlengehalt von der Oberfläche fortgeschafft werde, welcher der Versilberung hinderlich sei, so dafs eine reine Eisenschicht zurückbleibe, welche nun die Versilberung annehme. Dies sucht er zu erklären, indem er annimmt, dafs die nach Auflösung eines Theiles Eisen ausgeschiedene Kohle in Gemeinschaft mit dem Stahl eine galvanische Kette bilde und sofort wieder das aufgelöste reine Eisen niederschlage.

Brauns.

6. Elektrophysiologie.

I. Einwirkung der Elektricität auf Organismen.

A. Auf Pflanzen.

E. Sydney. De l'électricité des plantes dans les différentes phases de leur développement. Walker's electr. Mag. July 1845; Arch. de l'El. V. 404.

Walker. Sur la culture électrique. Arch. de l'El. V. 535; Ann. of Electr. October 1845.

Anwendung der Elektricität beim Feldbau. Dingl. pol. J. XCVII. 79; Echo du monde sav. 1845, No. 38.

Juvioli. Observation relative à des graines dont la germination paraît avoir été retardée par l'état électrique du vase contenant la terre dans laquelle ces graines avaient été déposées. C. R. XXI. 447.

Gordon. New forcing system — application of atmospheric electricity as a promotor of vegetation. Mech. mag. XLII. 90.

R. W. Remarkable effect of the late thunder storm. Mech. magaz. XLIII. 32.

Th. Dell. Electroculture-experiments. Mech. mag. XLIII. 164.

Coventry. Note on the history of electroculture. Mech. mag. XLIII. 318.

B. Auf Thiere.

a. Reizversuche.

Matteucci. On electrophysiology. Phil. mag. XXVI. 175; Quesnev. rev. sc. XX. 482.

E. du Bois-Reymond. Ueber das allgemeine Gesetz der Nervenerregung durch den Strom.

b. Elektrotherapeutik.

Is. Pétrequin. Méthode pour guérir certains anévrismes, sans opération, à l'aide de la galvanopuncture. C. R. XXI. 992; Arch. de l'El. V. 485.

Smee. New application of electricity to surgery. Phil. mag. XXVI. 177.

II. Entwickelung von Elektricität in Organismen.

A. Elektromotorische Fische.

a. Zitterroche.

Matteucci. Nouvelles expériences sur la torpille. C. R. XXI. 575; Inst. No. 610, p. 319; Arch. de l'El. V. 491.

b. Zitteraal.

de Miranda et Paci. Expériences sur le gymnote électrique. Arch. de l'El. V. 496; Mech. mag. XLIV. 271.

B. Der sogenannte Frosch- und Muskelstrom nebst der *Contraction induite* Matteucci's.

Matteucci. Nouvelles recherches sur l'électricité animale. C. R. XX. 1096; Inst. No. 590, p. 142; Phil mag. XXVI. 534.

Matteucci. The muscular current. Phil. Trans. f. 1845. P. II. 283.

Matteucci. On the proper current of the frog. Phil. Trans. f. 1845. P. II. 297.

Matteucci. On induced contractions. Phil. Trans. f. 1845. P. II. 303.

Matteucci. Expériences sur les phénomènes de la contraction induite. Ann. ch. ph. XV. 64; Arch. de l'El. V. 382.

C. Anhang.

Ducros. Identité des courants nerveux et des courants électriques démontrée au moyen de la fermeture, par compression, de certains cercles nerveux dans les excitations cautérisantes des plexus pharyngiens. C. R. XXI. 15.

v. Reichenbach. Untersuchungen über den Magnetismus und damit verwandte Gegenstände. Ann. d. Chem. u. Pharm. 1. u. 2. Hft., Beilage zu Bd. LIII.

Der ausführliche Bericht über dieses Kapitel mufs einem der späteren Jahrgänge aufbehalten bleiben. Der unterzeichnete Berichterstatter ist seit längerer Zeit mit einem ausgedehnten Werke über thierische Elektricität beschäftigt, welches im Laufe dieses Jahres (1847) seiner Vollendung entgegengeht [1]. In dieser Arbeit, welcher hier vorzugreifen kaum thunlich sein möchte, wird sich erst der Standpunkt begründet finden, von dem aus, seiner Ueberzeugung nach, über die verschiedenen Gegenstände dieses Gebietes berichtet und geurtheilt werden kann. Dasselbe ist, nachdem es drei Jahrzehnde brachgelegen, durch die Bemühungen mehrerer italienischen Forscher, namentlich Nobili's und Hrn. Matteucci's, zu neuem Leben erwacht. Seitdem hat sich auf demselben eine so ungemeine Anzahl an und für sich bedeutsamer, aber in ihrer Auslegung noch völlig zweideutiger und unverknüpfter Erfahrungen angehäuft; eine so grofse Menge ganz eigenthümlicher, verwickelter Beziehungen findet darin statt, die noch keinesweges in ihren Hauptpunkten, wie es sein müfste,

1 Untersuchungen im Gebiete der thierischen Electricität von E. du Bois-Reymond. Berlin bei G. Reimer, 1847. 2 Bde. 8°. mit Kupfertafeln.

zum allgemeinen Bewufstsein der Physiker und Physiologen durchgedrungen sind; endlich der herrschenden Zweifel und Widersprüche sind noch so viele, dafs es ganz fruchtlos erscheinen würde, an dieser Stelle, ohne einen leitenden Faden, die Bereicherungen der Art aufzählen zu wollen, welche das Jahr 1845 zu Tage gefördert hat. In Bezug auf weitere Aufklärung somit auf jenes Werk verweisend, in dem sich überdies die möglichst vollständige ältere Literatur des Gegenstandes zusammengestellt und ausgezogen finden wird, begnüge ich mich jetzt damit, die oben aufgezählten Titel von Abhandlungen mit einigen kurzen Worten der Erläuterung zu begleiten, wodurch ihr Betreff späteren Forschern beim Benutzen dieser Berichte ohne Weiteres einleuchten dürfte.

Ich vertheile dieselben, ein Unterschied, der nur zu oft aufser Acht gelassen worden ist, zuerst in solche, welche sich auf die Einwirkung von Elektricität auf lebende Organismen, und in solche, welche sich auf die Entwickelung von Elektricität in lebenden Organismen beziehen.

I. Einwirkung der Elektricität auf Organismen.

A. Auf Pflanzen.

De l'électricité des plantes dans les différentes phases de leur développement, par E. Sydney.

Diese Abhandlung trägt leider auf jeder Zeile die Spuren jener unwissenschaftlichen Art, Fragen aus dem Gebiete der Elektrophysiologie zu behandeln, die nur zu lange gäng und gebe gewesen ist, und nicht wenig dazu beigetragen hat, einen so vielversprechenden Zweig der organischen Physik in Verfall zu bringen und darin verharren zu lassen. Zuerst wird der Satz „die Elektricität scheine einen Einflufs auf das Wachsthum der Pflanzen zu äufsern" mit Hülfe einiger höchst zweifelhaften Beobachtungen, wie dergleichen schon unzählige einander widersprechende aus allen Zeitaltern des elektrischen Wissens vorliegen, dem Leser einleuchtend gemacht. Dann wird behauptet, dafs das Pflanzengewebe ein ganz vortrefflicher Leiter der Elektricität sei, und es werden dazu Versuche von den Herren Pine und Weeke angeführt, nach welchen die Spitzen von Pflanzen bessere Entlader als selbst metallische Spitzen abgeben würden! Der im dritten Satze enthaltene Schlufs hat etwas Bezeichnendes für das Verfahren des Hrn. Verfassers: „*dans la forme des plantes aux différents états de leur développement, il y a des indices de leur aptitude à subir l'influence électrique.*" Birnbäume hören auf Früchte zu tragen, wenn sie in das Klima der Tropen versetzt werden, folglich schadet Ueberreizung dem Vermögen zur Fruchtbildung. Aber, bei Gegenwart vieler Spitzen, könnten die Pflanzen einer elektrischen Ueberreizung ausgesetzt sein; dies erklärt, weshalb (angeblich) die Pflanzen auf der Stufe der Fruchtbildung weniger reich an Spitzen als während der Zeit ihrer ersten Entwickelung sind, und umgekehrt legt diese weise Einrichtung der Natur Zeugnifs für die Richtigkeit der Betrachtungen des Hrn. Sydney ab! Ich würde es für einen Mifsbrauch des Raumes halten, wenn ich, nach dieser ausreichenden Probe, noch weiter auf die ähnlichen Folgerungen des Verfassers einginge; nur sei schliefslich bemerkt, dafs dieselben vornehmlich auf die vor Kurzem in England aufgetauchte agronomische Träumerei der „Elektrocultur" bezüglich sind.

Diese scheint zum Theil ausgegangen zu sein von Herrn Forster (*Findrossie, near Elgin, Morayshire*). Sein Verfahren besteht darin, dafs er ein länglich viereckiges Stück Land mit Eisendraht einfafst, der 2—3" tief unter der Erde liegt, und an den Ecken durch Holzpfähle befestigt ist. In der Mittellinie des so abgesteckten Feldes errichtet er zwei trockene Holzständer von 15' Höhe und 45 Yards Abstand von einander, welche im magnetischen Meridian stehen müssen (!). Zwischen den Gipfeln derselben ist ein starker Eisendraht ausgespannt, dessen Enden bis zur Erde reichen, hier an Holzpfählen befestigt und mit dem eingegrabenen Drahte in Verbindung sind.

Auf der andern Seite hat schon im vergangenen Jahre Hr. Ross zu New-York galvanische Ströme gleichfalls zur Beförderung des Wuchses der Feldsaaten anzuwenden gesucht. S. *Applying Galvanism to growing Potatoes.* Mech. mag. XLI. 224.

Beide Verfahren möchten höchst unschädlich sein, was

theoretisch gar keiner Erläuterung bedarf. Den Praktikern dagegen scheint es noch nicht gelungen zu sein, sich über ihren Erfolg zu einigen; nicht zu verwundern, da er eben nichtig ist, während so viel andere Umstände von überwiegendem Einflufse mit im Spiel sind und nicht beherrscht werden können.

Die Stimmen für die Elektrocultur sind die des Hrn. SYDNEY, die als sehr parteiisch zu betrachten ist, und die des Hrn. GORDON; Hr. DELL hat Erfolge von dem Ross'schen, nicht aber von dem FORSTER'schen Verfahren gesehen. Hr. SYDNEY erzählt auch, dafs Versuche, die Hr. SOLLY in dem Garten der Gesellschaft für Gartenbau zu Chiswick anstelle, gleichfalls vortheilhaft ausgefallen seien. Hr. R. W. äufsert eine Vermuthung in elektrochemischem Sinne über die Art und Weise wie die atmosphärische Elektricität den Pflanzenwuchs begünstigen könne.

Auf der andern Seite steht Hr. WALKER, und nach dem, was dieser berichtet, zu urtheilen, Hr. SOLLY selbst. Hr. COVENTRY endlich erinnert daran, dafs das Ergebnifs aus den so zahlreichen früheren Versuchen über den Gegenstand die gänzliche Wirkungslosigkeit und unter gewissen Umständen sogar die Schädlichkeit des Einflusses der Elektricität auf den Pflanzenwuchs sei.

Hr. JUVIOLI hat geglaubt, der Pariser Akademie der Wissenschaften die Wahrnehmung mittheilen zu müssen, dafs Bohnen, in ein mit Schellack überzogenes Glas voll feuchter Gartenerde gepflanzt, nach bei weitem hinreichender Zeit noch nicht zu keimen angefangen hätten. Er ist der Ansicht, dafs der Grund davon in dem elektrischen Zustande des Gefäfses zu suchen sei.

B. Auf Thiere.

a. Reizversuche.

Im Philos. Mag. XXVI. 176 findet sich eine kurze Beschreibung der Versuche der Herren MATTEUCCI und LONGET über das umgekehrte Gesetz der Zuckungen[1] an den vor-

[1] Dies Gesetz ist weiterhin in diesem Abschnitt in No. 7 in der Arbeit über „unipolare Induktionszuckungen" erwähnt.

deren Wurzeln auf Anlafs eines im September 1844 vor der Brittischen Naturforscherversammlung zu York gehaltenen Vortrages des erstgenannten Forschers. Diese Arbeit gehört dem Jahre 1844 an; sie steht an folgenden Stellen: Comptes rendus XIX. 502; Ann. de chim. et de phys. 3. Sér. XII. 574; Arch. de l'Elect. IV. 505.

Derselbe Bericht enthält eine Andeutung der Untersuchung des Hrn. Matteucci über *das elektrochemische Aequivalent der Muskelaction*. Dieselbe steht unter der Aufschrift „*Mesure de la force nerveuse développée par le courant électrique*" bereits in den Ann. de chim. et de phys. Juin 1844. 3. Sér. XI. 403, XII. 255; Comptes rendus XIX. 563.

In der Sitzung der physikalischen Gesellschaft vom 8. August 1845 hat der Berichterstatter eine Abhandlung „*über das allgemeine Gesetz der Nervenerregung durch den Strom*" vorgetragen, welche in den ersten Band seines Werkes über thierische Elektricität als Einleitung in das Verfahren, den stromprüfenden Schenkel bei thierisch-elektrischen Versuchen anzuwenden, aufgenommen ist. Dieses Gesetz heifst: „Nicht der absolute Werth der Stromdichtigkeit [1] in dem Nerven in jedem Augenblicke ist es, auf die der Bewegungsnerv mit Zuckung des zugehörigen Muskels antwortet, sondern die Veränderung dieses Werthes von einem Augenblicke zum andern, und zwar ist die Anregung zur Bewegung, die diesen Veränderungen folgt, um so bedeutender, je schneller sie bei gleicher Gröfse vor sich gingen, oder je gröfser sie in die Zeiteinheit waren." Ist die Veränderung Null, oder ist die Stromdichtigkeit in dem Nerven beständig, so findet folglich, in Uebereinstimmung mit der Erfahrung, keine Zuckung statt. Dies Gesetz gilt, in seiner Reinheit, nur für die Bewegungsnerven; die Sinnesnerven insgesammt antworten auch auf den Strom in beständiger Gröfse, obschon bei keinem der besondere Einflufs des Oeffnens und Schliefsens

[1] D. h. des Quotienten aus dem Querschnitte der Strombahn in die Stromstärke.

der Kette, d. h. der negativen oder positiven Veränderungen der Stromdichtigkeit in dem Nerven, ganz vermifst wird.

Zwar enthält die ausgedehnte Literatur der Reizversuche sowohl in der älteren als in der neueren Zeit bereits manche Bemerkung, die ganz nahe an das dargelegte Gesetz streift; man hat aber bisher stets versäumt, dasselbe, wie es durch den Berichterstatter geschehen ist, als ersten und obersten Grundsatz an die Spitze des ganzen Gebietes der Reizversuche zu stellen, welches dadurch auf das Ueberraschendste an Klarheit gewinnt. Eine Menge vereinzelter Thatsachen, die hier niemals einer Deutung theilhaftig geworden sind, fügen sich, von diesem Standpunkte aus, plötzlich zu einer fortlaufenden lichtvollen Bestätigung jenes Gesetzes zusammen, so dafs es als ihr einfachster und unmittelbarster Ausdruck erscheint. Dies ist z. B. der Fall mit dem in neuerer Zeit wichtig gewordenen, durch den Berichterstatter in die Untersuchung der Muskelzusammenziehung eingeführten Tetanisiren der Muskeln auf elektrischem Wege [1].

Eine andere Folgerung daraus, die hier nicht mit Stillschweigen übergangen werden kann, ist die völlige Unbrauchbarkeit der von Hrn. Matteucci in seiner obenerwähnten Arbeit über das elektrochemische Aequivalent der Muskelaction gegebenen Bestimmungen. Er hat dabei den Fehler begangen, den ein Physiker begehen würde, der den Zinkverbrauch in einer primären Strombahn als das Maafs der inducirten Strömung in der secundären Rolle ansehen wollte. Die Induction von Nebenströmen gehorcht in der That demselben Gesetze der Erregung wie die elektrische Reizung der Bewegungsnerven; beständige Ströme bringen keine Induction hervor, sondern stets ist sie die Folge von Schwankungen der Stromstärke in dem einen oder dem andern Sinne, deren Gröfse in der Zeiteinheit sie proportional ist. Ein geringes Nachdenken zeigt demnach, dafs grundsätzlich ein unendlicher Zinkverbrauch in der Zeiteinheit statt-

1 Es ist darunter zu verstehen das Hervorbringen einer dauernden Zusammenziehung der Muskeln dadurch, dafs man, wie vornehmlich Volta und Nobili gelehrt haben, den Strom in kurzen Zwischenräumen, z. B. mittelst eines Blitzrades, auf den Nerven einwirken läfst. Vgl. Pogg. Ann. 1843, LVIII. 12.

finden könnte, ohne eine Spur von Induction oder bewegungsvermittelndem Vorgange in den Nerven zu erzeugen; während umgekehrt grundsätzlich ein unendlich kleiner Verbrauch der Art ausreichen würde, um den Gipfel der Induction oder der Zuckung herbeizuführen. Die Wahrheit dieser Betrachtung leuchtet für die letztere vorzüglich ein, wenn man sich erinnert, dafs die reibungselektrischen Entladungen wegen der verhältnifsmäfsig aufserordentlichen Steilheit ihrer Abgleichungscurve, bei winziger elektrolytischer sich einer ungeheuren physiologischen Wirkung erfreuen. Man sieht demnach, dafs es in Wahrheit gar keinen Sinn hat, wie Hr. Matteucci es in der angeführten Untersuchung thut, nach der Feststellung eines beständigen Zahlenverhältnisses zwischen der Gröfse der Arbeit eines Muskels einerseits, und dem Zinkverbrauch in der Kette andererseits zu streben, welche jene Kraftäufserung hervorgerufen hat.

---

b. Elektrotherapeutik.

Sur une nouvelle méthode pour guérir certains anévrismes, sans opération, à l'aide de la galvanopuncture, par Js. Pétrequin. Comptes rendus XXI. 992; Arch. de l'El. V. 485.

Hr. Pétrequin bezweckt durch den Strom das Blut in der Schlagadergeschwulst gerinnen zu machen. Dieser Gedanke ist, wie er selbst berichtet, schon im Jahre 1833 durch Hrn. Pravas gefafst worden. Hr. Pétrequin sagt nicht deutlich, auf welche Weise die Gerinnung zu Stande kommen soll; es scheint jedoch weniger, dafs er dabei an die Säure- oder Salzbildung an der positiven Elektrode denkt, als dafs er von der Erhitzung der sich in dem Aneurisma berührenden Nadeln jenen Erfolg erwartet. Von den drei mitgetheilten Fällen ist einer günstig, ein anderer ungünstig; bei dem dritten ist die Behandlung nicht fortgesetzt worden.

Hr. Alfred Smee schlägt in einer „*Lecture on the detection of needles and other steel instruments*" vor, den Ort, an welchen sich in den menschlichen Körper eingedrungene Stahlwerkzeuge oder Bruchstücke davon verkrochen haben, mit

Hülfe der Magnetnadel zu entdecken, nachdem man jene, sei's durch Vertheilung mittelst eines Elektromagnetes, sei's durch den elektrischen Strom magnetisch gemacht, den man den Körpertheil in mehreren Windungen umkreisen lassen soll. Hr. SMEE hat auf diese Weise in dem Finger eines Frauenzimmers ein Stück Nähnadel aufzufinden vermocht, dessen Gewicht $1/4$ Gran betrug, und er glaubt, dafs sogar ein Stahlbruchstück von weniger als $1/60$ Gran sich seinem Verfahren nicht würde entziehen können.

In der unten im Auszuge mitgetheilten Abhandlung über den Gymnotus, der im Königlichen Schlosse zu Neapel aufbewahrt wird, ist die Rede von zweien Bediensteten des Hauses, welche durch die Schläge des Fisches von rheumatischen Beschwerden sollen geheilt worden sein.

II. Entwickelung von Elektricität in Organismen.

A. Elektromotorische Fische.

a. Zitterroche.

Unter der Aufschrift: *Nouvelles expériences sur la Torpille* (*Lettre à Mr.* DE BLAINVILLE — *C. R. XXI. 575; L'Inst. No. 610, p. 519; Arch. de l'El. V. 491*) wiederholt Hr. MATTEUCCI mit sehr unwesentlichen Abänderungen einen Theil seiner älteren und schon so oft bekannt gemachten Versuche am Zitterrochen. Diesem Verfahren des Hrn. Verfassers, immer von Neuem mit Längstdagewesenem und Abgethanem sich ins Licht zu stellen, kann der Jahresbericht unmöglich durch entsprechende Berücksichtigung Vorschub zu leisten sich veranlafst fühlen. Es entsteht dadurch, zum gröfsten Nachtheil der Forschung, eine grenzenlose Verwirrung in der Literatur der Wissenschaft, da der Gewissenhafte sich am letzten Ende doch verpflichtet fühlt, alle die mannigfaltigen Stellen nachzuschlagen, wo er dann nichts als stets dieselben Versuche, höchstens mit dieser oder jener nichtssagenden Variante, vorgebracht findet.

Als neu in dieser Arbeit von fünf Seiten ist meines Wissens nur Folgendes zu betrachten: Kalihydratlösung, auf die elektromotorischen Nerven angewandt, soll, was wohl sehr unwahrscheinlich ist, den Schlag nicht hervorbringen; ja dies soll sogar der einzige Unterschied sein, der noch zwischen den Muskelnerven und jenen bestände [1]. Ein Hauptversuch des Hrn. Matteucci, der in allen seinen Veröffentlichungen über den Zitterrochen wiederkehrt, besteht darin, dafs er eines der Organe senkrecht auf die Axe der Prismen, die dasselbe zusammensetzen, in eine obere und eine untere Hälfte spaltet. Beide Hälften werden von einander isolirt gehalten, und je zwei von ihren vier Flächen mittelst der Platinenden des Multiplicators untersucht. Der Schlag hat dabei stets die Richtung, die er auch bei Ableitung von Rücken- und Bauchfläche des unverletzten Fisches zeigt, nämlich von der ersteren zur letzteren in dem Drahte. Diesmal hat sich Hr. Matteucci vorzugsweise bemüht, in zwei Fällen die vergleichweise Stärke der Schläge zu bestimmen, die die obere, die untere, und beide Hälften zusammen nach aufgehobener Isolation zwischen denselben, zu ertheilen vermögen. Die obere Hälfte gab 34°, 35°; die untere bezüglich 3°, 4°; beide Hälften zusammen 40°, 45° Ausschlag. Die gröfsere Stärke des Schlages der oberen Hälfte deutet Hr. Matteucci auf eine Verschiedenheit der Vertheilung der elektromotorischen Nerven in beiden Hälften des Organs.

Diesen Versuch hat Hr. Matteucci, bis zu der vorliegenden Mittheilung, stets für ein *Experimentum crucis* gegen jede Theorie des elektromotorischen Organes ausgegeben, welche einen Vergleich zwischen demselben und der Säule oder sonst einer erregenden Vorrichtung unserer Laboratorien anzustellen strebe [2]. Der Berichterstatter hat dagegen bereits im Jahre 1842

[1] Auf den *Lobus electricus* angebracht, soll es jedoch Schläge zur Folge haben. S. Matteucci in d. C. R. XVI. 930.

[2] Arch. de l'Electr. 1841, I. 574: *Le fait détruit, selon moi, toute possibilité d'analogie entre l'organe de la torpille et les appareils électriques que nous possédons.* — Compt. rendus 1843, XVI. 456: *Il est impossible d'admettre la moindre analogie entre les piles, les spirales d'induction, les batteries et l'organe électrique.*

die Nothwendigkeit des in Rede stehenden Erfolges aus der von ihm gegebenen Theorie des Schlages der elektromotorischen Fische eingesehen (Vgl. Pogg. Ann. LVIII. 28). Jetzt, nachdem Hr. Matteucci die angeführte Abhandlung, wie wir sehr bald sehen werden, kennen gelernt hat, auf welche sogar in diesem Aufsatze eine unzweideutige Anspielung enthalten ist, schliefst derselbe, ohne weder mich zu nennen, noch seines früheren Irrthums mit einer Sylbe Erwähnung zu thun, noch endlich diese neue Behauptung mit irgend einem erläuternden oder beweisführenden Worte zu begleiten: „*Ces prismes sont des appareils physiques, destinés, comme les aimants, les piles, les spirales électrodynamiques, à multiplier l'effet des parties élémentaires de ces organes.*"

Er fährt fort: „*De là toute l'importance de la remarque que j'ai faite depuis quelque temps, de la position des deux pôles de l'organe électrique dans la torpille et dans le gymnote. Dans la torpille, les prismes de l'organe ont leurs bases appuyées sur les faces ventrale et dorsale du poisson, et ces deux faces sont aussi les extrémités électriques de l'organe. Dans le gymnote les extrémités des primes, au contraire, sont appuyées vers la queue et la tête de l'anguille, et de même les extrémités électriques sont la queue et la tête.*" Allein auch hier greift der Verfasser über seine Rechte. Das Verdienst, dieses wichtige Verhalten zuerst ausgesprochen zu haben, gebührt Niemand anders als Hrn. Valentin, und zwar hat es derselbe ungleich tiefer zu fassen gewufst als jener. Hrn. Matteucci's Bemerkung steht Compt. rend. 1843, XVI. 930, während Hr. Valentin in seinem Artikel „*Elektricität der Thiere*" in Rud. Wagner's „*Handwörterbuch der Physiologie*" u. s. w., der bereits im Frühjahr 1842 erschien, a. a. O. I. 272 nicht nur gleichfalls schon die Säulen des Zitteraales nach vorn umgelegten Säulen des Zitterrochens vergleicht, sondern auch alsbald die wichtige Folgerung zieht, „dafs bei beiden elektrischen Fischen die elektrische Strömung auf der Strömung des Nervenfluidums senkrecht steht."

b. Zitteraal.

Die Herren de Miranda und Paci haben der Naturforscher-Versammlung zu Neapel im September 1845 die Beschreibung einer Versuchsreihe mitgetheilt (Arch. de l'Electr. V. 496), welche an einem den 15. August 1844 aus Rio-Janeiro zu Neapel eingetroffenen Zitteraal von 3′ 4″ Länge angestellt worden ist. Das Thier befindet sich in einem Gemache des Königlichen Schlosses in einem metallenen Troge, der zum Winter mit einem hölzernen vertauscht wurde; das Wasser darin wird nur alle vierzehn Tage ganz durch frisches ersetzt, in der Zwischenzeit nur zum Theil, was zum Zweck hat, die schlammige Beschaffenheit der Gewässer nachzuahmen, welche der natürliche Aufenthalt der Zitteraale sind. Obschon diese Gewässer gemeiniglich eine Temperatur von 26° C. besitzen, hat der Gymnotus zu Neapel den Winter doch sehr gut in Wasser von nur 22—24° überstanden. Indessen verstärken sich seine Schläge bedeutend, wenn das Wasser in dem Troge allmälig auf 28° C. erwärmt wird.

Ueber die Sitten des Thieres verlautet Folgendes. Man füttert ihn mit Fröschen und kleinen Fischen. Will er einen Frosch verspeisen, so nähert er sich ihm bis auf ungefähr einen Fufs Entfernung, und bleibt dann scheinbar in Ruhe, wobei er den Frosch ansieht; während dem erfolgt der Schlag, der Frosch gleitet regungslos auf den Grund des Troges, wo der Fisch ihn holt und verschlingt. Die Wirkung solle sich nur auf einen einzigen unter den Fröschen erstrecken, inmitten welcher der Zitteraal schwimmt, und keineswegs gerade denjenigen treffen, der demselben am nächsten ist. Diese Behauptung scheint mir jedoch einigen Zusammenhang mit der verjährten, längst widerlegten Lehre zu haben, zu der sich die Verfasser bekennen, dafs nämlich der Fisch hinschlagen könne, wo er wolle, wie sie denn auch glauben, dafs er, vermöge eines eigenthümlichen Sinnes, Kenntnifs von dem mehr oder weniger leitenden Zustande eines Kreises von Körpern hat, der seinem Schlage dargeboten wird. Hält man dem Zitteraal einen Fisch im Wasser hin, und führt ihn langsam im Kreise herum, so folgt jener eine Zeitlang, bis er des Spiels müde wird; dann ertheilt er einen Schlag, der gemeiniglich den Fisch aus der mitgetroffenen Hand in die Willkür des Temblador überliefert. Vor den Mahlzeiten soll die Kraft der Schläge gröfser als nach denselben sein; vermuthlich eine einfache Folge davon, dafs während derselben der Fisch häufiger davon Gebrauch zu machen genöthigt ist.

Anlangend die physikalische Untersuchung der Entladung haben die Verfasser dem schon Bekannten nicht viel Neues hinzuzufügen vermocht. Den Funken haben sie leicht mit Hülfe des von Santi Linari beim Zitterrochen zuerst angewandten Verfahrens beobachtet. Die Enden der Leitungsdrähte, welche dem Fisch entsprechen, wurden an hölzerne Handhaben befestigt, welche mit Schwämmen versehen waren. Diese Schwämme legten die Verfasser an Rücken und Bauch des Thieres an. Sie scheinen also, durch die Analogie des Zitterrochens in die Irre geführt, keine deutliche Vorstellung von der Vertheilung der Pole an demselben gehabt zu haben (s. oben S. 509), welche, nach Faraday, am Zitteraale bekanntlich mit der Rücken- und Bauchfläche des Thieres nichts zu schaffen hat, sondern auf seine Längenaxe, Kopf und Schwanz, sich bezieht, so dafs man, wie Faraday gezeigt hat, um die gröfstmögliche Wirkung zu erlangen, eine möglichst grofse Strecke des Fisches in den Kreis aufnehmen mufs. Die freien Enden der Drähte endigten in den beiden Schenkeln eines Uförmigen Rohrs, auf dessen Grund sich Quecksilber befand, etwa 1''' über der Oberfläche des Metalls. Wurde dann der Fisch gereizt, und gleichzeitig das Quecksilber geschwenkt, so sah man dann nnd wann ein Aufblitzen des Funkens zwischen demselben und den Drahtspitzen. Es scheint mir, dafs ein in Quecksilber schnell gedrehtes Barlow'sches Rad eine viel vortheilhaftere Einrichtung zu diesem Behufe abgeben müfste. — An elektrolytischen Wirkungen wurde nicht nur die Zersetzung des Jodkaliums, sondern auch die des salpetersauren Silbers und des essigsauren Bleioxyds beobachtet; ja, es gelang sogar, nach Linari's Vorgang am Zitterrochen, vermittelst des ichthyochemischen oder ichthyoëlektrischen Stromes, wie die Verfasser sich ausdrücken, Nobili's farbige Niederschläge zu erzeugen. — Die Erwärmung eines sehr dünnen Silberdrahtes durch den Schlag ist auf eine nicht deutlich erhellende Weise am Thermomultiplicator sichtbar gemacht worden. Die galvanometrischen Wirkungen des Schlages waren so heftig, dafs der magnetische Zustand des Nadelpaares stets einen Angriff erlitt. Spannungserscheinungen konnten nicht wahrgenommen werden.

In einer Anmerkung zu der besprochenen Abhandlung widerlegt der Herausgeber der *Archives*, Hr. DE LA RIVE, der den Gymnoten zu Neapel gleichfalls zu untersuchen Gelegenheit gehabt hat, einige in derselben enthaltene, im Obigen bereits berücksichtigte Irrthümer, und schliefst mit einer schönen Beobachtung, über deren Einzelheiten leider nichts Näheres mitgetheilt wird: dafs nämlich der Strom des Zitteraales, wenn seine ganze Länge in den Kreis des Multiplicators eingeschaltet ist, genau doppelt so stark ausfalle, als wenn entweder nur die vordere oder nur die hintere Hälfte des Fisches zwischen den ableitenden Drähten befindlich sei. Ein Schreibfehler ist es wohl nur, wenn Hr. DE LA RIVE dabei die Richtung des Stromes falsch angiebt, nämlich vom Kopfe zum Schwanz in dem Thiere; dies ist, nach FARADAY, gerade umgekehrt seine Richtung in der umgebenden Flüssigkeit.

B. Der sogenannte Frosch- und Muskelstrom, nebst der *Contraction induite* MATTEUCCI's.

Hr. MATTEUCCI hat über diese Gegenstände im Jahre 1845 wiederum eine ausgedehnte Reihe von Abhandlungen bekannt gemacht.

Zunächst brachte das Philos. Mag. XXVI. 175 einige Bemerkungen darüber, welche, wie die oben S. 503 erwähnten, auf einen Vortrag des Verfassers im September 1844 vor der Britischen Naturforscherversammlung zu York Bezug haben und daher nicht eigentlich in diesen Bericht gehören. Der „*Corrente propria della rana*" NOBILI's (*specific voltaïc current of the frog*), nämlich ein von den Füfsen nach dem Kopfe gerichteter Strom im Froschpräparat, wird hier noch mit Sorgfalt von dem Muskelstrome unterschieden, der im Muskel von dem künstlich blofsgelegten Muskelinneren nach der Aufsenfläche verlaufen soll.

Dann erschien in den Comptes rendus, 14 Avril, XX. 1096, ein Brief von Hrn. MATTEUCCI an Hrn. v. HUMBOLDT, betitelt: *Nouvelles recherches sur l'électricité animale.* Er ist als ein kurzer Abrifs der beiden folgenden Aufsätze zu betrachten:

Philosophical Transactions for the Year 1845. — Electro-Physiological Researches. — First Memoir. The Muscular Current (Received Mai 7, — Read June 5, 1845) p. 283. — Second Memoir. On the proper Current of the Frog (Received Mai 7, — Read June 19, 1845) p. 297.

In dem ersten derselben findet sich eine grofse Menge älterer und neuerer Versuche über den sogenannten Muskelstrom des Hrn. Verfassers zusammengestellt, welche, wie ich Eingangs zu bemerken Gelegenheit nahm, ohne leitende Idee und untergelegten Sinn der Untersuchung, im Auszuge wiedergegeben, gröfstentheils von keinerlei Interesse erscheinen. Hr. MATTEUCCI erzählt, dafs es ihm geglückt sei, mittelst einer säulenartigen Anordnung von zwanzig querdurchschnittenen Oberschenkeln vom Frosch, die er „*pile musculaire*" nennt, Jodkaliumzersetzung zu erlangen. Er erwähnt dabei nicht, dafs ich dasselbe bereits 1842 mit zwei Gastroknemien vom Frosch erreicht habe (Pogg. Ann. LVIII. 3). — Er behauptet ferner, was ich zu bezweifeln Grund habe, dafs sich mittelst eines Condensators von mäfsiger Empfindlichkeit Spannung an den beiden Enden einer solchen Säule nachweisen lasse. — Dann hat Hr. MATTEUCCI Versuche angestellt, um den Einflufs des Aufenthalts im luftleeren Raum und verschiedenen Gasarten auf die Stärke des Muskelstromes zu ermitteln. Das Ergebnifs derselben war, dafs dieser Einflufs im Allgemeinen Null oder unmerklich ausfällt. Ich darf nicht unterlassen, dabei zu bemerken, dafs ich bei meinen ähnlichen Versuchen im Jahre 1842, bei denen ich wenigstens für Sauerstoff- und Stickstoffoxydulgas ein verschiedenes Ergebnifs beobachtet zu haben glaubte, vermuthlich durch die damals fast noch unbekannten, erst durch die GROVE'sche Gasbatterie allgemeiner zur Sprache gekommenen elektromotorischen Wirkungen der Gase getäuscht worden bin. Während ich diese Wirkungen hauptsächlich habe bei den beiden genannten Gasarten erfolgen sehen, ist sie Hrn. MATTEUCCI, der doch auch mit Sauerstoff den Versuch gemacht hat, nur bei Wasserstoff entgegen getreten. — Ich habe, in der mehrmals angeführten Arbeit, zuerst die Vermuthung mit Bestimmtheit ausgesprochen, es möge der Muskelstrom mit den einem Verbrennungsprocesse ähnlichen chemischen Veränderungen, die den Vorgang des Athmens im Innern des Muskelgewebes auszumachen scheinen, in mehr oder weniger unmittelbarem Zusammenhange stehen. Jetzt bemüht sich Herr Matteucci, dem diese Vorstellungsweise gleichfalls zusagt, derselben auf folgende Weise eine thatsächliche Grundlage zu verleihen. Vom November 1844 bis zum März 1845 erhielt er zweimal wöchentlich Frösche aus demselben Sumpfe in der Umgegend von Pisa. Ein Theil derselben wurde stets in ein kleines Zimmer von +16° C. beständiger Temperatur gebracht und in einem Glase trocken aufbewahrt; eine gleiche Anzahl wurde auf der Terrasse der meteorologischen Warte der zeitigen Lufttemperatur ausgesetzt, und vier Frösche ebendaselbst in eine Vorrichtung gebracht, welche die Schätzung der nach einer gewissen Zeit (24 Stunden) gebildeten Kohlensäuremenge gestattete. So suchte der Verfasser den Zusammenhang zwischen dem Strome und dem Athmungsvorgange darzuthun, indem er die gemeinschaftliche Abhängigkeit beider von der Temperatur bewies. Zu diesem Behufe wurde stets der Strom einer zwanziggliedrigen Säule aus halben Oberschenkeln geprüft, welche eigentlich 90° Ausschlag und ungefähr 20° beständiger Ablenkung geben sollte. Die Vorrichtung zur Bestimmung der Kohlensäure bestand in einer Flasche mit doppelt durchbohrtem Stopfen. Durch die eine Durchbohrung ging ein Rohr, welches sich innerhalb der Flasche öffnete, aufserhalb derselben aber nach unten gebogen und in eine Spitze ausgezogen sich unter Quecksilber endigte. Durch die andere Oeffnung wurde ebenfalls ein Rohr gesteckt, welches aufsen offen war, innerhalb der Flasche dagegen in eine unverletzte thierische Blase mündete. Sollte der Versuch beendigt werden, so wurde die Blase innerhalb der Flasche durch Hineinblasen in das zweite Rohr aufgetrieben, die durch das erste entweichende mit Kohlensäure gemengte Luft über dem Quecksilber aufgefangen und ihr Gehalt an jener Gasart, es wird nicht näher angegeben wie, bestimmt. Auf diesem

Wege soll sich nun in der That ergeben haben, dafs die Stärke des Stromes und des Athmungsvorganges zugleich mit der Temperatur abnehmen, der die Frösche ausgesetzt sind. — Herr MATTEUCCI versichert, dafs es ihm unmöglich sei, die [vierzig dreigliedrigen] Zahlenreihen [nämlich Temperatur, Stromstärke, Kohlensäuremenge] der auf diese Weise fünf Monate lang zweimal wöchentlich angestellten Versuche mitzutheilen (?). Er giebt aber auch nicht einmal im Zusammenhange diese Zahlen aus einem einzigen Versuch. Wohl aber sagt er uns, wieviel Kohlensäure vier Frösche binnen 24 Stunden bei 0 — 4°, und bei 16° angeblich gebildet haben, nämlich in dem ersten Falle 0,5, in dem zweiten 0.3 Cubikcentimeter. Man mufs, in dem letzten Falle, wohl einen Druckfehler voraussetzen, da ja bei höherer Temperatur, wenn die Versuche das beweisen sollen, was Hr. MATTEUCCI daraus entnimmt, mehr Kohlensäure hätte gebildet werden müssen. Viel auffallender aber, ja ganz unbegreiflich ist die geringe absolute Gröfse der angeführten Zahlen[1]. Nach J. MÜLLER's Zusammenstellung in seinem *Handbuch der Physiologie* etc. I. 3. Aufl. 306 würden vier Frösche binnen 24 Stunden im Mittel 18 Centiliter, d. h. das 360fache von der von Herrn MATTEUCCI angegebenen Menge bilden! MARCHAND aber hat, indem er sich der neueren bei Untersuchungen der Art gebräuchlichen Methode des Durchführens eines beständigen Luftstroms bediente, der die Kohlensäure später zu Gewichtsbestimmungen abgiebt, sogar mehr als das Doppelte von dem MÜLLER'schen Mittelwerthe gefunden.[2] Die Irrthümer in Hrn. MATTEUCCI's Angaben sind demnach so ungeheuer, dafs man in der That nicht weifs, was man dazu sagen soll. Um zu beweisen, dafs ein Frosch bei höherer Temperatur, wo auch sein Strom kräftiger ist, mehr Kohlensäure bildet, als bei niederer, führt Hr. MATTEUCCI, ohne nähere Bezeichnung der Quelle, einen Versuch von MILNE ED-

[1] Es steht wörtlich und ausdrücklich da: „*Four frogs exposed to a temperature varying from 0° to 4°, produced in twenty-four hours 0.5 cubic centimeters of carbonic acid; four other frogs placed in the same conditions, but at + 16° C., gave 0.3 cubic centimeters of carbonic acid. The celebrated experiments of* EDWARDS *give double this number at a temperature of + 27° C.*" A. a. O. 291.

[2] Journal für praktische Chemie. 1844. XXXIII. 142.

WARDS an, wo vier Frösche, bei 27° C. binnen 24 Stunden 0,6 Cubikcentimeter Kohlensäure gebildet haben sollen. EDWARDS hat nun wirklich einen Versuch mit einem Frosch, bei 27°, Dauer 24 Stunden, Kohlensäuremenge = 5.24 Centiliter; macht zu vier Fröschen 20.96 Centiliter, d. h. ungefähr das 400fache von Hrn. MATTEUCCI's Angaben und von denen, die er EDWARDS zuschreibt. Uebrigens ist noch zu bemerken, dafs Hrn. MATTEUCCI's Behauptung, die Gröfse des Athmungsvorganges nehme gleichmäfsig mit der Temperatur ab, im Widerspruch steht mit MARCHAND's unvergleichlich genaueren Untersuchungen, aus welchen folgen würde, dafs die Curve der Kohlensäurebildung, bezogen auf die Temperaturen, von 2—3° ab schnell bis 6—7° ansteigt, wo sie ein Maximum hat und dann nach den höheren Wärmegraden wieder abfällt, so dafs sie bei 28—30° bereits viel tiefer als bei 6—7°, wenn auch noch nicht so tief als bei 2—3° gesunken ist.

Was Hrn. MATTEUCCI's zweite, in die Philos. Transact. aufgenommene Arbeit betrifft, so habe ich in Bezug auf dieselbe nur ein Wort zu sagen. Ich betrachte sie als einen mifslungenen Auszug aus den §§. 1 — 30 meiner oben angeführten Abhandlung, auf welche der Verfasser vermuthlich durch eine Stelle in der JOURDAN'schen Uebersetzung von J. MÜLLER's Handbuch der Physiologie (I. 557) aufmerksam gemacht worden ist. Herr MATTEUCCI hat nur, was ich sehr natürlich finde, bei Gelegenheit dieses Auszuges vergessen, anzugeben, wo er sein Wissen geschöpft hat. Der Punkt, um dessen Erstbesitz es sich hier handelt, ist indefs einigermaafsen streitenswerth, und ich darf es nicht ganz ruhig ansehen, wie der italiänische Elektrophysiologe die Hand nach meinem Eigenthum ausstreckt. Ich habe an dem angeführten Orte, durch eine kurze Versuchsreihe, die seltsame Erscheinung, welche GALVANI und NOBILI entdeckt haben, und die von Letzterem als *Corrente propria della rana* bezeichnet worden ist, auf einen allgemein vorhandenen Muskelstrom zurückgeführt, dessen Gesetz ich zugleich so bestimmte, dafs ich im Stande war, an einem gegebenen, von künstlichen oder na-

[3] Influence des agents physiques sur la vie. Paris 1824. 648.

türlichen Grenzen eingeschlossenen Stücke Muskelfleisch für eine gegebene Stellung eines an dasselbe gelegten ableitenden Bogens Vorhandensein oder Nichtvorhandensein, im letzteren Falle aber auch Richtung des Stromes in dem Bogen mit hinreichender Bestimmtheit im Voraus zu verkündigen. Vorzüglich kam es bei der Einsicht in das ziemlich verwickelte Gesetz, welches diese Ströme beherrscht, darauf an, die elektromotorische Gleichbedeutung der Sehne und eines beliebigen künstlichen Querschnittes des Muskels zu erkennen und auszulegen. Die Auslegung war einfach die, dafs die Sehne zu betrachten ist als ein elektromotorisch unwirksamer leitender Ueberzug über den natürlichen Querschnitt des Muskels. Die Wichtigkeit und Fruchtbarkeit dieses Gesetzes, welches ich das Gesetz des Muskelstromes nenne, in dem vorliegenden Gebiete ist in der That erstaunlich, da mit ihm die Schlüssel zu den mannigfaltigsten und überraschendsten Erscheinungen plötzlich gegeben war. Während ich bereits im Jahre 1842 diesen Standpunkt einnahm, hat Hr. Matteucci bis zum Frühjahr 1845 sich vergebens bemüht, das Labyrinth dieser Erscheinungen, in das er sich verloren hatte, zu entwirren. Er nahm an, dafs alle Muskeln aller Thiere einen Strom besitzen, der von dem Innern im Muskel zur Aufsenfläche fliefst. Dies ist eine erste rohe Wahrnehmung eines einzigen Punktes des Gesetzes des Muskelstromes. Dann aber stellte er sich vor, dafs die Natur unter allen Wirbelthieren einzig den Wasserfrosch, und auch an diesem einzig seinen Unterschenkel, mit dem „Eigenstrome des Frosches", dem *courant propre de la grenouille*", dem „*proper current*" oder „*specific voltaïc current of the frog*" ausgestattet habe. („*Les animaux les plus rapprochés de la grenouille, des salamandres, des anguilles, des tortues, ne m'ont jamais donné que le courant musculaire: dans tous les cas, il a fallu invariablement, pour obtenir les signes d'un courant électrique, avoir dans le circuit l'intérieur du muscle et sa surface. Dans la seule grenouille on trouve en même temps le courant musculaire et le courant propre qui existe, sans altérer le muscle, sans mettre à nu sa partie interne, et qui est dirigé de la surface du muscle à son nerf dans l'animal)* [1] — und er hat dies nicht ein, sondern vielemale als das Ergebnifs langjährigen bedächtigen Forschens ausgesprochen. Jetzt plötzlich schreibt er an die Akademie der Wissenschaften zu Paris: „*Les résultats les plus curieux, auxquels je suis parvenu dans ces derniers travaux, sont relatifs au courant propre de la grenouille*" und nun folgt eine, übrigens an Mifsverständnissen reiche Auseinandersetzung in dem Sinne, als seien Frosch- und Muskelstrom einerlei, und die Sehne mit dem Muskelinnern elektromotorisch gleichbedeutend. Dasselbe wird an die Königl. Gesellschaft zu London mit den Worten berichtet: „*I cannot abstain from emitting an hypothesis upon the origin of the proper current, which would reduce all that we know on the subject of animal electricity to one principle alone*" In beiden Abhandlungen wird meiner drei Jahre älteren Arbeiten mit keiner Silbe Erwähnung gethan. Dies hat Hr. Matteucci, wie die Folge lehren wird, einer späteren Mittheilung aufzubehalten für gut befunden. Die Erklärung, die Hr. Matteucci von der Gleichartigkeit der Sehne und des Muskelinnern giebt, wird übrigens den deutschen Mikrographen nicht wenig gewagt erscheinen. Hr. Matteucci denkt sich nämlich, dafs, nach Bowman's bekannten Arbeiten, in denen ich jedoch keinen Anlafs zu dieser Meinung entdecken kann, die Primitivmuskelbündel mit Sehnengewebe angefüllt, oder das Sehnengewebe Primitivmuskelbündelinhalt seien. Diesen, oder vielmehr Bowman's hypothetische „*discs*", die nach dem Aufenthalt in Weingeist manchmal in den Muskeln wahrgenommen werden, vergleicht Hr. Matteucci dem Zink einer Kette, die Hülle der Muskelbündel dem Platin, und das Blut der sauren Flüssigkeit. („*We must never forget the analogy between the muscular electromotor element and the Voltanian element: the zinc is represented by the discs of the muscular fibre, the acid liquid by the blood, the platinum by the sarcolemma ....*"). Der Muskelstrom hat beiläufig, Hrn. Matteucci's Meinung nach, mit der Zusammenziehung

[1] Traité des phénomènes electro-physiologiques des animaux. Paris 1844. p. 126 u. 127.

ganz und gar nichts zu schaffen, sondern rührt einzig und allein von den chemischen Vorgängen her, die als Athmung und Ernährung in dem Muskelgewebe stattfinden.

In einer dritten sehr ausgedehnten Abhandlung in der Phil. Trans. ibid. 303—317, welche den beiden vorigen unter der Aufschrift: „*On Induced Contractions*" auf dem Fufse folgt, theilt Hr. MATTEUCCI die Ergebnisse neuer Untersuchungen über die im Jahre 1842 von ihm entdeckte Erscheinung mit, dafs Muskeln beim Zucken im Stande sind, auch in andern Muskeln Zuckung hervorzurufen, deren Nerv die ersten berührt. Dieselbe ist in England mit dem Namen der „inducirten Zuckung" belegt worden. Vorzüglich hier habe ich Grund, mich beim Berichten über diese Arbeiten zunächst völlig auf Hrn. MATTEUCCI's Standpunkt zu stellen; ich bitte also, wenn ich seine Behauptungen mit keinen Bemerkungen begleite, dies nicht unbedingt als ein Zeichen meiner Zustimmung zu denselben ansehen zu wollen. Er gelangt zu folgenden Schlüssen: 1) Es ist unmöglich, eine Entwickelung von Elektricität, oder eine Steigerung des Muskelstromes während der Zusammenziehung nachzuweisen. 2) Die Leiter und Nichtleiter der Wirkung zwischem dem ursprünglich zuckenden Muskel und dem damit in Berührung stehenden Nerven sind nicht dieselben, wie die der Elektricität. 3) Die inducirte Zuckung ist folglich nicht elektrischer Natur; sie ist eine Erscheinung eigner Art, eine Induction seitens der unbekannten Nervenkraft: „*The phenomenon of induced contraction would seem to be a first fact of induction of that force which circulates in the nerves and which arouses muscular contraction .... It seems to me therefore more just to call that henceforth muscular induction, which I have hitherto called induced contraction.*" In dem zweiten Bande meines oben angekündigten Werkes werde ich wagen, meine eigene Meinung über diesen Punkt verlauten zu lassen.

Endlich ein letzter Aufsatz des Hrn. MATTEUCCI in diesem Jahre in den Annal. de chim. et de phys. Sept. XV. unter der Aufschrift: „*Expériences sur les phénomènes de la contraction induite*" hat zum Zweck, theils den Ergebnissen der zuletzt erwähnten Arbeit über die inducirte Zuckung in Frankreich Eingang zu verschaffen, theils aber, und vorzugsweise, den Lesern der *Annales* eine nichts weniger als vortheilhafte Meinung von meinen eigenen Untersuchungen beizubringen, die er nun, nachdem er seine Entdeckung der Negativität der Sehne, der Einerleiheit von Frosch- und Muskelstrom u. s. w. in Sicherheit gebracht, plötzlich, nach mehr als zwei Jahren, kennen gelernt hat. Ich werde Hrn. Matteucci's Anklagen an dieser Stelle auf sich beruhen lassen; die Folge wird lehren, wessen Methoden, die seinigen oder die meinigen, sich zuletzt am förderlichsten erwiesen haben werden. Nur in Betreff eines Punktes würde ich mir, durch längeres Schweigen, wie ich seitdem leider erfahren habe, zu nahe treten. Es ist in Bezug auf das oben erwähnte Gesetz des Muskelstromes und die Einerleiheit von Frosch- und Muskelstrom. Man erinnert sich der lebhaften Genugthuung, mit der Hr. Matteucci der Pariser Akademie und der Londner Gesellschaft der Wissenschaften anzeigte, daſs es ihm endlich gelungen sei, diesen Umstand zu enträthseln. Er bedient sich dabei selber des Ausdruckes: daſs, durch diese Einsicht, Alles, was wir bisher von thierischer Elektricität wüſsten, sich auf einen obersten Grundsatz zurückgeführt fände. Nun hatte, schon im Jahre 1844, mein verehrter Lehrer, Hr. J. Müller, indem er von meinen Untersuchungen in der neuen Auflage seines *Handbuches der Physiologie* (I. 557) redete, sich folgendermaſsen geäuſsert: Ich hätte, durch dieselben, die allgemeinen Principien gefunden, aus denen alle hierher gehörigen Thatsachen als besondere Fälle abzuleiten sind. Jetzt sagt Hr. Matteucci: „*Je ne puis pas m'expliquer comment le célèbre physiologiste de Berlin, M. Müller, peut dire, dans son Manuel de Physiologie, que l'on vient de découvrir en Allemagne les principes généraux, qui peuvent expliquer les faits que j'ai découverts. Ces principes généraux se réduisent à ceux-ci: „Un courant électrique se produit lorsque la coupe transversale d'un muscle vient à être mise en communication par un arc avec sa coupe longitudinale.*" *Plutôt qu'un principe général, il me semble qu'il n'y a là qu'une formule brute et incomplète de mes phénomènes .... Il est juste de dire que, quoique d'une manière incomplète, Mr. du Bois-Reymond a le mérite d'avoir indiqué le premier le rôle de la substance tendineuse dans le courant propre, tel que je viens de l'établir dans mon dernier Mémoire.*" Ich habe hierauf nichts zu antworten, als dafs es Jedem, der sich die Mühe nehmen will, meine Abhandlung vom Jahre 1842 und Hrn. Matteucci's vom Jahre 1845 aufzuschlagen, leicht sein wird die Ueberzeugung zu gewinnen, dafs ich drei Jahre vor ihm das Gesetz des Muskelstromes und alle Folgerungen daraus in Bezug auf das ungereimte Phantasiegespinnst des Froschstromes, welches Jener geschaffen hat, in weit vollständigerem Maafse besessen habe, als Hr. Matteucci noch heutigentages, nachdem ihm meine Abhandlung, die ihm stellenweise dunkel geblieben zu sein scheint, offenkundig zur Hand gewesen. Ich bemerke ferner, dafs das unbehülfliche Verfahren mit zwanziggliedrigen Froschsäulen, dessen der Verfasser, anderweitiger Gründe halber, sich bedienen mufs, ihn sogar für immer aufser Stande setzt, die von mir beschriebenen Versuche, die er mit seltener Unbefangenheit die seinen zu nennen wagt, auch nur nachzuahmen. Hr. Matteucci würde in der gröfsten Verlegenheit sein, wenn ich das Vergnügen haben könnte, ihn aufzufordern, mir diese Versuche, deren Besitz er sich so keck anmafst, vorzuzeigen. Er würde auch Grund haben, in Verlegenheit zu gerathen, wenn ich ihn ersuchte, zu erklären, wie es komme, dafs er einer und derselben wissenschaftlichen Thatsache, je nachdem sie mir von J. Müller zugeschrieben wird, oder je nachdem er sie der Pariser Akademie oder der Londner Gesellschaft gegenüber sich selber beimifst, einen äufserst geringen, oder einen sehr bedeutenden Werth zuspricht. Mit wie wenig Nachdenken und Sorgfalt aber der Verfasser bei den unzähligen Veröffentlichungen zu Werke geht, mit denen er die physikalischen Zeitschriften bereichert, erhellt einmal wieder aus folgendem Beispiele. J. Müller sagt a. a. O.: „Wir müssen daher anerkennen, dafs die Identität des Nervenprincips und der Elektricität nichts weniger als erwiesen ist." Hieran anknüpfend erwiedert Hr. Matteucci: „*Je ne puis concevoir comment Mr. Müller a pu conclure de mes travaux qu'on est amené à établir l'identité du principe nerveux avec l'électricité.*"

C. Anhang.

Von der oben angeführten Abhandlung des Hrn. DUCROS ist nur der Titel bekannt geworden.

Es thut mir leid, diesen Bericht, welcher schon des Tadels mehr enthalten mufste, als mir lieb sein durfte, nicht eben mit einer wohlwollenden Beurtheilung schliefsen zu können. Es liegt mir die unangenehme Pflicht ob, das Bild von den Leistungen auf diesem Gebiete im Jahre 1845, welches der Leser davon tragen soll, schliefslich mit der Erwähnung eines seltsamen Beispiels der traurigsten Verirrung abzurunden, der wohl seit lange, welches auch ihr eigentlicher Grund und Hinterhalt sei, ein menschliches Gehirn anheimgefallen ist. Die physiologischen Leser der Annalen der Chemie und Pharmacie, sonst wohl gewohnt, aus dem gelben Umschlage strenge Verweise und ernste Sittenpredigten wegen mangelhafter Führung von Seiten einer hochgestiegenen und auf ihre Erfolge stolzen Disciplin zu vernehmen, waren eines Tages nicht wenig überrascht, als sie sich, statt, wie gewöhnlich, durch die Platintiegel und die berühmten Waagen des Laboratoriums zu Giessen, durch den magnetischen Zuber und den krausen Zauberkram des Hrn. Freiherrn von REICHENBACH, des weiland Entdeckers des Creosots, Paraffins, Picamars u. s. w., begrüfst fanden. In Einzelnheiten des Neuen Testamentes des Mesmerismus einzugehen, welches den Titel führt: „*Untersuchungen über den Magnetismus und damit verwandte Gegenstände*", möchte wohl nicht minder fruchtlos sein, als es wenigstens mir unmöglich sein würde, dabei nicht in unparlementarische Redensarten auszubrechen. Von allen den Fabeln aber, die Hr. Freih. v. REICHENBACH entwickelt, ist mir, ich nehme keinen Anstand es zu sagen, die unbegreiflichste die, wie er in jedem Augenblicke des Niederschreibens dieses eben so abgeschmackten als voluminösen Romans, denselben ins Feuer zu werfen sich glücklich hat enthalten können.

Dr. E. du Bois-Reymond.

---

7. Elektromagnetismus und Magneto-elektricität. Induktion.

Zantedeschi. Machine électro-magnétique. C. R. XX. 572; Inst. No. 584, p. 87.

Petrina. Beitrag zur Construktion magneto-elektrischer Maschinen. Pogg. Ann. LXIV. 58.

Scoresby. Magnetic machines. Mech. mag. XLIII. 9; Inst. No. 606, p. 287.

Dujardin. Nouvelle machine magnéto-électrique. C. R. XXI. 528; Inst. No. 609, p. 311; Pogg. Ann. LXVII. 44.

Dujardin. Note sur un nouvel appareil électromagnétique. C. R. XXI. 892; No. 615, p. 359.

Dujardin. Note relative à une batterie électromagnétique. C. R. XXI. 1181.

Grassmann. Neue Theorie der Elektrodynamik. Pogg. Ann. LXIV. 1.

G. Th. Fechner. Ueber die Verknüpfung der Faraday'schen Inductionserscheinungen mit den Ampère'schen elektrodynamischen Erscheinungen. Pogg. Ann. LXIV. 337.

Melloni. Sur l'histoire des courants électriques induits par le magnétisme terrestre. Ann. ch. ph. XV. 34; Arch. de l'El. V. 370.

Palmieri. Production de l'étincelle électrique par les courants d'induction dus au magnétisme terrestre sans emploi du fer doux. Arch. de l'El. V. 189.

S. Linari. Note concernant l'étincelle d'induction du magnéto-électricisme. C. R. XX. 900.

Linari et Palmieri. Sur des phénomènes d'induction tellurique. C. R. XX. 970.

Matteucci. Sur l'emploi de la terre comme conducteur par le télégraphe électrique. Lettre à Mr. Arago. Arch. de l'El. V. 151.

Magrini. Sur la force électro-tellurique. Arch. de l'El. V. 505; Inst. No. 590, p. 148.

E. Wartmann. Deuxième mémoire sur l'induction. Arch. de l'El. V. 440; C. R. XX. 1803; Phil. mag. XXVII. 547.

E. du Bois-Reymond. Ueber unipolare Induktionszuckungen.

G. F. Pohl. Grundlegung der drei Kepler'schen Gesetze. Breslau 1845. 8°.

Hr. Zantedeschi hat der pariser Akademie eine Abhandlung vorgelegt, in der er nachzuweisen sucht, daſs bei der bisherigen Construktion magneto-elektrischer und elektro-magnetischer Maschinen nicht auf alle gegebenen Bedingungen hinreichend Rücksicht genommen ist, und gelangt durch seine Betrachtungen zu dem Schlufs, dafs sich dieselben zur technischen Anwendung wenig eignen werden, wie sich das in Deutschland schon herausgestellt hat.

Bei den Stöhrer'schen magneto-elektrischen Maschinen, sowohl einfacher als zusammengesetzter Construktion ist die alte Einrichtung beibehalten, wonach der Induktor vor den Polen des Magnets, um eine der Längsausdehnung der Schenkel parallele Axe rotirt.

Herr Petrina stellt dagegen seine Eisenkerne so, dafs sie über den breiten Flächen der Lamellen, um eine auf dieselben senkrechte Axe rotiren, weil das Maximum der magnetischen Intensität nicht an den Enden der Lamellen, sondern etwa einen halben Zoll von demselben entfernt liegt.

Durch diese Stellung begegnet man einem Fehler, den die Stöhrer'schen Maschinen mit den älteren theilen. Da nämlich die Dicke des Eisenkerns die der Lamelle übersteigt, so nähert sich ein Theil des Induktors der Lamelle, während sich ein anderer schon wieder entfernt, so dafs zwei Ströme in entgegengesetztem Sinne entstehen.

Die zusammengesetzten Maschinen des Hrn. Petrina haben vier Eisenkerne, welche durch zwei Commutatoren so verbunden werden können, dafs man nach Belieben die Wirkung einer einfachen Kette oder einer Säule herstellen kann. Diese Einrichtung hat vor der Stöhrer'schen den Vortheil, dafs man bei ihr gleichzeitig beide Wirkungen haben kann, bei der letzteren nur nach einander.

Einer anderen Verbesserung der magneto-elektrischen Maschinen gedenkt Hr. Petrina vorläufig. Er bringt auf beiden Seiten der Eisenkerne Magnete mit entgegengesetzten Polen an, zwischen denen die Induktoren rotiren. Dies wird natürlich die Wirkung verstärken, aber nicht, wie Hr. Petrina glaubt, aus dem Grunde, dafs nun keine magnetische Kraft verloren geht, um in dem, die Induktoren verbindenden Eisenstabe die Magnetismen der Pole zu neutralisiren.

Hr. Scoresby construirt magnetische Maschinen mit sehr kräftigen Magneten, welche aus mehreren Stücken zusammengesetzt sind. Er befolgt dabei die Principien, dafs eine solche Zusammensetzung der magnetischen Kraft keinesweges schadet; dafs kleine Magnete im Verhältnifs zu ihrer Masse kräftiger sind als grofse von ähnlicher Gestalt, und dafs durch Verbindung einzelner Stücke sich Magnete von beliebiger Tragkraft erhalten lassen.

Hr. Dujardin giebt eine neue Einrichtung magneto-elektrischer Maschinen an. Zwei Prismen von Eisen und von Blei rotiren in einer grofsen Spirale zwischen den Schenkeln eines Hufeisenmagnetes. Beide sind an einer Axe parallel mit derselben befestigt, das bleierne dient nur als Gegengewicht. Das Eisenprisma geht dicht an den Polen des Magnetes vorüber, und bringt in der Spirale merkliche Induktionsströme hervor.

Noch eine andere von Hrn. Dujardin beschriebene Maschine besteht aus einem horizontalen Hufeisenmagnet, dessen Schenkel in zweien Spiralen liegen. Ein Parallelepipedum aus weichem Eisen rotirt vor den Polen, und bringt bei seiner Annäherung dieselbe Wirkung hervor, als würde der Magnet aus der Spirale gezogen.

Ein dritte Vorrichtung ist nur angekündigt, mit der Erwartung eines sehr kräftigen Erfolges für Zersetzung und telegraphische Leitung.

Dr. W. Beetz.

H. Grassmann. *Neue Theorie der Elektrodynamik.*

Die Entwicklung dieser Theorie geht unmittelbar von der Ampère'schen aus, deren Grundlagen daher hier angeführt werden mögen.

1) Die Attraktion zweier, in gleicher Richtung von Elektricität durchströmten Leiter ist gleich der Repulsion derselben nach Umkehrung des einen Stromes.

2) Zwei Leiter, von denen der eine geradlinig ist, der andere aber beliebige Abweichungen von dieser Geraden macht, sind ihrer Wirkung nach auf einen dritten geradlinigen Leiter gleich.

Aus diesen beiden Erfahrungssätzen entwickelt Hr. AMPÈRE unter der Voraussetzung, dafs zwei Stromelemente nach der geraden Verbindungslinie ihrer Mittelpunkte auf einander wirken, folgende Formel

$$\frac{ids\, i'\, ds'}{r^n}\,(\sin\alpha\sin\beta\cos\gamma+k\cos\alpha\cos\beta)$$

als Ausdruck der gegenseitigen Anziehung oder Abstofsung zweier Stromelemente, welche die Intensitäten i und i' und die Längen ds und ds' haben und mit der Verbindungslinie r ihrer Mittelpunkte die Winkel α und β machen, wenn γ der Winkel ist, welchen die Ebenen der Winkel α und β einschliefsen, und k und r Constanten bedeuten, die durch folgende Erfahrungssätze ihre Bestimmung erhalten.

1) Ein Kreisstrom kann einen geschlossenen Leiter von beliebiger Form, der in der Pollinie des Kreises anfängt und endet, um diese Gerade nicht in Rotation versetzen. Deshalb mufs $2k=1-n$ sein.

2) Ein Solenoid, dessen Direktrice eine geschlossene Kurve ist, äufsert keine Wirkung. Daher mufs $n^2-n-2=0$ oder $n=2$ oder $=-1$ sein.

3) Von diesen beiden Werthen wird der positive genommen und giebt $k=-\frac{1}{2}$, weil die Wirkung in der Entfernung abnimmt.

Die Resultate, welche aus diesen Gesetzen in Bezug auf geschlossene und unendliche Ströme folgen, werden nach AMPÈRE's eigener Bemerkung im Allgemeinen ebenso übereinstimmend mit der Erfahrung gefunden, wenn man, anstatt anzunehmen, dafs ein Stromelement auf ein anderes nach der geraden Verbindungslinie ihrer Mittelpunkte wirkt, voraussetzt, dafs dies nur senkrecht auf dasselbe geschieht; allein er begründet seine frühere Annahme durch folgendes Experiment.

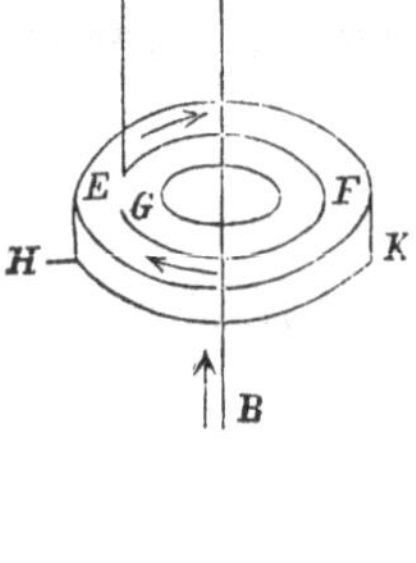

K ist ein ringförmiges Kupfergefäfs, gefüllt mit gesäuertem Wasser; von *B* geht ein galvanischer Strom durch die Mitte des Gefäfses nach *C*; tritt dort in einen um *BC* beweglichen Leiter *CDEFG*, dessen Theil *EFG* einen horizontalen, zwischen *E* und *G* von einer isolirten Substanz unterbrochenen Kreis bildet und in das gesäuerte Wasser taucht. Aus jedem Punkte dieses Kreisstroms geht durch die Flüssigkeit ein radialer Strom nach dem Kupfergefäfs und durch dasselbe nach *H*. Bei dieser Anordnung rotirt der Leiter *CDEFG* um *BC* nach der Richtung *GFE*. Unter der Voraussetzung, dafs er es hier nicht mit geschlossenen Strömen zu thun habe, schliefst AMPÈRE, dafs die Elemente der radialen Stromtheile nicht nur senkrecht auf die Elemente des Kreisstroms wirken, da nur solche Richtung der Kraft keine Rotation erzeugen kann.

Hr. GRASSMANN erwähnt diese Begründung nicht, hielt sie aber wahrscheinlich wegen der Annahme, dafs man es hier nicht mit geschlossenen Strömen zu thun habe, für ungenügend, nennt daher auch die Annahme über die Richtung der Wechselwirkung eine willkürliche und schiebt darauf den Mangel an Einfachheit in der AMPÈRE'schen Formel, so wie auch den Mifstrauen erregenden Umstand, dafs nach dieser Formel zwei gleichgerichtete parallele Stromelemente auf einander gar nicht wirken, wenn sie mit der Verbindungslinie ihrer Mittelpunkte einen Winkel machen, dessen Cosinus gleich $\sqrt{\frac{2}{3}}$, und sich anziehen oder abstofsen, je nachdem dieser Cosinus kleiner oder gröfser als $\sqrt{\frac{2}{3}}$ ist. Beide Uebelstände, welche die Richtigkeit des AMPÈRE'schen Gesetzes unwahrscheinlich machen, schafft Hr. GRASSMANN weg, indem er die willkürliche Annahme eliminirt. Dazu argumentirt er folgendermaafsen.

1) Jeden geschlossenen Strom und jeden Stromtheil kann man sich aus Stromelementen zusammengesetzt denken.

2) Jeden geschlossenen Strome kann man als einen polygonalen und somit als aus Winkelströmen, (welche die Aufsenwinkel des Polygons sind) bestehend ansehen, wenn man nämlich unter Winkelstrom einen Strom versteht, der die unendlich langen Schenkel eines Winkels durchfliefst, und voraussetzt, dafs gleiche entgegengerichtete Strome in einem und demselben Leiter sich aufheben.

3) Jeder Winkelstrom kann durch jede Gerade, die durch seinen Scheitel geht, in zwei Winkelströme zerlegt werden, von denen ein jeder die Punkte dieser Geraden in seiner Ebene hat.

Aus diesen Sätzen geht mit Hülfe der Annahme, dafs ein

galvanischer Strom sich in Ströme verschiedener Richtung zerlegen läfst, mit Strenge hervor, dafs alle Erscheinungen, welche auf der Wechselwirkung zwischen einem geschlossenen Strome und einem Stromtheile oder einem anderen geschlossenen Strome beruhen, sich von der Wirkung eines Winkelstroms auf ein Stromelement in seiner Ebene müssen ableiten lassen.

Um diese Wirkung zu bestimmen, geht Hr. GRASSMANN von der Formel

$$\frac{ab}{r^2}\,(2\cos\varepsilon - 3\cos\alpha\cos\beta)$$

aus, welche aus der angeführten entsteht, wenn $\gamma = 0$, $n = 2$ $k = -\frac{1}{2}$, $i ds = a$, $i' ds' = b$ und ε die gegenseitige Neigung der Stromelemente ist. Daraus findet er zunächst die Wirkung, welche der Strom von a bis ins Unendliche auf das Stromelement b nach dessen Längsrichtung ausübt, gleich

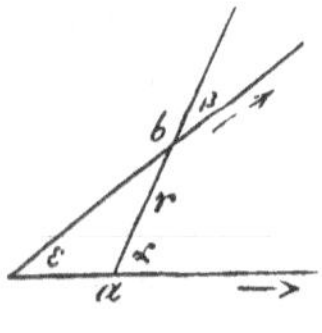

$$\frac{ib}{r}\cos^2\beta$$

worin r und β die dem Anfangspunkt a entsprechenden Werthe haben. Da dieser Ausdruck von α unabhängig ist, so mufs die Längswirkung eines Winkelstromes bei a auch von der Gröfse des durchflossenen Winkels unabhängig, also so grofs sein, als wenn derselbe Null wäre, d. h. sie mufs selbst Null sein. Ein Winkelstrom wirkt also nur senkrecht auf ein Stromelement in seiner Ebene; mit welcher Intensität, wird auf folgende Weise abgeleitet.

Für die senkrechte Wirkung des unendlichen Stromes von a an auf das Element b findet sich aus der zu Grunde liegenden Formel der Ausdruck

$$\frac{ib}{r}\,(\cot\tfrac{1}{2}\alpha + \sin\beta\cos\beta)$$

Hierin ist der zweite Theil von α unabhängig, mufs also für einen Winkelstrom ohne Einflufs sein. Derselbe wird nämlich senkrecht auf b mit der Kraft

$\frac{ib}{r}\left(\cot\frac{\alpha}{2} - \cot\frac{\alpha'}{2}\right)$ wirken, wenn seine Schenkel mit r die Winkel α und α' machen. Hieraus schliefst Hr. GRASSMANN, dafs die Wirkung jedes einzelnen Schenkels überhaupt nur $\frac{ib}{r} \cot \frac{1}{2} \alpha$ ist, und leitet dann von diesem Integralwerth der Wirkung eines unendlich langen Stroms auf ein Stromelement durch Differenzirung den Werth

$\frac{ab}{r^2} \sin \alpha$ her, welcher die Wirkung des Stromelements a auf das andere b ausdrückt.

Diesem durch seine Einfachheit empfehlenswerthen Gesetze giebt Hr. GRASSMANN nach Wahrscheinlichkeit, indem er gewisse Analogien zwischen der Anziehung zweier Linienelemente und zweier Massenpunkte nachweist.

In Bezug auf abweichende Resultate beider Theorien ist Folgendes angeführt. Nach AMPÈRE's Formel müssen sich zwei aufeinanderfolgende Elemente eines Stromes abstofsen und AMPÈRE bestätigt dies durch folgendes Experiment. Ist *AB* ein Glasgefäfs, gefüllt mit Quecksilber, welches durch eine isolirende Scheidewand *ef* getrennt ist, *abcd* ein Leiter, der mit *bc* die Scheidewand übersteigt und mit *ab* und *dc* auf dem Quecksilber ruht, von diesem aber mit Ausnahme der Enden *a* und *d* isolirt ist, und man setzt nun mit dem Quecksilber vor *a* und *d* die Pole einer Säule in Verbindung; so bewegt sich der Leiter in der Richtung von *a* nach *b* und verlängert den Werth des Stromes. — Hr. GRASSMANN findet mit seiner Formel, dafs solche Elemente keine Wirkung auf einander ausüben und widerlegt die Beweiskraft des angeführten Experiments, indem er erinnert, dafs bei dem Beweise weder auf den Strom in *bc* noch auf die Kräfte, die beim Uebergang des Stromes vom Kupfer zum Quecksilber wirksam werden können, noch auf den Umstand Rücksicht genommen ist, dafs man es hier nicht mit Stromeselementen, sondern mit einem geschlossenen Strom zu thun hat, von dem einzelne Theile beweglich sind. Eine Entscheidung zwischen beiden Theorien herbeizuführen, sind überhaupt alle bisherigen Experimente nicht geeignet, weil bei ihnen nur geschlossene Ströme in Anwendung kommen, für welche die GRASSMANN'sche Formel ihrer Ableitung aus der AMPÈRE'schen zufolge mit letzterer voll-

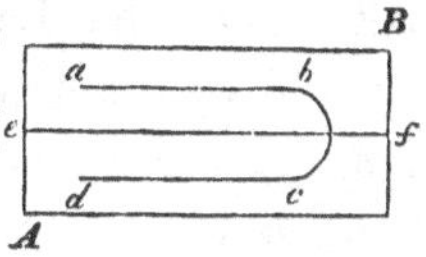

kommen übereinstimmen mufs. Hr. Grassmann schlägt daher vor, einen endlichen Leiter, durch welchen sich von den Endpunkten aus bestimmte entgegengesetzte Elektricitätsmengen ausgleichen, auf einen Magneten wirken zu lassen; dabei aber eine Wirkungsverstärkung durch Multiplikatoren und Batterieen zu vermeiden, weil dadurch die Natur des begrenzten Stromes der eines geschlossenen oder unendlichen genähert werde. Eine Entscheidung zwischen beiden Theorien liegt nämlich in Folgendem.

Ein Stromelement *ab*, durch welches sich von *a* und *b* aus bestimmte Mengen entgegengesetzter Elektricitäten ausgleichen und einen Strom von der bezeichneten Richtung bilden, müfste in diesem Augenblick unendlich kleine Ströme von der Form *A* und *B* oder unendlich kleine Magnete von entsprechender Lage nach Grassmann's Formel in die Richtung *cd* und *ef* nach Ampère's aber in der entgegengesetzten Richtung bewegen; und dasselbe würde noch stattfinden für einen endlich kleinen Strom und endlich kleine Magnete.

Endlich führt Hr. Grassmann gegen die Ampère'sche Theorie zwei aus derselben gefolgerte Erscheinungen an, deren Wirklichkeit unwahrscheinlich ist; nämlich 1) dafs ein begrenzter Strom einen Magneten in Rotation um seine Axe versetzt, und 2) dafs er auch einer um ihren Mittelpunkt frei beweglichen Magnetnadel keine sichere Gleichgewichtslage gestattet.

Fechner. *Ueber die Verknüpfung der Faraday'schen Induktions-Erscheinungen mit den Ampère'schen elektro-dynamischen Erscheinungen.*

Der Verfasser sucht in dieser Arbeit die Faraday'schen Induktions-Erscheinungen mit den Ampère'schen elektro-dynamischen auf ein Prinzip zurück zu führen, nämlich auf die Wirkung, welche eine der beiden Elektricitätsarten, wenn sie bewegt ist, ausübt. Er betrachtet dazu ein Stromelement als zwei gleichstarke, entgegengesetzte Elektricitätstheilchen, welche dasselbe Raumelement zu derselben Zeit in entgegengesetzter Richtung durchlaufen, und faſst den gegenseitigen Einfluſs zweier Stromelemente als die Wechselwirkung der einzelnen bewegten Elektricitätstheilchen derselben auf, indem er den Satz aufstellt: gleichartige Elektricitäten wirken auf einander anziehend, wenn sie nach derselben Richtung oder derselben Winkelspitze flieſsen, ungleichartige Elektricitäten aber, wenn sie nach entgegengesetzten Richtungen oder in Bezug auf dieselbe Winkelspitze in entgegengesetztem Sinne sich bewegen. Ferner nimmt er in jedem Punkte eines neutralen Leiters zwei entgegengesetzte Elektricitätstheilchen an, die sich einerseits zu natürlicher Elektricität neutralisiren, andererseits aber in ihrer Selbstständigkeit bestehen und daher bei der Bewegung des Körpers zwei Ströme entgegengesetzter Elektricitäten repensentiren, welche beide die Richtung der Bewegung haben.

Hiernach ist die Faraday'sche Induktion folgendermaaſsen aufzufassen. Ist *ab* ein von *a* nach *b* durchströmter Draht, in dem also die positive Elektricität von *a* nach *b*, die negative von *b* nach *a* flieſst, und ist *a'b'* ein neutraler, der *ab* parallel ist und in dieser Lage genähert wird, so bildet z. B. das natürliche Elektricitäselement *pn* einerseits einen positiven, andererseits einen negativen Strom nach *o* hin. Das positive bewegte Theilchen wird, von der in *ao* flieſsenden positiven Elektricität *p'* und auch von der entgegenflieſsenden negativen *n'* angezogen, nach *a'* wandern, während das bewegte negative Theilchen *n*, von der in *ob* flieſsenden positiven und negativen Elektricität *p''* und *n''* angezogen, nach *b'* geht, d. h. es wird in *a'b'* ein Strom von *b'* nach *a'* flieſsen, wie die Erfahrung zeigt. Wie andere Induktionserscheinungen derselben Auffassung fähig sind, ist leicht zu sehen. — Das Auftreten eines Stromes in einem neutralen ruhenden Leiter, wenn ein activer demselben genähert wird, nöthigt den Verfasser das Erfahrungsdatum noch hinzuzunehmen, daſs es hierbei nur auf die Relation der Bewegung ankommt. Damit ist denn aber auch das Princip, die Wirkung eines bewegten Elektricitätstheilchens, als unzureichend erklärt.

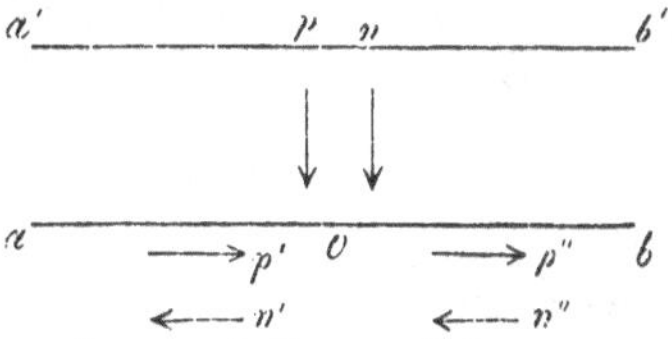

34 *

Uebereinstimmend mit der Vorstellung von der Wirkung eines galvanischen Stromes auf die entgegengesetzten Elemente der natürlichen Elektricität, die in Bezug auf den Strom ihren Ort ändert, erwartet der Verfasser noch folgende Erscheinungen.

1) Wenn ein mit einer Elektricität geladener Stab um seine Axe gedreht wird; so mufs er aufser den gewöhnlichen elektrischen, auch magnetische oder dem magnetischen völlig analoge Erscheinungen zeigen, demgemäfs auch in genäherten Leitern Ströme induciren.

2) Wenn einem um eine Axe drehbaren aber nicht gedrehtem Stabe, der mit einer Elektricität geladen ist, ein Magnet unter solchen Verhältnissen genähert wird, dafs der Stab als Eisenstab betrachtet, longitudinal magnetisirt werden würde; so mufs der Stab hierdurch von selbst in Drehung gerathen.

3) Vermuthet der Verfasser, dafs ein um seine Axe gedrehter, nicht elektrischer Leiter bei angemessener Annäherung eines Magneten die Erscheinung einer einzigen Art freier Elektricität zeigen würde, und ebenso ein um seine Axe gedrehter Magnet. Letzteres sei um so wahrscheinlicher, da in einem Drahte, dessen eines Ende mit dem Endpunkt der Axe und dessen anderes Ende mit einem Punkte des Umfangs eines gedrehten Magneten in Berührung ist, ein Strom wahrzunehmen ist.

Der Verfasser selbst sieht das schon angeführte Erfahrungsdatum und den Umstand, dafs schon Verstärkung und Schwächung eines galvanischen Stromes in einem nahen Leiter ohne alle Bewegung Ströme erregt, als noch zu überwinde Schwierigkeiten an, hofft aber diesen Mangel durch eine bald zu erwartende Arbeit von Weber gehoben zu sehen. Bis dahin hat man sich also zu bescheiden und nur darauf aufmerksam zu machen, dafs das Princip von der Wirkung bewegter Elektricität keinen Falls festzuhalten ist.

Die oben angeführte Abhandlung von Hrn. Melloni ist eine kurze Geschichte aller der Experimente, welche nicht nur durch terrestrischen Magnetismus inducirte elektrische Ströme nachweisen, sondern auch zeigen, dafs durch solche Induktionsströme alle Wirkungen eines galvanischen Stromes hervorgebracht werden können. Gleich nach seiner Entdeckung der Magneto-Elektricität hatte Faraday und mit ihm gleichzeitig jedoch von ihm unabhängig Nobili und Antinori gezeigt, dafs einer Drahtspirale mit oder ohne Eisenkern, welche um eine gegen ihre Längenaxe und die Ebene des magnetischen Meridians senkrechte Axe gedreht wird, ein Strom inducirt wird, der eine Magnetnadel ablenkt. Fast zehn Jahre nachher construirten die Hrn. Linari und Palmieri gemeinschaftlich einen Apparat (*batterie magnéto-électro-tellurique*) nach dem Princip der Faraday'schen Vorrichtung, nur dafs sie mehrere Spiralen und statt der soliden Eisenkerne hohle Eisencylinder anwandten, und erhielten mit demselben durch terrestrische Induktion physiologische und chemische Wirkungen, welche Resultate sich vor ein Commission bestätigten. In dem darauf folgenden Jahre 1844 brachten sie mit einem solchen Induktionsstrome auch einen Funken hervor. Bei allen diesen Versuchen waren die weichen Eisencylinder ein wesentlicher Theil des Apparats; indessen Hr. Palmieri setzte seine Bemühungen fort und erreichte alle jene Resultate mit blofsen Drahtspiralen, indem er theils die schon von Hrn. Nobili gemachte Erfahrung, dafs bei Weglassung des weichen Eisens die Wirkung der Spiralen mit deren Durchmesser wächst, theils eine von ihm beobachte Thatsache benutzte, dafs nämlich eine eliptische Spirale, welche sich um ihre grofse Axe dreht, wirksamer ist als eine isoperimetrische kreisförmige.

Ueber diese letzten Resultate berichtet Hr. Palmieri in der oben citirten Abhandlung. Die Spirale, mit welcher er die physiologischen Wirkungen, die Wasserzersetzung und den Funken hervorgebracht hat, ist auf einem Rahmen gewickelt von der Form einer Ellipse, deren grofse Axe $2^m,2$ und deren kleine $0^m,6$ lang ist; sie macht 200 Windungen und wird um die grofse gegen den magnetischen Meridian senkrecht gestellte Axe der Ellipse gedreht.

Aus der kurzen Notiz von Hrn. Linari ist nur zu ersehen, dafs er den Funken eines Stromes hevorgebracht hat, welcher durch den Induktionsstrom eines CLARK'schen Apparates inducirt war. Der Mechanismus der Vorrichtung wird aber daraus nicht klar.

Von den Hrn. St. LINARI und PALMIERI enthalten die Comptes rendus die Ankündigung einer Arbeit über Phänomene der tellurischen Induktion.

Bei der Einrichtung elektrischer Telegraphen ist die Isolation der Leitungsdrähte die Hauptschwierigkeit, und daher jedes Experiment, das Bezug darauf hat, von Wichtigkeit. Hr. MATTEUCCI macht in seiner Abhandlung zwei solcher Versuche bekannt.

1) Ein Schliefsungskreis, der gebildet war aus einem 1740 Meter langen Kupferdrahte, dessen Enden in zwei von einander getrennte Gräben tauchten, leitete den Strom einer BUNSEN'schen Batterie von 4 Elementen gleich gut, der Kupferdraht mochte auf isolirenden Holzstützen durch die Luft ausgespannt oder auf dem trockenen Rasen des Erdbodens ausgebreitet sein.

2) Auf dem einen Ufer des Arno tauchte ein vom Boden isolirter Kupferdraht mit dem einen Ende in einen Brunnen mit dem andern in das Wasser des Flusses; dieselbe Vorrichtung war auf dem andern Ufer des Arno gemacht. Wurde nun in den einen Draht ein Galvanometer eingeschaltet, so zeigte es einen schwachen Strom wie zu erwarten war; wurde aber zugleich in den Draht auf der andern Seite des Flusses eine BUNSEN'sche Batterie von 4 Elementen eingeführt, so entstand am Galvanometer eine Ablenkung von 90 Grad, so dafs ein Schliessungskreis angenommen werden mufste, der einerseits aus den beiden Drähten und dem Wasser des Flusses, andererseits aus dem Erdboden zwischen den beiden Brunnen bestand. Diese Erscheinung stellt die Möglichkeit in Aussicht, eine telegraphische Leitung ohne direkte Drahtverbindung über Wasser zu führen.

Wenn man einen Kupferdraht, um ihn vom Erdboden zu isoliren, auf hölzernen mit Firnifs überzogenen Stützen durch die Luft ausgespannt, das eine Ende frei läfst, das andere aber mit einer Metallplatte versieht und in Wasser taucht, das mit der Erde in Verbindung steht, so zeigt ein an diesem Ende eingeschaltetes Galvanometer einen schwachen Strom, der, wenn die Metallplatte Zink ist, die bei unvollkommer Isolation zuerwartende Richtung hat, und die entgegengesetze, wenn statt des Zinks eine Kupferplatte angebracht wird. Ueber diese Erscheinungen theilt Hr. Matteucci in derselben Abhandlung einige Versuche mit, wodurch er nachweist, dafs diese Ströme nur auftreten, wenn die Isolation durch die Stützen als unsicher anzunehmen ist. Dafs der Kupferdraht bei Anwendung einer Kupferplatte sich gegen diese wie Zink verhält, erklärt er 1) durch die wahrscheinliche Annahme, dafs der Kupferdraht, in Berührung mit der feuchten Luft und den feuchten Holzstäben, eher angegriffen werde, als die im Wasser befindliche Kupferplatte, und 2) dadurch, dafs er der gröfsern Oberfläche des Drahtes eine Umkehrung des Stromes zuschreibt. Wenn auch der zweite Grund weniger für sich hat, so scheint doch der erste genügend. Allein Herr Magrini will jene Erscheinungen durch sogenannte *courants telluriques* erklären, oder durch eine Fähigkeit der Erde, in den Metallen Elektricität zu erregen und sie ihnen mitzutheilen. Er führt zu dem Ende in der oben citirten Abhandlung eine Reihe von Experimenten an, die im Wesentlichen dieselbe Einrichtung haben. Er hat jene Ströme selbst bei heiterem trockenem Wetter und der sorgfältigsten Isolation erhalten, was aber bei Experimenten die vom Zustand der Atmosphäre abhängen, nicht viel sagen will; er hat ferner, um den zweiten Grund des Hrn. Matteucci zu entkräften, die Berührung zwischen Kupferdraht und Stützen auf ein Minimum zurückgeführt, aber dadurch die Berührung zwischen Draht und Atmosphäre nicht verringert; und er hat endlich, um den ersten Grund des Hrn. Matteucci zu widerlegen, die Flüssigkeit, in welche die Kupferplatte tauchte, mit Schwefelsäure und Ammoniak versetzt und überhaupt seine Versuche auf mancherlei Weise abgeändert. Dessenungeachtet berechtigen die Resultate nicht zu seiner Annahme, wie auch de la Rive unter der Abhandlung des Hrn. Magrini bemerkt. —

Hr. E. Wartmann will untersuchen, ob die Elektricität Interferenzerscheinungen darbieten könne, welche den Lichtinterferenzen ähnlich sind, und suchte zu dem Ende die Frage zu beantworten: sind zwei elektrische Ströme, welche aus ähnlichen oder derselben Quelle ausgehen und ursprünglich gleich sind, fähig, sich ganz oder zum Theil zu neutralisiren, wenn der eine von ihnen seine Intensität constant beibehält, der andere sie aber bis zu Null im Vergleich mit der Intensität des erstern ändert? Nach der darauf folgenden Beschreibung der Experimente soll hiermit gefragt sein, ob zwei solche Ströme unter der angegebenen Bedingung in ihrer gegenseitigen Neutralisation ein Zu- und Abnehmen oder eine Intermittenz zeigen!

In einem früheren Memoire hat der Verfasser diese Frage durch Induktionsströme dahin entschieden, dafs zwei Ströme in ihrer inducirenden Wirkung auf einen dritten Leiter nicht interferiren. Er fand nämlich, dafs zwei Ströme von gleicher Richtung in einem dritten einen Strom erregten, der gleich war der Summe der Ströme, welche die inducirenden Ströme einzeln erregt hatten, und dafs zwei entgegengesetzte Ströme mit der Differenz ihrer Kräfte auf den dritten Leiter wirkten, so dafs mit allmäligem Wachsen der einen inducirenden Drahtlänge, d. h. also mit allmäligem Abnehmen des darin fliefsenden Stroms, während der andere inducirende Draht in jeder Beziehung derselbe blieb, die Nadel des Rheometers allmälig immer mehr abwich. — Um dem Einwurfe zu begegnen, dafs die Augenblicklichkeit der Induktionsströme das Auftreten der Interferenz verhindern könne, hat der Verfasser es auch auf andere Weise versucht.

Er liefs zwei thermoelektrische Ströme aus ähnlichen Quellen in entgegengesetzter Richtung durch ein Rheometer gehen und beobachteten den Gang der Nadel, während er den Zuleitungsdraht des einen Stromes durch einen eingeschalteten Wheatston'schen Rheostaten continuirlich verlängerte oder verkürzte, den Strom selbst also schwächte oder verstärkte. Er fand, dafs im ersten Falle die Abweichung der Nadel continuirlich zu- und im zweiten Fall abnahm, dafs sich also auch hier im Gange der Nadel durchaus keine Intermittenz zeigte, welche auf eine Interferenz der beiden Ströme hindeuten könnte. Ein ganz analoges Resultat gab es, wenn die beiden Ströme in derselben Richtung durch das Rheometer gingen. — Als mögliche Einwendungen gegen die Beweiskraft dieses Experiments führt der Verfasser an

1) dafs vielleicht nur Ströme von ungleicher Intensität nicht fähig sind zu interferiren,

2) dafs die Interferenz verhindert sein könne, da der eine Strom beim Durchgang durch den Rheostaten eine sehr inhomogene Leitung erfahre, während der andere solchen Modificationen nicht unterworfen ist,

3) dafs nach Analogie des Lichtes nur Ströme derselben Quelle interferiren können.

Um den letzten der drei Einwände zu beseitigen, nahm er nur ein thermoelektrisches Paar aus Kupfer und Platin, und schlofs es theils durch den Mefsapparat, theils durch eine Nebenschliefsung, die er in drei verschiedenen Arten anbrachte, wie durch folgende Schemas angedeutet ist

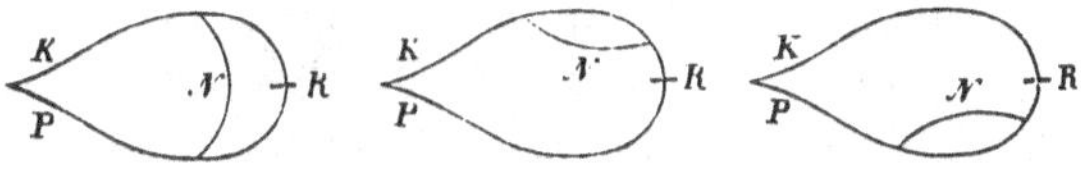

Die Nebenschliefsung konnte allmälig verkürzt und verlängert werden. Bei keiner der drei Abänderungen traten Interferenzerscheinungen hervor.

Den Gründen, welche Hr. Wartmann gegen die Beweiskraft seiner Experimente selbst anführt, ist ein noch viel wichtigerer hinzuzufügen, der auch gegen das letzte Experiment spricht. Nämlich bei allen diesen Versuchen, welche durch die Analogie des Lichtes und des Schalls hervorgerufen sind, ist diese durchaus nicht festgehalten und also nur ein negatives Resultat zu erwarten. Nicht in dem leuchtenden und schallenden Körper treten die Interferenzerscheinung auf, sondern bei ihren Wirkungen in die Ferne. Also nicht in elektrischen Leitern, sondern in ihren inducirenden Wirkungen auf andere Leiter oder die Magnetnadel, nicht durch Abänderungen in der Intensität der inducirenden Ströme, sondern durch Aenderungen in den Abständen des passiven Leiters oder der Magnetnadel von den activen Leitern sind nach der Analogie des Lichtes die

Interferenzen der Elektricität zu suchen. Die Erscheinungen, welche Hr. de la Rive mit magnetoelektrischen, in ihrer Richtung stets wechselnden Strömen gefunden, und Hr. Wartmann bei seinen Versuchen wahrscheinlich zum Muster gehabt hat, scheinen wegen des continuirlichen Stromwechsels noch andere Erklärungen zuzulassen, als die durch Interferenz der elektrischen Ströme.

C. G. Jungk.

Ueber unipolare Inductionszuckungen.

In der Sitzung der physikalischen Gesellschaft vom 4. April d. J. (1845) machte der Unterzeichnete derselben einige Mittheilungen über eine Erscheinung, die er mit dem Namen der unipolaren Inductionszuckungen belegt hat. Seine Beobachtungen darüber wird man, in aller Vollständigkeit, in dem ersten Bande des Werkes niedergelegt finden, welches er demnächst unter dem Titel: „Untersuchungen im Gebiete der thierischen Elektricität" herauszugeben gedenkt. Folgendes reicht indeſs hin, um einen Begriff von dem in Rede stehenden Kreise von Erscheinungen zu erwecken.

Riess[1] und nach ihm Masson und Breguet[2] hatten bereits gezeigt, daſs, damit in einem Leiter, in Folge einer Stromveränderung in einem benachbarten Leiter ein elektrischer Vorgang stattfinde, es nicht nothwendig sei, daſs jener einen geschlossenen leitenden Ring bilde. Man kann vielmehr, bei geöffnetem inducirten Leiter, auf verschiedene Weise, sei's durch Erzeugung Lichtenberg'scher Figuren auf dünnen Harzplatten, sei's mit Hülfe des Condensators oder gar Kleist'scher Flaschen, die dadurch geladen werden, den Nachweis führen, daſs sich an dem Ende des Drahtes, von wo der Strom gekommen wäre, positive Elektricität, an dem anderen, in welches er sich hineinbegeben haben würde, negative Elektricität anhäuft.

[1] Poggendorff's Annalen u. s. w. November 1840. Bd. LI. S. 351.

[2] Annales de Chimie et de Physique. Février 1842. 3. Série. t. IV. p. 129.

Durch die unipolaren Inductionszuckungen wird dasselbe einfach auf dem Wege der physiologischen Stromprüfung geleistet. Die Grundthatsache dieses Gebietes, aus der alle übrigen fliefsen, ist diese: Steht der Nerv eines passend zubereiteten Froschschenkels in Verbindung mit dem einen Ende eines offenen Induktionskreises, und entweder der Schenkel oder das andere Ende des Kreises ist nach dem Erdboden hin abgeleitet, so findet Zuckung statt, jedesmal dafs man in der Nähe des Kreises einen solchen Vorgang erregt, der, wenn der Kreis geschlossen wäre, einen sekundären Strom in demselben zur Folge haben würde; also, um uns der neuerdings von Neumann[1] eingeführten Redeweise zu bedienen, jedesmal dafs eine auf den Kreis einwirkende magnetische oder elektrodynamische Resultante eine Veränderung in beliebigem Sinne erleidet. Ist keines von beiden Enden des inducirten Leiters nach dem Erdboden hin abgeleitet, so findet nie Zuckung statt, die Isolation mufs aber, damit sie ausbleibe, eben so vollkommen sein, als ob es sich um feine reibungselektrische Versuche handelte, um so vollkommener natürlich, je kräftiger der angewandte inducirende Vorgang ist. Etwas günstiger scheint die Ableitung des Schenkels selbst, als die des anderen freien Endes des Leiters zu wirken; ja es kommt bei geringer Leistungsfähigkeit der thierischen Glieder, oder geringer Kraft der Vorrichtungen, sogar vor, dafs die Zuckung bei Ableitung nicht des Schenkels selber ganz versagt. Die Unterbindung des Nerven hingegen hemmt ihr Erscheinen nicht, oder wenigstens nur dann, wenn sie dicht über dem Eintritte des Nerven in den Muskel angebracht wird; die Zuckung fährt fort aufzutreten, auch wenn der Nerv statt das metallische Ende des Leiters unmittelbar zu berühren, auf einen daran stossenden feuchten Leiter, einem nassen Fliefspapierstreifen u. d. m. ruht. —

Nach den Beobachtungen von Volta, Pfaff, Galvani, Michaelis, Ritter und vielen Anderen verfallen bekanntlich Froschschenkel einige Zeit nach dem Tode in einen Zustand, in welchem sie zur Bestimmung nicht nur der Gegenwart, sondern

[1] Poggendorff's Annalen u. s. w. 1846. Bd. LXVII. S. 31.

auch der Richtung eines Stromes geeignet sind, der sie zum Zucken vermag. Sie antworten alsdann vorzugsweise auf den Eintritt des absteigenden Stromes, d. h. eines solchen, der in den Nerven von ihrem Ursprunge nach ihrer Ausbreitung verläuft, demnächst auf den Austritt des aufsteigenden, d. h. eines im entgegengesetzten Sinne kreisenden Stromes; während die ursprünglich auch beim Austritt des ersteren, beim Eintritt des letzteren Stromes stattfindenden Zuckungen sehr viel schwächer ausfallen, oder gar vollständig vermifst werden. Da aber, nach Ritter und Marianini, die Oeffnungszuckung innerhalb gewisser Grenzen um so kräftiger eintritt, je länger der Strom bereits angehalten hat, so geschieht es bei äufsert schnell vorübergehenden Strömen, wie die einer reibungselektrischen Entladung, sogar, dafs die Nerven nur noch auf den absteigenden Strom antworten, durch den aufsteigenden Strom hingegen dem Anschein nach, gar nicht mehr erregt werden. Das Ganze der Bestimmungen, wonach sich solchergestalt unter den verschiedenen Bedingungen des Sinnes, der Dauer, des Anfanges und des Endes des Stromes, wie auch der Leistungsfähigkeit der thierischen Glieder das Erscheinen der Zuckungen richtet, kann man das Gesetz der Zuckungen nennen; man wird, in dem ersten Bande des oben angeführten Werkes, eine möglichst vollständige Uebersicht über sämmtliche dahin gehörige Thatsachen vorfinden.

Gebietet man nun bei den Versuchen über die unipolaren Induktionszuckungen, über einen Schenkel, der sich in dem vorerwähnten Zustande befindet, wovon man sich erst an einer schwachen Kette von bekannter Strömungsrichtung zu überzeugen hat, so ist es leicht, mit Hülfe jenes Gesetzes die Art der Elektricität zu erkennen, die durch den Schenkel abschliefst. Es zeigt sich nämlich alsdann, dafs Zuckung nur erfolgt, wenn die Vorrichtung so angeordnet ist, dafs bei Verbindung des Fufses mit dem freien Ende des Inductionskreises, der dann stattfindende Strom in dem Nerven absteigend sein würde; bei der anderen Strömungsrichtung bleibt Alles in Ruhe. Dasselbe bewährt sich, wenn es nicht der Schenkel selbst ist, der ableitend berührt wird, sondern das andere freie Ende des Inductionskreises. Bringt man an beiden

Enden desselben stromprüfende Schenkel an, so zucken diese, so zu sagen, complementär, d. h. der eine antwortet, wenn der andere schweigt, und umgekehrt. In allen diesen Fällen nun hat, wo Zuckung sattfand, positive Elektricität die Nerven absteigend, oder negative Elektricität dieselben aufsteigend durchflossen, und im Allgemeinen entspricht auch, wie man leicht gewahr wird, das Auftreten der beiden Elektricitätsarten an den Enden des Leiters der Richtung des Inductionsstroms sowohl als den Erfahrungen in dem condensirenden Elektroskop. Nichtsdestoweniger bietet die genauere Durchführung der Theorie der Erscheinung einige Schwierigkeiten dar, die zu beseitigen mir noch nicht vollständig gelungen ist. Hier dieselben darlegen zu wollen, würde fruchtlos sein, ich ziehe es vor, diesen Bericht mit der Beschreibung einer Abänderung der vorigen Erfahrungen zu beschliefsen, durch welche sie für das ganze Feld der elektrischen Reizversuche und der thierischen Elektricität von der gröfsten praktischen Bedeutung werden.

Dort nämlich stellte, kann man sich denken, der inducirte Leiter im Augenblicke des erregenden Vorganges eine offene Säule vor; bei den jetzt folgenden Anordnungen ist er der unvollkommen geschlossenen[1] zu vergleichen. Man verbinde beide Enden desselben mittelst eines, etwa 30^{mm} langen feuchten Fliefspapierstreifens. Legt man den stromprüfenden Nerven ohne Weiteres auf eine beliebige Stelle dieses Streifens, so wird stets und unter allen Umständen Zuckung stattfinden, gleichviel ob der Schenkel ableitend berührt werde oder nicht, weil nämlich ein Theil des Inductionsstromes seinen Weg unmittelbar durch den Nerven nimmt. Wird hingegen der letztere zwischen dem unvollkommen schliefsenden Leiter und den Muskeln unterbunden, so tritt Zuckung nur noch dann ein, wenn der Schenkel ableitend berührt ist, und es geben sich aufserdem noch dafür besondere Bedingungen der Lage des Nerven auf dem Fliefs-

[1] S. Pfaff in Gehler's physik. Wörterbuche Bd. IV. Abth. II. 1828. S. 845. — Fechner's Lehrbuch des Galvanismus und der Elektrochemie (3. Bd. der Uebers. von Biot's Lehrbuch der Physik) 1829. S. 70. — Münk af Rosenschöld in Pogg. Ann. 1838. Bd. XLIII. S. 208.

papierstreifen kund. Der Schenkel bleibt völlig in Ruhe, wenn der Nerv, senkrecht auf die Längenaxe des Streifens, die Länge desselben gerade halbirt. Zuckung findet dagegen statt, so wie diese Bedingung nicht erfüllt ist und der Nerv noch seine ganze Erregbarkeit besitzt. Ist aber bereits eine niedere Stufe derselben erreicht, so zuckt der Schenkel nur, wenn der Nerv auf der Hälfte des Streifens aufliegt, die dem Eintritte des Stromes in demselben entspricht. Hat man daher zwei Präparate mit ihren Nerven auf beiden Hälften des Streifens liegen, so zucken sie, während des Inductionsvorganges, complementär. Die Zuckungen sind begreiflich um so kräftiger, je entfernter von der Mitte des Streifens, je näher den metallischen Enden des Kreises die Nerven aufruhen. Deutet man, wie man soll, unter diesen Umständen die Zuckung auf ein Abfliefsen von positiver Elektricität in absteigender Richtung durch den Nerven, so entsprechen die Erscheinungen offenbar genau denjenigen, die man bei der Untersuchung eines unvollkommen schliefsenden Leiters mittelst des Elektroskopes wahrzunehmen pflegt. Vergl an den oben angegebenen Stellen.

Als ein besonderer Fall des eben beschriebenen Versuches ist nun die Anordnung zu betrachten, bei welcher ein unterbundener Nerv mit der oberhalb der Ligatur befindlichen Strecke über die beiden Enden des inducirten Kreises gebrückt wird. Ist der zugehörige Schenkel isolirt, so bleibt alles in Ruhe; wird er hingegen nach dem Erdboden hin abgeleitet, so findet trotz der Unterbindung Zuckung statt, und zwar, wenn die Erregbarkeit bereits etwas gesunken ist, nur noch jedesmal dann, wenn der Inductionsstrom in der Strecke des Nerven oberhalb des Unterbandes sich in aufsteigendem Sinne bewegt. Es ist ganz so als ob der Nerv auf das dem Eintritt des Stroms entsprechende Ende eines unvollkommen schliefsenden feuchten Leiters, z. B. des obigen Fliefspapierstreifens, gebettet wäre; er wird, in absteigender Richtung, von positiver Elektricität durchflossen.

Bei dieser Form des Versuches leuchtet die angekündigte praktische Bedeutung desselben sogleich ein. Durch die unipolaren Inductionszuckungen wird der sonst so bequeme Gebrauch von Inductionsvorrichtungen bei allen Arten elektrischer Reizversuche im höchsten Grade bedenklich gemacht. Man sieht nämlich, dafs, wenn nicht die thierischen Glieder sowohl als die ganze inducirte Strombahn auf das sorgfältigste isolirt sind, man gar keine Gewähr dafür hat, dafs die beobachteten physiologischen Wirkungen von der Erregung der dem Strome zwischen den Enden der Inductionsrolle unmittelbar ausgesetzten Nervenstrecke herrührten; sie mögen, bei der stets unvollkommenen Schliefsung des Kreises durch den Nerven, gerade ebensowohl das Ergebnifs der sich allerwärts durch die thierischen Glieder hin nach dem Erdboden ergiefsenden Elektricität gewesen sein. Welche Täuschungen aber dadurch entstehen können, geht vielleicht am Besten daraus hervor, dafs man, auf diese Weise, z. B. eine Empfindungswurzel motorisch wirksam findet, und dafs ein unterbundener Nerv, wie oben gezeigt wurde, den bewegungsvermittelnden Vorgang durch die gequetschte Stelle ungehindert fortzupflanzen scheint. Ungehörigkeiten der Art waren es denn auch, die mich, während meiner Untersuchungen über thierische Elektricität, wobei ich häufig elektrische Reizversuche anzustellen hatte und mich dazu einer voltaëlektrischen Inductionsvorrichtung bedienen wollte, auf die unipolaren Inductionszuckungen aufmerksam machten.

Diesem Uebelstande zu begegnen, giebt es schwerlich ein anderes Mittel als das bereits angedeutete: auf die Isolation der thierischen Theile und der inducirten Strombahn überhaupt auf das sorgfältigste bedacht zu sein. Dafs dieselbe ausreiche, erkennt man daran, dafs ein stromprüfender Schenkel, dessen unverbundener Nerv oberhalb des Unterbandes über die Enden des inducirten Leiters gebrückt ist, unabgeleitet während des inducirenden Vorganges in Ruhe bleibt.

Nichtsdestoweniger halte ich es stets für gerathen, sich einer Kette, statt einer Inductionsvorrichtung, zu Reizversuchen zu bedienen; für unbedingt nothwendig wenigstens, dafs man die an der letzteren erhaltenen Ergebnisse in ihren Hauptpunkten mittelst der ersteren controllire. Eine Kette aber scheint, bei gleicher absoluter Stromstärke, in dem Nerven die unipolaren Zuckungen deshalb stets viel schwächer als ein inducirter Metallring zeigen zu müssen, weil an ihr der Nerv einen ungleich geringeren Theil des Gesammtwiderstandes ausmacht, als an letzterem.

Was die bei den obigen Versuchen angewandten Vorrichtungen betrifft, so waren es bald eine gewöhnliche doppelte Drahtrolle mit oder auch ohne Eisendrahteinlage, bald eine kleine SAXTON'sche Maschine. Mit dem Nebenstrome des KLEIST'schen Schlages hingegen mifsriethen diese Versuche in so fern, als sich unter allen Umständen Zuckungen kund gaben, gleichviel ob beide Enden des offenen Inductionskreises, oder, bei unvollkommener Schliefsung desselben, die thierischen Glieder auf das sorgfältigste isolirt wurden oder nicht.

Dr. E. du Bois-Reymond.

Hr. POHL beginnt seine oben erwähnte Schrift mit der Behauptung, dafs die Erde und die Himmelskörper bei ihrer Bewegung in der Art ihrer Wechselwirkung dieselben Normen befolgen, welche uns bei den rotatorischen Fundamentalerscheinungen des Elektromagnetismus vor Augen liegen; will sich indessen ausdrücklich und auf das allerbestimmteste gegen die Behauptung verwahrt wissen, dafs die bewegende Kraft wirklich Elektromagnetismus sei.

Den Grundcharakter der elektromagnetischen Wirkungen setzt er 1) in den kreisenden Antrieb, bei welchem die Hauptrichtung dieses Antriebs immer senkrecht auf dem Drehungsradius sei; 2) darin, dafs bei Drehungsradien von verschiedener Länge die Stärke des Antriebs, welche sich durch die Geschwindigkeit der Bewegung äufsert, den Drehungsradien umgekehrt proportional sei.

Um nun die Anwendung für die Planeten zu machen, überträgt er den zweiten Satz unmittelbar auf die Ellipse und drückt ihn so aus: „Unterlegt man der Bewegung in irgend einem Punkte der Ellipse einen Antrieb, welcher senkrecht auf dem zugehörigen Drehungsradius und diesem umgekehrt proportional ist, so findet sich die entsprechende Bewegung in der Ellipse selbst als eine solche, deren Geschwindigkeit dem Perpendikel aus dem Centralpunkte auf die zugehörige Tangente umgekehrt proportional ist." — Der hier erwähnte Antrieb ist die Geschwindigkeit (c) projizirt auf die gegen den Radius Vektor (r) in dessen Endpunkte (A) senkrechte Grade, also wenn der Winkel, den die Tangente in A mit r bildet, ψ genannt wird, so ist der sogenannte Antrieb $= c \sin \psi$. Dieser soll nach der obigen Annahme dem r umgekehrt proportional sei, also wenn λ eine Constante bezeichnet, so ist $r . c \sin \psi = \lambda$. Das vom Brennpunkte B auf die Tangente gefällte Perpendikel P ist aber gleich $r \sin \psi$, mithin besteht auch die Gleichung $P . c = \lambda$ oder $c : c'$ $P' : P$.

Aus dieser Gleichung soll das zweite Kepler'sche Gesetz folgen, was auch ganz klar ist, denn da $c \sin \psi$ die Linear-Geschwindigkeit ist, so ist $r . c \sin \psi$ die Flächengeschwindigkeit, diese ist constant angenommen, mithin ist auch das zweite Kepler'sche Gesetz schon angenommen.

Die Erklärung, wie eine Ellipse und nicht ein Kreis entsteht, giebt Hr. Pohl durch die dunkele Hypothese, daſs der Grundantrieb sich ändert durch einen periodischen Wechsel der Prävalenz, des attraktiven und repulsiven Faktors. Darauf giebt Hr. Pohl das von ihm neu entdeckte Gesetz: „Die Geschwindigkeit von je zwei die Sonne umkreisenden Massen im Perihel, oder in irgend zwei vom Perihel um gleiche aliquote Theile entfernten Punkten ihrer respektiven Bahnen verhalten sich umgekehrt, wie die Quadratwurzeln aus den respektiven Abständen von der Sonne."

Haben also zwei Planeten in entsprechenden Punkten ihrer Bahnen die Geschwindigkeiten c und c' und die Abstände r und r' von der Sonne, so soll sein $c : c' = \sqrt{r'} : \sqrt{r}$ oder $c\sqrt{r} =$ const. und diese Constante, die nach der Meinung des Hrn. Pohl von den Astronomen noch nicht gekannt ist, soll unsere ganze Astronomie umgestalten.

Indessen ist der Satz, so wie er hier ausgesprochen ist, falsch, und, wie ich nachher zeigen werde, nur für den Fall richtig, daſs der Planet am Endpunkte der kleinen Axe steht. Dort ist die Entfernung vom Brennpunkte gleich der halben grofsen Axe, also die Geschwindigkeit, die für diesen Punkt m heifsen mag $= \frac{\text{Const.}}{\sqrt{a}}$ oder es ist $m : \mu = \sqrt{\alpha} : \sqrt{a}$. Durch Anwendung dieses speciellen Falles gelangt denn auch Hr. POHL zum dritten KEPLER'schen Gesetze. Indem nämlich das Perpendikel, gefällt vom Brennpunkte auf die am Endpunkte der kleinen Axe gezogene Tangente, gleich b der halben kleinen Axe ist, hat man für die Flächengeschwindigkeit den Ausdruck mb, andererseits $\frac{2\pi ab}{t}$, d. h. die durch die Umlaufszeit dividirte Fläche der Ellipse. Mithin für zwei verschiedene Ellipsen $t : \tau = \frac{2\pi ab}{mb} : \frac{2\pi\alpha\beta}{\mu\beta} = \frac{a}{m} : \frac{\alpha}{\mu}$, was mit Hülfe der Proportion $m : \mu = \sqrt{\alpha} : \sqrt{a}$ übergeht in $t : \tau = \frac{a}{\sqrt{\alpha}} : \frac{\alpha}{\sqrt{a}}$ oder $t^2 : \tau^2 = a^3 : \alpha^3$.

Dieser Art, die Astronomie zu begründen, werde ich in wenigen Worten die Art gegenüberstellen, wie man gewohnt ist, sie zu begründen und dann auch eine Ableitung des für die Geschwindigkeit geltenden Satzes geben.

Die Kraft, mit der die Sonne einen Wandelstern anzieht, als beliebige Funktion des Radius Vektors r gesetzt und auf rechtwinkliche Coordinaten bezogen ist

$$-\frac{x}{r}f(r)\,; \quad -\frac{y}{r}f(r); \quad -\frac{z}{r}f(r),$$

wo das negative Zeichen auftritt, da die Richtung von der Sonne weg als positiv gedacht wird. Die auf die Coordinaten projicirte Kraft ist aber nach den Principien der Mechanik auch gleich dem zweiten Differentiale der Coordinate dividirt durch das Quadrat des Differentials der Zeit, mithin hat man die Gleichungen

$$\frac{d^2x}{dt^2} + \frac{x}{r}f(r) = 0$$

$$\frac{d^2y}{dt^2} + \frac{y}{r}f(r) = 0$$

$$\frac{d^2z}{dt^2} + \frac{z}{r}f(r) = 0$$

Wird hier $f(r)$ eliminirt, so läfst sich zuerst zeigen, dafs die Bewegung des Wandelsterns in einer und derselben Ebene vor sich geht, welche durch den Mittelpunkt der Sonne geht. Nimmt man alsdann diese Bahnebene als Ebene der $x\,y$ an, so wird $z = 0$ und die dritte Gleichung fällt fort. Führt man nun Polarcoordinaten ein, r und v (v der Winkel an der Sonne, die sogenannte wahre Anomalie), so erhält man nach einmaliger Integration $\frac{r^2 dv}{dt} = \text{Const.}$ Hier ist $r dv$ ein kleiner Bogen, also $r^2 dv$ das Element der Fläche, welches durch das Zeitelement dividirt die Flächengeschwindigkeit darstellt.

Das zweite KEPLER'sche Gesetz, dafs die Flächengeschwindigkeit in einer Bahn constant ist, steht also ganz unabhängig von der Natur der bewegenden Kraft da. Wird nun das NEWTON'sche Grundgesetz eingeführt, dafs die Kraft dem Quadrate der Entfernung umgekehrt proportional sei, so ergeben sich auch die beiden andern Gesetze, das erste: dafs die Bahn ein Kegelschnitt sei, in dessen einem Brennpunkte die Sonne steht und das dritte, dafs die Flächengeschwindigkeiten in verschiedenen Bahnen sich wie die Quadratwurzeln aus den Parametern verhalten oder die Flächengeschwindigkeit dividirt durch die Quadratwurzel aus dem Parameter ist eine Constante K. Also $\frac{r^2 dv}{dt}\,\frac{1}{\sqrt{p}} = K$. Der Strenge nach tritt auf der linken Seite noch der von der Einheit wenig verschiedene Faktor $\frac{1}{\sqrt{M}}$ auf, wo M die Summe der Sonnen und Planetenmasse. Diese Art, das dritte KEPLER'sche Gesetz auszudrücken, ist deshalb bequem, da hier nicht die halbe Axe a vorkömmt, so dafs es eben so gut für Parabel und Hyperbel wie für die Ellipse anwendbar ist. Man kann indessdn der Formel leicht die gewöhnliche Form $\frac{a^{3/2}}{t} = \text{Const.}$ geben, wo der Strenge nach links wieder der Faktor $\frac{1}{\sqrt{M}}$ beizufügen ist.

Die Ableitung der allgemeinen Formel für die Geschwindigkeit macht sich leicht auf folgende Weise: Ist ds das Element der Bewegung auf der Tangente, so giebt die einfache Anschauung der Figur $ds^2 = dr^2 + r^2dv^2$, dies durch dt^2 dividirt: $c^2 = \frac{dr^2}{ds^2} + \frac{r^2dv^2}{dt^2}$.

Durch Differentiation der Polargleichung $\frac{1}{r} = \frac{1+e\cos v}{p}$ ergiebt sich $\frac{dr}{r^2} = \frac{e\sin v}{p}dv$. Damit läfst sich die Gleichung so schreiben:

$$c^2 = \frac{e^2 \sin v^2}{p^2}\left(\frac{r^2dv}{dt}\right)^2 + \frac{1}{r^2}\left(\frac{r^2dv}{dt}\right)^2$$

Wird hier für $\frac{1}{r^2}$ gesetzt $\left(\frac{1+e\cos v}{p}\right)^2$, für $\frac{r^2dv}{dt} \ldots K\sqrt{p}$, in welchem letzteren, was wohl zu bemerken ist, das dritte Kepler'sche Gesetz enthalten ist, wie oben erwähnt worden, so hat man

$$c^2 = \frac{K^2}{p}\{1+2e\cos v + e^2\}$$

und da $1+2e\cos v + e^2 = 2+2e\cos v - (1-e^2) = 2\frac{p}{r} - \frac{p}{a}$, so ergiebt sich endlich

$$c^2 = K^2\left\{\frac{2}{r} - \frac{1}{a}\right\}$$

Die Constante K, die in der That eine sehr wichtige Rolle in der Astronomie spielt, ist nichts anders als die mittlere Geschwindigkeit der Erde in ihrer Bahn.

Für den speciellen Fall, dafs $r = a$, d. i. am Endpunkte der kleinen Axe, ist $c = K\sqrt{\frac{1}{r}}$, für diesen Fall allein stimmt die Formel mit der Pohl'schen überein, die dieser Form eine allgemeine Gültigkeit beilegen will.

Dr. G. Spörer.

Anhang zum Elektromagnetismus.

Elektrische Telegraphie.

JACOBI. Galvanische und elektromagnetische Versuche. Pogg. Annal. LXVI. 207; Bull. de St. Pét. III; Inst. No. 619, p. 396.

ARAGO. Renseignements sur le télégraphe électrique établi entre Paris et Rouen. C. R. XX. 1704; Inst. No. 594, p. 173; No. 598, p. 215.

ARAGO. Explication (après de communications des MM. DE GIRARD, DE TESSAN et GUILLEMIN) du rôle que joue le sol relativement à la circulation des courants dans les télégraphes électriques. C. R. XX. 1604; Inst. No. 596, p. 192.

AL. BAIN. Mémoire sur les horloges, les télégraphes et les lochs électriques. C. R. XXI. 885, 923; Inst. No. 616, p. 366; Mech. mag. XLII. 128; XLIII. 411.

MORSE. Système de télégraphie électrique. C. R. XXI. 1002; Mech. mag. XLIII. 250.

BREGUET. Télégraphie électrique. C. R. XXI. 760.

Mémoire sur la télégraphie électrique. Quesnev. rev. sc. XXI. 261, 309; XXIII. 123; XXIV. 37.

ARAGO. Ueber elektrische Telegraphie. Dingl. p. J. XCVI. 486.

American and British electric telegraphs. Mech. mag. XLII. 400, 421.

CHUARD. Description d'un nouveau système de télégraphie électrique. C. R. XX. 1721.

GILLET et SAINTARD. Sur un nouveau système de télégraphie électrique. C. R. XX. 1573.

GARNIER. Appareil pour la télégraphie électrique. C. R. XXI. 526; Inst. No. 609, p. 311.

LABORDE. Télégraphie électrique. C. R. XXI. 526; Inst. No. 609, p. 311.

(S. auch MATTEUCCI, MAGRINI, PALMIERI ob. p. 534.)

JACOBI. Ueber elektro-telegraphische Leitungen.

Der Verfasser theilt in dieser Abhandlung mehrere Versuche mit, die er im Grofsen angestellt hat, um zu ermitteln, ob in der Erde liegende Leitungen zur Elektrotelegraphie anwendbar sind. Er hat dabei theils den ganzen Schliefsungskreis aus Kupferdraht bestehen lassen, der isolirt in die Erde gelegt war, theils hat er als die eine Hälfte der Schliefsung die Erde benutzt. Das praktische Resultat dieser Untersuchungen war, dafs eine zur Hälfte aus dem Erdboden bestehende Leitung, obgleich sie zwei Jahre im feuchten Erdboden gelegen hatte, eine zum Telegraphiren überflüssige Leitungsfähigkeit behalten hatte, daſs aber von der Anwendung zweier in der Erde liegender isolirter Leitungsdrähte ein solches Resultat kaum zu erwarten sei. Bei dieser Gelegenheit bestätigte sich die von Faraday gefundene Thatsache, daſs Eis ein Isolator ist, auch im Groſsen. Denn zwei blanke Kupferdrähte, jeder von drei Werst Länge und auf Eis von —9° R. ausgebreitet, zeigten durchaus keine Schlieſsung, wenn nur die einen Enden mit der Batterie verbunden, die andern aber frei waren. Versuche, bei denen einerseits das Wasser der Neva, andererseits auf dem Eise derselben ausgespannter Kupferdraht als Leitung benutzt wurde, gaben zu der Beobachtung Gelegenheit, daſs die Wirksamkeit der elektrischen Batterie in gleicher Weise hervortrat, man mochte die Enden der Zuleitungsdrähte ohne Weiteres nur einen Zoll tief in das Wasser tauchen oder sie zuvor mit 10 Quadratfuſs groſsen Zinkplatten versehen. Nach der von Steinheil aus theoretischen Betrachtungen gezogenen Folgerung, daſs eine Metallplatte von 61 Q.F. nöthig sei, um die Leitungsfähigkeit des Wassers der eines Kupferdrahts von 0,5 Q. L. Durchschnitt gleichzumachen, war ein solches Resultat nicht zu erwarten.

Am Ende des Aufsatzes giebt der Verfasser theoretisch die Bedingungen, welche bei diesen Versuchen vorhanden waren. In der beigefügten Figur

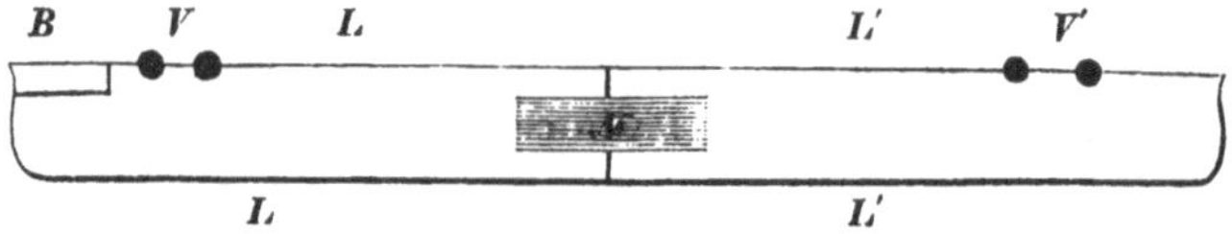

sei *B* die Batterie, *LL'*, *L'L* der Schlieſsungsdraht derselben, *N* gleichsam der Mittelpunkt der durch mangelhafte Isolation der Drähte entstandenen Nebenschlieſsungen, *V* und *V'* zwei eingeschaltete Voltameter. Bezeichnet

E die electrom. Kraft u. *F* den Leitungswiderst. der Batterie.

e	- -	*f*	- - des polarisirten Voltam.	*V*
e'	- -	*f'*	- - - -	*V'*
p	- -	*r*	- - der polarisirten Nebenschl.	*N*
		L	- - der Drähte	*L*
		L'	- - - -	*L'*

so ergiebt sich, wenn noch $L+F+f=\varphi$ und $L'+f'=\varphi'$ gesetzt wird, nach dem Ohm'schen Gesetze für den durch V gehenden elektrischen Strom der Ausdruck

$$\frac{(E-e-e')(\varphi'+r)+(e'-p)\varphi'}{\varphi\varphi'+\varphi r+\varphi' r}$$

und für die durch V' gehenden Strom

$$\frac{(E-e-e')r+(p-e')\varphi}{\varphi\varphi'+\varphi r+\varphi' r}$$

so dafs, wenn G und G' die in V und V' entwickelten Gasmengen sind,

$$\frac{G}{G'}=\frac{(E-e-e')(\varphi'+r)+(e'-p)\varphi'}{(E-e-e')r+(p-e')\varphi}$$

das Verhältnifs der ursprünglichen zur übertragenen Stromkraft angiebt. Dieser Ausdruck zeigt, dafs dieses Verhältnifs die Einheit um so mehr überschreitet, je gröfser φ' ist, d. h. je näher sich die Nebenschliefsung an der Batterie befindet.

Für die Anwendung von Multiplicatoren statt der Voltameter wird $e=e'=0$, also

$$\frac{G}{G'}=\frac{E(\varphi'+r)-p\varphi'}{Er+p\varphi}=\frac{Er+(E-p)\varphi'}{Er+p\varphi}.$$

Wäre p dem E proportional, so müfste dieses Verhältnifs, wenn auch E wächst, constant bleiben. Bei den erwähnten Versuchen näherte sich aber dieser Quotient mit Vermehrung der angewandten Daniel'schen Elemente immer mehr der Einheit; daraus schliefst der Verfasser, dafs p mit der Stärke der Batterie mehr als verhältnifsmäfsig wächst, und zwar mit Recht, wenn die Daniel'schen Elemente jedesmal zu einer einfachen Kette verbunden und also der Widerstand in der Batterie nicht merklich verändert wurde. Wurden aber, was der Verfasser nicht ausdrücklich verneint, diese Elemente jedesmal zu einer Säule geordnet, so konnte dieses Resultat ohne die angenommene Veränderung des p durch die Vergröfserung des in φ enthaltenen F herbeigeführt werden.

Ein in einen galvanischen Strom ohne Nebenschliefsung eingeschalteter Multiplicator zeigt nach einer Untersuchung von dem Verfasser und Lenz das Maximum der Ablenkung, wenn der Widerstand seiner Windungen dem übrigen Widerstande des Schliefsungskreises gleich ist. In der gegenwärtigen Abhandlung leitet der Verf. noch ab, wie der Widerstand der Multiplicatorwindungen sein müsse, damit das Maximum der Ablenkung eintrete, wenn sich im Schiefsungskreise noch eine Nebenschliefsung befindet. Denkt man sich nämlich in der vorigen Figur statt der Voltameter Multiplicatoren und behält die übrigen Bezeichnungen bei, so erhält man für den durch V' gehenden Strom

$$G' = \frac{Er + p\varphi}{\varphi(r+\varphi') + r\varphi'} = \frac{Er + p\varphi}{\varphi(r + L' + f') + r(L' + f')}$$

f' als Widerstand der Multiplicatorwindungen in V' ist $= \frac{l'^2}{m}$, wenn m die Masse und l' die Länge der gesammten Windungen ist. Demnach

$$l' G' = K = \frac{(Er + p\varphi)\, m\, l'}{\varphi(rm + L'm + l'^2) + r(L'm + l'^2)}$$

die Kraft des Multiplicators. Die Bedingungsgleichung $\frac{dK}{dl} = 0$ giebt

$$\frac{l'^2}{m} = f' = L' + \frac{\varphi r}{\varphi + r}$$

Da L' der Widerstand der Schliefsung vom Multiplicator bis zur Verzweigung, und $\frac{\varphi r}{\varphi + r}$ der Widerstand der Verzweigung ist, so zeigt diese Formel die Richtigkeit des oben ausgesprochenen Satzes auch für diesen Fall der Verzweigung.

C. G. Jungk.

Da die galvanische Telegraphie in unseren Tagen eine in schneller Steigerung begriffene Anwendung und Bedeutung gewonnen hat, ihre Erfindung unserem Jahrhunderte angehört, und sie erst in neuerer Zeit zur praktischen Brauchbarkeit herangereift ist, so wird es nicht ungeeignet scheinen, in diesem ersten Jahresberichte den diesjährigen und unbedeutenden Fortschritten derselben eine historische Uebersicht ihrer Entstehung und Entwickelung vorauszuschicken.

Schon im vorigen Jahrhunderte sind Pläne und selbst Versuche in grofser Zahl gemacht, welche die Mittheilungen von telegraphischen Zeichen an entfernte Beobachter durch elektrische Entladungen bezweckten. So erwähnt der *Dr.* Joung [1] 1787 eines derartigen Apparates, den er bei dem Mechaniker Lomond gesehen hatte, mittelst dessen zwei in verschiedenen Zimmern befindliche Personen sich unterhalten konnten. Aehnliche Versuche sind von Reisser [2], Salva [3] und anderen angestellt. Doch nur mit Unrecht könnte man wohl diese, ins Gebiet physikalischer Spielereien fallenden Experimente als den Anfang der jetzigen elektrischen Telegraphie betrachten. Denn eine dem technischen Gebiete anheimfallende Erfindung kann nur dann als wirklich gemacht betrachtet werden, wenn ihr Zweck sich mit den zur Zeit vorhandenen Mitteln auch wirklich erreichen läfst. Dafs aber die so schwierig zu isolirende Reibungselektricität sich vom technischen Standpunkte aus, nicht zur telegraphischen Verbindung weit entfernter Orte eignet, braucht wohl nicht erst erwiesen zu werden. Ein ganz anderes Verhältnifs trat aber ein, als durch die folgeschweren Entdeckungen Galvani's und Volta's der dauernde elektrische Strom bekannt geworden war. Der lange Schliefsungsdraht einer Volta'schen Säule konnte ohne grofse Schwierigkeit vom Boden hinlänglich isolirt werden, und es war möglich, das Vorhandensein eines denselben durchlaufenden Stromes durch chemische und physiologische Wirkungen nachzuweisen.

Auf dieser, durch den damaligen Stand der Wiesenschaft allein gegebenen Grundlage begründete Soemmering [4], Mechaniker zu München, den ersten galvanischen Telegraphen, und machte ihn dadurch bekannt, dafs er ihn im Jahre 1808 im Modell der Akademie zu München vorlegte. Sein Telegraph beruhete auf der Zersetzung des Wassers durch den Strom. Er verband die beiden Orte, welche in telegraphische Verbindung

[1] Travels in France 1787. 4 ed. Vol. I. pag. 79.

[2] Voigt's Magazin Bd. IX. No. 1.

[3] Ebendas. Bd. XI. No. 4.

[4] Münchener Denkschriften der Kgl. Akad. der Wissensch. 1809—1810, p. 401.

gesetzt werden sollten, durch 25 von einander und vom Boden isolirte Drähte. Auf dem Boden zweier mit gesäuertem Wasser gefüllten Glasgefäſse waren nahe an einander so viele Goldspitzen angebracht wie Leitungsdrähte zwischen den Stationen gezogen waren. Jede dieser Spitzen war mit einem Buchstaben bezeichnet, und die gleichbezeichneten beider Gefäſse wurden durch einen der Drähte verbunden. Durch eine Tastenreihe konnte nun an den Orten, von welchen eine Nachricht ausgehen sollte, zwischen jedes Paar neben einanderliegenden Spitzen angehöriger Drähte eine galvanische Säule eingeschaltet werden. Dadurch ward an den entsprechenden Spitzen der andern Station eine Gasentwickelung eingeleitet. Ein aufmerksamer Beobachter konnte hieraus stets erkennen, zwischen welches Drahtpaar sein Correspondent die Säule eingeschaltet hatte, und auf welchen Buchstaben er seine Aufmerksamkeit lenken wollte. Die elektrische Telegraphie war durch diesen Vorschlag Sömmering's möglich geworden, und er verdient daher mit Recht der Erfinder derselben genannt zu werden. Doch für die praktische Anwendung war sein Telegraph noch zu unvollkommen, und die Sache selbst noch zu neu.

Schweigger schlug bei der Bekanntmachung des Sömmering-schen Telegraphen in seinem Journale vor, anstatt der 25 Drähte nur zwei zu nehmen. Der Beobachter sollte aus der gröſseren oder geringeren Heftigkeit der Gasentwickelung an den Spitzen erkennen, an welcher derselben sich Wasserstoff entwickelte, welcher der Drähte mithin mit dem Kupferpole der Säule in Verbindung gesetzt war. Hierdurch waren zwei verschiedene Zeichen mit den Drähten zu geben, und aus der Wiederholung mehrerer derselben in verschiedenen Intervallen sollte ein Alphabet zusammengesetzt werden.

Durch Oersted's Entdeckung der Wechselwirkung zwischen Strom und Magnet war auch für die galvanische Telegraphie ein neues Feld des Fortschritts eröffnet. Ampère [1] schlug 1820 einen hierauf begründeten Telegraphen vor. Mit Multiplicatoren versehene Magnetnadeln trugen an einem Ende leichte Schirme,

[1] Annal. de phys. et de chim. XV. p. 72.

durch welche die Zeichen oder Buchstaben verdeckt wurden so lange die Nadeln in Ruhe waren. Der Umwindungsdrath jedes Multiplicators communicirte durch zwei lange Verbindungsdrähte mit einem an der andern Station befindlichen Multiplicator, dessen Nadel einen gleichen Buchstaben verdeckte. Wenn nun irgendwo eine Säule in eine der hierdurch gebildeten geschlossenen Drahtleitungen eingeschaltet wurde, so entblöfsten die von der Drahtleitung umwundenen Nadeln den durch ihre Schirme verdeckten Buchstaben.

Fechner[1] wollte die grofse Zahl der Drähte, welche zwischen den Stationen geführt werden mufsten, dadurch auf zwei reduciren, dafs er nur ein solches Paar von Magnetnadeln anwandte, und durch deren Ablenkung nach rechts und links ein Alphabet combinirte. Er erwies ferner[2] zuerst die Möglichkeit, viele Meilen von einander entfernte Orte durch galvanische Telegraphen zu verbinden, und berechnete die dazu gehörige Zahl der Plattenpaare der Säule, und den Einflufs der Gröfse der Platten auf die Stromstärke.

Gauss und Weber[3] waren die Ersten, welche eine telegraphische Verbindung durch galvanische Ströme wirklich herstellten. Im Jahre 1833 wurde das neu errichtete magnetische Observatorium zu Göttingen mit der Sternwarte durch zwei Drähte verbunden, welche durch Stangen, Häuser und Thürme der Stadt getragen wurden. An jedem Endpunkte wurde in diese Drahtleitung ein Multiplicator eingeschaltet, welcher einen schweren an Seidenfäden hängenden Magnetstab umgab. Die Magnetstäbe waren mit Spiegel, Skala und Fernrohr wie beim Magnetometer versehen, und von schweren Kupferbarren umgeben, um die Schwingungen der Stäbe schnell zu beseitigen. Durchlief nun ein Strom den Kreis der Leitung, so wurden beide Magnetstäbe in dem einen, durch Umkehrung der Richtung desselben in dem entgegengesetzten Sinne abgelenkt. Folgten

[1] Fechner's Lehrbuch des Galvanismus, p. 269. Leipz. bei Vofs. 1829.

[2] Repert. der Exper.-Physik. Leipzig bei Vofs 1832.

[3] Göttinger gelehrter Anz. 1834, No. 128, und 1835, No. 36; Gauss und Weber's Resultate aus den Beobachtungen des magnet. Vereins. Göttingen 1837.

die Unterbrechungen und Umkehrungen in schneller Folge auf einander, so zeigten die Magnetstäbe dem Beobachter am Fernrohre eine gleiche Folge von kurzen Zuckungen nach rechts oder links, aus welchen sich mit Leichtigkeit ein Alphabet combiniren liefs. Als Elektromotor benutzten Gauss und Weber Anfangs eine schwache hydroelektrische Kette, und bewerkstelligten die Umkehrung des Stromes durch eingeschaltete Gyrotrope, später bedienten sie sich der magneto-elektrischen Ströme, welche sie durch Verschiebung einer aus vielen Windungen dünnen Drahtes bestehenden Multiplicatorrolle auf dem einen Ende eines schweren Magnetstabes erzeugten [1].

Scheinbar unabhängig von Gauss und Weber entwarf Schilling von Canstadt [2] einen ähnlichen Telegraphen. Anstatt der schweren Magnetstäbe nahm er jedoch wieder leichte Nadeln, deren Schwingungen er durch leichte Platinstäbchen beseitigte, welche an einem Ende der Nadel befestigt waren und in Gefäfse mit Quecksilber tauchten. Seinem im Wesentlichen mit Fechner's Vorschlage übereinstimmenden Instrumente fügte er jedoch etwas Neues hinzu, nämlich eine Weckervorrichtung, um die Aufmerksamkeit des Empfängers der Nachricht zu erregen. Sie bestand aus einem Uhrwerke, welches durch die erste Ablenkung der Nadel aus ihrer Ruhelage ausgelöst wurde.

Aufgefordert von Gauss und Weber beschäftigte sich Steinheil mit grofsem Erfolge mit der elektrischen Telegraphie. Er führte graphische und akustische Signale ein, vereinfachte die Methode der Zeichengabe, verminderte zuerst die Zahl der Leitungsdrähte bis auf einen, indem er die Erde als andere Hälfte des Schliefsungskreises benutzte. Seine im Jahre 1837 vollendete telegraphische Drahtleitung verband das Akademiegebäude

[1] Diese erste telegraphische Drahtleitung ist im Sommer 1844 durch einen Blitzschlag gröfstentheils zerstört worden. Der wahrscheinlich in einen der Thürme, welche als Träger der Drahtleitung dienten, einschlagende Blitz lief am Drahte über den gröfsten Theil der Stadt fort, wobei er den Draht schmelzte oder zerrifs, und sprang vor der Stadt zur Erde über. Es ist zu bedauern, dafs diese interessante und vielfach beobachtete Erscheinung nicht näher beschrieben ist.

[2] Allgemeine Bauzeitung, 1837, No. 52, p. 440.

[3] Allgemeine Augsb. Zeitung, No. 89—91.

zu München mit der Sternwarte zu Bogenhausen und nahm noch zwei andere mit telegraphischen Instrumenten versehene Stationen in ihren Kreis mit auf. An jeder Station befanden sich zwei leichte, von einer einzigen Multiplicatorrolle umgebene Magnetnadeln. Die innern benachbarten Enden dieser Nadeln trugen kleine Farbebehälter, welche an einer Seite mit einer der Länge nach fein durchbohrten Spitze versehen waren. Vor diesen Spitzen ward ein Papierstreifen durch ein Uhrwerk in gleichmäfsiger Geschwindigkeit vorübergeführt. Durchlief ein Strom die Drahtleitung, in welche die Multiplicatoren aller Stationen eingeschaltet waren, so ward an jeder derselben eine der Spitzen gegen den Papierstreifen gedrückt und hinterliefs auf demselben eine Marke. Ward der Strom umgekehrt, so traten die andern Enden der Nadeln aus den Multiplicatoren heraus, und die zweite Spitze beschrieb jetzt die Marke, die aber auf einer andern Linie erschien, da die Spitzen in verschiedener Höhe angebracht waren. Durch wiederholte Pulsationen des Stromes im einen oder im andern Sinne erhielt man mithin an jeder Station eine Reihe von Punkten in verschiedenen Reihen und Abständen auf dem Streifen, woraus ein Alphabet oder Chiffersystem mit Leichtigkeit zusammenzusetzen war. Steinheil machte die Zeichen seines Telegraphen auch hörbar und durchs Gehör verständlich, indem er den äufseren Federn der Nadeln Glöckchen von verschiedener Tonhöhe gegenüberstellte, so dafs die eine Nadel stets den höheren Ton erschallen liefs, während die andere einen auf der höheren Linie liegenden Punkt auf dem Streifen verzeichnete, und umgekehrt. Als Elektromotor benutzte er eine modificirte Klarke'sche Maschine, bestehend aus einem hufeisenförmig gebogenen Stahlmagneten, vor dessen Polen ein mit Inductionsrollen versehener hufeisenförmiggebogener Anker sich drehete. Dies geschah durch einen Balancier, welcher nach rechts oder links geworfen wurde, und dadurch einen Strom in einem oder andern Sinne in der Gesammtkette erzeugte. An jeder Station war ein solcher Apparat in den Kreis der Leitung eingeschaltet; es konnten mithin von jeder Station aus sämmtliche Nadeln in gleichzeitige und gleichartige Bewegung gesetzt werden. Steinheil ersetzte später die Hälfte der doppelten Drahtleitung durch die Erde, und zeigte auch, dafs die Erde, wenn grofse Elektroden angewandt würden, dem Strome nur einen sehr geringen Widerstand entgegensetzte.

Scheinbar gleichzeitig mit Steinheil beschäftigten sich Morse in New-York und Wheatstone in London mit der Vervollkommnung und Einführung der galvanischen Telegraphie.

Am 12. Juni 1837 nahmen Wheatstone und Cooke [1] in England ein Patent auf einen galvanischen Telegraphen. Er bestand darin, dafs 5 astatische Doppelnadeln mit Multiplicatoren durch 5 Leitungs- und einen gemeinschaftlichen Rückleitungsdraht mit eben so vielen Multiplicatoren der andern Station communicirten. Durch Einschaltung einer hydroelektrischen Kette konnten eine oder mehrere dieser Nadeln gleichzeitig nach rechts oder links abgelenkt werden. Die Herstellung und resp. Umkehrung des Stromes geschah durch ein Tastenwerk. Die Zeichen bestanden aus Kombinationen der gleichzeitigen Ablenkung zweier Nadeln nach rechts oder links. Auf eine sehr sinnreiche Weise wurden die Zeichen dadurch direkt ablesbar gemacht, dafs die Durchschnittspunkte der Richtungen aller abgelenkten Nadeln, mit dem zur Correspondenz erforderlichen Zeichen beschrieben wurden.

Wheatstone versah seinen Telegraphen auch mit einem Wecker, welcher sich dadurch von dem von Schilling von Cannstadt angewendeten unterschied, dafs die Auslösung des Uhrwerks durch einen Elektromagneten mittelst Anziehung eines Ankers von weichem Eisen bewerkstelligt wurden.

Morse macht Wheatstone jedoch die erste Anwendung der Elektromagnete zur galvanischen Telegraphie streitig. Sein im September 1838 der Pariser Akademie vorgelegter Telegraph bestand aus einem Elektromagneten, welcher eine weiche Eisenplatte anzog, wenn ein Strom durch seine Spiralen ging, sie dagegen wieder fallen liefs, wenn er aufhörte. Mit ihr stand ein Griffel in Verbindung, welcher gegen einen Papierstreifen geprefst wurde, so lange sie vom Elektromagneten angezogen

[1] Mech. mag.

ward. Der Papierstreifen ward durch ein Uhrwerk gleichförmig fortbewegt, wodurch kürzere oder längere Striche oder Punkte, je nach der Dauer der Anziehueg, auf ihm verzeichnet wurden. Die Buchstaben und Zahlen wurden durch Gruppen von Strichen und Punkten, welche durch Zwischenräume von einander getrennt waren, dargestellt. Morse will den Plan zu diesem Telegraphen schon 1832 aufgestellt und mitgetheilt haben. Die erste öffentliche Bekanntmachung geschah aber erst im Herbst 1837, also nachdem Wheatstone [1] sein Patent genommen hatte. Da dies jedoch nach englischem Gebrauche sechs Monate lang geheim blieb und bis dahin Verbesserungen noch hinzugefügt werden konnten, so erscheinen die Ansprüche Morse's auf die erste Anwendung der Elektromagnete nicht ganz unbegründet.

Im Januar 1839 nahm Davy [2] in England ein Patent auf eine neue Construction galvanischer Telegraphen. Er wandte, wie Wheatstone, sechs Leitungsdrähte an, von denen einer als gemeinschaftlicher Rückleitungsdraht diente. Die übrigen fünf Drähte bildeten an jeder Station fünf Multiplicatoren, von denen ein jeder zwei Magnetnadeln, deren Axen in kleinen Quecksilbergefäfsen standen, umgab. Durch ein Tastenwerk konnte jede dieser Nadeln nach rechts oder links abgelenkt werden. Diese Ablenkungen sollten aber nicht direkt die Zeichen bilden, sondern dazu dienen, eine an der Empfangstation selbst befindliche galvanische Batterie in die äufserste Thätigkeit zu setzen, wodurch, auf elektrolytischem Wege, die entsprechenden Zeichen auf einem mit präparirtem Zeuge bekleideten Metallcylinder verzeichnet werden sollten. Dieser Cylinder erhielt durch eine Schnur mit Gewicht den Impuls zur Drehung, er ward jedoch durch eine Hemmung daran gehindert. Dem bekleideten Cylinder gegenüber befand sich ein zweiter von nicht leitender Substanz mit fünf schmalen Platinaringen, welche sich an die präparirte Bekleidung des Ersteren lehnten. An diesen Platinaringen schleiften schwache Metallfedern, die mit den fünf Quecksilbernäpfchen der vorderen Nadeln communicirten. Wurde

1 Silliman's Journal.

2 Mech. mag. No. 754, p. 261; No. 756, p. 296; No. 758, p. 327.

eine dieser Nadeln durch einen die Gesammtleitung durchlaufenden Strom abgelenkt, so schlugen sie gegen einen Metallstift, welcher mit dem einen Pole einer galvanischen Batterie, deren anderer Pol mit dem bekleideten Metallcylinder communicirte, leitend verbunden war. Dadurch ward ein Strom durch den betreffenden Platinaring und das mit einer zersetzbaren Salzlösung imprägnirte Zeug hindurch eingeleitet und eine Marke auf diesem erzeugt. Ward die Richtung des Stromes umgekehrt, so ward die andere vom Multiplicator umschlossene Nadel gegen einen Metallstift geprefst, welche ebenfalls mit dem einen Pole der Batterie communicirt. Ein Draht, welcher einen Elektromagneten umkreiste, verband den anderen Pol derselben mit dem Quecksilbernäpfchen und ward daher jetzt vom Strom durchlaufen. Der hierdurch angezogene Anker des Elektromagneten regierte die Hemmung des bekleideten Cylinders und überliefs diesen so lange dem ihn bewegenden Gewichte, bis der nächste Zahn des Sperrrades gegen die Hemmung schlug. Die telegraphischen Zeichen bestanden aus Gruppen mehrerer gleichzeitig erzeugten Marken. —

Obgleich der Davy'sche Telegraph durchaus unpraktisch und auch nicht angewendet ist, so ist er doch sehr bemerkenswerth, da man bei ihm zuerst der Rotations-Bewegung und der indirekten Anwendung der dynamischen Wirkung des Stromes und des Elektromagnetismus zur Erzeugung derselben, begegnet.

Vorsselmann de Heer [1] zeigte und beschrieb 1839 in der physikalischen Gesellschaft zu Deventer einen auf die physiologische Wirkung des in langen Drahtleitungen entstehenden und verschwindenen Stromes begründeten Telegraphen. Er bestand darin, dafs an jeder Station zehn isolirte metallene Doppeltasten in zwei getrennten Reihen angebracht wurden, die mit Zahlen oder Buchstaben bezeichnet waren. Wurden sie nieder gedrückt, so communicirten sie durch eben so viele dünne Leitungsdrähte mit den gleichbezeichneten Tasten der anderen Station. Legte der Empfänger der Nachricht nun seine 10 Finger auf die Tasten, so wurden durch seinen Körper die Enden der 10 Drähte lei-

[1] Pogg. Ann. Bd. 46, pag. 513.

tend verbunden, er konnte mithin deutlich unterscheiden in welchem Drahtpaare sein Korrespondent einen Strom entstehen und verschwinden liefs. Dies geschah dadurch, dafs dieser die beiden entsprechen Tasten in verschiedenen Reihen und mit bekleideten Fingern niederdrückte. Zur Erregung der Ströme benutzte VORSSELMANN eine CLARKE'sche Maschine, er schlug jedoch vor Induktionströme höherer Ordnung anzuwenden, um die Schläge kräftiger zu machen.

Um die Aufmerksamkeit der Korrespondenten erwecken zu können, sollten dieselben zwei Metallplatten an ihrem Körper tragen, von denen jede mit der Hälfte der Drähte communicirte.

Im Januar 1841 nahmen WHEATSTONE und COOKE [1] ein Patent auf einen neuen Telegraphen. Sie verliefsen jetzt das bisher befolgte Nadelsystem und betraten einen ganz verschiedenen Weg. Dieser bestand darin, dafs sie die Buchstaben des Alphabets auf einem Zifferblatte anbrachten und daher direkt ablesbar machten, dafs ein Zeiger durch wiederholte Herstellung und Unterbrechung des den einzigen jetzt vorhandenen Leitungsdraht durchlaufenden Stromes, bis zu dem Buchstaben fortbewegt ward, welcher übertragen werden sollte. Der Zeiger safs auf einer Welle, welche durch Räderwerk von einer Spiralfeder gedreht wurde. Eine Hemmung, der einer Pendeluhr vergleichbar, widersetzte sich dieser Drehung durch ihren Eingriff in die Zähne eines auf der Welle sitzenden Rades, welches eben so viel Zähne wie das Ziffernblatt Eintheilungen hatte. Die Hemmung ward durch eine Eisenplatte, die durch einen Elektromagneten angezogen, durch eine Feder zurückgeführt wurde, bewegt. Bei jeder Oscillation der Hemmung passirte ein Zahn des Hemmungsrades, und rückte der Zeiger demgemäfs um eine Eintheilung des Ziffernblattes vor. Dasselbe mufste nun bei allen ähnlichen Instrumenten, deren Elektromagnete in den Kreis der Drahtleitung eingeschlossen waren, der Fall sein, sämmtliche Zeiger durchliefen daher gleichzeitig ihre Theilkreise und mufsten, einmal auf denselben Buchstaben eingestellt, stets auf gleiche gerichtet bleiben. Anstatt einen Zeiger auf einem feststehenden Ziffernblatte zu bewegen,

[1] Mech. mag.

liefs Wheatstone auch umgekehrt das Ziffernblatt drehen, und las das Zeichen durch eine Oeffnung, welche in einer das übrige Ziffernblatt verdeckenden Scheibe angebracht war. — Zur Erleichterung und Beschleunigung der wiederholten Herstellung und Unterbrechung des Stroms bediente sich Wheatstone eines besonderen Apparates. Dieser bestand in einer Metallscheibe, in welche in der Nähe des Randes so viele Elfenbeinplatten eingelegt waren, wie das Ziffernblatt Eintheilungen hatte. Die Scheibe war um einen Zapfen drehbar und eine Metallfeder, durch welche der Strom hindurch ging, wenn sie mit dem Metall der Scheibe in Kontakt war, glitt bei der Drehung abwechselnd über dies und die eingelegte Elfenbeinplatte fort. Der Rand der Scheibe war mit denselben Zeichen, jedoch in umgekehrter Reihenfolge, wie der der Zifferblätter beschrieben. Waren daher ein Zeiger der Ziffernblätter und ein feststehender dem Rande des Kommutators gegenüberstehender Zeiger auf denselhen Buchstaben eingestellt, so brauchte man nur den Letzteren mittelst einer Handhabe so weit zu drehen, bis der Zeiger auf das zu übertragende Zeichen hinwies. Die Zeiger sämmtlicher eingeschalteten Telegraphen mufsten sich dann ebenso einstellen. — Wheatstone zog es in der Regel vor, einen permanenten Strom durch die Kette gehen zn lassen und durch Unterbrechung desselben die Zeiger zu bewegen, indem dies ihm gestattete mit einer Batterie von allen Stationen aus zu telegraphiren. Sämmtliche Kommutatoren mufsten dann so gestellt sein, dafs die Federn während der Ruhe auf Metallfeldern standen. Sollte dagegen mit unterbrochener Kette telegraphirt werden, so mufsten während der Ruhe die Enden des Leitungsdrahtes mit der Erde leitend verbunden sein, damit in der hierdurch in sich selbst geschlossenen Leitung von jeder Station aus ein Strom durch Einschaltung eines Elektromotors erregt werden konnte. Zu dem Ende ward ein Elfenbeinstück jedes Kommutators der beiden Endstationen mit einem Mettalplättchen belegt, welches mit dem zur Erde führenden Drahte in leitender Verbindung stand. Wurden die, die Enden der Drahtleitung bildenden, Federn stets auf diese Felder geführt, wenn nicht telegraphirt ward, so durchlief kein Strom die Kette und diese war in sich geschlossen.

Wheatstone bediente sich später ebenfalls der magneto-elektrischen Ströme anstatt der hydroelektrischen zum telegraphiren. Er modificirte Steinheil's Methode dahin, dafs er die Inductionsspiralen durch ein Getriebe mittelst eines grofsen Zahnrades, welches mit einer Handhabe versehen war, in Rotation versetzte. Die Zahl der Zähne des Getriebes war in der des grofsen Rades so oft enthalten wie Zeichen auf dem Zifferblatte vorhanden waren. Jede halbe Umdrehung des Getriebes erregte in der Kette einen Strom, welcher die Elektromagnete zur Anziehung ihrer Anker veranlafste. Der darauf folgende entgegengesetzte ward abgeleitet ohne durch die Hauptleitung zu gehen. Die Anker fielen daher während der zweiten halben Umdrehung des Getriebes wieder ab, und man brauchte jetzt die Handhabe des grofsen Rades nur bis auf denjenigen, der auf einem Theilkreise verzeichneten Buchstaben zu führen, welcher mitgetheilt werden sollte, um auch die Zeiger aller eingeschalteten Telegraphen auf diesen zu stellen.

Wheatstone gab auch eine Methode an, durch welche die Zeichen seines Telegraphen gedruckt dargestellt werden konnten. Das Ziffernblatt, das hier anstatt des Zeigers gedreht wurde, bestand aus gehämmertem Messingbleche, und wurde durch radiale Sägenschnitte in so viele in der Mitte zusammenhängende Sectoren getheilt, als Zeichen zu übertragen waren. Ein jeder dieser Sectoren bildete eine Feder, an deren äufserem Ende eine Type befestigt wurde. Nahe der Peripherie dieser Scheibe befand sich, dicht unter ihr, eine kleine Walze, über welche ein mit einer abfärbenden Masse überzogener, und ein weifser Papierstreifen fortgeführt wurden. Stand der Telegraph still, so wurde auf die gerade über der Walze befindliche Type ein Schlag durch einen Hammer ausgeführt, welcher durch ein Uhrwerk wieder gehoben ward. Die hierdurch auf die Walze niedergedrückte Type veranlafste ihren Abdruck auf den weifsen Papierstreifen. Die Auslösung des Uhrwerks geschah durch einen besonderen Leitungsdraht. Nach jedem Schlage ward die Walze mittelst eines Sperrrades um die Breite eines Buchstabens gedreht.

Der Mechaniker Bain zu London macht Wheatstone

die Erfindung der Drucktelegraphen streitig. Sein im Jahre 1843 in England patentirter Drucktelegraph besteht aus zwei Uhrwerken, welche einen genau übereinstimmenden Gang haben. Durch die Ablenkung zweier mit Multiplicatoren versehener Magnetstäbe werden beide Uhrwerke gleichzeitig ausgelöst, wenn ein Strom die Drahtleitung durchläuft. Jedes derselben dreht eine Scheibe, auf deren Rande erhabene Typen in gleicher Folge und Zahl gravirt sind. Eine mit Buchdruckerschwärze bekleidete Schwärzwalze, welche sich an die Typenscheibe lehnt, versieht die Typen stets mit frischer Schwärze. Ihr gegenüber befindet sich eine mit weifsem Papiere bekleidete Walze, die gegen die Typenscheibe geprefst wird, wenn der Gang der Uhrwerke durch Unterbrechung des Stromes unterbrochen ist. Hierdurch wird der den Druckwalzen gerade gegenüberstehende Buchstabe der Typenscheibe auf die Papierbekleidung der Ersteren abgedruckt. Diese Bewegung der Druckwalzen gegen die Typenscheiben wird durch Elektromagnete bewirkt, welche activ werden, wenn die Uhrwerke ruhen. Zu diesem Behufe versah Bain jedes der Uhrwerke mit einer, dem Watt'schen Centrifugalregulator der Dampfmaschinen analogen Vorrichtung, die durch dasselbe in Rotation versetzt ward. Wurde die Bewegung des Apparates unterbrochen, so fielen die Pendel zusammen und stellten dadurch den Schliefsungscontact einer galvanischen Batterie her, welche den zur Bewegung der Druckwalzen bestimmten Elektromagneten zur Anziehung seines Ankers vermochte und dadurch den Abdruck bewirkte. Setzten sich die Uhrwerke dagegen wieder in Bewegung, so hoben sich die Pendel, der Contact ward unterbrochen und die Druckwalze durch eine Feder in die ursprüngliche Stellung zurückgeführt. Durch ein mit ihr verbundenes Sperrrad ward sie bei jeder Zurückbewegung um die Breite eines Buchstabens gedreht. Diese Drehung geschah um eine Schraube, welche die Axe der Druckwalze bildete. Sie ward dadurch bei jeder vollen Umdrehung um die Höhe eines Schraubenganges gehoben, wodurch erzielt ward, dafs die Druckschrift in einer Spirale um die Walze herum fortlief. Durch einen horizontalen Arm stand die Axe der Schwärzwalze mit der Druckwalze in Verbindung und erhielt dadurch ebenfalls eine aufsteigende Bewegung, wodurch immer neue Stellen ihrer geschwärzten Oberfläche mit den Typen in Berührung kamen.

Bain erkannte bald die grofsen Mängel dieses Apparates, welche namentlich darin bestanden, dafs die Uebereinstimmung der Anzeigen der Tetegraphen allein dem gleichmäfsigen Gange der Uhrwerke überlassen war, und dafs der Gang derselben nothwendig sehr langsam sein mufste um die Unterbrechung des Stromes stets rechtzeitig bewirken zu können. Er suchte sie dadurch zu beseitigen, dafs er nach Davy's und Wheatstone's Vorgange den Fortgang der Telegraphen von einer Folge von Unterbrechungen und Herstellungen des Stromes in der Art abhängig machte, dafs jede Unterbrechung die Typenscheiben um den Abstand zweier Buchstaben drehte. Er liefs zu dem Ende über einem metallischen Zifferblatte einen Zeiger durch ein Laufwerk mit möglichst constanter Geschwindigkeit drehen. Eine am Zeiger angebrachte Feder schleifte auf dem Ziffernblatte und stellte durch ihren Contact mit demselben den Strom her. Durch eine Reihe von Elfenbeinstiften, über welche die Feder während der Bewegung des Zeigers hinweggehen mufste, ward sie jedoch abwechselnd gehoben und ihr Contact und mithin auch der Strom so oft unterbrochen und wiederhergestellt, wie ein Stift von ihr passirt wurde. Jede Pulsation des Stromes drehte die Typenscheibe der entfernten Station um ein Zeichen weiter und erhielt sie dadurch in übereinstimmendem Gange mit dem Zeiger. Auf dem Ziffernblatte befanden sich, nahe dem Rande und gleichmäfsig im Kreise vertheilt, so viele Vertiefungen wie Stifte und Typen vorhanden waren. Wurde die Spitze eines Elfenbeinstiftes in eine dieser Vertiefungen gehalten, so ward der Zeiger, wenn er den Stift in seinem Laufe traf, in dem Augenblicke angehalten, wo die Contactfeder durch den entsprechenden Elfenbeinstift gehoben war. Der Strom blieb daher unterbrochen, mithin hörte auch die weitere Drehung der Typenscheibe so lange auf bis der Zeiger wieder freigelassen ward. An Stelle einer der erwähnten Vertiefungen des Ziffernblattes war ein Loch in dasselbe gebohrt, in welchem der Elfenbeinstift festgesteckt werden konnte, wenn der Telegraph aufser

Thätigkeit gesetzt werden sollte. Zur Ausführung der Operation des Druckens wandte Bain einen zweiten Leitungsdraht an, welcher den Druckmagneten der andern Station umkreiste. Durch Niederdrücken einer Feder ward der Strom der Batterie durch diesen Draht geleitet und der Druck dadurch ausgeführt.

Wheatstone und Bain benutzten den Elektromagnetismus auch zur Bewegung von Uhrwerken und zur Uebertragung des Ganges eines Chronometers auf andere Instrumente oder zur Telegraphirung der Zeit. Wheatstone versah die Zeigerwelle des Chronometers mit einer metallenen Scheibe, durch welche ähnlich wie bei seinem Telegraphen, der Strom abwechselnd hergestellt und unterbrochen, und dadurch eine beliebige Zahl von, mit Elektromagneten versehenen Zählerwerken in genau übereinstimmendem Gange mit dem Chronometer erhalten ward. Bain dagegen liefs die abwechselnde Unterbrechung und Herstellung des Stromes durch das Pendel selbst ausführen.

Von nun an wurden an vielen Orten Modelle galvanischer Telegraphen ausgeführt und auch beschrieben, welche jedoch, so weit sie zur allgemeinern Kenntnifs gelangt sind, nur unwesentliche Abänderungen und Combinationen der oben beschriebenen Constructionen bildeten. In Amerika wird das Morse'sche System, wie es scheint, ausschliefslich angewendet, und es sind dort schon telegraphische Linien von bedeutender Länge mit Erfolg in Thätigkeit. In Europa hat man sich dagegen für die Nadel- und Zeiger-Telegraphen entschieden, und bestrebt sich, die letzteren durch Verbindung mit dem Druck der Nachrichten noch zu vervollkommnen. Ueberall hat man die hohe Wichtigkeit der galvanischen Telegraphie jetzt erkannt und in den meisten Staaten ist man mit derartigen Anlagen zur Beschleunigung der Correspondenz und zur Sicherung des Dienstes der Eisenbahnen beschäftigt.

Die dem vorliegenden Jahresberichte angehörigen Fortschritte der galvanischen Telegraphie beschränken sich auf unbedeutende Modificationen der bekannten Apparate und einige Untersuchungen über die Leitungen und die Rolle, welche der Erdboden als Theil des Schliefsungskreises spielt. Da die hierher gehörigen Aufsätze der Hrn. MATTEUCCI, MAGRINI und JACOBI schon oben besprochen sind, so ist hier, aufser einigen kleineren Mittheilungen von Hrn. ARAGO nur noch die eine Arbeit von Hrn. BREGUET in Betracht zu ziehen.

Hr. ARAGO theilt als Resultat von Versuchen, die von einer Commission mit einer Drahtleitung auf der Eisenbahn zwischen Paris und Rouen angestellt wurden, mit, dafs man zu telegraphischen Verbindungen nur eines Drahtes bedürfe und dafs die Erde die Hälfte des Schliefsungskreises der Kette ersetzen könne, wenn die Enden des Drahtes in leitende Verbindung mit dem Boden gesetzt würden. — Bekanntlich hat STEINHEIL diese Entdeckung schon 1837 gemacht und alle in neuerer Zeit angelegte galvanische Telegraphen benutzen nur einen Leitungsdraht. Als neu ist jedoch die Erfahrung zu betrachten, dafs die Gröfse der Platten, durch welche die Enden des Drahtes mit der Erde communiciren von nur geringem Einflusse auf die Stärke des Stromes ist. Sie ist jedoch durch die Gröfse des Widerstandes der Gesammtkette leicht erklärlich. — Die Herren DE TESSAN, GUILLEMIN und DE GIRARD haben in an die Akademie gerichteten Schreiben die Ansicht aufgestellt, dafs die Erde nicht als Leiter, sondern als gemeinschaftliches Reservoir auftrete, in dem sich die entgegengesetzten ihr durch den Draht zugeführten Elektricitäten verlören. Abgesehen von der Zeit und Intensität wird allerdings kein Unterschied zwischen dem Vorgange bei der Entladung einer Flasche und der continuirlichen Entladung einer Batterie durch die Erde bestehen. Jedenfalls entbehrt aber die Behauptung, dafs sich im ersteren Falle die verschiedenen Elektricitäten in dem Erdboden verlören der Schärfe und Klarheit. Wenn zwei beliebigen Punkten der Erdoberfläche verschiedene Elektricitäten, gleichgültig auf welche Weise, zugeführt werden, so mufs stets die gesammte leitende Rinde derselben von einem Strome durchlaufen werden. Das Verhältnifs der Intensität der in den Strömungskurven gleichzeitig auftretenden Ströme ist jedoch abhängig von der Länge derselben, mithin von der Entfernung der Punkte, in welchen die Elektricitäten der Erde zugeführt werden. Ist diese Entfernung, wie bei der galvanischen Telegraphie, sehr grofs, so ist auch die in der Curve der gröfsten Stromstärke, d. i. der kürzesten leitenden Verbindungslinie der in Rede stehenden Punkte, vorhandene Intensität des Stromes verschwindend klein, mithin in diesem Falle die Erde als Reservoir zu betrachten.

Hr. Arago legte der Akademie ferner ein von Hrn. Bain eingesandtes Modell einer Pendeluhr vor, welche durch den Strom eines in die Erde gegrabenen Plattenpaares in Bewegung erhalten werden sollte.

Am unteren Ende der Pendelstange schwingt in eine metallene Hülle eingeschlossen, eine aus vielen Windungen übersponnenen Kupferdrahtes gebildete Drahtrolle. Zwei Stahlmagnete sind neben dem Pendel so placirt, dafs sie abwechselnd in das Innere der schwingenden Drahtrolle treten. Dabei sind gleichnamige Pole der Magnetstäbe einander zugewandt. Die Enden des übersponnenen Drahtes, welcher die Rolle bildet, sind an der Pendelstange hinaufgeführt und in der Höhe des Aufhängepunktes mit zwei Metallplatten in Contakt gebracht, welche ihrerseits mit den Platten des Elektromotors communiciren. Ein unter dem Pendel aufgestellter Commutator kehrt die Richtung des den Draht durchlaufenden Stromes jedesmal um, wenn das Pendel die Lothrechte passirt. Dadurch wird eine wechselnde Anziehung und Abstofsung zwischen den Magnetstäben und der Drahtrolle hervorgerufen, welche das Pendel in Bewegung erhält.

Hr. Bain will die hierdurch erhaltenen isochronen Strömungen nun auch dazu benutzen, mehrere andere, in demselben Etablissement aufgestellte Apparate in völlig übereinstimmendem Gange mit dem eben beschriebenen Uhrwerke zu erhalten und dadurch die Zeitangaben desselben an beliebig vielen Orten sichtbar zu machen. Diese Apparate sollen ähnlich wie das beschriebene sein, mit Ausnahme des bei ihnen fehlenden Commutators. Hr. BAIN will bei ihnen ferner einen horizontalen Magnetstab schwingen lassen, dessen Enden in zwei feststehende Drahtrollen treten, wahrscheinlich aus dem Grunde, um die Schwere des Pendels vermindern zu können. Ist nämlich das Gewicht der Pendel nicht sehr gering im Vergleich zu der beschleunigenden Kraft der Drahtrollen, so ist ein Auseinandergehen derselben zu befürchten, wenn nicht alle völlig isochron mit dem Normalpendel schwingen. Durch einfache elektromagnetische Zählapparate würde sich die vorliegende Aufgabe jedenfalls sicherer und mit geringerem Kostenaufwande lösen lassen. — Den stets veränderlichen galvanischen Strom anstatt der Schwerkraft auch zur Bewegung des Normalpendels zu benutzen scheint um so weniger rathsam, als die geringe Mühe des Aufziehens des Uhrwerks, welche dadurch erspart werden soll, kaum in Betracht kommen kann.

Hr. BREGUET berichtet über Versuche, die er als Mitglied einer in Frankreich niedergesetzten Commission für galvanische Telegraphie an einer Versuchsdrahtleitung zwischen Paris und Rouen angestellt hat. Der nächste Zweck dieser Versuche war zu entscheiden, ob sich zwischen Paris und Havre ein galvanischer Telegraph mit einer Drahtleitung ohne Zwischenstationen würde herstellen lassen. Zu diesem Behufe waren drei Drähte, zwei von Kupfer und einer von Eisen, zwischen den genannten Orten ausgespannt und durch hölzerne Pfosten und Porzellanringe vom Boden isolirt. Zwei BUNSEN'sche Batterien von gleichen Dimensionen waren an den genannten Orten aufgestellt. Es wurde abwechselnd die eine oder andere derselben durch einen der Drähte und die Erde oder durch die beiden Kupferdrähte geschlossen. An jedem der beiden Endpunkte der Leitung war eine Sinusboussole in sie eingeschaltet, welche die vorhandene Stromstärke angab. Die Messungen wurden fast während des ganzen Monats August fortgesetzt und die Resultate derselben, in Form einer Tabelle der Pariser Akademie mitgetheilt. Herr BREGUET fügt dieser Tabelle noch zwei Colonnen hinzu, von denen die eine das Verhältnifs der gleichzeitigen Stromstärke zu

Paris und Rouen, und die andere das Intensitätsverhältnifs der Ströme angiebt, welche bei geschlossener und geöffneter Kette am Orte der eingeschalteten Batterie stattfinden. — Leider sind diese interessanten Versuche, welche für die Anlage galvanischer Telegraphen von grofser Wichtigkeit hätten werden können, ohne die nöthige Vorsicht angestellt und ohne die zur richtigen Beurtheilung der aus ihnen gewonnenen und gefolgerten Resultate durchaus nöthigen Details mitgetheilt. Sie verlieren dadurch um so mehr allen wissenschaftlichen und praktischen Werth als sie unter sich so wenig übereinstimmend sind, indem unter Anderem oft unerklärte Schwankungen der Stromstärke um mehr als das Doppelte vorkommen und im Widerspruche mit sich selbst und allen bisherigen Annahmen stehen. Ward die Kette in Rouen geöffnet, wenn die eingeschaltete Batterie in Paris stand, so ward der Strom hier nur etwa auf die Hälfte reducirt. Entsprechend war der Unterschied der Stromstärke bei geschlossener Kette am Orte der Batterie und der entfernten Station. Bei der Combination Eisendrath und Erde war dieser Unterschied und die Verschiedenheit der Resultate unter sich noch beträchtlich gröfser, indem die Intensität des am Orte der Batterie stattfindenden Stromes zwischem dem doppelten und siebenfachen der am entferntesten Punkte der Leitung vorhandenen schwankte. Herr Breguet will die Annahme, dafs die Leitung nicht vollkommen isolirt gewesen wäre, jedoch nicht gelten lassen. Er meint, in diesem Falle hätte ein weit gröfserer Verlust bei nassem wie bei trockenem Wetter sich ergeben müssen, es habe sich aber das Gegentheil gezeigt, was er durch eine Vermehrung der Leitungsfähigkeit der Drähte durch die adhärirende Wasserschicht erklären zu können glaubt (?). Der Anblick der Tabelle läfst aber dies von Hrn. Breguet aus ihr gefolgerte Resultat durchaus nicht erkennen. Es kommen bei gutem wie bei schlechtem Wetter Schwankungen der Stromstärke und des Verlustes um beinahe das Doppelte vor. Wie ferner aus der einmal vorkommenden Bemerkung „*remis à neuf*" zu erhellen scheint, hat Hr. Breguet zwar stets mit derselben Batterie, aber ohne neue Füllung und ohne alle Controlle ihrer Wirksamkeit gearbeitet, und es kann daher aus der, nur einmal vorkommenden Witterungsänderung um so weniger ein Schlufs gezogen werden als er nur der Uebergang vom schlechten zum guten Wetter unter ähnlichen Verhältnissen beobachtete und an dem Tage, wo das Wetter wieder schlecht ward, die Zahl der Elemente der wirkenden Batterie vermehrte. Dennoch glaubt Herr Breguet zur Annahme einer völlig isolirten Leitung berechtigt zu sein und schreibt den Verlust an Stromstärke und den Strom, welcher bei geöffneter Kette stattfand, einer Ausstrahlung der Elektricität durch die Drähte zu, deren Gröfse dem Widerstande derselben proportional sei! Da er die Gröfse dieses Widerstandes nicht angiebt, so läfst sich gegen die letzte Annahme nicht viel anführen, es sei denn, dafs die aus der Tabelle entnommenen Zahlen, durch welche die Annahme gerechtfertigt werden soll, theils ganz verschiedenen Beobachtungstagen willkürlich entnommen sind, theils gar nicht in ihr vorkommen!

Es wird das Mitgetheilte ausreichen um zu beweisen, dafs die Ergebnisse der Breguet'schen Versuche, die, wenn sie begründet wären, telegraphische Verbindungen weit entfernter Orte sehr schwierig, ja unmöglich machen müfsten, durchaus kein Zutrauen verdienen. Die in England und namentlich in Amerika gemachten Erfahrungen sprechen übrigens am schlagendsten gegen sie.

W. Siemens,
Lieutenant der Artillerie.

8. Magnetismus.

M. FARADAY. On the magnetic relations and characters of the metals. Phil. mag. XXVII. 1; Pogg. Ann. LXV. p. 643; Inst. No. 612, p. 339; Arch. de l'El. V. 333.

M. FARADAY. Nouveaux rapports entre l'électricité, la lumière et le magnétisme. Inst. No. 626, p. 464; No. 624, p. 448; Mech. mag. XLIII. 318, 332, 392; Enc. Zeitschr. d. Gew. wes. 1846, p. 44; Athen. 8. Nov. 1845; Dingl. p. J. XCIX. 77.

E. BECQUEREL. De l'action du magnétisme sur tous les corps. C. R. XX. 1708; Arch. de l'El. V. 191; Inst. No. 598, p. 213.

DE HALDAT. Mémoire destinée à completer le travail relatif à la concentration de la force magnétique à la surface des aimants. C. R. XX. 20; Arch. de l'El. V. 394; Inst. No. 576, p. 15; No. 578, p. 32.

CHORON. Sur le changement de pôle produit par la torsion dans un fil de fer convenablement disposé. C. R. XX. 1456; Inst. No. 594, p. 174.

Ueber magnetische Relationen und Charaktere. M. FARADAY.

In zwei früheren Arbeiten (Pogg. Ann. XXXVII. p. 423, und XLVII. p. 218) hatte Hr. FARADAY angegeben, dafs Kobalt eines inducirten Magnetismus nicht fähig wäre, während andere gerade das Gegentheil behaupteten. Gegenwärtig berichtigt er seine Angabe, indem er an einem neuen Regulus Magnetismus durch einen Magneten oder Strom induciren konnte, der sich bis zu einer starken Glühhitze hält und dann plötzlich verschwindet, während Eisen schon bei mäfsiger Rothgluht, Nickel im Oelbade seinen Magnetismus verliert. Beim Abkühlen kommt der Magnetismus eben so plötzlich wieder zum Vorschein. Mangan und die Oxyde von Kobalt und Nickel (durch Verbrennen dargestellt) waren unmagnetisch. Sehr viele andere Substanzen wurden bei — 156° F geprüft, keine derselben nahm Magnetismus an, doch deutet nach Hrn. FARADAY der hohe Hitzgrad, bei dem Kobalt den Magnetismus verliert, darauf, dafs die Temperaturverschiedenheiten, bei welchen dies eintritt, den einzigen Grund abgeben, weshalb andere Stoffe unmagnetisch erscheinen.

Ist die Erde ein an sich magnetischer Körper, so müfste sie im Innern unmagnetisch sein wegen der hohen Temperatur. Nimmt man aber mit Ampère selbstständige elektrische Ströme um die Erde an, so fällt dieser Schlufs fort.

Nouveaux rapports entre l'électricité, la lumière et le magnétisme. M. Faraday.

Hr. Faraday theilt der königl. Gesellschaft zu London seine ersten Beobachtungen über die (scheinbare) Wirkung des Magnetismus auf das Licht mit. Ein durch Spiegelung polarisirter Lichtstrahl durchläuft ein Stück Boraxglas, und wird durch ein analysirendes Nichol'sches Prisma betrachtet. Man stellt dies so ein, dafs der Lichtstrahl verschwindet, und schliefs den Strom einer Kette, welche ein weiches Hufeisen zum Elektromagneten macht, durch dessen Pole nahezu die Richtung des Lichtstrahles geht. Im Momente der Schliefsung erscheint die Polarisationsebene gedreht. Hr. Faraday stellt dafür die beiden Sätze auf: Die Drehung ist proportional 1) der Stärke des Magneten, nicht der Intensität des Stromes, und 2) dem Theile des Strahls, welcher im Krystall der magnetischen Wirkung ausgesetzt ist. Die weiteren Abänderungen, welche dieser Versuch erfahren hat und die theoretischen Grundlagen desselben gehören dem nächsten Jahre an.

Hr. Edmond Becquerel legt der Akademie die Resultate seiner Untersuchungen vor, welche er über die Wirkung des Magnetismus auf alle Körper angestellt hat. Die aus denselben abgeleiteten Gesetze sind:

1) Wenn cylindrische, massive Stäbe von weichem Eisen, von gleicher Länge und verschiedenem Durchmesser, unter dem Einflufse eines Magneten schwingen, so verhalten sich die Cuben der Schwingungszeiten wie ihre Massen.

2) Sind solche Stäbe der Wirkung eines Magnetstabes ausgesetzt, so magnetisiren sie sich augenblicklich, so dafs sich die Intensitäten ihres Magnetismus wie die Cubikwurzeln aus ihren Massen verhalten.

3) Wenn hohle und massive Cylinder zugleich jener Wirkung ausgesetzt werden, so ist bei den ersteren die Wirkung auf jedes Theilchen stärker als bei diesen.

4) Wenn ein Magnet in einer gewissen Entfernung von einem Stabe angebracht ist, in welchem die magnetische Dichtigkeit oder die Menge der Eisentheilchen, welche in einem gewissen Volumen enthalten sind, veränderlich ist, so ist, wenn diese Dichtigkeit gröſser als $^1/_{10}$ (von der des Magneten) ist, die Elementarwirkung des Magneten proportional dem Quadrate der magnetischen Dichtigkeit des Stabes. Ist jene Dichtigkeit viel kleiner, und sind die Theilchen sehr entfernt, so ist jene Wirkung der magnetischen Dichtigkeit proportional.

5) Die vom Magneten auf das Eisen ausgeübte Wirkung ist ist in Rücksicht auf die magnetische Dichtigkeit der Substanz unabhängig davon, ob das Eisen gehämmert, gefeilt u. s. w. ist.

6) Bei gewöhnlicher Temperatur ist der specifische Magnetismus des weichen Nickels gleich dem des weichen Eisens.

7) Wahrscheinlich auch der des hämmerbaren Kobalts.

8) Die Coërcitivkraft des Kobalts wächst viel stärker als die der beiden anderen Metalle, wenn man es im Zustande von Schwamm einem Drücken oder Schlagen unterwirft.

9) Nickel verliert seinen Magnetismus bei etwa 400°, Eisen bei Kirschrothgluht, Cobalt bei Weiſsgluht.

10) Der specifische Magnetismus des weichen Eisens ändert sich swischen der gewöhnlichen Temperatur und der dunkelen Rothgluht wenig, bei dieser nimmt er um $^4/_{100}$ zu.

11) Der Magnetismus des Guſseisens und Stahls nimmt mit der Temperatur zu, so daſs er, ehe er bei Kirschrothgluht verschwindet, gleich dem des weichen Eisens ist.

12) Nickel, Kobalt und ihre Carburete verhalten sich ähnlich wie Eisen.

13) Der Magnetismus des Magneteisensteins verschwindet vor der Rothgluht. Von der gewöhnlichen Temperatur bis zu derselben wächst er. Der specifische Magnetismus des krystallisirten Magneteisensteins ist 0,48, wenn der des Eisens gleich 100 ist.

14) Ist der specifische Magnetismus des Eisens = 1000000,

so war der der angewandten Stückchen Chrom = 250, der von Mangan = 1137. Vielleicht enthielten die Proben Eisen.

15) Alle natürlichen Körper, die auf dem gewöhnlichen Wege dargestellten Metalle, unterliegen der Wirkung des Magnetismus, wie dies zuerst Coulomb gezeigt hat. Aber diese Wirkung findet besonders bei organischen Materien, Steinen und krystallisirten Mineralien statt.

16) Diese Wirkung ändert sich mit der Reinheit der Substanz. Je nachdem man Kieselsäure, Jod, Kampher reinigt, vermindert und verliert sie sich.

17) Der Eisenantheil, welcher nöthig ist, um diese Erscheinung hervorzurufen, braucht noch nicht $\frac{1}{1000000}$ vom Gewichte der Nadel zu sein, welche dem Versuche für die reinsten Stücke unterworfen wurde.

Dr. W. Beetz.

Mémoire destiné à compléter le travail relatif à la concentration de la force magnétique à la surface des aimants, présenté en Mai 1844 par M. de Haldat.

Der Herr Verfasser findet durch neue Versuche die schon in den Compt. rend. T. XVIII, pag. 843 (6. Mai 1844) von ihm ausgesprochene Ansicht bestätigt, dafs der Magnetismus vorzugsweise an der Oberfläche der Magnete oder wenigstens in ihrer Nähe seinen Sitz habe.

Er beobachtete nämlich, dafs die Masse eines Magneten bei ungeänderter Oberfläche (z. B. bei einer hohlen und einer mit einem Eisenkern versehenen Röhre) von geringem Einflufse auf die Intensität des dabei auftretenden Magnetismus war.

Die Erscheinung, dafs dünne Metallblättchen einem rotirenden Magneten eben so gut wie dickere folgen, wodurch Herr de Haldat seine Annahme ferner zu unterstützen sucht, ist zur Entscheidung der vorliegenden Frage wenig geeignet, da sie nach der Theorie nicht ein eigentlich magnetisches, sondern ein magneto-elektrisches Phänomen ist.

Dr. H. Knoblauch.

Der Bericht über die Meteorologie fällt für diesen Jahrgang aus; Hr. *Dr.* Mahlmann wird aber in seinem späteren Berichte, der für diesen Abschnitt nicht jährlich, sondern stets mehrere Jahre zusammenfassend erscheinen wird, die meteorologischen Untersuchungen des Jahres 1845 nachholen.

(K.)

Sechster Abschnitt.

Angewandte Physik.

Dieser Abschnitt wird in den nächsten Jahrgängen fortfallen; die ihm zugehörenden Arbeiten über neue Anwendungen physikalischer Principien in der Praxis sollen unter die einzelnen Abschnitte der Physik vertheilt werden.

K.

1. Instrumente und Apparate von neuer Construction.

Beuvière. Mémoire sur un nouveau planimètre. C. R. XXI. 1277; Inst. No. 623, p. 427.

Whiteworth. Instrument pour mesurer les corps. Inst. No. 595, p. 188; Dingl. p. J. XCV. 318.

Airy. Measure of bars — standard measures. Mech. mag. XLII. 100.

Rieussec. Chronograph. Dingl. p. J. XCVII. 179; Bull. de la soc. d'enc. 1845, p. 139.

Decoster. Ueber eine Universal-Theilmaschine, mittelst welcher man Kreise und gerade Linien, so wie verzahnte Räder, Zahnstangen etc. theilen, durchbohren und schneiden kann. Dingl. pol. J. XCVI. 93; Bull. de la soc. d'enc. 1845, p. 12.

Nobert Kreistheilung. Verh. d. Gew.-Ver. in Pr. 1845, p. 202.

Oertling. Ueber Kreistheilung. Verh. d. Gew.-Ver. in Pr. 1845. p. 212.

Grillet. Maschine um Zeichnungen aller Art in beliebigem Maafsstabe zu copiren. Dingl. pol. J. XCVI. 97; Bull. de la soc. d'enc. 1845, p. 49.

Pawlowicz. Sur un pantographe. C. R. XX. 948; Inst. No. 588, p. 121; Bull. de la soc. d'enc. 1846, p. 101; Dingl. p. J. CI. 81.

Mohr. Ueber Dent's neues Princip der Compensation. Dingl. pol. J. XCVII. 23.

R. Bryson. Ueber eine Methode Baily's, Compensationspendel gegen hygrometrische Einflüsse unempfindlich zu machen. Dingl. p. J. XCVII. 342; Edinb. J. XXXIX. 220.

Schwaab. Ueber eine neue Luftpumpen-Construction von G. Breithaupt. Dingl. p. J. XCVI. 260.

Ueber ein Planimeter, von Beuvière.

Hr. Morin legte der Pariser Akademie ein von Hrn. Beuvière construirtes Instrument zum Ausmessen ebener Flächen vor. Es begründet sich darauf, dafs man zur Ausmessung von Flächen, gleichviel von welcher Form, sehr viele parallele Linien zu ziehen pflegt, je mehr, desto genauer wird die Bestimmung; hierdurch entstehen entsprechend viel Parallelogramme von gleicher Höhe, da die Linien gleich weit von einander gezogen sind, aber von verschiedener Grundfläche, je nachdem die umgebenden Linien der zu messenden Fläche gebogen sind; die kleinen, an den beiden Enden der Linien entstehenden Dreiecke können entweder ganz vernachlässigt werden, oder nach Schätzung hinzugezählt werden.

Durch das neue Instrument ist man in den Stand gesetzt, die Linien nicht wirklich ziehen zu dürfen, sondern es wird nur eine Spitze, oder ein Zeichen, welches auf Glas gemacht ist, in gleichen Abständen von einander über die Fläche bewegt, so dafs man von einer Seite die Marke einsetzt und nun bis zur gegenüberliegenden Seite hinführt. Durch diese Bewegung wird ein Zählerwerk für den durchlaufenen Weg der Marke in Bewegung gesetzt, welches beim Zurückfahren mit der Marke aufser Thätigkeit gesetzt wird. Nun nimmt man die zweite Marke, stellt sie auf eine Seite, wie das erste Mal, ein, und macht dieselbe Bewegung; so wird auch dieses durch das Zählerwerk zum ersten Resultat hinzugefügt u. s. w. Am Ende giebt der Zeiger die ganze durchlaufene Bahn der Marke an, und man kann nun den Inhalt ganz genau, wenigstens für die meisten geometrischen Zwecke, aus dem Parallelogramme bestimmen, nämlich aus der angegebenen Zahl als Basis und der Entfernung einer Marke von der andern als Höhe.

Whiteworth's Mikrometer für mechanische Werkstätten.

Hr. Whiteworth hat der British Association ein Instrument seiner Erfindung vorgelegt, wodurch man die Dicke verschiedener Körper mit grofser Genauigkeit messen kann. Es besteht im Ganzen nur darin, dafs man zwei Stahlcylinder ihrer Längenrichtung nach durch zwei Schrauben gegen einander bewegen kann. Die Schraubengänge sind $\frac{1}{20}$ eines Zolles von einander entfernt, und der Kopf der Schrauben ist in 500 Theile getheilt, so dafs also jeder Theil $\frac{1}{10000}$ Zoll entspricht. Ein zu messender Körper wird zwischen die abgerundeten Enden der Cylinder gebracht, so dafs er eben berührt, dann entfernt und nun ein Cylinder gegen den andern eben so zur Berührung gebracht, so geben die Umdrehungen nun die Dicke des Körpers an, der vorher diesen Raum erfüllte.

Wie lange und in welchem Grade man sich auf die Schrauben verlassen kann, wird schwer zu bestimmen sein, da es ein Werkzeug für gewöhnliche Arbeiter sein soll.

Ueber den Chronograph von RIEUSSEC.

Die Grundidee desselben besteht darin, dafs ein Zeichen auf eine Oberfläche gemacht wird, und zwar in dem Augenblicke, den der Beobachter für den passenden hält. Eine Uhr bewegt einen Secundenzeiger, jedoch etwas ruckweise. Dieser Zeiger ist doppelt und besteht aus zwei über einander liegenden Theilen. Der untere ist an seinem Ende mit einem kleinen Tintengefäfse versehen; der obere hat eine Spitze, die rechtwinklich nach unten in das Gefäfs hineingebogen ist. Das Gefäfs ist unten sehr fein durchbohrt. Wenn nun ein Zeichen auf das Zifferblatt gemacht werden soll, so kann dieses auch durch einen Druck auf einen Kopf bewerkstelligt werden; dann nämlich springt der obere Zeiger von seiner Hemmung ab, und zeichnet mit der durch die Tinte gefärbten Spitze durch das kleine Loch im Boden des Gefäfses einen Punkt auf, und dies so oft als der Beobachter den Druck auf den Knopf wiederholt.

Dies kleine Instrument soll mit aufserordentlicher Genauigkeit arbeiten, so dafs es nicht allein als unparteiischer Schiedsrichter bei Pferderennen, sondern auch jedem Experimentator, der mittelst der Uhr die Dauer sehr kurzer Erscheinungen graphisch darstellen will, zu empfehlen ist.

Ueber eine Universal-Theilmaschine von Decoster.

Das Princip, worauf dieser Mechanismus beruht, besteht in der Anwendung einer grofsen Menge vollkommen gleicher Keile und eben so vieler, ebenfalls vollkommen gleicher Metallstücke aus dem nämlichen Metalle. Diese Metallstücke und Keile werden um eine Scheibe gelegt, wenn man Kreise oder Scheiben theilen will, und in eine vollkommen gerade Nuth, wenn dasselbe mit geraden Flächen geschehen soll. Denken wir uns die 400 Metallstücke so in die Scheibe eingelegt, dafs sie genau den ganzen Umfang derselben (8 Meter) einnehmen, so hat man den Umfang in 400 Theile getheilt. Würde man ein Metallstück und einen Keil herausnehmen, dann die übrigen 399 Keile so weit verschieben, bis wieder alle Stücke zur innigen Berührung gekommen sind, so hätte man offenbar den Kreis in 399 gleiche Theile getheilt. Bis zu einer gewissen Gränze reichen die Keile, welche in einer Spitze auslaufen, aus, dann aber wird eine zweite Gattung mit abgestumpften Spitzen für die gröberen Theilungen angewandt. Die Keile sind aus einer Legirung von $^1/_{10}$ Zinn, $^1/_{10}$ Kupfer und $^8/_{10}$ Antimonium gegossen, und zwar in gehärteten und wohlpolirten Stahlformen.

Die Maschine soll wenig kostspielig sein und die wesentliche Bedingung erfüllen, jede Art von Theilung in geraden sowohl als in ungeraden Zahlen mittelst derselben ausführen zu können.

Olivier. *Ueber eine von Hrn.* Grillet *construirte Maschine, um Zeichnungen aller Art in beliebigem Maafsstabe genau zu copiren.*

Der Apparat besteht im Wesentlichen in einer grofsen Camera obscura, bei welcher statt des Sonnenlichts eine Lampe angewandt wird. Der durchscheinende Gegenstand befindet sich entweder nahe dem Brennpunkte der Objektivlinse und giebt ein vergröfsertes Bild auf der weifsen Wand wie beim Lampen-Mikroscop, oder in der doppelten Brennweite, und giebt ein gleich grofses Bild, oder noch aufserhalb dieser Entfernung und giebt ein verkleinertes Bild; da man durch die Gröfse des Apparats an nur enge Gränzen gehalten wäre, so ist, zu den verschiedenen Zwecken die Objektivlinse entweder durch eine schwächere oder schärfere zu ersetzen.

Ein Daguerreotypgläserpaar würde sich zu diesem Zwecke sehr gut eignen.

Halske.

Pawlowicz's Pantograph.

Die so verschiedene Construction des Pantographen, dessen man sich bedient, um von Zeichnungen vergröſserte oder verkleinerte Kopien zu erhalten, begründet sich auf die Eigenschaften ähnlicher Figuren.

Der groſse Pantograph des Hrn. Pawlowicz besteht aus vier Linealen, welche ein Parallelogram bilden, dessen Winkel durch vier Charniere verbunden sind, und einem fünften Lineale, welches parallel mit den zwei Seiten des Parallelograms sich verschieben läſst und an seinen Enden mit den Seitenlinealen durch bewegliche Charniere verbunden ist.

Der feste Mittelpunkt, um welchen das Instrument sich um einen Zapfen dreht, ist an dem einen Winkel; der Stichel, womit man der Zeichnung folgt, befindet sich an dem entgegengesetzten Winkel; der Bleistift, welcher die Zeichnung wiedergiebt, befindet sich auf dem Punkte angebracht, wo die Diagonale, gezogen vom Centrum zum Stichel innerhalb des Parallelograms, das Querlineal schneidet, dasselbe muſs stets stattfinden gleichviel ob man verkleinerte oder vergröſserte Kopien der Zeichnung wiedergeben will, nur findet eine Verwechselung des Stichels mit dem Bleistift nach Umständen statt, denn befindet sich der Bleistift dem Centrum näher, so ist die Copie kleiner als die Zeichnung, gröſser wird die Copie, sobald sich der Stichel auf dem Querlineal zwischen dem Centrum und Bleistift befindet.

Gleichzeitig legte Hr. Pawlowicz der Pariser Akademie einen kleinen, handlicheren und weniger kostspieligen Pantographen vor.

Bei den gewöhnlichen Pantographen sind die Lineale an ihren Enden eines über das andere verbunden. Hr. Pawlowicz glaubt nun, dafs wenn ein Lineal sich an seinen Enden quer über ein anderes, oben oder unten befindliches, Lineal bewegt, es das Bestreben hat umzufallen, wodurch eine leichte Drehung entsteht, was dazu beitragen kann, die Zeichnung zu verfälschen. Dieses veranlafste ihn, an seinem Pantographen Charniere anzubringen, indem er glaubt, dafs bei einem Charniere keine Drehung oder Biegung stattfindet, und somit Unrichtigkeiten vermieden werden. Die Pariser Akademie pflichtete dieser Meinung bei, und findet, dafs Hr. Pawlowicz eine wahrhafte und wesentliche Verbesserung der Construction dieses so nützlichen Instrumentes hinzugefügt hat.

Bötticher.

Ueber Dent's neues Princip der Compensation.

Man weifs seit längerer Zeit, dafs Chronometer, wie sie gewöhnlich construirt sind, und die bei mittlerer Temperatur regulirt sind, sowohl bei hoher Kälte als Wärme nachgehen; oder dafs, wenn sie bei den Extremen der Kälte und Wärme auf mittlere Zeit regulirt sind, sie bei mittlerer Temperatur vorgehen. Dieses Faktum wurde im Jahre 1833 von Dent mit Bestimmtheit nachgewiesen.

Die Ursache dieser sonderbaren Erscheinung ist darin zu suchen, dafs sich das Trägheitsmoment der Unruhe in einem andern Verhältnisse ändert als das der Spiralfedern. Für den Fall, dafs sich die Temperatur erhöht, bewegen sich bei den bisher angefertigten Chronometern die Compensirgewichte nicht genug nach der Mitte, um Compensation zu bewirken; dadurch bleibt das Trägheitsmoment zu grofs, und die Uhr mufs nachgehen; im Falle die Temperatur sinkt, entfernen sie sich weiter vom Mittelpunkte als der zunehmenden Kraft der Spiralfeder entspricht, und sie mufs wieder nachgehen. Dent behauptet nicht gerade, dafs seine Constuction mathematisch genau diese Fehlerquelle compensire, indessen gewährt sie doch eine gröfsere Genauigkeit als alle bisher construirten Compensations-Unruhen.

Die Unruhe besteht aus einem flachen Stücke Metall, an dessen Enden auf entgegengesetzten Seiten ein Compensationsstück aus Stahl und Messing befestigt ist; es geht bis zur Mitte und dort ist wieder ein ähnliches Compensationsstück befestigt, welches vom Centrum zur Peripherie läuft. Das Messing ist bei beiden innerhalb des Winkels. An diesen letztgenannten Stücken befinden sich die Compensirgewichte. Die Adjustirgewichte befinden sich an den Enden des mittleren festen Stücks. Da nun das Messing innerhalb des Winkels ist, so wird sich der Winkel vergröfsern, wenn die Temperatur höher wird, und eine senkrechtere Stellung annehmen. Es wird deshalb um so mehr der nach innen gerichteten Bewegung des andern Compensationsstücks folgen; oder die Bewegung der Compensationsgewichte wird in der Wärme beschleunigt sein, wie es eben verlangt wird. Bei gröfserer Kälte wird der Winkel kleiner und die Entfernung der Schwerpunkte wächst. Also umgekehrt wie bei der alten Compensations-Unruhe, nur nicht gerade im umgekehrten Verhältnisse, sondern ähnlich dem der Spannung der Spiralfeder durch Temperaturwechsel zum veränderten Trägheitsmoment der Unruhe.

***R. Bryson.* Ueber eine Methode *Baily's* Compensations-Pendel gegen hygrometrische Einflüsse unempfindlich zu machen.**

Baily's Pendel besteht in der Verbindung von Fichtenholz und Blei zur Compensation. Da nun aber die hygroskopischen Einflüsse auf das Holz nachtheiliger sind als die der Wärme, so hat Hr. Bryson eine Methode erfunden, die Fichtenstäbe gegen jene zu schützen. Nachdem der Stab vollkommen hergerichtet ist, wird er in ein durchlöchertes Rohr von Metall gesteckt, welches aber viel weiter sein mufs als der Stab dick ist; dieses Rohr wird durch mehrere Gasflammen erhitzt und fortwährend durch ein Uhrwerk in Umdrehung erhalten. Nach einer Stunde ist der Holzstab vollkommen ausgedörrt, und nun wird er so warm wie er ist in eine Copallösung gesteckt und 24 Stunden in derselben gelassen. Nachher wird der Stab an einem warmen Orte getrocknet und das Pendel ist zum Gebrauch fertig.

Schwaab über Breithaupt's neue Luftpumpen-Construction.

Diese neue Luftpumpe besteht im Wesentlichen darin, dafs der Stiefel senkrecht und unmittelbar auf ihm Hahn und Teller stehen.

Es ist dies die ursprüngliche Form, welche der Luftpumpe von O. v. Guerike einst gegeben ward, nur mit dem Unterschiede, dafs v. Guerike's Cylinder geneigt lag. Was nun die erreichten Vortheile gegen andere Luftpumpen betrifft, so fragt es sich mit welchen anderen Hr. Schwaab die Breithaupt'sche verglichen hat.

Eine Breithaupt'sche Pumpe von 12 Zoll Höhe und 2 Zoll innerer Weite bewirkte auf den ersten Kolbenzug das Gleichstehen der beiden Kuppen im Schenkelbarometer, bei Drehung des Hahns betrug der schädliche Raum nur eine halbe Linie (?), es wurde nur Luft aus dem Barometer gepumpt, beim Aufsetzen des Recipienten verschwand er gänzlich.

Die zweistiefligen Luftpumpen mit dem sinnreichen Grassmann'schen Hahn versehen, lassen das Barometer, wenn es ohne Recipienten mit der Pumpe verbunden ist, beim Umlegen des Hahns nur um ein kaum bemerkbares fallen, und da der schädliche Raum nur im Verhältnisse zum Inhalte des Stiefels steht, so ist es auch ganz gleich, ob ich mit oder ohne Recipienten pumpe, ich werde stets denselben Grad der Verdünnung erhalten.

Die Breithaupt'sche Luftpumpe ist auch mit Stopfbüchse versehen, um den Gegendruck aufzuheben oder um doppeltwirkend zu sein, wie die englischen, und hat auch Selbststeuerung des Hahns: das ist eine Bequemlichkeit; dafs aber der Drehungspunkt der Kurbel bei grofsen Pumpen 2 Fufs und mehr unter der Tellerfläche liegt, ist für den Experimentator nicht günstig.

Schliefslich mache ich noch darauf aufmerksam, dafs es noch eine kleine Pumpe ist, in welcher sich der schädliche Raum zum Inhalt des Stiefels verhält wie 1 : 10,000, es also in die Augen springend ist, dafs dem schädlichen Raume die Schuld nicht gegeben werden kann, wenn die Pumpe nicht weit genug auspumpt, sondern, dafs dieser Fehler nur in der Mangelhaftigkeit der Kolben zu suchen ist. Die Verbindungen können Kegel,

Kugeln oder Flächen sein, sie halten bei guter Anfertigung anhaltend dicht, letztere sind indessen vorzuziehen.

Halske.

2. Angewandte Hydrodynamik.

Pumpen.

POOLE. Verbesserungen an Pumpen. Dingl. p. J. XCVI. 177; Rep. of pat. inv. 1845, p. 228.

HORNE's patentirte pneumatische Instrumente. Dingl. p. J. XCVII. 243; Mech. mag. XLII. 257.

Wasserräder und Turbinen.

CALLON. Ueber die Turbine. Dingl. p. J. XCV. 169.

FONTAINE. Turbine mit vielem Schützen. Dingl. pol. J. XCV. 4. und XCVI. 340.

MAROZEAU. Sur la turbine à double effet de Mr. KÖCHLIN. C. R. XX. 872.

NIEL. Wasserrad. Dingl. p. J. XCVIII. 267.

Wasseruhren.

DESPRETZ. Rapport sur une orloge mue par l'eau de M. PYRLAS. C. R. XX. 234; Inst. No. 579, p. 41.

Schleusensysteme.

GIRARD. Nouveau système d'écluse à flotteur. C. R. XX. 341 u. 395; Dingl. pol. J. XCVIII. 74.

Pumpen.

Die Fehler, welche Pumpen beim Gebrauche zeigen, rühren in der Mehrzahl der Fälle von Störungen in der Thätigkeit der Ventile her, zu deren Beseitigung es nöthig wird, die Pumpe auseinander zu nehmen, und es bleibt daher wünschenswerth, sich beständig von dem Spiele der Ventile und ihrem tauglichen Zustande überzeugen zu können. Dies wird durch die von Hrn. POOLE angegebene Einrichtung erreicht, bei der alle Ventile der Pumpe sich in demselben Raume, abgesondert von dem Stiefel befinden und durch ein an der Seite angebrachtes Glas beobachtet werden können. Auch erlaubt ein leicht hinwegzunehmender Riegel jeder durch Verstopfung oder andere Zufälligkeiten eingetretenen Unwirksamkeit der Ventile sogleich abzuhelfen.

Hr. Horne bringt zwei pneumatische Instrumente in Vorschlag, von denen das erste im Wesentlichen eine Ventilpumpe mit Windkessel ist und hauptsächlich eine für medicinische Injectionsinstrumente geeignete Anordnung sein soll. Es besteht diese aus einem gröfseren, verschlossenen und mit einer Flüssigkeit angefülltem Gefäfse, in das ein cylindrisches Rohr, dicht eingepafst, hinabreicht. In diesem wird durch einen Stempel Luft comprimirt, die durch ein von einer Feder gehaltenes Ventil durch die Flüssigkeit des äufseren Gefäfses hindurch entweicht, sich über derselben sammelt und sie durch ein seitliches Abflufsrohr verdrängt. Beim Hinaufziehen des Kolbens schliefst sich das Ventil durch den Druck der Feder, und Luft tritt durch die hohle Kolbenstange in den Stiefel. Beim Hinabdrücken wird die Oeffnung der Kolbenstange mit dem Finger verschlossen, und so zwar ein Ventil erspart, aber an Sicherheit der Wirkung des Apparats gewifs nichts gewonnen, so dafs der einzige Vorzug vor einer gewöhnlichen Pumpe für Flüssigkeiten darin bestehen dürfte, dafs der Stiefelraum frei von Flüssigkeit bleibt, sich mithin besser conservirt. Das zweite pneumatische Instrument besteht in einer neuen Verdichtungs- und Verdünnungspumpe. Wenn die Beschreibung dieselbe „eine Pumpe ohne Ventil" benennt, so ist diese Angabe unrichtig, indem die hohle Kolbenstange mit mehreren Löchern versehen ist, welche bald durch den ein wenig auf ihr verschiebbaren Kolben, bald durch eine Stopfbüchse an jedem Ende des Stiefels in geeignetem Sinne verschlossen werden, und so als Schiebeventile wirkend, die Thätigkeit des Apparats bedingen, deren sicherer Verschlufs aber ersichtlich noch gröfseren Mängeln als die bisherigen Ventile ausgesetzt sein mufs.

Wasserräder und Turbinen.

Die Turbinen oder Kreiselräder, jene horizontalen, fast nach dem Principe der CAGNIARD-LA-TOUR'schen Syrene construirten Wasserräder, welche bei hohen Gefällen und geringeren Wassermengen eine vollständigere Kraftbenutzung als die gewöhnlichen verticalen Räder zulassen, haben in neuerer Zeit durch die Herren KÖCHLIN, CALLON und FONTAINE nicht unwesentliche Verbesserungen erfahren. Der Nutzeffekt, den die Turbinen ergaben, stellte sich nämlich beim Sinken des Wassers unter die normale Menge, für die sie erbaut waren, durch den Umstand ziemlich ungünstig heraus, dafs dasselbe jetzt mit geringerer Geschwindigkeit aus den Oeffnungen des Leitrades gegen die Schaufeln des sich drehenden Turbinenrades austatt. Dies haben die Herren CALLON und FONTAINE dadurch zu vermeiden gesucht, dafs der erstere die Zahl der Ausflufsöffnungen im Leitrade veränderlich machte, indem er bei niedrigerem Wasserstande durch Schützen, von denen jede einer Oeffnung entspricht, einige derselben ganz verschliefst, so dafs das Wasser aus den übrigen in allen Fällen mit derselben Geschwindigkeit austritt, und so einen den verschiedenen ausfliefsenden Mengen verhältnifsmäfsigen Nutzeffekt hervorbringt. Aehnlicher Art ist die FONTAINE'sche Veränderung, bei der alle Ausflufsöffnungen des Leitrades gleichzeitig durch einzelne Schützen, die zusammen gehoben und gesenkt werden, in ihrer Gröfse geändert, eine constante Ausflufsgeschwindigkeit hervorrufen. Beide Vorrichtungen haben Aehnlichkeit mit dem Wasserrade von MAROZEAU (Polyt. Journ. Bd. XCIV. S. 182), bei welchem die Schaufeln durch mehrere Radkränze getheilt sind und jeder Abtheilung eine besondere Schütze entspricht, von denen bei niederem Wasserstande nur einige geöffnet werden, so dafs das Wasser nur einen Theil der Schaufeln, aber mit annähernd gleicher Geschwindigkeit trifft, wodurch weniger an lebendiger Kraft verloren geht. Aufserdem hat Hr. FONTAINE auf die Gestalt der Schaufeln bei Turbinenrädern grofse Sorgfalt verwendet, um sie möglichst rechtwinklig gegen die Richtung des ausströmenden Wassers zu stellen.

Ein anderer Uebelstand, den die Turbinen mit sich führen, ist der, dafs bei allen früheren Anordnungen, die Köchlin'sche ausgenommen, der Zapfen der Turbinenwelle im Unterwasser liegt und somit durch den Sand desselben einer sehr grofsen Abnutzung und völligen Zerstörung ausgesetzt ist. Dies vermeidet Hr. Fontaine durch die Befestigung des Turbinenendes auf einer hohlen Axe, die bis über das Oberwasser reicht und, oben mit einem Boden versehen, auf einer eisernen Säule ruht, welche sich auf einer festen Unterlage auf dem Grunde des Unterwassers erhebt. Aufser dem oberen Ende wird die Axe noch in dem feststehenden Leitrade durch ein Lager gehalten, von dem der Zutritt des Wassers durch eine, an dem Lager befestigte bis über den höchsten Wasserstand hinausreichende Röhre abgesperrt ist. Zweckmäfsiger noch als die angegebene Construction dürfte aber die bei der Köchlin'schen Turbine getroffene Anordnung erscheinen (Polyt. J. XCIV. S. 118).

Hr. Niel giebt die Beschreibung und Zeichnung von ihm construirter Schöpfräder, bei denen er durch zweckmäfsige Angabe der Maafse, so wie durch die Anordnung und Gestalt der Schaufeln das Wasser so wenig als möglich über die nöthige Ausflufshöhe erhebt und hierdurch ein günstiges Verhältnifs der geleisteten Arbeit zur angewendeten Kraft erzielt.

Wasseruhren.

Schon das Alterthum, noch mehr das Mittelalter bieten mehr oder minder gelungene Versuche dar, den Ausflufs des Wassers als Maafs der Zeit zu benutzen, und eine kurze geschichtliche Uebersicht, die einem Berichte des Hrn. Despretz über einen neuen Versuch dieser Art von Hrn. Pyrlas vorangeht, giebt Notizen darüber, die bis in eine sehr ferne Zeit hinaufreichen. Der Berichterstatter giebt zu, dafs weder diese von Hrn. Pyrlas construirte Wasseruhr unsern gebräuchlichen Zeitmessern gleichkomme, viel weniger sie ersetze, noch auch dies überhaupt jemals von ähnlichen Vorrichtungen zu erwarten stehe, hebt aber die eigenthümliche und allerdings sinnreiche Art der Compensation für die durch Temperaturverschiedenheiten eintretenden Unregelmäfsigkeiten hervor. Schon frühzeitig war beobachtet worden, dafs im Winter die Ausflufsgeschwindigkeit von Flüssigkeiten aus engen Oeffnungen geringer sei als im Sommer und man brachte daher eine Correction an, entweder mittelst eines veränderlichen Gegengewichtes, oder in der Art, dafs man für die verschiedenen Tagesstunden wenigstens im Verhältnifs ihrer mittleren Wärme den Graden an einer Scala verschiedene Gröfse gab. Die Annäherung, die sich auf diese Weise erreichen liefs, war natürlich ziemlich grob.

Bei dem in Rede stehenden Werke sind zwei Reservoire, von denen das eine höherals das andere angebracht. Im unteren befindet sich ein Schwimmer, der, wenn das Niveau steigt, sich hebt und durch drei Räder zwei Zeiger auf einem Zifferblatte in Bewegung setzt. In dies untere Reservoir fliefst das Wasser aus dem obern durch einen Heber mit Capillarschenkeln, der an einem hohlen kupfernen Gefäfs befestigt, dem oberen Niveau folgt und ohne den Temperatureinflufs also einen gleichmäfsigen Abflufs bewirken würde. Um den Fehler, den nun die Veränderung der Temperatur hervorbringt, zu eliminiren, muls der längere Schenkel für wachsende Wärme verkürzt, für sinkende verlängert werden. Dies geschieht durch eine Neigung des schwimmenden Kupfergefäfses, welche auf folgende Weise bewirkt wird. Eine Thermometerröhre mit grofser Kugel wird in das Kupfergefäfs gelegt; die Röhre ist nach der entgegengesetzten Seite als die Heberröhre gerichtet und mit Quecksilber gefüllt, während die Kugel Alkohol enthält; steigt jetzt die Temperatur, so tritt das Quecksilber mehr nach dem Endpunkte der Röhre, das Kupfergefäfs neigt sich dorthin und der längere Schenkel des Capillarshebers wird verkürzt, die Ausflufsgeschwindigkeit verringert, ebenso für sinkende Temperaturen vermehrt, und die Geschwindigkeit des Wasserausflusses corrigirt.

Ein Apparat des Herrn PYRLAS gab bei 10° Temperaturerhöhung ohne Compensation einen Geschwindigkeitsunterschied von $\frac{1}{4}$, mit derselben nur etwa $\frac{1}{30}$.

Schleusensysteme.

Man hat besonders in neuerer Zeit sich vielfach bemüht, Verbesserungen zu ersinnen, um dem Kraftverluste, der bei den angewendeten Schleusensystemen durch, theoretisch betrachtet, unnützen Wasseraufwand hervorgebracht wird, und in keinem andern Theile der Technik seines Gleichen finden dürfte, zu steuern, und so die Kanalschiffahrt zu einer gröfseren Vollkommenheit und Anwendung besonders in wasserwärmeren Gegenden und Jahreszeiten zu erheben. Es hat dies Bedürfnifs mannichfache Projecte von gröfserer oder geringerer Brauchbarkeit hervorgerufen, unter denen die Vorschläge von Mercadier, Solage und Bossut, Bétancourt, Bourdin, Raynolds, Foulton und Thilorier hervorzuheben sind. Unter allen hat aber das von Hrn. Girard vorgeschlagene System bis jetzt den Vorrang eingenommen.

Es wird bei diesem zur Seite der Schleusen, aber getrennt davon, ein sehr grofser Wasserbehälter eingerichtet; in diesem befindet sich ein schwimmender Kasten von starkem Eisenbleche, von der Länge und Breite der Schleusenkammer. Durch Heber wird in diesen aus der verschlossenen und gefüllten Schleusenkammer ein grofser Theil des Wassers hineingelassen, wodurch er in seinem Behälter tiefer untersinkt. Darauf werden die Heber abgesperrt, das übrige Wasser in der Schleusenkammer mit dem Unterwasser in Verbindung gesetzt, die Schleusenthore geöffnet und das Fahrzeug in dieses durchgeschleust. Nach dem Schliefsen des Thores wird aus dem schwimmenden Becken, dessen Niveau jetzt (durch das Hinauslassen des Wassers aus der Schleusenkammer in das Unterwasser) etwas höher stehen mufs, als das in der Kammer befindliche, durch die Heber Wasser in dieselbe zurückgelassen. Der Kasten steigt in dem Mafse als er Wasser verliert, das Ausfliefsen dauert fort, bis er geleert ist, und er hat somit einen Theil des Wassers, welches schon einmal zur Füllung der Kammer gedient hat, von Neuem zu diesem Zwecke hergegeben. Spätere Modificationen des Systems durch noch zweckmäfsiger eingerichtete Becken mit doppelten Boden, deren unterer von dem Unterwasser gefüllt wird, während der obere mit dem Oberwasser durch Röhren und Schläuche in Verbindung gesetzt wird, sollen bei diesem Systeme eine noch gröfsere Wasserersparung geben, so dafs nach Hrn. TAURINUS (Polyt. Journ. CIII. S. 81) der eigentliche Kraftverlust bis auf $1/10$ des gewöhnlich stattfindenden vermindert sein soll. Es bleibt aber noch sehr die Frage, ob der Zeitverlust, den dieses System durch die oftmaligen Füllungen und Entleerungen des schwimmenden Kastens mit sich führen mufs, überall in gehörigem Verhältnisse zu der erzielten Wasserersparnifs stehen wird.

d'Heureuse.

---

3. Angewandte Aërodynamik.

Ueber atmosphärische Eisenbahnen.

CHAMEROY. Neues atmosphärisches Eisenbahnsystem. Dingl. pol. Journ. XCV. 1; C. R. XIX. 641.

PILBROW. Verbessertes atmosphärisches Eisenbahnsystem. Dingl. pol. J. XCV. 241; C. R. XX. 449; Mech. mag. XLI. 1115, XLII. 11, 36, 61, 68, 112, 121, 197, 271.

J. SAMUDA'S und J. D'A. SAMUDA'S Verbesserungen gewisser zum Betriebe atmosphärischer Eisenbahnen gehöriger Theile und Apparate. Dingl. p. J. XCV. 417; Rep. of pat. inv. 1845, p. 65.

ARNOLLET. Sur un nouveau système de chemin de fer atmosphérique. C. R. XX. 49, 449, 1004, 1124; XXI. 771, 1118; Inst. No. 582, p. 71, No. 589, p. 129.

J. NASMYTH'S u. CH. MAY'S Verbesserungen im Betriebe der atmosphärischen Eisenbahn. Dingl. p. J. XCVII. 92; Rep. of pat. inv. 1845, p. 345; Mech. mag. XLII. 430.

HALLETTE'S Verbesserungen im atmosphärischen Eisenbahnsystem. C. R. XIX. 1321; Dingl. pol. J. XCV. 487; XCVI. 423; Civ. eng. and arch. journ. 1845, p. 148.

Klappen für atmosphärische Eisenbahnen.

Practical mechanic and engin. mag. 1845, p. 68.

Dingl. pol. Journ. XCIX. 410.

Im Jahre 1834 trat Hr. HENRY PINKUS in London mit der Erfindung einer pneumatischen Eisenbahn auf. Er hatte ein Patent auf dieselbe genommen, und beabsichtigte zu ihrer praktischen Ausbeutung eine „*National Pneumatic Railway Association*" zu gründen [1]. Waren auch schon früher Ideen aufgetaucht, — 1810 von dem schwedischen Ingenieur MEDHURST ausgesprochen — die in Beziehung auf das Princip der Fortpflanzung oder Mittheilung einer Kraft mit der PINKUS'schen Erfindung Aehnlichkeit hatten, so war diese neue Erscheinung doch auffallend genug, um die Aufmerksamkeit Vieler auf sich zu ziehen. Wie gewöhnlich wurde auch hier von Berufenen und Unberufenen hin und hergestritten: Einige leugneten sogar die Richtigkeit des Principes, und nannten die Erfindung „widersinnig", so dafs Hr. FARADAY sich veranlafst sah, in seinem Gutachten über diese Angelegenheit ausdrücklich zn sagen: „Das Princip der Mittheilung der Kraft ist richtig." Als nun aber alle Versuche des Hrn. PINKUS zur Verwirklichung seiner Ideen an mancherlei praktischen Schwierigkeiten scheiterten, auch bedeutende Veränderungen des ganzen Apparates nichts fruchten wollten, erhoben seine Gegner von Neuem ihre Stimme [2], schalten das Princip und sagten geradezu, auf der pneumatischen Eisenbahn werde nie ein Wagen laufen, so lange die Luft Luft bleibe. Sie trauten nämlich diesem leichten flüssigen Dinge die Fähigkeit nicht zu, eine bedeutende Kraft durch gröfsere Entfernungen fortzupflanzen.

Fünf Jahre nach dem ersten Auftreten des Hrn. PINKUS, im Februar 1839, machte Hr. ARAGO der Pariser Akademie bekannt, dafs Hr. CLEGG ein neues atmosphärisches Eisenbahnsystem erfunden habe. Und bald darauf bezeugten mancherlei Mittheilungen, Berichte und Gutachten über diese Sache, dafs es den Herren CLEGG und SAMUDA gelungen sei, die Idee der atmosphärischen Eisenbahnen praktisch zu verwirklichen. Zuerst wurden die Versuche nur am Modell angestellt, und so günstig

[1] Mech. mag. No. 612, 613 u. 614; Dingl. pol. Journ. 1835, Bd. LVII. Seite 1.

[2] Mech. mag. No. 702; Dingl. pol. Journ. 1839, Bd. LXXII. 155.

auch die Berichte hierüber lauteten [1], so wurden doch noch manche ernste Bedenken gegen die Ausführbarkeit im Großen erhoben [2]. Niemand hatte vorher wissen können, mit welchem Glücke die Herren Clegg und Samuda die großen Schwierigkeiten überwinden würden. Später, im Jahre 1840, stellten die Erfinder auf der Birmingham-Bristoler Bahn Versuche im Großen an, und wieder waren die Erfolge über Erwarten Vieler [3]. Im April 1842 beschlossen die Aktionäre der Dublin-Kingstowner Eisenbahngesellschaft, die Verlängerung der Bahn bis Dalkey nach dem atmosphärischen Systeme ausführen zu lassen [4], und im folgenden Jahre wurde diese Bahn bereits befahren, und lieferte günstige Resultate [5].

Aus den vielen Berichten und Beurtheilungen [6] über die atmosphärischen Eisenbahnen hebe ich nur noch zwei hervor, den Bericht des Hrn. *Dr.* Mohr und das Gutachten des Hrn. Robert Stephenson.

Ehe ausführlichere Beschreibungen des Apparates der Hrn. Clegg und Samuda eine genauere Kenntniſs der einzelnen Theile desselben verbreiteten, wollte Niemand glauben, daſs man ohne die gröſsten Kosten einen so groſsen luftdichten Apparat herstellen könne. Man sprach davon, daſs die groſse Triebröhre, die zwischen den Schienen liegt, ausgebohrt und polirt und auf das Genaueste gefügt sein müsse, und daſs der Kolben darin

[1] Mech. mag. No. 827; Dingl. pol. Journ. 1839, Bd. LXXIII. S. 413.

[2] Bayr. Kunst- u. Gewerbeblatt. August 1840. Dingl. pol. Journ. 1840, Bd. LXXVIII. 156.

[3] Civil Engineer and Architects Journal, Mai, Juli und August 1840; Dingl. pol. Journ. 1840, LXXVI. 464, LXXVII. 264 u. 411.

[4] Mittheilung des Herrn Rath Beil in der Augsb. Allg. Zeitung 1842; Dingl. pol. Journ. 1842, LXXXVI. 163.

[5] Mech. mag. Aug. 1843; Dingl. pol. Journ. 1843, XC. 185

[6] Kölner Organ für Handel und Gewerbe 1840; Dingl. pol. Journ. 1840, LXXVIII. 233. — Mech. mag. 1842, No. 971; Dingl. pol. Journ. 1842, LXXXIV. 235; Bullet. de la soc. d'encouragement, Nov. 1843; Dingl. pol. Journ. 1844, XCI. 95. — Echo du monde savant. Dec. 1843; Dingl. pol. Journ. 1844, XCI. 103. — Comptes rendus, 1843, No. 25; Dingl. pol. Journ. 1844, XCI. 107; Moniteur industriel, Juni 1843 u. 1844, No. 805; Dingl. pol. Journ. 1844, XCIII. 310 u. XCI. 489. — Civil. Eng. and Archit. Journ. Jul. 1844; Dingl. pol. Journ. XCIV. 1.

dicht geliedert und aufs Beste passend sein müsse; Aehnliches sagte man von dem Längenventil der Klappe, die den Schlitz der Röhre bedeckt: Kurz, man dachte daran, wie genau die Luftpumpen des physikalischen Kabinets gearbeitet sind, glaubte, dafs hier wenigstens Aehnliches nöthig sei, und prophezeite die gröfsten Schwierigkeiten und die ungeheuersten Kosten. Auch Hr. *Dr.* Mohr mag die allgemeinen Bedenken hierüber getheilt haben. Durch eigene Anschauung überzeugte er sich aber vom Gegentheile. Anstatt der ausgebohrten und polirten Röhren fand er die Röhren ganz roh und unbearbeitet, wie sie aus der Giefserei geliefert worden, und nur innen von einer Schicht von geprefstem Talg bekleidet. Eben so roh war auch der Kolben; er hatte zur Dichtung nur zwei lederne Manchetten (Stulpen); ähnlich das Ventil. In seinem Berichte [1] hierüber äufsert Hr. *Dr.* Mohr sein freudiges Erstaunen nicht sowohl darüber, dafs sich ein so roher Apparat bewähre, als vielmehr über die Sicherheit, mit der die genialen Erfinder bei so unvollkommenen Mitteln ungewöhnliche Erfolge erwarteten und wirklich erreichten.

Die zweite der oben genannten Arbeiten ist ein Bericht und Gutachten des Hrn. Robert Stephenson [2], verfafst auf Veranlassung der Direktoren der Chester-Holyhead-Eisenbahn, und auf Grund zahlreicher, auf der Kingstown-Dalkey-Bahn angestellter Versuche. Der Zweck dieses Aufsatzes ist eine Vergleichung des atmosphärischen Eisenbahnsystemes mit den übrigen; und demgemäfs enthält derselbe die Aufzähluug und Beschreibung der angestellten Versuche, und eine Beleuchtung und Würdigung der erhaltenen Resultate. Am Schlusse des Aufsatzes ist Alles, was der Hr. Verfasser gegen und für das atmosphärische System sagen zu müssen glaubt, zusammengestellt, und es heifst daselbst:

[1] Dingl. pol. Journ. 1840, LXXVIII. 321. Dieser ausgezeichnete Aufsatz enthält eine klare und ausführliche Beschreibung des ganzen Apparates. Wer einer solchen überhaupt noch bedarf, findet sie auch zugleich mit deutlichen Abbildungen in *Dr.* Joh. Müllers Lehrbuch der Physik und Meteorologie, zweite umgearbeitete und vermehrte Auflage der Bearbeitung von Pouillet's Lehrbuch der Physik. Braunschw. 1845, Nachträge S. 651—656.

[2] Mech. mag. 1844, No. 1088; Dingl. pol. Journ. 1844, XCIII. 181.

„Allgemeine Schlüsse.

Aus dem Vorhergehenden ergiebt sich:

1) dafs das atmosphärische System kein wohlfeiles Fortschaffungsmittel ist, und in dieser Hinsicht sowohl den Locomotivmaschinen als den stationären Maschinen mit Seilen nachsteht;

2) dafs sich mittelst desselben keineswegs gröfsere Geschwindigkeit erzielen lasse, als sie der gegenwärtige Betrieb mit Locomotiven ergiebt;

3) dafs in den meisten Fällen durch das atmosphärische System an den ursprünglichen Herstellungskosten der Eisenbahnen nichts erspart würde, in vielen Fällen vielmehr diese Kosten dadurch sehr vermehrt würden;

4) dafs für kurze Eisenbahnen, wo der Verkehr grofs ist, und Trains von mäfsigem Gewichte zuläfst, aber grofse Geschwindigkeiten und zahlreiche Abfahrten erheischt, und wo das Terrain so beschaffen ist, dafs für Locomotivmaschinen geeignete Steigungen unmöglich sind, das atmosphärische System das geeignetste wäre;

5) dafs für kurze Eisenbahnlinien, von vier bis fünf (engl.) Meilen Länge, in der Nähe grofser Städte, wo eine starke und schnelle Verbindung lediglich zwischen Endstationen erforderlich ist, das atmosphärische System mit Vortheil angewendet werden kann;

6) dafs für kurze Linien, wie die Blakwall-Bahn, wo der Verkehr hauptsächlich durch die Zwischenstationen bedingt ist, was häufiges Anhalten zwischen den Endpunkten erfordert, das atmospärische System unanwendbar ist, und für solche Fälle die stationären Dampfmaschinen mit Seilen ihm bei weiten vorzuziehen sind;

7) dafs auf langen Eisenbahnlinien durch ein so unschmiegsames System wie das atmosphärische ist, den Erfordernissen eines starken Verkehrs nicht genügt werden kann, weil seine Leistungen so gänzlich von dem vollkommenen Zustande aller einzelnen Theile des Mechanismus abhängen."

In neuerer Zeit sind nun vielfache Versuche gemacht worden, die atmosphärischen Eisenbahnen zu verbessern. Von den vielen Erfindungen, die auf diesem Felde gemacht und veröffentlicht worden sind, mögen hier einige der wichtigeren in Kürze besprochen werden.

Chameroy will allen Unbequemlichkeiten entgehen, welche die lange Clegg'sche Klappe mit sich bringt, und vermeidet dieselbe ganz. Seine Construction weicht besonders in der Anordnung der Haupttheile von der älteren ab. Hier ist nämlich das Triebrohr beweglich und der Kolben fest an der Erde, also umgekehrt wie dort. Mit Federn und Ketten ist das Treibrohr unter den Waggons befestigt. Es ist so lang als der ganze Wagenzug, und an beiden Enden mit einem Ventil versehen. Die cylindrischen Kolben, deren hier viele nöthig sind, sind mitten zwischen den Schienen, parallel denselben, so aufgestellt, dafs sie genau in das Triebrohr treffen, und durch dasselbe hindurch gleiten, wenn sich der Wagenzug auf den Schienen bewegt. Sie sind hohl und stehen durch Seitenröhre mit einem Hauptrohre, das so lang ist als die ganze Bahn und fortwährend luftleer erhalten wird, in Verbindung. Soll sich der Wagenzug vorwärts bewegen, so öffnet man das Ventil am vorderen Ende des Triebrohrs und stellt die Waggons so, dafs ein Kolben sich im Anfange des Rohres befindet. Oeffnet man nun den Hahn, der unter dem hohlen Kolben in dem zu diesem senkrecht aufsteigenden Seitenrohre angebracht ist, so wird die bisher unterbrochene Communication zwischen diesem Kolben und dem luftleeren Hauptrohre augenblicklich hergestellt: und durch Oeffnungen, die sich in den Endflächen des Kolbens befinden, stürzt die in dem Triebrohre befindliche Luft in den luftleeren Raum des Kolbens, des Seiten- und Hauptrohres; das Triebrohr wird also auch luftleer, und die Atmosphäre, die nun nur noch von aufsen auf den Kolben und das hintere, geschlossene Ventil des Triebrohrs drückt, zwingt das Triebrohr, da der Kolben feststeht, sich über denselben hin zu schieben, wodurch natürlich der ganze Wagenzug eine Bewegung vorwärts erhält. Ist diese Bewegung soweit geschehen, dafs das hintere Ende des Triebrohres an dem Kolben angelangt ist, so schliefst sich durch eine einfache Vorrichtung der Hahn unter dem Kolben, und durch eine andere öffnet sich das Ventil an dem Triebrohr, um dem Kolben den Austritt zu gestatten, schliefst sich aber zugleich wieder durch sein eigenes Gewicht. Zu gleicher Zeit ist aber ein zweiter Kolben vorn in das Triebrohr getreten und auch schon sein Hahn geöffnet worden, so dafs nun der eben beschriebene Vorgang von Neuem beginnt. So geht es fort, bis man die kleine Hervorragung an dem vordersten Wagen, die bisher durch Niederdrücken einer gezahnten Stange, welche mit dem Hahne in Verbindung steht, und denselben zur rechten Zeit geöffnet hat, durch Emporheben beseitigt und mittelst Bremsvorrichtungen die Geschwindigkeit hemmt.

Das Triebrohr hat an seiner unteren Seite in seiner ganzen Länge einen Schlitz, der breit genug ist, um den abgestumpften Kegel, welcher den Kolben mit dem Seitenrohre verbindet, hindurch zu lassen. Er wird von einem Ventil geschlossen, das aus zwei langen schmalen Flügeln besteht. Dies öffnet sich bei seinem Weggleiten über das Seitenrohr, und schliefst sich hinter demselben sogleich wieder. Der Kolben, oder wie dieser Theil richtiger heifst, das Saugrohr, ungefähr einen Meter lang, läuft an beiden Enden in durchbrochene Kegel aus, damit er leichter in das Triebrohr trifft, welches zu demselben Zwecke auch an beiden Enden erweitert ist. Quer durch die Mitte des Kolbens oder Saugrohrs geht eine hermetisch schliefsende Wand, und theilt dies und den abgekürzten Kegel, auf den es ruht, in zwei Theile. Diese Einrichtung hat den Zweck, die Bewegung des Wagenzuges rückgängig machen zu können, was sogleich geschieht, wenn man das vorhin offene Ventil des Triebrohrs schliefst, und das vorhin geschlossene jetzt öffnet, und diejenige Hälfte des Saugrohrs mit dem Seitenrohre communiciren läfst, die dieser rückgängigen Bewegung entspricht.

In Abständen von 10,000 Metern von einander sind längs der ganzen Bahnlinie stationäre Dampfmaschinen oder hydraulische Motoren angeordnet. Diese setzen pneumatische Apparate in Bewegung, welche das Hauptrohr stets luftleer erhalten.

Hauptvortheile dieses Systemes sind nach Hrn. Chameroy folgende: Die Hauptröhrenleitung braucht nicht aus Gusseisen zu bestehen, sondern kann aus Eisenblech und Asphalt gefertigt sein, und kostet dann um die Hälfte weniger. Sie kann und soll eigentlich für eine Eisenbahn mit doppeltem Gleise dienen; und da sie in die Erde eingegraben werden kann, ist sie vor jeder, besonders böswilliger Beschädigung geschützter, und erfordert nur sehr geringe Unterhaltungskosten; auch gestattet sie den freien Uebergang über die Bahn. Die Luftpumpen können unausgesetzt arbeiten, und man ist im Stande, den erzeugten leeren Raum auf mehrfache Weise zu verwenden, z. B. auch zum Hemmen bei dem Herabfahren auf geneigten Strecken der Bahn. Man kann mehrere Wagenzüge hintereinander abgehen lassen; und endlich gestattet eine mäfsige Gliederung des Triebrohres, wodurch dieses biegsam wird, eine Krümmung der Bahn von 300 Meter Halbmesser, wobei das Triebrohr doch noch jede Schwankung der einzelnen Wagen verhindert.

Weniger umfassend sind die Veränderungen, die Hr. Pilbrow vorschlägt. Doch vermeidet auch er die Clegg'sche Klappe.

Hr. Pilbrow legt, wie Clegg, zwischen die Schienen seiner Bahn eine Triebröhre so lang als die Bahn selber. Diese Röhre ist aber nicht geschlitzt, sondern unversehrt. Nur an den Seiten derselben sind in Entfernungen von etwa 30′ jedesmal an beiden Seiten, genau gegenüberstehend, vertikale Wellen angebracht, welche oben und unten Getriebe tragen, die genau gleich gebildet sind, und von denen das untere mit seinen Zähnen in die Röhre hineinragt, und das obere sich über der Erde befindet. Beide sind fest auf der Axe, so dafs sich keines ohne das andere drehen kann. Das untere ist von einem an die Röhre angeschraubten Kasten umgeben, für dessen luftdichten Verschlufs auf einfache Weise gesorgt ist; das obere steht frei, aber gehörig unterstützt. An dem Kolben, der sich durch die Wirkung des Luftdruckes in der Röhre bewegt, befindet sich eine an beiden Seiten gezahnte Stange, die in die Getriebe, welche in die Röhre hineinragen, eingreift, uud diese in Umdrehung versetzt, sobald sich der Kolben bewegt und die Stange nach sich zieht. Dadurch werden natürlich auch die Getriebe oberhalb in derselben Richtung und mit gleicher Geschwindigkeit gedreht, und eine doppelt gezahnte Stange, welche der an dem

Kolben befestigten gleich ist, und in die oberen Getriebe eingreift, wird mit der in der Röhre befindlichen gleichmäfsig fortbewegt. Diese zweite gezahnte Stange ist aber an einem der Wagen befestigt; und so hat Hr. Pilbrow den Wagenzug mit dem Kolben auf eine sinnreiche Weise in Zusammenhang gebracht, ohne eine direkte Verbindung anzuwenden. Beide Stangen müssen, wie leicht begreiflich ist, so lang sein, dafs sie stets wenigstens mit einem Paar Getriebe in Eingriff stehen, d. h. dafs sie das folgende erreicht, ehe sie das letzte verlassen haben. Auf diese Weise sind Kolben und Wagenzug während der Fahrt wirklich so abhängig von einander, als ob sie durch einen festen Arm zusammengefügt wären, ohne doch so unlöslich verbunden zu sein, dafs nicht mit der geringsten Mühe jeder Zusammenhang zwischen ihnen (z. B. am Ende einer Station) gelöst werden könnte. Welches letztere bei der Clegg'schen Einrichtung schwieriger ist.

Diese Erfindung ist bis in die Einzelnheiten, die hier der Kürze wegen übergangen werden, unstreitig sehr sinnreich; auch vermeidet sie viele Mängel der Clegg'schen Construction, und ist vielleicht selber noch wesentlicher Verbesserungen fähig. So z. B. wäre es wol möglich, dafs man die Nachtheile, welche unzweifelhaft aus der Räderverbindung entspringen würden, dadurch umginge, dafs man gar keine Zähne anwendete, sondern Zahnstangen und Getriebe platt machte. Hat doch die Erfahrung bei den gewöhnlichen Eisenbahnen gelehrt, dafs die Triebräder der Lokomotiven und die Schienen gar wol der Zähne entbehren können. Freilich wäre dann aber auch die Sicherheit des Zusammenhanges zwischen dem Kolben und dem Wagenzuge nicht mehr so grofs; und es wäre möglich, dafs der Kolben voreile, und am Ende gar den Wagenzug zurück lasse, während er allein weiter geht; doch auch dem liefse sich dadurch abhelfen, dafs man den oberen Treibrollen („Getriebe" kann man nicht mehr wol sagen, da ja nun die Zähne fehlen) einen etwas gröfseren Durchmesser gäbe, als den unteren; oder indem man sie, noch besser, nach unten etwas konisch vergröfserte, und die Triebstange, die zwischen ihnen läuft, unter dem Wagen so befestigte, dafs der Conducteur, der den Zug führt, im Stande wäre sie zu heben oder zu senken, je nachdem die Wagen dem Kolben voreilen oder nachbleiben, was man an der Bewegung der Triebrollen vor und hinter den Wagen sehen kann, denn wenn alles in Ordnung ist, müssen diese stille stehen.

Doch trotz alle dem und manchem, was sich etwa noch zum Vortheil dieses Systems sagen läſst, und trotz der gelungenen Versuche, die Hr. Pilbrow im Kleinen angestellt hat, wird diese Erfindung, ähnlich der oben beschriebenen von Chameroy und vielen anderen, schwerlich je mehr werden als eine hübsche, sinnreiche Idee.

Die Arbeiten der Herren Jak. und Jos. d'Aguilar Samuda, Arnollet, Nasmyth und May beschäftigen sich mit den verschiedenen Mitteln, die Luft in der Triebröhre zu verdünnen.

Die Herren Samuda verbannen die Luftpumpen gänzlich. Sie stellen zur Seite der Bahn groſse luft- und wasserdicht verschlossene Behälter auf, von denen jeder einen dreimal so groſsen Inhalt hat als der einer Röhrensection ist. Eine solche Section reicht von einem Behälter bis zum andern und ist von den begrenzenden Sectionen durch groſse Klappenventile geschieden, deren immer zwei beisammen liegen, die nach verschiedenen Seiten aufschlagen und davon das eine oder andere benutzt wird, je nachdem man die eine oder andere Section entleeren will, während die benachbarte noch mit Luft erfüllt bleibt. Von dem obersten Punkte eines jeden der groſsen Behälter gehen zwei Röhren nach den beiden Röhrensectionen, an deren gegenseitiger Begränzung der Behälter steht, und von dem untersten Punkte des Behälters geht eine absteigende Röhre, die in verschiedene hochgestellte Tröge unterhalb des Behälters mündet.

Soll ein Bahnzug sich fortbewegen, so werden die ersten beiden Röhrensectionen entleert, und wenn die erste durchlaufen ist, entleert man die dritte u. s. f. Dies Entleeren geschieht aber folgendermaaſsen: Die groſsen Behälter werden mit Wasser gefüllt, welches man, sobald die Entleerung vor sich gehen soll, durch das absteigende Rohr in die unterhalb befindlichen Tröge abflieſsen läſst, wodurch die Luft aus der mit dem Behälter in

Verbindung stehenden Röhrensection theilweise ausgesaugt und dadurch bis auf ¼ der bisherigen Dichtigkeit gebracht wird.

Mehrere zweckmäſsig eingerichtete Einzelheiten übergehend, soll nur noch davon die Rede sein, wie die hier angewendete Luftverdünnungsmethode eine Kraftersparniſs gewähren soll. Ist nämlich die zu entleerende Röhrensection noch mit Luft von der gewöhnlichen Spannung erfüllt, so bedarf es Anfangs nur einer unbedeutenden Kraft, dieselbe theilweise auszusaugen. Man braucht dem Wasser daher nur einen geringen Fall zu gestatten, um dadurch den ausreichenden hydrostatischen Druck zu erhalten. Zu dem Ende stehen unter dem Behälter die erwähnten Tröge über einander, welche das ausflieſsende Wasser aufzunehmen bestimmt sind. Anfangs läſst man nur durch eine bis in den oberen Trog reichende Röhre sich diesen füllen: und ist dadurch die Luftverdünnung so weit gestiegen, daſs der hydrostatische Druck nicht mehr ausreicht, so wird dem Wasser ein Fall bis in den zweiten Trog, der sich unter dem ersten befindet, gestattet, u. s. f. bis alles Wasser aus dem Behälter geflossen und die beabsichtigte Verdünnung erreicht ist. Soll nun behufs einer zweiten Verdünnung der Behälter von Neuem mit Wasser gefüllt werden, so braucht nicht alles Wasser durch Maschinen in den Behälter gehoben zu werden, denn die durch den höchsten zuletzt angewendeten hydrostatischen Druck erreichte Luftverdünnung ist groſs genug, um durch den Ueberschuſs des äuſseren Atmosphärendruckes einen Theil des Wassers aus den höherliegenden Trögen ohne weiteren Kraftverbrauch in den Behälter zurückzuheben. Und das soll die erwähnte Kraftersparniſs sein.

Hr. ARNOLLET behält die Luftpumpe bei, und will nur, daſs man nicht unmittelbar die Hauptröhre auspumpe, sondern ein Reservoir, das den dreifachen Rauminhalt der Hauptröhre hat. In diesem Behälter soll von der anhaltend thätigen Maschine die Luft bis auf ein Drittheil ihrer ursprünglichen Dichtigkeit verdünnt werden, und dann erst soll die Verbindung zwischen dem Behälter und der Hauptröhre hergestellt werden, wodurch dann fast augenblicklich die Luft in beiden Räumen die Hälfte der Dichtigkeit der äuſseren Atmosphäre erhalten würde; bei welcher Verdünnung die Bahn befahren werden könnte. Herr Arnollet verweist auf die grofsen Vortheile, die diese Construction bringen würde, und glaubt aufserordentliche Ersparungen von ihr hoffen zu dürfen — Die Vortheile sollen hauptsächlich daraus entspringen, dafs bei dem Gebrauch des grofsen Behälters (oder mehrerer kleinerer von gleich grofsem Gesammtinhalt) der Motor, gewöhnlich eine Dampfmaschine, fortwährend arbeiten könnte, und darum viel kleiner sein dürfte als bei dem Clegg'schen Systeme, wo die Maschinen nur Minuten lang arbeiten, um dann wieder Stunden lang zu ruhen. Dasselbe gilt natürlich von den pneumatischen Apparaten. Und dadurch würden denn, so glaubt Hr. Arnollet, die Anlagekosten bedeutend verringert. Ferner würde die Entleerung der Hauptröhre rasch geschehen, und brauchte nicht so lange erhalten zu werden, da man erst unmittelbar vor Abgang des Wagenzuges das Reservoir mit der Hauptröhre zu verbinden brauchte; wodurch dann der schädliche Einflufs der unvollkommenen Dichtigkeit des Längenventiles bedeutend verringert werden würde. Und endlich würde es nicht nöthig sein, die Maschinen Stunden lang zu heizen, während sie ganz stille stehen, welche beiden letzteren Umstände den Kraftverlust, resp. Brennmaterialverbrauch erheblich vermindern würde. — Und durch alles dieses glaubt Hr. Arnollet die Kosten des atmosphärischen Systemes um mehr als neun Zehntheile zu verringern, und dadurch diesem Systeme die allgemeinste Anwendung zu sichern.

Die zur Begutachtung dieser Arbeit von der Pariser Akademie niedergesetzte Commission weist jedoch dem Hrn. Arnollet nach: dafs bei den Anlagekosten durch sein System schwerlich etwas erspart werden könne, da seine grofsen Reservoire, die einem gewaltigen Drucke widerstehen müssen, zu grofse Summen kosten würden, und dafs auch bei dem Betriebe auf keinen Gewinn zu hoffen sei. Denn obgleich Hr. Arnollet allerdings den schädlichen Einflufs der unvollkommenen Dichtigkeit des Längenventiles zum Theil vermeide, sei doch der andere Nachtheil des Clegg'schen Systemes nicht hoch anzuschlagen, da das Heizen der ruhenden Maschinen, nach neuerdings angestellten Versuchen, bei abgesperrtem Luftzutritt nur wenig Brennmaterial verbrauche, und man ja auch dies Wenige dadurch ersparen könne, dafs man die Maschinen in den Ruhezeiten zu andern Arbeiten, wozu man jetzt oft vergebens Wind oder Wasser suche, brauchen könne. Wogegen bei dem Arnollet'schen Systeme ein bedeutender Verlust stattfinde, der auf keine Weise zu vermeiden sei, und darin bestehe, dafs die Maschine die Luft im Reservoir auf ein Drittheil der atmosphärischen Dichtigkeit herabbringen mufs, während doch immer nur eine Verdünnung bis zur halben Dichtigkeit zur Wirksamkeit kommt. Und so urtheilt denn die Akademie, dafs Hrn. Arnollet's System wol nur unter bestimmten Bedingungen in seltenen, besonderen Fällen mit Vortheil angewendet werden könne — seine Abhandlung jedoch nützliche Bemerkungen und geniale Blicke enthalte — die Frage aber, ob das atmosphärische System überhaupt allgemeine Anwendung verdiene, nur von dem Versuche und der Praxis völlig erledigt werden könne.

Die Herren Nasmyth und May brauchen weder eine eigentliche Dampfmaschine noch eine Luftpumpe, sondern lassen den Dampf unmittelbar wirken. Sie saugen die Luft aus der Triebröhre, etwa wie Savary vor 150 Jahren das Wasser aus dem Bergwerke hob. Mit der Savary'schen Maschine hat denn auch ihr Apparat grofse Aehnlichkeit und wird wol auch mit ihr die argen Mängel theilen. Wie dort, sind auch hier gröfsere Behälter, die mit Dampf gefüllt werden, welchen man dann niederschlägt, wobei dann die auszuschöpfende Luft an seine Stelle tritt, wie bei Savary das Wasser, um ebenfalls durch neuen Dampf verdrängt zu werden, worauf wieder condensirt wird u. s. w. — ganz wie bei der bekannten Savary'schen Maschine, nur dafs der Nasmyth-May'sche Apparat selbstthätig und mit einem besonderen Condensator versehen ist.

Auch zum besseren Verschlufs des Längenschlitzes der Triebröhre sind mancherlei Vorschläge gemacht worden. Hr. Mallett bringt die von ihm verbesserte Pinkus'sche Seilklappe wieder in Vorschlag, Hr. Hallette ein Ventil, das den menschlichen Lippen nachgebildet ist, Hr. Bodmer will den Verschlufs am einfachsten nur durch Lederstreifen, die sich an einander legen, bewirken. — Schwerlich wird eine dieser Erfindungen in ihrer jetzigen Gestalt die CLEGG'sche Klappe mit Glück ersetzen; doch kann auch hierüber nur die Erfahrung mit Bestimmtheit entscheiden [1].

[1] Ausführliche Beleuchtung und Würdigung verschiedener atmosphärischer und anderer Eisenbahnsysteme im Vergleich derselben gegen einander und gegen das Lokomotivsystem enthält die bereits öffentlich gerühmte Schrift: „Ueber die sogenannten atmosphäri- „schen Eisenbahnen; so wie über verschiedene andere Arten, die „Spannkraft der atmosphärischen Luft als bewegende Kraft auf „Eisenbahnen zu benutzen." Herausgegeben von A. L. CRELLE. Besonders abgedruckt aus dem 21. u. 22. Bande von dessen Journal der Baukunst. Berlin 1846.

Max v. Pochhammer.

Zusätze und Verbesserungen.

S. VII u. VIII sind beim Mitgliederverzeichnifse die Herren Goga, Dr. Hartrodt und Wilms einzuschalten.

S. VIII Z. 2 v. ob. l. Kiréewsky st. Kieriewsky.

- - - 9 — Morozowicz st. Morczowicz.

- 3 ist bei KOPP hinzuzufügen: Quesnev. rev. sc. XXI. 89.

- - — PLAYFAIR u. JOULE — : Inst. No. 641, p. 129,

- - — der Literatur — :

LÖWIG. Einige Bemerkungen zu Hrn. SCHRÖDER's Abhandlung über den Einflufs der Elemente auf die Siedhitze. Dritte Abhandlung. Pogg. Ann. LXVI. 250.

- 13 Z. 6 v. u. l. geht aus den eigenen Beispielen „des Verfassers" hervor.

- 14 ist bei HAGEN hinzuzufügen: und 152; INST. No. 628, p. 13; No. 678, p. 436.

- — — ARMSTRONG — Inst. No. 639, p. 115.

- — — PELTIER — Inst. No. 576, p. 15; Pogg. Ann. LXV. 646; Arch. de l'él. V. 182.

- 32 — BRUNNER — Inst. No. 601, p. 243.

- — — LA PIERRE — C. R. XXI. 819.

- 46 u. 47 bei der Literatur hinzuzufügen:

BAUDRIMONT. Appareil propre à mesurer des temps très-courts. Inst. No. 575, p. 2; C. R. XX. 115.

JACOBI. Télégraph acoustique. Inst. No. 600, p. 231; Edinb. J. XL. 205; Sillim. J. 1846. II. 118.

BAIN. Instrument propre à mesurer la vitesse d'un navire. C. R. XXI. 923.

- 47 - 1 v. ob. l. BREGUET u. KONSTANTINOFF st. BRÉGUET u. KONSTHNTINOFF.

- 50 - 8 — Streifens st. Stromes.

- 52 - 20 — Lager hinaus st. Lagerhaus.

- 68 - 18 — ganzen Umdrehungen st. Gegenumdrehung.

S. 69 Z. 12 v. u. l. Dehnung st. Drehung.

- 78 ist bei der Literatur hinzuzufügen:

  PIOLA. Mémoire sur le mouvement uniforme des eaux. C.R. XXI. 1389.

- 82 ist bei der Literatur hinzuzufügen;

  BENOUIAT. Note sur un moyen proposé pour la direction des aërostats. C. R. XX. 1493.

  VILLERAUD. Note sur le même objet. C. R. XXI. 1182.

- 84 ist bei der Literatur hinzuzufügen:

  BONNET. Mémoire sur la théorie des corps élastiques. C. R. XXI. 434, 1389.

- 90 ist bei der Literatur hinzuzufügen:

  LIBRETON. Raréfaction et compression des gaz et des fluides aëriformes au moyen d'un courant liquide. C. R. XXI. 15.

- — ist bei CAHOURS Z. 12 v. ob. hinzuzufügen: Quesn. rev. sc. XX. 305.

- — — — - 14 — — Quesn. rev. sc. XXIV. 361; C. R. XXI. 625; Pogg. Ann. LXVII. 137.

- 102 Z. 3 v. u. l. eben st. ebon.

- 115 ist bei REGNAULT hinzuzufügen: Pogg. Ann. LXVII, 384; Ann. d. chim. et d. phys. XIV. 196.

- — — FARADAY — Pogg. Ann. Ergzgsbd. II. 193, 219.

- — — LECLERCQ — Bull. de Brux. XII. 1, 3.

- 116 Z. 6 v. o. l. MARESKA st. MARENKA.

- 132 ist bei BELLI hinzuzufügen: Pogg. Ann. LXVII. 584.

- 143 — BEATSON — Electr. mag. Apr. 1845.

- — — DE LA RIVE — Ann. de chim. et de phys. XVI. 93.

- 163 — CHEVREUL — Dingl. p. J. C. 23.

- 164 Z. 10 v. ob. l. when st. wheu.

- 179 ist bei FIZEAU et FOUCAULT hinzuzufügen: Pogg. Ann. Ergzgbd. II. 355.

- — — MELSENS — Mech. mag. XLIV. 207.

- 208 Z. 6 v. u. l. focal st. vocale; und im Folgenden überall focal st. focale.

- 276 ist bei HENNESSY u. PONTON hinzuzufügen: Dingl. p. J. XCIX. 38, 40.

- 276 ist bei HUNT hinzuzufügen: Rep. of the brit. ass. XV. 90.

- 279 Z. 8 v. u. l. geschwärzten st. geschwätzten.

- 298 - 5 — l. On st. O.

- 312 - 5 v. ob. l. longueur st. l'ongueur.

- 317 - 4 v. u. l. temperature st. themperature.

S. 346 ist bei DAVY hinzuzufügen: Inst. No. 636, p. 87; Fror. Not. 1847, p. 265.
- 355 — LANGBERG — Phil. mag. XXVIII. 161; Inst. No. 645, p. 165.
- 364 — KNOBLAUCH — Inst. No. 629, p. 21.
- — — HENRY and ALEXANDER: Pogg. Ann. LXVIII. 102; Phil. mag. XXVIII. 230; Inst. No. 620, p. 408; No. 649, p. 203.
- 365 — BOUTIGNY Z. 3 v. ob. hinzuzufügen: Dingl. p. J. XCIX. 310.
- 381 — LAMING — Inst. No. 668, p. 356; Arch. d. sc. ph. et nat. I. 304.
- 385 — RIESS Z. 12 v. u. — Inst. No. 630, p. 33.
- 386 — der Literatur hinzuzufügen:
MATTEUCCI. Sur une nouvelle expérience d'induction électrostatique. Inst. No. 598, p. 220; Phil. mag. XXVI. 320.
- 440 — P. ERMAN hinzuzufügen: Rep. of the brit. ass. XV. 102.
- — — VAN BREDA — C. R. XXI. 961; Pogg. Ann. LXVIII.
- — — SULLIVAN — Pogg. Ann. LXVIII.
- — — DE LA RIVE — Inst. No. 642, p. 140.
- 442 Z. 17 v. u. l. aux st. aus.
- — - 15 — l. principe st. prince.
- 458 ist bei GROVE Z. 11 v. ob. hinzuzufügen: Inst. No. 635, p. 78.
- — Z. 7 u. 8 v. ob. l. Bull. de Brux. XII. 1, 309, st. XIX.
- 463 ist bei NEEF hinzuzufügen: Inst. No. 636, p. 83; Arch. d. sc. ph. et nat. III. 391.
- 467 — JACOBI Z. 13 v. u. hinzuzufügen: Dingl. p. J, XCIX. 77.
- 471 — MILLON — C. R. XXI. 37.
- 482 — PARKES — Pol. Notizbl. I. No. 17, p. 271.
- 483 — ELSNER u. PHILIPP — Bull. d. l. soc. d'enc. 1846, p. 136.
- 523 — WARTMANN — Bull. d. Brux. XII. 2, 318.
- — — PALMIERI — Pogg. Ann. XLVII. 244.
- — — L. MAGRINI — Giorn. d. ist. Lomb. X. 51.
- 553 Z. 4 v. ob. l. YOUNG st. JOUNG.
- 557 - 10 v. u. l. CLARKE'sche st. KLARKE'sche.
- 565 - 6 v. ob. l. Telegraphen st. Tetegraphen.
- 572 - 11 v. ob. l. destiné st. destinée.

Berichtigung

zu den

Verhandlungen der physikalischen Gesellschaft zu Berlin im Jahre 1845, in Quesneville's revue scientifique 1846, T. XXVII. p. 81.

Herr Abbé Moigno hat die Güte gehabt, eine ihm auf seine Bitte zur Bekanntmachung im ***Bulletin scientifique*** des Journals ***l'Institut*** übersandte Darstellung der Thätigkeit der physikalischen Gesellschaft zu Berlin während des ersten Jahres ihres Bestehens, vor Kurzem in Quesneville's rev. sc. unter dem gelind gesagt auffallenden Titel: ***Progrès des sciences physiques hors de France*** erscheinen zu lassen. Es hat dabei eine stellenweise Umgestaltung des Manuscriptes stattgefunden, welche, da sie, abgesehen von der Fortlassung der Datumangaben und der Corrumpirung vieler Namen, hauptsächlich in der willkührlichen und völlig unmotivirten Weglassung von mehreren Seiten desselben besteht, als eine eigenmächtige Verstümmelung einer anvertrauten literarischen Arbeit bezeichnet werden mufs und auf alle Fälle zur Berichtigung auffordert.

Seite 83 oben a. a. O. ist folgender Satz ganz ausgelassen:

M. Brücke a montré que c'est sans fondement qu'on a jusqu'à ce jour regardé la couche des bâtonnets dans l'oeil des animaux vertébrés comme faisant partie du système nerveux.

Tandis que des inductions tirées de la morphologie s'opposent à cette manière de voir, au contraire des principes fort simples d'optique peuvent servir à faire comprendre l'usage d'une telle disposition pour redoubler la précision, et, dans certains cas, l'intensité des effets visuels produits sur la rétine. A l'aide de la réflexion totale exercée par les parois latérales des bâtonnets, il est impossible que, dans les yeux dépourvus d'une membrane de tapis, les rayons lumineux qui ont déjà traversé un point donné de la rétine reviennent frapper un autre point dans le cas où ils ne seraient pas complètement absorbés par la couche de pigment qu'ils finissent par rencontrer. Si, au contraire, ils sont réfléchis par une membrane de tapis diversement colorée et plus ou moins resplendissante, non seulement le même effet a lieu pour empêcher la confusion des images, mais aussi l'intensité de ces images doit se trouver augmentée comme dans le cas où l'on placerait un réverbère derrière un foyer de lumière quelconque. Ces considérations, appuyées des expériences qui leur servent de preuve, forment le sujet d'un mémoire imprimé dans Müller's Archiv 1844, p. 444.

Die zweite Stelle, welche pag. 86 a. a. O. vor den Worten „M. Siemens ne doute pas" ausgelassen ist, lautete im Manuscript folgendermafsen:

M. Siemens, dans un apperçu historique des nouveaux procédés servant à mesurer des espaces de temps fort courts, tels que ceux qui séparent les positions d'un projectile dans différents points de sa trajectoire, réclame au nom d'une commission Royale d'officiers d'artillerie Prussiens la priorité de la conception et de l'exécution de l'idée d'employer, pour cet objet, les effets électromagnétiques du courant voltaïque. Il appuie ses assertions tant de documents qui sont dans la possession du Ministère de la guerre que d'une publication suffisamment détaillée faite dans les papiers publics de la capitale. Des communications relatives à ce sujet ont d'ailleurs été faites dans le temps, à leur demande, aux ministres résidents de la France et de la Russie à la cour de Berlin.

M. Siemens propose en même temps un nouveau mode d'application de l'électricité, pour atteindre le même but, dont voici, en peu de mots, le principe. Quand une surface métallique polie est soumise à l'étincelle électrique, on trouve que chaque étincelle y laisse une trace extrêmement déliée quoique bien distincte, en forme d'une petite tache dont la couleur et la nature varient d'après la nature des métaux qu'on emploie. Une plaque d'acier, p. ex. la lame d'un rasoir conservant encore tout son premier poli, est ce qu'il y a de mieux pour s'assurer de ce phénomène. Maintenant qu'on imagine un cylindre d'acier poli à pourtour divisé, tournant sur son axe avec une vitesse appropriée, et une pointe métallique établie à une fort courte distance vis-à-vis de ce cylindre, dont la marche sera d'ailleurs réglée à l'aide d'un pendule conique. La pointe et le cylindre font partie des circuits de deux batteries de Leyde, qui se trouvent interrompus aux deux points de la course du projectile entre lesquels il s'agit de mesurer sa vitesse. Le projectile, en traversant la première station, complète le circuit de la première batterie, une étincelle jaillit entre la pointe et le cylindre et y fait une marque. Le cylindre continue de tourner, et le boulet, en complétant le second circuit, donne lieu à une seconde marque dont la distance de la première évaluée en degrés de circonférence sert comme dans les autres appareils de ce genre à déterminer le temps qui s'est écoulé entre les deux étincelles.

Voici, au reste, le dispositif à l'aide duquel le boulet complète les circuits. Un certain nombre de fils métalliques régulièrement espacés entre eux et isolés l'un de l'autre est tendu sur un cadre et ces fils communiquent alternativement avec les deux extrémités du circuit de la batterie, en sorte que le premier, le troisième, le cinquième .... sont en rapport avec l'une d'elles, tandis que l'autre va rejoindre tous les fils de nombre pair. Le boulet, en traversant le cadre, est censé former le circuit en établissant une communication métallique entre deux fils quelconques.

Les avantages du mode d'expérimentation proposé par M.

Siemens sont clairs. En effet, dans tous les chronoscopes électriques actuellement en usage et dont le cylindre tournant de Thomas Young forme la base, les marques imprimées à la surface de ce cylindre sont toujours obtenues au moyen d'appareils mécaniques plus ou moins compliqués, plus ou moins sujets par conséquent à toute sorte d'irrégularités et de vicissitudes. Dans tous ces chronoscopes l'exactitude de la mesure obtenue dépend essentiellement de l'égalité parfaite des fractions de temps qui s'écoulent pendant que fonctionnent les appareils qui servent à établir les marques au commencement et à la fin de l'espace de temps qu'ils s'agit d'évaluer, et il peut se faire que ces fractions soient tellement considérables par rapport à ce dernier, que le moindre excès de l'une sur l'autre devienne la source des erreurs les plus sensibles. Dans l'horloge de la commission Royale ci-dessus mentionnée, la chûte consécutive des ancres de deux électro-aimants dégage d'abord, et arrête ensuite au milieu de sa course une aiguille extrêmement légère, qui lorsqu'elle est abandonnée à elle-même parcourt le cadran entier dans l'espace de deux secondes. Dans ce cas, l'action de dégager et celle d'arrêter l'aiguille requièrent des espaces de temps sensiblement différents, de sorte qu'il y a une erreur constante à déterminer, et des variations de cette erreur à craindre. Dans le chronoscope de M. Siemens, plus d'erreur constante à étudier, plus d'incertitudes de ce genre à redouter; c'est une constante de la nature, infiniment petite par rapport au temps que met le projectile à parcourir même une petite partie de sa trajectoire, c'est la vitesse de propagation immense du fluide électrique qui entre en ligne de compte, ce qui revient à dire qu'une telle constante se trouve ici complètement éliminée. De là la possibilité de rapprocher beaucoup les deux stations, ce qui lève les difficultés qu'on pourrait voir pour le projet de M. Siemens dans l'isolation de longs circuits destinés à conduire les décharges de l'électricité de tension, et ce qui, en outre, peut être d'une grande utilité dans les recherches, soit théoriques, soit pratiques, qu'on se propose de faire á l'aide d'instruments de ce genre. En effet, M. Siemens ne doute pas ....

Sehr merkwürdig ist es zu sehen, wie wenig sich Herr Moigno bemüht hat, diese Auslassungen etwas zu verdecken, da z. B. in dem Verlaufe der Untersuchung von Hrn. Siemens noch zweimal von einer „commission ci-dessus mentionnée" die Rede ist, von der man wegen der ausgefallenen Stelle in Quesnev. rev. sc. nichts erfahren hat.

Namen-Register.

A.

B.

C.

D.

L.

M.

T.

V.

W.

Y.

Z.

FSC
www.fsc.org
MIX
Papier | Fördert
gute Waldnutzung
FSC® C083411

Kolibri 360 GmbH
Ferdinand-Jühlke-Straße 7
99095 Erfurt, Deutschland
produktsicherheit@kolibri360.de